普通高等教育土建学科专业"十一五"规划教材

高校建筑环境与能源应用工程学科专业指导委员会规划推荐教材

燃气燃烧与应用

（第四版）

同　济　大　学
重　庆　大　学　编
哈尔滨工业大学
北京建筑工程学院

中国建筑工业出版社

图书在版编目(CIP)数据

燃气燃烧与应用/同济大学等编. —4 版. —北京：中国
建筑工业出版社，2011.5（2024.6 重印）
普通高等教育土建学科专业"十一五"规划教材
高校建筑环境与能源应用工程学科专业指导委员会规划
推荐教材
ISBN 978-7-112-13238-6

Ⅰ.①燃… Ⅱ.①同… Ⅲ.①可燃气体-燃烧理论-高等
学校-教材 Ⅳ.①TK16

中国版本图书馆 CIP 数据核字(2011)第 088990 号

本书为高校建筑环境与能源应用工程学科专业指导委员会规划推荐教材。

全书共 16 章，包括：燃气的燃烧计算，燃气燃烧反应动力学，燃气燃烧的气流混合
过程，燃气燃烧的火焰传播，燃气燃烧方法，扩散式燃烧器，大气式燃烧器，完全预混式
燃烧器，特种燃烧器，燃气互换性，民用燃气用具，燃气工业炉窑，燃气工业炉余热利
用，燃气工业炉热力计算，燃气工业炉的空气动力计算，燃气应用新技术。

本书亦可供从事煤气、天然气、液化石油气和农村沼气热能利用工作的设计、科研及
运行管理人员参考。

责任编辑：齐庆梅
责任设计：陈 旭
责任校对：肖 剑 关 健

普通高等教育土建学科专业"十一五"规划教材
高校建筑环境与能源应用工程学科专业指导委员会规划推荐教材
燃气燃烧与应用
（第四版）
同 济 大 学
重 庆 大 学
哈 尔 滨 工 业 大 学 编
北 京 建 筑 工 程 学 院
*
中国建筑工业出版社出版、发行（北京海淀三里河路 9 号）
各地新华书店、建筑书店经销
北京红光制版公司制版
北京云浩印刷有限责任公司印刷
*
开本：787×1092 毫米 1/16 印张：30¾ 字数：760 千字
2011 年 8 月第四版 2024 年 6 月第三十四次印刷
定价：49.00 元
ISBN 978-7-112-13238-6
(20660)

第四版 前 言

本书为高校建筑环境与设备工程专业适用的专业课教材《燃气燃烧与应用》第四版。

建筑环境与设备工程专业指导委员会于 2006 年 4 月在哈尔滨工业大学召开了燃气专业方向发展研讨会，讨论了课程设置、教学内容与教材事宜。参照此次讨论的精神并充分考虑各高校的实际教学状况，经建筑环境与设备类教材编审委员会批准，编写本书。

《燃气燃烧与应用》第三版出版以来，我国燃气事业尤其是天然气事业取得飞速的进步，国内外燃气燃烧技术与设备持续不断发展，本书尽量收集了此间的科技成果和信息，力求与本行业的最新进展相适应。

本书以《燃气燃烧与应用》第三版为框架，在总结多年教学科研经验的基础上，适应行业发展需要，增加了天然气三联供和燃气汽车的有关内容，并对民用燃气具的有关内容进行了补充。书中加 * 号的第九章和第十六章供学有余力的学生学习参考。

全书改编由秦朝葵、冯良完成，并请傅忠诚教授主审。

为方便任课教师制作电子课件，我们制作了包括书中公式、图表等内容的素材库，可发送邮件至 jiangongshe@163. com 免费索取。

由于编者水平所限，书中的错误和不妥之处欢迎读者给予批评指正。

第三版 前 言

本书根据供热通风及燃气类教材编审委员会决定修订再版。

本书第二版出版以来，我国燃气工业特别是天然气工业有了显著的进步，国内外燃气燃烧与应用技术继续不断发展，本书尽量收集了在此期间的科技成果和信息，力求与本行业的最新进展相适应。

总结本书第二版使用 10 年的教学经验，我们对本书的章节编排和内容作了较大的调整和更新。

参加本书修订工作的有：姜正侯、郭文博、傅忠诚、李振鸣、钱申贤、罗贤成、章成骏、张同、徐吉浣、刘瑶征、杨庆泉。全书由姜正侯、郭文博主编，并请金志刚主审。

编者

2000.8

第二版 前 言

本书根据供热通风及燃气类教材编审委员会决定修订再版。

本书第一版出版六年来，国内外燃气燃烧与应用技术不断发展。我们尽量收集了在此期间涌现的研究成果和技术资料，对本书进行了增删更新，力求使其与本行业的最新成就相适应。

在内容深广度和章节编排上，我们总结了六年来使用本书的教学经验，在总体上保持了原书特色，同时对某些章节进行了调整与改写。

参加本书修订工作的有：同济大学姜正侯、徐吉浣、章成骏、张同、杨庆泉；重庆建筑大学郭文博、刘瑶征；哈尔滨建筑大学傅忠诚、李振鸣和北京建筑工程学院钱申贤。全书由姜正侯、郭文博主编，并请天津大学金志刚主审。

编者
1988.7

第一版 前 言

本书是高等工科院校城市燃气热能供应工程专业试用教材。

利用燃气代替固体燃料不仅能够节约能源，提高产品质量及数量，实现生产自动化，改善劳动条件，同时能够减轻城市交通运输负担及提高人民生活水平，而且还能防止大气污染，保护城市环境。所以，城市燃气化是城市现代化的重要标志之一。

本书主要论述了燃气燃烧理论、燃烧器设计、民用燃具设计、燃气在工业炉及锅炉设备中的合理利用与节能措施、热力计算和空气动力计算方法，同时还阐述了燃气燃烧的自动调节、运行管理和安全技术措施。

本书在编写过程中承蒙国家城市建设总局天津市政工程设计院及北京、上海、沈阳等煤气公司、重庆天然气公司的大力协助，提供了宝贵资料和意见，特此致谢。

参加本书编写的同志有：同济大学姜正侯、徐吉浣、章成骏、张同、杨庆泉；重庆建筑大学郭文博、刘瑶征；哈尔滨建筑大学傅忠诚、李振鸣和北京建筑工程学院钱申贤。全书由姜正侯、郭文博两同志主编，并请天津大学金志刚同志主审。

编者
1981.6

目　　录

第一章 燃气的燃烧计算

燃气是各种气体燃料的总称，它能燃烧而放出热量，供城市居民和工业企业使用。常用的燃气有纯天然气、石油伴生气、液化石油气、炼焦煤气、炭化煤气、高压气化煤气、热裂解油制气、催化裂解油制气和矿井气等。

燃气通常由一些单一气体混合而成，其组分主要是可燃气体，同时也含有一些不可燃气体。可燃气体有碳氢化合物、氢及一氧化碳。不可燃气体有氮、二氧化碳及氧。此外，燃气中还含有少量的混杂气体及其他杂质，例如水蒸气、氨、硫化氢、萘、焦油和灰尘等。

燃气燃烧计算是工业炉、锅炉及燃气用具热力计算的一部分。它为工业炉、锅炉及燃气用具热平衡计算、传热计算、空气动力计算和燃烧器计算提供可靠的依据。燃气燃烧计算的内容包括：确定燃气的热值、计算燃烧所需的空气量及烟气量、确定燃烧温度和绘制焓温图等。

第一节　燃　气　的　热　值

一、燃烧及燃烧反应计量方程式

气体燃料中的可燃成分（H_2、CO、C_mH_n 和 H_2S 等）在一定条件下与氧发生激烈的氧化作用，并产生大量的热和光的物理化学反应过程称为燃烧。

燃烧必须具备的条件是：燃气中的可燃成分和（空气中的）氧气需按一定比例呈分子状态混合；参与反应的分子在碰撞时必须具有破坏旧分子和生成新分子所需的能量；具有完成反应所必需的时间。

燃烧反应计量方程式是燃气进行燃烧计算的依据。它表示各种单一可燃气体燃烧反应前后物质的变化情况以及反应前后物质间的体积和重量的比例关系。例如：

$$CH_4 + 2O_2 = CO_2 + 2H_2O + \Delta H$$

表示 $1molCH_4$ 与 $2molO_2$ 完全燃烧后，生成 $1molCO_2$ 与 $2molH_2O$，同时放出一定的热量 ΔH。其他常见的单一可燃气体与氧完全燃烧的反应计量方程式（简称燃烧反应式）列于附录 2 中。

任何一种形式的碳氢化合物 C_mH_n 的燃烧反应式，都可用以下通式表示：

$$C_mH_n + \left(m + \frac{n}{4}\right)O_2 = mCO_2 + \frac{n}{2}H_2O + \Delta H$$

各种单一气体的摩尔容积实际上是不完全相等的，但在燃烧计算时可近似假定它们相等。这样，燃烧反应计量方程式所反映的摩尔之间的比例关系，就可以转化为容积之间的比例关系。

二、燃气热值的确定

$1Nm^3$ 燃气完全燃烧所放出的热量称为该燃气的热值，单位为"kJ/Nm^3"❶。对于液化石油气，热值单位也可用"kJ/kg"表示。

热值可分为高热值和低热值。

高热值是指 $1Nm^3$ 燃气完全燃烧后其烟气被冷却至原始温度，而其中的水蒸气以凝结水状态排出时所放出的热量。

低热值是指 $1Nm^3$ 燃气完全燃烧后其烟气被冷却至原始温度，但烟气中的水蒸气仍为蒸汽状态时所放出的热量。

显然，燃气的高热值在数值上大于其低热值，差值为水蒸气的汽化潜热。而且，高低热值均与燃烧起始、终了的温度有关。除非特别指明，本书中的热值均以 15℃ 为燃烧参比条件。

在工业与民用燃气应用设备中，烟气中的水蒸气通常是以气体状态排出的，因此实际工程中常用燃气低热值进行计算。而只有当烟气冷却至露点温度以下时，其水蒸气的汽化潜热才能被利用。

单一可燃气体的热值可根据附录 2 所示的该气体燃烧反应的热效应算得。

例如，根据附录 2 中 CH_4 的燃烧反应式可计算出每标准立方米 CH_4 的热值为：

$$H_h = \frac{890943}{23.5901} = 37768 kJ/Nm^3$$

$$H_l = \frac{802932}{23.5901} = 34037 kJ/Nm^3$$

根据附录 2 中 C_3H_8 的燃烧反应式，可计算出每千克 C_3H_8 的热值为：

$$H_h = \frac{2221487}{44.097} = 50377 kJ/kg$$

$$H_l = \frac{2045424}{44.097} = 46385 kJ/kg$$

式中　23.5901——标准状态下 CH_4 的摩尔容积（$Nm^3/kmol$）；

　　　44.097——C_3H_8 的分子量（$kg/kmol$）；

　　　H_h、H_l——燃气的高热值和低热值（kJ/Nm^3 或 kJ/kg）。

常见的单一可燃气体的高热值和低热值列于附录 2 中。

实际使用的燃气是含有多种组分的混合气体。混合气体的热值可以直接用热量计测定，也可以由各单一气体的热值根据混合法则按下式进行计算：

$$H = H_1 r_1 + H_2 r_2 + \cdots\cdots + H_n r_n \tag{1-1}$$

式中　　　　　　H——燃气（混合气体）的高热值或低热值（kJ/Nm^3）；

H_1、H_2、$\cdots\cdots H_n$——燃气中各可燃组分的高热值或低热值（kJ/Nm^3），由附录 2 查得；

　r_1、r_2、$\cdots\cdots r_n$——燃气中各可燃组分的容积成分。

干燃气的高热值和低热值可按下式进行换算：

---

❶　燃气的体积计量与温度压力有关，本书中标准状态指 15℃，101325Pa。

$$H_h^{dr} = H_l^{dr} + 18.58 \left(H_2 + \Sigma \frac{n}{2} C_m H_n + H_2 S \right) \tag{1-2}$$

式中　　　　　H_h^{dr}——干燃气的高热值（kJ/Nm³ 干燃气）；

H_l^{dr}——干燃气的低热值（kJ/Nm³ 干燃气）；

H_2、$C_m H_n$、$H_2 S$——氢、碳氢化合物、硫化氢在干燃气中的容积成分。

湿燃气的高热值和低热值可按下式进行换算：

$$H_h^w = H_l^w + \left[18.58 \left(H_2 + \Sigma \frac{n}{2} C_m H_n + H_2 S \right) + 2353 d_g \right] \frac{0.79}{0.79 + d_g} \tag{1-3}$$

或　　　　　$$H_h^w = H_l^w + 18.58 \left(H_2^w + \Sigma \frac{n}{2} C_m H_n^w + H_2 S^w + H_2 O^w \right) \tag{1-4}$$

式中　　　　　H_h^w——湿燃气的高热值（kJ/Nm³ 湿燃气）；

H_l^w——湿燃气的低热值（kJ/Nm³ 湿燃气）；

d_g——燃气的含湿量（kg/Nm³ 干燃气）；

H_2^w、$C_m H_n^w$、$H_2 S^w$、$H_2 O^w$——氢、碳氢化合物、硫化氢、水蒸气在湿燃气中的容积成分。

干燃气的低热值和湿燃气的低热值可按下式进行换算：

$$H_l^w = H_l^{dr} \frac{0.79}{0.79 + d_g} \tag{1-5}$$

或　　　　　$$H_l^w = H_l^{dr} \left(1 - \frac{\varphi P_s}{P} \right) \tag{1-6}$$

干燃气的高热值和湿燃气的高热值可按下式进行换算：

$$H_h^w = \left(H_h^{dr} + 2353 d_g \right) \frac{0.79}{0.79 + d_g} \tag{1-7}$$

或　　　　　$$H_h^w = H_h^{dr} \left(1 - \frac{\varphi P_s}{P} \right) + 1858 \frac{\varphi P_s}{P} \tag{1-8}$$

式中　φ——湿燃气的相对湿度；

P——燃气绝对压力（Pa）；

P_s——在与燃气相同温度下水蒸气的饱和分压力（Pa）。

第二节　燃烧所需空气量

一、理论空气需要量

由燃烧反应必须具备的条件可知，燃气燃烧需要供给适量的氧气。氧气过多或过少都对燃烧不利。

在燃气应用设备中燃烧所需的氧气一般是从空气中直接获得。若不考虑干空气中所含的少量二氧化碳和其他稀有气体，干空气的容积成分可按含氧 21%、含氮 79% 计算；而重量成分则按含氧 23.2%、含氮 76.8% 计算。干空气中氮与氧的容积比为：

$$\frac{N_2}{O_2} = \frac{79}{21} = 3.76$$

所谓理论空气需要量，是指每立方米（或千克）燃气按燃烧反应计量方程式完全燃烧所需的空气量，单位为标准立方米每标准立方米或标准立方米每千克。理论空气需要量也是燃气完全燃烧所需的最小空气量。

各单一可燃气体燃烧所需的理论空气量可按附录2所列的燃烧反应式确定，其值可按该表查出。例如，氢的燃烧反应式为

$$H_2+0.5O_2+0.5\times3.76N_2=H_2O+0.5\times3.76N_2$$

$$1Nm^3 \quad 0.5Nm^3 \quad 1.88Nm^3 \quad\quad 1Nm^3 \quad 1.88Nm^3$$

$$\underbrace{2.38Nm^3} \quad\quad\quad \underbrace{2.88Nm^3}$$

在近似假定各种气体的千摩尔容积相等的前提下，由以上反应式可见。$1Nm^3$ 氢气完全燃烧需 $0.5Nm^3$ 氧气或 $2.38Nm^3$ 空气，燃烧后生成 $2.88Nm^3$ 烟气。

用上述同样方法，可写出任何碳氢化合物 C_mH_n 的燃烧反应通式：

$$C_mH_n+\left(m+\frac{n}{4}\right)O_2+3.76\left(m+\frac{n}{4}\right)N_2=mCO_2+3.76\times\left(m+\frac{n}{4}\right)N_2+\frac{n}{2}H_2O \quad (1-9)$$

已知碳氢化合物的分子式，根据方程式（1-9）就可以求得该碳氢化合物完全燃烧所需的理论空气量。

当燃气组成已知，可按下式计算燃气燃烧所需的理论空气量：

$$V_0=\frac{1}{21}\left[0.5H_2+0.5CO+\Sigma\left(m+\frac{n}{4}\right)C_mH_n+1.5H_2S-O_2\right] \quad (1-10)$$

式中　　　　　　　　V_0——理论空气需要量（Nm^3 干空气/Nm^3 干燃气）；

H_2、CO、C_mH_n、H_2S——燃气中各种可燃组分的容积成分；

O_2——燃气中氧的容积成分。

从附录1中看出，燃气的热值越高，燃烧所需理论空气量也越多，因此当已知燃气热值时，其理论空气量还可按以下公式近似计算：

当燃气的低热值小于 $11080kJ/Nm^3$ 时：

$$V_0=\frac{0.22}{1000}H_l \quad (1-11)$$

当燃气的低热值大于 $11080kJ/Nm^3$ 时：

$$V_0=\frac{0.274}{1000}H_l-0.25 \quad (1-12)$$

对烷烃类燃气（天然气、石油伴生气、液化石油气）可采用：

$$V_0=\frac{0.283}{1000}H_l \quad (1-13)$$

$$V_0=\frac{0.253}{1000}H_h \quad (1-14)$$

二、实际空气需要量

如前所述，理论空气需要量是燃气完全燃烧所需的最小空气量。由于燃气与空气存在混合不均匀性，如果在实际燃烧装置中只供给理论空气量，则很难保证燃气与空气的充分混合，因而不能完全燃烧。因此实际供给的空气量应大于理论空气需要量，即要供应一部分过剩空气。过剩空气的存在增加了燃气分子和空气分子碰撞的可能性，增加了其相互作

用的机会，从而促使燃烧完全。

实际供给的空气量 V 与理论空气需要量 V_0 之比称为过剩空气系数 α，即

$$\alpha = \frac{V}{V_0} \text{ 或 } V = \alpha V_0 \tag{1-15}$$

通常 $\alpha > 1$。α 值的大小决定于燃气燃烧方法及燃烧设备的运行工况。在工业设备中，α 一般控制在 $1.05 \sim 1.20$；在民用燃具中 α 一般控制在 $1.3 \sim 1.8$。

在燃烧过程中，正确选择和控制 α 是十分重要的，α 过小和过大都将导致不良后果；前者使燃料的化学热不能充分发挥，后者使烟气体积增大，炉膛温度降低，增加了排烟热损失，其结果都将使加热设备的热效率下降。因此，先进的燃烧设备应在保证完全燃烧的情况下，尽量使 α 值趋近于 1。

第三节　完全燃烧产物的计算

一、烟气量

燃气燃烧后的产物就是烟气。当只供给理论空气量时，燃气完全燃烧后产生的烟气量称为理论烟气量。理论烟气的组分是 CO_2、SO_2、N_2 和 H_2O。前三种组分合在一起称为干烟气。包括 H_2O 在内的烟气称为湿烟气。由于在气体分析时 CO_2 和 SO_2 的含量经常合在一起，而产生 CO_2 和 SO_2 的化学反应式也有许多相似之处，因此 CO_2 和 SO_2 通常合称为三原子气体，用符号 RO_2 表示。当有过剩空气时，烟气中除上述组分外尚含有过剩空气，这时的烟气量称为实际烟气量。如果燃烧不完全，则除上述组分外，烟气中还将出现 CO、CH_4、H_2 等可燃组分。

燃气中各可燃组分单独燃烧后产生的理论烟气量可通过燃烧反应式来确定，其计算结果列于附录 2 中。

含有 $1Nm^3$ 干燃气的湿燃气完全燃烧后产生的烟气量，按以下方法计算❶：

（一）按燃气组分计算

1. 理论烟气量（当 $\alpha = 1$ 时）

三原子气体体积

$$V_{RO_2} = V_{CO_2} + V_{SO_2} = 0.01 (CO_2 + CO + \Sigma m C_m H_n + H_2 S) \tag{1-16}$$

式中　　　V_{RO_2}——三原子气体体积（Nm^3/Nm^3 干燃气）；

V_{CO_2}、V_{SO_2}——二氧化碳和二氧化硫的体积（Nm^3/Nm^3 干燃气）。

水蒸气体积

$$V_{H_2O}^0 = 0.01 \left[H_2 + H_2 S + \Sigma \frac{n}{2} C_m H_n + 126.6 (d_g + V_0 d_a) \right] \tag{1-17}$$

---

❶　在工程上进行燃气燃烧计算时，可以用 $1Nm^3$ 的湿燃气为基准；也可以用含有 $1Nm^3$ 干燃气及 d（kg）水蒸气的湿燃气为基准，其中 d 为燃气含湿量（kg/Nm^3 干燃气）。本书基本上采用后一种方法。采用后一种方法的优点是在计算中所用的干燃气成分不随含湿量的变化而变化，含有 $1Nm^3$ 干燃气及 d（kg）水蒸气的湿燃气，也常常简称为 $1Nm^3$ 干燃气。因此在本书中凡是用到 $1Nm^3$ 干燃气的场合，按照不同的情况可能有两种不同的含义，一种是指 $1Nm^3$ 真正的干燃气，另一种是指含有 $1Nm^3$ 干燃气的湿燃气，而且在多数场合下是指后一种含义。

式中 $V_{H_2O}^0$——理论烟气中水蒸气体积（Nm^3/Nm^3 干燃气）；

d_a——空气的含湿量（kg/Nm^3 干空气）。

氮气体积

$$V_{N_2}^0 = 0.79V_0 + 0.01N_2 \tag{1-18}$$

式中 $V_{N_2}^0$——理论烟气中氮气的体积（Nm^3/Nm^3 干燃气）。

理论烟气总体积

$$V_f^0 = V_{RO_2} + V_{H_2O}^0 + V_{N_2}^0 \tag{1-19}$$

式中 V_f^0——理论烟气量（Nm^3/Nm^3 干燃气）。

2. 实际烟气量（当 $\alpha > 1$ 时）

三原子气体体积 V_{RO_2} 仍按式（1-16）计算。

水蒸气体积

$$V_{H_2O} = 0.01\left[H_2 + H_2S + \Sigma \frac{n}{2}C_mH_n + 126.6\ (d_g + \alpha V_0 d_a)\right] \tag{1-20}$$

式中 V_{H_2O}——实际烟气中的水蒸气体积（Nm^3/Nm^3 干燃气）。

氮气体积

$$V_{N_2} = 0.79\alpha V_0 + 0.01N_2 \tag{1-21}$$

式中 V_{N_2}——实际烟气中氮气体积（Nm^3/Nm^3 干燃气）。

过剩氧体积

$$V_{O_2} = 0.21\ (\alpha - 1)\ V_0 \tag{1-22}$$

式中 V_{O_2}——实际烟气中过剩氧体积（Nm^3/Nm^3 干燃气）。

实际烟气总体积

$$V_f = V_{RO_2} + V_{H_2O} + V_{N_2} + V_{O_2} \tag{1-23}$$

式中 V_f——实际烟气量（Nm^3/Nm^3 干燃气）。

（二）按热值近似计算

1. 理论烟气量

对烷烃类燃气

$$V_f^0 = \frac{0.252H_l}{1000} + a \tag{1-24}$$

对于天然气，$a = 2$

对于石油伴生气，$a = 2.2$

对于液化石油气，$a = 4.5$

对炼焦煤气

$$V_f^0 = \frac{0.287H_l}{1000} + 0.25 \tag{1-25}$$

对低热值小于 $13300kJ/Nm^3$ 的燃气

$$V_f^0 = 0.183\frac{H_l}{1000} + 1.0 \tag{1-26}$$

2. 实际烟气量

$$V_f = V_f^0 + (\alpha - 1)\ V_0 \tag{1-27}$$

二、烟气的密度

在标准状态下烟气的密度可按下式计算：

$$\rho_f^0 = \frac{\rho_g^{dr} + 1.2258\alpha V_0 + (d_g + \alpha V_0 d_a)}{V_f} \tag{1-28}$$

式中　ρ_f^0——标准状态下烟气的密度（kg/Nm^3）；

　　　ρ_g^{dr}——燃气的密度（kg/Nm^3 干燃气）。

第四节　运行时烟气中的 CO 含量和过剩空气系数

一、烟气中 CO 含量的确定

如前所述，当燃气不完全燃烧时，烟气中除含有 CO_2、SO_2、N_2 和 H_2O 外，尚有不完全燃烧产物 CO、CH_4 和 H_2 等。由于 CH_4、H_2 的含量比 CO 少得多，因此工程上常将 CO 的含量视为该烟气中的不完全燃烧产物量。

烟气中的 CO 含量一般很少，都在 $1\%\sim2\%$ 以下，需采用微量气体分析仪才能准确地测得，有时也可以根据燃气成分及烟气中三原子气体和过剩氧的含量用计算方法来确定 CO 量，其计算公式推导如下：

假定燃气的容积成分是

$$H_2 + CO + \Sigma C_m H_n + H_2 S + O_2 + CO_2 + N_2 = 100 \tag{1-29}$$

如果实际得到的干烟气容积成分是：

$$CO'_2 + SO'_2 + CO' + N'_2 + O'_2 = 100 \tag{1-30}$$

式中　CO'_2、SO'_2、CO'、N'_2、O'_2——干烟气中各组分的容积成分。

其中的氮是从三个不同来源进入烟气的。一部分随燃烧所需的理论空气进入；一部分随燃气原始组分进入；另一部分随过剩空气进入。因此，燃烧 $1Nm^3$ 干燃气所得的氮的容积 V_{N_2} 应等于

$$V_{N_2} = 0.79V_0 + \frac{N_2}{100} + \frac{V_f^{dr}(O'_2 - 0.5CO')}{100} \cdot \frac{79}{21} \tag{1-31}$$

式中　V_{N_2}——干烟气中氮的体积（Nm^3/Nm^3 干燃气）；

　　　V_f^{dr}——燃烧 $1Nm^3$ 干燃气所得干烟气体积（Nm^3/Nm^3 干燃气）。

因为燃烧 $1Nm^3$ 干燃气时，所得的三原子气体和一氧化碳的总体积是：

$$V_{RO_2} + V_{CO} = \frac{1}{100}(CO + \Sigma m C_m H_n + CO_2 + H_2 S) \tag{1-32}$$

如以 $RO'_2 + CO'$ 表示三原子气体和一氧化碳在干烟气中的容积成分，则

$$RO'_2 + CO' = \frac{V_{RO_2} + V_{CO}}{V_f^{dr}} 100$$

即

$$V_f^{dr} = \frac{100(V_{RO_2} + V_{CO})}{RO'_2 + CO'} \tag{1-33}$$

将式（1-30）中的 N'_2 用 $\dfrac{V_{N_2}}{V_f^{dr}}$ 代替，则

$$RO_2' + CO' + \frac{V_{N_2}}{V_f^{dr}}100 + O_2' = 100 \tag{1-34}$$

将式（1-31）、式（1-33）、式（1-10）代入式（1-34）中可得。

$$(RO_2'+CO') + O_2' + \frac{RO_2'+CO'}{100(V_{RO_2}+V_{CO})}100\left\{\frac{79}{21}\times\frac{1}{100}\left[0.5(H_2+CO)\right.\right.$$

$$\left.\left.+\Sigma\left(m+\frac{n}{4}\right)C_mH_n+1.5H_2S-O_2\right]+\frac{N_2}{100}\right\}+\frac{79}{21}(O_2'-0.5CO')=100$$

将 $(V_{RO_2}+V_{CO})$ 按式（1-32）代入，得

$$0.21(RO_2'+CO')+O_2'-0.395CO'+(RO_2'+CO')$$

$$\times\frac{0.395(H_2+CO)+0.79\Sigma\left(m+\frac{n}{4}\right)C_mH_n+1.18H_2S-0.79O_2+0.21N_2}{CO+\Sigma mC_mH_n+CO_2+H_2S}$$

$$=21$$

令 $$\beta=\frac{0.395(H_2+CO)+0.79\Sigma\left(m+\frac{n}{4}\right)C_mH_n+1.18H_2S-0.79O_2+0.21N_2}{CO+\Sigma mC_mH_n+CO_2+H_2S}-0.79$$

$$\tag{1-35}$$

式中　β——燃料特性系数，它只与燃料的组成有关，对一定组成的燃料，β 为定值。如对天然气 $\beta=0.75\sim0.8$；对液化石油气 $\beta=0.5$；对炼焦煤气 $\beta=0.98$。

代入 β，上式可写成：

$$0.21(RO_2'+CO')+O_2'-0.395CO'+(RO_2'+CO')\beta+0.79(RO_2+CO')=21$$

即 $$(RO_2'+CO')+O_2'-0.395CO'+(RO_2'+CO')\beta=21$$

$$RO_2'+0.605CO'+O_2'+(RO_2'+CO')\beta=21$$

由此可得出确定 CO' 的公式：

$$CO'=\frac{21-O_2'-RO_2'(1+\beta)}{0.605+\beta} \tag{1-36}$$

式中　RO_2' 和 O_2' 由烟气分析测定。

当完全燃烧时，$CO'=0$，则

$$21-O_2'-RO_2'(1+\beta)=0 \tag{1-37}$$

式（1-37）即为燃气完全燃烧的基本方程式，用此方程式可判别燃烧过程的好坏。

$21-O_2'-RO_2'(1+\beta)=0$ 表明燃烧完全；

$21-O_2'-RO_2'(1+\beta)>0$ 表明燃烧不完全。

式（1-37）还可写成

$$RO_2'=\frac{21-O_2'}{1+\beta} \tag{1-38}$$

由式（1-38）可知，烟气中 RO_2' 含量与过剩氧 O_2' 有关，即与过剩空气系数 α 有关。若 α 越大，RO_2' 越小。

只有当完全燃烧（$CO'=0$）和过剩空气系数 $\alpha=1$ 时（$O_2'=0$），RO_2 才达到最大值，从式（1-38）可得：

$$RO_{2max}'=\frac{21}{1+\beta} \tag{1-39}$$

从式（1-39）不难看出，RO'_{2max} 只与燃料的特性系数 β 有关。当燃料一定时，β 为定值，因此 RO'_{2max} 也为定值。一般天然气 $RO'_{2max}=11.7\sim12$；液化石油气 $RO'_{2max}=14$；炼焦煤气 $RO'_{2max}=10.6$ 同时还可以看出，$\beta>0$ 的燃料的 RO'_{2max} 小于 21%。

应该指出，气体燃料不完全燃烧产物除一氧化碳外还有氢和甲烷，因此式（1-36）只是一个近似计算式，准确的 CO'、H'_2、CH'_4 只能靠气体分析仪测得。

二、过剩空气系数的确定

燃气设备工作时，由于各种原因，实际的过剩空气系数常常与设计值不符，过剩空气量的大小直接影响其热效率。因此，必须经常根据烟气分析的结果计算过剩空气系数 α，及时检查和调节过剩空气量，使其符合燃烧过程的需要。

如前所述，过剩空气系数是实际空气量和理论空气需要量之比，即

$$\alpha=\frac{V}{V_0}=\frac{V}{V-\Delta V}=\frac{1}{1-\frac{\Delta V}{V}} \tag{1-40}$$

式中 ΔV——过剩空气量（Nm^3 干空气/Nm^3 干燃气）。

（一）完全燃烧时过剩空气系数的确定

当完全燃烧时，过剩氧含量 V_{O_2} 可以按干烟气中自由氧的容积成分 O'_2 确定，即

$$V_{O_2}=\frac{O'_2}{100}V_f^{dr} \tag{1-41}$$

而空气中氧的容积成分是 21%，所以过剩空气量为：

$$\Delta V=\frac{V_{O_2}}{0.21} \tag{1-42}$$

将式（1-41）代入式（1-42）中，得

$$\Delta V=\frac{O'_2}{21}V_f^{dr} \tag{1-43}$$

同时，燃烧所用的实际空气量 V 可以用干烟气中由空气带入的氮含量 V_{N_2} 来确定：

$$V_{N_2a}=\frac{N'_{2a}}{100}V_f^{dr}$$

式中 N'_{2a}——干烟气中由空气带入的氮的容积成分。

而空气中氮的容积成分是 79%，所以实际空气量为

$$V=\frac{V_{N_2a}}{0.79}=\frac{N'_{2a}}{79}V_f^{dr} \tag{1-44}$$

将式（1-43）和式（1-44）代入式（1-40）中得

$$\alpha=\frac{1}{1-\frac{\frac{O'_2}{21}V_f^{dr}}{\frac{N'_{2a}}{79}V_f^{dr}}}=\frac{1}{1-\frac{79}{21}\frac{O'_2}{N'_{2a}}}$$

或

$$\alpha=\frac{21}{21-79\frac{O'_2}{N'_{2a}}} \tag{1-45}$$

式（1-45）中
$$N'_{2a}=N'_2-N'_{2g}$$

式中　N'_2——干烟气中氮的总容积成分；

N'_{2g}——干烟气中由燃气带入的氮的容积成分。

而
$$N'_{2g}=\frac{V_{N_2g}}{V_f^{dr}}100=\frac{N_2 RO'_2}{V_{RO_2}}100$$

式中　N_2——干燃气中氮的容积成分。

所以
$$N'_{2a}=N'_2-N'_{2g}=N'_2-\frac{N_2 RO'_2}{V_{RO_2}}100$$

将上式代入式（1-45）中，就得到完全燃烧时过剩空气系数的计算公式：

$$\alpha=\frac{21}{21-79\dfrac{O'_2}{N'_2-\dfrac{N_2 RO'_2}{V_{RO_2}100}}}$$

将式（1-16）中的 V_{RO_2} 值代入上式，得

$$\alpha=\frac{21}{21-79\dfrac{O'_2}{N'_2-\dfrac{N_2\cdot RO'_2}{CO_2+CO+\Sigma m C_m H_n+H_2 S}}}\tag{1-46}$$

当燃气中氮含量很少时，可认为 $N'_{2g}\approx0$，则
$$N'_{2a}=N'_2$$

而完全燃烧时干烟气中
$$RO'_2+O'_2+N'_2=100$$

所以
$$N'_{2a}=100-(RO'_2+O'_2)$$

将上式代入式（1-45）得

$$\alpha=\frac{21}{21-79\dfrac{O'_2}{100-(RO'_2+O'_2)}}\tag{1-47}$$

式中的 RO'_2 和 O'_2 均由烟气分析而得。

此外，还可以用更简单的近似公式来确定过剩空气系数。

当干烟气中氮的容积成分接近 79% 时，可近似假定 $N'_2\approx79$，则式（1-45）成为

$$\alpha\approx\frac{21}{21-O'_2}\tag{1-48}$$

将式（1-48）的分子、分母各乘以 $\dfrac{1}{1+\beta}$，可得

$$\alpha\approx\frac{\dfrac{21}{1+\beta}}{\dfrac{21-O'_2}{1+\beta}}=\frac{RO'_{2max}}{RO'_2}\tag{1-49}$$

当燃气一定时，RO_{max} 为定值。因此，只要从烟气分析中得到 RO'_2，就可以根据式（1-49）简便地估算出过剩空气系数 α。由式（1-48）则可以根据烟气中的 O'_2 估算出过剩空气系数 α。在炉子运行时只要用气体自动分析仪连续测定烟气中的 RO'_2 或 O'_2，就可连续监视炉内燃烧工况。

（二）不完全燃烧时过剩空气系数的确定

不完全燃烧时，烟气的含氧量就包括过剩空气的氧和由于不完全燃烧而未耗用的氧两部分，因此过剩空气量为：

$$\Delta V = \frac{100}{21} \left(V_{O_2} - 0.5 V_{CO} - 0.5 V_{H_2} - 2 V_{CH_4} \right)$$

式中 V_{O_2}、V_{CO}、V_{H_2}、V_{CH_4}——$1 Nm^3$ 干燃气燃烧后产生的氧、一氧化碳、氢和甲烷的量（Nm^3/Nm^3 干燃气）；

　　　　　$0.5 V_{CO}$——由于一氧化碳未燃尽而少耗的氧量（Nm^3/Nm^3 干燃气）；

　　　　　$0.5 V_{H_2}$——由于氢未燃尽而少耗的氧量（Nm^3/Nm^3 干燃气）；

　　　　　$2 V_{CH_4}$——由于甲烷未燃尽而少耗的氧量（Nm^3/Nm^3 干燃气）。

或　　　　　$$\Delta V = \frac{V_f^{dr}}{21} \left(O_2' - 0.5 CO' - 0.5 H_2' - 2 CH_4' \right) \tag{1-50}$$

将上式代入式（1-40）中，可得不完全燃烧时过剩空气系数的计算公式：

$$\alpha = \frac{21}{21 - 79 \dfrac{O_2' - 0.5 CO' - 0.5 H_2' - 2 CH_4'}{N_2' - \dfrac{N_2}{V_f^{dr}}}}$$

$$\alpha = \frac{21}{21 - 79 \dfrac{O_2' - 0.5 CO' - 0.5 H_2' - 2 CH_4'}{N_2' - \dfrac{N_2 (RO_2' + CO' + CH_4')}{CO_2 + CO + \Sigma m C_m H_n + H_2 S}}} \tag{1-51}$$

利用式（1-51），只要测得燃气和烟气成分，便可计算出不完全燃烧时的过剩空气系数。应该说明，上式并未考虑烟气中的含硫组分。

当不完全燃烧产物主要是一氧化碳时，则 $H_2' \approx 0$，$CH_4' \approx 0$，式（1-51）就可简化。这时按式（1-36）可以算出 CO'，代入式（1-51）后即可算出 α。

第五节　燃气燃烧温度及焓温图

一、燃烧温度的确定

一定比例的燃气和空气进入炉内燃烧，它们带入的热量包括两部分：其一是由燃气、空气带入的物理热量（燃气和空气的热焓）；其二是燃气的化学热量（热值）。如果燃烧过程在绝热下进行，这两部分热量全部用于加热烟气本身，则烟气所能达到的温度称为热量计温度❶。

列出含有 $1 Nm^3$ 干燃气的湿燃气燃烧前后的热平衡方程式：

$$H_l + I_g + I_a = I_f \tag{1-52}$$

式中　H_l——燃气的低热值（kJ/Nm^3 干燃气）；

　　　I_g——燃气的物理热（kJ/Nm^3 干燃气）；

　　　I_a——$1 Nm^3$ 干燃气完全燃烧时由空气带入的物理热（kJ/Nm^3 干燃气）；

---

❶ 热量计温度的定义并未统一。有些文献在热量计温度的定义中还规定 $\alpha = 1$ 的条件。

I_f——1Nm³ 干燃气燃烧后所产生的烟气的焓（kJ/Nm³ 干燃气）。

其中

$$I_g = (c_g + 1.266 c_{H_2O} d_g) t_g \tag{1-53}$$

$$I_a = \alpha V_0 (c_a + 1.266 c_{H_2O} d_a) t_a \tag{1-54}$$

$$I_f = (V_{RO_2} c_{RO_2} + V_{H_2O} c_{H_2O} + V_{N_2} c_{N_2} + V_{O_2} c_{O_2}) t_c \tag{1-55}$$

式中　　　　　　1.266——水蒸气的比容（Nm³/kg）；

c_g——燃气的平均定压容积比热（kJ/（Nm³·K））；

c_{H_2O}——水蒸气的平均定压容积比热（kJ/（Nm³·K））；

c_a——空气的平均定压容积比热（kJ/（Nm³·K））；

c_{RO_2}、c_{H_2O}、c_{N_2}、c_{O_2}——三原子气体、水蒸气、氮、氧的平均定压容积比热(kJ/(Nm³·K))；

d_g——燃气的含湿量（kg/Nm³ 干燃气）；

d_a——空气的含湿量（kg/Nm³ 干空气）；

t_c——热量计温度（℃）；

t_g、t_a——燃气与空气温度（℃）；

V_{RO_2}、V_{H_2O}、V_{N_2}、V_{O_2}——每标准立方米干燃气完全燃烧后所产生的三原子气体、水蒸气、氮、氧的体积（Nm³/Nm³ 干燃气）。

将式（1-53）、式（1-54）、式（1-55）代入热平衡方程式（1-52）中，即可求出热量计温度：

$$t_c = \frac{H_l + (c_g + 1.266 c_{H_2O} d_g) t_g + \alpha V_0 (c_a + 1.266 c_{H_2O} d_a) t_a}{V_{RO_2} c_{RO_2} + V_{H_2O} c_{H_2O} + V_{N_2} c_{N_2} + V_{O_2} c_{O_2}} \tag{1-56}$$

燃气的平均定压容积比热可按混合法则计算。附录 2 中列有一些单一气体的平均定压容积比热。

如果不计参加燃烧反应的燃气和空气的物理热，即 $t_g = t_a = 0$，并假设 $\alpha = 1$，则所得的烟气温度称为燃烧热量温度 t_{ther}（℃），由式（1-56）可得

$$t_{ther} = \frac{H_l}{V_{RO_2} c_{RO_2} + V_{H_2O}^0 c_{H_2O} + V_{N_2}^0 c_{N_2}} \tag{1-57}$$

已知燃气的化学组成，根据（1-57）就可算出燃气的燃烧热量温度。

各种单一可燃气体的燃烧热量温度见附录 2。

如果在热平衡方程式中将由于化学不完全燃烧（包括 CO_2 和 H_2O 的分解吸热）而损失的热量考虑在内，则所求得的烟气温度称为理论燃烧温度。其计算式为：

$$t_{th} = \frac{H_l - Q_c + (c_g + 1.266 c_{H_2O} d_g) t_g + \alpha V_0 (c_a + 1.266 c_{H_2O} d_a) t_a}{V_{RO_2} c_{RO_2} + V_{H_2O} c_{H_2O} + V_{N_2} c_{N_2} + V_{O_2} c_{O_2}} \tag{1-58}$$

式中　　t_{th}——理论燃烧温度（℃）；

Q_c——化学不完全燃烧（包括 CO_2 和 H_2O 的分解吸热）所损失的热量（kJ/Nm³ 干燃气），$Q_c = q_c H_l$；

q_c——化学不完全燃烧热损失与燃气低热值之比。

在一般工业炉和锅炉中，当燃烧温度为 1500℃、烟气中 CO_2 含量等于 10% 时，只有 0.7% 的 CO_2 发生分解，水蒸气的分解量则更小，分解所消耗的热量也就很少。因此在实际计算中，当烟气温度低于 1500℃ 时，CO_2 和 H_2O 分解的影响可以忽略不计。但当烟气

温度高于 1800～2000℃时，分解反应开始明显，应考虑 CO_2 和 H_2O 的分解吸热。这时在烟气中有下列三种分解反应：

$$CO_2 \longrightarrow CO + \frac{1}{2}O_2 - \Delta H$$

$$H_2O \longrightarrow H_2 + \frac{1}{2}O_2 - \Delta H$$

$$H_2O \longrightarrow \frac{1}{2}H_2 + OH - \Delta H$$

为便于计算，图 1-1 中给出 CO_2 和 H_2O 的分解程度与温度（℃）及分压力（绝对大气压）的关系曲线，供计算使用。

由于平均定压容积比热随温度的不同而变化，因此热量计温度 t_c 和理论燃烧温度 t_{th} 均要用渐近法进行计算。当试算值与假定值的相对误差在 ±2% 范围内时，即可认为符合计算要求。

分析式（1-58）可看出，燃气理论燃烧温度的高低与燃气热值、燃烧产物的热容量、燃烧产物的数量、燃气与空气的温度和过剩空气系数 α 等因素有关。以下分析这些因素对理论燃烧温度的影响：

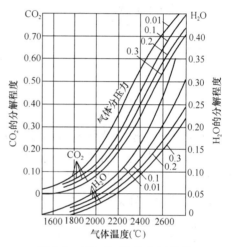

图 1-1 CO_2 和 H_2O 分解程度与温度和分压力的关系

1. 一般说来，理论燃烧温度随燃气低热值 H_l 的增大而增大。当燃气中含有较多的重烃时，由于热值增高，理论燃烧温度也增高。但有时热值低的燃气的理论燃烧温度可能高于热值高的燃气的理论燃烧温度，这主要是由于燃烧产物的数量和比热等因素起了主要作用。因为燃气燃烧放出的热主要用于加热燃烧产物，所以当燃烧产物数量多时，所需热量也多，理论燃烧温度就下降。同样，当燃烧产物的比热大时理论燃烧温度也下降。因此，甲烷的热值虽高于氢，但其理论燃烧温度却低于氢。

2. 燃烧区的过剩空气系数太小时，由于燃烧不完全，不完全燃烧热损失增大，使理论燃烧温度降低。若过剩空气系数太大，则增加了燃烧产物的数量，使燃烧温度也降低。因此，为提高炉内实际燃烧温度，应在保证完全燃烧的前提下尽量降低 α 值。

3. 预热空气或燃气可加大空气和燃气的焓值，从而使理论燃烧温度提高。由于燃烧时空气量比燃气量大得多，因此预热空气对提高炉内理论燃烧温度的影响比较明显。

由于炉内被加热物体的吸热和炉子向四周的散热，炉膛实际燃烧温度 t_{act} 比理论燃烧温度低很多。炉子结构越合理，保温越好，炉子向周围介质的散热损失 Q_5 就越小，炉内实际燃烧温度也就越接近理论燃烧温度。根据热平衡方程式可写为：

$$t_{act} = \frac{H_l + I_g + I_a - Q_c - Q_5}{V_{RO_2} c_{RO_2} + V_{H_2O} c_{H_2O} + V_{N_2} c_{N_2} + V_{O_2} c_{O_2}} \tag{1-59}$$

式中 Q_5——向周围介质的散热量（kJ/Nm³ 干燃气）。

实际燃烧温度和理论燃烧温度的差值随工艺过程和炉子结构的不同而不同，很难精确地计算出来。人们根据多年的实践，对于理论燃烧温度和实际燃烧温度之间的关系，提出了一个经验公式：

$$t_{act} = \mu t_{th} \tag{1-60}$$

式中 μ——高温系数。对于无焰燃烧器的火道，可取 $\mu = 0.9$；对于其他热工设备，μ 值见表 1-1。

常用热工设备的高温系数　　　　　　　表 1-1

窑 炉 名 称	μ	窑 炉 名 称	μ
锻造炉	0.66～0.70	隧道窑	0.75～0.82
无水冷壁锅炉的炉膛	0.70～0.75	竖井式水泥窑	0.75～0.80
有水冷壁锅炉的炉膛	0.65～0.70	平炉	0.71～0.74
有关闭炉门的室炉	0.75～0.80	回转式水泥窑	0.65～0.85
连续式玻璃池炉	0.62～0.68	高炉空气预热器	0.77～0.80

二、烟气焓温图

在进行工业炉和锅炉机组热力计算时，必须知道烟气在不同温度下的焓。烟气和空气的焓表示：每标准立方米干燃气燃烧所生成的烟气及所需的理论空气量在等压下从 0℃ 加热到 t（℃）所需的热量，单位为千焦每标准立方米干燃气。

含有 $1Nm^3$ 干燃气的湿燃气燃烧后所生成的烟气在不同温度下的焓等于理论烟气的焓与过剩空气的焓之和，即

$$I_f = I_f^0 + (\alpha - 1) I_a^0 \tag{1-61}$$

式中 I_f——烟气的焓（kJ/Nm³ 干燃气）；

　　I_f^0——理论烟气的焓（kJ/Nm³ 干燃气）；

　　I_a^0——理论空气的焓（kJ/Nm³ 干燃气）；

　　α——过剩空气系数。

其中理论烟气的焓

$$I_f^0 = V_{RO_2} c_{RO_2} t_f + V_{N_2}^0 c_{N_2} t_f + V_{H_2O}^0 c_{H_2O} t_f \tag{1-62}$$

式中 V_{RO_2}、$V_{N_2}^0$、$V_{H_2O}^0$——烟气中三原子气体、氮、水蒸气的体积（Nm³/Nm³ 干燃气）；

　　c_{RO_2}、c_{N_2}、c_{H_2O}——三原子气体、氮、水蒸气由 $0 \sim t$（℃）的平均定压容积比热（kJ/（Nm³·K）），其值查附录 3（由于烟气中 SO_2 含量比 CO_2 少得多，故计算时采用 $c_{RO_2} \approx c_{CO_2}$）；

　　t_f——烟气温度（℃）。

理论空气的焓

$$I_a^0 = V_0 (c_a + 1.266 c_{H_2O} d_a) t_a \tag{1-63}$$

式中 V_0——理论空气需要量（Nm³/Nm³ 干燃气）；

　　c_a——干空气由 $0 \sim t_a$（℃）的平均定压容积比热（kJ/（Nm³·K））；

c_{H_2O}——水蒸气由 $0\sim t_a$（℃）的平均定压容积比热（kJ/（Nm³·K））；

d_a——空气的含湿量（kg/Nm³ 干空气）；

t_a——空气的温度（℃）。

过剩空气的焓为：

$$(\alpha-1)\ I_a^0=(\alpha-1)\ V_0\ (c_a+1.266c_{H_2O}d_a)\ t_a \tag{1-64}$$

由于工业炉和锅炉机组各部分的过剩空气系数不同，烟气的焓也需要分别计算。在热力计算中，常需要由烟气温度求焓或由烟气的焓求温度。为计算方便，一般都用式（1-61）先编制焓温表（见表14-8）或绘出焓温图，如图1-2。这样，已知烟气温度和过剩空气系数即可查出烟气的焓。

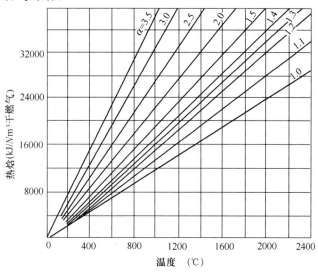

图1-2 燃烧产物的焓温图

【例1-1】 已知炼焦煤气的容积成分如下：H_2 56%，CO 6%，CH_4 22%，C_2H_6 2%，CO_2 3%，N_2 10%，O_2 1%。

煤气的含湿量 $d_g=12.5$g/Nm³ 干燃气，煤气与空气的温度 $t_g=t_a=20$℃，空气的含湿量 $d_a=10$g/Nm³ 干空气。

试求：

（一）高热值及低热值；

（二）燃烧所需理论空气量；

（三）完全燃烧时的烟气量（当 $\alpha=1$ 和 $\alpha=1.2$ 时）；

（四）热量计温度（$Q_c=0$，$\alpha=1$ 时）。

【解】

（一）求高热值和低热值

查附录2，按公式（1-1）求得

$$H_h=H_{h_1}r_1+H_{h_2}r_2+\cdots\cdots+H_{h_n}r_n$$
$$=12089\times0.56+11986\times0.06+37768\times0.22+66689\times0.02$$
$$=17132\text{kJ/Nm}^3$$

$$H_l = H_{l_1} r_1 + H_{l_2} r_2 + \cdots\cdots + H_{l_n} r_n$$
$$= 10232 \times 0.56 + 11986 \times 0.06 + 34037 \times 0.22 + 61045 \times 0.02$$
$$= 15158 \text{kJ/Nm}^3$$

$$H_l^w = H_l^{dr} \frac{0.79}{0.79 + d_g} = 15158 \frac{0.79}{0.79 + 0.0125}$$
$$= 14922 \text{kJ/Nm}^3$$

(二) 求理论空气需要量

1. 由所含组分计算，按式（1-10）求得

$$V_0 = \frac{1}{21} \left[0.5H_2 + 0.5CO + \Sigma\left(m + \frac{n}{4}\right)C_m H_n + 1.5H_2S - O_2 \right]$$
$$= \frac{1}{21} \left[0.5 \times 56 + 0.5 \times 6 + \left(1 + \frac{4}{4}\right)22 + \left(2 + \frac{6}{4}\right) \times 2 - 1 \right]$$
$$= 3.86 \text{Nm}^3/\text{Nm}^3$$

2. 由低热值按式（1-12）求得

$$V_0 = \frac{0.274}{1000} H_l - 0.25 = \frac{0.274}{1000} \times 14922 - 0.25 = 3.84 \text{Nm}^3/\text{Nm}^3$$

(三) 完全燃烧时的烟气量

1. 理论烟气量（$\alpha = 1$ 时）

(1) 由其组分计算

三原子气体体积按式（1-16）求得

$$V_{RO_2} = 0.01 (CO_2 + CO + \Sigma m C_m H_n + H_2S)$$
$$= 0.01 (3 + 6 + 22 + 2 \times 2)$$
$$= 0.35 \text{Nm}^3/\text{Nm}^3 \text{ 干燃气}$$

水蒸气体积，按式（1-17）求得

$$V_{H_2O}^0 = 0.01 \left[H_2 + H_2S + \Sigma \frac{n}{2} C_m H_n + 126.6 (d_g + V_0 d_a) \right]$$
$$= 0.01 [56 + 2 \times 22 + 3 \times 2 + 126.6 (0.0125 + 3.85 \times 0.01)]$$
$$= 1.12 \text{Nm}^3/\text{Nm}^3 \text{ 干燃气}$$

氮气体积，按式（1-18）求得

$$V_{N_2}^0 = 0.79 V_0 + 0.01 N_2$$
$$= 0.79 \times 3.85 + 0.01 \times 10$$
$$= 3.15 \text{Nm}^3/\text{Nm}^3 \text{ 干燃气}$$

理论烟气总体积，按式（1-19）求得

$$V_f^0 = V_{RO_2} + V_{H_2O}^0 + V_{N_2}^0$$
$$= 0.35 + 1.12 + 3.15$$
$$= 4.62 \text{Nm}^3/\text{Nm}^3 \text{ 干燃气}$$

(2) 由热值近似计算，按式（1-25）求得

$$V_f^0 = \frac{0.287 H_l}{1000} + 0.25$$
$$= \frac{0.287 \times 14922}{1000} + 0.25$$

$$=4.53 Nm^3/Nm^3 \text{ 干燃气}$$

2. 实际烟气量（$\alpha = 1.2$ 时）由其组分计算：

三原子气体体积，仍按公式（1-16）求得

$$V_{RO_2} = 0.35 Nm^3/Nm^3 \text{ 干燃气}$$

水蒸气体积，按式（1-20）求得

$$V_{H_2O} = 0.01\left[H_2 + H_2S + \sum \frac{n}{2}C_mH_n + 126.6\ (d_a + \alpha V_0 d_a)\right]$$

$$= 0.01 \times [56 + 2 \times 22 + 3 \times 2 + 126.6\ (0.0125 + 1.2 \times 3.85 \times 0.01)]$$

$$= 1.13 Nm^3/Nm^3 \text{ 干燃气}$$

氮气体积，按式（1-21）求得

$$V_{N_2} = 0.79 \alpha V_0 + 0.01 N_2$$

$$= 0.79 \times 1.2 \times 3.85 + 0.01 \times 10$$

$$= 3.76 Nm^3/Nm^3 \text{ 干燃气}$$

过剩氧体积，按式（1-22）求得

$$V_{O_2} = 0.21\ (\alpha - 1)\ V_0$$

$$= 0.21 \times\ (1.2 - 1)\ \times 3.85$$

$$= 0.16 Nm^3/Nm^3 \text{ 干燃气}$$

实际烟气总体积，按式（1-23）求得

$$V_f = V_{RO_2} + V_{H_2O} + V_{N_2} + V_{O_2}$$

$$= 0.35 + 1.13 + 3.76 + 0.16$$

$$= 5.4 Nm^3/Nm^3 \text{ 干燃气}$$

（四）求热量计温度，按式（1-56）求得，其中燃气的平均定压容积比热按混合法则计算

$$c_g = \sum c_i r_i$$

$$= 1.230 \times 0.56 + 1.234 \times 0.06 + 1.465 \times 0.22 + 2.127 \times 0.02$$

$$+ 1.516 \times 0.03 + 1.230 \times 0.1 + 1.238 \times 0.01$$

$$= 1.309 kJ/\ (Nm^3 \cdot K)$$

由于平均比热随温度的不同而变化，因此热量计温度必须经过试算才能确定。

设热量计温度为 2100℃，则

$$t_c = \frac{H_l +\ (c_g + 1.266 c_{H_2O} d_g)\ t_g + \alpha V_0\ (c_a + 1.266 c_{H_2O} d_a)\ t_a}{V_{RO_2} c_{RO_2} + V_{H_2O} c_{H_2O} + V_{N_2} c_{N_2} + V_{O_2} c_{O_2}}$$

$$= \frac{14922 +\ (1.309 + 1.266 \times 1.408 \times 0.0125)\ 20 + 3.86\ (1.235 + 1.266 \times 1.408 \times 0.01)\ 20}{0.35 \times 2.310 + 1.13 \times 1.849 + 3.15 \times 1.409}$$

$$= 2051℃$$

此计算值与假设温度相比较，误差值在 2% 以内，故认为是合适的。

第二章 燃气燃烧反应动力学

第一节 化学反应速度

燃气的燃烧是一种化学反应，因此它遵循一些基本的化学定律。

化学反应进行的快慢，可用单位时间内单位体积中反应物消耗或产物生成的摩尔数来衡量，并称它为反应速度。

在燃烧技术中常常用炉膛的容积热强度 q_v 来表征燃烧反应速度。炉膛容积热强度是单位时间内在单位体积中燃烧掉的燃料所释放出来的热量。

一、浓度对反应速度的影响

质量作用定律说明了反应物浓度对化学反应速度的影响。如果某一简单化学反应方程式是

$$aA + bB \longrightarrow gG + hH$$

则反应速度方程为

$$W = kC_A^a C_B^b \tag{2-1}$$

其中 C_A 和 C_B 表示各反应物的摩尔浓度；k 为反应速度常数。对不同的反应，k 的数值各异；对于某一定反应，k 是与浓度无关而与反应温度和催化剂等因素有关的系数。从数值上看，k 等于各反应物浓度均为 1 时的反应速度，因此有时也称它为"比速度"。

在式（2-1）中浓度 C_A、C_B 的指数 a、b 分别称为该反应对物质 A、B 的级数。例如 $a=1$，称该反应对物质 A 为 1 级，其余类推。而各浓度指数之和 $n=a+b$ 称为反应的总级数。例如 $n=2$，称该反应为二级反应，其余类推。反应级数一般是由实验决定的，简单反应的级数常常与它的反应分子数相同，但二者在概念上是有差别的。

二、压力对燃烧反应速度的影响

对反应级数不同的化学反应来说，压力对它们的反应速度有着不同程度的影响。

如果容器中气体压力为 P_1，体积为 V_1，其中共有 N 摩尔气体，则气体的容积摩尔浓度 $C_1 = \dfrac{N}{V_1}$。由质量作用定律可知，化学反应速度为

$$W_1 = -\left(\frac{\mathrm{d}C}{\mathrm{d}\tau}\right)_1 = kC_1^n = k\left(\frac{N}{V_1}\right)^n$$

当气体受到压力 P_2 作用时，其体积变为 V_2，气体的容积摩尔浓度变为 $C_2 = \dfrac{N}{V_2}$，则反应速度变为：

$$W_2 = -\left(\frac{\mathrm{d}C}{\mathrm{d}\tau}\right)_2 = kC_2^n = k\left(\frac{N}{V_2}\right)^n$$

两种不同反应速度之比为：

$$\frac{W_1}{W_2} = \left(\frac{V_2}{V_1}\right)^n$$

由于

$$\frac{V_2}{V_1} = \frac{P_1}{P_2}$$

所以

$$\frac{W_1}{W_2} = \left(\frac{P_1}{P_2}\right)^n \tag{2-2}$$

式（2-2）表明化学反应速度 W 与压力 P 的 n 次方成正比。对于一级反应，化学反应速度与压力成正比；对于二级反应，则化学反应速度与压力的平方成正比；其余类推。

三、温度对反应速度的影响

实验表明，一般化学反应，温度每增加 10℃，反应速度约增加 2～4 倍。这可用分子运动学说来加以分析。

不同分子之间只有互相碰撞以后才能发生化学反应。但是互相碰撞的分子不一定都能产生化学反应。例如在标准状态下，每 $1cm^3$ 气体中的分子在 1s 内碰撞的次数约为 10^{29}。如果每一次碰撞均有效，那么分子间的化学反应将在瞬间内完成。但事实并非如此，在分子互相碰撞时，只有少数具有较大能量的活化分子能够产生化学反应。活化分子所具有的能量比普通分子的能量大，而且要超过一定的值，才能破坏原来分子的结构，建立新的分子。这种超过分子平均能量可使分子活化而发生反应的能量称为活化能。

系统的温度越高，分子的热运动越剧烈，它们所具有的能量也越大；亦即温度越高，具有活化能或能量超过活化能的分子数越多，所以反应也就进行得越剧烈。

下面用最简单的一级反应来分析反应速度与温度的关系。

假定系统中气体的总分子数为 N_0，这些气体的每一个分子都以一定的速度运动着，因而具有一定的能量。每 1mol 气体所具有的能量用 E 表示。显然，各个分子运动的情况不同，它们的 E 值也各不相同。

为了说明气体各分子间能量分布的情况，把全部可能的 E 值划分成许多小间隔 ΔE，并用 ΔN 来表示能量大于任选的 E 值但小于 $E+\Delta E$ 的分子的数目。那么，ΔN 与所取间隔 ΔE 成正比，并与所选的 E 值有如下关系：

$$\Delta N = \Delta E f(E)$$

所有间隔的 ΔN 的总和即为气体分子的总数 N_0。如图 2-1（a）所示，在每一间隔 ΔE 上部的矩形面积就是 ΔN，矩形的高度为 $\Delta N/\Delta E$。根据或然率定律可以确定，具有平均能量的分子数最多，所以矩形的最大面积（即矩形的最大高度）将出现在 E 值等于平均能量 E_m 处。当 E 值偏离 E_m 时，矩形高度就慢慢减小。

如果把每个小间隔 ΔE 无限缩小，图（a）的能量分布折线就变为图（b）上一条中间高两头低的能量分布曲线。曲线的纵坐标为 dN/dE，因此该曲线的函数关系应为

$$\frac{dN}{dE} = f(E)$$

根据麦克斯威尔气体分子运动的速度分布公式，速度在 v 到 $v+dv$ 间的分子数 dN 在总分子数 N_0 中所占的分数为

$$\frac{\mathrm{d}N}{N_0}=4\pi\left(\frac{\mu}{2\pi RT}\right)^{3/2}\upsilon^2 e^{-\frac{\mu\upsilon^2}{2RT}}\mathrm{d}\upsilon \tag{2-3}$$

式中　μ——气体的分子量；

$\quad\quad R$——通用气体常数；

$\quad\quad T$——绝对温度。

知道了分子的速度分布公式，就很容易导出气体分子的能量分布公式。对于速度为 υ 的 1mol 气体，其平均动能为 $E=\frac{1}{2}\mu\upsilon^2$，则 $\mathrm{d}E=\mu\upsilon\mathrm{d}\upsilon$，代入式（2-3）并加以整理可得：

$$\frac{\mathrm{d}N}{\mathrm{d}E}=\frac{2}{\sqrt{\pi}}N_0\left(\frac{1}{RT}\right)^{3/2}e^{-\frac{E}{RT}}E^{1/2}$$

这就是能量分布曲线的函数关系式。对不同反应，E 是不同的；对同一反应，在不同温度下能量分布曲线也不相同。

在图 2-1 中，能量大于 E_1 小于 E_2 的分子数 $N_{E_1\sim E_2}$ 应为图（b）曲线 AB 段以下的面积 E_1ABE_2，它可由积分求得：

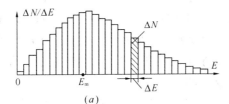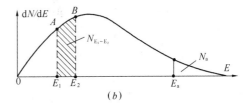

图 2-1　气体分子间的能量分布

（a）折线；（b）曲线

$$N_{E_1\sim E_2}=\int_{E_1}^{E_2}\frac{2}{\sqrt{\pi}}N_0\left(\frac{1}{RT}\right)^{3/2}e^{-\frac{E}{RT}}E^{1/2}\mathrm{d}E$$

能量等于和大于活化能 E_a 的分子数 N_a（即活化分子数），应为图 2-1（b）中相应于横坐标 $E>E_a$ 部分曲线所包含的面积：

$$N_a=\int_{E_a}^{\infty}\frac{2}{\sqrt{\pi}}N_0\left(\frac{1}{RT}\right)^{3/2}e^{-\frac{E}{RT}}E^{1/2}\mathrm{d}E$$

该积分可得到一迅速收敛的级数，略去第二项后各项，简化后为

$$N_a=N_0 e^{-\frac{E_a}{RT}} \tag{2-4}$$

根据上式，实际的化学反应速度应为：

$$W=W_0 e^{-\frac{E_a}{RT}} \tag{2-5}$$

式中　W_0——假定所有分子的碰撞均有效，反应所具有的速度。

以上分析了一级反应的反应速度与反应温度的关系。对二级反应和三级反应加以分析，也可得到同样的结论。式（2-5）表明，化学反应速度随着温度的升高而猛烈增加，二者成指数关系。

关于温度对化学反应速度影响的关系式以及活化能的概念，最早是由阿累尼乌斯于 1889 年提出的。当时是一个经验公式，用化学反应速度常数表示：

$$k = k_0 e^{-\frac{E}{RT}} \tag{2-6}$$

阿累尼乌斯得到的反应速度与温度的关系曲线示于图 2-2。曲线随着温度升高而迅速上升，然后又变为缓慢上升，最后趋向于一条水平线 $W = W_0$。

通常活化能的数值约为 $(4 \sim 40) \times 10^4 \mathrm{J/mol}$。只有当温度达 $1 \times 10^5 \mathrm{K}$ 左右时，反应速度的增长才开始减慢。所以在实际工程中仅用到曲线的起始部分。也就是说化学反应速度随温度的上升而迅速增加。

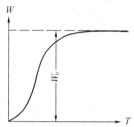

图 2-2 阿累尼乌斯得到的反应速度与温度的关系曲线

气体反应的动力学理论还指出，发生碰撞的分子数也与温度有关，它与 $\sqrt{T}$ 成正比。这就是说，W_0 也与温度有关。但是与活化因素 $e^{-\frac{E_a}{RT}}$ 相比，前者是微不足道的。对每一个具体反应，可以认为由于分子碰撞而产生的反应速度 W_0 为一个定值，与温度无关。利用这个假定，便可以根据实验数据直接算出各种反应的活化能。

例如某一反应，当温度为 T_1 时，实验所得的反应速度为 W_1；当温度为 T_2 时，反应速度为 W_2。根据式（2-5）可以写出

$$W_1 = W_0 e^{-\frac{E_a}{RT_1}}$$

和

$$W_2 = W_0 e^{-\frac{E_a}{RT_2}}$$

将上列二式相除可得

$$\frac{W_1}{W_2} = e^{-\frac{E_a}{R}\left(\frac{1}{T_1} - \frac{1}{T_2}\right)}$$

或

$$\ln \frac{W_1}{W_2} = \frac{E_a}{R}\left(\frac{1}{T_2} - \frac{1}{T_1}\right)$$

解此方程式，可以得到一个计算活化能 E_a 的公式：

$$E_a = \frac{R}{\dfrac{1}{T_2} - \dfrac{1}{T_1}} \ln \frac{W_1}{W_2} = \frac{RT_1 T_2}{T_1 - T_2} \ln \frac{W_1}{W_2} \tag{2-7}$$

前已指出，不同反应的活化能是不同的。有自由原子参加的反应其活化能最小，因为在这种情况下不必为破坏分子内部联系而消耗能量。

第二节　链　反　应

古典化学动力学是从分子的观念出发，用化学反应方程式来研究化学反应的。

实验表明，有些化学反应的机理十分复杂，它们往往不是由反应物一步就获得生成物，而是通过链反应方式来进行的。链反应只要一旦被引发，就会相继发生一系列基元反应，直至反应物消耗殆尽或通过外加因素使链环中断为止。

链反应具有十分重要的意义，很多工艺过程，例如高分子的加成聚合反应、石油的热裂、碳氢化合物的卤化和氧化以及燃料的燃烧和爆炸等，都属于链反应。

对链反应理论研究得较早，并有重大贡献的是前苏联的谢苗诺夫和英国的欣歇伍德。

可燃气体的燃烧反应都是链反应。其中，人们较熟悉的是氢和氧的反应。

从化学计量方程式 $2H_2 + O_2 = 2H_2O$ 来看，要使三个稳定的分子同时碰撞并发生反

21

应，其可能性是很小的，但事实并非如此。

实验表明，在氢和氧的混合气体中，存在一些不稳定的分子，它们在碰撞过程中不断变成化学上很活跃的质点：H、O 和 OH 基。这些自由原子和游离基称为活化中心。通过活化中心来进行反应，比原来的反应物直接反应容易很多。

最初的活化中心可能是按下列方式得到：

$$H_2 + O_2 \longrightarrow 2OH$$
$$H_2 + M \longrightarrow H + H + M$$
$$O_2 + O_2 \longrightarrow O_3 + O$$

式中 M——与不稳定分子碰撞的任一稳定分子。

活化中心与稳定分子相互作用的活化能是不大的，故在系统中可发生以下反应：

(1) $H + O_2 \longrightarrow O + OH$

(2) $O + H_2 \longrightarrow H + OH$

(3) $OH + H_2 \longrightarrow H + H_2O$

在这三个基元反应中，(1) 式的反应较 (2)、(3) 慢些，因此它的反应速度是决定性的。但 (1) 式的 E_a 也只有 58576J/mol。

基元反应之间也有一定的数量关系，以氢原子 H 这个活化中心为例可归结为

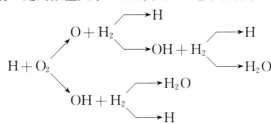

这就是氢和氧反应的一个链环。它从一个氢原子和一个氧分子的作用开始，最后生成两个水分子和三个新的氢原子。

新的氢原子可以成为另一个链环的起点，使链反应连续下去；也可能在气相中或在容器壁上销毁。

在气相中销毁的方式可以是

$$2H + M \longrightarrow H_2 + M$$
$$H + OH + M \longrightarrow H_2O + M$$

式中 M——代表某稳定分子或杂质。

假如在上述链环中形成的三个活化中心都销毁了，链反应就在这个环上中断。

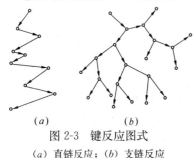

(a)   (b)

图 2-3 键反应图式

(a) 直链反应；(b) 支链反应

像氢和氧反应的链环那样，如果每一链环中有两个或更多个活化中心可以引出新链环的反应，这种链反应称为支链反应，如果每一链环只产生一个新的活化中心，那么这种链反应称为直链反应（图 2-3）。燃烧反应都是支链反应。

一氧化碳和氧之间的反应机理相当复杂。通过实验已经证明，干燥的一氧化碳和空气（或氧）的混合物在 700℃ 以下，不起化学反应。而温度在 700℃ 以上

时，也只在容器壁上有缓慢的反应。但当混合物中引入少量水分或氢气时，就会使整个容器中的混合物产生反应。在这种情况下发生的过程与氢氧之间的反应相类似，在一氧化碳的火焰中，也出现氢火焰中那样的活化中心：OH、O 和 H。

用水催化的一氧化碳燃烧反应的历程，归纳起来可能有如下一系列基元反应：

(1) $H_2O+CO \longrightarrow CO_2+H_2$

(2) $H_2+O_2 \longrightarrow H_2O_2$

(3) $H_2O_2+M \longrightarrow 2OH+M$

(4) $H_2O_2+CO \longrightarrow CO_2+H_2O$

(5) $OH+CO \longrightarrow CO_2+H$

(6) $H+O_2 \longrightarrow OH+O$

(7) $H+O_2+M \longrightarrow HO_2+M$

(8) $O+H_2 \longrightarrow OH+H$

(9) $O+O_2+M \longrightarrow O_3+M$

(10) $HO_2+CO \longrightarrow CO_2+OH$

(11) $HO_2 \xrightarrow{壁面} 销毁$

由于同时进行着副反应，因此情况是比较复杂而不易弄清的。总的来说，反应生成物是二氧化碳和一些新的活化中心，其中尤以反应（5）和反应（10）的生成物增长速度最为明显。

碳氢化合物的氧化反应和氢、一氧化碳的氧化反应相比，有许多本质上的不同。多数碳氢化合物的燃烧反应进行得比较缓慢，因为碳氢化合物的燃烧是一种退化的支链反应，即新的链环要依靠中间生成物分子的分解才能发生。

光谱分析表明，在碳氢化合物的反应区域内，OH 基的浓度超过了平衡浓度。可以推测火焰中还有自由的 C_2 基和 CH 基。燃烧过程是很复杂的。刘易斯和冯·埃尔柏认为在这种情况下，链反应是从形成某种醛（$RCHO$）开始的。

谢苗诺夫于 1958 年提出了以过氧基 RO_2 为基础的烃类氧化机理，不仅解释了爆炸极限，而且也容易解释某些已知中间体的存在。

甲烷的氧化与其他烃的不同之处在于破坏它的第一个 C-H 键所需能量较大，因此甲烷-空气混合物的点燃比其他烃类更困难。

在较低温度下甲烷的氧化反应历程可以解释如下：

(1) $CH_4+O_2 \longrightarrow CH_3+HO_2$

(2) $CH_3+O_2 \longrightarrow CH_2O+OH$

(3) $OH+CH_4 \longrightarrow H_2O+CH_3$

(4) $OH+CH_2O \longrightarrow H_2O+HCO$

(5) $CH_2O+O_2 \longrightarrow HO_2+HCO$

(6) $HCO+O_2 \longrightarrow CO+HO_2$

(7) $HO_2+CH_4 \longrightarrow H_2O_2+CH_3$

(8) $HO_2+CH_2O \longrightarrow H_2O_2+HCO$

(9) $OH \longrightarrow 器壁$

（10）$CH_2O \longrightarrow$ 器壁

以上反应中，反应（1）缓慢，其他包含一个基和任一初始反应物的反应是快速的。这可解释烃燃烧过程的感应期。反应（5）是必需的链分支步骤。反应（4）和反应（8）可生成甲酰基 HCO。

西里和鲍曼通过实验研究于1970年提出了一套完整的方程组，解释高温时（2000K）甲烷的反应历程：

（1）$CH_4 + M \longrightarrow CH_3 + H + M$

（2）$CH_4 + O \longrightarrow CH_3 + OH$

（3）$CH_4 + H \longrightarrow CH_3 + H_2$

（4）$CH_4 + OH \longrightarrow CH_3 + H_2O$

（5）$CH_3 + O \longrightarrow HCHO + H$

（6）$CH_3 + O_2 \longrightarrow HCHO + OH$

（7）$HCO + OH \longrightarrow CO + H_2O$

（8）$HCHO + OH \longrightarrow H + CO + H_2O$

（9）$CO + OH \longrightarrow CO_2 + H$

（10）$H + O_2 \longrightarrow OH + O$

（11）$O + H_2 \longrightarrow H + OH$

（12）$O + H_2O \longrightarrow 2OH$

（13）$H + H_2O \longrightarrow H_2 + OH$

（14）$H + OH + M \longrightarrow H_2O + M$

（15）$CH_3 + O_2 \longrightarrow HCO + H_2O$

（16）$HCO + M \longrightarrow H + CO + M$

在较高温度下，反应的主要起始步骤是甲烷分子的高温分解，反应（1）进行得相当快。反应（2）、（3）、（4）表示甲烷受到后面几个反应产生的 H 基、OH 基和 O 基等的作用，经（5）、（6）化合而生成甲醛。甲酰和甲醛的分解按（7）、（8）进行。由于高温下 O 基浓度较大，因此必然包括通过 OH 基的 CO 氧化步骤和 H_2-O_2 系统的反应步骤。

虽然上述理论是在大量实验的基础上推论出来的，但甲烷的高温反应动力学尚未正式建立起来。中间产物尚待进一步弄清，甚至 CO 和 OH 的反应还仍在研究之中。

第三节　燃气的着火

任何可燃气体在一定条件下与氧接触，都要发生氧化反应。如果氧化反应过程发生的热量等于散失的热量，或者活化中心浓度增加的数量正好补偿其销毁的数量，这个过程就称为稳定的氧化反应过程。如果氧化反应过程生成的热量大于散失的热量，或者活化中心浓度增加的数量大于其销毁的数量，这个过程就称为不稳定的氧化反应过程。

由稳定的氧化反应转变为不稳定的氧化反应而引起燃烧的一瞬间，称为着火。

在一定条件下，由于活化中心浓度迅速增加而引起反应加速从而使反应由稳定的氧化反应转变为不稳定的氧化反应的过程，称为支链着火。例如，磷在大气中会发生闪光，但温度并不高；许多液态可燃物（醚、汽油、煤油等）在低压和温度只有200～280℃时发生微弱的火光（又称冷焰）等。

一般工程上遇到的着火是由于系统中热量的积聚，使温度急剧上升而引起的。这种着火称为热力着火。

一、支链着火

支链反应的反应速度和压力、温度的关系是很复杂的。在一定的条件下，支链反应能够以自动加速的方式来进行，从而引起自燃。

以氢、氧混合物的反应为例，它有两个压力极限—下限和上限（图 2-4）。在压力下限以左的低压范围内（AB 段）反应是缓慢而稳定的。因为压力很低，反应物浓度很小，为数不多的活化中心很容易撞在容器壁上而销毁，链中断的可能性很大。压力下限的数值与可燃混合物的组成及容器的形状有关，与温度的关系不大。当压力较高而且超过上限（C 点）时，由于压力高而反应物浓度增大，活化中心与其他分子碰撞而销毁的机会增多，链中断的可能性也增大，所以反应又突然变得缓慢。在没有达到热力着火之前，反应速度随压力的增加而缓慢地增加（CD 段）。压力上限的数值与温度有很大关系，与容器的形状无关。压力上限对于惰性气体和杂质非常敏感，因为有了掺杂物会发生更多的无效碰撞，使反应空间内的链更容易中断。

只有当压力处于下限和上限之间时，支链反应的活化中心的增加速度才会超过其销毁速度，反应才会自动加速，引起燃烧和爆炸。

图 2-5 为氢氧混合物的着火半岛，它表明了支链着火与温度、压力之间的关系。ab 为着火下限，ac 为着火上限，阴影部分（半岛形）为着火区，在半岛以外不能着火。

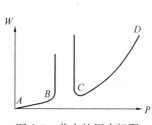

图 2-4　着火的压力极限

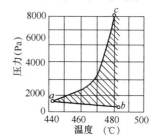

图 2-5　氢氧混合物的着火半岛

众所周知，所有的燃烧反应都是放热反应，在反应过程中系统的温度会不断升高。但是为了确切地说明支链着火的概念，在这里假设反应过程中放出的热量被不断引出，亦即反应在等温条件下进行。这样，链反应的速度就完全由活化中心的浓度变化来确定。

活化中心是由分子活化而产生的，此外，对于支链反应还会因化学反应而不断产生新的活化中心。与此同时，活化中心和容器壁以及惰性分子相互碰撞又会不断销毁。所以在等温条件下活化中心的浓度的变化速度可按下式计算：

$$\frac{dC_a}{d\tau} = W_0 + f C_a - g C_a$$

式中　C_a——活化中心的浓度；

　　　τ——时间；

　　　W_0——由分子活化而产生活化中心的速度；

　　f——由支链反应而使活化中心增加的速度系数；

　　g——活化中心销毁的速度系数；

　　$f\,C_a$——由支链反应而使活化中心增加的速度；

　　$g\,C_a$——活化中心销毁的速度。

　　令 $f-g=\varphi$（φ 可理解为实际的活化中心增加的速度系数）

则得

$$\frac{\mathrm{d}C_a}{\mathrm{d}\tau}=W_0+\varphi C_a \tag{2-8}$$

将此式积分，并考虑到当 $\tau=0$ 时，$C_a=0$，便可得到：

$$C_a=\frac{W_0}{\varphi}\ (e^{\varphi\tau}-1)$$

链反应的速度，也就是反应生成物的形成速度应为：

$$W=\alpha f\,C_a=\frac{\alpha fW_0}{\varphi}\ (e^{\varphi\tau}-1) \tag{2-9}$$

式中　　α——每一个活化中心所能形成的生成物分子数。

　　由此可以知道，反应进行的情况决定于反应分支速度与链中断之间的关系，即决定于 φ。

　　在等温条件下，链反应速度随时间的变化可能有以下三种情况：

　　（1）当 $f>g$，即 $\varphi>0$ 时

$$W=\frac{\alpha fW_0}{\varphi}\ (e^{\varphi\tau}-1)\approx\frac{\alpha fW_0}{\varphi}e^{\varphi\tau}$$

这时在反应开始很短时间 τ_i 后，反应速度与时间的关系便接近指数曲线，反应自动加速。

　　（2）当 $f=g$，$\varphi=0$ 时，式（2-8）中最后一项 $\varphi C_a=0$，因此可得出一个直线方程式：

$$W=\alpha fW_0\tau$$

该直线方程表示反应速度随时间而逐步增加。

　　（3）当 $f<g$，即 $\varphi<0$ 时，反应速度趋向于一个极限值：

$$W_l=\frac{\alpha fW_0}{|\varphi|}$$

　　图 2-6 所示就是等温条件下链反应速度随时间变化的三种情况。

　　从以上链反应速度的变化关系可知：当 $\varphi<0$ 时，反应属于稳定状态，不会引起着火，当 $\varphi=0$ 时，反应处于由稳定状态变化为不稳定状态的极限；当 $\varphi>0$ 时，反应变为自动加速的不稳定状态，引起支链着火。从图 2-6 还看出：对于支链反应，在着火前存在着一个感应期 τ_i，在此期间系统中的能量主要用于活化中心的积聚，反应的速度极小，甚至很难觉察出来。经过感应期之后，反应速度达到可测速度 W_i，接着反应速度就迅速增加，在瞬时内达到极大值而完成反应。

　　感应期的长短主要取决于反应开始时的情况。若开始时活化中心浓度较大，感应期就较短；否则就较长。

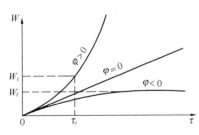

图 2-6　等温条件下链反应的
速度变化曲线 $W=f(\tau)$

二、热力着火

燃气与空气混合物的热力着火，不仅与燃气的物理化学性质有关，而且还与系统中的热力条件有关。现叙述如下：

当燃气与空气的混合物在容器中进行化学反应时，分析其发生的热平衡现象，可以了解热力着火的条件。

假设容器内壁面温度为 T_0，容器内的反应物温度为 T，反应物的浓度为 C_A、C_B。那么，单位时间内容器中由于化学反应产生的热量为

$$Q_1 = WHV = k_0 e^{-\frac{E}{RT}} C_A^a C_B^b HV$$

式中　W——化学反应速度；

　　　H——燃气的热值；

　　　k_0——常数；

　　　V——容器的体积。

在着火以前，由于温度 T 不高，反应速度很小，可以认为反应物浓度没有变化。将上式中各常数项的乘积用 A 表示，可写成

$$Q_1 = Ae^{-\frac{E}{RT}} \tag{2-10}$$

式（2-10）是容器中单位时间内由于化学反应而发生的热量与温度 T 的关系，绘在图 2-7 中，为一指数曲线 L（为了使问题简化，此处未考虑由于温度升高而使活化中心增加，从而对化学反应速度产生的影响）。

单位时间内燃气与空气的混合物通过容器向外散失的热量为：

$$Q_2 = \alpha F (T - T_0)$$

式中　α——由混合物向内壁的散热系数；

　　　F——容器的表面积；

　　　T——混合物的温度；

　　　T_0——容器内壁温度。

由于容器中温度变化不大，可以近似地认为 α 是常数。用 B 表示 αF，则上式可写成

$$Q_2 = B (T - T_0) \tag{2-11}$$

式（2-11）为散热量与温度的关系，在图 2-7 上是一根直线 M。散热线的斜率取决于散热条件，它与横坐标的交点是容器内壁温度 T_0。

在图 2-7 中还可以看到散热线随着 T_0 变化而平行移动的情况。当温度 T_0 较低时，散热线 M 和发热曲线 L 有两个交点：1 和 2。此两交点显然都符合发热量等于散热量的条件，亦即都处于平衡状态，但情况却有所不同。为了进一步分析，将这两个点分别绘在图 2-8 上加以比较。

首先分析交点 2 的情况。假设由于偶然的原因使温度下降一些，则由化学反应发生的热量就小于散失的热量，

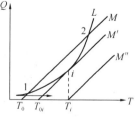

图 2-7　可燃混合物
的热力着火过程

27

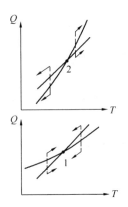

图 2-8　两种平衡状态的分析

温度将不断下降。假设温度偶尔升高，则发热量大于散热量，温度将不断升高。可见任何温度的微小波动都会使反应离开平衡状态，因而交点 2 实际上是不稳定的平衡状态。

交点 1 的情况则不同。假设温度偶然降低，则由化学反应发生的热量将大于散失的热量，温度将回升到原处。假设温度偶尔升高，则散热量将大于发热量，使温度又降回到原处。因此交点 1 是稳定的平衡点。在该点混合物的温度很低，化学反应速度也很慢，是缓慢的氧化状态。

当容器内壁温度 T_0 逐渐升高时，直线 M 向右移动，到 M' 位置时和曲线 L 相切于 i 点。i 点是稳定状态的极限位置，若容器内壁温度比 T_{0i} 再升高一点，曲线 M' 就移到 M'' 的位置，曲线 L 和 M'' 就没有交点。这时发热量总是大于散热量，温度不断升高，反应不断加速，化学反应就从稳定的、缓慢的氧化反应转变成为不稳定、激烈的燃烧。

发热曲线与散热曲线的切点 i，称为着火点，相应于该点的温度 T_i 称为着火温度或自燃温度。

除了上述用加热方法（使 T_0 提高）能使可燃混合物着火以外，用升高压力的办法也能达到着火的目的。如果散热条件不变，升高压力将使反应物浓度增加，因而使化学反应速度加快。在图 2-9 中发热曲线 L 将向左上方移动。到 L' 位置时，出现一个切点，就是着火点 i。当压力继续升高时，产热就永远大于散热（见 L''）。

根据以上分析可知，着火点是一个极限状态，超过这个状态便有热量积累，使稳定的氧化反应转为不稳定的氧化反应。着火点与系统所处的热力状况有关，即使同一种燃气，着火温度也不是一个物理常数。

从图 2-10 可以看到，当可燃混合物的发热曲线 L 不变时，如果散热加强，直线 M 斜率将增大，着火点温度将由 T_i 升高至 T_i'。

由于着火点是发热曲线与散热曲线的相切点，它必然符合以下关系：

$$\begin{cases} Q_1 = Q_2 \\ \dfrac{\mathrm{d}Q_1}{\mathrm{d}T} = \dfrac{\mathrm{d}Q_2}{\mathrm{d}T} \end{cases}$$

用式（2-10）和式（2-11）代入以上联立方程式可得到：

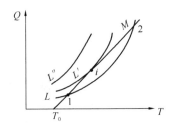

图 2-9　压力升高时可燃混合物的热力着火过程

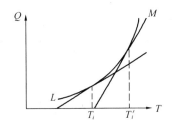

图 2-10　着火点与散热条件的关系

$$\begin{cases} Ae^{-\frac{E}{RT}} = B\,(T-T_0) \\ \dfrac{AE}{RT^2}e^{-\frac{E}{RT}} = B \end{cases}$$

合并以上两式可得

$$\frac{E}{RT^2}\,(T-T_0) = 1$$

或

$$T^2 - \frac{E}{R}T + \frac{E}{R}T_0 = 0$$

解此二次方程式就可得到相当于切点 i 的着火温度：

$$T = T_i = \frac{1-\sqrt{1-\dfrac{4RT_0}{E}}}{2\dfrac{R}{E}} \tag{2-12}$$

上式中根号前只取负号，因为取正号时所得着火温度将在 10000K 以上，实际上是不可能达到的。

将式（2-12）展开成级数，得：

$$T_i = \frac{2\left(\dfrac{RT_0}{E}\right) + 2\left(\dfrac{RT_0}{E}\right)^2 + 4\left(\dfrac{RT_0}{E}\right)^3 + \cdots\cdots}{2\dfrac{R}{E}}$$

式中 $\dfrac{RT_0}{E}$ 值很小，将其大于二次方的各项略去（误差不超过 1/100）可得

$$T_i = T_0 + \frac{R}{E}T_0^2 \tag{2-13}$$

式（2-13）确定了使可燃混合物着火的条件，并用数量关系表达出来。也就是说可燃混合物只需从 T_0 加热，使其温度上升 $\Delta T = \dfrac{RT_0^2}{E}$，就能着火。

在通常情况下，如果 $E = (12.5 \sim 25) \times 10^4 \text{J/mol}$，周围介质 $T_0 = 700\text{K}$，则着火前的加热程度

$$\Delta T = T_i - T_0 = \frac{RT_2^0}{E} = 16 \sim 33\text{℃}$$

也就是说 T_i 和 T_0 是很接近的。

图 2-11 是一些燃气-空气混合物的着火温度。从（a）可以看出，氢的着火温度随着混合物中氢含量的增加而上升；一氧化碳的最低着火温度出现于混合物中一氧化碳含量为 20% 的时候。从（b）中可以看到几种碳氢化合物的着火温度，除了甲烷以外，其余几种的着火温度都是随着它们在混合物中的含量增加而降低。

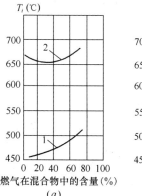
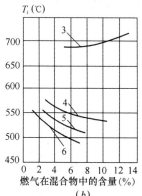

图 2-11　着火温度和可燃混合物组成的关系

(a) 氢和一氧化碳；(b) 碳氢化合物

1—氢；2—一氧化碳；3—甲烷；4—乙烷；5—丙烷；6—丁烷

第四节 燃 气 的 点 火

上节讨论了在整个可燃混合物容积中发生的着火现象。这时，假设可燃混合物中任一点的瞬时温度和浓度均相等，燃烧反应是在整个系统中同时进行的。而当一微小热源放入可燃混合物中时，则贴近热源周围的一层混合物被迅速加热，并开始燃烧产生火焰，然后向系统其余冷的部分传播，使可燃混合物逐步着火燃烧。这种现象称为强制点火，简称点火。点火热源可以是：灼热固体颗粒、电热线圈、电火花、小火焰等。后三种点火方式在工程上应用较为广泛，其中以电热源应用最广。

强制点火要求点火源处的火焰能够传至整个容积，因此着火的条件不仅与点火源的性质有关，而且还与火焰的传播条件有关。

一、原理概述

现从热力角度分析局部点火过程。有一热金属颗粒放入可燃混合物中，其附近的温度分布示于图 2-12，T_w 为颗粒温度，T_0 为混合物温度。由于有温差，颗粒的热量向贴近的混合物传递，热流率与周围介质的热力性质有关。如果 T_w 一定，则形成一稳定温度场，颗粒周围薄层中温度梯度最大。在可燃介质中，由于反应产生热量，温度线 b 比在非可燃介质中的温度线 a 高。虚直线表示表面上的温度梯度斜率。由此可见，当发生放热反应时，温度梯度较小，因而从表面传向介质的热流也较小。如果颗粒温度升高，则温度分布曲线的差异更加显著。颗粒温度越高，周围介质层反应产生的热量也越多，则温度梯度越小，表面发出的热流也越小。当颗粒温度升高到某一临界值 T_{is} 时，表面传向介质的热流等于零。如果颗粒表面温度稍高于 T_{is}，则反应加快，并在离开表面很小的距离上出现最高温度。一部分热量流向颗粒，而大部分则流向周围介质。这时，由于温度最高点继续离开颗粒表面，不可能形成稳定温度场。当灼热颗粒表面法线方向温度梯度等于零，即 $\left(\dfrac{\mathrm{d}T}{\mathrm{d}x}\right)_w = 0$ 时，火焰层开始向未燃部分传播。温度临界值 T_{is} 就是强制点火的点火温度。按其意义与自动着火过程的着火温度相似，但比后者要高。

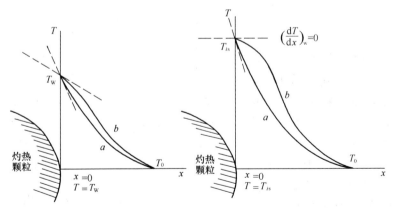

图 2-12　灼热颗粒附近温度分布

a—在非可燃介质中；b—在可燃介质中

必须指出，在反应介质中往往伴随有气体组分的浓度梯度。由于发生化学反应，颗粒表面附近可燃物浓度降低，而反应产物浓度增高。这样，就出现可燃物和反应产物各自的分子扩散。严格来讲，在分析点火问题时必须考虑分子扩散的影响。

点火成功时，在灼热颗粒表面形成一火焰层，其厚度为 δ_f。若设其最高温度为火焰温度 T_f，则可由该火焰层的热平衡求得其厚度。

火焰层单位时间内的传导热量

$$Q_1 = \frac{\lambda \ (T_f - T_0)}{\delta_f} A$$

层内的化学反应放热量

$$Q_2 = \delta_f \cdot H \cdot W \cdot A$$

按热量平衡 $Q_1 = Q_2$，则可得

$$\delta_f^2 = \frac{\lambda \ (T_f - T_0)}{H \cdot W} \tag{2-14}$$

式中　δ_f——火焰层厚度；

　　　A——火焰层面积；

　　　λ——导热系数；

　　　T_f——火焰温度；

　　　T_0——混合物起始温度；

　　　H——混合物的燃烧热；

　　　W——火焰层中燃烧反应速度。

二、热球或热棒点火

将石英或铂球投射入可燃混合物中，当球体的温度 T_W 大于临界值 T_{is} 时，即发生点燃现象。实验证明，球体临界温度与下列变量有关：球体尺寸、球体催化特性、与介质的相对速度、可燃混合物的热力和化学动力特性等。如果紧贴球体表面的一层可燃混合物中化学反应产生的热量超过该层的热损失，则点燃的临界判别式可以按下述方法确定。令在球体周围厚度为 δ 的薄层中，温度由 T_W 直线下降至外部气体介质温度 T_0。周围气体层的厚度取决于球体速度（相对气流速度）、球体半径 r、流体黏度及其热力性质。发生燃烧反应的气体容积近似为 $4\pi r^2 \delta$，散失热量的球壳面积为 $4\pi r^2$。假设热量主要靠热传导散失，则点燃的条件是（参见图 2-13）：

$$4\pi r^2 \delta H W \geqslant 4\pi r^2 \lambda \ (T_W - T_0) \ /\delta \tag{2-15}$$

化简后得

$$\frac{(T_W - T_0)}{\delta} \leqslant \frac{\delta H W}{\lambda} \tag{2-16}$$

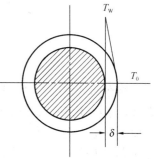

图 2-13　灼热体附面层

当 $T_W = T_{is}$ 时，上式为等号。此式表明，反应层中的温度梯度是支配点燃可能性的一个重要因素。

由流体力学和传热学可知，当球体绕流的 Re 数和 Pr 数高时，附面层的厚度变小，因而球体壁面附近的温度梯度增大。所以，当球面温度给定时，若气流速度高，则温度梯度

大，由于热损失大而难于点燃。

按传热学，放热系数 α 的定义为

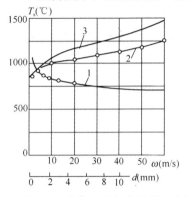

图 2-14　点火温度与直径及速度的关系
1—$T_{is}=f(d)$；2—$T_{is}=f(w)_{实验}$；
3—$T_{is}=f(w)_{计算}$

$$\alpha\,(T_w-T_0)=-\lambda\left(\frac{dT}{dx}\right)_{a\to 0}=-\lambda\frac{T_w-T_0}{\delta}$$

努塞尔数

$$N_u=\frac{\alpha d}{\lambda}=\frac{2r\alpha}{\lambda}$$

消掉 δ，则点燃判别式可写成

$$\frac{Nu^2}{4r^2}=\frac{HW_i}{\lambda\,(T_{is}-T_0)}$$

或

$$T_{is}-T_0=\frac{4r^2H\cdot W_i}{Nu^2\cdot\lambda} \qquad (2\text{-}17)$$

式中　W_i——T_{is} 时的燃烧反应速度。

实验表明，热球（或热棒）直径越小或相对气流速度越高时，临界点火温度也越高（图 2-14）。

三、小火焰点火

点燃可燃混合物所需的能量可由点火火焰供给。这时，引发点火的可能性取决于以下特性参数：可燃混合物组成、点火火焰与混合物之间的接触时间、火焰的尺寸和温度，以及混合强烈程度等。

为简化分析，设有一无限长的扁平点火火焰，其温度为 T_w，厚度为 $2r$，如图 2-15 所示。实际点火火焰的尺寸是有限的，并为三维，选择扁平火焰，一般可当做一维火焰进行分析。将扁平火焰放入无限大的充满可燃混合物的容器中，起始时 $\tau=0$，混合物的温度为 T_0。随时间的增长，火焰在可燃混合物中的温度场逐渐扩展和衰减（图 2-15）。这些温度分布曲线可以通过解火焰的不稳定导热方程求得，并为正态分布。

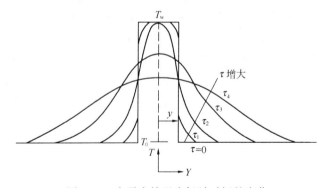

图 2-15　扁平火焰温度场随时间的变化

存在两种情况。第一种情况是，当扁平火焰的厚度小于某一临界尺寸时，温度场不断衰减，最终使点火火焰熄灭。显然，这是因为火焰析热率不高而能量过度散耗的结果。第二种情况是，火焰厚度大于临界尺寸，混合物的放热反应能够扭转温度场衰减的趋向，并能使火焰传播。实验表明，扁平点火火焰的临界厚度是火焰稳定传播时焰面厚度的两倍，即

$$2y=2r_c\approx 2\delta_f,\ r_c\approx\delta_f \qquad (2\text{-}18)$$

由式（2-14）、（2-18）可得

$$r_c \approx \left[\frac{\lambda\ (T_f - T_0)}{H \cdot W} \right]^{\frac{1}{2}} \tag{2-19}$$

由此可见，要点燃导热率高的可燃混合物，必须用厚度大的点火火焰，同时火焰温度也要高。如果平均析热率高，则点火火焰的临界厚度就可以小些。

已知化学反应速度 W 与压力 P 的 n 次方成正比，即 $W \propto P^n$，则

$$r_c \propto P^{-n/2} \tag{2-20}$$

压力较高时，火焰临界厚度就比较小。如果燃烧反应为二级反应，则 $r_c \propto P^{-1}$，即临界厚度与压力成反比。

四、电火花点火

把两个电极放在可燃混合物中，通高压电打出火花释放出一定能量，使可燃混合物点着，称为电火花点火。由于产生火花时局部的气体分子被强烈激励，并发生离子化，所以点火过程的机理十分复杂。气体的激励和强烈离子化改变了火花区化学反应的进程，相应地也改变了点火的临界条件。无疑，电火花使局部气体温度急剧上升，因此火花区可当做灼热气态物体，成为点火源。

用电火花进行点火时，从燃气的点燃到燃尽大体上可分成两个阶段。先是由电火花加热可燃混合物而使之局部着火，形成初始的火焰中心，随后初始火焰中心向未着火的混合物传播，使其燃烧。如果初始中心形成，并出现稳定的火焰传播，则点火成功。初始火焰中心能否形成，将取决于电极间隙内的混合物中燃气的浓度、压力、初始温度、流动状态、混合物的性质以及电火花提供的能量等。

点火电极可做成各种形式，如平头、圆头或平行板状等。产生火花的方法通常有电容放电和感应放电两种。电容放电是快速释放电容器所贮能量而产生的；感应放电是在断开包括变压器、点火线圈等在内的电路时产生的。电容放电时，释放能量可由下式表示

$$E = \frac{1}{2} C\ (U_1^2 - U_2^2) \tag{2-21}$$

式中　　　C——电容器的电容；

　　U_1，U_2——产生火花前后施加于电容器的电压。

通常 $U_2 \ll U_1$，故

$$E = \frac{1}{2} C U_1^2 \tag{2-22}$$

1. 最小点火能与熄火距离　最小点火能和熄火距离可用来表征各种不同可燃混合物的点燃特性。实验表明，当电极间隙内的可燃混合物的浓度、温度和压力一定时，若要形成初始火焰中心，放电能量必须有一最小极值。能量低于此极值时不能形成初始火焰中心。这个必要的最小放电能量就是最小点火能 E_{min}。

从电火花点火的理论来讲，可以认为火花产生后便形成一高温可燃混合气的小球。由于存在着向未燃气体的热流，使其温度急剧下降，而小球附近的气体层的温度上升，并诱发化学反应，所以形成了壳形焰面并向外传播。为使其继续传播，火焰在当时至少要增大到这种程度：火焰中心的已燃气体与火焰外的未燃气体之间的温度梯度具有与稳定火焰波中的温度梯度相同的斜率。如果火焰球过小，则温度梯度过陡，内核的反应析热率不足以

抵偿预热外层未燃气体的热损失率。这时，热损失量不断超过反应热量，造成整个反应空间温度下降，反应逐渐中断，火焰波只是在点火时点燃一小部分气体后就熄灭了。所以，最小点火能就是为建立临界最小尺寸的火焰所需的能量。

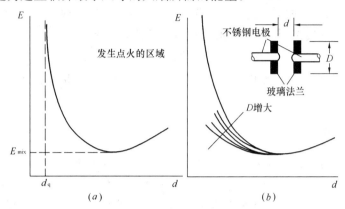

图 2-16　点火能与电极间距的关系曲线

(a) E_{min} 与 d_q；(b) 法兰直径的影响

实验还表明，当其他条件给定时，点燃可燃混合物所需的能量与电极间距 d 有关，所得关系曲线示于图 2-16。当 d 小到无论多大的火花能量都不能使可燃混合物点燃时，这个最小距离就叫熄火距离 d_q。因为当电极间隙过小时，初始火焰中心对电极的散热过大，以致火焰不能向周围混合物传播。所以，电极间的距离不宜过小，在给定条件下有一最佳值。

图 2-17 示出了最小点火能与天然气及城市燃气（含 H_2 50%）在混合物中含量的关系曲线，曲线上方为点火区域。由此可见，天然气所需点火能高，而且点火范围也窄，因此较难点着。而含氢量较高的城市燃气则易于点火。图 2-18 所示为熄火距离随可燃混合物中天然气含量的变化曲线。最小点火能 E_{min} 及熄火距离 d_q 的最小值一般都在靠近化学计量混合比之处，同时 E_{min} 及 d_q 随混合物中燃气含量的变

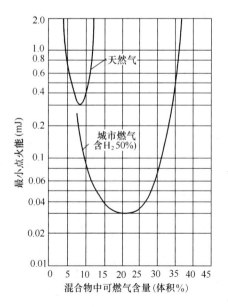

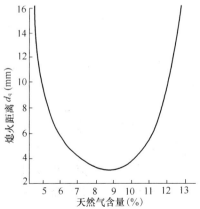

图 2-17　城市燃气与天然气最小点火能的比较　　图 2-18　熄火距离随天然气-空气混合物组成的变化

化曲线均呈 U 形。表 2-1 为各种燃气在空气中点火能与熄火距离的具体数值。

燃气在空气中的点火能和熄火距离　　　　　表 2-1

燃　气	点　火　能（10^{-5}J）		熄　火　距　离（mm）	
	化　学　计　量	最　　小	化　学　计　量	最　　小
氢	2.00	1.80	0.60	0.60
甲　烷	33.03	29.01	2.54	2.03
乙　烷	42.04	24.03	2.29	1.78
丙　烷	30.52	—	2.03	1.78
正丁烷	76.03	26.00	3.05	2.03
正戊烷	82.06	22.02	3.30	1.78
乙　炔	3.01	—	0.76	—
乙　烯	9.60	—	1.20	—
丙　烯	28.22	—	2.03	—
丁　烯	30.00	—	1.80	1.70
环丙烷	24.03	23.03	1.78	1.78

实验证明了熄火距离与压力的简单关系 $P \cdot d =$ 常数。同时还表明，对碳氢化合物 - 空气混合物的火焰来说，最小点火能还具有以下的关系式

$$E_{min} = kd^2 \qquad (2-23)$$

式中 $k \approx 0.0017$J/cm^2。由此可得出最小点火能与压力的关系如下：

$$E_{min} \propto \frac{1}{p^2} \qquad (2-24)$$

图 2-19 所示为在不同压力下所得的乙烷-氧-氮混合气中的最小点火能 E_{min} 和熄火距离 d_{fmin}。曲线表明，压力升高时，最小点火能和熄火距离均有所降低。

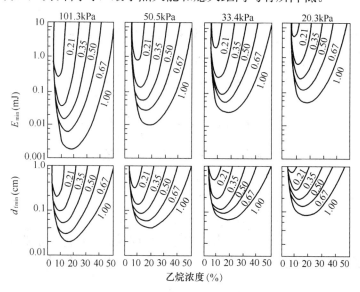

图 2-19　乙烷-氧-氮混合气的最小点火能与熄火距离（数字表示氧的摩尔成分）

2. 静止混合气中的最小点火能　在静止混合气中，电极间的火花使气体加热，假设电火花加热区为球形，其最高温度是混合气的理论燃烧温度 T_m，从球心到球壁温度为均

35

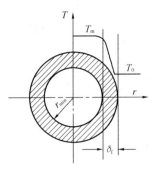

图 2-20 火焰层内温度分布

匀分布，并认为火花点燃混合气完全是热量的作用，燃烧为二级反应。当点火成功时，在火焰厚度 δ 内形成温度由 T_0 到 T_m 的稳定分布，如图 2-20 所示。若电火花加热的球形尺寸较大，它所点燃的混合气较多，化学反应放热也多，而单位体积火球的表面积相对较小，因而容易满足向冷混合气传热的要求，于是火焰向外传播并不断扩大。相反，若火花加热的球形尺寸较小，则因反应放热不易满足向冷混合气传热的要求，于是火焰向外扩展困难。因此为了保证点火成功，要求有一个最小的火球尺寸，或者是它所对应的火球的最小点火能量。

如果点火成功，便形成稳定的火焰传播。在传播开始瞬间必须满足：化学反应放出的能量等于火球表面导走的能量，即

$$\frac{4}{3}\pi r_{min}^3 k_0 H \cdot (\rho y)^2 \cdot e^{-\frac{E}{RT_{th}}} = 4\pi r_{min}^2 \lambda \left(\frac{dT}{dr}\right)_{r=r_{min}} \tag{2-25}$$

式中 ρ——燃气密度；

H——燃气热值（燃烧热）；

y——反应物相对浓度；

E——反应活化能；

R——通用气体常数。

上式右边的温度梯度可近似地简化为

$$\left(\frac{dT}{dr}\right)_{r=r_{min}} = \frac{T_m - T_0}{\delta_f} \tag{2-26}$$

δ_f 是火焰锋面的厚度。若进一步假定火焰锋面厚度与火球半径满足下式

$$\delta_f \approx c r_{min} \tag{2-27}$$

其中 c 为一常数。将式（2-26）和（2-27）代入式（2-25）得

$$r_{min} = \left[\frac{3\lambda (T_m - T_0)}{c k_0 H \rho^2 y^2 \cdot \exp\left(-\frac{E}{RT_m}\right)}\right]^{1/2} \tag{2-28}$$

假设电火花点燃混合气时，火花附近的混合气成分接近化学计量比，则有

$$(T_{ni} - T_0) = H/c_p$$

代入式（2-28）得

$$r_{min} = \left[3\lambda/c k_0 c_p \rho^2 y^2 \exp(-E/RT_m)\right]^{1/2} \tag{2-29}$$

从上式可以看出，当混合气压力增大，理论燃温度提高和热传导系数减小时，最小火球尺寸就减小。这个最小火球是用电火花点燃的，故所需电火花能量为

$$E_{min} = k_1 \frac{4}{3}\pi r_{min}^3 c_p \rho (T_m - T_0) \tag{2-30}$$

式中 k_1 是修正系数。实际上，电火花的最高温度达 6000℃ 以上，除了电火花的电离能以外，还有一部分能量以辐射、声波等形式消耗掉。为了修正电火花能量与点火热能的差别，引入了系数 k_1。把式（2-29）代入式（2-30）中，得出

$$E_{min} = 常数 \times \rho^{-2} \ (T_m - T_0) \ \exp \ (3E/2RT_m) \tag{2-31}$$

或写成对数形式

$$\ln \frac{E_{min}}{(T_m - T_0)} = 常数 + 2\ln T_0 - 2\ln p_0 + \frac{3}{2} \frac{E}{RT_m} \tag{2-32}$$

由此式可以看出，混合气压力增加、温度升高、活化能减小或理论燃烧温度增高时，则最
小点火能将减小。

第三章 燃气燃烧的气流混合过程

燃气有效燃烧所必需的首要条件是使它们与燃烧所需空气充分混合。燃气和空气的混合过程也是决定燃烧过程性质的一个重要因素。例如有焰燃烧,其火焰长度、宽度以及它的温度分布等特性将主要取决于燃气与空气的混合。这时气流的喷出速度、燃气与空气的相对速度、气流的交角和旋转强度等都会对燃烧过程产生明显的影响。研究气流混合规律,有助于解决有关燃烧理论问题,同时对改进燃烧器和提高燃烧效率也有十分重要的作用。燃烧过程是一个物理和化学的综合过程。物理过程包括能量、动量和质量的转移,它在多数工业炉燃烧过程中起着更为重要的作用。

本章主要阐述燃气燃烧技术中常用到的层流扩散、紊流扩散、自由射流、平行气流、相交气流及旋转气流的流动规律。

第一节 静止气流中的自由射流

当气流由管嘴或孔口喷射到充满静止介质的无限空间时,形成的气流称为自由射流。自由射流的实质是喷出气体与周围介质进行动量和质量交换的过程,即喷出气体与周围介质的混合过程。自由射流理论是工程上经常遇到的受限空间射流的理论基础。

一、层流自由射流

当喷嘴口径较小,喷出流量也较小时,在喷嘴出口处形成层流自由射流。

当周围介质的温度和密度与喷出气流相同时,称为等温自由射流。

图 3-1 为等温层流自由射流的图形。射流的外部边界为直线 OB、OC,交点 O 为射流的极点。在射流边界上,前进运动速度为零。射流向外部介质进行分子扩散的边界 AD、ED 也是直线。在 ADE 区域内,气体速度等于喷嘴出口的起始速度,称为射流核心区。

射流外部边界的夹角 α_1 称为射流张角。射流核心区边界的夹角为射流核心收缩角 α_2。

经过 D 点的射流横截面 FG 称为过渡截面。在此截面以前,射流轴心速度 v_m 保持不变,并且等于起始截面速度 v_0,而其后,轴心速度逐渐减少。断面平均速度 $\overline{v}_A$ 随 x 增大而减小。过渡截面之前称为起始段,其后称为基本段。

当周围介质的温度和密度与喷出气流不同时,称为非等温射流。非等温射流的轨迹比较复杂,这时重力差使射流弯曲,如图 3-2 所示。热射流水平射至冷介质时轴线上弯,而冷射流水平射至热介质时轴线下弯。

如果射流垂直向上射出,那么重力差只是稍微改变射流的张角及核心收缩角,并不使截面上速度分布失真,也不使射流弯曲。在这种情况下,如果喷出气流密度小于周围介质的密度,则张角及收缩角减小;反之,则角度增大。

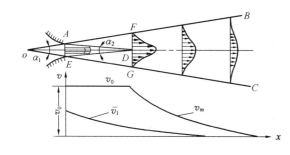

图 3-1 等温层流自由射流

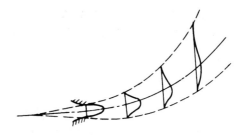

图 3-2 热射流水平射至冷介质时的射流轨迹

当燃气射流垂直向上喷至静止空气中时，这两种不同密度气体的混合过程见图 3-3。在层流射流中，混合是以分子扩散的形式进行的。燃气在向前运动的同时，在该射流的径向产生燃气与空气分子的相互扩散，燃气分子从中心向外扩散，而空气分子则从外面向中心扩散。

射流的外边界 1 同时也是燃气向外扩散的边界，喷嘴射出的燃气不可能流至边界以外。射流核心边界 2 同时也是空气向内扩散的边界。因此，在核心区为纯燃气，而射流以外的空间为纯空气。在边界 1、2 之间包含着运动着的燃气-空气的混合物。在稳定状态下，射流中每一点的浓度不随时间而变化。显然，由极点引出的每一条射线都具有如下特性：可燃气体浓度随着离极点距离的增大而减小，在射流与核心边界 2 的交点处为最大浓度（$C_g = 100\%$），直至足够远的距离后，浓度降为零（$C_g = 0\%$）。因此，在每条射线上

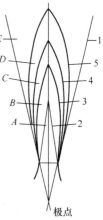

图 3-3 层流射流的等浓度面

都可以找到三个点，一点相应于混合物中可燃气体浓度达到着火上限 C_h，一点相应于化学计量浓度 C_{st}，一点相应于着火下限 C_l。将每根射线上的三个点分别连接起来，就构成三个光滑的等浓度交界面（图 3-3 中 3、4、5），它们都是圆锥形曲面。在界面 3 上 $C_g = C_l$；界面 4 上 $C_g = C_{st}$；界面 5 上 $C_g = C$。这样，在稳定的燃气层流射流中，由于分子扩散，会形成性质彼此不同的几个区域：射流核心区 A，在该区内为纯燃气；区域 B，在该区为处于着火浓度上限以外的燃气-空气混合物；区域 C，在该区内为处于着火浓度范围之内的燃气-空气混合物，含有过剩燃气；区域 D，在该区内为处于着火浓度范围之内的燃气-空气混合物，含有过剩空气，区域 E，在该区内为处于着火浓度下限以外的燃气-空气混合物。

当燃气成分一定时，层流扩散火焰的长度主要取决于燃气的体积流量。火焰长度随流量的增加而增加，即出口速度一定时，喷嘴直径越大，火焰长度也越大。而喷嘴直径一定时，出口速度越大，火焰长度也越大。若流量一定时，则火焰长度与直径无关。

二、紊流自由射流

在工业燃烧器中，一般喷嘴孔径及喷出速度都很大，在喷嘴出口处即形成紊流射流。

紊流射流内部有许多分子微团的横向脉动，引起射流与周围介质之间的质量和动量交换，使周围介质被卷吸。这就是紊流扩散过程，亦即射流与周围介质的混合过程。

　　射流的卷吸作用是由于内摩擦产生的，内摩擦力的大小决定于扩散系数和速度梯度。紊流扩散系数比分子扩散系数大得多。

　　当周围介质的密度与喷出气流的密度相同（$\rho_0 = \rho_a$）时，自由射流对周围介质的卷吸率为：

$$\frac{m_{en}}{m_0} = 0.32\,\frac{s}{d} - 1 \tag{3-1}$$

　　若 $\rho_0 \neq \rho_a$，则在喷出速度和动量保持定值的条件下，射流的速度梯度及紊流强度均发生了变化，用当量直径 d_e 代替喷嘴出口直径 d，这时可以认为，从直径 d_e 的喷嘴中喷出密度为 ρ_a 的气体。根据动量相等的概念，可以得出当量直径 d_e 的计算公式：

$$d_e = d \left(\frac{\rho_0}{\rho_a}\right)^{1/2} \tag{3-2}$$

　　将（3-2）代入（3-1），得出非等温射流的卷吸率为：

$$\frac{m_{en}}{m_0} = 0.32 \left(\frac{\rho_a}{\rho_0}\right)^{1/2} \frac{s}{d} - 1 \tag{3-3}$$

式中　m_{en}——卷吸质量流量（kg/s）；

　　　　m_0——射流出口质量流量（kg/s）；

　　　　d——喷嘴出口直径（m）；

　　　　s——轴线方向上离喷嘴距离，在水平等温射流中以 x 表示（m）；

　　　　ρ_a——周围空气密度（kg/m^3）；

　　　　ρ_0——射流出口密度（kg/m^3）。

　　由于射流与静止介质间形成的物质交换，就使射流质量随着离喷嘴距离的增加而增大，射流宽度也随之增大，而轴心速度随之减小。

　　由于紊流扩散与分子扩散之间的相似性，因而紊流射流的图形图 3-4 与层流射流的图形也十分相似。图 3-4 与图 3-1 的主要区别仅在于起始段内紊流自由射流截面速度分布比较均匀。

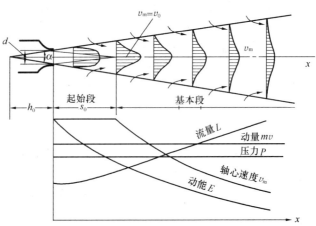

图 3-4　紊流自由射流

　　在层流自由射流和紊流自由射流中，由于气体分子或分子微团与周围介质间的自由碰撞，造成射流中动量的损失，但同时也使周围介质获得动量而发生运动。碰撞与被碰撞质点二者的动量总和是不变的。因此，沿射流轴线方向整个射流的动量保持不变，即 $mv=$ 常数。由于动量不变，沿射流轴线方向的压力也保持不变。这是自由射流的主要特点。

紊流自由射流的起始段长度 s_0 及极点深度 h_0 都与喷嘴出口半径 r 有关：

$$s_0 = \frac{0.67r}{a} \tag{3-4}$$

$$h_0 = \frac{0.29r}{a} \tag{3-5}$$

式中 a——紊流结构系数，它表示气流紊动和出口速度场的不均匀程度。

在 $Re = 20 \times 10^3 \sim 4 \times 10^6$ 的范围内，系数 a 并不随 Re 变化，而随原始速度不均匀程度的加剧而增大。对完全均匀的速度场（$v_0/\bar{v}_f = 1$），$a = 0.066$；对自然紊动射流（$v_0/\bar{v}_f = 1.4$），$a = 0.08$（v_0——射流出口轴心速度；$\bar{v}_f$——射流出口截面平均速度）。

射流轴心速度 v_m 的变化取决于喷嘴尺寸和射流出口速度。在起始段，轴心速度为常数，并等于射流出口速度 v_0。在基本段，轴心速度沿射流进程逐渐降低。

根据试验，圆形射流轴心速度的衰减规律符合下列公式：

$$\frac{v_m}{v_0} = \frac{0.96}{\dfrac{as}{r} + 0.29} \tag{3-6}$$

式中 a——紊流结构系数，等于 $0.07 \sim 0.08$；

r——喷嘴半径；

s——计算截面离喷嘴的距离。

圆射流任一截面上无因次流量与距离的关系为：

$$\frac{L}{L_0} = 2.13\frac{v_0}{v_m} = 2.22\left(\frac{as}{r} + 0.29\right) \tag{3-7}$$

式中 L——射流任一横截面的体积流量；

L_0——喷嘴出口截面的体积流量。

自由射流各截面上的一切特性均为该截面轴心速度的函数，而轴心速度则取决于喷嘴出口截面至该横截面的距离 s，因此已知 s 和 v_0、r、a 即可直接算出各截面上所有的运动参数。

在燃烧过程中，喷出气体是燃气，故必须有一定量的空气被卷吸至射流中，方能进行燃烧。可用式（3-1）、式（3-7）计算应有多长的射流长度才能从周围获得所需要的空气量。

但是，由于燃气和空气在射流截面上的浓度分布是极不均匀的，在射流四周空气大量过剩，在射流中心燃气大量过剩。为了充分完成混合过程，以便保证完全燃烧，还需要有一段扩散过程。因此实际火焰长度比按式（3-1）、式（3-7）算出的长度大得多。

【例 3-1】 已知喷嘴直径 $d = 30\text{mm}$，燃气低热值 $H_l = 12770\text{kJ/Nm}^3$，燃气密度 $\rho_g = 1.25\text{kg/m}^3$，燃气向空气中喷燃，试计算其火焰长度。

【解】 根据燃烧计算，按式（1-12）由 $H_l = 12770\text{kJ/Nm}^3$，算出 $V_0 = 3.249\text{Nm}^3/\text{Nm}^3$

由式（3-1）求得

$$s = \left(1 + \frac{m_{en}}{m_0}\right)\frac{d}{0.32} = \left(1 + \frac{3.249 \times 1.2258}{1 \times 1.25}\right)\frac{0.03}{0.32} = 0.39\text{m}$$

同理，用式（3-7）计算，取圆喷嘴 $a=0.07$，因为 $\dfrac{L}{L_0}=1+\dfrac{L_a}{L_0}$，所以

$$1+\frac{L_a}{L_0}=2.22\left(\frac{as}{r}+0.29\right)$$

$$1+\frac{3.249}{1}=2.22\left(\frac{0.07s}{0.015}+0.29\right)$$

$$s=0.35\mathrm{m}$$

实际火焰长度当然要比计算值大。理论证明，不管喷出速度如何，紊流射流的火焰长度与喷嘴直径成正比。

第二节　平　行　气　流

一、平行气流中的自由射流

当射流喷入同向平行气流中时，射流图形如图（3-5）所示。

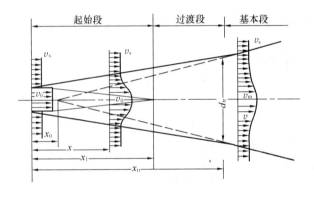

图 3-5　平行气流中的自由射流

平行气流中的自由射流与静止气流中的自由射流相比，增加了一个过渡段。在过渡段等速核心已消失，但轴心速度衰减很慢，变化仍不显著。直至过渡段终了，射流截面速度分布才稳定下来。其后为射流基本段，此时轴心速度衰减就较明显。

平行气流中的自由射流边界仍然是直线，但基本段的边界线不同于起始段及过渡段，其极点到射流出口的距离为 x_0。

同向平行气流中射流的扩张角、轴心速度的衰减，射流核心区的长度等都与射流速度和外围平行气流速度 v_s 之间的速度梯度有关。当 v_s 由零逐渐增大时，射流与外围气流之间的速度梯度越来越小，混合程度也减小。当射流与外围气流速度相等时，混合达最小程度。而当外围气流速度超过射流流速时，速度梯度又开始增大，因而混合又增强。同理，速度梯度越小，射流扩展及轴心速度衰减就越慢，射流核心区的长度也越大。

在研究平行气流中的自由射流时，用外围速度 v_s 与射流出口速度 v_0 之比 $\lambda=\dfrac{v_s}{v_0}$ 来表示气流混合的程度。图 3-6 表示平行气流中射流轴心速度的衰减情况。从图中可见，当流

速比 $\lambda=0$ 时为自由射流，其核心区长度最短，速度衰减最快，混合比较强烈。当 λ 由 0 趋向 1 时，其核心区越来越长，射流轴心速度衰减变慢。当 $\lambda=1$ 时，混合最弱，$\lambda>1$ 时，混合又逐渐加强，速度衰减加快。此外，当 $\lambda<1$ 时，射流张角及射流扩展率随 λ 的增大而减小。

根据实验研究，$\lambda<1$ 时核心区长度可按下列经验公式计算：

$$\frac{x_1}{d_0}=4+12\lambda \tag{3-8}$$

射流基本段轴心速度 v_m 的衰减规律为

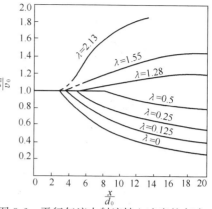

图 3-6 平行气流中射流轴心速度的衰减

$$\frac{v_m-v_s}{v_0-v_s}=\frac{x_1}{x} \tag{3-9}$$

横截面上的速度分布可用余弦函数表示

$$\frac{v-v_s}{v_m-v_s}=\frac{1}{2}\left(1+\cos\frac{\pi r}{2y_{0.5}}\right) \tag{3-10}$$

r 是速度为 v 处的径向坐标；

式中 $y_{0.5}$ 是速度为 $\frac{1}{2}(v_m+v_s)$ 处的径向坐标，可按下式确定

$$y_{0.5}=\frac{d_0}{2}\left(\frac{x}{x_1}\right)^{1-\lambda}$$

当外围速度 v_s 增加时，则射流与外围流间的速度梯度减小，混合减缓。射流张角、速度及浓度沿轴向的变化率随之减小。

二、多股平行射流

由上下并列的几个喷嘴流出的射流是轴心线相互平行的一组射流。这个射流组中，各单一射流截面的形状尺寸、布置及初始参数的不同，均会影响平行射流组的流动规律，因此比较复杂，尚未系统而深入地研究。

M·A·依儒莫夫研究了喷嘴按等距离布置，喷嘴截面形状、尺寸和初始参数均相同时的平行射流。由图 3-7 可见，由于射流间的相互混合和影响，使射流组中每股射流与自由射流的规律都有某些不同之处，特别明显的是当射流组两个相邻射流在离喷嘴一定距离汇合以前是独自发展的，汇合后由于各股射流相互混合及动量交换，使速度场起了很大变化。此时，射流起始段仍取轴心速度能保持初始速度 v_0 的区段，不过其起始段长度比一般自由射流缩短了 30%。对于射流基本段，则较难划分，也有采用相邻射流汇合的截面定为射流基本段的开始截面。如图 3-7 中的 A-A 截面。这样在起始段与基本段之间有个过渡区域，此过渡区域的大小和射流组相邻喷嘴间的距离有关。

在起始段离喷嘴不同距离的截面上速度分布具有相似性，将试验数据整理成无因次坐标，其断面速度分布曲线如图 3-8 所示。

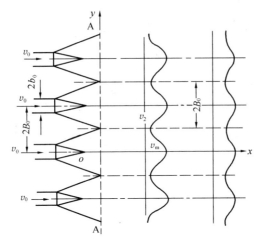

图 3-7　多股平行射流

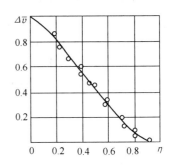

图 3-8　射流起始段无因次速度分布图

其中
$$\Delta \bar{v}=\frac{v_0-v}{v_0}$$
$$\eta=\frac{y-y_2}{b}$$

式中　v_0——射流出口速度；

v——横截面上边界层中任意点的速度；

y——该点至轴心的距离；

y_2——该截面上核心区的半宽度；

b——该截面上边界层厚度。

图 3-8 的速度分布曲线可用下面的经验公式来表示：

$$\Delta \bar{v}=\frac{v_0-v}{v_0}=\left(1-\eta^{3/2}\right)^2 \tag{3-11}$$

其公式形式与自由射流相类似，但平行气流中射流边界层厚度增长得比较快。

自由射流　　$b=0.27x$

平行射流　　$b=0.315x$

这是由于平行射流的紊流脉动要比自由射流大，射流之间形成较强烈的旋涡区的缘故。

由图 3-7 可见，平行射流在基本段内开始汇合，汇合后，在喷嘴中心线上断面轴心速度 v_m 仍为最大，而在两个喷嘴之间速度 v_2 为最小。离喷嘴距离增大，v_m 值降低，而 v_2 则升高，速度场的峰谷趋于拉平。由试验得知，平行射流组每一峰谷之间的速度变化仍存在相似的规律，并可用下式来表达：

$$\Delta \bar{v}=\frac{v-v_2}{v_m-v_2}=\left[1-\left(\frac{\bar{y}}{2.27}\right)^{3/2}\right]^2$$

式中　$\bar{y}=\dfrac{y}{y_{0.5}}$

y——由射流轴线算起的纵坐标；

44

$y_{0.5}$——由射流轴线算起至相应的 $\Delta v = 0.5$ 处的距离。

试验表明，在平行射流流动时，每股射流在起始段是能够卷吸一定量的周围介质的，其相对卷吸量与喷出距离 x 成正比。

$$\frac{m_{en}}{m_0} = 0.05\frac{x}{b_0} \tag{3-12}$$

式中　m_{en}——卷吸质量流量；

　　　m_0——射流出口质量流量；

　　　x——轴线方向上离喷嘴距离；

　　　b_0——喷嘴宽度的一半。

但当各射流汇合进入基本段后，除最上侧和最下侧外，卷吸特性随即消失。

第 三 节　相 交 气 流

在工业炉用的燃烧装置中，广泛采用多股燃气射流以某一角度喷入空气流的方法，以强化混合过程。

图 3-9 为常见的两种混合装置。由于不符合正确的混合原则，其混合效果都不理想。第一种形式如图（a）是燃气由相同直径且间距较小的孔口从周边喷入，因而靠近燃烧器外壁形成一个燃气环，使中心空气不能与燃气很好混合。第二种形式如图（b）是燃气由中心喷入，在空气流中心形成一个燃气环，使周围空气不能与燃气很好混合。因此这两种混合方式均得不到理想的、均匀的燃气-空气混合物。正确的混合方法应该是采用不同直径的燃气射流，以便在燃烧器截面上形成离管壁距离不等的几个环形混合层，并使每一混合层中的空气和燃气均按预定比例混合。亦即必须注意以下原则：

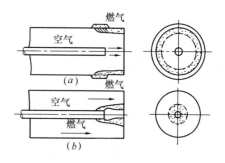

图 3-9　燃烧装置中燃气与空气
相交流动的情况
（a）周边送燃气；（b）中心送燃气

第一，应采用不同孔径的喷嘴，将燃气喷入空气流中，否则无法形成均匀的可燃混合物；

第二，孔与孔之间的距离应保证各股燃气射流互不重叠；

第三，在保证各股射流互不重叠的前提下，确定燃气喷嘴直径；

第四，射流喷出速度应保证射流在空气流中的穿透深度达到预定数值，以便在燃烧器截面上形成几个环形的燃气-空气混合层。

在设计燃烧装置时，应根据相交气流混合过程的规律性，确定燃气出口速度 v_2、空气流动速度 v_1、燃气射流孔口直径 d、孔与孔之间的距离 s 以及燃气射流与空气流的交角 α。

在相交气流的混合过程中，主要研究的问题是：

第一，以某一角度射入主气流中的射流轨迹。

第二，射流在主气流中的穿透深度。

第三，沿射流轴线速度和温度的变化以及射流横截面上的速度场和温度场。

第四，射流与主气流的混合强度。

为了计算相交气流混合过程的各参数，必须确定混合过程与喷嘴结构系数（孔口形状、孔口尺寸等）及流体动力参数间的关系。

流体动力参数 q_{21} 等于射流在孔口处的动压与主气流动压之比。

$$q_{21} = \frac{\rho_2 v_2^2}{\rho_1 v_1^2} \tag{3-13}$$

式中　ρ_1、v_1——主气流（通常为空气）的密度和速度；

　　　ρ_2、v_2——射流（通常为燃气）的密度和速度。

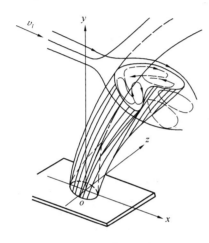

图 3-10　相交气流中自由
射流截面的变化

在工业燃烧器中射流的紊动程度和速度都很大，因此可以认为混合过程与雷诺准则 Re 及阿基米德准则 Ar 无关。

当射流喷入方向与主气流成某一角度时，射流边界将发生弯曲，而且从圆形喷嘴喷出的射流已不再呈轴对称。这时射流横截面由圆形变成马蹄形。主气流与射流相交时被减速，形成滞止压力区，而绕过射流后则出现低压区，在该区形成一对以相反方向旋转的旋涡（图 3-10）。这对旋涡在燃烧室中可以起稳焰作用。由于侧向切应力的作用，使射流与主气流间的混合速度加快，射流核心区比自由射流缩短。射流的速度和浓度随离喷嘴距离的加大而衰减，其衰减度比自由射流显著增加。

IO·B·伊万诺夫对相交气流进行了较系统的研究，并得出有实用价值的计算公式。

一、单股射流与主气流相交时的流动规律

图 3-11 为单股射流与主气流相交流动的示意图。如图所示，当射流轴线变得与主气流方向一致时，喷嘴出口平面到射流轴线之间的法向距离 h 定义为绝对穿透深度。绝对穿透深度 h 与喷嘴直径 d 之比，定义为相对穿透深度。

在射流轴线上定出一点，使该点的轴速度在 x 方向上的分速度 v_x 为出口速度 v_2 的 5%，以喷嘴平面至该点的相对法向距离 $\frac{x_1}{d}$，定义为射程（见图 3-11）。

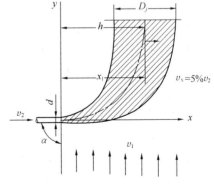

图 3-11　相交气流中的射流

相交气流中自由射流的相对穿透深度 $\frac{h}{d}$ 由下式计算：

当 $\alpha = 90°$ 时，$\dfrac{h}{d} = \dfrac{0.132 v_2}{\alpha v_1}\sqrt{\dfrac{\rho_2}{\rho_1}} = \dfrac{0.132}{\alpha}\sqrt{q_{21}}$

$$(3-14)$$

式中 $\dfrac{0.132}{\alpha}$ 通常可取为 2.2。

可见，要增大相交气流中的穿透深度，则要提高 $\dfrac{v_2}{v_1}$ 值，也就是提高射流的射入速度 v_2。当然气流温差会影响气流密度差，也会影响穿透深度，故综合影响因素为动力参数 q_{21}。

当紊流结构系数取平均值，且 $\alpha=45°\sim135°$ 时，圆射流的射程 D_1 可用下式求得：

$$aD_1=\frac{ax_1}{d}=K'_1\ \frac{v_2}{v_1}\sqrt{\frac{\rho_2}{\rho_1}}=K'_1\sqrt{q_{21}} \qquad (3\text{-}15)$$

式中 K'_1——与交角 α 有关的试验系数。当 $\alpha=45°$、$60°$、$90°$、$120°$、$135°$ 时，$K'_1=0.1$、0.11、0.12、0.11、0.1（与主气流方向一致时，$\alpha=0°$）。

由 K'_1 值可以判断，$\alpha=90°$ 时，射流射程最大。同时，由试验资料得知，交角 $\alpha=120°\sim135°$ 时的射流穿透深度比 $\alpha=90°$ 时大。但交角越大，射流与主气流的混合强度也越大，射流消失得越快，其射程反而小。

此外，由试验研究得知，离喷嘴距离 h 处的射流直径 D_j 与 h 的比值为常数见图 3-11。

$$\frac{D_j}{h}=0.75 \qquad (3\text{-}16)$$

在各种不同的气流温差、不同的动力参数 q_{21} 及射流交角 α 的条件下，对相交气流中的自由射流的混合规律进行试验。在图 3-12 的相对坐标 $\dfrac{ay}{d}\left(\dfrac{\rho_2 v_2^2}{\rho_1 v_1^2}\right)^{1.3}$ 及 $\dfrac{ax}{d}$ 上，得到 90° 交角的射流轴线为同一条曲线。

圆射流的轴线方程可用下式表示：

当交角 $\alpha=45°\sim135°$ 时，圆射流的轴线方程可用下式表示：

$$\frac{ay}{d}=195\left(\frac{\rho_1 v_1^2}{\rho_2 v_2^2}\right)^{1.3}\left(\frac{ax}{d}\right)^3+\frac{ax}{d}\text{ctg}\alpha \qquad (3\text{-}17)$$

式中 α——射流与主气流的交角；

a——紊流结构系数（可调喷嘴 $a=0.06$；圆柱形喷嘴 $a=0.07\sim0.08$）；

d——喷嘴直径；

ρ_1，ρ_2——主气流和射流的密度；

v_1，v_2——主气流和射流的速度。

式（3-17）适用于 $1.45\times10^{-3}\leqslant\dfrac{\rho_1 v_1^2}{\rho_2 v_2^2}\leqslant8\times10^{-2}$，$45°\leqslant\alpha\leqslant135°$，$0\leqslant\dfrac{ax}{d}\leqslant aD_1$。

试验结果还表明，相交气流中的自由射流其轴心速度与轴心温度的衰减速度较静止气流中的自由射流快。以 v_2 表示喷嘴出口流速；v_m 表示射流轴心速度，$\dfrac{\Delta v_m}{\Delta v_2}=\dfrac{v_m-v_1}{v_2-v_1}$ 表示相对速度差。图 3-13 给出了按 $\dfrac{\Delta v_m}{\Delta v_2}=f\left(\dfrac{l}{d}\right)$ 整理的试验曲线。

由图可见，当 v_2/v_1 相等时，不同直径的射流的 $\Delta v_m/\Delta v_2$ 沿同一曲线变化。v_2/v_1 的值越小，$\Delta v_m/\Delta v_2$ 衰减越快，亦即轴速度衰减越快。

当射流由矩形喷嘴喷入主气流，或由方形、椭圆形、环形、三角形及扁形喷嘴喷入，其气流的流动规律都和圆射流相似。

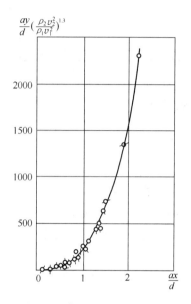

图 3-12　各种密度的射流在
相交气流中的轴线轨迹

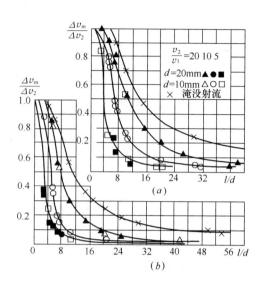

图 3-13　相交气流中射流轴心速度的变化
l—沿轴线方向离喷嘴距离
(a) $\alpha=90°$；(b) $\alpha=120°\sim135°$

二、多股射流与受限气流相交时的流动规律

以上研究的单股射流与自由气流的相交流动是一种比较简单的理想的情况。在实际燃烧装置中经常遇到的则是多股射流与受限气流的相交流动（图 3-14）。

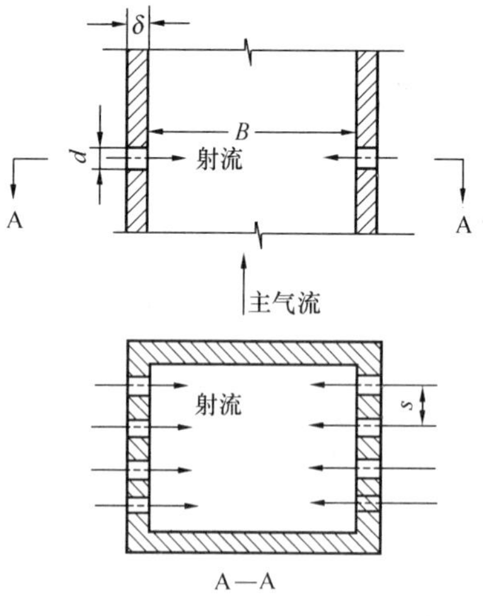

除了以上所讲的一些影响因素外，影响多股射流与受限气流相交流动的主要因素是主气流流动通道的相对半宽度 $B/2d$ 和射流喷嘴相对中心距 s/d。

当 $B/2d>22$ 时，可忽略受限因素的影响。$\dfrac{s}{d}\geqslant16$ 时相邻气流的影响已很小。

（一）由喷嘴或厚壁孔口喷出的射流

在实际燃烧装置中，最常见的燃气喷嘴形式是在燃气通道的壁面上装设喷嘴或直接钻孔。当壁厚与孔口直径之比 $\delta/d>0.5$ 时，称为厚壁孔口。在喷嘴或厚壁孔口出口截面上的气流速度场是均匀的。

图 3-14　多股射流与受限气流的相交流动

根据试验结果，得出当 $\dfrac{s}{d}\geqslant16$ 时，任意直径多股圆射流的轴线方程为：

$$\frac{y}{d}=0.104\left(\frac{\rho_1 v_1^2}{\rho_2 v_2^2}\right)\left(\frac{x}{d}\right)^{3.25} \tag{3-18}$$

上式适用于 $\dfrac{\rho_1 v_1^2}{\rho_2 v_2^2}=1\times10^{-2}\sim1\times10^{-3}$。

图 3-15 将各种 $\dfrac{s}{d}$ 和不同直径的多股射流轴线加以

比较，从而得出在不同直径下相对间距 $\dfrac{s}{d}$ 对射流轴线

的影响。从图中看出，$\dfrac{s}{d}$ 越小，射流穿透深度也越

小。这个结论很重要，对选择喷嘴在燃烧器中的布置
方案有很大的实用价值。

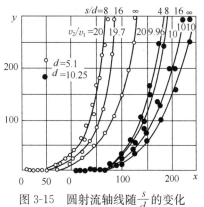

图 3-15 圆射流轴线随 $\dfrac{s}{d}$ 的变化

试验得出，当 $\dfrac{s}{d}=8\sim16$，流体动力参数 $q_{21}=50\sim$
200，$\alpha=90°$时，多股射流在相交气流中的相对穿透深度为：

$$\frac{h}{d}=K_s\frac{v_2}{v_1}\sqrt{\frac{\rho_2}{\rho_1}} \quad \text{或} \quad \frac{h}{d}=K_s\sqrt{q_{21}} \tag{3-19}$$

式中 K_s——系数，按图 3-16 查得。

式（3-19）并未考虑由于射流喷入主气流而使通道中混合物流速增加的因素。如考虑
这一因素，则要引入修正系数 η：

$$\eta=\frac{L_1\rho_1+L_2\rho_2}{L_1\rho_1} \tag{3-20}$$

式中 η——混合物质量流量与主气流质量流量之比；

  L_1——喷入射流以前的主气流体积流量；

  ρ_1——主气流密度；

  ρ_2——射流密度；

  L_2——射流体积流量。

考虑到流速的增加，在计算流体动力参数时就要用混合物流速代替主气流流速，而得
到的流体动力参数 q_{21}^{mix} 应为

$$q_{21}^{\text{mix}}=\frac{\rho_2 v_2^2}{\eta^2 \rho_1 v_1^2}=\frac{q_{21}}{\eta^2} \tag{3-21}$$

这时的射流穿透深度应按下式计算：

$$\frac{h}{d}=\frac{K_s}{\eta}\frac{v_2}{v_1}\sqrt{\frac{\rho_2}{\rho_1}}=\frac{K_s}{\eta}\sqrt{q_{21}}=K_s\sqrt{q_{21}^{\text{mix}}} \tag{3-22}$$

式中 K_s——系数，由图 3-16 查得。

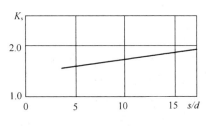

图 3-16 K_s 与 $\dfrac{s}{d}$ 的关系

（二）由薄壁孔口喷出的射流

在燃烧装置中，不仅有从喷嘴或厚壁孔口喷出的
射流，也常常遇到从薄壁孔口喷出的射流。

当壁厚与孔径之比 $\dfrac{\delta}{d}\leqslant0.25\sim0.3$ 时，称为薄壁

孔口。众所周知，从喷嘴或厚壁孔口喷出的射流其射

程比薄壁孔口大。此外，喷嘴或厚壁孔口射流在出口处没有收缩现象，而薄壁孔口射流则有这种现象。由于喷出时射流截面有收缩，因此射流实际喷出速度大于按射流体积流量除以孔口截面积所得的出口平均速度，故必须考虑流量系数 μ。

对于薄壁孔口射流，流体动力参数 q_{21} 应按最大射流速度计算。这时就要用射流收缩截面直径 d' 代替孔口直径 d，即

$$d'=\sqrt{\mu}\,d$$

这时的射流相对穿透深度应按下式进行计算：

$$\frac{h}{d}=\frac{K_s v_2}{\eta\sqrt{\mu}v_1}\sqrt{\frac{\rho_2}{\rho_1}}=\frac{K_s}{\eta\sqrt{\mu}}\sqrt{q_{21}}$$
$$=\frac{K_s}{\sqrt{\mu}}\sqrt{q_{21}^{\text{mix}}} \tag{3-23}$$

（三）多股射流以任意交角喷入时的穿透深度

公式（3-22）、（3-23）都只适用于射流交角 $\alpha=90°$ 的情况。由于射流穿透深度与交角 α 有密切关系，故当 $\alpha\neq90°$ 时，在公式（3-22）、（3-23）中还应引入与 α 有关的比例系数 K_α。由试验得知 $K_\alpha\approx\sin\alpha$。

这时，喷嘴或厚壁孔口的射流相对穿透深度为：

$$\frac{h}{d}=K_s K_\alpha\sqrt{q_{21}^{\text{mix}}} \tag{3-24}$$

$$\frac{h}{d}\approx K_s\sin\alpha\sqrt{q_{21}^{\text{mix}}} \tag{3-24a}$$

薄壁孔口射流的相对穿透深度为：

$$\frac{h}{d}=\frac{K_s K_\alpha}{\sqrt{\mu}}\sqrt{q_{21}^{\text{mix}}} \tag{3-25}$$

$$\frac{h}{d}\approx\frac{K_s\sin\alpha}{\sqrt{\mu}}\sqrt{q_{21}^{\text{mix}}} \tag{3-25a}$$

到此为止，并没有考虑射流介质（通常为燃气）在孔口前的流速和流向对射流穿透深度的影响。这符合燃气流速很小，流动空间很大，或其流向与射流方向相同的情况。然而，在燃烧装置中经常会遇到燃气通道很窄，燃气在通道中的流速与燃气射流喷出速度相比不能忽略，而且燃气流动方向与孔口中心线垂直的情况（图 3-17）。这时，对于由喷嘴或厚壁孔口喷出的射流，该影响可忽略；对于由薄壁孔口喷出的射流，其喷出方向随通道中燃气流速 v_g 的大小和方向而变化。当射流喷入同样密度的静止介质中时，可用图 3-17 中的 v_2 和 v_g 的矢量和近似表示射流的大小和方向。由图中可见，$\mathrm{tg}\alpha=\dfrac{v_2}{v_g}$。

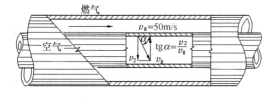

图 3-17　燃气速度对交角的影响

前已论述，与相交气流成任意角度 α 的射流穿透深度正比于 $\sin\alpha$。而在图 3-17 的情况下，射流喷出的实际速度正好等于 $v_2/\sin\alpha$。所以，应用式（3-23）计算穿透深度时，用 $\sin\alpha$ 代替 K_α，用 $v_2/\sin\alpha$ 代替 v_2 得

$$\frac{h}{d} \approx \frac{K_\text{s}\sin\alpha}{\eta\sqrt{\mu}} \frac{1}{\sin\alpha} \frac{v_2}{v_1}\sqrt{\frac{\rho_2}{\rho_1}} = \frac{K_\text{s}}{\sqrt{\mu}}\sqrt{q_{21}^{\text{mix}}}$$

由上式可得出结论：因燃气在通道中具有速度 v_g 而改变射流与相交气流的交角 α 时，对射流穿透深度的影响并不明显，因而在计算燃烧器时可不考虑这一因素。

根据式（3-24）、（3-25），当设计中预先规定穿透深度时，即可求出射流喷出速度 v_2 或喷口直径 d。在其他条件相同时，射流的绝对穿透深度与喷嘴直径和射流速度成正比。

三、相交射流

这一部分内容主要介绍当射流以一定角度相交，经过相互撞击和混合后，射流的变形及流动情况。

由图 3-18 可见，两股射流互撞后，又形成一股合成的汇合流，最初其垂直截面上射流尺寸有压扁现象，待互撞射流混合后，总射流又以一定扩张角继续流动。在水平截面上则可发现射流变得很宽。这是为了保证连续流动的缘故。射流交角越大，水平截面上射流变得越宽。

由图 3-18 可以看出，相交射流截面变形后，其边界要比自由射流的边界宽。

图 3-19 给出了喷嘴直径相等且出口动量也相等的两股相交射流其交角对射流变形的影响。

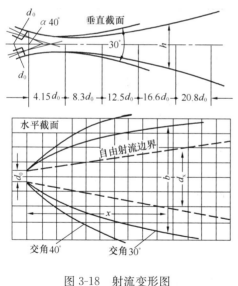

图 3-18 射流变形图   图 3-19 交角对射流变形的影响

相交射流的变形程度，可以用横截面上水平方向的宽度 b 与垂直方向上的高度 h 的比值 $\frac{b}{h}$ 来表示。但单用这一个量还不能全面综合相交射流的变形程度。因而常用一个主变形率 ϕ 的概念。它是汇合气流横截面尺寸的增量与其初始尺寸的比值。

$$\phi = \frac{b - d_\text{x}}{d} \tag{3-26}$$

式中 b——轴线方向上离喷嘴距离 x 处的射流宽度；

d_x——离喷嘴距离 x 处的自由射流横截面直径；

d——相交射流喷嘴的直径。

图（3-18）表明，交角越大，射流变形越大，混合也愈强烈。当然能量撞击损失也愈大，射流衰减也愈快，射程则愈短。另外也表明，变形最大的区域是在相交区附近，离这区域一定距离后，射流不再变形，而只是沿途扩展。

根据主变形率 ϕ 的变化情况，相交射流的流动可分成三个区段：

（1）起始段　由喷嘴断面开始，到两射流的外边界线相交为止。起始段的长度可由两喷口间的距离、射流交角 α 的大小及每个射流外边界扩展角的大小决定。

（2）过渡段　它是从初始段终端开始，一直到主变形率 ϕ 等于常数时为止。

（3）基本段　过渡段终端以后都属于基本段。在基本段内汇合射流任意断面上的主变形率 ϕ 都相等。即从过渡段终端开始，汇合流就像一股单一的自由射流。此时，相交射流相互间的动量冲撞引起的射流变形已全部消失。

图 3-19 中的曲线可以表示为：

$$\phi = \phi_c \left[1 - \exp\left(\frac{-Kx}{d} \right) \right] \tag{3-27}$$

其中经验常数 ϕ_c 和 K 由试验确定，参见表 3-1。

两股相交射流的常数 ϕ_c 和 K 　　　　　　　　　　表 3-1

交 角 α	10°	20°	30°	40°
ϕ_c	0.62	2.80	5.70	9.10
K	0.20	0.25	0.296	0.244

当两股完全相同的射流（即出口直径和动量均相等）相交时，则

$$\phi \approx 0.062\alpha^2 \left[1 - \exp\left(-\frac{Kx}{d} \right) \right] \tag{3-27a}$$

当两股射流出口动量不等时（设 $M_1 > M_2$），则动量比 $M = \dfrac{M_2}{M_1}$。当交角一定时，随动量比 M 的增大，则汇合流变形愈大，混合愈强烈。$M=1$ 时，出现最大变形率。当出口动量比一定时，则交角愈大，主变形率愈大，过渡段愈长。

第四节　旋　转　射　流

各种旋流式燃烧器，都是在射流离开喷嘴前先强迫流体做旋转运动。这种流体从喷嘴流出后，气流本身一面旋转，一面又向静止介质中扩散前进，这就是通常所说的旋转射流，简称旋流。从流动特征来看，旋转射流兼有旋转紊流运动、自由射流及绕流的特点，是这三种运动的组合（图 3-20）。

在燃烧技术中，旋转射流是强化燃烧和组织火焰的一个有效措施。产生旋流的方法有如下几种：

第一，使全部气流或一部分气流沿切向进入主通道；

第二，在轴向管道中设置导向叶片，使气流旋转；

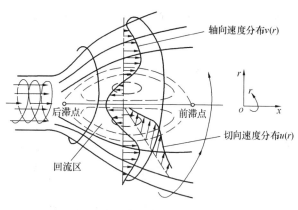

图 3-20　旋转流场示意图

第三，采用旋转的机械装置，使通过其中的气流旋转，例如转动叶片及转动管子等。

旋转气流在提高火焰稳定性和燃烧强度方面所起的作用及其效果越来越引起人们的重视。虽然旋流燃烧器在燃烧技术中已使用多年，但目前关于旋转射流为什么会对稳定火焰和强化燃烧发生那么大的作用以及它们之间的数量关系，尚需进行大量的研究工作。

一、旋转射流的基本特性

（一）与自由射流的差异

1. 在旋转射流中除了具有直流射流中存在的轴向分速和径向分速外，还有一个切向分速，而且其径向分速在喷嘴出口附近比直流射流的径向分速大得多。

2. 由于旋转的原因，使得在轴向和径向上都建立了压力梯度，这两个压力梯度反过来又影响流场。在强旋转下，旋转射流的内部建立了一个回流区。从图 3-20 所示的旋转流场示意图可以看出，强旋转射流的流动区域与直流射流是不同的，其最大特点是射流内部有一个反向的回流区。

3. 在强旋转下，旋转射流不但从射流外侧卷吸周围介质，而且还从内回流区中卷吸介质。在燃烧过程中，从内、外回流区卷吸的烟气对着火的稳定性起着十分重要的作用。

4. 旋转射流的扩展角一般比直流射流的大，而且它随旋转的强弱而变化。

5. 旋转射流的射程较小。

（二）旋转射流的无因次特性——旋流数

旋风燃烧器所产生的旋涡流场是靠流体内部的位能变化（静压差）而运动，所以叫"位能旋涡"。这种旋涡的回旋运动并非由外加扭矩所引起，若忽略摩擦损耗，则不同半径上流体微团的动量矩应当守恒，故又叫"自由旋涡"。

画两个同心圆代表自由旋涡的两条流线，间隔 dr，选定两条流线间的流体微团 $ABCD$ 正在沿圆周运动（图 3-21）。

半径 r 上的切向速度 $=u$，半径（$r+dr$）的切线速度是 $u+du=u+\dfrac{\partial u}{\partial r}dr$，设气流轴向（垂直于图面）的尺寸 $x=1$，

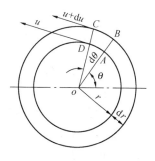

图 3-21　流体微团切向运动示意图

则流体微团的体积＝$r \cdot \mathrm{d}\theta \cdot \mathrm{d}r$，质量 $m＝p \cdot r \cdot \mathrm{d}\theta \cdot \mathrm{d}r$，动量矩＝$m \cdot u \cdot r$。

根据动量矩原理，外加扭矩 T 等于流体微团动量矩随时间的变化率，即

$$T＝m \frac{\mathrm{d}}{\mathrm{d}t}（ur）$$

对于自由旋涡，外加扭矩 $T＝0$，故有

$$m \frac{\mathrm{d}}{\mathrm{d}t}（ur）＝0$$

或 $\qquad\qquad\qquad\qquad ur＝常数 \qquad\qquad\qquad\qquad$ (3-28)

这就是说，自由旋涡的切向速度 u 与半径 r 成反比，越靠近涡心，切向速度越大。根据式（3-28）可以求出自涡心 O 沿半径 r 方向上切向速度的分布规律 $u＝f（r）$，但该式不适用于 $r＝0$ 的情况。

在旋转自由射流中，角动量的轴向通量 G_ϕ 及轴向动量 G_x 都是常数，即

$$G_\phi＝\int_0^{R_0}（ur）pv2\pi rdr＝常数 \qquad (3-29)$$

$$G_x＝\int_0^{R_0}vpv2\pi rdr＋\int_0^{R_0}p2\pi rdr＝常数 \qquad (3-30)$$

式中　v——射流某截面上的轴向分速度；

$\quad\quad u$——射流某截面上的切向分速度；

$\quad\quad p$——静压力。

由于 G_ϕ 和 G_x 都可以看做是描述射流空气动力特性的参数，因此通常采用无因次特性 s 表示旋转射流的旋转强度，表达式如下：

$$s＝\frac{G_\phi}{G_x R_0}＝\frac{\int_0^{R_0}（ur）pv2\pi rdr}{\left[\int_0^{R_0}v^2p2\pi rdr＋\int_0^{R_0}p2\pi rdr\right]R_0} \qquad (3-31)$$

式中　s——旋流数；

$\quad\quad R_0$——喷嘴半径。

旋流数 s 不仅可以用来反映射流的旋转强度，而且，对于几何相似的旋流装置来说，它也是一个非常适用的表示射流动力相似的相似准则。

二、旋转射流的流场

（一）弱旋转射流

当旋流数 $s<0.6$ 时，属于弱旋流，这时射流的轴向压力梯度还不足以产生回流区，旋流的作用仅仅表现在能提高射流对周围气流的卷吸能力和加速射流流速的衰减。

弱旋转射流的轴向速度分布是相似的，都服从高斯分布曲线。也就是在轴线上的速度最大，而往外边界方向逐渐降低，最后降为零。其轴向速度的分布用如下的指数方程表示：

$$\frac{v}{v_m}＝\exp\left[-K_v r^2/（x+a）^2\right] \qquad (3-32)$$

式中　v——横截面上任意点的轴向分速度；

　　　v_m——该截面上轴向分速度的最大值；

　　　r——该截面上任意点的径向坐标；

　　　x——该截面至喷嘴距离；

　　　a——射流原点离喷嘴距离；

　　　K_v——随旋流数而变的分布常数，由经验公式确定，$K_v = \dfrac{92}{1+6s}$。

　　轴向速度的衰减随旋流数的增加而加快。射流扩展角 α 亦随着旋流数 s 增加而增大，对于弱旋转射流

$$a = 4.8 + 14s \tag{3-33}$$

弱旋转射流的卷吸由下式确定：

$$\frac{m_{en}}{m_0} = (0.32 + 0.8s)\,\frac{x}{d} \tag{3-34}$$

式中　m_{en}——卷吸质量流量；

　　　m_0——射流出口质量流量；

　　　s——旋流数；

　　　x——该截面离喷嘴距离；

　　　d——喷嘴直径。

（二）强旋转射流

　　当旋流数 $s>0.6$ 时，属于强旋流。随着旋流数的不断提高，射流轴向反压梯度大到已不可能被沿轴向流动的流体质点的动能所克服，这时，在射流的两个滞点之间就会出现一个回流区（见图 3-20）。

　　在燃烧技术中，从旋流燃烧器流出的旋转射流，大多数都属于强旋转射流。这种具有内回流区的射流在稳定燃烧方面起着重要的作用。

　　随着旋流数的增加，射流的卷吸率也逐步增加，射流的速度衰减和浓度衰减变得更快。试验表明，轴向分速和径向分速的衰减与 x^{-1} 成正比，切向分速与 x^{-2} 成正比，压力与 x^{-4} 成正比。

　　图 3-22 是三个速度分量沿射流前进方向的衰减情况及其与旋流数 s 的关系。图中 v_m、w_m、u_m 为下游某截面上轴向速度分量、径向速度分量及切向速度分量的最大值，v_{m0}、w_{m0}、u_{m0} 是射流出口断面上（$x=0$）相应的速度分量的最大值。d 为旋流器出口直径。曲线 1 的旋流数 $s=0.47$，曲线 2 的旋流数 $s=0.94$，曲线 3 的旋流数 $s=1.57$。

　　上述衰减规律与理论估算情况基本相符，可用下式表达：

$$\frac{v_m}{v_{m0}} \propto \frac{d}{x}$$

$$\frac{w_m}{w_{m0}} \propto \frac{d}{x}$$

$$\frac{u_m}{u_{m0}} \propto \frac{d}{x}$$

　　旋转射流中回流区的宽度和长度都随旋流数 s 的增加而增加。

　　最后还应指出，除了旋流数之外，出口喷嘴的几何形状，特别是附加的扩口和喷嘴的

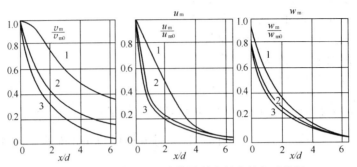

图 3-22 速度分量的最大值沿射流长度的衰减情况

阻挡结构（圆管或圆盘），对旋转射流的流场结构有较大的影响。图 3-23 是同样旋流数下，收缩形和扩张形喷嘴对速度分布及回流区位置的影响。从图中可以看出，扩张形喷嘴可以增加回流区的尺寸和回流量。实验发现，扩张管的最佳扩张半角值约为 $35°$，并推荐扩口长度 $L = (1\sim2)\,d$，其中 d 为喷嘴的喉部直径。

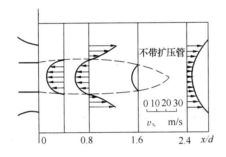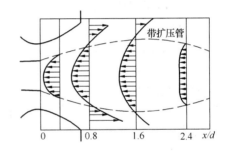

图 3-23 喷头形式对回流区及速度分布的影响

回流区的尺寸和速度分布也受阻塞结构的影响。在旋流数较低时，阻塞是建立回流区的一种手段。当旋流数较高时，阻塞对回流区尺寸的影响就变成次要的了。

第四章　燃气燃烧的火焰传播

在工程应用中，可燃混合物着火的方法是先引入外部热源，使局部先行着火，然后点燃部分向未燃部分输送热量及生成活性中心，使其相继着火燃烧。这就是所谓火焰传播问题。控制燃烧器上燃气的稳定燃烧，就涉及火焰的传播。因而，了解和熟悉火焰传播，对燃烧方法的选择、燃烧器的设计和燃气的安全使用等具有重要的实用意义。

第一节　火焰传播的理论基础

一个正在传播的火焰，实际上是化学反应波在气体中（或气流中）的运动。要了解这一复杂问题，需要流体力学、工程热力学、传热传质学、物理化学等方面的知识，可以说研究火焰传播是以上诸学科中有关理论的具体综合应用。

一、火焰传播机理

在可燃混合物中放入点火源点火时，产生局部燃烧反应而形成点源火焰。由于反应释

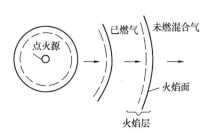

图 4-1　静止均匀混合气体中的火焰传播

放的热量和生成的自由基等活性中心向四周扩散传输，使紧挨着的一层未燃气体着火、燃烧，形成一层新的火焰。反应依次往外扩张，形成瞬时的球形火焰面，如图 4-1 所示。此火焰面的移动速度称为法向火焰传播速度 S_n（或称层流火焰传播速度 S_l，或正常火焰传播速度），简称火焰传播速度。球内是已燃的炽热气体，周围为未燃气体。未燃气体与已燃气体之间的分界面即为火焰锋面，或称火焰面。

如取一根水平管子，一端封住，另一端敞开，并设有点火装置，管内充满可燃混合气。点火时，可以观察到靠近点火热源处的可燃气体先着火，形成一燃烧的火焰面。此火焰面以一定的速度向未燃方面移动，直到另一端，把全部可燃混合气烧尽。这种情况下的火焰与在静止可燃气体中向周围传播有所不同。由于管壁的摩擦和向外的热量损失，轴心线上的传播速度要比管壁处大。气体的黏性使火焰面略呈抛物线形状，而不是完全对称的火焰锥。冷热气体产生的浮力又使抛物面变形，成为向前推进的倾斜的弯曲焰面。

如果上述试验中由管子的闭口端点火，且管子相当长，那么火焰锋面在移动了大约 5～10 倍管径的距离之后，便明显开始加速，最后形成速度很高的（达每秒几千米）高速波，这就是爆震波。爆震波在可燃混合气中的传播是靠气体的膨胀来压缩未燃气体而形成的冲击波，带动火焰锋面的快速移动。前述正常燃烧属于稳定态燃烧，可视为等压过程；而爆震是属不稳定态燃烧，有压缩过程。一般来说，爆震波只是在具有较高火焰传播速度的可燃混合气中才能发生。在民用燃具和燃气工业炉中，燃气的燃烧均属于正常燃烧，并

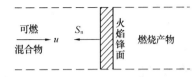

图 4-2　流管中的火焰锋面

不发生爆震现象，因而本章不予讨论。

实际燃烧装置中，可燃混合气不是静止，而是连续流动的。如图 4-2 所示，若可燃混合气在一管内流动，其速度是均匀分布的，点燃后可形成一平整的火焰锋面。此锋面对管壁的相对位移可能出现以下三种情况：（1）如 $S_n > u$，则火焰面向气流的上游方向移动；（2）如 $S_n < u$，则火焰面向气流的下游方向移动；（3）如 $S_n = u$，则气流速度与火焰传播速度相平衡，火焰面便驻定不动。最后一种情况，是燃烧装置中连续流动的可燃混合气稳定燃烧的必要条件。

平整的火焰面只能在静止气体或层流流动状态下观察到。在紊流流动时，火焰面变得混乱和曲折，形成火焰的紊流传播。层流火焰传播是火焰传播理论的基础，传播速度又是可燃混合物的基本物性，原理也较简单，下面将着重分析层流火焰传播理论。

二、层流火焰传播理论

层流火焰传播理论主要包括三个方面。第一是热理论，它认为控制火焰传播的主要是从反应区向未燃气体的热传导。第二是扩散理论，这一理论认为来自反应区的链载体的逆向扩散是控制层流火焰传播的主要因素。第三是综合理论，即认为热传导和活性中心的扩散对火焰的传播可能同等重要。实际的火焰传播过程中，只受热传导控制或者只受活性中心扩散控制的情况是很少的。大多数火焰中，由于存在温度梯度和浓度梯度，因此传热和传质现象交错地存在着，很难分清主次。热理论和扩散理论在物理概念上是完全不同的，但描述过程的基本方程（质量扩散和热扩散方程）是相似的。下面介绍由泽尔多维奇（ЗеЛъдовиц）等人提出的热理论。

在火焰锋面上取一单位微元，焰面结构及其温度和浓度分布见图 4-3。对于一维带化学反应的稳定层流流动，其基本方程为：

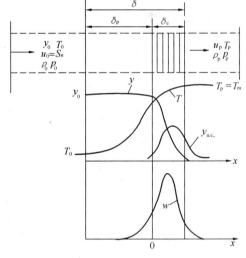

图 4-3　火焰层结构及温度、浓度分布

连续方程 $$\rho u = \rho_0 u_0 = \rho_0 S_n = m = \rho_p u_p \tag{4-1}$$

动量方程 $$p \approx 常数 \tag{4-2}$$

能量方程 $$\rho_0 u_0 C_p \frac{dT}{dx} = \frac{d}{dx}\left(\lambda \frac{dT}{dx}\right) + wQ \tag{4-3}$$

式（4-3）中，左端表示混合气本身热焓的变化，右边第一项是传导的热流，第二项是化学反应生成的热量。对于绝热条件，火焰的边界条件为

$$\left.\begin{array}{l} x = -\infty,\ T = T_0;\ y = y_0;\ \dfrac{dT}{dx} = 0 \\[2mm] x = +\infty,\ T = T_m;\ y = 0;\ \dfrac{dT}{dx} = 0 \end{array}\right\} \tag{4-4}$$

为求定 S_n (u_0)，提出了一种分区近似解法，把火焰分成预热区和反应区。在预热区中忽略化学反应的影响，而在反应区中略去能量方程中温度的一阶导数项。根据假设，预热区中的能量方程为

$$\rho_0 S_n C_p \frac{dT}{dx} = \lambda \frac{d}{dx}\left(\frac{dT}{dx}\right) \tag{4-5}$$

其边界条件是

$$x = -\infty, \quad T = T_0, \quad \frac{dT}{dx} = 0$$

假定 T_i 是预热区和反应区交界处（温度曲线曲率变化点）的温度，它不同于前述的燃气着火温度。将式（4-5）从 T_0 到 T_i 进行积分，可得

$$\rho_0 S_n C_p \ (T_i - T_0) = -\lambda \left(\frac{dT}{dx}\right)_I$$

下标"Ⅰ"表示预热区。

反应区的能量方程为

$$\lambda \frac{d^2 T}{dx^2} + wQ = 0 \tag{4-6}$$

其边界条件是

$$x = 0, \quad T = T_i;$$

$$x = +\infty, \quad T = T_m, \quad \frac{dT}{dx} = 0$$

$$\frac{d}{dx}\left(\frac{dT}{dx}\right)^2 = 2\left(\frac{dT}{dx}\right)\left(\frac{d^2 T}{dx^2}\right)$$

用 $2\left(\dfrac{dT}{dx}\right)$ 乘式（4-6），得

$$2\left(\frac{dT}{dx}\right)\left(\frac{d^2 T}{dx^2}\right) = -2\frac{wQ}{\lambda}\left(\frac{dT}{dx}\right)$$

即

$$\frac{d}{dx}\left(\frac{dT}{dx}\right)^2 = -2\frac{wQ}{\lambda}\left(\frac{dT}{dx}\right)$$

积分得

$$\left(\frac{dT}{dx}\right)_{II} = -\sqrt{\frac{2}{\lambda}\int_{T_i}^{T_m} wQ \, dT}$$

下标"Ⅱ"表示反应区。

因为 $\left(\dfrac{dT}{dx}\right)_I = \left(\dfrac{dT}{dx}\right)_{II}$，则

$$S_n = \sqrt{\frac{2\lambda \int_{T_i}^{T_m} wQ \, dT}{\rho_0^2 C_p^2 (T_i - T_0)^2}} \tag{4-7}$$

式（4-7）中 T_i 为未知。由于化学反应主要集中在反应区，预热区中反应速率很小，可以认为

$$\int_{T_0}^{T_i} wQ \approx 0$$

于是有

$$\int_{T_i}^{T_m} w \, dT \approx \int_{T_0}^{T_m} w \, dT$$

另外，反应区内的温度变化很小，所以

$$(T_i - T_0) \approx (T_m - T_0)$$

代入式（4-7）中，可得

$$S_n = \sqrt{\frac{2\lambda \int_{T_0}^{T_m} wQ\mathrm{d}T}{\rho_0^2 C_p^2 (T_m - T_0)^2}} \tag{4-8}$$

令

$$\int_{T_0}^{T_m} \frac{wQ\mathrm{d}T}{(T_m - T_0)} = Q \int_{T_0}^{T_m} \frac{w\mathrm{d}T}{(T_m - T_0)} = Q\overline{w}$$

$\overline{w}$ 表示在 $T_m \sim T_0$ 之间反应速率的平均值。代入式（4-8）后得

$$S_n = [2\lambda Q \overline{w}/\rho_0^2 C_p^2 (T_m - T_0)]^{1/2} \tag{4-9}$$

引入导温系数 $a = \dfrac{\lambda}{\rho C_p}$，并认为化学反应时间 τ_c 与平均反应速率成反比，即

$$\overline{w} \propto \frac{1}{\tau_c}$$

代入式（4-9）可得

$$S_n \propto \left(\frac{a}{\tau_c}\right)^{1/2} \tag{4-10}$$

此式表明，层流火焰传播速度与导温系数的平方根成正比，与化学反应时间的平方根成反比。这说明，可燃气体的层流火焰传播速度是一个物理化学常数。

燃烧反应平均速率写成

$$\overline{w} = K (\rho_0 y_0)^n \exp\left(-\frac{E}{RT}\right)$$

气体状态方程　　　　　　　　　$p = \rho RT$

代入式（4-9），则可得到

$$S_n \propto \left[\frac{\lambda QK (\rho_0 y_0)^n \exp\left(-\dfrac{E}{RT}\right)}{\rho_0^2 C_p^2 (T_m - T_0)}\right]^{1/2} \propto p_0^{(n-2)/2} \tag{4-11}$$

n 为反应级数。

层流火焰的厚度 δ 包括反应区 δ_c 和预热区 δ_p，可以用以下式子表示。因

$$\frac{\mathrm{d}T}{\mathrm{d}x} \approx \frac{T_m - T_0}{\delta}$$

而

$$\lambda \frac{\mathrm{d}T}{\mathrm{d}x} \approx S_n \rho_0 C_p (T_m - T_0)$$

联立以上两式，可得

$$\delta \approx \frac{\lambda}{\rho_0 C_p} \cdot \frac{1}{S_n} = \frac{a}{S_n} \tag{4-12}$$

可见火焰层厚度与导温系数成正比，与火焰传播速度成反比。导温系数与压力及温度的关系是

$$a = a_0 \frac{p_0}{p} \left(\frac{T}{T_0}\right)^{1.7}$$

而

$$\delta \approx \delta_0 (p_0/p)^b \tag{4-13}$$

其中 $b = 1.0 \sim 0.75$。因此，当压力下降时，火焰层厚度将增加。当压力降得很低时，可使 δ 增大到几十毫米。火焰越厚，向管壁散热量也越多，从而使火焰燃烧温度降低。

第二节 法向火焰传播速度的测定

目前，尚不能用精确的理论公式来计算法向火焰传播速度。通常是依靠实验方法测得单一燃气或混合燃气在一定条件下的 S_n 值，有时也可依照经验公式和实验数据计算混合气的火焰传播速度。

实验测量方法很多，但到目前为止尚缺少完全符合 S_n 定义的测定方法。精确测量 S_n 的困难在于几乎不可能得到严格的平面状火焰面。为了尽可能准确地测定 S_n，必须选择非常接近 S_n 严格定义所要求的火焰来进行测量。若要提高 S_n 测定的精确性，必须对火焰附近的气流和温度分布进行认真研究，并改进测量技术。

测定 S_n 的实验方法，一般可归纳为静力法和动力法两类。静力法是让火焰焰面在静止的可燃混合物中运动，动力法则是让火焰焰面处于静止状态，而可燃混合物气流则以层流状态做相反方向运动。

一、静力法测定 S_n

(一) 管子法

静力法中最直观的方法是常用的管子法，所用仪器如图 4-4 所示。

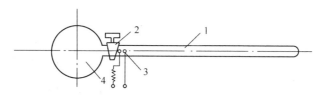

图 4-4 用静力法（管子法）测定 S_n 的仪器

1—玻璃管；2—阀门；3—火花点火器；4—装有惰性气体的容器

玻璃管 1 中充满被测的燃气-空气混合物，一端封闭，另一端与装有惰性气体的容器 4 相连。装有惰性气体的容器 4 容积比玻璃管容积大 80～100 倍，以使在燃烧过程中保持压力不变。测定 S_n 时，打开阀门 2，并用火花点火器 3 点燃混合物。这时，在着火处立即形成一极薄的焰面，从点火处开始不断向未燃气体方向移动。用电影摄影机摄下火焰面移动的照片，已知胶片走动的速度和影与实物的转换的比例，就可算出可见火焰传播速度 S_v。在这种情况下，底片上留下的是倾斜的迹印，根据倾斜角可以确定任何瞬间的火焰传播速度。

前已述及，由于燃烧时气流的紊动，焰面通常不是一个垂直于管子轴线的平面，而是一个曲面。因此 S_v 与 S_n 在数值上并不相等。设 F 为火焰表面积，f 为管子截面积，可得

$$S_v f = S_n F$$

从上式看出，$S_v > S_n$。管径越大，紊动越强烈，焰面弯曲度越大，S_v 与 S_n 的差值也越大。例如，甲烷在直径为 50mm 的玻璃管中燃烧时，由于焰面的弯曲，能使 S_v 比 S_n 大 2～3 倍。

图 4-5 示出了火焰传播速度与管径 d 的关系。当管径较小时，火焰传播速度受管壁散热的影响较大，因而火焰传播速度也比较小。相反，管径越大，管壁散热对火焰传播速度

的影响越小，因而如焰面不发生皱曲，则随着管径的增大火焰传播速度上升，并趋向于极限值 S_n（图 4-5 中虚线所示）。但实际上管径增大时焰面要发生皱曲。管径越大，焰面皱曲越烈，因而 S_v 值随管径的增加而不断上升。所以，用管子法测得的火焰传播速度值总是偏离 S_n 的。此外，测定值还受管径与管材的影响，管径越小，相对来说向管壁的散热就越大，火焰传播速度就越小。当管径小到某一极限值时，向管壁的散热大到火焰无法传播的程度，这时的管径称为临界直径（图 4-5 中 d_c）。例如氢和空气按化学计量比混合时，临界直径为 0.9mm。甲烷和空气按化学计量比混合时，临界直径为 3.5mm。炼焦煤气和空气按化学计量比混合时，临界直径为 2mm。临界直径在工程上是有意义的，可利用孔径小于临界直径值的金属网制止火焰通过，这是防止回火的有效措施之一。矿井里使用的安全灯就是根据临界直径设计的。

　　用管子法测定火焰传播速度的优点是直观性强；缺点是测定值受管径的影响很大，因而只有在相同管径下，才能对各种燃气的实验结果进行比较。

　　图 4-6 表示在直径为 25.4mm 的管中，用管子法测得的某些燃气的可见火焰传播速度与燃气-空气混合物成分的关系。

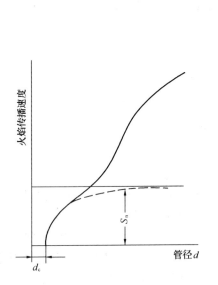

图 4-5　火焰传播速度与管径的关系

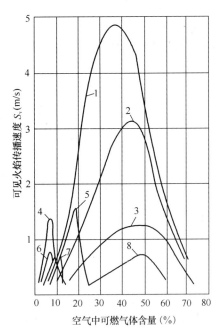

图 4-6　管子法测得的可见火焰传播速度与燃气
空气混合物成分的关系（$d=25.4$mm）

1—氢；2—水煤气；3——氧化碳；4—乙烯；5—炼焦煤气；
6—乙烷；7—甲烷；8—高压富氧气化煤气

　　表 4-1 为某些燃气-空气混合物在 $d=25.4$mm 管中测得的最大可见火焰传播速度值。

（二）皂泡法

　　将已知成分的可燃均匀混合气注入皂泡中，再在中心用电点火花点燃中心部分的混合气，形成的火焰面能自由传播（气体可自由膨胀），在不同时间间隔出现半径不同的球状焰面。用光学方法测量皂泡起始半径 R_0 和膨胀后的半径 R_B，以及相应焰面之间的时间间隔，即可计算得火焰传播速度。

燃气-空气混合物的最大可见火焰传播速度（$d=25.4$mm）　表 4-1

气　体	燃气在混合物中的容积成分（%）	最大 S_v 值（m/s）	气　体	燃气在混合物中的容积成分（%）	最大 S_v 值（m/s）
氢	38.5	4.85	乙　炔	7.1	1.42
一氧化碳	45	1.25	焦炉煤气	17	1.70
甲　烷	9.8	0.67	页岩气	18.5	1.30
乙　烷	6.5	0.85	发生炉煤气	48	0.73
丙　烷	4.6	0.32	水煤气	43	3.1
丁　烷	3.6	0.82			

皂泡内混合气总量不变，则有

$$R_0^3 \rho_0 = R_B^3 \rho_p \quad 或 \quad \frac{\rho_p}{\rho_0} = \left(\frac{R_0}{R_B}\right)^3 \tag{4-14}$$

代入连续方程（4-1）中，即得法向火焰传播速度

$$S_n = u_p \frac{\rho_p}{\rho_0} = u_p \left(\frac{R_0}{R_B}\right)^3$$

火焰从皂泡中心开始传播，经过时间 t 而达到皂泡边缘，将泡内混合气全部烧完，故

$$R_B = u_p t$$

则有

$$S_n = u_p \left(\frac{R_0}{R_B}\right)^3 = \frac{R_0^3}{R_B^2 t} \tag{4-15}$$

这种方法的主要缺点是肥皂液蒸发对混合气湿度的影响。某些碳氢燃料对皂泡膜的渗透性、皂泡球状焰面的曲率变化以及紊流脉动等因素，都会给测定结果带来误差。

另一种类似的方法是球形炸弹法。球弹中可燃混合气点燃后火焰扩散时其内部压力逐步升高。根据记录的压力变化和球状焰面的尺寸，可算得火焰传播速度。

二、动力法测定 S_n

（一）本生火焰法

本生火焰的结构如图 4-7 所示。该火焰由内锥和外锥两层焰面组成，内锥面由燃气与预先混合的空气进行燃烧反应而形成的，而外锥面是剩余燃气与周围空气扩散混合后燃烧形成的。用动力法测定 S_n 时，一部分所需空气与燃气预先混合好，并以层流状态从本生灯口喷出。

本生火焰法是通过内锥焰面来测定 S_n 的。静止的内锥焰面说明了内锥表面上各点的 S_n（指向锥体内部）与该点气流的法向分速度 v_n 是平衡的。内锥面上每一点的速度存在以下关系，即所谓余弦定律

$$S_n = v\cos\varphi = v_n \tag{4-16}$$

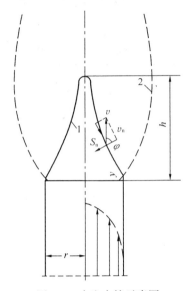

图 4-7　本生火焰示意图
1—内锥面；2—外锥面

只要测得某一点的气流速度 v 及焰面的斜转角 φ，就可求得该点的火焰传播速度。

由于局部散热情况不同而使得局部火焰传播速度也不同，以致局部的火焰表面形状不同。如火焰中心顶点因四周都有火焰，所以散热小；同时，由于四周火焰存在而使顶点处有大量活性中心集中，结果是火焰锋面速度增大，向未燃混气溯进，使顶部形状变圆。在圆锥火焰之根部（即管口处），由于管口吸热而使得该处焰锋速度降低。在紧靠管口处的熄火距离以内火焰熄灭而形成死区，使新鲜混合气由此处外泄，所以火焰根部与管口不衔接且稍微向外凸出。只有在圆锥火焰中部才比较真实地代表该混合气参数下的层流火焰面。

如气体出口速度分布均匀，则可假定内锥为一几何正锥体，并认为内锥焰面上各点的 S_n 均相等。这样，便可测得法向火焰传播速度的平均值，且具有足够的准确性。

当混合气出流稳定时，按连续方程有

$$\rho_0 F_0 v_m = \rho_0 v_n F_f = \rho_0 S_n F_f$$

或

$$S_n = v_m\left(\frac{F_0}{F_f}\right) \tag{4-17}$$

式中　F_0——燃烧器出口截面积；

　　　v_m——燃气-空气混合物在燃烧器出口处的平均流速；

　　　S_n——平均法向火焰传播速度；

　　　F_f——火焰的内锥表面积。

按此式测定火焰传播速度，关键在于精确地确定气流速度和火焰表面积。

若采用特制的喷口，可使出口流速具有较好的分布均匀性，则出口处平均流速为

$$v_m = \frac{L_g + L_a}{F_0} \tag{4-18}$$

式中，L_g，L_a 分别为燃气和空气流量。

再设内锥为一底半径是 r 高度为 h 的正锥体，则锥面积为

$$F_f \approx \pi r \sqrt{r^2 + h^2}$$

只要准确测得气体流量和火焰内锥高度，便可按下式求得法向火焰传播速度

$$S_n = \frac{L_g + L_a}{\pi r \sqrt{r^2 + h^2}} \tag{4-19}$$

精确测量时，应按法向火焰传播速度的定义确定火焰表面的位置和面积。目前大都采用光学方法，如发光法、阴影法、纹影法及干涉法等进行测量。发光法是对发光的火焰直接照相，按发光区表面来确定火焰表面积 F_f，但靠近火焰结束一边而比真实值偏大。阴影法是利用焰锋中密度梯度最大的位置来确定火焰面积的，所得的火焰表面积处于中间

值。纹影法和干涉法是利用焰锋中密度不同的分布来确定火焰面积，由于靠近新鲜混合气一边，所以其结果比较准确。

有关火焰中气流速度比较精确的测量方法简要介绍如下。

（1）颗粒示踪法　这种方法是由刘易斯和冯·埃尔柏（Lewis & von Elbe）提出的。它是在可燃混合气中掺入一种既能闪光、又不会引起化学反应的细小物质颗粒，例如氧化镁或氯化铵、硅油烟雾，并连续加以频闪照射。对频闪照射的粒子进行拍摄，可据此确定气流的流线谱。根据示踪间歇的距离和频闪速度，可以计算得颗粒在气流中的运动速度。示踪颗粒运动是与气体质点运动同步的，颗粒速度即代表该处气流速度。

图 4-8 是由本生火焰颗粒示踪的照片合成而得的，图上表示了火焰发光区内边界的位置和颗粒运动轨迹（即流线），各轨迹线上标有频闪间歇之间的长度。气流受火焰锋面的加热而膨胀，使流线发生折转。

图 4-9 是利用颗粒运动轨迹及频闪间歇长度计算得的 S_n 沿燃烧器喷口截面的分布图。从图中测点可以看出，在焰面的大部分区域中 S_n 等于常数，只是在锥顶和锥底部分 S_n 值有较大变化，其显示的数值与前面的解释是吻合的。

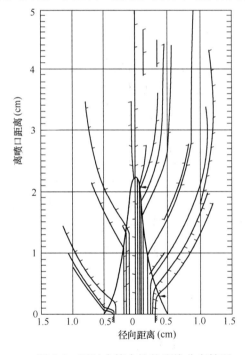

图 4-8　通过火焰内锥的流线分布情况

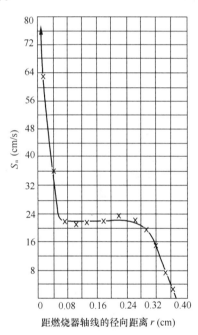

图 4-9　法向火焰传播速度
沿燃烧器截面的分布

（2）激光测速法　激光测速的基本原理是利用光学多普勒效应。当一束激光照射到流体中跟随一起运动的微粒上时，激光被运动着的微粒所散射，散射光的频率和入射光的频率相比较，就会产生一个与微粒运动速度成正比的频率偏移。如果测得频率偏移，就可换算成速度。因为微粒速度与流体速度相同，所以即可得到流场中某一测点的流速。

激光测速的特点有：无接触测量，空间分辨率高，动态响应快，测量精度高，测速范围大，有较好的方向灵敏性等。它是一项测速新技术，已成为科研和实验室中一种无接触的流场测量手段。激光测速系统一般包括：激光器，光学发射头，光学收集头，光检测器和信号处理系统。在测量火焰传播速度时，在燃烧前的混合气中要掺入细颗粒氧化镁，作为激光束的散射体；火焰面可以是锥形，也可以是平火焰。

（二）平面火焰法

Powling 燃烧器和 Mache-Hebra 喷嘴可提供平面和盘状火焰，此类火焰的面积比较容易精确测量。图 4-10 所示为 Powling 燃烧器简图。可燃均匀混合气进入直径较大的圆管，通过装在管口的多孔板或蜂窝格及整流网等，形成出口平面处速度的均匀分布。点燃混合气，即可在管口下游一定位置形成一平面火焰。管口四周用惰性气体将火焰包围，用以限定火焰面的大小。只要准确测得火焰平面的面积和混合气流量，即可求得层流火焰传播速度（$S_n = L_{mix}/F_f$）。

此法的优点是火焰的发光区、浓度梯度最大处等都重叠在同一平面上，因而用不同方法测量结果是一致的。气流速度（即火焰传播速度）也可用颗粒示踪法或激光测速法测定。平面火焰法适用火焰传播速度低的（15cm/s 或更小）可燃混合气。图 4-11 所示为用本生火焰法和平焰法测得的甲烷火焰传播速度的结果之比较，在化学计量比附近由于锥形火焰的弯曲，而出现较大的差异。

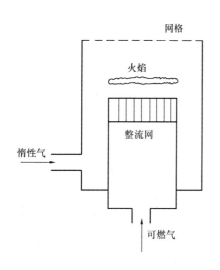

图 4-10　Powling 燃烧器

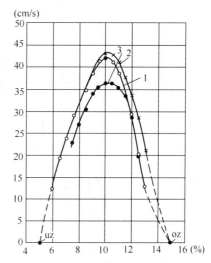

图 4-11　不同方法 S_n 测定值的比较

1—锥形火焰；2—平面火焰；3—Powling 火焰

第三节　影响火焰传播速度的因素

通过分析表达火焰传播速度的公式，可以定性地了解到可燃混合气的初温、压力、燃气浓度及热值等物理化学参数对火焰传播速度的影响，下面将结合有关作者的实验结果作进一步分析讨论。

一、混合气比例的影响

燃气-空气混合物中，火焰传播速度与混合物内的燃气含量（浓度）直接有关。燃气和空气的混合比例变化时，S_n 也随之变化，其变化规律如图 4-12 上的一系列曲线所示。

由图可见，所有单一燃气或混合燃气的 S_n 值随混合物中燃气含量变化的曲线均呈倒 U 形，中间最大，为 S_n^{max}，两侧变小直至最小值，接近于最小值的含量即为混合物着火浓度的上限和下限。当混合物中的燃气含量低于下限或高于上限时，由于反应释放热量不足而使火焰传播停止。

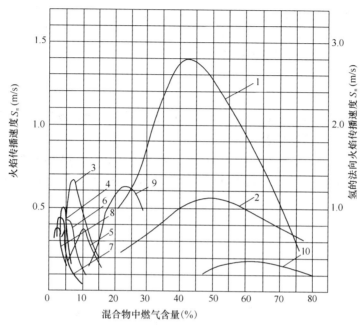

图 4-12　燃气-空气混合物的 S_n 与燃气含量的关系

1—氢；2——氧化碳；3—乙烯；4—丙烯；5—甲烷；6—乙烷；

7—丙烷；8—丁烷；9—炼焦煤气；10—发生炉煤气

实验观测表明，最大值 S_n^{max} 是在燃气含量略高于化学计量比时出现的。其原因是当混合物中燃气含量略高时，火焰中 H、OH 等自由基的浓度较大，链反应的断链率较小所致。上述情况出现在以空气作为氧化剂的火焰中。对于大多数火焰，当混合比接近于化学计量比时，火焰燃烧速度最大，一般认为火焰温度达到最高时，其传播速度也最大。

二、燃气性质的影响

火焰传播速度首先与燃气的物性有关。从式（4-9）可以看出，气体导热系数 λ 越大，则 S_n 也越大。例如氢气，其导热系数在燃气中为最高，故它的火焰传播速度也最大。甲烷和其他碳氢燃气的导热系数均较小，它们的 S_n 值也都不大（参见图 4-12 所示曲线）。

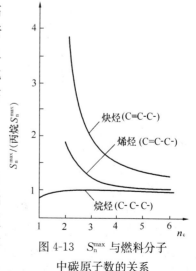

图 4-13　S_n^{max} 与燃料分子中碳原子数的关系

碳氢燃料的结构对火焰传播速度也有不同的影响。图 4-13 所示为燃料分子中碳原子

数 n_c 对火焰传播速度的影响。由图示曲线可见，对于饱和烃类（烷烃，甲烷除外），如乙烷、丙烷等，火焰传播速度几乎与分子中的 n_c 无关，约为 70cm/s 左右。但对不饱和烃燃料（如乙烯、丙烯、乙炔、丙炔等），则火焰速度随 n_c 的增多而减小，并且在 $n_c < 4$ 的范围内，S_n 下降很快，但当 $n_c > 4$ 时，则 S_n 又下降缓慢，并逐步趋向于一极限值。这些结果，可用反应活化能不同（含碳多者活化能大）或者反应中离子（如 H、O、OH 等）之扩散速度不同来解释。实验结果还表明，随着燃料分子量的增大，火焰传播范围也越来越小。因为燃料分子量增大，混合气总分子量也变大，使得混合气密度增大，由原理上分析得出的火焰传播极限值减小（参见图 4-12）。

三、温度的影响

（1）混合物初始温度的影响　由燃烧热平衡条件可知，混合物起始温度的提高，将导致反应温度的上升，燃烧反应速率加快，从而使火焰传播速度增大。不少学者对不同燃料进行实验研究，测定 S_n 随混合物起始温度 T_0 的变化，如图 4-14 所示为氢气和甲烷与空气混合燃烧时的上述变化关系。归纳实验结果表明，火焰传播速度 S_n 随初始温度 T_0 的变化规律大致为

$$S_n \propto T_0^m$$

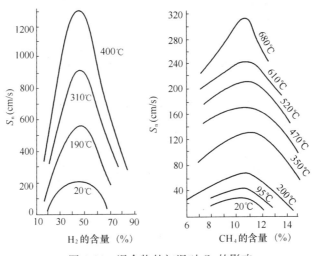

图 4-14　混合物的初温对 S_n 的影响

此处 m 大约在 1.5～2，这可从图 4-15 所列曲线估计得出。

（2）火焰温度的影响　从图 4-16 所示曲线可以预计，火焰温度对 S_n 的影响较为复杂。温度不太高时，S_n 随火焰温度的增加主要表现为指数关系，因而影响很大。可以认为，对 S_n 起决定作用的是火焰温度。当超过 2500℃ 时，火焰温度的影响已不符合热力理论了。因为在高温下离解反应易于进行，从而使自由基浓度大大增加。作为链载体的自由基（活性中心）的扩散，既促进了反应，又增强了火焰传播。许多火焰的实验数据表明，氢原子浓度的增加，对提高火焰传播速度的作用是十分显著的。

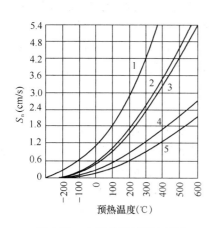

图 4-15 火焰传播速度与混合
物初温的关系

1—水煤气；2—炼焦煤气；3—汽油增
热煤气；4—天然气；5—发生炉煤气

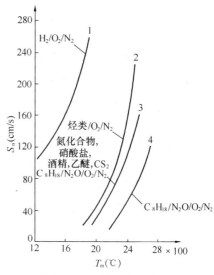

图 4-16 火焰温度对火焰
传播速度的影响

四、压力的影响

长期以来的许多实验表明，随着燃烧时压力的升高而其他参数不变时，火焰传播速度将要减小。由热理论分析已知 $S_n \propto p^{(\frac{n}{2}-1)}$。对大多数碳氢燃料的燃烧反应来说，其反应总级数均小于 2。据上述比例关系式，只有 $n > 2$ 时，S_n 才有可能随压力的提高而增大，否则 S_n 将随压力的上升而变小。但压力增加时，燃烧强度明显增大，即火焰质量传播速度增大。

压力影响可表示为 $S_n \propto p^k$。图 4-17 上所示曲线说明了上述关系，该图上实验数据为 Wilhelmi 和 Van Tiggelen 及其他作者所得。由图可知，$S_n < 50 \text{cm/s}$ 时，$K < 0$ 为负值，

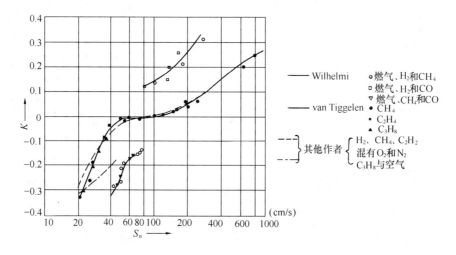

图 4-17 压力对火焰传播速度的影响

即压力提高时火焰传播减慢；$S_n = 50 \sim 100\text{cm/s}$ 时，$K = 0$，说明传播速度与压力无关；$S_n > 100\text{cm/s}$ 以后，K 约为 $+0.3$，随压力上升 S_n 稍有增大。传播速度较低时，如 $S_n = 20\text{cm/s}$ 时，$K = -0.3$。以上数据表明，对于 $S_n < 50\text{cm/s}$ 的火焰，反应级数 $n < 2$；而对于 $50\text{cm/s} < S_n < 100\text{cm/s}$ 的火焰，$n = 2$；对于 $S_n > 100\text{cm/s}$ 的火焰，$n > 2$。Spalding 证实：$S_n = 25\text{cm/s}$ 的火焰，$n = 1.4$；$S_n > 800\text{cm/s}$ 时，$n = 2.5$。

五、湿度和惰性气体的影响

在单一燃气或可燃混合气中加入添加气时可以增大或减小火焰传播速度。大多数添加气或是改变混合气的物理性质（如导热系数），或是起催化作用。所以可以认为，加入添加气的结果，往往使混合气具有全新的性质。例如，一氧化碳燃烧时加入很少量添加气，由于反应加快而使火焰传播速度显著增大。图 4-18 上表示了一氧化碳燃烧时加入不同量的水蒸气使火焰传播速度增大的实验结果。可以看出，当混合气中水蒸气含量为 2.3% 时，最高 S_n 可达 52cm/s，比干气燃烧时高出一倍多。因此，在 CO 火焰中一定要用水蒸气来促使反应加快，提高火焰传播速度。

在混合气中以惰性气体氮、氩、氦和二氧化碳等代替氧，从而改变氧化剂中氧气的浓度，视其含量不同对火焰传播速度有不同的影响。一般来说，加入惰性气体（或降低氧的浓度），将使燃烧温度大大下降，从而降低了火焰传播速度。但是不同惰性气体的影响可能是相互矛盾的。图 4-19 所示为氮气含量不同时甲烷-氧混合气的火焰传播速度变化的一

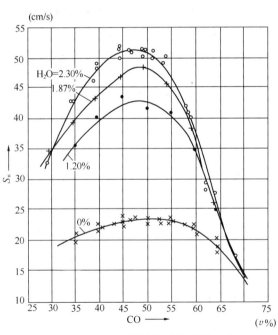

图 4-18　CO-空气混合气火焰传播速度
与加入水蒸气量的关系

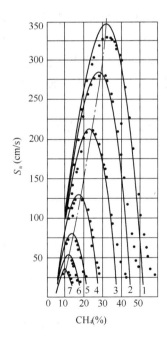

图 4-19　氮含量对火焰传播速度的影响
（预混：甲烷＋氧气）

1—1.5%N_2+98.5%O_2；2—20%N_2+80%O_2；
3—40%N_2+60%O_2；4—60%N_2+40%O_2；
5—70%N_2+30%O_2；6—75%N_2+25%O_2；
7—79%N_2+21%O_2

系列曲线。若掺混二氧化碳，所得结果是相似的。从图示曲线可以看出，随着氧气量的减少着火范围缩小，这与点火的极限相适应；另外，含氧量降低时，火焰传播速度的峰值位置向左移动，虚线表示化学计量成分的火焰传播速度值的连线。

实验结果表明，烃类燃料燃烧时加入氢气燃烧的中间产物，如 O、H、OH 等活性中心，则可显著改善燃烧反应的动力学特性。就工程应用而言，根据添加物质对火焰传播速度的影响来判断改善反应动力学特性的程度，是很有意义的。

第四节　混合气体火焰传播速度的计算

实际应用的燃气含有多种成分，其火焰传播速度除用实验方法测定外，也可按单一可燃气体的最大火焰传播速度值，用经验公式计算。

当燃气中的 CO<20%（以燃气的可燃组分为 100% 计），$N_2+CO_2<50\%$（扣除燃气中 O_2 所对应的空气）时，采用以下实验公式计算出的最大火焰传播速度与实测值的误差<5%，其计算公式为

$$S_n^{max}=\frac{\Sigma S_{ni}\alpha_i V_{0i}r_i}{\Sigma\alpha_i V_{0i}r_i}\left[1-f\left(N_2+N_2^2+2.5CO_2\right)\right] \tag{4-20}$$

式中

$$N_2=\frac{N_{2\cdot g}-3.76O_{2\cdot g}}{100-4.76O_{2\cdot g}};$$

$$CO_2=\frac{CO_{2\cdot g}}{100-4.76O_{2\cdot g}};$$

$$f=\frac{\Sigma r_i}{\Sigma\dfrac{r_i}{f_i}}$$

S_n^{max}——燃气的最大法向火焰传播速度（Nm/s）；

S_{ni}——各单一可燃组分的最大法向火焰传播速度（Nm/s），见表 4-2；

α_i——各组分相应于最大法向火焰传播速度时的一次空气系数，见表 4-2；

V_{0i}——各组分的理论空气需要量（Nm^3/Nm^3），见表 4-2；

r_i——各组分的容积成分；

$N_{2\cdot g}$——燃气中 N_2 的容积成分；

$O_{2\cdot g}$——燃气中 O_2 的容积成分；

$CO_{2\cdot g}$——燃气中 CO_2 的容积成分；

f_i——各组分考虑惰性组分影响的衰减系数，见表 4-2。

计算燃气最大火焰传播速度的数据　　　　　　　　　　　　　　　表 4-2

化学式	H_2	CO	CH_4	C_2H_4	C_2H_6	C_3H_6	C_3H_8	C_4H_8	C_4H_{10}
S_{ni}	2.80	1.00	0.38	0.67	0.43	0.50	0.42	0.46	0.38
α_i	0.50	0.40	1.10	0.85	1.15	1.10	1.125	1.13	1.15
V_{0i}	2.38	2.38	9.52	14.28	16.66	21.42	23.80	28.56	30.94
f_i	0.75	1.00	0.50	0.25	0.22	0.22	0.22	0.20	0.18

应用公式（4-20）时，应考虑燃气组分之间的影响，因此必须采用表 4-2 中已经过调整的数据。

【**例 4-1**】　某城市燃气的组成为：H_2—52%，CO—12%，CH_4—17.0%，C_3H_6—

1.7%，$O_2—0.8\%$，$N_2—12.0\%$，$CO_2—4.5\%$。求该燃气的最大火焰传播速度 S_n^{max}。

【解】 按式（4-20）及表4-2计算 S_n^{max}：

先求

$$\Sigma S_{ni}\alpha_i V_{0i} r_i = (2.8\times0.5\times2.38\times52) + (1\times0.4\times2.38\times12)$$
$$+ (0.38\times1.1\times9.52\times17) + (0.5\times1.1\times21.42\times1.7)$$
$$= 272.32$$

$$\Sigma\alpha_i V_{0i} r_i = (0.5\times2.38\times52) + (0.4\times2.38\times12)$$
$$+ (1.1\times9.52\times17) + (1.1\times21.42\times1.7) = 291.39$$

$$N_2 = \frac{N_2\cdot_g - 3.76O_2\cdot_g}{100-4.76O_2\cdot_g} = \frac{12-3.76\times0.8}{100-4.76\times0.8} = \frac{12-3.008}{100-3.808} = 0.094$$

$$N_2^2 = 0.009$$

$$CO_2 = \frac{CO_2\cdot_g}{100-4.76O_2\cdot_g} = \frac{4.5}{100-4.76\times0.8} = 0.0468$$

$$f = \frac{\Sigma r_i}{\Sigma\dfrac{r_i}{f_i}} = \frac{52+12+17+1.7}{\dfrac{52}{0.75}+\dfrac{12}{1}+\dfrac{17}{0.5}+\dfrac{1.7}{0.22}} = \frac{82.7}{123.06} = 0.672$$

将以上各值代入式（4-20）求得 S_n^{max}

$$S_n^{max} = \frac{\Sigma S_{ni}\alpha_i\cdot V_{0i}\cdot r_i}{\Sigma\alpha_i\cdot V_{0i}\cdot r_i}\left[1-f(N_2+N_3^2+2.5CO_2)\right] = \frac{272.32}{291.39}$$
$$\times\left[1-0.672\times(0.094+0.009+2.5\times0.0468)\right]$$
$$= \frac{272.32}{291.39}\times0.852 = 0.796 \text{m/s}$$

第五节 紊流火焰传播

前面讨论的火焰传播是在层流流动或静止气体中发生的，火焰锋面很薄，且为光滑的几何面。当气流速度加大到一定程度时，流动转入紊流状态。此时，本生灯上火焰的内锥缩短，锋面变厚，并有明显的噪声，焰面不再是光滑的表面，而是抖动的粗糙表面，放大后的瞬时变化如图4-20所示。工业用燃烧装置中，燃烧基本上是在紊流流中发生的，因此经常遇到紊流火焰。

图 4-20 紊流火焰面瞬时变化示意

一、紊流火焰传播的特点

在研究紊流火焰传播时，仍借用层流火焰锋面的概念，把焰面视为一未燃气与已燃气之间的宏观整体分界面，也称为火焰锋面。紊流火焰传播速度也是对这个几何面来定义的，用 S_t 表示。

为了在理论上定量地建立紊流火焰传播速度、燃烧强度、紊动程度以及混合气体物理化学性质之间的关系，必须了解紊流火焰结构和传播机理。如同在紊流状态的流体中那样，在紊流火焰中有许多大小不同的微团作不规则运动。如果微团的平均尺寸小于层流火焰锋面的厚度，称为小尺度紊流火焰；反之，则称为大尺度紊流火焰。这两种火焰的模型示于图4-21上。从设定的火焰模型可以看出，小尺度紊流火焰尚能保持较规则的火焰锋面，其燃烧区的厚度仅略大于层流火焰锋面厚度。当微团的脉动速度大于层流火焰传播速度（$u'>S_l$）时，为大尺度强紊动火焰，反之为大尺度弱紊动火焰。对于后者来说，由于微团脉动速度小于层流火焰传播速度（$u'<S_l$），则微团不能冲破火焰锋面；但因微团尺寸大于层流火焰的锋面厚度，故锋面受到扭曲，见图4-21（b）。而在强紊动情况下，由于微团尺寸和脉动速度均相应地大于层流火焰的厚度和传播速度，所以此时已不存在连续的火焰锋面，见图4-21（c）。关于大尺度强紊动的火焰传播机理，不同学者有不同的解释，因而形成了紊流火焰的表面理论和容积理论。

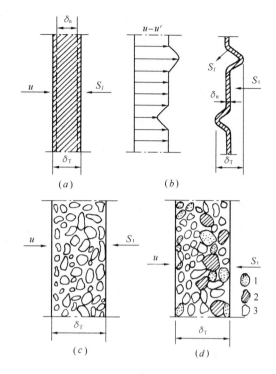

图 4-21 紊流火焰模型
（a）小尺度紊动；（b）、（c）大尺度紊动；（d）容积紊流燃烧
1—燃烧产物；2—新鲜混气；3—部分燃尽气体

紊流火焰的结构和传播机理与层流火焰的有很大差异，特别是它的传播速度比层流时要大得多，其理由可归结为以下几点：

（1）紊流脉动使火焰变形，从而使火焰表面积增加，但是曲面上的法向传播速度仍保持为层流火焰速度。

（2）紊流脉动增加了热量和活性中心的传递速度，反应速率加快，从而增大了垂直火焰表面的实际燃烧速度。

（3）紊流脉动加快了已燃气和未燃气的混合，缩短混合时间，提高燃烧速度。

紊流流动对火焰的影响，可用 Re 数对火焰传播速度的影响来加以说明。图 4-22 表明在不同 Re 数下对本生灯火焰进行测量的结果。由图可见，随着 Re 数的增大，紊流火焰传播速度与层流火焰传播速度之比值开头是迅速增大，以后是逐渐增长。达姆科勒（Damköler）发现，当 $Re<2300$ 时，火焰传播速度与 Re 无关，属层流状态；当 $2300 \leqslant Re \leqslant 6000$ 时，火焰传播速度与 Re 的平方根成正比；当 $Re>6000$ 时，火焰传播速度与 Re 成正比。显然，在层流状态下火焰传播速度与 Re 无关；而当 $Re \geqslant 2300$ 时，

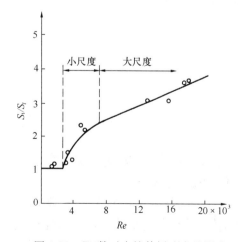

图 4-22 Re 数对火焰传播速度的影响

73

为层流向紊流的过渡，火焰传播已受紊流的影响，因而测得的紊流火焰传播速度与几何尺寸及流量有关。随着 Re 的增大，开始为小尺度紊流火焰，在大约当 $Re \geqslant 7000$ 时，成为大尺度紊流火焰。

二、紊流火焰的表面理论

紊流火焰的研究工作是由达姆科勒和肖尔金（щёΛкин）开创进行的。他们区分了小尺度和大尺度的高强度及低强度紊流。

表面理论的主要论点在于：（1）从垂直于气流方向基元厚度的火焰来看，仍然保留层流火焰锋面的基本结构，燃烧反应主要在锋面中进行；（2）紊流火焰比层流传播快的原因，主要在于传递过程的加快和焰面的增大。

（1）小尺度紊流 在 $2300 < Re < 6000$ 范围内，紊流火焰属小尺度。小尺度紊流只是增强了物质的输运特性，从而使得热量和活性中心的传输加速，在其他方面则没有什么影响。根据层流火焰传播理论已知：$S_l \propto \sqrt{a}$ 热量和活性中心传输增大的结果，使可燃混合气的导温系数（也称热扩散系数）变为 a_t。仿照以上关系式，则紊流火焰传播速度

$$S_t \propto \sqrt{a_t} \qquad (4\text{-}21)$$

对于一定的可燃混合燃气，有

$$S_t/S_l = \sqrt{a_t}/\sqrt{a}$$

在圆形管中 $a_t \propto ud$，且 $a = \nu$，

$$a_t/a \propto \frac{ud}{\nu} = Re$$

最后可得

$$\frac{S_t}{S_l} \propto \sqrt{\frac{a_t}{a}} \propto \sqrt{Re} \qquad (4\text{-}22)$$

肖尔金认为，在紊流火焰锋面中应该有分子传递和气团脉动传递的共同作用，所以紊流焰锋传播速度应为［仿式（4-10）］

$$S_t \propto \sqrt{\frac{a_t + a}{\tau_c}}$$

这样

$$\frac{S_t}{S_l} \propto \sqrt{\frac{a_t + a}{a}} \propto \left(1 + \frac{a_t}{a}\right)^{1/2} \qquad (4\text{-}23)$$

这个关系式适当地修正了火焰表面微小增大的影响，因而使数值与实验结果更加接近。在实际燃烧设备中，小尺度紊流燃烧只可能出现在网格的下游。

（2）大尺度紊流 对于大尺度弱紊动火焰，由于 $u' < S_l$，微团尺寸大于火焰锋面厚度，焰面发生扭曲，但可以认为微元面上的法向火焰传播速度仍为层流火焰传播速度 S_l。实验时，以整体紊流火焰面积 F 来确定紊流火焰传播速度 S_t，而实际的被紊流微团扭曲

了的火焰面积 F'，在稳定情况下应有如下关系：

$$S_t F = S_l \cdot F'$$

即

$$S_t = S_l \frac{F'}{F} \tag{4-24}$$

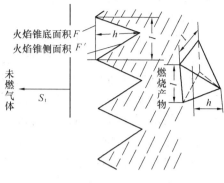

火焰锥底面积 F

火焰锥侧面积 F'

未燃气体

燃烧产物

S_t

据上式，只要求出 F'/F，即可算得 S_t。

肖尔金假定，把紊流燃烧区中所有曲面折算成锥形面积，如图 4-23 所示。假设锥体每边长为 l，锥体高度为 h，锥体侧面积为

$$4\left(\frac{l}{2}\right)\sqrt{(l/2)^2+h^2}$$

按图 4-23 可得

图 4-23 大尺度紊流火焰的物理模型

$$\frac{F'}{F} = \frac{4\left(\frac{l}{2}\right)\sqrt{\left(\frac{l}{2}\right)^2+h^2}}{l^2} = \sqrt{1+\left(\frac{h}{l/2}\right)^2} \tag{4-25}$$

按照设想的模型，锥体高度 h 相当于初始尺寸为 l 的微团，在燃尽时间 τ 内以脉动速度 u' 所迁移的距离

$$h \approx u'\tau$$

在此时间内以燃烧速度推进的距离为

$$\tau S_l \approx \frac{l}{2}$$

代入后得

$$h \approx \frac{u'l}{2S_l} \tag{4-26}$$

将式（4-25）代入式（4-26）和式（4-24），可得

$$S_t \approx S_l \left[1+\ (u'/S_l)^2\right]^{1/2} \tag{4-27}$$

在大尺度弱紊动下，$u' \ll S_l$，上式根号部分按泰勒级数展开，略去高次项后得：

$$S_t \approx S_l \left[1+\frac{1}{2}\left(\frac{u'}{S_l}\right)^2\right] \tag{4-28}$$

大尺度强紊动时，$u'/S_l \gg 1$，则由式（4-27）得

$$S_t \propto u' \tag{4-29}$$

在这种情况下，气团脉动非常剧烈，使许多正在燃烧的气团冲出连续的火焰表面，而形成超越在焰锋前面的脱群火团。这些火团从自身将火焰传播开来，而不必等待后面连续的焰锋传播过来就燃烧起来，无疑增加了焰锋的传播速度。所以，此时传播速度应该由这些脱群火团的脉动速度来确定，因而 $S_t \propto u'$。由于 $u' \propto u$，故

$$S_t \propto Re \tag{4-30}$$

在大多数情况下，S_t 仍然部分地决定于层流火焰传播速度，有人利用以下经验公式

$$S_t = AS_l^a Re^b \tag{4-31}$$

来计算紊流火焰传播速度。式中 A，a，b，均为实验常数。

三、紊流火焰的容积理论

紊流火焰的表面理论在其发展过程中已不断完善，使之能更好地符合实验结果。但

是，还有大量的实际现象不能用表面理论加以解释，因而 Summerfield 试图用所谓容积理论来代替表面理论。

容积理论认为，在大尺度强紊动下燃烧的气体微团中，并不存在把未燃气体和已燃气体截然分开的正常火焰锋面。紊流燃烧是以气团为单位进行的，在每个紊流微团内部，一方面进行着不同成分和温度的物质的迅速混合，同时也进行着快慢程度不同的反应。有的微团达到了着火条件就整体燃烧，而另外未达到着火条件的微团在其脉动过程中，或是在已燃部分的影响下（传热和传质）达到着火条件而燃烧，或者消失而与其他部分混合而形成新的微团。所以在燃烧区中同时存在三种气团，一种是尚未燃烧的，另一种是正在燃烧的，再有一种是已经燃烧完的气团，见图 4-21（d）。

容积理论还假定，不仅不同微团的脉动速度不同，而同一微团的各个部分其脉动速度也是不同的。由于速度不同，各部分的迁移距离也不相同，所以不可能再维持连续的薄火焰锋面。每当未燃的微团中渗入高温产物，或其某些部分发生燃烧时，就会迅速和其他部分混合。每隔一定的平均周期，不同的气团就会因互相渗透混合而形成新的气体微团，各个微团进行不同程度的容积反应。这样，燃烧反应的区域就不仅限于某一狭窄表面上，而分布在较大的容积中。由于整个容积中进行燃烧反应的程度不同，各项参数亦存在着分布场。

要了解这种火焰的传播速度与混气物理化学性质及紊动程度的关系，就必须了解微团的尺寸，微团中各部分脉动速度分布，但这是相当困难的。原苏联学者 щетцнков（谢钦科夫）在不同的紊流强度和火焰传播速度 S_l 下，针对微团内几种可能出现的紊流速度分布，作了紊流火焰传播速度的数值计算，得出了一定 T_0，p_0 下的定性关系：

$$S_t \propto u'^{\frac{2}{3}} \cdot S_l^{\frac{1}{2}} \tag{4-32}$$

这与实测的紊流火焰传播速度的变化规律相近。

和层流传播速度一样，压力和温度对紊流火焰传播速度也有一定影响。当紊流强度 $\varepsilon = 4\% \sim 5\%$ 且流速不变时，压力对紊流火焰传播速度的影响可用以下关系式表示：

$$(S_t)_v \propto p^{0.45} \tag{4-33}$$

当气流质量速度不变（即 Re 不变）时，与压力的关系为

$$(S_t)_{Re} \propto p^{-0.25} \tag{4-34}$$

上述关系和大多数层流时 $S_l = f(p)$ 关系类似。可以认为，第一种情况是压力通过改变紊流黏度对紊流火焰发生影响，而第二种情况主要反映在压力对化学动力学因素产生了较强的影响。

混气初始温度对 S_t 的影响并不显著，据实验结果可整理为如下关系式：

$$S_t \propto T_0^{0.25} \tag{4-35}$$

紊流火焰的焰面厚度也受压力和初始温度的影响。一般来说，焰面厚度随 T_0 的增大而明显减小，且压力越低时，焰面厚度随 T_0 的增高而减小得越快。

第六节　火焰传播浓度极限

一、火焰传播浓度极限及其测定

在燃气-空气（或氧气）混合物中，只有当燃气与空气的比例在一定极限范围之内时，

火焰才有可能传播。若混合比例超过极限范围，即当混合物中燃气浓度过高或过低时，由于可燃混合物的发热能力降低，氧化反应的生成热不足以把未燃混合物加热到着火温度，火焰就会失去传播能力而造成燃烧过程的中断。能使火焰继续不断传播所必需的最低燃气浓度，称为火焰传播浓度下限（或低限）；能使火焰继续不断传播所必需的最高燃气浓度，称为火焰传播浓度上限（或高限）。上限和下限之间就是火焰传播浓度极限范围，火焰传播浓度极限又称着火浓度极限。

火焰传播浓度极限范围内的燃气-空气混合物，在一定条件下（例如在密闭空间里）会瞬间完成着火燃烧而形成爆炸，因此火焰传播浓度极限又称爆炸极限。

了解燃气-空气混合物的火焰传播浓度极限，对安全使用燃气是很重要的，其值一般由实验测得。图 4-24 为通常采用的一种测定装置示意图。其工作原理为：取一根内径 50mm，长 1500mm 的硬质玻璃管。玻璃管一端封闭，一端敞开，其内充以燃气-空气混合物，将开口端用盖盖住，并浸入水银槽中。在开启盖子的同时，以强力的点火源进行点火，用不同浓度的燃气-空气混合物进行试验，当火焰不能传到玻璃管上部时的浓度，即为火焰传播浓度极限。

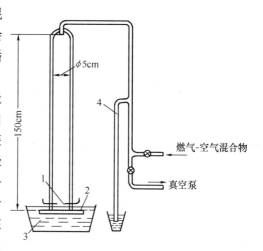

图 4-24　火焰传播浓度极限测定装置
1—发火花间隙；2—底板；3—水银槽；4—压力计

附录 1、2 列出了一些燃气-空气混合物，在常压和 293K 下的火焰传播浓度极限（即爆炸极限）。

二、影响火焰传播浓度极限的因素

各种因素对火焰传播浓度极限的影响如下：

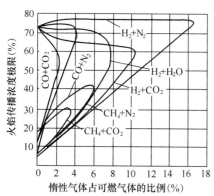

图 4-25　惰性气体对火焰
传播浓度极限的影响

1. 燃气在纯氧中着火燃烧时，火焰传播浓度极限范围将扩大。

2. 提高燃气-空气混合物温度，会使反应速度加快，火焰温度上升，从而使火焰传播浓度极限范围扩大。

3. 提高燃气-空气混合物的压力，其分子间距缩小，火焰传播浓度极限范围将扩大，其上限变化更为显著。表 4-3 列出了某些燃气-空气混合物火焰传播浓度极限随压力的变化关系。

4. 可燃气体中加入惰性气体时，火焰传播浓度极限范围将缩小（图 4-25）。

5. 含尘量、含水蒸气量以及容器形状和壁面材料等因素，有时也影响火焰传播浓度极限。例如，在氢-空气混合物中引进金属微粒，能使火焰传播浓度极限范围扩大，并能降低其着火温度。

常温下火焰传播浓度极限与压力的关系 表 4-3

燃　气	压　力 (MPa)	火焰传播浓度极限 ($V\%$)	
		下 限 L_l	上 限 L_h
CO	0.1	14	71
	2.0	21	60
	4.0	20	57
H_2	0.1	9	69
	2.0	10	70
CH_4	0.1	5	15
	5.0	4.8	48
	10.0	4.6	57

第五章 燃气燃烧方法

第一节 扩散式燃烧

一、燃烧的动力区和扩散区

燃料燃烧所需要的全部时间通常由两部分合成，即氧化剂和燃料之间发生物理性接触所需要的时间τ_{ph}[1]和进行化学反应所需要的时间τ_{ch}。亦即

$$\tau = \tau_{ph} + \tau_{ch}$$

对气体燃料来说，τ_{ph}就是燃气和氧化剂的混合时间。如果混合时间和进行化学反应所需的时间相比非常之小，即$\tau_{ph} \ll \tau_{ch}$，则实际上

$$\tau \approx \tau_{ch}$$

这时，称燃烧过程在动力区进行。将燃气和燃烧所需的空气预先完全混合均匀送入炉膛燃烧，可以认为是在动力区内进行燃烧的一个例子。反之，如果燃料与氧化剂混合所需要的时间与化学反应所需要的时间相比非常之大，即$\tau_{ph} \gg \tau_{ch}$，则

$$\tau \approx \tau_{ph}$$

这时，称燃烧过程在扩散区进行。例如，将气体燃料和空气分别引入炉膛燃烧，由于炉膛内温度较高，化学反应能在瞬间内完成，这时燃烧所需的时间就完全取决于混合时间，燃烧就在扩散区进行。

显然，当燃烧过程在动力区进行时，燃烧速度将受化学动力学因素的控制，例如反应物的活化能、温度和压力等。若燃烧过程在扩散区进行，则燃烧速度将取决于流体动力学的一些因素，例如气流速度和气体流动过程中所遇到的物体的尺寸、形状等。

在燃烧的动力区和扩散区之间，还有所谓中间区（或称动力-扩散区）。在中间区，燃烧过程所需的物理接触时间和化学反应时间几乎相等，即

$$\tau_{ph} \approx \tau_{ch}$$

这时，燃烧速度同时取决于物理因素和化学因素，情况就较为复杂。

了解燃烧过程受哪些因素控制，对分析燃烧状况和改进燃烧过程是十分必要的。

二、层流扩散火焰的结构

将管口喷出的燃气点燃进行燃烧，如果燃气中不含氧化剂（即$\alpha' = 0$），则燃烧所需的氧气将依靠扩散作用从周围大气获得。这种燃烧方式称为扩散式燃烧。

在层流状态下，扩散燃烧依靠分子扩散作用使周围氧气进入燃烧区；在紊流状态下，则依靠紊流扩散作用来获得燃烧所需的氧气。由于分子扩散进行得比较缓慢，因此层流扩

---

[1] 此处τ_{ph}包括混合时间和预热时间。

散燃烧的速度取决于氧的扩散速度。燃烧的化学反应进行得很快，因此火焰焰面厚度很小。

图 5-1 示出了层流扩散火焰的结构。燃气从喷口流出，着火后出现一圆锥形焰面。在焰面以内为燃气，焰面以外是静止的空气。氧气从外部扩散到焰面，燃气从内部扩散到焰面，而燃烧产物又不断从焰面向内、外两侧扩散。该图还示出了 a-a 截面上氧气、燃气和燃烧产物的浓度分布。氧气浓度从静止的空气层朝着焰面方向逐步降低，燃气浓度则从火焰中心朝相反方向逐步降低。燃气和空气的混合比等于化学计量比的那层表面便是火焰焰面。亦即，在焰面上 α 正好等于 1，而不可能大于或小于 1。试设想，假如在 $\alpha<1$ 的区域内首先着火，那么剩下的未燃燃气将继续向着氧气扩散，与焰外的空气混合而燃烧，使焰面向 $\alpha=1$ 的表面移动；假设在 $\alpha>1$ 的地区先着火，那么多余的氧气将向着燃气扩散，与焰内燃气混合而燃烧，亦即焰面又移向 $\alpha=1$ 的表面。在焰面上，燃烧产物的浓度最大，然后向内、外两侧逐步降低。纯燃气和纯空气之间的混合区被焰面分隔为两个区。内侧为燃气和燃烧产物相互扩散的区域，外侧为空气和燃烧产物相互扩散的区域。氧气通过外侧混合区向焰面扩散，而燃气则通过内侧混合区向焰面扩散。

扩散火焰的形状为圆锥形。这是因为沿火焰轴线方向流动的燃气要穿过一个较厚的内侧混合区才能遇到氧气，这就需要一段时间，而在这段时间内燃气将流过一定的距离，使焰面拉长。燃气在向前流动过程中不断燃烧，纯燃气的体积越来越小，最后在中心线上全部燃尽，所以火焰末端变尖而整个焰面成圆锥形。锥顶与喷口之间的距离称为火焰长度或火焰高度。

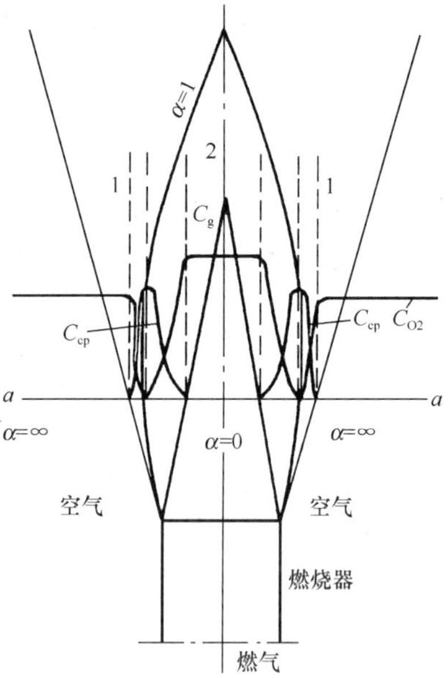

图 5-1　层流扩散火焰的结构

1—外侧混合区（燃烧产物＋空气）；2—内侧混合区（燃烧
产物＋燃气）；C_g—燃气浓度；C_{cp}—燃烧产物
浓度；C_{O_2}—氧气浓度

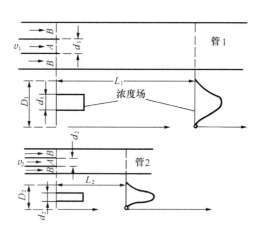

图 5-2　层流扩散火焰的相似

可以利用相似关系来讨论层流扩散火焰的基本规律。

图 5-2 中绘出了管 1 和管 2 两个相似的扩散燃烧装置。它们都有一个同心内管 A。在内管 A 中流动的是燃气，在内外管之间的空间 B 中流动的是空气，而且两种气体的流速

相等。图中还绘出了燃气在管道断面上的浓度分布。燃气刚离开内管时，浓度场是矩形的。由于不断燃烧，到达距离 L_1 和 L_2 处，浓度场变成曲线形。假如 L_1 和 L_2 是火焰的长度，则在 L_1 和 L_2 处燃烧必在中心线上进行，因此在该处燃气和空气之比符合化学计量比。

燃气和空气之间的扩散率（即单位时间从空气中扩散到燃气中去的氧气量）应当与浓度梯度成正比：

$$M \propto DF \frac{\mathrm{d}C}{\mathrm{d}r} \tag{5-1}$$

式中 D——扩散系数；

　　　F——垂直于扩散方向两股气流的接触面积；

　　$\dfrac{\mathrm{d}C}{\mathrm{d}r}$——径向浓度梯度。

对于上述两种相似情况，扩散率之比为：

$$\frac{M_1}{M_2} = \frac{D_1 F_1 \left(\dfrac{\mathrm{d}C}{\mathrm{d}r}\right)_1}{D_2 F_2 \left(\dfrac{\mathrm{d}C}{\mathrm{d}r}\right)_2} \tag{5-2}$$

在 L_1 和 L_2 距离内，两股气流接触表面之比为：

$$\frac{F_1}{F_2} = \frac{d_1 L_1}{d_2 L_2} \tag{5-3}$$

在两种情况下，燃气和氧气的初浓度都是相同的，因此，直径越小，浓度变化越剧烈。亦即浓度梯度与直径成反比：

$$\frac{\left(\dfrac{\mathrm{d}C}{\mathrm{d}r}\right)_1}{\left(\dfrac{\mathrm{d}C}{\mathrm{d}r}\right)_2} = \frac{d_2}{d_1} \tag{5-4}$$

将式（5-3）和式（5-4）代入式（5-2）得：

$$\frac{M_1}{M_2} = \frac{D_1}{D_2} \times \frac{d_1 L_1}{d_2 L_2} \times \frac{d_2}{d_1} = \frac{D_1 L_1}{D_2 L_2}$$

扩散到燃气中的氧气，用来使燃气燃烧。如果在 L_1 和 L_2 距离内燃气正好烧完，则在这段距离内的扩散率应当和燃气的流量相适应。因此在两种情况下的扩散率之比应当等于燃气流量之比，即

$$\frac{D_1 L_1}{D_2 L_2} = \frac{v_1 d_1^2}{v_2 d_2^2}$$

或者

$$\frac{DL}{vd^2} = 常数$$

$$L \propto \frac{vd^2}{D} \tag{5-5}$$

式（5-5）表明，层流扩散火焰的长度与气流速度成正比。对同一种燃气和同一燃烧器来说，气流速度越大，火焰就越长。由于 vd^2 反映了气体的流量，故当燃气流量不变时，火焰长度与气流速度无关，而仅与气体的扩散系数成反比。扩散系数越大，火焰就越短。

三、层流扩散火焰向紊流扩散火焰的过渡

如前所述，当燃气流量逐渐增加时，火焰中心的气流速度也渐渐加大。但氧气向焰面扩散的速度基本未变，这就使焰面的收缩点离喷口越来越远，火焰的长度不断增加。这时，火焰的表面积增大，单位时间内燃烧的燃气量也就增加了。但是，当气流速度增加至某一临界值时，气体流动状态由层流转为紊流，火焰顶点开始跳动。若气流速度再增加，则火焰本身也开始扰动。这时扩散过程由分子扩散转变为紊流扩散，燃烧过程得到强化，因此火焰的长度便相应缩短。随着气流扰动程度的加剧，燃烧所需的物理时间大为缩短，最后，当混合速度大大超过化学反应的速度时（$\tau_{ph} \ll \tau_{ch}$），燃烧就开始在动力区进行。这时所呈现的特点是火焰开始丧失稳定性。如果继续强化燃烧，就会使火焰发生间断，甚至完全脱离喷口。

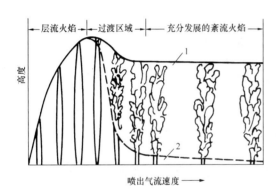

图 5-3 气流速度增加时扩散火焰长度和燃烧工况的变化
1—火焰长度终端曲线；2—层流火焰终端曲线

图 5-3 表示随着气流速度增加，扩散火焰长度和燃烧工况的变化情况。这是采用直径为 3.1mm 的管子，用城市燃气喷入静止的空气中进行试验而获得的。从图中可以看出，在层流区火焰有着清晰的轮廓，气流速度增加时火焰长度也逐渐增加。在过渡区火焰顶部开始扰动并向根部扩展。由过渡区进入紊流区时火焰根部的层流火焰变得很短，火焰总长度反而缩小。在紊流区火焰长度与气流速度无关。

在紊流扩散火焰中无法区分焰面和其他部分，在整个火炬内都进行着燃气与空气的混合、预热和化学反应。这种火焰的形状和长度完全取决于燃气与空气的流动方向（交角）和流动特性。例如当空气沿平行于火炬纵轴的方向进入炉膛时，形成一股瘦长的圆锥体火炬；当空气流强烈旋转时，混合情况改善，形成一股短而宽的火炬。在工程上可以采用各种方法来调节和强化紊流扩散燃烧过程。

下面讨论紊流扩散火焰长度的确定。

扩散火焰长度的确定，实质上就是要决定火焰锋面的位置。火焰锋面的近似确定方法是在燃气和空气的混合气流中（假设未产生火焰）去找寻燃气浓度与氧气浓度符合化学当量比的点的轨迹。

在燃气紊流自由射流中，轴线上的燃气浓度 C_g 与射流出口处的原始浓度 C_1 之比为

$$\frac{C_g}{C_1} = \frac{0.70}{\dfrac{as}{r} + 0.29} \tag{5-6}$$

式中 s——距出口的轴向距离；

a——紊流结构系数；

r——射流喷口的半径。

射流中各点的燃气浓度与空气浓度之和应该是一样的，它等于出口处的浓度和

$C_1+0=C_1$。因此，燃气浓度和空气浓度之比为 $\dfrac{C_g}{C_1-C_g}$。在锋面上这个浓度比应近似地等于化学当量比 $1:n$，故可成立：

$$\frac{C_g}{C_1-C_g}=\frac{1}{n}$$

或

$$\frac{C_g}{C_1}=\frac{1}{n+1} \tag{5-7}$$

因而紊流扩散火焰长度可用下列方程式求解：

$$\frac{0.70}{\dfrac{al_f}{r}+0.29}=\frac{1}{1+n}$$

即火焰长度为

$$l_f=\frac{r}{a}\left[0.70\left(1+n\right)-0.29\right] \tag{5-8}$$

四、扩散火焰中的多相过程

碳氢化合物进行扩散燃烧时，可能出现两个不同的区域：一个是真正的扩散火焰，它是从燃烧器出口垂直向上伸展的一个很薄的反应层；另一个是光焰区，其中有固体碳粒燃烧。

图 5-4 示出了不同压力下乙炔在空气中燃烧的扩散火焰。可以看到，当压力升高时，由于碳粒增多，光焰区伸长，使火焰高度突然增加好几倍。

为了讨论光焰出现的原因，可以分析一下层流扩散火焰中气体浓度和温度的变化情况（图 5-5）：直线 A 相当于反应区的外表面，直线 B 相当于反应区的内表面。反应区的厚度很小，仅为 δ_{ch}。氧气浓度 C_{O_2} 在反应区内表面处降为零，而燃气浓度 C_g 则在反应区外表面才降为零。气体温度在反应区内为最高，并由反应区向内外两侧迅速下降。若在纵坐标上取一点相当于燃气开始分解的温度 t_d，则该温度的等温线与气体温度曲线相交于一点 a。在点 a 的右边将是一个只有燃气没有氧气的高温地带，它与反应区相邻，厚度为 δ_d。这地带就是燃气进行热分解的区域。

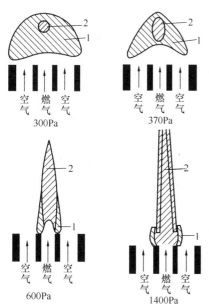

图 5-4 不同压力下乙炔在空气中的扩散火焰
1—扩散火焰；2—光焰区

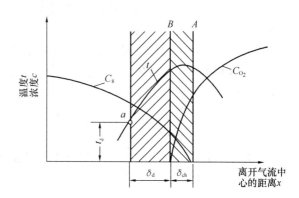

图 5-5 在层流扩散火焰中气体浓度和温度的变化

一些实验资料表明，氢和一氧化碳是热稳定性较好的燃气，它们在 2500～3000℃ 的高温下尚能保持稳定的分子结构。各种碳氢化合物则是热稳定性较差的燃气。甲烷在 683℃ 便开始分解，乙烷为 485℃、丙烷为 400℃、丁烷为 435℃。一般来说，碳氢化合物的分子量越大，其稳定性也越差。

碳氢化合物的热分解历程虽然还不十分清楚，但可以肯定在分解区内发生着碳氢化合物的脱氢过程和碳原子的积聚过程。最后生成相当多的固体碳粒，像雾一般分散在气体中。这些碳粒燃烧时，呈现出明亮的淡黄色的光焰，这是碳氢化合物在扩散燃烧时的一个特征。如果碳粒来不及燃尽而被燃烧产物带走，就形成所谓的煤烟。

在扩散火焰中的碳粒，一旦接触到氧气，便出现固体和气体之间的燃烧过程。这种在碳粒表面发生的多相反应与均相反应相比有着一系列不同的特点。

首先，周围气体中的氧以分子扩散方式到达碳粒表面；由于碳粒表面力的作用，碳和氧分子之间产生化学吸附过程；然后，被吸附的气体分子在碳粒表面上与之进行化学反应，反应生成物是一氧化碳和二氧化碳，它们以气体状态从表面解吸出来。

碳的反应机理是很复杂的。主要的反应是碳和氧的化合作用，这个反应称为一次反应。实验证明，当碳和氧作用时，同时生成一氧化碳和二氧化碳。为了解释这个现象，曾经提出过许多不同的论点。较新的观点认为：碳和氧首先化合成 C_xO_y，然后再分解成 CO 和 CO_2，因而列出以下反应方程式：

$$xC + \frac{1}{2}yO_2 = C_xO_y$$

$$C_xO_y = mCO + nCO_2$$

一氧化碳和二氧化碳的比例，也就是 m 和 n 的数值，决定于燃烧条件。

除了一次反应外，还存在所谓二次反应：

第一，反应生成的一氧化碳在碳粒附近和氧化合，使二氧化碳量增加。

$$2CO + O_2 = 2CO_2$$

第二，当温度很高而碳粒表面缺少氧气时，二氧化碳被还原成一氧化碳。

$$CO_2 + C = 2CO$$

一次反应和二次反应互相交错，很难区分哪些是一次反应的产物，哪些是二次反应的产物。

固体和气体相互作用的最终速度可能决定于扩散速度，也可能决定于化学反应速度，这要视何者为最慢速度而定。

假如系统中反应温度不高，表面层的化学反应速度就较小，到达固体表面上的氧分子只有少量具有超过活化能的能量。这时反应速度小于扩散速度，燃烧在动力区进行，整个过程的总速度与温度有关。

$$W = Be^{-\frac{E}{RT}} \tag{5-9}$$

式中　W——反应速度；

　　　　B——试验系数，取决于气相组成、固相表面积等因素；

　　　　E——活化能；

　　　　R——气体常数；

　　　　T——绝对温度。

因此，与均相燃烧经常在扩散区进行的情况不同，多相燃烧有可能在动力区进行。

假如反应系统中的温度很高，到达固体表面的氧分子大部分都具有足够的能量参与反应，碳粒表面上就缺少氧气而增加了反应产物的浓度。整个过程便取决于扩散过程：

$$W = -DF \frac{\mathrm{d}C}{\mathrm{d}n} \tag{5-10}$$

式中　D——扩散系数；

　　　F——接触表面积；

　　　$\dfrac{\mathrm{d}C}{\mathrm{d}n}$——浓度梯度。

这时燃烧过程就在扩散区进行。

当然，在某一中间温度范围内，扩散速度和反应速度相接近，燃烧过程就在中间区进行。

通过以上分析可以认为，在火焰的高温区，固体碳粒的燃烧是在扩散区进行的，由于碳粒表面氧的扩散主要是分子扩散，过程进行得很慢。通常碳的粒子来不及在高温区烧完，而随气流进入火焰尾部低温区，这时燃烧便由扩散区转为动力区。此后，碳粒的燃烧有可能完全中断，未烧尽的碳粒冷却后便形成炭黑，沉积在炉子的加热表面或管壁上。

五、燃气火焰的辐射

燃料燃烧时火焰的辐射传热，被广泛地利用在各种工业炉窑、加热炉和锅炉等热工设备上。

不发光的透明火焰的辐射，主要是高温气体的辐射。对于黄色、光亮而不透明的光焰来说，火焰内的游离碳粒子产生的固体辐射占有很大的比例。因此，两种不同火焰的辐射机理是不同的。

燃气火焰一般来说是不发光的透明火焰，即使扩散火焰也是弱的光焰。透明火焰主要靠烟气中的二氧化碳、水蒸气等在高温下的辐射。由于气体辐射仅在特定的窄波段内进行，与具有连续发射光谱的发光固体颗粒相比，燃气火焰的辐射能力是很弱的。

为了增加燃气火焰的辐射能力，曾有人试验过在气体燃料中加入一些液体燃料的燃烧方法。图 5-6、图 5-7 所示为国际火焰基金会的研究结果。可以看到，随着加入重油百分比的提高，火焰的辐射率显著增大。图 5-7 是在相同条件下，加入重油和加入焦油两种情况的比较。比较的结果是加入焦油的辐射能力更强。

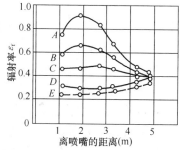

图 5-6　加入重油对辐射率的影响
A—重油 100%；B—重油 40%；C—重油 20%；
D—重油 10%；E—重油 0%

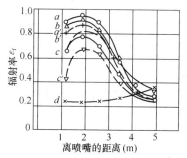

图 5-7　加入重油或焦油对辐射率的影响
焦油—a100%、b57%、c33%；重油—a'100%、
b'67%、c'33%；d—气体燃料 100%

根据国际火焰研究基金会的报告，燃料中的碳、氢重量比（$R=C/H$）的增大，使其火焰的辐射率呈直线增加。因此液体燃料的种类对火焰辐射有很大影响。

第二节　部分预混式燃烧

一、部分预混层流火焰

1855 年本生创造出一种燃烧器，它能从周围大气中吸入一些空气与燃气预混，在燃烧时形成不发光的蓝色火焰，这就是实验室常用的本生灯。预混式燃烧的出现使燃烧技术得到了很大的发展。

扩散式燃烧容易产生煤烟，燃烧温度也相当低。但当预先混入一部分燃烧所需空气后，火焰就变得清洁，燃烧得以强化，火焰温度也提高了。因此部分预混式燃烧（通常是 $0<\alpha'<1$）得到了广泛的应用。在习惯上又称大气式燃烧。

图 5-8 所示为本生灯的示意图。本生火焰是部分预混层流火焰的一个典型例子。从图中可以看到，本生火焰由内锥体和外锥体组成。在内锥表面火焰向内传播，而未燃的燃气-空气混合物则不断地从锥内向外流出。在气流的法向分速度等于法向火焰传播速度之处便出现一个稳定的焰面，其形状近似于一个圆锥面。焰面内侧有一层很薄的浅蓝色燃烧层，因此内锥又称蓝色锥体。

由于一次空气量小于燃烧所需的空气量，因此在蓝色锥体上仅仅进行一部分燃烧过程。所得的中间产物穿过内锥焰面，在其外部按扩散方式与空气混合而燃烧。一次空气系数越小，外锥就越大。

含有较多碳氢化合物的燃气进行大气式燃烧时，外锥部分可能出现两种不同情况。当一次空气量较多时（$\alpha'>0.4$），碳氢化合物在反应区内转化为含氧的醛、乙醇等。扩散火焰可能是透明而不发光的。当一次空气量较少时，碳氢化合物在高温下分解，形成碳粒，扩散火焰就成为发光的火焰。

蓝色锥体的出现是有条件的。假如燃气-空气混合物的浓度大于着火浓度上限，火焰就不可能向中心传播，蓝色锥体就不会出现，而成为扩散式燃烧。假如混合物中燃气的浓度低于着火浓度下限，则该气流根本不可能燃烧。氢气燃烧火焰出现蓝色锥体的一次空气系数范围相当大，而甲烷和其他碳氢化合物的燃烧火焰出现蓝色锥体的一次空气系数范围相当窄。

蓝色锥体的实际形状（图 5-9）可以用管道中气流速度的分布和火焰传播速度的变化来解释。层流时，沿管道横截面上气体的速度按抛物线分布。喷口中心气流速度最大，至管壁处降为零。截面上任一点的气流法向分速度均等于法向火焰传播速度，故火焰虽有向内传播的趋势，但仍能稳定在该点。另一方面，该点还有一个切向分速度，使该处的质点向上移动。因此，在焰面上不断进行着下面质点对上面质点的点火。为了说明什么是最下部的点火源，需要分析一下根部的情况。在火焰根部，靠近壁面处气流速度逐渐减小，至管壁处降至零，但火焰并不会传到燃烧器里去，因为该处的火焰传播速度因管壁散热也减小了。在图 5-9 中的点 1 处，火焰的传播速度小于气流速度，即 $S<v$。在离燃烧器出口处某一距离的点 2 处，气流速度变化不多。火焰传播速度却因管壁散热影响的明显减小而

增加，故$v<S$。可以肯定，在点 1 和点 2 之间，必定存在一个 $v=S$ 的点 3，在点 3 上焰面稳定，而且没有分速度，$\varphi=0$。这就是说，在燃烧器出口的周边上，存在一个稳定的水平焰面，它是空气-燃气混合物的点火源，又称点火环。点火环使层流大气火焰根部得以稳定。

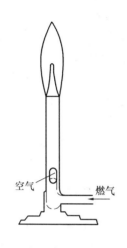

图 5-8　本生燃烧器示意图

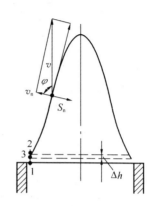

图 5-9　蓝色锥体表面上的速度分析

二、部分预混层流火焰的确定

前面分析了点火环的存在，它起了稳定火焰根部的作用。然而只有燃烧器在一定的范围内工作时，才有点火环的存在。

如果燃烧强度不断加大，由于 $v=S$ 的点更加靠近管口，点火环就逐渐变窄。最后点火环消失，火焰脱离燃烧器出口，在一定距离以外燃烧，称为离焰。若气流速度再增大，火焰就被吹熄，称为脱火。

如果进入燃烧器的燃气流量不断减小，即气流速度不断减少，蓝色锥体越来越低，最后由于气流速度小于火焰传播速度，火焰将缩进燃烧器，称为回火。

脱火和回火现象是不允许的，因为它们都会引起不完全燃烧，产生一氧化碳等有毒气体。对炉膛来说，脱火和回火引起熄火后形成爆炸性气体，容易发生事故。因此，研究火焰的稳定性，对防止脱火和回火具有十分重要意义。

如前所述，对于某一定组成的燃气-空气混合物，在燃烧时必定存在一个火焰稳定的上限，气流速度达到此上限值便产生脱火现象，该上限称为脱火极限；另一方面，燃气-空气混合物还存在一个火焰稳定的下限，气流速度低于下限值便产生回火现象，该下限称为回火极限。只有当燃气-空气混合物的速度在脱火极限和回火极限之间时，火焰才能稳定。

图 5-10 是按试验资料绘出的天然气-空气混合物燃烧时的稳定范围。从图中可以看出混合物的组成对脱火和回火极限影响很大。随着一次空气系数的增加，混合物的脱火极限逐渐减小。这是因为燃气浓度高时，点火环处有较多的燃气向外扩散，与大气中扩散而来的二次空气混合而燃烧，能形成一个较有力的点火环。反之，若混合物中空气较多，从火孔出来的燃气较少，二次空气将进一步稀释混合物，使点火环的能力削弱，所以脱火速度

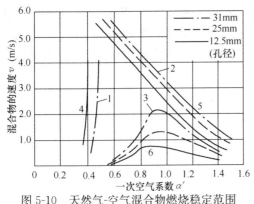

图 5-10 天然气-空气混合物燃烧稳定范围
1—光焰曲线；2—脱火曲线；3—回火曲线；4—光焰区；
5—脱火区；6—回火区

也下降。燃烧器出口直径越大，气流向周围的散热越少，火焰传播速度就越大，脱火极限就越高。

回火极限随混合物组成变化的情况与火焰传播速度曲线相似。在其他条件相同时，火焰传播速度越大，回火极限速度也越大。燃烧器出口直径较小时，管壁散热作用增大，回火可能性减小。为了防止回火，最好采用小直径的燃烧孔。当燃烧孔直径小于极限孔径时，便不会发生回火现象。

图 5-10 还绘出了光焰区。当一次空气系数较小时，由于碳氢化合物的热分解，形成碳粒和煤烟，会引起不完全燃烧和污染。所以，部分预混式燃烧的一次空气系数不宜太小。

脱火和回火曲线的位置，取决于燃气的性质。燃气的火焰传播速度越大，此两曲线的位置就越高。所以火焰传播速度较大的炼焦煤气容易回火，而火焰传播速度较小的天然气则容易脱火。

火焰稳定性还受到周围空气组成的影响。有时周围大气中氧化剂被惰性气体污染，脱火和回火曲线的位置就会发生变化。由于空气中含氧量较正常为少，使燃烧速度降低，从而增加了脱火的可能性。

此外，火焰周围空气的流动也会影响火焰的稳定性，这种影响有时是很大的，它取决于周围气流的速度和气流与火焰之间的角度。

（一）周边速度梯度理论

刘易斯和冯·埃尔柏提出了用周边速度梯度来分析回火和脱火现象的理论。在燃烧器出口的周边处，火焰传播速度和气流速度都是在变化的。图 5-11（a）表示燃烧器出口以内的情况。粗线表示火焰传播速度变化曲线，细线表示三种不同工况下气流速度变化曲线。当管径较大时，靠近管壁处的气流速度变化曲线可近似地用直线来表示。直线 1 与火焰传播速度线相割，说明某些区域的火焰传播速度大于气流速度，会产生回火。直线 2 与火焰传播速度线相切，这是产生回火的极限位置。直线 3 位于火焰传播速度线的外面，其上任一点的气流速度都大于火焰传播速度，因此焰面将稳定在燃烧器出口以上，即不会发生回火。这时火焰底部的位置为图 5-11（c）中的位置 A。图 5-11（b）表示燃烧器出口以上的情况。当提高周边速度梯度而使速度曲线成为直线 3 时，由于直线 3 上每一点气流速度均大于曲线 A 上每一点燃烧速度，所以火焰底部被推离到图 5-11（c）中的位置 B。在位置 B，火焰底部离开火孔的距离增大，火孔壁面对火焰底部的冷却作用减弱。同时，在气流边界层可燃混合物与空气的相互扩散增强，使边界层附近可燃混合物的一次空气系数增加，燃烧速度增大。因此，图 5-11（b）中的燃烧速度曲线 A 的气流边界移动到 B。因为 B 与直线 3 相切，所以焰面底部能够在图 5-11（c）的位置 B 重新稳定。同样，当燃烧速度继续增大而速度曲线变为直线 4 时，焰面继续被推离到图 5-11（c）中的位置 C，由于壁面冷却作用进一步减弱和稀释作用的有利影响，燃烧速度继续增大，燃烧曲线由图

5-11（b）中的 B 移动到 C。当曲线 C 与直线 4 相切时，火焰底部就能够在图 5-11（c）的位置 C 重新稳定。当周边速度梯度再继续增大，使速度曲线变为直线 5 时，火焰又进一步被推离火孔。这时由于可燃混合物与空气的相互扩散过强，使得气流边界层附近的可燃混合物被空气过分稀释，导致该处的燃烧速度下降，使燃烧速度曲线 C 不是继续向左推移，而是反过来向右回移到曲线 D。这时直线 5 与燃烧速度曲线 D 再也找不到切点，即在火焰底部任何一点上的气流速度都大于燃烧速度，于是火焰就被无限制推离火孔，产生脱火。显然，直线 4 与曲线 C 的切点所代表的工况，即为防止脱火的极限工况。

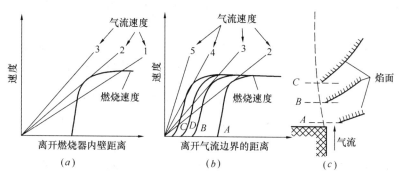

图 5-11　回火和脱火的图解

（a）燃烧器出口以内的情况；（b）燃烧器出口以上的情况；（c）焰面位置

1—回火；2—回火极限；3—火焰稳定；4—脱火极限；5—脱火；

A、B、C—当焰面在 A、B、C 三个位置时的燃烧速度曲线

从以上分析可以认为，脱火和回火的极限决定于靠近气流周边处的气流速度线的斜率，或者说取决于周边速度梯度。

回火时的周边速度梯度可由下式确定：

$$\left(\frac{\mathrm{d}v}{\mathrm{d}r}\right)_{r\to R}=\left(\frac{\mathrm{d}S}{\mathrm{d}r}\right)_{r\to R} \tag{5-11}$$

式中　r——某点离管中心的距离；

R——管子半径。

在层流情况下，管道中的速度场呈抛物线形，并可用下式表达：

$$v=v_{max}\left(1-\frac{r^2}{R^2}\right)$$

而 $v_{max}=2\bar{v}$（此处 $\bar{v}$ 为平均气流速度）。

若将气体流量 L 引入，则它与速度之间存在以下关系：

$$L=\pi R^2\bar{v}=\frac{\pi}{2}v_{max}R^2$$

或

$$v_{max}=\frac{2L}{\pi R^2}$$

因此任意一点的气流速度可写成

$$v=\frac{2L}{\pi R^2}\left(1-\frac{r^2}{R^2}\right)$$

故

$$\left(\frac{\mathrm{d}v}{\mathrm{d}r}\right)_{r\to R}=-\frac{4}{\pi}\cdot\frac{L}{R^3}$$

将式（5-11）代入上式，可得

$$-\left(\frac{dS}{dr}\right)_{r\to R}=\frac{4}{\pi}\cdot\frac{L}{R^3} \tag{5-12}$$

当燃气组成一定时，$\left(\dfrac{dS}{dr}\right)_{r\to R}$ 为一定值，故 $\dfrac{4L}{\pi R^3}$ 也可确定。从式（5-12）可知回火极限流量与 R^3 成正比，当燃烧器口径放大时，回火极限流量也增加。

式（5-12）还可写成

$$-\left(\frac{dS}{dr}\right)_{r\to R}=8\frac{\bar{v}}{D} \tag{5-13}$$

式（5-13）表明，一定组成的燃气，其回火极限速度与燃烧器出口直径成正比，口径越大，回火极限速度越高。

以上关系式为实验所证明。周边速度梯度理论认为，回火和脱火极限速度梯度是可燃混合物本身的特性。如选定一种燃气，测出它在各种口径燃烧器中的回火极限曲线，并算出极限速度梯度 $\dfrac{4L}{\pi R^3}$，则按不同口径燃烧器算得的回火极限速度梯度均落在同一条曲线上。

脱火的极限条件原则上可以用同样方法来分析。脱火也取决于管口处气流的周边速度梯度，只是这时的气体流量采用脱火时的流量，因此极限速度梯度的数值比回火时大。

图 5-12 列出了甲烷-空气混合物和一氧化碳-空气混合物燃烧时的回火和脱火极限速度梯度曲线。

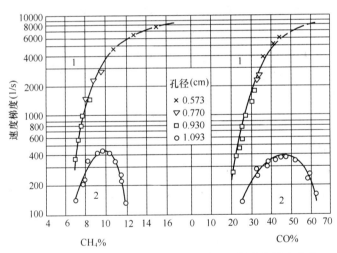

图 5-12　甲烷与一氧化碳的回火和脱火极限速度梯度曲线
1—脱火区；2—回火区

周边速度梯度理论虽然针对层流状态导出，但在某些紊流状态下也能适用。

（二）火焰拉伸理论

周边速度梯度理论在 20 世纪 40 年代初期提出后，被大量实验所证实，因此很少有人怀疑该理论的正确性和广泛适用性。但在 20 世纪 60 年代后期吕特（S. B. Reed）详细考察了周边速度梯度理论，发现用该理论解释脱火现象存在着一定的矛盾和局限性。为此，他提出用火焰拉伸理论代替周边速度梯度理论来解释脱火现象。虽然对用火焰拉伸理论来解释脱火现象的一些论点尚有争论，而周边速度梯度理论仍然得到广泛的承认与应用，但吕特用火焰拉伸理论来解释脱火，无疑是对火焰稳定理论的一个重要发展。

吕特对火焰底部离火孔端面的距离 d 进行了分析。结果表明，有时气流速度增加到出现脱火，d 并无显著增加；而有时气流速度并未增加，d 却有所增加。这与用周边速度梯度理论解释脱火时的假设是相矛盾的。例如，当火孔直径减小时，d 值增加，这时从周围扩散到火焰底部的空气量有所改变，但脱火极限周边速度梯度却并无明显改变。又如，当周围环境压力降低时，d 值增加很大，但脱火极限周边速度梯度也无明显改变。因此吕特认为，上述这些现象并不能用由于周围空气对燃气-空气混合物稀释而引起燃烧速度降低并导致脱火的理论来解释，而应该用火焰拉伸理论来解释。

当未燃的燃气-空气混合物以均匀速度沿垂直于焰面的方向向反应区运动时，单位面积焰面通过热传导传给未燃气体的热量仍然全部返回到该单位面积焰面本身，这就能使火焰温度维持很高。当火焰向周围的散热量很小时，火焰温度就接近于理论燃烧温度。反之，当未燃气体具有速度梯度时，则从某单位面积焰面传给未燃气体的热量并不全部返回到该单位面积焰面，而是有一部分热量从低流速区向高流速区转移。亦即，低流速区焰面通过导热传向低流速区预热区的热量，在靠对流作用向回传递时，其中一部分返回到了高流速区焰面。这样，低流速区的火焰温度就降低，该区的燃烧速度也相应降低。而且，某一段火焰的气流速度梯度越大，这一段火焰低流速区的火焰温度也降得越多，熄火作用也越厉害。这显然是一种可能导致脱火的机理。

在考虑这种脱火机理的时候，首先应该把气流速度与其他一些表示火焰特性的量联系起来。速度梯度影响预热区的传热工况。而与这种影响大小有关的因素是度量预热区厚度的参数 δ_{ph}（$\delta_{ph}=\lambda/S_n\rho c_p$）。对于一定的速度梯度 $\dfrac{dv}{dr}$ 来说，δ_{ph} 越大，则在 δ_{ph} 这段距离中气流速度的增值也越大，熄火作用也越厉害。用具体的例子来说，同样的 $\dfrac{dv}{dr}$ 对甲烷-空气混合物的熄火作用就比对氢-空气混合物的熄火作用大。此外，对于同样的 $\dfrac{dv}{dr}$ 和 δ_{ph} 而言，某一段火焰本身的气流速度 v 越大，速度的增值 dv 对于 v 的影响就越小，其熄火影响也越小。因此可以认为，由于速度梯度而引起的熄火影响与 $\dfrac{dv}{dr}$、δ_{ph} 成正比，与 v 成反比。如用一无因次数

$$K=\frac{\delta_{ph}}{v}\frac{dv}{dr} \qquad (5\text{-}14)$$

来反映这种影响，则 K 值越大，速度梯度的熄火作用越厉害。这个无因次数 K 称为卡洛维兹（Karlovitz）拉伸系数。

当 K 不断增加时，就会达到一个极限值，这时因 $\dfrac{dv}{dr}$ 而引起的燃烧速度的降低会引起度量预热区厚度的 δ_{ph} 显著增加（因 δ_{ph} 与燃烧速度成反比），而 δ_{ph} 的增加反过来又会强化 $\dfrac{dv}{dr}$ 的熄火影响。这样，当 K 值达到极限时，一个自动加速的熄火过程就开始，并最后导致一部分火焰的熄灭。这个自动加速过程还由于反应速度与火焰温度成指数关系而加剧。

当火焰在具有速度梯度的运动气流中传播时，火焰成为凸向气流的曲面，因此面向未

燃气体的焰面面积就大于面向已燃气体的焰面面积。亦即，当焰面向未燃气体传播时，其面积被拉伸。对于曲面火焰而言，焰面每单位面积所需加热的未燃气体体积比平面火焰的大，因而火焰温度会降低。焰面面积被拉伸得越多，火焰温度就会降得越低，甚至导致火焰的熄灭。K 的极限值就代表火焰尚能适应的最大面积增值。

以下以甲烷相对浓度 $F=1$ 的甲烷-空气混合物为例来说明火焰拉伸对脱火的影响，相对浓度为实际浓度与化学计量浓度之比。对于甲烷-空气火焰，燃烧速度约为 35cm/s，脱火极限周边速度梯度约为 $2100s^{-1}$，火焰厚度约为 0.4mm。在这一距离内，周边气流速度由零增加到 80cm/s。而且，如此大的速度变化是发生在气流速度本身很小的区域中的。这个区域就是接近火孔壁面的区域。对于甲烷-空气混合物来说，接近火孔壁面的火焰底部稳定区气流速度只有 35cm/s。这种情况就是前面所说的 $\frac{dv}{dr}$ 较大而 v 较小的情况。在这种情况下由速度梯度引起的熄火作用很大，于是就可能发生火焰熄灭现象。

K 的极限值应首先发生在接近气流边界的火焰稳定区，因为在该区域内 $\frac{dv}{dr}$ 最大，而 v 最小。因此可以认为，脱火是由于火焰稳定区的 K 值达到极限值 K_b，导致火焰熄灭而引起的。这就是火焰拉伸脱火理论的结论。

下面来导出 K_b 的表达式。在接近气流边界的火焰稳定区，脱火时的速度梯度 $\frac{dv}{dr}$ 就等于脱火极限速度梯度 g_b，而气流速度 v 即等于燃烧速度 S_n。因此：

$$K_b=\frac{\delta_{ph}}{v}\frac{dv}{dr}=\frac{\delta_{ph}}{S_n}g_b$$

将 $\delta_{ph}=\frac{\lambda}{S_n\rho c_p}$ 代入上式，得：

$$K_b=\frac{g_b\lambda}{c_p\rho S_n^2} \tag{5-15}$$

对火焰拉伸脱火理论正确性的检验可以通过计算各种不同脱火条件下的 K_b 值来进行。只要 δ_{ph} 足以代表火焰传播特性，而 v 和 $\frac{dv}{dr}$ 足以代表气体流动特性，则对于某一种燃气-空气混合物来说，不论其浓度比例、温度、压力和火孔孔径如何变化，K_b 应大致为定值。

吕特用不同作者在各种实验条件下得到的脱火实验数据来检验 K_b。检验按照无外焰存在和有外焰存在两种情况进行。

1. 无外焰存在的情况

由于无外焰存在，因而外焰对火焰稳定性的影响就可排除。这种情况发生在燃气-空气混合物中燃气相对浓度 $F<1$ 时，或 $F>1$ 的可燃混合物在惰性气体中燃烧时。当整理包括氢-空气、甲烷-空气、丙烷-空气等可燃混合物在内的实验数据时，大多数实验点都符合下列方程式：

$$K_b=0.23 \tag{5-16}$$

这说明 K_b 大致是常数（见图 5-16）。

2. 有外焰存在的情况

如图 5-13 所示，当 $F>1$，也即有外焰出现时，K_b 就开始升高，这是因为外焰能向火焰稳定区提供热量。F 越大，外焰起的作用也越大。$F>1$ 的实验点大都符合下列方程式：

$$K_b = 0.23F^{6.4} \quad (1 < F < 1.36) \tag{5-17}$$

当 $F > 1.36$ 时，部分预混火焰向扩散火焰过渡，上述关系式逐渐失去其准确性。

式（5-16）和式（5-17）两个表达式可以合并为一个表达式：

$$K_b = 0.23 \left[1 + \left(F^{6.4} - 1 \right) k \right] \tag{5-18}$$

或

$$g_b = \frac{0.23 c_p \rho S_n^2}{\lambda} \left[1 + \left(F^{6.4} - 1 \right) k \right] \tag{5-19}$$

式中 k——系数。无外焰时，k 取 0；有外焰时，k 取 1。

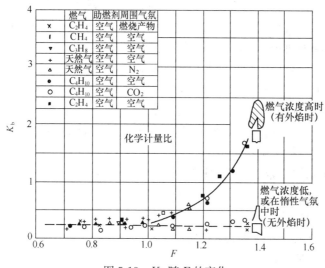

图 5-13 K_b 随 F 的变化

这样，脱火极限速度梯度 g_b 就可根据火焰的一些基本特性算出。算出 g_b 后，就可根据气流速度分布规律算出脱火时从火孔射出的气流平均速度。

由于在理论推导时忽略了许多因素，所应用的实验数据又存在各种误差，因此式（5-19）当然不可能是一个精确的式子。但该式的主要作用是将脱火极限速度梯度与一些表示火焰特性的参数联系起来，这是周边速度梯度理论所没有达到的。

应该指出，如果采取措施来抑制一次气流和火孔周围二次空气的扰动，K_b 值就可能升高，这与用雷诺数确定层流或紊流的情况是相似的。当小心地避免扰动时，层流可以维持到雷诺数等于 40000 或更高，因此图 5-13 中的 K_b 值应该是可能发生脱火现象的最低极限。当然，由于在工程实际上扰动总是不可避免的，因此图 5-13 中的 K_b 也是符合工程实际情况的。

应该说，火焰拉伸脱火理论与周边速度梯度理论是有共性的。其共性就在于两者都是以周边速度梯度为主要参数。但是在周边速度梯度理论中周边速度梯度只是作为火焰稳定区的一个速度特性来对待的，而在火焰拉伸脱火理论中周边速度梯度则是一个表示火焰拉伸特性的参数。火焰拉伸脱火理论通过卡洛维兹数 K 将 g_b 与可燃混合物的物理化学特性联系起来，并通过 g_b 建立脱火时气流特性与可燃混合物物理化学特性之间的关系。实际上，周边速度梯度的增加既引起火焰拉伸，又引起周围空气对可燃混合物的稀释。火焰拉伸脱火理论强调了前者，而周边速度梯度理论则强调了后者。

三、部分预混紊流火焰

燃气空气混合物的层流燃烧只适用于小型加热设备。在工业窑炉中，往往需要很大的燃烧热强度（即单位时间从燃烧器喷口单位面积上燃烧发出的热量），这只有采用紊流燃烧才能达到。

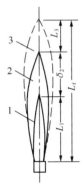

图5-14 紊流火焰的结构

从直观来看，紊流火焰比层流火焰明显地缩短，而且顶部较圆。焰面由光滑变为皱曲，可见火焰厚度增加，火焰总表面积也相应增加。当紊动尺度很大时，焰面将强烈扰动，气体各个质点离开焰面，分散成许多燃烧的气流微团，它们随着可燃混合物和燃烧产物的流动而不断飞散，最后完全燃尽。这时焰面变为由许多燃烧中心所组成的一个燃烧层，其厚度取决于在该气流速度下质点燃尽所需的时间。显然，这时燃烧表面积大大增加，燃烧也得到强化。

对自由空间预混式紊流火焰进行研究以后，可以把紊流火焰分为三个区（见图5-14）。它们是：焰核1——燃气空气混合物尚未点着的冷区；焰面2——着火与燃烧区，大约90%的燃气在这里燃烧；燃尽区3——在这里完成全部燃烧过程，这个区的边界是看不见的，要通过气体分析来确定。

根据以上火焰结构，紊流火焰的长度可由下式表示：

$$L_f = L_1 + \delta_2 + L_3 \tag{5-20}$$

式中　L_f——火焰的总长度；

　　　δ_2——沿气流轴线方向紊流火焰的厚度；

　　　L_1——冷核的长度；

　　　L_3——沿气流轴线方向燃尽区的厚度。

火焰冷核的长度 L_1 取决于一定气体动力特性的气流中火焰的传播过程，近似地可写成：

$$L_1 \approx \frac{vr}{S_T} \tag{5-21}$$

式中　v——混合物的流动速度；

　　　r——除去边界层的出流半径；

　　　S_T——紊流火焰传播速度。

沿气流轴线方向的紊流火焰的厚度 δ_2 取决于火焰的紊流特性和燃气-空气混合物的性质。对一定的可燃气体混合物用强化燃烧的办法来缩小火焰厚度 δ_2 是十分困难的。

燃尽区的厚度 L_3 主要取决于混合物的动力特性及气流速度（停留时间）。对一定组分的混合物可写成：

$$L_3 = Kv \tag{5-22}$$

式中　K——常数。

从火焰总长度的组成可知，要缩小火焰尺寸，主要方法是减小 L_1。具体来说，可以减小燃烧器的出口直径和点火周边的长度（例如，用一钝体放在气流轴线上作为补充的点火源以减小气流周边点火的长度）。

四、紊流预混火焰的稳定

前面研究了层流中预混式燃烧的稳定性，我们知道其火焰是稳定的，混合气流速度在一定范围内波动时燃烧器不会发生回火和脱火。对于预混紊流火焰情况就不同了，工作的稳定区可能全部消失，或者变得很窄，要使燃烧器正常工作只有采用人工的稳焰方法。

通常，为了使火焰稳定，应当在局部地区保持气流速度和火焰传播速度之间的平衡。如果从改变气流速度着手，可用流体动力学方法进行稳焰；如果从改变火焰传播速度着手，可以用热力学和化学方法进行稳焰。

为了防止脱火，最常用的方法是在燃烧器出口处设置一个点火源。点火源可以是连续作用的人工点火装置，如炽热物体或一个稳定的辅助火焰。另外，也可以使炽热的燃烧产物流回火焰根部而形成点火源。

用辅助火焰来防止脱火的例子示于图 5-15。当燃气-空气混合物由燃烧器的火孔 1 流出时，有部分可燃气体混合物经小孔 2 流向环形缝隙 3，在那里形成一圈稳定的火焰。由于缝隙出口的气流速度很小，故不会发生脱火。这种方法在紊流燃烧中可取得很好的稳定效果。

热烟气的回流往往通过在燃气-空气混合物的气流中设置火焰稳定器来实现。图 5-16所示为各种形状的钝体稳焰器。它们是圆棒，或以尖端迎着气流的 V 形棒、锥体，或垂直放在气流中的平盘、鼓形盘等。

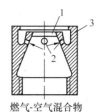

燃气-空气混合物

图 5-15　用辅助火焰作点火源

1—燃烧器火孔；2—小孔；3—环形缝隙

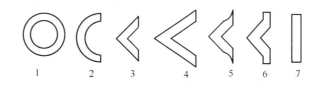

图 5-16　各种形状的钝体稳焰器

使用钝体时火焰稳定的界限和许多因素有关。燃料性质和燃料在空气中的浓度对火焰稳定范围有明显的影响。图 5-17 的实验结果表明，对含有氢的燃气，火焰稳定范围曲线的峰值略偏向小于化学当量比的贫空气燃料比方向。相反，如果燃料是重碳氢化合物，火焰稳定范围移向大于化学当量比的方向。

由图5-17还可以看出，提高钝体温度可使火焰稳定范围增加。但是可燃混合物流速低于 6m/s 时，钝体温度对火焰稳定界

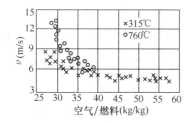

图 5-17　城市燃气和空气的混合气体用两种不同温度钝体时火焰的稳定界限

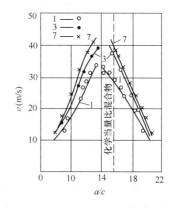

图 5-18　用图 5-16 中 1、3 和 7 钝体时，丙烷-空气火焰的稳定界限（上游气流温度为 290K）

限就不再有影响了。

钝体形状和尺寸对火焰稳定范围的影响示于图 5-18 中。可见，将图 5-16 中的钝体 1 改为 7 时，稳定范围增加。在小于化学当量比的混合物中，钝体从 3 改为 7 时，也可增加稳定范围。

在相同条件下对同样宽度的钝体 3、5、7（见图 5-16）进行试验，所得稳定范围是相同的。当钝体的特征尺寸放大时，火焰稳定范围就增加。同样的尺寸下，角钢比圆棒的稳焰效果好。

关于钝体稳焰的基本理论，从 50 年代以来就作了大量的研究。解决火焰稳定问题和解决着火问题一样，一方面是化学动力学问题；另一方面是流体力学问题，这两方面的问题都是比较复杂的。现在有好几种物理模型，它们之间的区别就在于对上述两方面问题的简化不同。例如威廉姆斯等从简化的热理论出发，得到了火焰稳定条件；朗格威尔等从均匀搅拌反应器模型出发，得到了火焰稳定条件；儒柯斯基从混合气体通过回流区时的着火延迟及其停留时间的关系出发，也得到了火焰稳定条件；玛勃尔和陈心一则从边界层点燃理论的角度分析了火焰稳定问题。

这里，仅以简化热理论为例，来分析火焰稳定的条件。

图 5-19 示出了采用 V 形棒稳焰的一个回流区。主气流的初温为 T_0，而回流区里流出的气体温度为 T。它们在回流区起始的地方开始混合，经混合段后气流温度为 T_1，燃料的浓度为 C。然后气流分两路，一部分气体向下游流去，继续燃烧；另一部分气体进入回流区，以补充刚才离开回流区的那部分气体。进入回流区的气体也继续燃烧，使温度升高到 T。

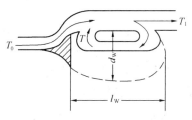

图 5-19 钝体稳焰的物理模型

d_w—回流区直径；l_w—回流区长度；T_0—初温；T—离开回流区的气体温度；T_1—进入回流区的气体温度

在回流区内燃气燃烧产生的热量为

$$Q_w = k_0 C^n \frac{\pi}{4} \cdot d_w^2 l_w H \exp\left(-\frac{E}{RT}\right) \tag{5-23}$$

式中　$k_0 \exp\left(-\dfrac{E}{RT}\right)$——按阿累尼乌斯定律写出的反应常数；

　　　　C——回流区内可燃混合物中反应物浓度；

　　　　n——化学反应级数；

　　　　H——燃气热值；

　　　　d_w——回流区直径；

　　　　l_w——回流区长度。

这些热量使回流区气体温度从 T_1 升高到 T，即

$$Q_w = v_w \frac{\pi}{4} d_w^2 \alpha_p (T - T_1) \tag{5-24}$$

式中　v_w——回流区内的平均回流速度；

　　　　T——离开回流区时气体的温度；

　　　　T_1——流入回流区时气体的温度。

由混合区内混合的情况又可写出

$$c_p T_0 + x c_p T = (1 + x) c_p T_1 \tag{5-25}$$

式中　x——回流气体与主流气体的比例。

从式（5-25）得

$$T_1 - T_0 = x(T - T_1) \tag{5-26}$$

合并式（5-24）～式（5-26），消去 Q_w 与 T 以后得到

$$T_1 - T_0 = \frac{x k_0 C^n l_w H \exp\left(-\dfrac{E}{RT}\right)}{v_w \alpha_p} \tag{5-27}$$

当主气流速度 v 不断升高时，回流区内的流速 v_w 也随之升高，T_1 不断降低。当 T_1 下降到着火温度以下时，回流区内气体不能继续燃烧，气流就脱火。

根据式（5-27）可以得到脱火条件。考虑到浓度 C 和密度 ρ 与压力 p 成正比，回流区速度 v_w 与主气流速度 v 也成比例，可将式（5-27）简化成

$$\frac{v}{p^{n-1} l_w} = A \exp\left(-\frac{E}{RT}\right)$$

式中　A——常数。

因为回流区长度 l_w 与稳焰器的尺寸有关，例如与钝体稳焰器直径 d 成比例，故可写成

$$\frac{v}{p^{n-1} d} = A' \exp\left(-\frac{E}{RT}\right) \tag{5-28}$$

还可以用法向火焰传播速度 S 来代替 $\exp\left(-\dfrac{E}{RT}\right)$。从第二章已知化学反应速度有

$$W_m \propto p^n \exp\left(-\frac{E}{RT}\right)$$

且

$$S \propto \sqrt{\frac{W_m}{p^2}}$$

因此

$$S^2 \propto p^{n-2} \exp\left(-\frac{E}{RT}\right)$$

代入式（5-25）就得脱火的临界条件

$$\frac{v}{pd} = A'' S^2 \tag{5-29}$$

当气体流速 v 比式（5-28）、式（5-29）所对应的数值大时，发生脱火。当气流速度小于上述对应数值时，不会发生脱火，即火焰保持稳定。

在第四章中已知法向火焰传播速度与燃料-空气混合物浓度之间有一定的关系，所以也可把式（5-29）的脱火临界条件绘成图 5-20。横坐标是一次空气系数 α'，纵坐标是 $\dfrac{v}{p^{n-1} d}$ 的数值。曲线以下的区域是火焰稳定区，当工况位于曲线以上时，发生脱火。

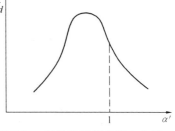

图 5-20　钝体稳焰器的脱火曲线

第三节　完全预混式燃烧

完全预混式燃烧是在部分预混式燃烧的基础上发展起来的。它虽然出现较晚，但因为

在技术上比较合理，很快便得到了广泛应用。

进行完全预混式燃烧的条件是：

第一，燃气和空气在着火前预先按化学当量比混合均匀；

第二，设置专门的火道，使燃烧区内保持稳定的高温。

在以上条件下，燃气-空气混合物到达燃烧区后能在瞬间燃烧完毕。火焰很短甚至看不见，所以又称无焰燃烧。

完全预混式燃烧火道的容积热强度很高，可达$(100\sim200)\times10^6 kJ/(m^3\cdot h)$或更高，并且能在很小的过剩空气系数下(通常$\alpha=1.05\sim1.10$)达到完全燃烧，因此燃烧温度很高。

完全预混可燃物的燃烧速度很快，但火焰稳定性较差。

工业上的完全预混式燃烧器，常常用一个紧接的火道来稳焰。图 5-21 所示为火道中火焰的稳定。来自燃烧器 1 的燃气-空气混合物进入火道 3，在火道中形成火焰 2。由于引射作用，在火焰的根部吸入炽热的烟气，形成烟气回流区，是一个稳定的点火源。如果火道有足够的长度，则火焰将充满火道的断面，燃烧就稳定。但火道较短时，火焰仅占火道的一部分，可能会吸入来自周围的冷空气使燃烧中断。另外，如果火道的壁面未达到炽热状态，也将增加烟气向周围介质的热损失，使烟气温度降低而失去点燃混合物的能力。因此，必须对燃烧室采取良好的保温措施。

完全预混式燃烧过程的热强度与火道有很大的关系。正确设计的火道不仅提高了燃烧稳定性，增加了燃烧强度，而且高温火道对迅速燃尽也起了很大的作用。

图 5-22 为乌克兰燃气研究所在圆柱形火道内进行天然气-空气混合物燃烧试验时，火道中温度变化与燃气燃尽情况。图中实线表示火道轴线上各点的化学未完全燃烧情况。虚线是火道壁面温度的变化曲线。在火道的起始段可燃混合物的浓度可能不均匀，因此在$5.5d_0$（d_0为喷口直径）的长度以内燃尽了约 90% 的燃气，其余燃气在 $(6\sim6.5)d_0$ 的一段内燃尽。热负荷大时，化学未完全燃烧所占的百分比也大些。在离喷口 290mm 以后，不再存在化学未完全燃烧产物。

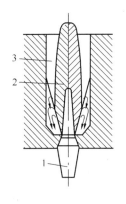

图 5-21 火道中火焰的稳定

1—燃烧器；2—火焰；3—火道

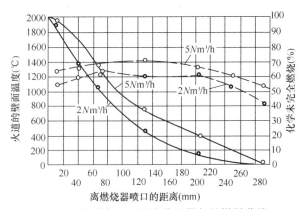

图 5-22 火道中的温度变化和燃气的燃尽曲线

（喷口直径 25mm；火道直径 65mm；火道长度 311mm；$\alpha=1.15$）

火道起始段的壁面温度较低，中间部分壁面温度较高，靠近火道出口处又复降低。热负荷越大，火道壁面的温度也越高。可以看出，火道中的热交换情况决定于火道的长度与直径之比，火道尺寸对无焰燃烧是十分重要的。

按化学计量比组成的燃气-空气混合物是一种爆炸性气体，其火焰传播能力很强，因此在完全预混燃烧时很容易发生回火。为了防止回火，必须尽可能使气流的速度场均匀，以保证在最低负荷下各点的气流速度都大于火焰传播速度。为了降低燃烧器出口处的火焰传播速度，还可以采用有水冷却的燃烧器喷头。

此外还有一种小孔式火道。在一块板面上钻有许多小孔，当孔口直径小于临界孔径时，火焰就不会回入孔眼以内去，燃烧实际上在接近多孔板外表面附近进行。当天然气-空气混合物通过多孔陶瓷板进行无焰燃烧时（图5-23），在通过孔板前混合物的温度很低。经过陶瓷板的孔眼时混合

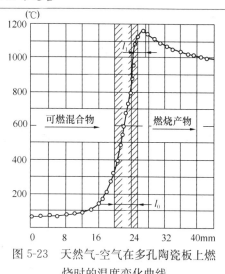

图 5-23 天然气-空气在多孔陶瓷板上燃烧时的温度变化曲线

物得到了预热。在燃烧区，温度约1150℃，预热至高温的燃气-空气混合物的燃烧反应进行得十分迅速，在离多孔陶瓷板外表面很近的距离 l_1 内可以全部完成，因此具有无焰的特性。图中 l_0 为小孔式火道长度。

多孔陶瓷板上进行的完全预混燃烧使其表面呈现一片红色，燃烧产生的热量有40%以上以辐射热形式散发出来，因此又称为燃气红外线辐射板。

第四节 燃烧过程的强化与完善

燃烧设备运行的强度通常可用面积热强度和容积热强度来表示。

面积热强度是指燃烧室（或火道）单位面积上在单位时间内所发出的热量：

$$q_f = \frac{Q}{F} \quad (kJ/(m^2 \cdot h))$$

容积热强度是指燃烧室（或火道）单位容积内单位时间所发出的热量：

$$q_v = \frac{Q}{V} \quad (kJ/(m^3 \cdot h))$$

面积热强度和容积热强度之间有联系，但却有不同的物理意义。面积热强度直接与可燃气体混合物的初速度成正比，它表示可燃混合物进行燃烧反应的速度。容积热强度则与燃烧室的长度有关，它表示燃烧设备的紧凑程度。面积热强度相同的两个燃烧室（或火道），可能有不同的容积热强度。对作用不同的两种燃烧设备来说，低负荷的可能有较大的容积热强度，高负荷的可能只有较小的容积热强度。然而，对同一燃烧设备来说，面积热强度确定以后，容积热强度也就确定了。

一、燃烧过程强化的途径

如前所述，燃气燃烧速度决定于混合速度和化学反应速度。混合速度由流体动力学因素来确定；化学反应速度则由燃气性质、氧化剂性质和可燃混合物的浓度、温度、压力等因素确定。

在工程上最容易得到且价廉的氧化剂就是空气中的氧，其性质是一定的，而燃烧通常又都是在大气压力下进行。所以氧化剂性质和压力这两个因素是相对固定的。因此，强化燃烧过程主要应从提高温度和加强气流混合等方面来考虑。实用的强化燃烧的主要途径有以下几方面。

（一）预热燃气和空气

预热燃气和空气可以提高火焰传播速度，增加反应区内的反应速度，提高燃烧温度，从而增加燃烧强度。

在实际工程中，常常是利用烟气余热来预热空气，这样既可使燃烧强化，又可提高燃烧设备的热效率。

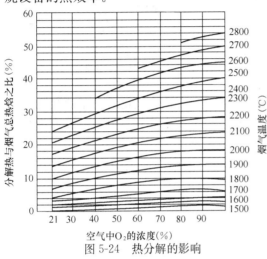

图 5-24　热分解的影响

但是，由于化学反应的可逆性，当温度升高时，也伴随着燃烧产物的分解：

$$2CO_2 \rightleftharpoons 2CO + O_2$$
$$2H_2O \rightleftharpoons 2H_2 + O_2$$

CO_2 和 H_2O 分解时要吸收一部分热量，而且使燃烧产物中 CO 和 H_2 的含量增加。

当炉膛温度在 1500℃ 以下时，二氧化碳和水蒸气的分解度是不大的。但是当采用富氧燃烧或燃烧温度较高时，分解的影响就比较显著。图 5-24 表示热分解消耗的热量与理论燃烧温度、空气中氧的浓度之间的关系。随着燃烧温度的提高，热分解消耗的热量占烟总热焓的百分比也上升。温度在 1800～2000℃ 以上时，该百分比增加得更快。在同一燃烧温度下，空气中氧的浓度越大，分解消耗的热量也越多。

为了避免热分解带来的不良后果，燃烧温度应限制在 1800～2000℃ 以下。

（二）加强紊动

不论是大气式燃烧，还是扩散式燃烧，加强紊动都能增加燃烧强度。

在实际工程上采取的办法就是在火焰稳定性允许的范围内尽量提高炉子入口或燃烧室中的气流速度，并在入口处采用一些阻力较大的挡板来增加紊动尺度。20 世纪 60 年代出现的高速燃烧器就是利用增加紊动的原理强化燃烧。燃气在燃烧室或火道前半部基本实现完全燃烧，然后高温烟气以 100～300m/s 的高速喷出，这样可大大提高加热速度和节约燃料。

（三）烟气再循环

将一部分燃烧所产生的高温烟气引向燃烧器，使之与尚未着火的或正在燃烧的燃气-空气混合物相混合，可提高反应区的温度，从而增加燃烧强度。

烟气再循环的方式通常有内部再循环和外部再循环两种。前者是在炉膛内部实现的；后者则是在炉膛外部实现的。但是烟气循环量不能太大。当烟气量超过某一最佳数值时，由于惰性物质对可燃混合物的稀释，燃烧速度反而会下降，甚至发生缺氧和不完全燃烧。

（四）应用旋转气流

在气体从喷口喷出以前，使其产生旋转运动，因此从喷口流出的气体除了有轴向和径向分速度外，还有切向分速度。旋转运动导致径向和轴向压力梯度的产生，它们反过来又影响流场。在旋转强烈时，轴向反压力可能相当大，甚至沿轴向发生反向流动，产生内部回流区。采用旋转气流能大大改善混合过程。

产生旋流的方法有以下几种：

第一，使全部气流或一部分气流沿切向进入主通道；

第二，在轴向管道中设置导向叶片，使气流旋转；

第三，采用旋转的机械装置，使通过其中的气流旋转，例如转动叶片及转动管子等。

图 5-25 表示旋流数 s 不同时，天然气燃烧喷口后热流强度变化的情况。从图中看出，当旋流数增大时，热流强度迅速增加，即燃烧得到强化。根据燃烧产物中 CO_2 浓度的分析可知，当旋流数增加时，火焰的长度缩短。

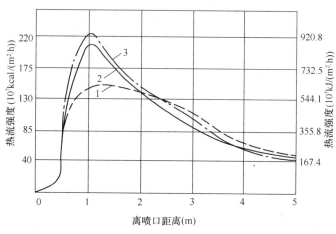

图 5-25　旋流数不同时热流强度的变化

1—$s=0$；2—$s=0.56$；3—$s=1.27$

二、减少氮氧化物发生量的方法

随着能源消耗的增长，燃料燃烧后排放出来的有害物越来越多，成为大气污染的一个重要因素。烟气中的有害物为：H_2O、CO_2、CO、N_2、NO_x、SO_2 和 SO_3 等。其中特别是 CO、NO_x 和 SO_2（SO_3）对人的危害最大。

在正常条件，气体燃料是经过脱硫净化的，燃烧以后产生的 SO_2（SO_3）数量很少。只要燃烧完全，烟气中 CO 的含量也是很小的，因此在燃气燃烧过程中如何减少氮氧化物的发生量，就成为一个比较突出的问题。

（一）氮氧化物的生成机理

在多数工业炉的燃烧过程中，排放出来的氮氧化物主要是一氧化氮，以后再氧化成二氧化氮。

一氧化氮的生成反应为：

$$O_2 + N_2 \rightleftharpoons 2NO - 180kJ$$

其链反应为：

$$O + N_2 \rightleftharpoons NO + N$$

$$N + O_2 \Longleftrightarrow NO + O$$

总反应中，正反应的活化能为 $E_1 = 53.9 \times 10^4 \text{J/mol}$，逆反应的活化能为 $-E_2 = 36.0 \times 10^4 \text{J/mol}$。由于正反应的活化能很大，因此 NO 的生成在很大程度上依赖于温度。当温度较低时 NO 的生成速度减慢。另一方面，NO 的生成速度与氧的浓度有关，在空气不足的情况下，NO 的生成量也减少。

图 5-26 示出了在火道式燃烧器试验台上测得的 NO 排出量与过剩空气系数及空气预热温度的关系。在试验中燃气和空气是完全预混的。可以看到，过剩空气系数对 NO 的排出量有很大的影响。当 $\alpha = 1.2$ 时，NO 的排出量最大，这是由于氧分子的浓度和燃烧温度这两个因素同时起作用的结果。$\alpha < 1.2$ 时，自由氧的减小使 NO 的生成量减少；$\alpha > 1.2$ 时，由于过剩空气过多，燃烧区温度下降，也使 NO 生成量减少。因此，在燃烧过程中应当严格控制过剩空气系数。

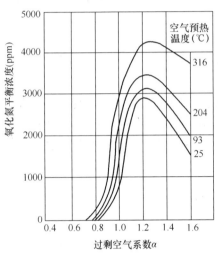

图 5-26 不同预热温度下 NO 排出量与过剩空气系数的关系

(二) 减少氮氧化物生成量的措施

根据氮氧化物生成的条件可以确定，减少氮氧化物生成的主要途径是降低火焰温度（或减少烟气在高温区停留的时间）和减少过剩空气量。

在实际工程上采取的措施有以下几方面：

1. 分段燃烧 在炉子总的过剩空气量保持不变的前提下，把送往燃烧器的空气量减少到低于理论空气量。将另一部分空气在燃烧室上方送入炉膛，当未燃尽的燃气上升时，遇到上方送入的空气而得到完全燃烧。这种燃烧方式就称为分段燃烧。

在天然气锅炉上采用分段燃烧的温度分布曲线和正常燃烧时的温度分布线对比于图 5-27 上。可以看出，分段燃烧使火焰温度的峰值和平均值都降低了，这样可以使 NO_x 的发生量减少 80% 左右。

2. 烟气再循环 将炉窑尾部排出的部分低温烟气同燃烧用的空气在燃烧器入口以前相混合。当烟气达到一定循环量时，炉膛温度将进一步下降（图 5-27），因而使烟气中 NO_x 的含量更加减少。

3. 设计新型燃烧器 如上所述，可以利用较冷的燃烧产物来降低燃烧温度，以减少 NO_x 的发生量。如果燃烧器设计合理，也可以利用空气动力学原理在炉膛内达到这一要求。

对于一个工业燃气燃烧器系统，大体上都存在四个燃烧区域，如图 5-28 所示。1 区是点火和稳焰区。2 区是主燃烧区。3 区是混合区，高温烟气和炉内烟气在该区域混合。4 区为炉膛区，该区内烟气的浓度及温度比较均匀。

通过实验知道，大部分 NO_x 是在主燃烧区 2 和其后的混合区 3 内形成的。因此，降低 NO_x 发生量的燃烧设计原则应当是：

(1) 减少气体在高温点火区和稳焰区的停留时间；

（2）降低主燃烧区的温度；

（3）让温度较低的烟气和炽热的燃烧产物尽快混合；

（4）将炉膛温度维持在一个适当的水平上。

目前已经制造了这种新型燃烧器。这种燃烧器出口附近的稳焰区很小，气流在那里停留的时间很短。紧接着就是喷口的高速燃烧产物卷吸炉膛内温度较低的烟气，使燃烧温度降低。

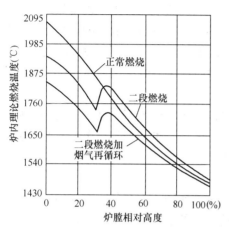

图 5-27　两段燃烧对炉膛烟气温度的影响
（$\alpha=1.06$）

4. 采用催化燃烧　采用催化剂可以使燃烧反应的温度下降，从而减少 NO_x 的发生量，甚至有可能完全消除 NO_x 的产生。

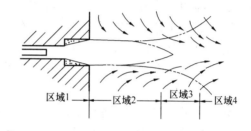

图 5-28　工业燃气燃烧系统的燃烧区域

三、燃烧装置噪声的控制

（一）噪声的来源

在燃烧系统中，噪声主要来源于风机、气流和火焰。

1. 风机噪声

风机在一定工况下运转时，产生强烈的噪声，其中包括空气动力性噪声和机械性噪声。

所谓空气动力性噪声是由周期性的排气噪声（即气流旋转噪声）和涡流噪声两部分组成。当鼓风机叶轮在一定压力条件下运转时，周期性地挤压气体并撞击气体分子，导致叶轮周围气体产生速度和压力脉动，并以声波的形式向叶轮辐射，这就产生了周期性的排气噪声。而在叶轮高速旋转的同时，其表面会形成大量的气体涡流，当这些气体涡流在叶轮界面上分离时，就产生了涡流噪声。

旋转噪声的强度主要与风机叶轮的转速、排气的静压力、风机的流量等因素有关。其噪声频谱一般为中频（300～1000Hz）和低频（300Hz 以下），并且伴有一定的峰值。而涡流噪声则取决于风机叶轮的形状以及气体对于机壳的流速和流态等，通常是连续的中频和高频（1000Hz 以上）噪声。

鼓风机运行时产生的机械性噪声，主要是由齿轮或皮带轮传动以及由于风机装配精度不高、机组运转时不平衡所产生的冲击噪声与摩擦噪声。此外，还有电机的冷却风扇噪声、电磁噪声。风机排气管与调节阀在整个机组运行时会产生强烈的噪声。特别在调节阀处，由于气流速度高，产生紊流，也引起很大噪声。

显而易见，鼓风机是一个多种噪声的声源，它在运行时，有高强度的噪声从进（排）

气口、管道、调节阀、机壳以及传动机械等各部位辐射出来。

2. 气流噪声

当燃烧系统中的气流形成紊流时，出现了速度和压力的脉动，便产生了噪声。由于这种脉动具有随机性，因此气流噪声是宽频带噪声。

喷嘴流出的燃气向相对静止的气体中扩散时，气流方向和流束截面突然变化，会引起很大的噪声。喷嘴有毛刺或孔口粗糙不圆时，气流经喷嘴收缩便产生了偏位噪声。燃气压力越高，偏位噪声越大。燃气流出喷嘴后，在与周围空气进行强烈混合的过程中还产生射流噪声。其强度正比于 $v_1^8 F_j$（此处 v_1 是喷嘴出口速度，F_j 是喷口截面积），主要分布在其轴向的 $20°\sim60°$ 范围内，随着离开喷嘴距离的增加而显著减弱。这种噪声属于宽频带噪声，其最高频率约为 v_1/d（d 是喷嘴直径）。

引射器工作时，如果混合管粗糙或有毛刺，气流通过时也要产生噪声。此外，喷嘴到喉部的距离不合适、一次空气吸入口的形状和尺寸不合适，也会产生噪声。实验证明，一次空气吸入口采用大孔比开一些小孔产生的噪声少。

3. 火焰噪声

火焰噪声是由于燃烧反应的波动引起的局部地区流速和压力变化而产生的。均匀混合的层流火焰是无声的。火焰噪声来源于气流的紊动和局部地区组分不均匀。

火焰噪声的大小和燃烧器的火孔热强度及一次空气系数有关。火孔热强度越大，混合物离开火孔的速度越大，噪声也越大。增大一次空气系数，火焰变硬，产生的噪声也大。

在燃烧点火时，若点火器失灵或安装位置不合适；或者火孔传火性能不好，开启阀门后便不能立刻将燃气点燃，就会在火孔周围积聚大量燃气-空气混合物。当这些气体着火时，由于气体体积膨胀便引起一种振荡，产生噪声。

燃烧过程产生回火时，先出现一个回火噪声，然后在喷嘴附近管路中的燃烧又不断地产生噪声。

突然关闭燃气阀门，随着火焰熄灭也会发出噪声。灭火噪声可以看成是燃气流量为零时的回火噪声。焦炉煤气比天然气和液化石油气更容易产生灭火噪声。

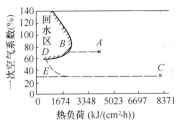

图 5-29 灭火噪声的发生

图 5-29 为产生灭火噪声的两种情况。

第一种情况是燃烧器在一次空气系数为 70％，热强度为 4100kJ/（cm²·h）的 A 点工作。突然关闭阀门时，其热强度沿 A—B 线急速下降，工作点便移到回火区的 B 点，这时火孔上还存在残余火焰，便将燃烧器内部余气点燃，从而引起灭火噪声。

第二种情况是燃烧器在一次空气系数为 30％，热强度为 7953kJ/（cm²·h）的 C 点工作。如果在关闭燃气阀门的同时，也关闭空气吸入口，则热强度沿 C—E 线减少，不会产生灭火噪声。但实际上在关闭燃气阀门时空气吸入口并不关闭，由于残余混合气的动量还会吸入空气，使一次空气系数突然增大，故热强度沿 C—D 线减少。当到达回火区 D 点时，火孔上尚有余火，便将燃烧器内部余气点燃，因此也可能发生灭火噪声。

B、D 两点的区别是 B 点的灭火噪声在关闭阀门的同时产生，而 D 点的灭火噪声则在关闭阀门以后产生。

4. 燃烧振荡

有时燃烧系统发出的是主要由单一频率组成的大噪声。这时燃烧器、燃烧室、加热炉和烟道内常形成驻波（发送出去的振动波与由固定壁返回的相同振动波相叠加而形成等距波节，波节两端各点位置始终不变，这样的波看起来并不向前传播，叫驻波）。驻波与火焰相互作用引起供气和燃烧过程的脉动。在一定条件下就形成共振。比如，风机产生的某一频率振动与燃烧器中燃气流相互作用而产生共振噪声。也可能是两个类似的噪声源之间相互作用，例如一对燃烧器的相邻火管，单用一个时没有什么噪声，而当两个火管同时使用时就发出很大的噪声。

（二）噪声的消除和控制

1. 控制声源

（1）提高风机装配的精确度，消除不平衡性。选用低噪声的传动装置，避免电机直联而又无声学处理。采用合适的叶轮形状和降低叶轮转速可减少旋转噪声。对于已定风机，应当准确安装并注意维修保养以减少机械噪声。

（2）改变喷嘴形状减少噪声的产生。图5-30所示为几种不同形状喷嘴产生噪声的比较。由图可知，花形喷嘴和多孔喷嘴较单孔喷嘴产生的噪声小。这是由于射流相互干扰使射流起始段的特性发生变化的结果。但是，花形喷嘴加工困难，工程上常采用多孔喷嘴，特别是对中压引射式燃烧器更为合适。此外，降低燃气的压力和喷嘴的出口流速，不仅可以减少射流噪声，而且还可降低燃烧噪声。

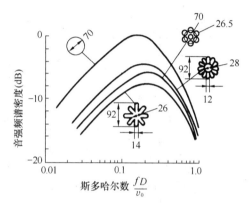

图 5-30 喷嘴形状与噪声的关系

f—振动数；v_0—喷嘴流速；D—喷嘴直径

（3）减少燃烧器热负荷，可以减少噪声。当一个燃烧器的热负荷为 Q 时，其声功率 W 为

$$W = kQ^2$$

若将燃烧器数目增为 n 个，每个燃烧器的热负荷为 $\dfrac{Q}{n}$，则整个声功率为

$$W' = nk\left(\frac{Q}{n}\right)^2 = \frac{1}{n}W$$

可见，增加燃烧器的数目，可以降低噪声功率。此外，合理选择燃烧器设计参数和注意运行工况的调整，使燃烧器稳定工作，也是减少噪声的有力措施。

2. 控制噪声的传播

对已产生的噪声采取吸声、消声、隔声和阻尼等措施来降低和控制噪声的传播，也是十分有效的。常用的减噪装置有：

（1）隔声罩　将发出噪声的机器（如风机等）完全封闭在一个隔声罩内，防止噪声向外传播。在隔声罩内须衬以多孔材料，通过摩擦把声能消耗掉。或者在隔声罩内壁覆以具有黏滞阻尼的材料防止罩内声强积累。为防止机器噪声通过连接管道带出罩外，必须采用柔性接管。

（2）吸声材料　多孔性吸声材料的构造特征是具有许多微小的间隙和连续的孔洞，有良好的通气性能。当声波入射到其表面时，将顺着这些孔隙进入材料内部并引起孔隙中的空气和材料细小纤维的振动。因为摩擦和黏滞阻力的作用，就使相当一部分声能转化为热能而被消耗掉。这就是多孔材料吸声的原理。通常使用的吸声材料有玻璃棉、矿渣棉、毛棉绒、毛毡、木丝板和吸声砖等。

多孔吸声材料的吸声系数（被吸收的声能与入射声能之比）一般在实验室测定。它的吸声性能不仅与材料的厚度、密度和形状有关，而且也与材料和刚性壁面之间的距离以及入射声音的频率有关。一般来说，多孔材料对高频吸收比低频好。随着材料厚度的增加，对高频的吸收并不增加，但提高了低频吸收。如果把多孔材料装置在刚性壁外某个距离处（即在材料后面留一段空气层），则它的吸声系数有所提高。空气层厚度近似于1/4波长时，吸声系数最大。另外，还可将吸声板做成一种由薄板和板后空气层组成的振动系统，当入射声波碰到薄板时，就引起这一系统产生振动，并将一部分振动能变为热能，如继续激发并保持板的振动，就消耗了声能。当入射声波的频率接近于振动系统的固有频率时，就产生了共振。此时系统振动得厉害，从而得到显著的吸收，其特点为能吸收低频噪声。

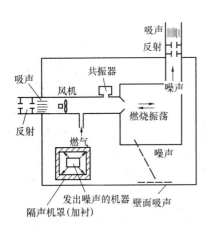

图 5-31　降低噪声的基本方法

（3）消声器（声学滤波器）　导管中使用的消声器是靠声阻抗的变化来阻止声波自由通过，部分反射回声源，来减少噪声。常用的基本方法是改变导管横截面和提供旁侧支管。图5-31提供了最简单消声元件，当元件长度为波长的1/4时，可使声强得到最大的衰减。

四、控制二氧化碳排放

人类为了获取能量，每天都在燃烧煤、油、气体燃料以及生物物质。与此同时产生大量的二氧化碳、二氧化硫、氮氧化物以及有机烃等有害物质。过去，对二氧化硫、氮氧化物比较重视。而近年来，开始注意二氧化碳排放所产生的问题，因为一些痕量气体在大气中的积累，会产生"温室效应"等后果，进而危及人们生存的环境。

（一）温室效应

太阳表面的温度大约为6000K，这一高温表面不断地以电磁辐射的形式向四周发射能量，其波长较短。地球上的陆地和海洋接受了太阳的辐射，温度有所升高，也连续地把热量辐射出去，但其波长较长。大气中有一些气体，如 CO_2、H_2O、CFC_s、N_2O 等，在红外区（即波长为 $5\sim20\mu m$）内有较强吸收能力。它们能吸收由地面反射回来的红外辐射，并将其中一部分辐射回地面。这样，大气层允许太阳辐射的能量穿过而进入地表，却阻止一部分长波能量从地球逃逸，从而使地球表面保持一定的温度。这一现象恰似温室的作用，故被称为"温室效应"。这些气体，则被称为"温室效应气体。"据分析，CO_2 对温室的作用占55%，CFC_s 占24%，二者之和为80%。

在大规模使用矿物燃料和开采森林资源以前，碳在海洋、大气、生物圈之间的循环，基本上保持在一个稳定的水平。科学家已证实，在过去几千年中，CO_2 在大气中的浓度变化不超过 40ppm。

但是，工业革命和经济发展给碳的循环带来了巨大变化。到 1980 年，全球一年的碳燃烧量达 50 亿 t。燃烧后释放出的 CO_2 大大超过了地面植物和海洋的吸收能力。据统计，19 世纪 80 年代中叶大气中 CO_2 的浓度为 290ppm；20 世纪的 70 年代增加到 328ppm，到 20 世纪末达到 375ppm，2005 年达到 380ppm。图 5-32 所示为大气中 CO_2 浓度的变化。

在 CO_2 浓度不断增长的同时，大气中的其他温室效应气体也在不断增加，这不仅加强了 CO_2 的作用，而且还与 CO_2 一起形成了对温室效应的放大作用，使地球表面温度升高。

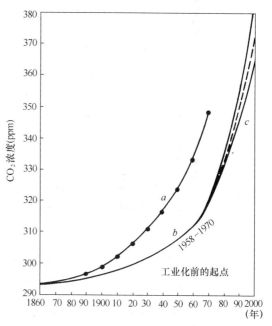

图 5-32　大气中 CO_2 浓度的变化和预测
a—根据燃料燃烧的估算；b—实际的浓度；
c—预测的浓度

（二）温室效应气体带来的后果

如果大气中没有 CO_2 等温室效应气体，则地球表面将是一个 $-18℃$ 的冰冷世界。但是，温室效应气体在大气中的浓度不断增加，也会带来许多难以估量的后果。

1. 地表温度升高：据统计，从 $1850\sim1980$ 年，地面平均温度升高 $0.7\sim2℃$，而 1980 年以后的 50 年中，温度将升高 $1.5\sim4.5℃$，为前 130 年的两倍。

2. 海平面升高：全球变暖后，由于海水膨胀，冰山融化、冰架移入海中，海平面将升高。图 5-33 所示为过去 100 年中，气温和海平面的变化。其升高趋势是明显的。据估计到 2080 年全球海平面可升高 $57\sim368cm$。其后果将是淹没陆地、侵蚀海滩、增加洪水泛滥的灾害以及海口盐碱化。

3. 改变降水规律：由于地球变暖改变了大气环流及大气含水量，从而改变正常的降水规律。预计温带地区温度将明显升高，使降水量减少。现在肥沃的土地将因干旱而使耕种困难。而在一些较寒冷地带气候将变得温和些，水源也较前丰富。全球农作物生产将出现新的情况。

（三）对策和措施

大气中痕量气体浓度增加带来的影响已逐渐被人们所认识。科学家们通过大量测试数据建立起许多模式，预测各种变化及其后果。

防止气候变暖是全人类的事，1988 年成立了"国际气候变化专门机构"（IPCC），对控制温室效应气体进行合作。在该机构内进行着以英国为首的科学研究、以前苏联为首的气候变化预报和以美国为首的政策研究。与此同时，一些工业发达国家（用能多的国家）先后采取了一些相应的对策，例如 1986 年美国国会提出了"使大气中温室气体稳定在现有水平的一项试验性政策"，并且制订了一个耗资 250 万美元的研究计划。1990 年提出到

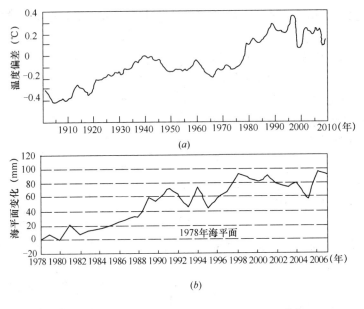

图 5-33　气温和海平面的变化

(a) 气温变化；(b) 海平面变化

2000 年 CO_2 的排放量减少 20%。英国政府则规定了在 2005 年使 CO_2 的排放量维持在 1990 年的排放量。德国的目标是到 2005 年使 CO_2 的排放量减少 25%。控制就意味着对能源的有效利用以及减少矿物燃料的使用。

目前国际上采用每获得单位热量燃料燃烧所排放的污染物量来进行统计，这就是污染物排放系数。表 5-1 所示为 1989 年英国公布的污染物排放系数。不同国家、不同时期排放系数的数值是不相同的，因为它和用能技术的水平有关。随着能源利用效率和污染控制技术的提高，排放系数就会减小。但从表 5-1 可以看出同一年份中使用各种不同能源时污染物排放量的大小。燃煤的排放系数最大，使用天然气则污染物排放系数最少。使用电能时，由于火力发电的一次能源利用率仅为 0.33，其污染物的排放系数高达燃煤、燃油时的 3 倍。因此合理使用能源、提高燃料的利用率已不只是节约资源的问题，还要从保护环境、防止地球变暖的角度认识其重要性。

平均排放系数（kg/GJ）　　　　　　　　　　　　　　　表 5-1

能源形式	排放的有害物					
	CO_2	CH_4	SO_2	NO_x	VOC	CO
煤	98.5	35.4	1.06	0.191	2.74	162.7
燃料油	82.4	20.2	0.99	0.193	1.59	14.7
汽油	78.8	21.9	0.19	0.121	1.65	5.4
液化气	74.8	20.8	0.08	0.121	1.65	5.4
天然气	56.4	19.1	约 0.005	0.111	1.51	3.1
电　能	232.6	73.0	2.57	0.47	6.3	346.7

发达国家的能源利用效率如下：火力发电厂的平均效率为 35%～40%，工业锅炉约

为 80%，工业炉和民用炉具为 50%～60%。而我国的相应设备的效率依次为 30% 以下、60% 左右和 20% 左右。可见，提高矿物燃料有效利用率的潜力是很大的，需制定相应的经济政策和采用先进的燃烧技术，推动其稳步提高。

开发新能源取代矿物燃料的燃烧，也是当今世界发展经济和保护环境的紧迫课题。太阳能、风能、水力能等都可看做是新能源。其共同优点是取之不尽、用之不竭，对于环境没有明显不利影响。但是太阳能和风能有其间歇性和多变性的缺点。从目前技术条件来看，用它们来取代矿物燃料的燃烧尚有一定距离。

核能也是一种新能源，它分为核裂变和核聚变两种类型。核裂变能源已有一定规模的利用。从全世界来看，核能在一次能源消费中所占比例还不大，约为 5% 左右。法国最高达 28%，日本为 12%，西德为 11%，美国为 6%。核聚变能源尚无商业利用。核裂变反应产生巨大的能量，同时也产生放射性物质，如不控制好，对生态环境和人体健康会造成危害。但只要对它的每个环节采取切实有效的防范措施，制订必要的法规，认真加以执行，核电将是一种清洁、安全、经济效益较好的能源。

森林植被的光合作用可以吸收大量二氧化碳，放出氧气，对全球气候起着重要的调节作用。分布在赤道地区的热带森林，总面积近 20 亿 hm^2，是很宝贵的植被。但由于人口激增，毁林开荒，热带森林每年减少约 2000 万 hm^2，而造林面积每年仅 100 万 hm^2，还不到森林消失面积的 1/10。从防止气候变暖的角度考虑，森林的破坏已受到世界各国的普遍关注，并已提出了各种挽救措施。

人类应该勇对气候变暖等全球性环境问题的挑战，同心协力调整自身的经济行为和社会活动，以保护和改善我们的生存环境。

第六章 扩 散 式 燃 烧 器

第一节 燃烧器的分类与技术要求

一、燃烧器的分类

燃烧器的类型很多，分类方法也各不相同。要用一种分类方法来全面反映燃烧器的特性是比较困难的。现将常用的几种分类方法介绍如下：

（一）按一次空气系数分类

1. 扩散式燃烧器　燃气和空气不预混，一次空气系数 $\alpha'=0$。

2. 大气式燃烧器　燃气和一部分空气预先混合，$\alpha'=0.2\sim0.8$。

3. 完全预混式燃烧器　燃气和空气完全预混，$\alpha'\geqslant1$。

（二）按空气的供给方法分类

1. 引射式燃烧器　空气被燃气射流吸入或者燃气被空气射流吸入。

2. 鼓风式燃烧器　用鼓风设备将空气送入燃烧系统。

3. 自然引风式燃烧器　靠炉膛中的负压将空气吸入燃烧系统。

（三）按燃气压力分类

1. 低压燃烧器　燃气压力在 5000Pa 以下。

2. 高（中）压燃烧器　燃气压力在 5000Pa 至 3×10^5Pa 之间。

更高压力的燃烧器目前尚未使用。

二、对燃烧器的技术要求

对燃烧器的技术要求主要有以下几方面：

第一，燃烧比较完全。

第二，燃烧稳定。当燃气压力、华白指数和燃烧势在正常范围内波动时，不发生回火和脱火现象。

第三，燃烧效率较高。

第四，在额定压力下，燃烧器能达到所要求的热负荷。

第五，结构紧凑、金属消耗少、调节方便、工作无噪声。

某些工业炉对燃烧器还可提出以下要求：

第一，严格按要求的燃烧方式进行燃烧，并建立起炉膛中需要的氧化性、还原性或中性气氛。

第二，火焰特性（火焰长度、发光程度、燃烧强度、燃烧温度等）符合工艺要求。

第三，燃烧器上配备必要的自动调节和自动安全装置。

第二节　自然引风式扩散燃烧器

按照扩散式燃烧方法设计的燃烧器称为扩散式燃烧器。扩散式燃烧器的一次空气系数 $\alpha'=0$，燃烧所需要的空气在燃烧过程中供给。根据空气供给方式的不同，扩散式燃烧器又可分为自然引风式和强制鼓风式两种。前者依靠自然抽力或扩散供给空气，燃烧前燃气与空气不进行预混，常简称为扩散式燃烧器，多用于民用。后者依靠鼓风机供给空气，燃烧前燃气与空气未完成预混，常简称为鼓风式燃烧器，多用于工业。

一、自然引风式扩散燃烧器的构造及工作原理

最简单的扩散式燃烧器是在一根铜管或钢管上钻有一排火孔而制成的，如图 6-1 所示。燃气在一定压力下进入管内，经火孔逸出后从周围空气中获得氧气而燃烧，形成扩散火焰。

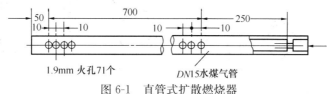

图 6-1　直管式扩散燃烧器

自然引风式扩散燃烧器可根据加热工艺的需要做成多种形式。

(一) 管式扩散燃烧器

这种燃烧器的头部由不同形状的管子组成。

图 6-1 所示为直管式扩散燃烧器。

图 6-2 所示为排管式扩散燃烧器，它由若干根钻有火孔的排管焊在一根集气管上组成。为了使燃烧所需的空气畅通到每个火孔，要求排管间的净距 $e=(0.6\sim1.0)d_{out}$（d_{out}——排管外径）。

图 6-3 所示为涡卷式扩散燃烧器。它由若干根钻有火孔的涡卷形管子焊在一根集气管上组成，这样既保证了燃烧所需的空气畅通到每个火孔，又保证了涡卷形管子所组成的圆形平面内火孔的均匀分布。

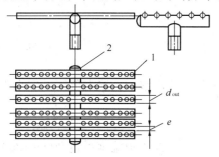

图 6-2　排管式扩散燃烧器
1—排管；2—集气管

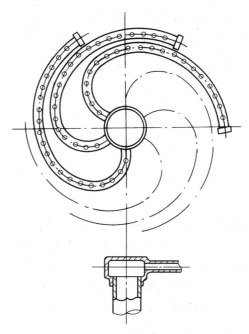

图 6-3　涡卷式扩散燃烧器

（二）扇形火焰式扩散燃烧器

图 6-4 所示为扇形火焰式扩散燃烧器，火孔呈扇形扁缝孔。燃气燃烧时形成很薄的扇形火焰，增大了与空气的接触面，因此火焰短，火焰长度变化小，燃烧完全而稳定。

（三）冲焰式扩散燃烧器

图 6-5 所示为冲焰式扩散燃烧器。它采用两个扩散火焰相撞的方法来加强气流扰动，增进燃气与空气的混合，从而提高燃烧稳定性和强化燃烧过程。火焰的撞击角度 θ 一般为 $50°\sim70°$，两根管子的中心距约为管外径的两倍（$e=2d_{out}$）。为使燃气均匀地分布在各火孔上，火孔总面积必须小于管子截面积。

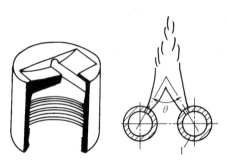

图 6-4 扇形火焰式扩散燃烧器
1—分配管

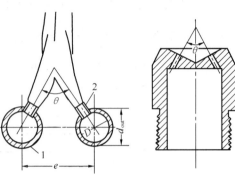

图 6-5 冲焰式扩散燃烧器
1—分配管；2—管状火孔

（四）炉床式扩散燃烧器

炉床式扩散燃烧器也称缝隙式扩散燃烧器。它主要在小型燃煤锅炉改烧燃气时应用，其构造如图 6-6 所示。这种燃烧器由直管式扩散燃烧器和火道组成。直管管径为 $50\sim100mm$，火孔直径 $d_p=2\sim4mm$，火孔中心距 $s=(6\sim10)d_p$。

炉床式扩散燃烧器工作时，空气靠炉内负压吸入（也可用鼓风机供给）。燃气经火孔逸出后与空气成一定角度相遇，进行紊流扩散混合，在离开火孔约 $20\sim40mm$ 处着火，约在 $0.5\sim1.0m$ 处强烈燃烧。因此火道上方要有足够的空间以保证燃气燃烧完全。

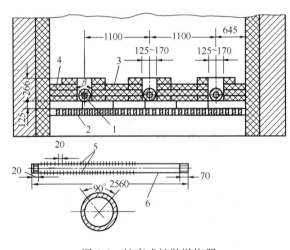

图 6-6 炉床式扩散燃烧器
1—燃烧器；2—炉箅；3—耐火砖；4—石棉；5—火孔；6—燃气管

为了保证供给燃烧所需的空气量，对于 $2\sim10t/h$ 的蒸汽锅炉，炉内负压不应小于 $20\sim30Pa$；对于小型采暖锅炉，不应小于 $8Pa$。

当使用天然气时，最佳火孔出口速度为 $25\sim80m/s$，空气流速为 $2.5\sim8m/s$。

火道截面热强度可达 $(2.9\sim23)\times10^{-3}kW/mm^2$，最高火道温度可达 $900\sim1200℃$，常用的过剩空气系数为 $1.1\sim1.3$。

当火孔呈双排布置时，火孔间夹角 β 取 $90°\sim180°$。实验证明，当 β 接近 $90°$ 时，燃气射流对炉膛吸入空气的阻碍作用较小，故炉内过剩空气系数较大，空气对燃气管道的冷却效果较好。随着 β 的增大，燃气射流对炉膛吸入空气的阻碍作用增大，过剩空气系数减小，空气对燃气管道的冷却效果较差，燃气管道温度增高。因此，供给冷空气时可取 $\beta=90°\sim180°$，供给热空气或采用低压燃气时可取 $\beta=90°$。

二、自然引风式扩散燃烧器的火孔热强度

自然引风式扩散燃烧器能否进行稳定燃烧，关键在于其火孔热强度是否选得合适。图 6-7 表示了直径不同的火孔在燃烧不同性质的燃气时，火孔热强度对火焰状况的影响。以下分别对不同成分的燃气进行分析：

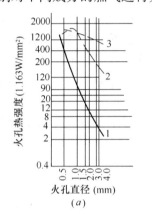 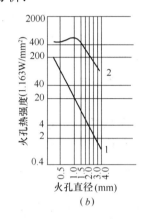 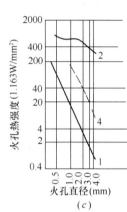

图 6-7　扩散燃烧的火孔热强度
(a) 炼焦煤气；(b) 天然气；(c) 丁烷

(一) 炼焦煤气

火孔热强度在曲线 1 以下时为无黄焰的扩散燃烧，这时由于热强度低，故火焰较软。曲线 1 与 2 之间为黄焰区，这时气流处于层流状态，火焰轮廓清晰，呈长圆锥形。越过曲线 2 时，火焰仍为黄色，但部分产生了紊流。曲线 2 与 3 之间为过渡区，这时气流从层流向紊流转变。曲线 3 以上气流完全处于紊流状态，黄焰消失，火焰变为蓝色。如果允许产生黄焰，则火孔热强度可在曲线 1～2 之间进行选取。

(二) 天然气

天然气与炼焦煤气不同之处在于没有曲线 3。当火孔热强度越过层流极限——曲线 2 时，火焰便产生离焰现象。

(三) 丁烷

丁烷火焰特性大体与天然气相同，但在曲线 1 与 2 之间存在曲线 4，当火孔热强度超过曲线 4 时，火焰将产生烟炱。即使允许有黄焰存在，在选取火孔热强度时也不应越过曲线 4，而应在曲线 1～4 之间选取。

图 6-7 所示的火焰特性变化范围并非绝对，当火孔方向变化时，曲线位置也会上下摆动。

三、自然引风式扩散燃烧器的特点和应用范围

(一) 优点

1. 燃烧稳定，不会回火，运行可靠。

2. 结构简单，制造方便。

3. 操作简单，容易点火。

4. 可利用低压燃气，燃气压力为 200～400Pa 或更低时，仍能正常工作。

5. 不需要鼓风。

（二）缺点

1. 燃烧热强度低，火焰长，需要较大的燃烧室。

2. 容易产生不完全燃烧。为使燃烧完全，必须供给较多的过剩空气（$\alpha = 1.2 \sim 1.6$）。

3. 由于过剩空气系数较大，燃烧温度低。

（三）应用范围

根据自然引风式扩散燃烧器的优缺点可知，它最适用于温度要求不高，但要求温度均匀、火焰稳定的场合。例如，用于沸水器、热水器、纺织业和食品业中的加热设备及小型采暖锅炉，用作点火器和指示性燃烧器。有些工业窑炉要求火焰具有一定亮度或某种保护性气氛时，也可用自然引风式扩散燃烧器。由于它结构简单和操作方便，也常用于临时性加热设备。

层流扩散式燃烧器一般不适用于天然气和液化石油气，因为这两种燃气燃烧速度慢、火孔热强度小、容易产生不完全燃烧和烟炱。

四、自然引风式扩散燃烧器的计算

自然引风式扩散燃烧器的形式虽然很多，但其计算大同小异。本节以管式扩散燃烧器和炉床式扩散燃烧器为例，介绍自然引风式扩散燃烧器的设计计算方法。

（一）管式扩散燃烧器的计算

管式扩散燃烧器的计算以动量定理、连续性方程及火焰的稳定性为基础。计算目的是确定火孔直径、数目、间距及燃烧器前燃气所需要的压力。其计算步骤如下：

1. 选择火孔直径 d_p 及间距 s　一般取 $d_p = 1 \sim 4\text{mm}$，火孔太大不容易燃烧完全，火孔太小容易堵塞。火孔间距以保证顺利传火和防止火焰合并为原则，一般取 $s = （8 \sim 13）d_p$。

2. 选取火孔热强度 q_p 或火孔出口速度 v_p　根据图 6-7 选取火孔热强度，然后按式（6-1）计算火孔出口速度：

$$v_p = \frac{q_p}{H_l} 10^6 \tag{6-1}$$

式中　v_p——火孔出口速度（Nm/s）；

　　　q_p——火孔热强度（kW/mm²）；

　　　H_l——燃气低热值（kJ/Nm³）。

3. 计算火孔总面积 F_p

$$F_p = \frac{Q}{q_p} \tag{6-2}$$

式中　F_p——火孔总面积（mm²）；

　　　Q——燃烧器热负荷（kW）。

4. 计算火孔数目 n

$$n = \frac{F_p}{\frac{\pi}{4}d_p^2} \tag{6-3}$$

5. 计算燃烧器头部燃气分配管截面积 F_g 为使燃气在每个火孔上均匀分布，以保证每个火孔的火焰高度整齐，头部截面积应不小于火孔总面积的两倍，即：

$$F_g \geqslant 2F_p \tag{6-4}$$

6. 计算燃烧器前燃气所需要的压力 通常燃气在头部流动的方向与火孔垂直、故燃气在头部的动压不能利用，这时头部所需要的压力为：

$$h = \frac{1}{\mu_p^2} \cdot \frac{v_p^2}{2}\rho_g \frac{T_g}{288} + \Delta h \tag{6-5}$$

式中 h——头部所需压力（Pa）；

μ_p——火孔流量系数，与火孔的结构特性有关。在管子上直接钻孔时，$\mu_p = 0.65 \sim$

0.70。在管子上直接钻直径较小的孔时（$d_p = 1 \sim 1.5\text{mm}$)，当 $\frac{h}{d_p} = 0.75$ 时，

$\mu_p = 0.77$；当 $\frac{h}{d_p} = 1.5$ 时，$\mu_p = 0.85$（h——火孔深度）。对于管嘴，当 $\frac{h}{d_p} =$

$2 \sim 4$ 时，$\mu_p = 0.75 \sim 0.82$，对于直径小、孔深浅的火孔，μ_p 取较小值；

v_p——火孔出口速度（Nm/s）；

ρ_g——燃气密度（kg/Nm³）；

T_g——火孔前燃气温度（K）；

Δh——炉膛压力（Pa），当炉膛为负压时，Δh 取负值。

为了保证火孔的热强度 q_p，即保证火孔出口速度 v_p，燃气压力 H 必须等于头部所需的压力 h。如果 $H > h$，可用阀门或节流圈减压。节流圈与最近一个火孔之间的距离不应小于燃气分配管内径的 12 倍。

【例 6-1】 设计一直管式扩散燃烧器。

已知：燃气热值 $H_l = 17618\text{kJ/Nm}^3$，燃气压力 $H = 800\text{Pa}$，燃气密度 $\rho_g = 0.47\text{kg/Nm}^3$，火孔前燃气温度 $T_g = 313\text{K}$，燃烧器热负荷 $Q = 23.3\text{kW}$，炉膛负压 $\Delta h = 0$。

【解】

1. 选择火孔直径 $d_p = 2\text{mm}$，火孔间距 $s = 8d_p = 16\text{mm}$

2. 由图 6-7 选取火孔热强度 $q_p = 0.49\text{kW/mm}^2$，按式（6-1）计算火孔出口速度

$$v_p = \frac{q_p}{H_l} \times 10^6 = \frac{0.49 \times 10^6}{17618} = 27.8\text{Nm/s}$$

3. 按式（6-2）计算火孔总面积

$$F_p = \frac{Q}{q_p} = \frac{23.3}{0.49} = 47.6\text{mm}^2$$

4. 按式（6-3）计算火孔数目

$$n = \frac{F_p}{\frac{\pi}{4}d_p^2} = \frac{47.6}{0.785 \times 2^2} \approx 15 \text{ 个}$$

5. 按式（6-4）计算头部燃气分配管截面积

$$F_g=2F_p=2\times47.6=95.2mm^2$$

头部燃气分配管内径

$$D_g=\sqrt{\frac{F_g}{\frac{\pi}{4}}}=\sqrt{\frac{95.2}{0.785}}\approx11.1mm，选 DN15 管$$

6. 按式（6-5）计算燃烧器头部所需压力 h，取火孔流量系数 $\mu_p=0.7$，则头部压力为

$$h=\frac{1}{\mu_p^2}\frac{v_p^2}{2}\rho_g\frac{T_g}{288}+\Delta h=\frac{1}{0.7^2}\times\frac{27.8^2}{2}\times0.47\times\frac{313}{288}+0=403Pa$$

由于 $H>h$，故应安装节流圈，节流孔径计算为 $\phi8.3mm$。

7. 布置火孔和绘制燃烧器简图（图 6-8）。火孔布置一排，则火管长 $L_p=(n-1)s=$ $(15-1)\times16=224mm$，节流圈与其最近的火孔距离为 $12D_g=12\times15.75\approx190mm$（$DN15$ 管内径为 $15.75mm$）。

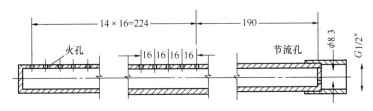

图 6-8 例题 6-1 计算结果

（二）炉床式扩散燃烧器的计算

炉床式扩散燃烧器的计算目的为确定火孔直径、数目、间距及火道尺寸，确定燃烧器前燃气所需要的压力。

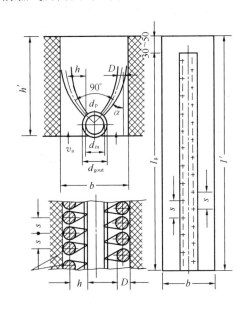

图 6-9 燃气射流的分布

根据炉床式扩散燃烧器的工作原理可知，使其稳定正常工作的条件是燃气应以一定的流速并与空气有一定交角进入火道，在火道内燃气穿过一定厚度的空气层后，当燃气射流轴线方向开始与空气流方向相同时，燃气射流的边界应正好与火道壁面相接触。进入火道的空气量应等于燃烧所需的空气量。燃气射流在空气流中的分布应均匀。火焰与火道壁面相接触，可以使燃烧稳定。炉床式扩散燃烧器上燃气射流的分布如图 6-9 所示。

根据动量定理、连续性方程及第三章中所阐述的射流穿透理论可建立炉床式扩散燃烧器的计算公式，其计算步骤如下：

1. 计算燃气分配管截面积 燃烧器个数通常根据炉门个数确定，一般取 1～3 个。燃烧器个数确定后，每个燃烧器的燃气分配管截面积可按下式计算：

$$F_g = \frac{1}{0.0036} \frac{L_g}{v_g} \tag{6-6}$$

式中　F_g——燃气分配管截面积（mm²）；

　　　v_g——分配管内燃气的流速（m/s），一般取 $v_g = 15 \sim 20\text{m/s}$；

　　　L_g——一个燃烧器的燃气耗量（Nm³/h）。

为使燃气均匀分布在每个火孔上，要求燃气分配管截面积不小于火孔总面积的两倍。

2. 计算火道尺寸　火道宽度根据火道内空气流速确定，火道内空气流速决定于炉膛负压，按下式计算：

$$v_a = \mu_a \sqrt{\frac{2\Delta h}{\rho_a}} \tag{6-7}$$

式中　v_a——空气流经火道最小截面的速度（m/s）；

　　　Δh——炉膛负压（Pa）；

　　　ρ_a——空气密度（kg/Nm³）；

　　　μ_a——流量系数，一般取 $\mu_a = 0.7$。

火道宽度按下式计算：

$$b = \frac{1}{3600} \frac{\alpha V_0 L_g}{l_g v_a} \frac{T_a}{288} + d_{gout} \tag{6-8}$$

式中　b——火道宽度（m）；

　　　α——过剩空气系数；

　　　l_g——燃气分配管长度（m）；

　　　T_a——空气温度（K）；

　　d_{gout}——燃气分配管外径（m）。

燃气分配管长度可根据长度热强度确定：

$$l_g = \frac{1}{3600} \frac{L_g \cdot H_l}{q_l} \frac{288}{T_g} \tag{6-9}$$

式中　H_l——燃气低热值（kJ/Nm³）；

　　　q_l——长度热强度（kW/m），对小型采暖锅炉，$q_l = 230 \sim 460\text{kW/m}$，

　　　　　对燃烧室高度小于 3.0m 的小型工业锅炉，$q_l = 1150 \sim 1750\text{kW/m}$，

　　　　　对燃烧室高度大于 3.0m 的中型工业锅炉，$q_l = 2300 \sim 3500\text{kW/m}$。

燃气分配管长度一般比炉算长度短 100～600mm，燃烧器间距通常为 500～1200mm。

3. 计算火孔直径　以燃气流充满整个火道宽度为原则计算射流穿透深度及火孔直径。穿透深度为 h 时的射流截面直径按式（3-16）确定：

$$D = 0.75h$$

为了使燃气流在穿透深度为 h 时正好与火道壁面相接触，必须满足下列关系：

$$1.375h = \frac{b - d_{gout}}{2} \tag{6-10}$$

或　　　　　　　　　　　　　$h = 0.364(b - d_{gout})$

射流穿透深度 h 按式（3-24）计算。将式（3-41）中的 v_1 换成 v_a，v_2 换成 v_p，ρ_1、ρ_2 换成 ρ_a、ρ_g，即得实用的射流穿透深度计算公式：

$$\frac{h}{d_{\mathrm{p}}} = K_{\mathrm{s}} \frac{v_{\mathrm{p}}}{v_{\mathrm{a}}} \sqrt{\frac{\rho_{\mathrm{g}}}{\rho_{\mathrm{a}}}} \cdot \sin\alpha \tag{6-11}$$

式中 d_{p}——火孔直径（mm）;

$\quad\ K_{\mathrm{s}}$——系数，按图 3-16 查得;

$\quad\ \alpha$——燃气射流与空气流的交角;

$\quad\ v_{\mathrm{p}}$——火孔出口的燃气流速（m/s）;

$\quad\ \rho_{\mathrm{g}}$——燃气密度（kg/Nm³）。

燃气流速一般取 $v_{\mathrm{p}} = 30 \sim 80 \mathrm{m/s}$，燃气与空气的速度比一般取 $\dfrac{v_{\mathrm{p}}}{v_{\mathrm{a}}} = 10 \sim 15$，自然通风时取较大值。

4. 计算火孔间距 为了防止射流合并，恶化燃气与空气的混合，火孔之间应保持一定的距离。火孔间距 s 按下式计算:

$$s = 0.75h + (2 \sim 5) \quad \mathrm{mm} \tag{6-12}$$

对于小型采暖锅炉常用 $d_{\mathrm{p}} = 1.3 \sim 2.0 \mathrm{mm}$，则 $s = 13 \sim 20 \mathrm{mm}$，对于工业锅炉常用 $d_{\mathrm{p}} = 2 \sim 4 \mathrm{mm}$，则 $s = 20 \sim 30 \mathrm{mm}$。

5. 计算火孔数目 每个火孔的燃气流量 L'_{g} 为:

$$L'_{\mathrm{g}} = 0.0036 \frac{\pi}{4} d_{\mathrm{p}}^2 v_{\mathrm{p}} \mathrm{m^3/h} \tag{6-13}$$

火孔数目 n 为:

$$n = \frac{L_{\mathrm{g}}}{L'_{\mathrm{g}}} \tag{6-14}$$

6. 计算燃气分配管长度 双排火孔时，燃气分配管长度 l_{g} 为

$$l_{\mathrm{g}} = \frac{n+1}{2} \cdot s \quad \mathrm{mm} \tag{6-15}$$

按式（6-15）计算所得的数值与按式（6-9）计算所得的数值相差不应超过 10%，否则应重新计算。

7. 计算火道尺寸 考虑到气体的热膨胀，取火道长度比燃气分配管长度长 30 ~ 50mm。为使空气沿火道长度方向分布均匀，要求火道长度方向的空气速度差不大于 5%。

8. 计算燃烧器前燃气所需要的压力

$$H = \left[\frac{1}{\mu_{\mathrm{p}}^2} + \Sigma\zeta\left(\frac{F_{\mathrm{p}}}{F_{\mathrm{g}}}\right)^2\right] \frac{v_{\mathrm{p}}^2}{2} \rho_{\mathrm{g}} \tag{6-16}$$

式中 H——燃气所需要的压力（Pa）;

$\quad\ \mu_{\mathrm{p}}$——火孔流量系数，按式（6-5）取用;

$\quad\ \Sigma\zeta$——从燃气阀门到火孔的总阻力系数，通常取 $\Sigma\zeta = 2.5$;

$\quad\ F_{\mathrm{p}}$——总的火孔截面积（mm²）;

$\quad\ F_{\mathrm{g}}$——燃气分配管截面积（mm²）;

$\quad\ v_{\mathrm{p}}$——火孔出口速度（m/s）。

对于燃烧天然气的小型采暖锅炉，通常 $H = 800 \sim 1100 \mathrm{Pa}$;对于燃烧天然气的工业锅炉，通常 $H = 5000 \sim 10000 \mathrm{Pa}$。

【例 6-2】　设计一锅炉用炉床式扩散燃烧器，如图 6-9 所示。

已知：锅炉热负荷 $Q=140\mathrm{kW}$，锅炉热效率 $\eta=85\%$。天然气低热值 $H_l=35800\mathrm{kJ/}$ Nm^3，密度 $\rho_\mathrm{g}=0.72\mathrm{kg/Nm}^3$，压力 $H=800\mathrm{Pa}$，理论空气需要量 $V_0=9.5\mathrm{Nm}^3/\mathrm{Nm}^3$；燃烧室长度为 645mm，炉膛真空度 $\Delta h=8\mathrm{Pa}$，过剩空气系数 $\alpha=1.2$，燃气、空气温度均为 15℃。

【解】

1. 计算燃气耗量

$$L_\mathrm{g}=\frac{3600Q}{\eta H_l}=\frac{3600\times140}{0.85\times35800}=16.6\mathrm{Nm}^3/\mathrm{h}$$

2. 计算燃气分配管内燃气流速　选用分配管外径 $d_\mathrm{gout}=40\mathrm{mm}$，壁厚 4mm，内径 $d_\mathrm{gin}=32\mathrm{mm}$。分配管内燃气流速为

$$v_\mathrm{g}=\frac{1}{0.0036}\cdot\frac{L_\mathrm{g}}{0.785d_\mathrm{gin}^2}=\frac{1}{0.0036}\times\frac{16.6}{0.785\times32^2}$$
$$=5.7\mathrm{m/s}$$

3. 按式（6-7）计算火道最窄截面空气流速　取 $\mu_\mathrm{a}=0.7$，则空气流速为

$$v_\mathrm{a}=\mu_\mathrm{a}\sqrt{\frac{2\Delta h}{\rho_\mathrm{a}}}=0.7\times\sqrt{\frac{2\times8}{1.2258}}$$
$$=2.53\mathrm{m/s}$$

4. 按式（6-9）计算燃气分配管长度　取 $q_l=330\mathrm{kW/m}$，则分配管长度为

$$l_\mathrm{g}=\frac{1}{3600}\frac{L_\mathrm{g}\cdot H_l}{q_l}=\frac{1}{3600}\times\frac{16.6\times35800}{330}$$
$$=0.5\mathrm{m}$$

5. 按式（6-8）计算火道宽度

$$b=\frac{1}{3600}\frac{\alpha V_0 L_\mathrm{g}}{l_\mathrm{g}v_\mathrm{a}}\frac{T_\mathrm{a}}{288}+d_\mathrm{gout}$$
$$=\frac{1}{3600}\times\frac{1.2\times9.5\times16.6}{0.5\times2.53}\times\frac{288}{288}+0.04$$
$$=0.082\mathrm{m}$$

6. 按式（6-10）计算射流穿透深度

$$h=0.364\ (b-d_\mathrm{gout})$$
$$=0.364\ (82-40)$$
$$=15.3\mathrm{mm}$$

7. 按式（6-11）计算火孔直径　选取两排火孔，火孔轴线夹角为 90°，则射流交角为 $\alpha=45°$；取速度比 $\dfrac{v_\mathrm{p}}{v_\mathrm{a}}=10$，取 $K_\mathrm{s}=1.7$，则

$$d_\mathrm{p}=\frac{1}{K_\mathrm{s}}\cdot\frac{v_\mathrm{a}}{v_\mathrm{p}}\sqrt{\frac{\rho_\mathrm{a}}{\rho_\mathrm{g}}}\cdot\frac{1}{\sin\alpha}\cdot h$$
$$=\frac{1}{1.7}\times\frac{1}{10}\times\sqrt{\frac{1.2258}{0.72}}\times\frac{1}{\sin45°}\times15.3$$
$$=1.66\mathrm{mm}$$

取 $d_p=1.7mm$。

8. 按式（6-12）计算火孔间距

$$s=0.75h+2=0.75\times15.3+2$$
$$=13.5mm$$

9. 计算燃气出口速度，按式（6-14）计算火孔数目

$$v_p=10v_a=10\times2.53=25.3m/s$$

$$n=\frac{L_g}{0.0036\frac{\pi}{4}d_p^2v_p}=\frac{16.6}{0.0036\times0.785\times1.7^2\times25.3}$$

$$=80\text{个}$$

10. 按式（6-15）计算燃气分配管长度

$$l_g=\left(\frac{n+1}{2}\right)s=\left(\frac{80+1}{2}\right)\times13.5$$
$$=547mm$$

校核燃气分配管长度计算值与选取值的误差：

$\frac{500-547}{500}=9.4\%<10\%$，计算结果成立，取 $l_g=500mm$。

火道长度 $\qquad l'=500+40=540mm$，

燃烧室长度与火道长度之差为 $645-540=105mm$，在允许范围内。

11. 按式（6-16）计算燃气需要的压力　取 $\mu_p=0.65$，$\Sigma\zeta=2.5$，则压力为

$$H=\left[\frac{1}{\mu_p^2}+\Sigma\zeta\left(\frac{F_p}{F_g}\right)^2\right]\frac{v_p^2}{2}\rho_g$$

$$=\left[\frac{1}{0.65^2}+2.5\times\left(\frac{0.785\times1.7^2\times80}{0.785\times32^2}\right)^2\right]\times\frac{25.3^2}{2}\times0.72$$

$$=575Pa$$

$H=575<800Pa$，故给定压力有剩余。

第三节　鼓风式扩散燃烧器

在鼓风式燃烧器中燃气燃烧所需要的全部空气均由鼓风机一次供给，但燃烧前燃气与空气并不实现完全预混，因此燃烧过程并不属于预混燃烧，而为扩散燃烧。鼓风式燃烧器的燃烧强度与火焰长度均由燃气与空气的混合强度决定。为了强化燃烧过程和缩短火焰长度，常采取各种措施来加速燃气与空气的混合，例如，将燃气分成很多细小流束射入空气流中或采用空气旋流等。根据强化混合过程所采取的措施及工艺对火焰的要求，鼓风式燃烧器可做成套管式、旋流式、平流式等各种式样。

一、鼓风式燃烧器的构造和工作原理

（一）套管式燃烧器

套管式燃烧器由大管和小管相套而成（图6-10）。通常是燃气从中间小管流出，空气

从管夹套中流出，两者在火道或燃烧室内边混合边燃烧。这种燃烧器的特点是结构简单，工作稳定，不会回火。但由于燃气和空气属于同心平行气流，故混合较差，火焰较长。

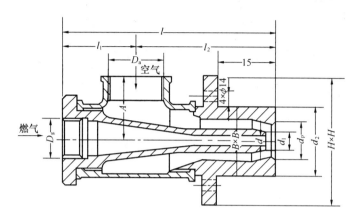

图 6-10　套管式燃烧器

（二）旋流式燃烧器

旋流式燃烧器的结构特点是燃烧器本身带有旋流器。根据旋流器的结构（蜗壳或导流叶片）和供气方式的不同，这种燃烧器又可做成多种形式。图 6-11 所示为导流叶片式旋流燃烧器。燃烧器中空气以 2000Pa 的压力供入，经过导流叶片 2 形成旋流，并与中心孔口流出的燃气进行混合，然后经喷口 4 进入火道或燃烧室继续进行混合和燃烧。使用人工燃气时，其压力约为 800Pa；使用天然气时，其压力约为 3000Pa。当使用天然气时，中心孔口需安装燃气旋流器，使燃气也形成旋流，以加强气流混合。

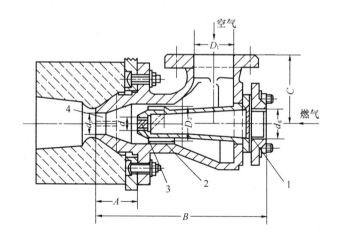

图 6-11　导流叶片式旋流燃烧器
1—节流圈；2—导流叶片；3—燃气旋流器；4—喷口

图 6-12 所示为中心供气蜗壳式旋流燃烧器。其旋流器是蜗壳，空气经蜗壳后形成旋流，燃气从中心燃气管上的许多小孔呈细流垂直喷入空气旋流中，两者强烈混合后进入火道燃烧。当使用天然气时，其压力约为 15000Pa，空气阻力约为 850Pa，过剩空气系数为 1.1。

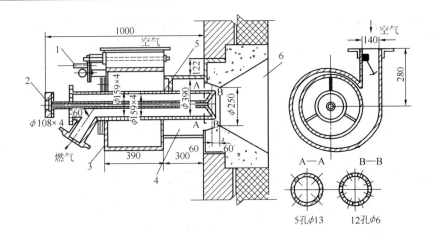

图 6-12 中心供气蜗壳式旋流燃烧器
1—调风板手柄；2—观火孔；3—蜗壳；4—圆柱形空气通道；5—燃气分配管；6—火道

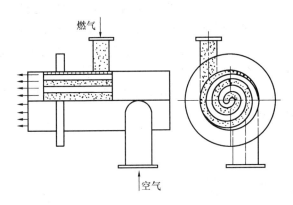

图 6-13 螺旋板式燃烧器

图 6-13 所示为螺旋板式燃烧器。它由两张平行钢板卷制而成，具有两个螺旋通道，一为燃气通道，另一为空气通道。燃气与空气分别从偏心切向进入各自通道，边旋转边向前流动，在燃烧器出口处开始混合。该燃烧器特点是，燃气与空气接触面大，混合均匀，燃烧器调节范围大。

图 6-14 所示为切向供空气旋流式燃烧器。空气切向进入，燃气轴向进入，在高速旋转的空气带动下，燃气也随之旋转，并进行混合燃烧。由于旋转，在燃烧室中心形成一个大的烟气回流区，因此火焰呈旋转圆筒形。空气在圆筒形火焰与燃烧室壁中间旋转流动，起冷却燃烧室壁的作用，同时也减少了燃烧室的散热损失。

图 6-15 所示为径向供燃气旋流式燃烧器。该燃烧器特点是，除形成旋转气流外，当燃

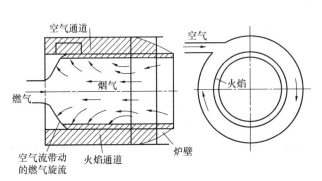

图 6-14 切向供空气旋流式燃烧器

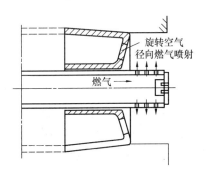

图 6-15 径向供燃气旋流式燃烧器

气孔分布合理时，每个燃气孔均会形成一个单股燃气流，穿透到空气旋流之中，因而，增大了燃气与空气的接触面，使火焰缩短。如果燃气孔分布不合理，将会形成一个大的中心火焰，使燃烧恶化。

二、鼓风式燃烧器的特点和应用范围

（一）优点

1. 与热负荷相同的引射式燃烧器相比，其结构紧凑，体形轻巧，占地面积小。特别是当热负荷较大时，该优点更为突出。

2. 热负荷调节范围大，调节系数一般大于5。

3. 可以预热空气或预热燃气，预热温度甚至可接近燃气着火温度，这对高温工业炉是很必要的。

4. 要求燃气压力较低。

5. 容易实现煤粉-燃气、油-燃气联合燃烧。

（二）缺点

1. 需要鼓风，耗费电能。

2. 燃烧室容积热强度通常比完全预混燃烧器小，火焰较长，因此需要较大的燃烧室容积。

3. 本身不具备燃气与空气成比例变化的自动调节特性，最好能配置自动比例调节装置。

根据上述优缺点可知，鼓风式燃烧器主要用于各种工业炉及锅炉中。

三、鼓风式燃烧器的计算

鼓风式燃烧器的种类很多，其计算方法也略有差异。但是，设计任何一种鼓风式燃烧器都必须充分考虑第三章所阐述的两股气流在有限空间内的混合原则，即：

第一，将燃气分成细小流束射入空气流中，从而增加两股气流的接触面，加速其混合过程。

第二，两股气流成一定交角相遇，以增加其紊流程度。

第三，将燃气均匀地分布到空气流中。

第四，燃气和空气的流速保持一定的比例。

第五，使一股或两股气流产生旋转流动。

鼓风式燃烧器的计算目的是：决定燃烧器各组成部分的尺寸；计算空气所需要的压力；计算燃气所需要的压力。

（一）蜗壳式燃烧器（图 6-16）的设计计算方法

1. 空气系统计算

（1）计算空气通道面积

$$F_p = \frac{Q}{q_p} \tag{6-17}$$

式中　F_p——空气通道面积（m²）；

　　　Q——燃烧器热负荷（kW）；

q_p——喷头热强度，通常 $q_p = (35 \sim 40) \times 10^3$（$kW/m^2$）。

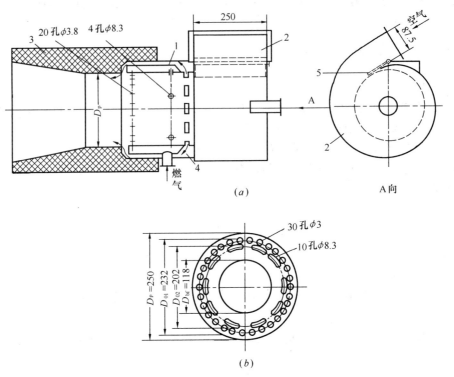

图 6-16 边缘供气蜗壳式旋流燃烧器
（a）燃烧器简图；（b）燃气流束在空气旋流中的分布
1—燃气分配室；2—蜗壳；3—火道；4—冷空气室；5—空气调节板

（2）确定蜗壳结构比 $\dfrac{ab}{D_p^2}$ 蜗壳式燃烧器供给空气的形式分等速蜗壳供气及切向供气两种，如图 6-17 所示。目前应用较多的是等速蜗壳供气。

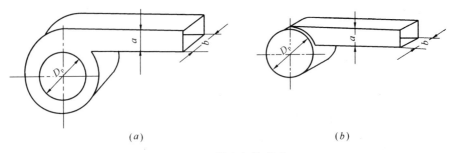

图 6-17 供空气的形式
（a）等速蜗壳供气；（b）切向供气

空气的旋转程度与蜗壳的结构比有关。a 值越小，结构比 $\dfrac{ab}{D_p^2}$ 就越小，空气流相对于燃烧器中心轴的力矩就越大，旋转程度也越大，混合就进行得越快，火焰也越短。但随着

$\dfrac{ab}{D_p^2}$ 值的减小，旋转程度增大，阻力损失将增大。为此，通常取 $\dfrac{ab}{D_p^2}=0.35\sim0.4$。

$\dfrac{ab}{D_p^2}=0.35$ 时天然气蜗壳燃烧器的火焰长度列于表 6-1。

$\dfrac{ab}{D_p^2}=0.35$ 时天然气蜗壳燃烧器的火焰近似长度　　　　表 6-1

燃气流量 L_g	喷头直径 D_p	喷头热强度 $q_p\times10^3$	火焰长度（m）	
（m^3/h）	（mm）	（kW/mm^2）	$\alpha=1.05$	$\alpha=1.1$
200	250	39	2.3	2.1
300	300	39	2.7	2.5
400	360	39	3.3	3.0
500	400	40	3.6	3.3
600	450	37	4.1	3.8

根据结构比 $\dfrac{ab}{D_p^2}$ 就可以确定蜗壳尺寸。

（3）确定空气实际通道的宽度　由于空气流的旋转，空气在通道内是按螺旋形向前流动的。因此，在圆柱形通道中心形成了一个回流区。燃气-空气混合物在赤热的回流烟气作用下受到强烈预热，从而提高了燃烧速度，强化了燃烧过程。回流区是一个稳定的、强烈的点火源。

由于存在回流区，所以空气并非沿整个圆柱形通道向前流动，而只是沿边缘环形通道向前流动。环形通道的宽度按下式计算：

$$\Delta=\frac{D_p-D_{bf}}{2}\qquad\qquad(6\text{-}18)$$

式中　Δ——环形通道宽度（cm）；

D_{bf}——回流区直径（cm），见图（6-16）。

回流区的尺寸与蜗壳结构有关，可按表 6-2 确定。

蜗壳供空气时的回流区尺寸　　　　表 6-2

蜗壳结构比 $\dfrac{ab}{D_p^2}$	0.6	0.45	0.35	0.2
回流区直径与喷头直径比[①] $\dfrac{D_{bf}}{D_p}$	0.41	0.41	0.47	0.69
回流区面积与喷头面积比 $\left(\dfrac{D_{bf}}{D_p}\right)^2$	0.167	0.167	0.22	0.48

① 这种燃烧器的喷头直径与空气通道直径相等。

（4）计算空气的实际流速　空气在环形通道内的流动是螺旋运动，其流动速度按下式计算：

$$v_a=\frac{1}{0.36}\frac{\alpha V_0 L_g}{\frac{\pi}{4}(D_p^2-D_{bf}^2)}\frac{1}{\sin\beta}\frac{T_a}{273}\qquad\qquad(6\text{-}19)$$

式中　v_a——空气螺旋运动的实际速度（m/s），其气流轴线与燃烧器轴线的交角为 $90°-\beta$；

α——过剩空气系数；

V_0——理论空气需要量（Nm^3/Nm^3）；

L_g——燃气耗量（Nm^3/h）；

T_a——空气温度（K）；

β——空气螺旋运动的平均上升角，其值与蜗壳结构有关，按表6-3确定。

空气螺旋运动的平均上升角 β   表6-3

切 向 供 气	$\dfrac{ab}{D_p^2}$	0.35	0.25	0.20
	β	35°	25°	22°
蜗 壳 供 气	$\dfrac{ab}{D_p^2}$	0.6	0.45	0.35
	β	33°	31°	29°

（5）计算燃烧器前空气所需的压力

$$H_a = \frac{v_a^2}{2}\rho_a + (\zeta-1)\frac{v_{in}^2}{2}\rho_a \qquad (6-20)$$

式中　H_a——燃烧器前空气所需的压力（Pa）；

ζ——空气入口动压下的阻力系数，对蜗壳供气，$\dfrac{ab}{D_p^2}=0.35$ 时，$\zeta=2.8\sim2.9$；

对切向供气，$\dfrac{ab}{D_p^2}=0.35$ 时，$\zeta=1.8\sim2.0$；

v_{in}——燃烧器入口的空气流速（m/s）。

$$v_{in} = \frac{1}{0.0036}\frac{\alpha V_0 L_g}{ab}\frac{T_a}{273} \qquad (6-21)$$

式中　a、b——空气入口尺寸（mm）。

2. 燃气系统计算

合理的燃烧器结构应使燃气射流均匀地分布在空气流中，应严格防止燃气射流在空气流中相互重叠。根据第三章所阐述的射流穿透理论可知，如果燃气流速及孔口直径相同，即使燃气分成许多细流，甚至孔口交叉排列并分成几圈，流束仍会发生重叠，混合过程仍然恶化。

为了使燃气在空气流通截面上分布均匀，计算时把环形空气通道分成若干假想环，然后选取不同的燃气孔口直径及数目，使燃气按需要量进入每个假想环中，与该假想环内的空气进行混合。

（1）计算燃气分配室截面积

$$F_g' = \frac{1}{0.0036}\frac{L_g}{v_g'} \qquad (6-22)$$

式中　F_g'——燃气分配室截面积（mm^2）；

v_g'——燃气分配室内燃气的流速（m/s），一般取 $v_g'=15\sim20m/s$。

（2）按式（6-11）计算射流穿透深度　由式（6-11）可知，改变孔口直径，可以改变射流穿透深度。如果燃气孔口布置在同一燃气总管上，则燃气孔口的出口速度相等。这时，对不同直径的孔口存在下列关系（角码表示孔口排列顺序）：

$$\frac{d_1}{d_2} \approx \frac{h_1}{h_2}$$

为了使燃气均匀地分布在空气流中，燃气孔口的排列应考虑以下主要原则：在空气流中的各燃气射流应有一定的间隙，彼此既不相交，也不合并；燃气射流的流量和与其接触的空气流量之间应保持一定的比例。对于单向流动的空气流，容易实现燃气流在空气流中的均匀分配。当空气流旋转时，空气的主要质量集中在空气通道的周边上，因此燃气的主要质量也应分配在周边上。这样，可保证燃气在最小的过剩空气条件下完全燃烧。

为使火焰达到所要求的特性（如较短的不发光火焰或较长的发光火焰），需要选择相应的混合条件。为了得到较短的不发光火焰，可采用直径较小的燃

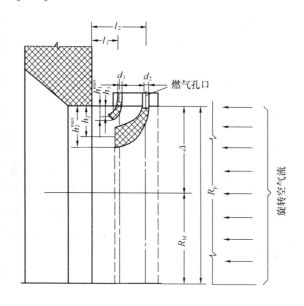

图 6-18　旋转空气流中燃气射流的位置

气孔口，并布置在离喷头较远的位置。为了得到较长的发光火焰，可采用直径较大的燃气孔口，并布置在离喷头较近的位置。

因此，燃气射流与空气混合的完善程度取决于孔口到喷头的距离。距离越远，混合越均匀。燃气与不预热的空气混合时，混合基本完善的距离 l 是：$\frac{v_g}{v_a}=5$ 时，$l=30d_g$；$\frac{v_g}{v_a}=10$ 时，$l=50d_g$（d_g——燃气孔口直径）。

空气流旋转时，空气通道中间存在回流区，空气只能沿边缘环形通道向前流动。在环形通道内，由于空气旋转，空气的主要质量集中在环形通道的边缘上，其宽度约为 0.5Δ。因此，燃气的主要质量也应分布在这一区域内（图 6-18）。

根据射流穿透深度及射流直径可得射流边界的最大穿透深度：

$$h^{max}=h+0.5D=1.375h \tag{6-23}$$

式中　h^{max}——射流边界最大穿透深度；

$\quad\quad h$——射流穿透深度；

$\quad\quad D$——射流直径。

燃气孔口一般排成两排，于是可得：

$$h_2^{max}=0.5\Delta,\ h_2=\frac{0.5}{1.375}\Delta=0.36\Delta \tag{6-24}$$

$$h_1^{max}=0.8\ (h_2^{max}-D_2)=0.8\ (1.375-0.75)\ h_2=0.18\Delta$$

$$h_1=0.13\Delta \tag{6-25}$$

（3）确定燃气孔口的数目　每排燃气孔口的最大数目以在射流达到穿透深度时，不使

流束重叠为条件。在上升角为 β 的旋转空气流中，燃气射流达到穿透深度时，其直径为：

$$D=\frac{0.75h}{\sin\beta} \tag{6-26}$$

因此，防止射流重叠，射流最小间距 $s_{\min}$ 应为：

$$s_{\min}\geqslant\frac{0.75h}{\sin\beta} \tag{6-27}$$

每排燃气孔口的最大数目 $Z_{\max}$ 为：

$$Z_{\max}\leqslant\frac{\pi(D_p-2h)}{s_{\min}} \tag{6-28}$$

式中 $\pi(D_p-2h)$——燃气射流穿透深度为 h 时，每排燃气射流轴心所在圆的周长。

（4）确定每排燃气孔口直径 燃气孔口一般为两排，大直径孔口的燃气流量约占燃气总量的 70%。小直径孔口的燃气流量约占燃气总量的 30%。由于各排燃气孔口均分布在同一个燃气分配室上，所以，各排孔口的燃气出口速度都相等，因此，大直径孔口的面积应占孔口总面积的 70%，而小直径孔口应占 30%。首先计算大直径孔口，其孔口面积为：

$$0.7F=z_2\frac{\pi d_2^2}{4} \tag{6-29}$$

燃气孔口的总面积：

$$F=\frac{\varepsilon_F L_g}{v_g} \tag{6-30}$$

式中 ε_F——压缩系数（按式 8-34 计算）。

将式（6-30）代入式（6-29）得：

$$v_g=0.9\frac{\varepsilon_F L_g}{z_2 d_2^2} \tag{6-31}$$

由式（6-11）及式（6-31）得：

$$d_2=0.9K_s\frac{\varepsilon_F L_g}{z_2 h_2 v_a}\sqrt{\frac{\rho_g}{\rho_a}} \tag{6-32}$$

其次计算小直径孔口，按式（6-11）计算 d_1，再根据 $F_1=0.3F$ 计算小孔口数目，最后计算孔口间距，并校核流股是否合并。

（5）计算燃烧器前燃气所需压力

$$H_g=\frac{1}{\varepsilon_H}\frac{1}{\mu_g^2}\frac{v_g^2}{2}\rho_g \tag{6-33}$$

式中 H_g——燃气所需压力（Pa）；

ε_H——压缩系数（按式（8-38）计算）；

μ_g——燃气孔口流量系数，按式（6-5）选用。

【例 6-3】 设计一边缘供燃气的蜗壳式燃烧器，如图 6-16 所示。

已知：燃气耗量 $L_g=200Nm^3/h$；燃气热值 $H_l=35800kJ/Nm^3$；燃气密度 $\rho_g=0.72kg/Nm^3$；理论空气需要量 $V_0=9.5Nm^3/Nm^3$；燃气温度 $T_g=288K$；空气温度 $T_a=288K$；过剩空气系数 $\alpha=1.1$。

【解】

1. 空气系统计算

（1）采用蜗壳供气，按式（6-17）计算空气通道直径（喷头直径）D_p 及蜗壳尺寸，取 $q_p = 35 \times 10^3 \, kW/m^2$，则：

$$F_p = \frac{Q}{q_p} = \frac{200 \times 35800}{3600 \times 35 \times 10^3} = 0.057 m^2$$

$$D_p = \sqrt{\frac{4}{\pi} F_p} = \sqrt{\frac{4}{\pi} \times 0.057} = 0.269 m$$

取 $D_p = 250 mm$

取蜗壳结构比 $\dfrac{ab}{D_p^2} = 0.35$，并取 $b = D_p = 250 mm$，则

$$a = 0.35 \times 250 = 87.5 mm$$

查表 6-1，当 $\dfrac{ab}{D_p^2} = 0.35$，$\alpha = 1.1$ 时，火焰长度为 2.1m。

（2）确定环形通道宽度及空气实际流速　当 $\dfrac{ab}{D_p^2} = 0.35$ 时，由表 6-2 查得回流区直径为：

$$D_{bf} = 0.47 D_p = 0.47 \times 250 = 118 mm$$

按式（6-18）计算环形通道宽度：

$$\Delta = \frac{D_p - D_{bf}}{2} = \frac{250 - 118}{2} = 66 mm$$

按式（6-19）计算实际空气流速，由表 6-3 查得，当 $\dfrac{ab}{D_p^2} = 0.35$ 时，$\beta = 29°$，则实际流速为：

$$v_a = \frac{1}{3600} \frac{\alpha V_0 L_g}{\frac{\pi}{4}(D_p^2 - D_{bf}^2)} \frac{1}{\sin\beta} \frac{T_a}{288}$$

$$= \frac{1}{3600} \frac{1.1 \times 9.5 \times 200}{\frac{\pi}{4}(0.25^2 - 0.118^2)} \frac{1}{\sin 29°} \frac{288}{288} = 31.5 m/s$$

（3）按式（6-21）确定空气入口速度

$$v_{in} = \frac{1}{3600} \frac{\alpha V_0 L_g}{ab} = \frac{1}{3600} \frac{1.1 \times 9.5 \times 200}{0.25 \times 0.875} = 26.6 m/s$$

（4）按式（6-20）确定燃烧器前所需的空气压力　取阻力系数 $\zeta = 2.9$，则

$$H_a = \frac{v_a^2}{2} \rho_a + (\zeta - 1) \frac{v_{in}^2}{2} \rho_a$$

$$= \frac{31.5^2}{2} \times 1.2258 + (2.9 - 1) \frac{26.6^2}{2} \times 1.2258 = 1432 Pa$$

2. 燃气系统计算

（1）按式（6-22）计算燃气分配室截面积　取 $v'_g = 15 m/s$，则

$$F'_g = \frac{1}{0.0036} \frac{L_g}{v'_g} = \frac{1}{0.0036} \times \frac{200}{15} = 3700 \text{mm}^2$$

（2）按式（6-24）、式（6-25）计算旋转空气流中燃气射流的穿透深度。

$$h_2 = 0.36\Delta = 0.36 \times 66 = 23.8 \text{mm}$$

$$h_1 = 0.13\Delta = 0.13 \times 66 = 8.6 \text{mm}$$

（3）按式（6-27）计算大直径孔口在射流穿透深度时的射流间距。

$$s_2^{\min} = \frac{0.75 h_2}{\sin\beta} = \frac{0.75 \times 23.8}{\sin 29°} = 36.8 \text{mm}$$

取 $s_2 = 60\text{mm}$（即 $s_2 = 2.5 h_2$）。

按式（6-28）计算大直径孔口的数目

$$z_2 = \frac{\pi (D - 2h_2)}{s_2} = \frac{3.14 (250 - 2 \times 23.8)}{60} = 10.6$$

取 $z_2 = 10$。

（4）按式（6-32）计算大直径孔口的直径

$$d_2 = 0.9 K_s \frac{\varepsilon_F L_g}{z_2 h_2 v_a} \sqrt{\frac{\rho_g}{\rho_a}}$$

$$= 0.9 \times 1.7 \frac{0.98 \times 200 \times 1000}{3600 \times 10 \times 23.8 \times 31.5} \sqrt{\frac{0.72}{1.2258}} = 8.5 \text{mm}$$

取 $\varepsilon_F = 0.98$，$K_s = 1.7$

孔口相对间距：$\dfrac{s_2}{d_2} = \dfrac{60}{8.5} = 7.1$，

这一相对间距相当 $K_s = 1.7$，因而计算合理。

（5）按式（6-31）计算燃气孔口出口速度

$$v_g = 0.9 \frac{\varepsilon_F L_g}{z_2 \cdot d_2^2} = 0.9 \times \frac{0.98 \times 200}{3600 \times 10 \times 0.0085^2} = 67.8 \text{m/s}$$

（6）按式（6-30）计算燃气孔口的总面积

$$F = \frac{\varepsilon_F L_g}{v_g} = \frac{0.98 \times 200}{3600 \times 67.8} = 0.0008 \text{m}^2$$

（7）计算小孔直径、数目及间距

按式（6-11）计算小孔直径，$\alpha = 90°$

$$\frac{h_1}{d_1} = K_s \frac{v_g}{v_a} \sqrt{\frac{\rho_g}{\rho_a}} = 1.7 \times \frac{67.8}{31.5} \sqrt{\frac{0.72}{1.2258}} = 2.80$$

$$d_1 = \frac{8.6}{2.80} = 3 \text{mm}$$

小直径孔口的总面积为：

$$F_1 = F - F_2 = 0.0008 - 10 \times \frac{3.14 \times 0.0085^2}{4} = 0.000232 \text{m}^2$$

小直径孔口的数目为：

$$z_1 = \frac{F_1}{\frac{\pi d_1^2}{4}} = \frac{232}{\frac{3.14 \times 3^2}{4}} = 32.8$$

取 $z_1 = 30$。

按式（6-28）计算小孔燃气射流间距

$$s_1 = \frac{\pi (D_p - 2h_1)}{z_1} = \frac{3.14 (250 - 2 \times 8.6)}{30} = 24.4 \text{mm}$$

按式（6-26）计算燃气射流直径

$$D_1 = \frac{0.75 h_1}{\sin \beta} = \frac{0.75 \times 8.6}{\sin 29} = 13.2 \text{mm}$$

由于 $s_1 > D_1$，所以燃气射流不会合并。

（8）按式（6-32）计算燃气所需压力　取 $\varepsilon_H = 0.94$，$\mu_g = 0.7$，则

$$H_g = \frac{1}{\varepsilon_H} \frac{1}{\mu_g^2} \frac{v_g^2}{2} \rho_g = \frac{1}{0.94} \times \frac{1}{0.7^2} \times \frac{67.8^2}{2} \times 0.72 = 3593 \text{Pa}$$

（二）套管式燃烧器（图 6-10）**的设计计算方法**

1. 计算出口截面燃气和空气的流速

$$v_{og} \text{ 或 } v_{oa} = \sqrt{\frac{2PT_0}{\xi \rho_0 T}} \tag{6-34}$$

式中　v_{og}、v_{oa}——燃气、空气在出口截面的流速（m/s）；

　　　　P——燃烧器前燃气压力或空气压力（Pa）；

　　　　ρ_0——燃气或空气的密度（kg/m³）；

　　　　T——燃气或空气的温度（K）；

　　　　ξ——燃烧器阻力系数，对图 6-10 所示结构形式 $\xi_a = 1.0$，$\xi_g = 1.5$。

2. 计算燃气喷口直径和空气套管直径

$$F_g = \frac{L_g}{0.0036 v_g}$$

$$F_a = \frac{L_a}{0.0036 v_a}$$

式中　F_g——燃气喷口截面积（mm²）；

　　　　F_a——空气套管截面积（mm²）；

　　　　L_g——燃气用量（m³/h）；

　　　　L_a——空气量（m³/h）。

$$d_g = \sqrt{\frac{F_g}{\pi/4}}$$

$$d_a = \sqrt{\frac{F_a}{\pi/4} + d_{gout}^2}$$

式中　d_g——燃气喷口直径（mm）；

　　　　d_a——空气套管直径（mm）。

3. 计算燃气和空气在出口截面上的实际流速

$$v_g = v_{og} \frac{T}{T_0}$$

$$v_a = v_{oa} \frac{T}{T_0}$$

4. 计算燃烧器出口直径

$$d_m = \sqrt{\frac{L_m}{\frac{\pi}{4} \times 0.0036 v_m}}$$

式中 L_m——燃气-空气混合物流量（m^3/s）；

  v_m——燃气-空气混合物出口速度（m/s）；

  d_m——燃烧器出口直径（mm）。

【例6-4】 设计一套管式燃烧器

已知：天然气热值 $H_l = 34.00 MJ/m^3$，密度 $\rho_g = 0.82 kg/m^3$，理论空气需要量 $V_0 = 9.01 m^3/m^3$，燃气压力 $P_g = 5300 Pa$，空气压力 $P_a = 500 Pa$，燃烧器天然气用量 $L_g = 30.6 m^3/h$，燃气温度 $t_g = 20℃$，空气预热温度 $t_a = 400℃$，过剩空气系数 $\alpha = 1.1$。

【解】

1. 计算燃烧所需空气量
$$L_a = \alpha V_0 L_g = 1.1 \times 9.01 \times 30.6 = 303.3 m^3/h$$

2. 计算出口截面燃气流速
$$v_{og} = \sqrt{\frac{2P_g T_0}{\xi \rho_0 T}} = \sqrt{\frac{2 \times 5300 \times 288}{1.5 \times 0.82 \times 293}} = 92 m/s$$

3. 计算出口截面空气流速
$$v_{oa} = \sqrt{\frac{2P_a T_0}{\xi \rho_0 T}} = \sqrt{\frac{2 \times 500 \times 288}{1.0 \times 1.2258 \times 673}} = 18.7 m/s$$

4. 计算燃气喷口直径
$$F_g = \frac{L_g}{0.0036 v_{og}} = \frac{30.6}{0.0036 \times 92} = 92.4 mm^2$$

$$d_g = \sqrt{\frac{F_g}{\pi/4}} = \sqrt{\frac{92.4}{\pi/4}} = 10.8 mm$$

5. 燃气喷管直径
取燃气喷管中燃气流速为 25m/s
$$d_{in} = \sqrt{\frac{30.6}{\pi/4 \times 25}} = 21 mm，外径 d_{gout} = 35 mm$$

6. 空气套管直径
$$F_a = \frac{L_a}{0.0036 v_{oa}} = \frac{303.3}{0.0036 \times 18.7} = 4505 mm^2$$

$$d_a = \sqrt{\frac{F_a}{\pi/4} + d_{gout}} = \sqrt{\frac{4505}{\pi/4} + 35^2} = 83.4 mm$$

7. 计算燃气和空气在出口截面上的实际流速

$$v_g = v_{og}\frac{T}{T_0} = 92 \times \frac{293}{288} = 93.6 \text{m/s}$$

$$v_a = v_{oa}\frac{T}{T_0} = 18.7 \times \frac{673}{288} = 43.7 \text{m/s}$$

$$v_g / v_a = 93.6/43.7 = 2.14$$

8. 计算燃烧器出口直径

燃气-空气混合物流量

$$L_m = L_g + L_a = 30.6 + 303.3 = 333.9 \text{m}^3/\text{h}$$

取燃气-空气混合物出口速度 $v_m = 25 \text{m/s}$

$$d_m = \sqrt{\frac{L_m}{\frac{\pi}{4} \times 0.0036 v_m}} = \sqrt{\frac{333.9}{\frac{\pi}{4} \times 0.0036 \times 25}} = 68.7 \text{mm}_{\circ}$$

第七章 大气式燃烧器

第一节 大气式燃烧器的构造及特点

一、大气式燃烧器的构造及工作原理

根据部分预混燃烧方法设计的燃烧器称为大气式燃烧器，其一次空气系数 $0<\alpha'<1$。大气式燃烧器由头部及引射器两部分组成，如图7-1所示。大气式燃烧器的工作原理是：燃气在一定压力下，以一定流速从喷嘴流出，进入吸气收缩管，燃气靠本身的能量吸入一次空气。在引射器内燃气和一次空气混合，然后，经头部火孔流出，进行燃烧，形成本生火焰。

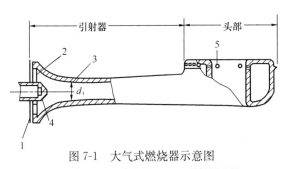

图7-1 大气式燃烧器示意图

1—调风板；2——次空气口；3—引射器喉部；

4—喷嘴；5—火孔

大气式燃烧器的一次空气系数 α' 通常为 $0.45\sim0.75$。根据燃烧室工作状况的不同，过剩空气系数通常变化在 $1.3\sim1.8$ 范围内。

大气式燃烧器通常是利用燃气引射一次空气，故属于引射式燃烧器。根据燃气压力的不同，它又可分为低压引射式与高（中）压引射式两种。前者多用于民用燃具，后者多用于工业装置。当燃气压力不足时，也可利用加压空气来引射燃气。

本节主要讨论低压引射大气式燃烧器。

低压引射大气式燃烧器由以下部件组成：

（一）引射器

引射器的作用有以下三方面：

第一，以高能量的气体引射低能量的气体，并使两者混合均匀。在大气式燃烧器中通常是以燃气从大气中引射空气。

第二，在引射器末端形成所需的剩余压力，用来克服气流在燃烧器头部的阻力损失，使燃气-空气混合物在火孔出口获得必要的速度，以保证燃烧器稳定工作。

第三，输送一定的燃气量，以保证燃烧器所需的热负荷。

为了完成上述作用，引射器由以下四部分组成（图7-2）：

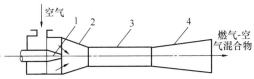

图7-2 引射器示意图

1—喷嘴；2—吸气收缩管；3—混合管；4—扩压管

1. 喷嘴 其作用是输送所要求的燃气量，并将燃气的势能转变成动能，依靠引射作用引射一定的空气量。

（1）喷嘴流量计算 低压引射大气式燃烧器是在低压下工作，因此不考虑气体的可压缩性。喷嘴在标准状况下工作，其流量可按下式计算：

$$L_g = 0.0036\mu d^2 \sqrt{\frac{H}{s}} \tag{7-1}$$

式中 L_g——圆形喷嘴的流量（m³/h）；

μ——喷嘴流量系数，与喷嘴的结构形式、尺寸和燃气压力有关，用实验方法求得；

d——圆形喷嘴直径（mm）；

H——燃气压力（Pa）；

s——燃气的相对密度（空气=1）。

（2）喷嘴的结构形式 喷嘴分固定喷嘴及可调喷嘴两种。

固定喷嘴的出口截面固定不变，其结构形式如图7-3所示。固定喷嘴的流量系数 μ 与 $\frac{l}{d}$、喷嘴收缩角 β、喷嘴直径 d 及喷嘴前燃气压力 H 等因素有关。实验表明，当 $\frac{l}{d}$ 在0～2的范围内增加时，μ 随之增加；当 $\frac{l}{d}$ 超过2时，μ 随 $\frac{l}{d}$ 的增加而减少；最佳 $\frac{l}{d}$ 随喷嘴前燃气压力的增加而减少。通常取 $\frac{l}{d}=1\sim2$。喷嘴收缩角 β 增大，μ 值减小，但 β 在60°以内变化时，μ 值变化并不显著。为了便于加工。通常取 $\beta=60°$。μ 值随喷嘴直径的增加而增大。此外，μ 值还和喷嘴加工精度及喷嘴前是否有阀门等因素有关。一般 $d=1\sim2.5$mm 时，这种喷嘴的 $\mu=0.7\sim0.78$；当 $d>2.5$mm 时，$\mu=0.78\sim0.80$。

固定喷嘴结构简单、阻力较小，引射空气性能较好，但出口截面积不能调节，因此，只能适应一种燃气。如果燃气性质改变，就需要更换喷嘴。

图7-4所示为可调喷嘴，它由固定部件1和活动部件2组成。当活动部件前后移动时，借助针型阀就可改变喷嘴的有效流通截面，因此，它可以适应不同性质的燃气。实验证明，当针型阀收缩角 $\beta'=15°$，喷嘴收缩角 $\beta=60°$ 时，其流量系数 $\mu=0.6\sim0.7$。计算可调喷嘴出口面积时，所用的计算流量应比额定流量大30%～50%。

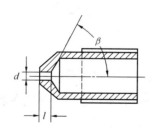

图7-3 固定喷嘴

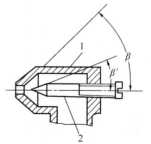

图7-4 可调喷嘴
1—固定部件；2—活动部件

与固定喷嘴相比，可调喷嘴结构复杂，阻力较大，引射空气的性能较差，但能适应燃气性质的变化。

2. 吸气收缩管　其作用是为了减少空气进入时的阻力损失。它可以做成流线型或锥形，实验证明，两者阻力损失相差无几。为了制造方便，一般可选用锥型收缩管。吸气收缩管的进口截面积一般比出口截面积（喉部面积）大 4～6 倍，即进口直径等于 $2.2d_t$（d_t——喉部直径）。

3. 一次空气吸入口　设在吸气收缩管上，其开口面积一般为燃烧器火孔总面积的1.25～2.25 倍，吸入口处的空气流速不超过 1.5m/s。一次空气吸入口的开设位置如图 7-5所示。图 7-5（a）的一次空气吸入口截面与喷嘴轴线垂直，空气沿轴线方向吸入，因此阻力较小。图 7-5（b）的一次空气吸入口截面与喷嘴轴线平行，吸入空气时阻力较大。

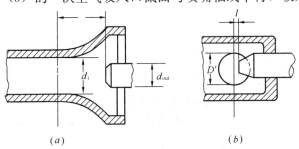

图 7-5　一次空气吸入口及喷嘴的安装位置
(a) 端部进风；(b) 侧面进风

安装喷嘴时，其出口截面到引射器的喉部应有一定的距离，否则将影响一次空气的吸入。图 7-6 示出了喷嘴出口截面至喉部的距离对一次空气系数的影响。对图 7-5（a）所示的一次空气吸入口，当喉部直径 d_t＞喷嘴外径 d_{out} 时，一般取 $l=$（1.0～1.5）d_t。对图7-5（b）所示的一次空气吸入口，一般取 $l=$（0～0.5）D'。

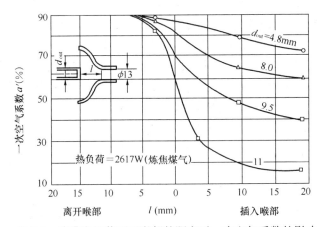

图 7-6　喷嘴出口截面至喉部的距离对一次空气系数的影响

安装喷嘴时，喷嘴中心线与混合管中心线应一致，如不一致，二者有偏移或有交角对引射一次空气量不利，偏移或交角越大，其影响越大。

为了保证燃烧器正常工作，获得预定的火焰特性，燃烧器运行时需经常调节一次空气量，其调节装置如下：

（1）在一次空气吸入口外面安装调风板（图 7-7）。通过转动调风板来改变一次空气吸入口的有效流通截面，从而调节一次空气的吸入量。这种方法应用最为普遍。

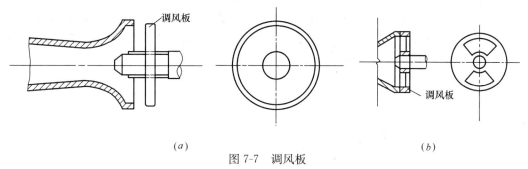

图 7-7 调风板

（a）移动式调风板；（b）切口旋转式调风板

图 7-7（a）的调风板靠前后移动来改变一次空气吸入量。图 7-7（b）的调风板靠改变其开口与一次空气吸入口的重合程度来改变一次空气吸入量。

（2）在混合管内安装调节螺丝或弯曲钢条（图 7-8），借助螺丝或钢条的上下运动来改变燃气射流的能量损失，从而调节一次空气吸入量。

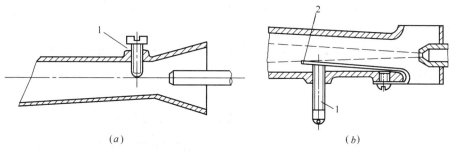

图 7-8 调节螺丝和弯曲钢条

（a）调节螺丝；（b）弯曲钢条

1—调节螺丝；2—弯曲钢条

4. 混合管 其作用是使燃气与空气进行充分混合，使燃气-空气混合物在进入扩压管之前，其速度场、浓度场及温度场呈均匀分布。实验证明，采用渐缩管有利于截面上速度场的均匀分布，而不利于浓度场及温度场的均匀分布。采用渐扩管则有利于浓度场及温度场的均匀分布，而不利于速度场的均匀分布。为此常采用圆柱形混合管，使速度场、浓度场及温度场均达到一定程度的均匀分布。在某些情况下也可不用混合管。

由于两股气流在有限空间内的混合十分复杂，因此，混合管的长度在很大程度上要根据实验资料确定。实验数据表明，混合管长度应为 $d_t \not> l_{mix} \not> 5d_t$，通常取 $l_{mix} = （1-3）d_t$。

5. 扩压管 其主要作用是使部分动压变为静压，以提高气体的压力，其次是使燃气与空气进一步混合均匀。扩压管张角为 6°～8°时，阻力损失最小，通常取 7°。在某些情况下也可不用扩压管。

（二）燃烧器头部

燃烧器头部的作用是将燃气-空气混合物均匀地分布到各火孔上，并进行稳定和完全的燃烧。为此要求头部各点混合气体的压力相等，要求二次空气能均匀地畅通到每个火孔上。此外，头部容积不宜过大，否则灭火噪声过大。

根据用途不同，大气式燃烧器头部可做成多火孔头部和单火孔头部两种。

1. 多火孔头部　民用燃具大多数使用多火孔头部。多火孔头部的具体形式很多。

图 7-9 所示为带有自动点火和安全装置的大气式燃烧器。头部为圆形，其上有若干用来加热的主火孔，辅助火孔及头部沟槽用来点火和检测火焰。

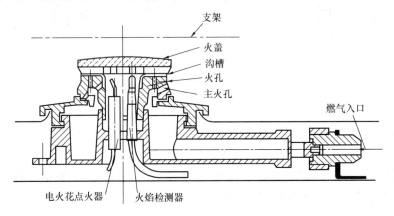

图 7-9　带有自动点火和安全装置的大气式燃烧器

图 7-10 所示为铸铁锅炉上使用的大气式燃烧器。头部为长方形，其上有 142 个 4mm 的火孔，燃烧器热负荷为 20kW。为了保证燃烧完全，布置火孔时应至少保证二次空气从一侧供给火孔。

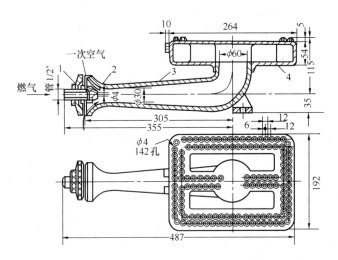

图 7-10　铸铁锅炉上使用的大气式燃烧器
1—调风板；2—喷嘴；3—引射器；4—头部

多火孔头部上的火孔也叫燃烧孔，其形状对燃烧状况影响很大。常用的有以下几种形状：

(1) 圆火孔　通常用钻头直接钻出，加工方便，应用广泛。图 7-11(a) 为无凸缘的圆火孔，图 7-11(b) 为有凸缘的圆火孔。有凸缘的火孔对于二次空气的供给及火孔冷却均比无凸缘的好。但它较难制造。圆火孔与空气的接触面比方火孔小，故影响二次空气的供给。

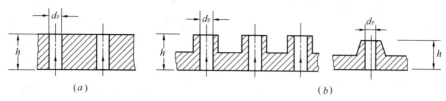

图 7-11 圆火孔

(a)无凸缘的圆火孔；(b)有凸缘的圆火孔

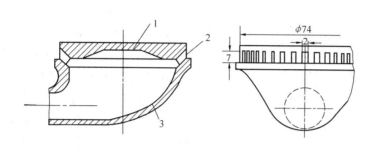

图 7-12 方火孔

1—火盖；2—火孔；3—头部

(2) 方火孔(矩形火孔或梯形火孔) 方火孔如图 7-12 所示，有纵长和横长两种排列方法。方火孔制造工艺要求较高，适用于可拆卸的(带火盖的)头部。方火孔与二次空气的接触面较圆火孔大，故适用于理论空气需要量较大的燃气，如液化石油气。

(3) 条形火孔 条形火孔有纵向和横向两种，图 7-13 为横向条形火孔。在热负荷相同的情况下，布置条形火孔所占的面积比布置圆火孔小，因此它适用于燃气量大、加热面小的地方。条形火孔相当于数个方火孔相连，因此与二次空气的接触较差，易出现黄焰。

(4) 带稳焰孔的火孔 图 7-14 所示为带稳焰孔的火孔，它由主火孔 1 及辅助火孔 2 组成。辅助火孔起稳焰作用，又称稳焰孔。当燃烧火焰传播速度快的燃气时，主火孔应不回火。辅助火孔的阻力应比主火孔大，当燃烧火焰传播速度慢的燃气时，辅助火孔不会脱火，同时所形成的辅助火焰加热了主火焰根部，提高了主火焰防止脱火的能力。

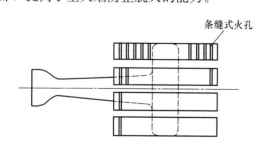

图 7-13 条形火孔

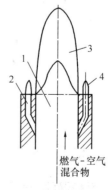

图 7-14 带稳焰孔的火孔

1—主火孔；2—稳焰孔；3—主火焰；4—辅助火焰

图 7-15 所示为带稳焰孔的火孔稳定曲线，显然，有稳焰孔的离焰曲线比没有稳焰孔

的高得多，扩大了火孔稳定工作范围。

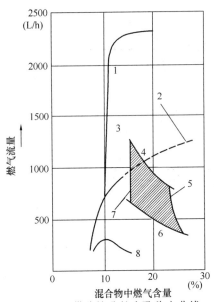

图 7-15　带稳焰孔的火孔稳定曲线
1—有稳焰孔的离焰曲线；2—无稳焰孔的离焰曲线；3—火孔的工作范围；4—满负荷；5—无空气吸入；6—部分负荷；7—大量空气吸入；8—回火曲线

2. 单火孔头部　对某些要求火力集中和火孔热强度高的大气式燃烧器，常采用孔径较大的单火孔头部。单火孔头部的结构形式也很多。图 7-16(a)所示为工业用单火孔大气式燃烧器的头部，它由火孔、二次空气口及火道三部分组成。燃烧所需要的二次空气由炉内负压吸入，二次空气口外面安装调风板，调节二次空气的吸入量。由于燃烧器喷口为一个大火孔，其火焰与二次空气的接触面积比多火孔小，因此这种燃烧器的火焰较长，只适用于有炉膛的工业加热设备上。为了防止回火，火孔出口速度应比多火孔大，所以需要用中(高)压燃气。火道能起防止脱火的作用。

有时不采用火道而采用带稳焰孔的火孔来防止脱火，如图 7-16(b)所示。燃气-空气混合物通过小孔时，由于阻力损失较大，使稳焰孔的流速低于主火孔，故不易脱火。稳焰孔的火焰加热了主火焰根部，提高了主火焰防止脱火的能力。

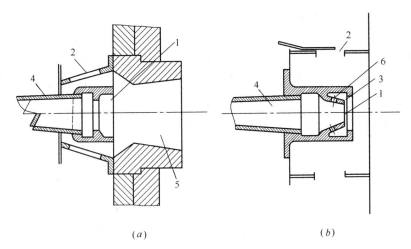

(a)　　　　　　　　　(b)

图 7-16　单火孔大气式燃烧器
(a)火道式；(b)稳焰孔式
1—火孔；2—二次空气口；3—稳焰孔；4—引射器；5—火道；6—小孔

二、大气式燃烧器的特点及应用范围

大气式燃烧器由于预混了一部分空气，故具有以下特点：

(一) 优点

1. 比自然引风扩散式燃烧器火焰短、火力强、燃烧温度高。

2. 可以燃烧不同性质的燃气,燃烧比较完全、燃烧效率比较高、烟气中 CO 含量比较少。

3. 可应用低压燃气。由于空气依靠燃气吸入,所以不需要送风设备。

4. 适应性强,可以满足较多工艺的需要。

(二)缺点

1. 由于只预混了部分空气,而不是全部燃烧所需的空气,故火孔热强度、燃烧温度虽比自然引风扩散式燃烧器高,但仍受限制,仍不能满足某些工艺的要求。

2. 当热负荷较大时,多火孔燃烧器的结构比较笨重。

(三)应用范围

多火孔大气式燃烧器应用非常广泛,在家庭及公用事业中的燃气用具如家用灶、热水器、沸水器及食堂灶上用得最广,在小型锅炉及工业炉上也有应用。单火孔大气式燃烧器在中小型锅炉及某些工业炉上广泛应用。

第二节　大气式燃烧器的头部计算

大气式燃烧器的头部设计以保证稳定燃烧为原则。一个合理设计的头部必须使火焰不离焰、不回火、不出现黄焰,并应使火焰特性满足加热工艺的需要。本节主要阐述多火孔头部的设计,单火孔头部的设计和完全预混式燃烧器头部设计相似,可参见第八章。

多火孔大气式燃烧器的头部设计包括以下内容:选择头部形式及火孔形状,计算火孔尺寸、间距、孔深、火孔排数及头部容积,计算头部静压力。

一、火孔尺寸

根据火焰传播及燃烧稳定理论可知,火孔尺寸越大,火焰传播速度越快,越容易回火。火孔尺寸越小,火焰传播速度越慢,越容易脱火。炼焦煤气的氢含量高,火焰传播速度快,主要是防止回火,故应采用较小的火孔尺寸。天然气及液化石油气的火焰传播速度慢,主要是防止脱火,故应采用较大的火孔尺寸。随着火孔尺寸的增加,二次空气的供给发生困难,要求有较大的一次空气系数才能消除黄焰。天然气及液化石油气比炼焦煤气容易出现黄焰。燃气性质不同,消除黄焰的一次空气系数也不同。

为了防止污染及堵塞,火孔直径不宜小于 2.0mm,常用的火孔尺寸列于表 7-1。

条形火孔的缝隙宽度通常为圆火孔直径的 2/3。

大气式燃烧器常用设计参数 　　　　　　　　　表 7-1

燃 气 种 类		炼焦煤气	天 然 气	液化石油气
火孔尺寸(mm)	圆 孔 d_p	2.5～3.0	2.9～3.2	2.9～3.2
	方 孔	2.0×1.2 1.5×5.0	2.0×3.0 2.4×1.6	2.0×3.0 2.4×1.6
火孔中心间距 s(mm)		(2～3)d_p		
火孔深度 h(mm)		(2～3)d_p		
额定火孔热强度 $q_p×10^3$(kW/mm^2)		11.6～19.8	5.8～8.7	7.0～9.3
额定火孔出口流速 v_p(Nm/s)		2.0～3.5	1.0～1.3	1.2～1.5

续表

燃 气 种 类		炼焦煤气	天 然 气	液化石油气
一次空气系数 α		0.55～0.60	0.60～0.65	0.60～0.65
喉部直径与喷嘴直径比	$\dfrac{d_{\mathrm{t}}}{d}$	5～6	9～10	15～16
火孔面积与喷嘴面积比	$\dfrac{F_{\mathrm{p}}}{F_{j}}$	44～50	240～320	500～600

二、火孔深度

实验证明，增加无凸缘火孔的孔深可使脱火极限增加，但孔深增加到某一数值（13～15mm）后，脱火极限就趋于定值。由图 7-17 可见，对于不同直径的火孔，其孔深对脱火极限的影响是相同的。在一定范围内增加孔深，回火极限降低。因此增加孔深能使燃烧器的稳定工作范围变大。但孔深增加，气流阻力增大，不利于一次空气的吸入。孔深变化对黄焰极限没有影响。综合考虑以上因素，一般取火孔深度为火孔直径的 2～3 倍。

常采用有凸缘的火孔来增加孔深，以节约金属。

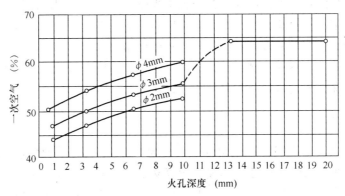

图 7-17　孔深对脱火极限的影响

三、火孔间距

实验证明，当孔距较大时，孔距对脱火及黄焰极限均无影响。当孔距减小到一定程度后，火焰相互靠近或合并，增加了脱火极限，但这时火焰与空气的接触面减少，影响了二次空气的供给，因而消除黄焰所需的一次空气系数有所增加。因此，为了防止产生黄焰，保证二次空气的供给，孔距不宜太小。另一方面，为了在点火时火焰能迅速地从一个火孔传至所有火孔，孔距又不宜太大。综合考虑上述因素，一般取火孔间距为直径的 2.0～3.0 倍。

四、火孔排数

火孔排数在四排之内时，排数对脱火极限无影响，对选择燃烧器设计参数也无影响。但排数增多，二次空气的供给受限，消除黄焰所需的一次空气系数也增加。为此，火孔排数最好不超过两排。在特殊情况下需要布置两排以上的火孔时，为了保证完全燃烧，每增加一排火孔，一次空气系数应增加 5%～7%。两排或两排以上的火孔应叉排。

五、火孔倾角

图 7-18 示出了火孔倾角对燃烧特性及热效率的影响。火孔倾角越小，火焰趋向水平，火焰与二次空气的接触充分，燃烧性能好，烟气中一氧化碳含量低，热效率下降。相反随着火孔倾角增大，烟气中一氧化碳含量增大，热效率升高。设计时一般取 30°倾角。

六、锅支架高度

图 7-19 示出了锅支架高度对燃烧特性及热效率的影响，锅支架越高，二次空气供给越充分，燃烧越完全，烟气中一氧化碳含量越低，但热效率下降。相反随着锅支架高度降低，二次空气供给量减少，火焰易与锅底冷表面接触。烟气中一氧化碳含量升高，热效率增大。设计时，应根据火焰内锥高度及火孔倾角选取锅支架高度，一般取 20～30mm。

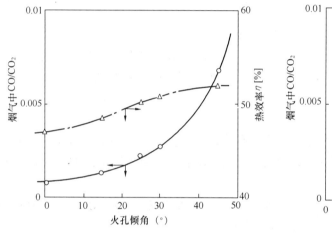

图 7-18　火孔倾角对燃烧特性及热效率的影响　　图 7-19　锅支架高度对燃烧特性及热效率影响

七、火孔燃烧能力及火孔总面积

火孔能稳定和完全燃烧的燃气量称为火孔的燃烧能力。通常用火孔热强度 q_p 或燃气空气混合物离开火孔的速度 v_p 来表示火孔的燃烧能力。火孔热强度与火孔出口速度的关系为

$$q_p = \frac{H_l v_p}{(1+\alpha' V_0)} 10^{-6}　　　　　　　(7-2)$$

式中　　q_p——火孔热强度（kW/mm²）；

$\quad\quad H_l$——燃气低热值（kJ/Nm³）；

$\quad\quad \alpha'$——一次空气系数；

$\quad\quad V_0$——理论空气需要量（Nm³/Nm³）；

$\quad\quad v_p$——火孔出口气流速度（Nm/s）。

在设计燃烧器头部时，正确选择火孔的燃烧能力是很重要的。燃气性质、一次空气系数及火孔尺寸均对火孔的燃烧能力有影响。

为了防止回火和离焰，火孔出口气流速度必须大于回火极限速度，小于离焰极限速度。通常是根据稳定范围曲线，在选定的一次空气系数下，在离焰极限速度和回火极限速度之间选一速度作为火孔出口速度。如果燃烧器运行时，主要危险是回火，则 v_p 应选得离回火极限远些。如燃烧器运行时主要危险是离焰，则 v_p 就应选得离离焰极限远些。v_p 选定后，就可按下式计算火孔总面积：

$$F_p = \frac{Q(1 + \alpha' V_0)}{H_l v_p} 10^6 \tag{7-3}$$

式中　F_p——火孔总面积(mm^2)；

　　　Q——燃烧器热负荷(kW)；

　　　v_p——火孔出口气流速度(Nm/s)，按表 7-1 或有关设计手册查得。

当火孔的燃烧能力用火孔热强度 q_p 表示时，火孔总面积的计算公式为

$$F_p = \frac{Q}{q_p} \tag{7-4}$$

式中　q_p——火孔热强度(kW/mm^2)，按表 7-1 或有关设计手册查得。

在设计新燃烧器时，正确选择火孔燃烧能力最可靠的方法是根据所用燃气进行稳定性试验，得出燃烧稳定曲线。如果条件不允许，就只能参考已有数据进行选择。

八、燃烧器头部的静压力

为了保证达到选定的火孔出口气流速度和火孔热强度，燃气-空气混合物在头部必须具有一定的静压力。该静压力是由引射器提供的，它用来克服混合物从头部逸出时的能量损失。

混合物从头部逸出时的能量损失由流动阻力损失、气流通过火孔被加热而产生气流加速的能量损失以及火孔出口动压头损失三部分组成。

流动阻力损失用下式表示：

$$\Delta P_1 = \zeta_p \frac{v_p^2}{2} \rho_{0mix} \tag{7-5}$$

式中　ΔP_1——流动阻力损失(Pa)；

　　　v_p——火孔出口气流速度(Nm/s)；

　　　ρ_{0mix}——燃气-空气混合物的密度(kg/Nm^3)；

　　　ζ_p——火孔阻力系数。

$$\zeta_p = \frac{1 - \mu_p^2}{\mu_p^2} \tag{7-6}$$

式中　μ_p——火孔流量系数，按式(6-5)取用。

由于气流通过火孔被加热，使气体膨胀而产生气流加速的能量损失，按下式进行计算：

$$\Delta P_2 = \left(\frac{273 + t}{288} - 1 \right) \frac{v_p^2}{2} \rho_{0mix} \tag{7-7}$$

式中　ΔP_2——因气体膨胀而产生气流加速的能量损失(Pa)；

　　　t——混合气体通过火孔被加热的温度，这时近似假定火孔进口的混合气体温度为 0℃。

火孔出口动压头损失可用下式表示：

$$\Delta P_3 = \frac{v_\mathrm{p}^2}{2} \rho_{0\mathrm{mix}} \frac{273+t}{288} \tag{7-8}$$

所以，头部必需的静压力为：

$$h = \Delta P_1 + \Delta P_2 + \Delta P_3 = \zeta_\mathrm{p} \frac{v_\mathrm{p}^2}{2} \rho_{0\mathrm{mix}} + \left(\frac{273+t}{288} - 1 \right)$$

$$\times \frac{v_\mathrm{p}^2}{2} \rho_{0\mathrm{mix}} + \frac{273+t}{288} \frac{v_\mathrm{p}^2}{2} \rho_{0\mathrm{mix}} = K_1 \frac{v_\mathrm{p}^2}{2} \rho_{0\mathrm{mix}} \tag{7-9}$$

式中　h——头部必须具有的静压力（Pa）；

K_1——燃烧器头部的能量损失系数。

$$K_1 = \zeta_\mathrm{p} + 2 \times \left(\frac{273+t}{288} \right) - 1 \tag{7-10}$$

混合气体通过火孔被加热的温度决定于燃烧器的结构、工作参数及燃烧室的构造，在大多数情况下 $t = 50 \sim 150℃$。

对于民用燃烧器，通常 $K_1 = 2.7 \sim 2.9$。

燃气-空气混合物的密度按下式计算：

$$\rho_{0\mathrm{mix}} = 1.2258s \frac{1+u}{1+us} \tag{7-11}$$

式中　u——质量引射系数；

s——燃气的相对密度（空气=1）。

$$u = \frac{\alpha' V_0}{s} \tag{7-12}$$

九、头部截面积及头部容积

为了使气流均匀地分布到每个火孔上，保证各火孔的火焰高度一致，希望头部截面积和容积大些。但是，如果头部容积过大，开始点火时头部会积存大量空气，灭火时头部会积存大量燃气-空气混合物，从而容易产生点火和灭火时的回火噪声。头部容积过大还会增加金属耗量，因此，又希望头部容积小些。通常取头部截面积为火孔总面积的两倍以上。当头部较长时，为了减少头部容积，头部截面沿气流方向可做成渐缩形，并保证任一点的截面积为该点以后的火孔总面积的两倍以上。

十、二次空气口

设计燃烧器头部时，必须保证有足够的二次空气供应到火焰根部。二次空气不足将出现不完全燃烧，过多会降低热效率，气流过大会吹熄或吹斜火焰。

敞开燃烧的大气式燃烧器的二次空气口截面积按下式计算：

$$F'' = (55000 \sim 75000)Q \tag{7-13}$$

式中　F''——二次空气口的截面积（mm^2）；

Q——燃烧器热负荷（kW）。

当采用按上式计算的截面积时，其二次空气流速一般不超过 0.5m/s，因而不会吹熄火焰。

十一、火焰高度

火焰内锥与冷表面接触时，由于焰面温度突然下降，燃烧反应中断，便形成化学不完全燃烧，烟气中将出现烟炱和一氧化碳。这对于民用燃具是不允许的。在设计燃烧器头部时，计算火焰高度是很重要的。

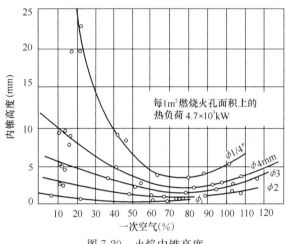

图 7-20 火焰内锥高度

(一) 火焰内锥高度

实验表明，火焰内锥高度主要决定于燃气性质、一次空气系数、火孔尺寸和火孔热强度，而与火孔间距及孔深无关。

图 7-20 所示为热强度为 4.7×10^{-3} $\mathrm{kW/mm^2}$ 时，炼焦煤气的火焰内锥高度与一次空气及火孔直径的关系。

由图可知，增加一次空气，内锥高度降低。一次空气系数大于 80% 时，内锥高度随一次空气系数的增加而增长，这是由于火焰传播速度减慢，焰面增大的关系。火孔直径不同，内锥高度的变化也不同。

内锥高度可按下列经验公式计算：

$$h_{ic} = 0.86 K f_p q_p \times 10^3 \tag{7-14}$$

式中　h_{ic}——火焰的内锥高度(mm)；

　　　f_p——一个火孔的面积($\mathrm{mm^2}$)；

　　　q_p——火孔热强度($\mathrm{kW/mm^2}$)；

　　　K——与燃气性质及一次空气系数有关的系数，查表7-2。

各种燃气的 K 值　　　　　　　　　　　　　　　　　　　　表 7-2

燃气种类	一 次 空 气 系 数 α'									
	0.1	0.2	0.3	0.4	0.5	0.6	0.7	0.8	0.9	0.95
丁　烷	—	—	—	0.28	0.23	0.19	0.16	0.13	0.11	—
天 然 气	—	0.26	0.22	0.18	0.16	0.15	0.13	0.10	0.08	—
炼焦煤气	0.23	0.19	0.16	0.12	0.09	0.07	0.06	0.06	0.07	0.08

(二) 火焰外锥高度

火焰外锥不像内锥那样稳定和明显。它受周围空气流动状态的影响很大，常出现闪烁现象，因此难以测量准确。

实验表明，火焰的外锥高度主要与燃气性质、火孔热强度、火孔直径、火孔排数及火孔间距有关。

火焰外锥高度可按下列经验公式计算：

$$h_{oc} = 0.86 n n_1 \frac{s f_p q_p}{\sqrt{d_p}} \times 10^3 \tag{7-15}$$

式中 h_{oc}——火焰外锥高度(mm);

    n——火孔排数;

    n_1——表示燃气性质对外锥高度影响的系数,

        对天然气,$n_1=1.0$;

        对丁烷,$n_1=1.08$;

        对炼焦煤气,$d_p=2mm$,$n_1=0.5$

                $d_p=3mm$,$n_1=0.6$

                $d_p=4mm$,$n_1=0.77\sim0.78$

        (热强度较大时取较大值);

    s——表示火孔净距对外锥高度影响的系数,见表7-3。

系　　数　s　　　　表7-3

火孔净距 (mm)	2	4	6	8	10	12	14	16	18	20	22	24
s	1.47	1.22	1.04	0.91	0.86	0.83	0.79	0.77	0.75	0.74	0.74	0.74

第三节　低压引射器的计算

引射器按工质压力可分为低压及高(中)压两种;按被引射气体的吸入速度可分为常压吸气及负压吸气两种。

工质压力低于20000Pa,称为低压,高于20000Pa,称为高(中)压。高(中)压引射器的计算要考虑气体的可压缩性,而低压则不必考虑。因此,低压和高(中)压引射器的计算是有区别的。

如果引射器的吸气收缩管做得足够大,并渐渐过渡到圆柱形混合管,这时被引入的空气在收缩管内的流速很小,可以略去不计。这样的引射器称为常压吸气引射器,也称第二类引射器。这种引射器由于吸气收缩管做得比较大,不会破坏喷嘴的自由射流结构,因此可以利用自由射流的规律进行计算。该自由射流的张角通常为25°~29°,在比喉部直径大30%处射流与管壁接触。在射流与管壁接触之前为吸入段。在吸入段内静压力可认为是常数,并等于大气压力。低压大气式燃烧器的引射器多数为常压吸气引射器。

如果吸气收缩管做得较小,被吸入的空气流速较大,气流在收缩管内发生强烈扰动,这时空气流速便不可忽略,这样的引射器称为负压吸气引射器,也称第一类引射器。在这种引射器内燃气和空气的速度差较小,气流在混合管内的能量损失较小,因此引射效率较高。设计这类引射器时要求吸气收缩管的形状合理,否则在此产生附加损失。如果附加损失大于混合管内所减少的能量损失,则引射效率反而会降低。高(中)压大气式燃烧器的引射器多数为负压吸气引射器。

本节主要讲常压吸气低压引射器的计算。

一、引射器的工作原理

图7-21示出了常压吸气低压引射器的工作原理。

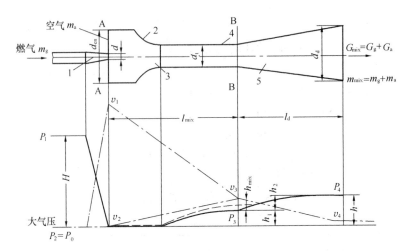

图 7-21　常压吸气低压引射器的工作原理

1—喷嘴；2—吸气收缩管；3—喉部；4—混合管；5—扩压管

质量流量为 m_g 的燃气在压力 P_1 下进入喷嘴，通过喷嘴燃气压力由 P_1 降至 P_2，而流速则升高到 v_1。高速燃气具有很大的动能，由于气流的动量交换，便将质量流量为 m_a 的一次空气以 v_2 的速度吸进引射器。动量交换的结果是燃气流速降低，空气流速增高。由于是第二类引射器，故吸入段的静压可认为是常数，并等于大气压力，即 $P_2 = P_0 = $ 常数。气流进入混合管时，速度分布十分不匀，在流动过程中燃气动压头进一步减少，其中一部分传给空气使空气动压增大，一部分用来克服流动中的阻力损失，另一部分转化为静压力。在混合管出口速度场呈均匀分布，燃气-空气混合物的速度为 v_3，静压力从 P_2 升高到 P_3。

在扩压管内混合气体的动压进一步转化为静压，速度从 v_3 降至 v_4，压力从 P_3 升至 P_4。混合气体在扩压管出口总的静压力为 h。该静压力即为头部所需的静压力。

在扩压管入口混合气体的速度场应达到均匀，否则将降低扩压管的效率。

二、常压吸气低压引射器的基本方程式

引射器的计算以动量定理、连续性方程及能量守恒定律为基础。其计算主要是混合管的计算。在混合管内燃气和空气的混合过程十分复杂，混合时产生撞击和摩擦损失，其中撞击损失属于完全非弹性体的阻力性质，因此混合管的计算最好采用动量定理进行。计算时取吸气收缩管的入口和混合管的出口截面为计算截面，这样可以不考虑极为复杂的气流混合过程。

取 A-A、B-B 两截面建立动量方程式：

$$m_g v_1 - m_{mix} \psi_1 v_3 = F_t \ (h + h_{mix} - h_2) \tag{7-16}$$

式中　m_g、m_{mix}——燃气和混合气体的质量流量（kg/s）；

　　　　v_1——喷嘴出口的燃气速度（m/s）；

　　　　v_3——引射器喉部的速度（m/s）；

　　　　h——引射器出口的静压力（Pa）；

　　　　h_2——扩压管恢复的静压力（Pa）；

　　　　h_{mix}——混合管中的摩擦阻力损失（Pa）；

　　　　F_t——引射器喉部截面积（m^2）；

　　　　ψ_1——速度场不均匀系数。

　　式（7-16）中

$$h-h_2=h_1 \tag{7-17}$$

式中　h_1——混合管中恢复的静压力（Pa）。

　　式（7-16）中的速度应该用动量平均速度，引入速度场不均匀系数后，就可用流量平均速度来表示：

$$v'=\psi_1 v \tag{7-18}$$

式中　v'——动量平均速度；

　　　　v——流量平均速度。

　　速度场不均匀系数 ψ_1 决定于速度场的分布状况，对于抛物线速度场，$\psi_1=1.33$；对于稳定的紊流速度场（$Re=10000$），$\psi_1=1.02$；对于矩形速度场，$\psi_1=1$。

　　燃气流出喷嘴的速度场接近矩形，故取 $\psi_1=1$，因此，$v'_1=v_1$；引射器喉部速度场具有不均匀性，故 $v'_3=\psi_1 v_3$。

　　对于常压吸气低压引射装置，由于一次空气在吸入口的流速很小，故动量方程式（7-16）中略去了空气的动量。

　　对于低压燃气，忽略其可压缩性，可得：

$$m_g=L_g \cdot \rho_g=v_1 \cdot F_j \cdot \rho_g \tag{7-19}$$

$$m_{mix}=L_{mix}\rho_{mix}=v_3 \cdot F_t \cdot \rho_{mix} \tag{7-20}$$

$$m_{mix}=m_g+m_a=m_g \ (1+u) \tag{7-21}$$

$$L_{mix}=L_g+L_a=L_g \ (1+us) \tag{7-22}$$

$$\rho_{mix}=\frac{m_{mix}}{L_{mix}}=\rho_g \ \frac{1+u}{1+us} \tag{7-23}$$

式中　L_g、L_a、L_{mix}——燃气、空气及混合气体的体积流量（m^3/s）；

　　　　　　m_a——空气的质量流量（kg/s）；

　　　　　　F_j——喷嘴出口截面积（m^2）；

　　ρ_g、ρ_a、ρ_{mix}——燃气、空气及混合气体的密度（kg/m^3）；

　　$s=\dfrac{\rho_g}{\rho_a}$——燃气的相对密度；

　　$u=\dfrac{m_a}{m_g}$——质量引射系数；

　　$us=\dfrac{L_a}{L_g}$——容积引射系数。

　　将式（7-19）～式（7-23）代入式（7-16）中，整理后得：

$$\frac{2}{F}\frac{v_1^2}{2}\rho_g\left[1-\psi_1 \ \frac{(1+u) \ (1+us)}{F}\right]=h+h_{mix}-h_2 \tag{7-24}$$

式中　F——无因次面积。

$$F = \frac{F_{\text{t}}}{F_j} \tag{7-25}$$

无因次面积 F 是引射器计算的基本参数。

引射器混合管的摩擦阻力损失按下式计算：

$$h_{\text{mix}} = \zeta_{\text{mix}} \frac{v_3^2}{2} \rho_{\text{mix}} \tag{7-26}$$

式中　ζ_{mix}——摩擦阻力系数；

$$\zeta_{\text{mix}} = \lambda \frac{l_{\text{mix}}}{d_{\text{t}}}$$

式中　λ——摩擦系数；

$\quad\quad l_{\text{mix}}$——混合管长度；

$\quad\quad d_{\text{t}}$——混合管喉部直径。

根据能量守恒定律建立下列方程式：

对喷嘴：
$$H\mu^2 = \frac{v_1^2}{2} \rho_{\text{g}} \tag{7-27}$$

对扩压管：
$$h_2 = \frac{v_3^2}{2} \rho_{\text{mix}} \left(\frac{n^2-1}{n^2} - \zeta_{\text{d}} \right) \tag{7-28}$$

式中　H——喷嘴前燃气压力；

$\quad\quad \mu$——喷嘴流量系数；

$n = \dfrac{F_{\text{d}}}{F_{\text{t}}}$——扩压管的扩张程度；

$\quad\quad F_{\text{d}}$——扩压管出口截面积；

$\quad\quad \zeta_{\text{d}}$——扩压管阻力损失系数，$\zeta_{\text{d}}$ 值相应于扩压管的进口速度。

将式（7-19）、式（7-20）、式（7-22）、式（7-23）代入式（7-26）和式（7-28），并将式（7-26）减式（7-28），整理后得：

$$h_{\text{mix}} - h_2 = \frac{v_1^2}{2} \rho_{\text{g}} \frac{(1+u)\ (1+us)}{F^2} \left(\zeta_{\text{mix}} + \zeta_{\text{d}} - \frac{n^2-1}{n^2} \right) \tag{7-29}$$

将式（7-27）、式（7-29）代入式（7-24），整理后得

$$\frac{h}{H} = \frac{2\mu^2}{F} - \frac{K\mu^2(1+u)(1+us)}{F^2} \tag{7-30}$$

式中　K——能量损失系数。

$$K = 2\psi_1 + \zeta_{\text{mix}} + \zeta_{\text{d}} - \frac{n^2-1}{n^2} \tag{7-31}$$

式（7-30）是常压吸气低压引射器的基本计算公式，它表示了压头 $\dfrac{h}{H}$、引射器的几何尺寸 F 及引射器工作参数 u 之间的关系。该式也是引射器的特性方程式。

推导引射器特性方程式（7-30）时假设吸入段的压力保持不变，且等于大气压力。这就是应用该特性方程式的限制条件。

根据节能要求，引射器应按最佳工况设计，即当 $F = F_{\text{op}}$ 时，对应于给定的引射系数 u，应获得最大的 $\dfrac{h}{H}$ 值。为此取 $\dfrac{h}{H}$ 对 F 的一次导数，并使之等于零

$$\frac{\mathrm{d}\frac{h}{H}}{\mathrm{d}F} = -\frac{2\mu^2}{F^2} + \frac{\mu^2 K\ (1+u)\ (1+us)\ 2F}{F^4} = 0$$

由此得最佳无因次面积

$$F_{\mathrm{op}} = K\ (1+u)\ (1+us) \tag{7-32}$$

将式（7-32）代入式（7-30）得最大无因次压力

$$\left(\frac{h}{H}\right)_{\max} = \frac{\mu^2}{F_{\mathrm{op}}} \tag{7-33}$$

三、引射器的形状及能量损失系数

混合管的摩擦阻力系数 ζ_{mix} 与混合管的气体流动状态、加工质量和长度有关，通常取 $\zeta_{\mathrm{mix}} = 0.06 \sim 0.12$。

混合管末端的速度场不均匀系数与气流的稳定程度和流动状态有关，当混合管长度为 $5 \sim 6$ 倍喉部直径时，$\psi_1 = 1.02 \sim 1.04$。混合管较短，ψ_1 较大。

扩压管的能量损失主要与扩张度 n、扩张角及入口速度场不均匀系数有关，扩压管效率与阻力系数的关系如下：

$$\eta_{\mathrm{d}} = 1 - \frac{n^2}{n^2 - 1}\zeta_{\mathrm{d}} \tag{7-34}$$

式中　η_{d}——扩压管效率。

最有利的扩张角为 $6° \sim 8°$，图 7-22 所示为扩张角 $8°$ 时 η_{d} 与 ζ_{d} 及 n 的关系。对于大气式燃烧器，一般取 $n = 2 \sim 3$。当 $n > 3$ 时，随着 n 的增加，$\dfrac{h}{H}$ 值几乎不变，但引射器尺寸却加大很快，因此不采用 $n > 3$。

由上述分析可知，引射器形状、尺寸及阻力特性不同时，能量损失系数 K 值也不相同。引射器的形状及尺寸往往要根据实验资料确定。图 7-23 给出了三种引射器的形状及尺寸比例。其中 1 型引射器为最佳，能量损

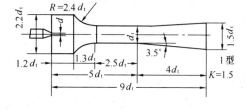

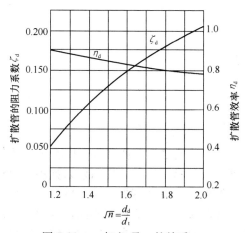

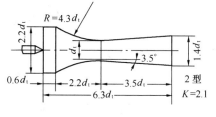

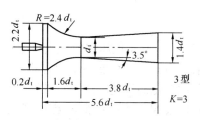

图 7-22　η_{d} 与 ζ_{d} 及 n 的关系

图 7-23　三种引射器

失系数 K 值最小，但引射器最长。2 型和 3 型引射器阻力较大，但长度较短。当喷嘴前燃气压力较高，允许有较大的能量损失时，可采用后两种形式。图中给出的 K 值系平均值，根据混合气体的流动状态及引射器的加工质量，K 值可能有 10% 的波动。

推导特性方程式（7-30）时，μ 及 K 值被假定为是常数，并且通常是在最佳工况下由实验得出。当实际工况与最佳工况不符时，系数 μ 及 K 值将发生变化，式（7-30）的准确性将降低。引射器内实际压力分布曲线与最佳工况时的压力分布曲线也略有差异。因此，式（7-30）只是引射器的近似计算公式。尽管如此，但在工程上常见的工况变化范围内，特性方程式（7-30）的准确度完全可以满足实际需要。

第四节 低压引射大气式燃烧器的计算

一、大气式燃烧器的自动调节特性

低压引射大气式燃烧器适合于使用常压吸气引射器，其计算公式由引射器特性方程式（7-30）和头部特性方程式（7-9）得出。

火孔出口速度可写成如下形式：

$$v_p = \frac{L_g (1+us)}{F_p} \tag{7-35}$$

头部静压力按式（7-9）计算

$$h = K_1 \frac{v_p^2}{2} \rho_{0mix}$$

对低压引射大气式燃烧器燃气均不预热，故认为燃气近似于标准状态。在此情况下将式（7-35）及式（7-23）代入式（7-9），得

$$h = K_1 \frac{L_g^2 (1+u)(1+us)}{F_p^2} \frac{\rho_{0g}}{2} \tag{7-36}$$

式中 ρ_{0g}——燃气密度（kg/Nm^3）。

比较式（7-36）及式（7-27），并将式（7-19）代入，整理后得

$$\frac{h}{H} = \mu^2 K_1 \frac{(1+u)(1+us) F_1^2}{F^2} \tag{7-37}$$

式中 F_1——燃烧器参数。

$$F_1 = \frac{F_t}{F_p} \tag{7-38}$$

由式（7-30）和式（7-37）得

$$(1+u)(1+us) = \frac{2F}{K + K_1 F_1^2} \tag{7-39}$$

式（7-39）是低压引射式大气燃烧器的基本计算公式之一。从该式可以看出，燃烧器的引射能力只与燃烧器的结构有关，而与燃烧器的工作状况无关，即引射系数不随燃烧器热负荷的变化而变化。这一特性称为引射式燃烧器的自动调节特性。由于式（7-30）只是一个近似公式，并且系数 K 及 K_1 随着燃烧器工作状况的不同而稍有不同，因此当燃烧器实际工况与设计工况偏离较远时，自动调节特性将受到破坏。但在实际常见的工况变化范

围内，可以认为引射式燃烧器具有自动调节特性。

二、燃烧器计算的判别式及计算步骤

燃烧器的最佳工况相应于引射器的最佳工况，因此将式（7-32）代入式（7-39），即可得最佳燃烧器参数 F_{1op} 值

$$F_{1op} = \sqrt{\frac{K}{K_1}} \tag{7-40}$$

将式（7-40）及（7-32）代入式（7-39），并令

$$X = \frac{F_1}{F_{1op}} \tag{7-41}$$

$$A = \frac{K_1 \ (1+u) \ (1+us) \ F_j F_{1op}}{F_p}$$

或

$$A = \frac{K \ (1+u) \ (1+us) \ F_j}{F_p F_{1op}} \tag{7-42}$$

则得

$$AX^2 - 2X + A = 0$$

$$X = \frac{1 - \sqrt{1-A^2}}{A} \tag{7-43}$$

式（7-43）是燃烧器计算的一个判别式。

如果 $A=1$，则 $X=1$，即 $F_1 = F_{1op}$，表明燃烧器计算工况与最佳工况一致。

如果 $A>1$，则 X 无实数解，表明燃烧器不能保证所要求的引射能力。

如果 $A<1$，则表明燃烧器有多余的燃气压力。为了缩小燃烧器尺寸，可以非最佳工况作为计算工况或采用图 7-23 中长度较短的引射器。

设计引射式大气燃烧器时，会遇到两种情况：

一种是计算燃烧器的几何尺寸和确定所需的燃气压力，其计算步骤是：

第一，进行头部计算，确定 α'、u、d_p、F_p、K_1 值。

第二，计算 F_{1op}、F_t，确定引射器各部分尺寸。

第三，计算喷嘴尺寸及所需燃气压力。

另一种是在给定燃气压力下，确定燃烧器的几何尺寸，其计算步骤如下：

第一，头部计算。

第二，计算喷嘴尺寸。

第三，计算 F_{1op}、A、X、F_1、F_t 及引射器各部分尺寸。

三、燃烧器常数 C

为了了解当燃气成分或燃气压力变化时，燃烧器工作状况的变化，必须了解当燃气流量、密度及压力变化时燃烧器工作参数的变化。此外，还应了解当只改变喷嘴尺寸而不改变燃烧器其他尺寸时燃烧器的工作参数的变化。

对低压燃气，可忽略其可压缩性，这时喷嘴截面积的计算公式为：

$$F_j = 2.175 \frac{L_g \sqrt{s}}{\mu \sqrt{H}} \tag{7-44}$$

式中　F_j——喷嘴面积（cm^2）；

L_g——燃气流量（Nm^3/h）；

  s——燃气相对密度；

  H——燃气压力（Pa）；

  μ——喷嘴流量系数。

将式（7-44）代入（7-39）整理后得

$$\frac{L_g\,(1+u)\,(1+us)\,\sqrt{s}}{\sqrt{H}}=\frac{0.92F_t\mu}{K+K_1F_1^2}=C \qquad (7\text{-}45)$$

式中 C——燃烧器常数，与燃烧器的几何尺寸（F_t、F_p）及阻力特性（K、K_1、μ）有关，而与喷嘴出口面积无关的系数。

当喷嘴面积 F_j 改变时，燃烧器工作参数将发生变化，但由于燃烧器常数 C 保持不变，因此，$\dfrac{L_g\,(1+u)\,(1+us)\,\sqrt{s}}{\sqrt{H}}$ 将保持不变。

实际工作中当燃气成分、压力或喷嘴直径变化时，燃烧器的新工作参数可用式（7-45）重新计算。

四、大气式燃烧器一次空气引射能力的实验公式

影响大气式燃烧器一次空气引射能力的因素有混合管的喉部尺寸和锥度，火孔总面积、火孔大小和深浅、混合管的长度和弯度、内壁状况、喷嘴位置、一次空气口的形状、燃烧器头部形状、头部温度、燃气密度、热值、压力等。

美国煤气协会（A.G.A）综合上述因素，提出如下实验公式：

$$R=\frac{0.25K\cdot F_a\cdot F_b\sqrt[4]{HS}\sqrt{\dfrac{300}{T}}}{4.97\cdot L_g^{0.45}\cdot\sqrt{S_m}} \qquad (7\text{-}46)$$

式中 R——每 $1m^3$ 燃气的燃气空气混合物体积（m^3）；

  K——与喉部尺寸和混合管锥度有关的修正系数，由图 7-24 确定；

  F_a——与 $F_1=\dfrac{F_t}{F_p}$ 有关的修正系数，由图 7-25 确定；

  F_b——与火孔尺寸和孔深有关的修正系数，由图 7-26 确定；

  H——喷嘴前燃气压力（Pa）；

  S——燃气相对密度；

  S_m——燃气-空气混合物的相对密度；

  L_g——燃气流量（m^3/h）；

  T——燃气-空气混合物绝对温度（K）。

式（7-46）中有两个未知数 R 与 S_m，故需进行试算。可假定 $S_m=1$，求得 R 值为 R_1，再求 S_m、R 及 α'。

$$\left.\begin{array}{l} S_m=\dfrac{S-1}{R}+1 \\[3mm] R=\dfrac{R_1}{\sqrt{S_m}} \end{array}\right\} \qquad (7\text{-}47)$$

$$\alpha' = \frac{R-1}{V_0} \tag{7-48}$$

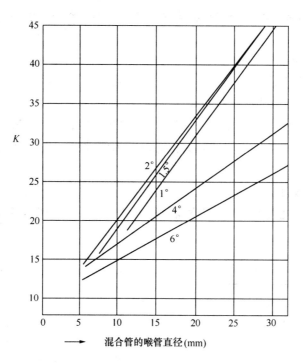

图 7-24　K 值曲线

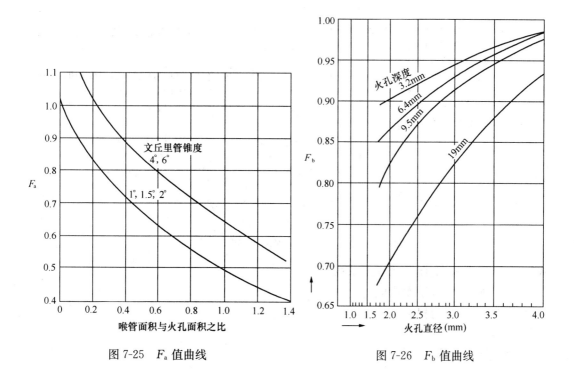

图 7-25　F_a 值曲线

图 7-26　F_b 值曲线

155

五、影响一次空气引射能力的因素

根据部分实验结果和理论公式对影响大气式燃烧器一次空气引射能力的主要因素进行分析。

（一）F_a/F_p 的影响

图 7-27 示出了多火孔大气式燃烧器一次空气吸入口面积 F_a 与火孔总面积 F_p 比值对一次空气吸入量 L_a/L_g 影响的实验结果。

由图可知，随着 F_a/F_p 的增大，引射的一次空气量增多，当 F_a/F_p 大于 1.4 时曲线趋于水平，F_a/F_p 对 L_a/L_g 的影响趋于稳定。为了调节方便，通常取 $F_a/F_p = 1.25 \sim 2.25$。

（二）F_p/F_j 的影响

图 7-28 示出了火孔总面积 F_p 与喷嘴面积 F_j 比值对一次空气引射能力的影响。

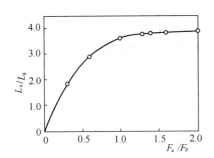

图 7-27 F_a/F_p 对一次空气引射能力的影响

（喷嘴 $d_j = 2.2$mm；火孔 $d_p = 2.6$mm；$n = 36$；燃气压力 $H = 9806.7$Pa；N_2 引射空气）

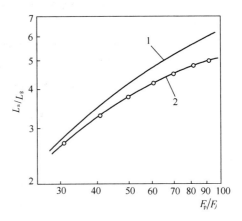

图 7-28 F_p/F_j 对一次空气引射能力的影响
1—计算值；2—实验值

图 7-28 中计算值采用公式：

$$L_a/L_g = \sqrt{s} \sqrt{\frac{1 - \left(1 - \dfrac{\alpha_2 \theta_a}{\alpha_1 + \dfrac{\theta_m \Sigma p_i}{2\beta_m}} \dfrac{T_j}{T_p}\right)\left(1 - \dfrac{1}{\alpha_1 + \dfrac{\theta_m \Sigma p_i}{2\beta_m}} \dfrac{F_p}{F_j}\dfrac{T_j}{T_p}\right) - 1}{\left(1 - \dfrac{\alpha_2 \theta_a}{\alpha_1 + \dfrac{\theta_m \Sigma p_i}{2\beta_m}} \dfrac{T_j}{T_p}\right)}} \tag{7-49}$$

式中 α、β——燃烧器形状修正系数；

$\qquad\quad \theta$——气体温度比值；

$\qquad\quad \Sigma p_i$——阻力损失；

$\qquad\quad s = \dfrac{\rho_g}{\rho_a}$——相对密度。

随着 F_p/F_j 增大，火孔热强度减小，头部阻力损失减小，故引射的一次空气量增大。

（三）T_j/T_p 的影响

图 7-29 示出了喷嘴出口燃气温度与头部燃气空气混合物温度比值对一次空气引射能力的影响。

随着头部温度升高，火孔出口速度将增大，头部阻力损失增大，故引射空气量减少。

此外，由式（7-49）还可看出随气体相对密度 s 的增大，引射的一次空气量也增多。

【例 7-1】　设计一双眼灶用的燃烧器。

已知：燃烧器热负荷 $Q=3.5\text{kW}$，燃烧某城市燃气，燃气热值 $H_l=13423\text{kJ/Nm}^3$，燃气密度 $\rho_g=0.71\text{kg/Nm}^3$，相对密度 $s=0.55$，理论空气需要量 $V_0=3.25\text{Nm}^3/\text{Nm}^3$，燃气压力 $H=800\text{Pa}$。

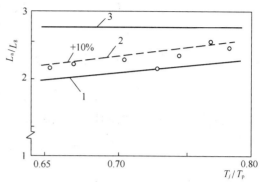

图 7-29　T_j/T_p 对一次空气引射能力的影响
1—计算值；2—实验值；3—$T_j/T_p=1$，$\theta_a=\theta_m=1$
（实验时 T_p—103~250℃，T_j—20~67℃）

【解】

（一）头部计算

1. 计算火孔总面积 F_p　选取火孔直径 $d_p=2.8\text{mm}$，一次空气系数 $\alpha'=0.6$，相应的火孔热强度 $q_p=11.6\times10^{-3}\text{kW/mm}^2$

$$F_p=\frac{Q}{q_p}=\frac{3.5}{11.6\times10^{-3}}=301.7\text{mm}^2$$

2. 计算火孔数目 n　$d_p=2.8\text{mm}$ 时，一个火孔的面积 $f_p=6.15\text{mm}^2$

$$n=\frac{F_p}{f_p}=\frac{301.7}{6.15}\approx49\text{ 孔}$$

3. 火孔排列　火孔布置成两排。内圈孔数 $n_1=9$ 孔，外圈孔数 $n_2=40$ 孔。

4. 计算火孔深度 h

$$h=2.3\times d_p=2.3\times2.8=6.4\text{mm}$$

5. 确定头部尺寸　头部截面 F_h

$$F_h=2\frac{F_p}{2}=2\times\frac{301.7}{2}=301.7\text{mm}^2$$

相应的头部气流分配管直径 $D_h=19.6\text{mm}$

6. 计算头部能量损失系数 K_1　选取火孔流量系数 $\mu_p=0.8$，火孔阻力系数 $\zeta_p=\dfrac{1-\mu_p^2}{\mu_p^2}=\dfrac{1-0.8^2}{0.8^2}=0.56$，混合气体在火孔出口的温度 $t=100℃$。

按式（7-10）计算 K_1

$$K_1=\zeta_p+2\times\frac{273+t}{288}-1=0.56+2\times\frac{273+100}{288}-1=2.15$$

（二）引射器计算

1. 按式（7-12）计算引射系数

157

$$u=\frac{\alpha' V_0}{s}=\frac{0.6\times3.25}{0.55}=3.5$$

2. 选取引射器形式 选取图 7-23 中的 1 型引射器，其能量损失系数 $K=1.5$

3. 按式（6-1）计算喷嘴直径 燃气流量为

$$L_g=\frac{3600Q}{H_l}=\frac{3.5\times3600}{13423}=0.939\text{Nm}^3/\text{h}$$

$$d=\sqrt{\frac{L_g}{0.0036\mu}}\sqrt[4]{\frac{s}{H}}=\sqrt{\frac{0.939}{0.0036\times0.8}}\times\sqrt[4]{\frac{0.55}{800}}=2.92\text{mm}$$

相应喷嘴截面积 $F_j=\frac{\pi}{4}d^2=\frac{\pi}{4}\times2.92^2=6.70\text{mm}^2$

4. 按式（7-40）计算最佳燃烧器参数

$$F_{1op}=\sqrt{\frac{K}{K_1}}=\sqrt{\frac{1.5}{2.15}}=0.84$$

5. 按式（7-42）计算 A 值

$$A=\frac{K(1+u)(1+us)F_j}{F_pF_{1op}}=\frac{1.5\times(1+3.55)(1+3.55\times0.55)\times6.70}{301.7\times0.84}=0.533$$

$A<1$，说明燃气压力有剩余，故以非最佳工况作为计算工况。

6. 按式（7-43）计算 X 值

$$X=\frac{1-\sqrt{1-A^2}}{A}=\frac{1-\sqrt{1-0.533^2}}{0.533}=0.289$$

7. 按式（7-41）计算引射器喉部面积

$$F_1=XF_{1op}=0.289\times0.84=0.243$$

$$F_t=F_1F_p=0.243\times301.7=73.3\text{mm}^2$$

$$d_t=\sqrt{\frac{4}{\pi}F_t}=\sqrt{\frac{4}{\pi}\times73.3}=9.66\text{mm}$$

取喉部直径 $d_t=9.8\text{mm}$

8. 引射器其他尺寸见图 7-30

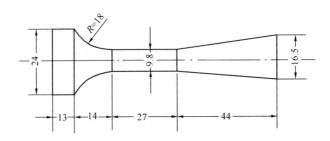

图 7-30 例 7-1 引射器计算结果

（三）火焰高度计算

1. 火焰内锥高度 根据炼焦煤气，$\alpha'=0.6$，从表 7-2 查得 $K=0.07$，按式（7-14）计算

$$h_{ic}=0.86Kf_{p}q_{p}\times10^{3}=0.86\times0.07\times6.15\times11.6\times10^{-3}\times10^{3}=4.3mm$$

2. 火焰外锥高度　由表 7-3 查得 $s=1.20$，按式（7-15）计算

$$h_{oc}=0.86nn_{1}\frac{sf_{p}q_{p}}{\sqrt{d_{p}}}\times10^{3}=0.86\times2\times0.6\frac{1.20\times6.15\times11.6\times10^{-3}}{\sqrt{2.8}}\times10^{3}=53mm$$

【例 7-2】　例 7-1 设计的燃烧器，若燃气压力增至 1200Pa，在其他条件不变的情况下，试确定燃烧器新的工作参数。

【解】

1. 按式（7-45）计算燃烧器系数 C

$$C=\frac{0.92F_{t}\mu}{K+K_{1}F_{1}^{2}}=\frac{0.92\times0.733\times0.8}{1.5+2.15\times0.243^{2}}=0.332$$

2. 按式（7-45）计算新的引射系数

$$\frac{L_{g}\ (1+u)\ (1+us)\ \sqrt{s}}{\sqrt{H}}=C$$

$$\frac{0.939\ (1+u)\ (1+0.55u)\ \sqrt{0.55}}{\sqrt{1200}}=0.332$$

$$u\approx4.08$$

$$\alpha'=\frac{us}{V_{0}}=\frac{4.08\times0.55}{3.25}=0.69$$

由于燃气压力增高，故一次空气系数增大。

3. 计算新的喷嘴直径

$$d'=d\sqrt[4]{\frac{H}{H'}}=2.92\sqrt[4]{\frac{800}{1200}}=2.64mm$$

4. 计算火孔出口速度

$$v_{p}=\frac{L_{g}\ (1+\alpha'V_{0})}{0.0036F_{p}}=\frac{0.939\ (1+0.69\times3.25)}{0.0036\times301.7}=2.8m/s$$

与原火孔出口速度 2.55m/s 相近，故燃烧稳定。

【例 7-3】　例 7-1 设计的燃烧器，若燃气成分改变为：燃气热值 $H_{1}=16136kJ/Nm^{3}$，相对密度 $s=0.43$，理论空气需要量 $V_{0}=3.8Nm^{3}/Nm^{3}$，$\alpha'=0.6$，在保持热负荷不变的条件下，试确定燃烧器新的工作参数。

【解】

1. 按式（7-45）计算燃烧器系数 C

$$C=\frac{0.92F_{t}\mu}{K+K_{1}F_{1}^{2}}=\frac{0.92\times0.733\times0.8}{1.5+2.15\times0.243^{2}}=0.332$$

2. 计算引射系数 u

$$u=\frac{\alpha'V_{0}}{s}=\frac{0.6\times3.8}{0.43}=5.3$$

3. 计算燃气流量

$$L_{g}=\frac{Q}{H_{l}}=\frac{3.5\times3600}{16136}=0.78m^{3}/h$$

4. 按式（7-45）计算燃气压力

$$H = \left[\frac{(1+u)\ (1+us)\ L_g\sqrt{s}}{C}\right]^2 = \left[\frac{(1+5.3)\ (1+5.3\times0.43)\ \times0.78\times\sqrt{0.43}}{0.332}\right]^2$$

$$= 1013\mathrm{Pa}$$

5. 按式（7-44）计算喷嘴面积

$$F_j = \frac{2.175L_g\sqrt{s}}{\mu\ \sqrt{H}} = \frac{2.175\times0.78\times\sqrt{0.43}}{0.8\times\sqrt{1013}} = 0.0437\mathrm{cm}^2$$

喷嘴直径 $d = 2.36\mathrm{mm}$

6. 计算火孔出口气流速度

$$v_p = \frac{L_g\ (1+\alpha'V_0)}{0.0036F_p} = \frac{0.78\ (1+0.6\times3.8)}{0.0036\times301.7} = 2.36\mathrm{m/s}$$

第八章　完全预混式燃烧器

第一节　完全预混式燃烧器的构造及特点

一、完全预混式燃烧器的构造及工作原理

按照完全预混燃烧方法设计的燃烧器称为完全预混式燃烧器。在燃烧之前燃气与空气实现全部预混，即 $\alpha=\alpha'\geqslant1$。

完全预混式燃烧器由混合装置及头部两部分组成。根据燃烧器使用的压力、混合装置及头部结构的不同，完全预混式燃烧器可分为很多种。

按压力分有低压及高（中）压两种。

按燃气和空气的混合方式分，有以下两种：

第一，燃气和空气均被加压，然后在混合装置内混合，即加压混合。

第二，采用引射器作为混合装置。其中又可分为以空气引射燃气和以燃气引射空气两种。前者需要鼓风机，后者不需要鼓风机。

按头部结构分，有以下三种：

第一，无火道头部结构。火焰脱离燃烧器，在炉膛内的耐火材料表面上燃烧。耐火材料表面可以是燃烧器附近的炉墙、拱、专门的耐火材料堆积物或花格耐火砖墙等（图 8-9）。

第二，有火道头部结构。燃烧在耐火材料制成的单火道或多火道内进行（图 8-1）。

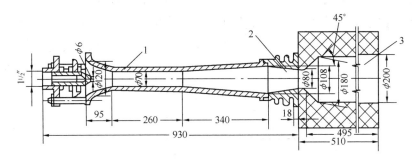

图 8-1　引射式单火道完全预混燃烧器

1—引射器；2—喷头；3—火道

第三，用金属或陶瓷稳焰器做成的头部结构（图 8-8）。

图 8-1 为引射式单火道完全预混燃烧器的构造简图。

该燃烧器由引射器、喷头及火道组成。高（中）压燃气从喷嘴流出，依靠本身的能量吸入燃烧所需的全部空气，并在引射器内进行混合。混合均匀的燃气-空气混合物经喷头进入火道，在赤热的火道壁面和高温回流烟气的稳焰作用下进行燃烧，完全预混燃烧的过

161

剩空气系数为 $\alpha=1.05\sim1.10$。

　　喷头是保证燃烧器工作稳定、防止回火的重要部件。喷头常做成渐缩形，收缩角为 $25°$ 左右，且内壁加工光滑，从而使喷口混合气体的速度场达到均匀分布。为了减少喷口处可燃混合物的火焰传播速度，防止回火，热负荷大的喷头常采用空气或水冷却（图 8-2）。

　　在火道式完全预混燃烧器中，可燃混合物的加热、着火和燃烧均在火道内进行。混合物进入火道时，由于突然扩大，在火道入口处形成了高温烟气回流区（图 8-3）。回流烟气不仅将混合物加热，同时也是一个稳定的点火源。火道由耐火材料做成，它近似于一个绝热的燃烧室，使进入火道的燃气-空气混合物立刻进行燃烧，从而保证了较高的燃烧热强度和燃烧温度。因而，火道是使燃烧稳定、防止脱火的重要部件。

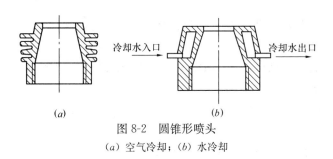

图 8-2　圆锥形喷头

（a）空气冷却；（b）水冷却

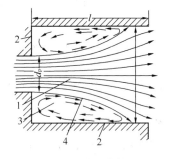

图 8-3　火道工作简图

1—混合物扩张区；2—火道边界；
3—回流区；4—回流边界表面

　　这种燃烧器用于高（中）压燃气的燃烧上。

　　图 8-4 所示为红外线辐射燃烧器，也叫红外线辐射器。

　　红外线辐射器是一种低压引射式完全预混燃烧器。燃烧所需要的空气全部依靠低压燃气的能量吸入，并进行全部预混，过剩空气系数 $\alpha=1.03\sim1.06$。该燃烧器的头部主要有两种形式：

　　一种是由若干块多孔陶瓷板组成（图 8-4）。每块陶瓷板的尺寸约为 $65mm\times45mm\times12mm$，其上有许多个小的火孔。小火孔直径为：炼焦煤气 $d_p=0.85\sim0.9mm$；天然气 $d_p=1.2\sim1.5mm$；液化石油气 $d_p=1.1\sim1.2mm$。为了预防回火，陶瓷板的导热系数应小于 $0.58W/(m·K)$。燃烧器工作时，燃气-空气混合物以很小的速度（常为 0.1～

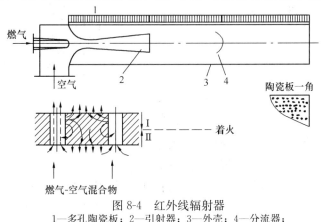

图 8-4　红外线辐射器

1—多孔陶瓷板；2—引射器；3—外壳；4—分流器；
I—火焰向陶瓷板传热；II—混合气体加热至着火温度

0.14m/s）从火孔逸出进行燃烧。点火后约 40～50s，板面温度便可达到 800～900℃，于是向外辐射红外线。根据工艺要求，可由若干块陶瓷板组成单排、双排等不同形状的辐射器，辐射效率随形状不同，变化在 45%～60% 之间。

另一种头部是以数层（通常用两层）耐高温的金属网代替陶瓷板。内网通常用丝径为 $\phi0.213～0.315mm$ 的铁铬铝丝编织而成，网目为 35～40 目/英寸。外网用丝径为 $\phi0.8～1.0mm$ 的铁铬铝丝编成，网目为 8～10 目/英寸。两层网之间的距离为 8～12mm，火焰传播速度快的人造燃气取较小值，火焰传播速度慢的天然气和液化石油气取较大值。为防止网面变形，内网可压些防胀波纹，内网内面加装托网，托网由丝径为 $\phi2～3mm$ 的普通铁丝编成，网目为 4 目/英寸。

燃烧器工作时可燃混合物在内网与外网之间进行燃烧。当辐射表面温度达到 850～900℃ 的高温时，便向外辐射红外线。辐射面热强度可达 $(140～190)\times10^{-6}kW/mm^2$，辐射效率为 45% 左右。

此外，头部也可做成组合式，即在多孔陶瓷板上面加一层耐高温的金属网。组合式红外线辐射器辐射面温度比多孔陶瓷板红外线辐射器提高约 100～130℃，辐射效率提高 10% 左右。

图 8-5 所示为环状凹面红外线辐射器。预先混合好的燃气-空气混合物，从耐热金属制成的分配帽喷出，在环状凹面耐火砖中进行燃烧。同时将砖加热至 1400～1500℃，砖的高温表面向外辐射热量。

图 8-6 所示为过热燃烧器。燃气-空气混合物从陶瓷火孔喷出，在高温的耐火材料制成的火道内燃烧。这里温度高达 1650℃，容积热强度达 $4\times10^5kW/m^3$。高温烟气以 750m/s 流速从缝隙式喷口喷出，对物体进行快速或局部加热。过热燃烧器与普通缝隙式燃烧器相比，可缩短加热时间近 2/3。

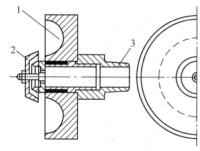

图 8-5　环状凹面红外线辐射器
1—环状凹面耐火砖；2—耐热金属分配帽；
3—供气管

图 8-6　过热燃烧器

图 8-7 为板式完全预混燃烧器。它由引射器及头部组成，头部设有气体分配室和火道。火道通过钢管固定在分配室上。钢管直径为 6mm，火道直径为 20mm。燃气-空气混合物在小火道中进行燃烧。当板面温度上升到 900～1000℃ 时便进行辐射传热。燃烧器的大量小火道增加了辐射表面，因而辐射给被加热物体的热量约占燃烧热的 70%。板式完全预混燃烧器通常使用高热值燃气。应用于均匀加热且不希望火焰与工件接触的地方。由于板材的耐火度及阻力的影响，板面热强度受到一定的限制，并且运行时容易产生回火。

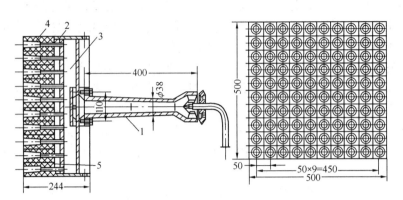

图 8-7　板式完全预混燃烧器

1—引射器；2—钢管；3—气流分配室；4—火道；5—隔热层

因此有些工厂的板式燃烧器已被平焰燃烧器所代替。

上述几种完全预混燃烧器的头部均由耐火材料做成。图 8-8 所示燃烧器头部是一种金属稳焰器。它由数块耐热金属板组成，金属板的厚度为 0.5mm，每块板间距为 1.5mm。可燃混合物经板的缝隙流出燃烧。窄缝可以防止回火。气体流出缝隙后，在螺栓附近形成高温烟气回流区。燃气-空气混合物被高温回流烟气所加热，使之着火和稳定燃烧，而燃烧所形成的短而锐的火焰直接位于锅炉或工业炉的燃烧室内。燃烧器停止工作时，空气吸入口应打开，进行通风，以冷却头部的耐热金属板。该燃烧器的工作压力为 30000～50000Pa。

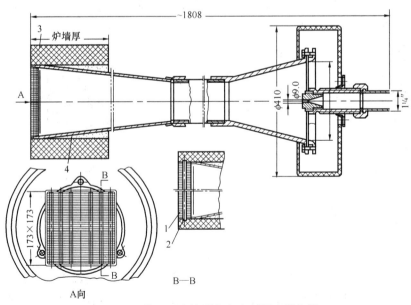

图 8-8　带金属稳焰器的完全预混式燃烧器

1—耐热金属板；2—螺栓；3—炉墙；4—耐火填料

以上几种燃烧器的火焰均稳定在燃烧器的头部。图 8-9 所示的燃烧器是使燃气-空气混合物与炉内赤热的耐火材料表面发生撞击而引起燃烧。赤热的耐火材料表面可以是专门砌筑的花格耐火砖墙或是堆积的碎耐火砖，也可以是炉墙或拱。

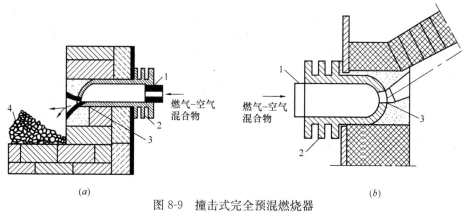

图 8-9 撞击式完全预混燃烧器

（a）耐火砖碎块稳焰；（b）拱顶稳焰

1—燃气入口；2—空气冷却肋片；3—喷头；4—耐火砖碎块

二、完全预混式燃烧器的特点及应用范围

完全预混式燃烧器由于预混了燃烧所需的全部空气，所以有很多特点。

（一）优点

1. 燃烧完全，化学不完全燃烧较少。

2. 过剩空气少（$\alpha=1.05\sim1.10$），当用于工业炉直接加热工件时，不会引起工件过分氧化。

3. 燃烧温度高，容易满足高温工艺的要求。

4. 火道式无焰燃烧器燃烧热强度大，容积热强度可达$(29\sim58)\times10^3\,kW/m^3$或更高，因而可缩小燃烧室容积。

5. 设有火道，容易燃烧低热值燃气。

6. 不需鼓风，节省电能及鼓风设备。

（二）缺点

1. 为保证燃烧稳定，要求燃气热值及密度要稳定。

2. 发生回火的可能性大，调节范围比较小。为防止回火，头部结构比较复杂和笨重。

3. 热负荷大的燃烧器，结构庞大和笨重。故每个燃烧器的热负荷一般不超过 $2.3\times10^3\,kW$。

4. 噪声大，特别是高压和高负荷时更是如此。

（三）应用范围

主要应用在工业加热装置上。

第二节　头　部　计　算

本节主要阐述火道式完全预混燃烧器的头部设计，包括喷头及火道两部分。

一、喷头

喷头的主要作用是防止回火。如果燃气-空气混合物的喷头出口速度大于回火极限速度，就不会发生回火。由此可见，防止回火的措施是增加气流出口速度或减少回火极限速度。增加气流出口速度主要靠提高头部静压力来达到。减少回火极限速度的主要措施是用空气或水来冷却燃烧器头部，以减少喷头出口处可燃混合物的温度，从而减少回火的可能性。此外，喷头做成渐缩形，使出口速度场分布均匀，以增加喷头边缘的速度梯度，也有利于防止回火。

在正常情况下喷头出口速度可按下式计算：

$$v_p = m_1 m_2 v_{fl}^{max} \tag{8-1}$$

式中　v_p——喷头气流出口速度（Nm/s）；

v_{fl}^{max}——燃气的回火极限速度（Nm/s），按试验数据选用，在缺乏详细试验数据的情况下，也可按表 8-1 取用；

m_1——温度系数，考虑温度对可燃气体质量火焰传播速度的影响而乘的系数；

燃气的回火极限速度 v_{fl}^{max}（Nm/s）　　　表 8-1

喷头直径 d_p（mm）	5	10	20	30	40	50	60	70	80	90	100	110	120	130	140	150
天然气	0.3	0.7	1.1	1.5	1.8	2.1	2.4	2.6	2.8	3.0	3.1	3.3	3.4	3.5	3.7	3.8
液化石油气	0.4	0.9	1.4	2.0	2.3	2.7	3.1	3.4	3.6	3.9	4.0	4.3	4.4	4.6	4.8	5.0
炼焦煤气	1.2	2.8	4.4	6.0	7.2	8.4	9.6	10.4	11.2	12.0	12.4	13.2	13.6	14.0	14.8	15.2
发生炉煤气	0.35	0.8	1.3	1.7	2.1	2.4	2.8	3.0	3.2	3.4	3.6	3.8	3.9	4.0	4.3	4.4

$$m_1 = \frac{\rho_{0mix}}{\rho_{mix}} = \frac{T_{mix}}{288} = \frac{273 + t_{mix}}{288}$$

t_{mix}——混合气体在喷头处的温度（℃）；

ρ_{0mix}、ρ_{mix}——混合气体在标准状态及 t_{mix} 下的密度（kg/Nm³）；

m_2——负荷调节比；

$$m_2 = \frac{L_g^{max}}{L_g^{min}}$$

L_g^{max}、L_g^{min}——燃烧器最大及最小热负荷（Nm³/h）。

系数 m_1 与燃烧器头部冷却程度和热负荷有关，对不冷却头部 $m_1 = 1.2 \sim 1.5$。

系数 m_2 由燃烧设备的调节工况决定，对于工业炉和小型锅炉 $m_2 = 2 \sim 4$。

按式（8-1）算出的喷头出口速度应小于脱火极限速度。实际上，多数完全预混式燃烧器都有防止脱火的火道或其他稳焰器，所以喷头出口速度一般不受脱火极限限制，允许比脱火极限高。

喷头出口直径按下式计算：

166

$$d_{\mathrm{p}}=\sqrt{\dfrac{L_{\mathrm{g}}\ (1+\alpha'V_0)}{0.36\dfrac{\pi}{4}v_{\mathrm{p}}}} \tag{8-2}$$

式中　d_{p}——喷头出口直径（cm）；

$\quad\quad L_{\mathrm{g}}$——燃气流量（Nm³/h）；

$\quad\quad v_{\mathrm{p}}$——喷头出口速度（Nm/s）；

$\quad\quad \alpha'$——一次空气系数；

$\quad\quad V_0$——理论空气需要量（Nm³/Nm³）。

二、燃烧火道

燃烧火道是燃气燃烧的地方，其作用是稳定和强化燃烧过程，防止脱火。大型燃烧器常用多孔火道，它由专门的火道砖或耐火砖砌成。小型燃烧器常用单孔整体式火道。制造火道用的耐火材料除耐高温外，还应耐急冷急热。

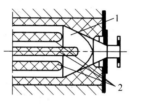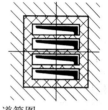

图 8-10　多火道简图
1—火道入口；2—隔墙

（一）多孔火道

燃烧低热值燃气的大型燃烧器的火道通常用耐火砖砌成（图 8-10）。该火道由很多分火道组成，火道总的截面积按下式计算：

$$F_{\mathrm{c}}=\dfrac{L_{\mathrm{f}}}{3600v_{\mathrm{f}}} \tag{8-3}$$

式中　F_{c}——火道总的截面积（m²）；

$\quad\quad L_{\mathrm{f}}$——火道内烟气总流量（m³/h）；

$\quad\quad v_{\mathrm{f}}$——火道内烟气流速（m/s）。

火道内烟气流速通常取 $v_{\mathrm{f}}=30\sim40\mathrm{m/s}$。流速太小会增加火道尺寸，流速太大不仅会增加火道阻力损失，而且还有产生脱火的危险。

选取分火道宽度时，要考虑标准耐火砖的尺寸。分火道之间的隔墙厚度一般取 100～125mm，用平砖砌筑，隔墙太薄容易被烧坏，太厚会增加火道尺寸。根据隔墙的强度要求，分火道的高度不应超过隔墙厚度的 7 倍。根据上述要求选取分火道宽度后，就可按下式确定火道高度及数目：

$$h_{\mathrm{c}}=\dfrac{F_{\mathrm{c}}}{ib} \tag{8-4}$$

式中　h_{c}——分火道的高度（m）；

$\quad\quad b$——分火道的宽度（m）；

$\quad\quad i$——分火道的数目。

为了使燃气在火道内充分、完全地燃烧，火道必须具有一定的长度：

$$l_{\mathrm{c}}=\left(\dfrac{b}{2s}+\tau\right)v_{\mathrm{f}} \tag{8-5}$$

式中　l_{c}——火道长度（m）；

s——火焰传播速度（m/s）；

τ——完成燃烧反应所需要的时间（s）。

对于含氢量达 3％ 的高炉煤气上式简化为

$$l_c = 0.2 b v_f \tag{8-6}$$

对于含氢量达 12％ 的高炉煤气上式简化为

$$l_c = 0.14 b v_f \tag{8-7}$$

当允许在燃烧室内继续完成燃烧时，火道长度可以取得短些，如工业上常采用如下尺寸：

当 $b = 115 \sim 135$mm 时，$l_c = 465 \sim 500$mm；

当 $b = 185 \sim 235$mm 时，$l_c = 700 \sim 760$mm。

（二）单孔火道

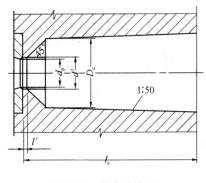

图 8-11　单火道简图

燃烧高热值燃气的完全预混式燃烧器一般都比较小，热负荷不超过 2.3×10^3kW，因此常用单孔火道。其结构比较简单，通常做成圆柱形（图 8-11）。为了制作方便，火道可向燃烧室方向微带锥形扩大，喷头与火道连接处做成 45° 角。这种火道的尺寸基本已经标准化。可直接按喷头直径的倍数来确定，即 $d' = (1.25 \sim 1.35) d_p$；$D_c = (2.4 \sim 3.0) d_p$；$l_c = (2.4 \sim 2.7) D_c$；$l' = 10 \sim 25$mm。当喷头直径较大时火道长度可减短些，如 $d_p = 86 \sim 134$mm 时，$l_c = 1.5 D_c$；$d_p = 154 \sim 270$mm 时，取 $l_c = 500 \sim 700$mm。

三、头部静压力

喷头尺寸确定后，要保证燃烧器的热负荷及燃烧稳定性，就必须保证喷头出口速度为选定值。为此，燃气-空气混合物在头部必须具有一定的静压力。头部静压力按式（7-9）计算：

$$h = K_1 \frac{v_p^2}{2} \rho_{0mix}$$

其中能量损失系数 K_1 是由喷头及火道的阻力损失决定，其计算如下：

取扩压管出口截面 I-I 和火道出口截面 II-II 为计算截面，建立伯努利方程式：

$$P_1 + \frac{v_d^2}{2} \rho_{mix} = P_2 + \frac{v_{cout}^2}{2} \rho_{cout} + \Delta P_h \tag{8-8}$$

其中

$$\Delta P_h = \zeta_h \frac{v_p^2}{2} \rho_{0mix} \tag{8-9}$$

式中　ΔP_h——头部阻力损失，即气流在喷头及火道内的阻力损失；

　　　ζ_h——燃烧器头部折算阻力系数；

　　　v_d——扩压管出口即喷头入口的流速；

　　　v_{cout}——火道出口烟气流速；

ρ_{mix}——燃气-空气混合物密度；

ρ_{0mix}——燃气-空气混合物标准状态下的密度；

ρ_{cout}——火道出口烟气密度。

将式（8-9）代入式（8-8），整理后得：

$$P_1 - P_2 = h = \left[\left(\frac{v_{cout}}{v_p} \right)^2 \frac{\rho_{cout}}{\rho_{0mix}} - \left(\frac{v_d}{v_p} \right)^2 \frac{\rho_{mix}}{\rho_{0mix}} + \zeta_h \right] \frac{v_p^2}{2} \rho_{0mix} \qquad (8-10)$$

建立连续性方程式：

$$v_d F_d \rho_{mix} = v_{cout} F_{cout} \rho_{cout} = v_p F_p \rho_{0mix} \qquad (8-11)$$

式中 F_{cout}——火道出口截面积。

由式（8-11）得：

$$\left(\frac{v_{cout}}{v_p} \right)^2 \frac{\rho_{cout}}{\rho_{0mix}} = m_3 m_4 \left(\frac{F_p}{F_{cout}} \right)^2 \qquad (8-12)$$

其中

$$m_3 = \frac{\rho_{0f}}{\rho_{cout}} = \frac{T_{cout}}{288} \qquad (8-13)$$

$$m_4 = \frac{\rho_{0mix}}{\rho_{0f}} \qquad (8-14)$$

式中 T_{cout}——火道出口的烟气温度，通常取：

$$T_{cout} = 0.9 T_{th}; \qquad (8-15)$$

T_{th}——燃气的理论燃烧温度；

ρ_{0f}——标准状态下烟气的密度。

系数 m_3 和 m_4 与燃气性质有关，可按密度计算公式计算，也可近似地查表8-2。

各种燃气的 m_3 及 m_4 值 表8-2

系　　数	天 然 气	液化石油气	炼焦煤气	水 煤 气	发生炉煤气	高炉煤气
m_3	7.6	7.85	7.9	8.26	6.5	5.80
m_4（$\alpha' = 1$）	1.0	1.04	0.94	0.84	0.9	0.89

由式（8-11）得：

$$\left(\frac{v_d}{v_p} \right)^2 = \left(\frac{F_p}{F_d} \right)^2 \left(\frac{\rho_{0mix}}{\rho_{mix}} \right)^2 \qquad (8-16)$$

比较式（8-10）与式（7-9），并将式（8-12）、式（8-16）代入，整理后得：

$$K_1 = \zeta_h + m_3 m_4 \left(\frac{F_p}{F_{cout}} \right)^2 - \left(\frac{F_p}{F_d} \right)^2 \frac{\rho_{0mix}}{\rho_{mix}} \qquad (8-17)$$

对于没有火道或耐火喷头的完全预混式燃烧器，式（8-17）变为如下形式：

$$K_1 = \zeta_h + m_1 - \left(\frac{F_p}{F_d} \right)^2 \frac{\rho_{0mix}}{\rho_{mix}} \qquad (8-18)$$

为计算方便，上述折算阻力系数已换算成标准状态 F_p 截面动压下的阻力系数。其换算方法如下：

头部总阻力损失可写成如下形式：

$$\Delta P_h = \Sigma \Delta P_i = \Sigma \zeta_i \frac{v_i^2}{2} \rho_i$$

式中　ΔP_i——头部某处 i 的阻力损失；

　　　ζ_i——截面 F_i 和密度 ρ_i 下的阻力系数；

由于　　　　　　　　　$v_i \rho_i F_i = v_p F_p \rho_{0mix}$

所以　　　　　$\Delta P_h = \Sigma \zeta_i \left(\frac{F_p}{F_i}\right)^2 \frac{\rho_{0mix}}{\rho_i} \frac{v_p^2}{2} \rho_{0mix}$ 　　　　　(8-19)

比较式（8-19）与式（8-8）可得：

$$\zeta_h = \Sigma \zeta_i \left(\frac{F_p}{F_i}\right)^2 \frac{\rho_{0mix}}{\rho_i} \tag{8-20}$$

火道式完全预混式燃烧器的能量损失包括以下几项：

第一项，扩压管出口到喷头之间的摩擦及局部阻力损失。燃气-空气混合物在该段没有被预热，设为标准状态，则相应的折算阻力系数为

$$\zeta_1 = \Sigma \zeta_i \left(\frac{F_p}{F_i}\right)^2 \tag{8-21}$$

第二项，燃气-空气混合物在燃烧器喷头内被预热而引起加速所产生的阻力损失。相应的折算阻力系数为

对圆柱形喷头，$\zeta_2 = m_1 - 1$

对圆锥形渐缩喷头，取平均截面为计算截面，则

$$\zeta_2 = 0.25 \ (m_1 - 1) \ \left(\frac{F_p}{F_d} + 1\right)^2 \tag{8-22}$$

第三项，火道入口的阻力损失，相应的折算阻力系数为

$$\zeta_3 = m_1 \zeta \tag{8-23}$$

式中　ζ——火道入口阻力系数。

研究火道内的燃烧情况表明，距火道始端大约（5~6）d_p 时，燃烧温度才开始急剧上升，因此可以认为气流在火道入口处的温度为 0℃。

火道入口扩张角 90°时，$\zeta = 0.79$。

第四项，由于燃气燃烧、火道内气流被加热，产生加速流动，从而产生阻力损失。其折算阻力系数按下式计算：

$$\zeta_4 = \left(\frac{m_3 m_4}{m_1} - 1\right) m_1 \left(\frac{F_p}{F_{cout}}\right)^2 \tag{8-24}$$

第五项，火道的摩擦及局部阻力损失，相应的折算阻力系数为

$$\zeta_5 = \Sigma \zeta_i m_3 m_4 \left(\frac{F_p}{F_{cout}}\right)^2 \tag{8-25}$$

对于只有摩擦阻力的火道，$\Sigma \zeta_i = \lambda \frac{l_c}{D_c}$。耐火砖火道的摩擦阻力系数 λ 值一般为 0.04~0.05。

第三节 高压引射器的计算

一、负压吸气高压引射器的工作原理

高压引射器多数属于负压吸气的引射器，也称第一类引射器，其工作原理如图 8-12 所示。

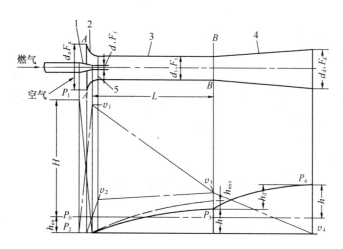

图 8-12 高压引射器的工作原理
1—喷嘴；2—吸气收缩管；3—混合管；4—扩压管；5—喉部

负压吸气高压引射器与常压吸气低压引射器不同的是前者的吸气收缩管较小，被吸入的空气流速 v_2 比较大，故其动量不能忽略。由于空气流速比较大，在吸入段产生了阻力损失 h_{en}，因而吸入段的压力不能维持常数且等于大气压力，而是低于大气压力。这类引射器与第二类引射器相比，由于空气流速与燃气流速相差较少，因此减少了在混合管内的气流撞击损失，有利于引射效率的提高。但其吸气收缩管的形状要有利于空气的吸入，在此不应产生过多附加压力损失。否则将降低引射效率。

在高压引射器中喷嘴前后燃气的压力变化较大，因此燃气从喷嘴流出时必须考虑其可压缩性。燃气、空气及其可燃混合物在混合管内的压力变化不大，可不考虑气体的可压缩性。燃气流出喷嘴后由于气体膨胀，温度便降低，但这一变化对可燃混合物密度的影响可以略去。

由于上述特点，负压吸气高压引射器的计算公式与常压吸气低压引射的计算公式不同，但推导过程极为相似。

二、高压引射器的基本方程式

取 $A\text{-}A$、$B\text{-}B$ 两截面建立动量方程式：

$$m_g v_1 + m_a v_2 - m_{mix} \psi_1 v_3 = F_t(h + h_{en} + h_{mix} - h_d) \tag{8-26}$$

式中 h_{en}——吸气收缩管的阻力损失；

m_a——空气的质量流量。

式（8-26）与式（7-16）的差别在于考虑了空气的动量及吸入段的阻力损失。

根据连续性方程式可得：

$$m_a = L_a \rho_a = v_2 F_a \rho_a \tag{8-27}$$

式中 v_2——喷嘴周围空气吸入口的空气平均流速；

F_a——喷嘴周围空气吸入口的流通截面积。

对圆柱形混合管近似地有下列关系式：

$$\frac{F_a}{F_j} = \frac{F_t - F_j}{F_j} = F - 1 \tag{8-28}$$

由于 $F \gg 1$，所以 $F - 1 \approx F$。 $\tag{8-29}$

建立能量守恒方程式：

考虑燃气的压缩性，喷嘴前后的燃气参数并不相同，如果以 P_1、T'_g、ρ'_g、L'_g、P_2、T''_g、ρ''_g、L''_g 和 P_0、T_0、ρ_{0g}、L_g 分别表示喷嘴前、出口和标准状态下的燃气压力、温度、密度及体积流量。则喷嘴出口燃气流速为

$$v_1 = \frac{L''_g}{F_j} \tag{8-30}$$

燃气流过喷嘴是一个绝热过程，根据绝热方程式得：

$$\frac{L'_g}{L''_g} = \left(\frac{P_2}{P_1}\right)^{\frac{1}{k}} = \nu^{\frac{1}{k}} \tag{8-31}$$

其中

$$\nu = \frac{P_2}{P_1}$$

式中 k——绝热指数。

燃气在标准状态及喷嘴前的状态方程式为：

$$L_g P_0 = m_g R T_0$$
$$L'_g P_1 = m_g R T'_g$$

比较上两式得：

$$\frac{L'_g}{L_g} = \frac{P_0}{P_1}\frac{T'_g}{T_0}$$

近似地取 $P_0 \approx P_2$，$T'_g \approx T_0$，则得

$$\frac{L'_g}{L_g} = \nu \text{ 或} \frac{\rho_{0g}}{\rho'_g} = \nu \tag{8-32}$$

比较式（8-31）及式（8-32）得

$$\frac{L''_g}{L_g} = \nu^{\frac{k-1}{k}} \text{ 或} \frac{\rho_{0g}}{\rho''_g} = \nu^{\frac{k-1}{k}}$$

于是式（8-30）可写成

$$v_x = \varepsilon_F \frac{L_g}{F_j} \tag{8-33}$$

其中

$$\varepsilon_F = \nu^{\frac{k-1}{k}} \tag{8-34}$$

根据绝热过程，喷嘴出口燃气流速按下式计算：

$$v_1^2 = 2\mu^2 \frac{k}{k-1}\frac{P_1}{\rho_g'}(1-\nu^{\frac{k-1}{k}})\tag{8-35}$$

由于一次空气吸入时存在阻力损失 h_{en}，故

$$P_1 - P_2 = H + h_{en}\tag{8-36}$$

将式（8-36）和式（8-32）代入式（8-35），整理后得高压喷嘴的能量守恒方程式：

$$\varepsilon_H(H+h_{en})\mu^2 = \frac{v_1^2}{2}\rho_{0g}\tag{8-37}$$

其中

$$\varepsilon_H = \frac{k}{k-1}\frac{1-\nu^{\frac{k-1}{k}}}{1-\nu}\cdot\nu\tag{8-38}$$

式中 ε_H——考虑燃气可压缩性而引入的校正系数。

吸入段的能量守恒方程式为

$$h_{en}\mu_{en}^2 = \frac{v_2^2}{2}\rho_a\tag{8-39}$$

式中 μ_{en}——一次空气吸入口的流量系数，吸入段的能量损失是由于速度场分布不均匀引起的。

将连续性方程式及能量守恒方程式代入动量方程式。并且由于 $H\gg h_{en}$，因此近似地取 $H+h_{en}\approx H$；由于 $F\gg1$，因此近似地取 $F-1\approx F$；最后得

$$\frac{h}{\varepsilon_H H} = \frac{2\mu^2}{\varepsilon_F F} - \frac{\mu^2 K}{(\varepsilon_F F)^2}(1+u)(1+us)\chi''\tag{8-40}$$

其中

$$\chi'' = 1 - \frac{K_2}{K}B\tag{8-41}$$

$$B = \frac{u^2 s}{(1+u)(1+us)}\tag{8-42}$$

$$K_2 = \frac{2\mu_{en}^2-1}{\mu_{en}^2}\tag{8-43}$$

K 值与式（7-31）相同。

式（8-40）是负压吸气高压引射器的基本计算公式，它表示了压头 $\frac{h}{\varepsilon_H H}$、引射器几何尺寸 $\varepsilon_F F$ 及引射器工作参数 u 之间的关系。它也是高压引射器的特性方程式。

高压引射器的最佳无因次面积按下式计算：

$$(\varepsilon_F F)_{op} = K(1+u)(1+us)\chi''\tag{8-44}$$

高压引射器的最佳无因次压头按下式计算：

$$\left(\frac{h}{\varepsilon_H H}\right)_{op} = \frac{\mu^2}{(\varepsilon_F F)_{op}}\tag{8-45}$$

如果燃气压力小于 20000Pa，则压缩系数可忽略不计，式（8-40）、式（8-44）变成如下形式：

$$\frac{h}{H} = \frac{2\mu^2}{F} - \frac{\mu^2 K}{F^2}(1+u)(1+us)\chi''\tag{8-46}$$

$$F_{op} = K(1+u)(1+us)\chi''\tag{8-47}$$

式（8-45）变成式（7-33）的形式，只是 F_{op} 不同而已。

式（8-46）是负压吸气低压引射器的基本计算公式，也是该引射器的特性方程式。

如果式(8-46)和式(8-47)中的 $\chi''=1$，公式将变成式(7-30)和式(7-32)的形式。

可见公式（8-40）是一个综合式，而式（8-46）及式（7-30）是其特例，是低压及低压且 $\chi''=1$ 时的个别形式。

如果以 h_1 和 h_2 分别表示负压吸气低压引射器及常压吸气低压引射器所形成的压头，在最佳工况下有下列关系式：

$$\frac{1}{\chi''}=\left(\frac{h_1}{h_2}\right)_{\text{op}} \tag{8-48}$$

从式（8-48）可知，χ'' 表示负压吸气引射器所形成的压头比常压吸气引射器增加的情况。如果 $\chi''=1$，则两者作用相同。

χ'' 值决定于引射系数 u，能量损失系数 K_2、K 及燃气的相对密度 s。因此，在已知条件下工作的燃烧器 χ'' 值几乎是常数。图 8-13 表示 χ'' 及 $1/\chi''$ 值随 s 及 u 的变化情况。

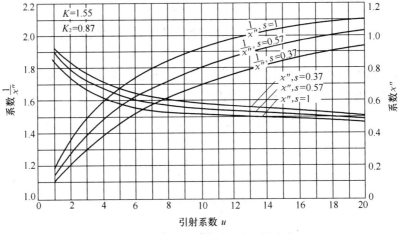

图 8-13　χ'' 及 $1/\chi''$ 值随 s 及 u 的变化

为了计算方便，将 ε_H、ε_F、$\varepsilon=\dfrac{\sqrt{\varepsilon_H}}{\varepsilon_F}$ 及 $\varepsilon_H H$ 与燃气压力 H 的关系分别画在图 8-14 及图 8-15 上。

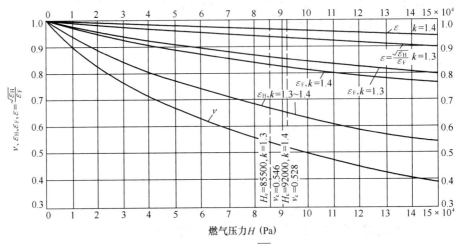

图 8-14　ε_H、ε_F 及 $\varepsilon=\dfrac{\sqrt{\varepsilon_H}}{\varepsilon_F}$ 与 H 的关系

绝热指数 k 与气体性质有关。空气 $k=1.4$；天然气 $k=1.3$；炼焦煤气 $k=1.37$；甲烷 $k=1.3$；液化石油气 $k=1.15$。

当 $k=1.3\sim1.4$ 时，ε_H 变化不超过 1%，故 ε_H 只画一条曲线。

温度变化对 k 值的影响可以忽略。

当 $P_2\approx P_0=103000$ 时，则 $\nu=\dfrac{P_2}{P_1}=\dfrac{103000}{103000+H}$。

由工程热力学可知：

当 $k=1.4$ 时，临界压力比 $\nu_c=\left(\dfrac{2}{k+1}\right)^{\frac{k}{k-1}}=0.528$，如果把喷嘴出口截面作为临界截面，即 $P_c=P_2$（P_c——临界截面压力）。相应的喷嘴前的燃气临界压力 $H_c=92000\mathrm{Pa}$。

当 $k=1.3$ 时，$\nu_c=0.546$，相应的 $H_c=85640\mathrm{Pa}$。

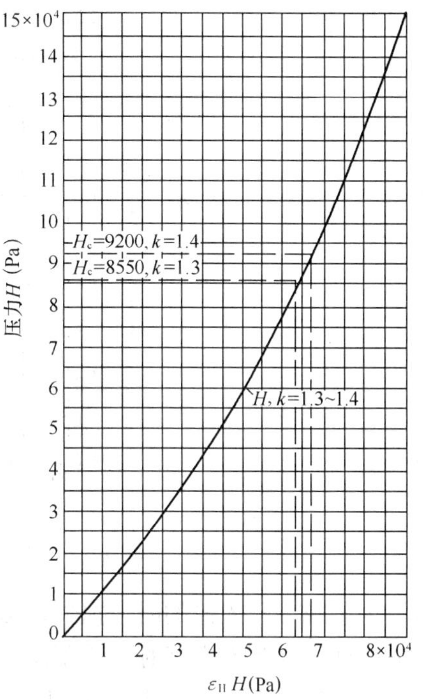

显然，当 $H<H_c$，即 $\nu>\nu_c$ 时，应采用收缩喷嘴，这时喷嘴出口面积按下式计算：

$$F_j=\frac{2.175L_g\sqrt{s}}{\varepsilon\mu\ \sqrt{H}} \tag{8-49}$$

$$\varepsilon=\frac{\sqrt{\varepsilon_H}}{\varepsilon_F} \tag{8-50}$$

式中　F_j——喷嘴截面积（cm^2）。

当 $H>H_c$，即 $\nu<\nu_c$ 时，应采用拉伐尔喷嘴。其临界截面积 F_c 按下式计算：

$$F_c=\varepsilon_c\cdot F_j \tag{8-51}$$

$$\varepsilon_c=\left(\frac{k+1}{2}\right)^{\frac{1}{k-1}}\sqrt{\frac{k+1}{k-1}(1-\nu^{\frac{k-1}{k}})\nu^{\frac{2}{k}}} \tag{8-52}$$

图 8-15　$\varepsilon_H H$ 与 H 的关系

三、引射器的形状及能量损失系数

这里主要分析负压吸气引射器与常压吸气引射器的不同之处。两者相同之处及相同的能量损失系数不再重复分析，可参见第七章。

两者主要不同之处在于吸入段，负压吸气引射器吸入段形状不合理时，将使其阻力损失增大，使得负压吸气引射器效率不如常压吸气引射器。所以吸入段的设计要十分谨慎。

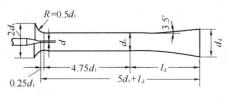

图 8-16　负压吸气引射器

为了使空气平稳地进入吸入段，并且具有均匀的速度场，引射器的形状应如图 8-16 所示。其能量损失系数 K 见图 8-17。吸入段的曲率半径 $R=(0.5\sim1.0)d_t$。由于吸入段空气流速分布状况与喷嘴的外表面状况关系很大，所以要求喷嘴外表面加工光滑，呈渐缩形，喷嘴出口处壁厚也应尽量减薄。

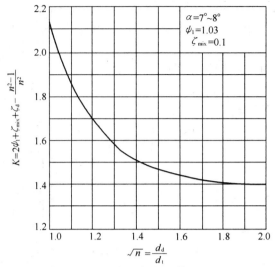

图 8-17 能量损失系数 K

为了减少吸入段的阻力损失，提高流量系数，喷嘴出口到喉部的合适距离为 $0.25d_t$。当喷嘴外表面状况良好时，其距离可提高到 $(0.5\sim0.8)d_t$。

实验得出，当喷嘴外表面状况良好，吸入段曲率半径 $R=(0.3\sim0.7)d_t$ 时，$\mu_{en}=0.85\sim0.9$，$K_2=0.62\sim0.77$。

第四节　完全预混高（中）压引射式燃烧器的计算

实践证明，燃烧室的背压对燃烧器的引射能力影响很大，因此在燃烧器计算基本公式中应加考虑。

如果以 h_{ba} 代表燃烧室的背压（正压取＋号，负压取－号）则头部总压力 h_{su} 应写成：

$$h_{su}=h+h_{ba} \tag{8-53}$$

由式（8-33）和式（8-37），并取 $H+h_{en}\approx H$，可得

$$\varepsilon_H H=\frac{\varepsilon_F^2 L_g^2 \rho_{0g}}{\mu^2 2F_j^2} \tag{8-54}$$

由式（8-53）、式（8-54）及式（7-9）得

$$\frac{h_{su}}{\varepsilon_H H}=\frac{\mu^2 K_1 \ (1+u) \ (1+us) \ F_1^2}{(\varepsilon_F F)^2}+\frac{h_{ba}}{\varepsilon_H H} \tag{8-55}$$

由式（8-55）和式（8-40）得

$$(1+u)(1+us)=\frac{2F}{K+K_1 F_1^2}\frac{\varepsilon_F \chi'''}{\chi'} \tag{8-56}$$

其中

$$\chi'=1-\frac{K_2}{K+K_1 F_1^2}B \tag{8-57}$$

$$\chi'''=1-\frac{\varepsilon_F F h_{ba}}{2\mu^2 \varepsilon_H H} \tag{8-58}$$

由式（8-58）可知，χ''' 决定于燃烧室的背压，负背压有利于空气的吸入，正背压不利

于空气的吸入。燃烧室背压较小时，$\chi''' = 1$。

由式（8-56）可知，燃烧器的引射能力 u 不仅与燃烧器的几何尺寸有关，还受工况 ε_F、背压 χ''' 及能量损失系数 K 和 K_1 的影响。

对于低压引射式燃烧器，在空气和燃气不预热时，背压对 u 的影响十分明显。h_{ba} 由 $-10Pa$ 变为 $+10Pa$ 时，u 变化 $25\% \sim 30\%$，当 $h_{ba} = -10Pa$，且保持固定，而燃气压力由 $100Pa$ 增加到 $1000Pa$ 时，u 将近减少一半。

对于高压引射器来说，u 受 h_{ba} 的影响稍小些。当 h_{ba} 由 $-20Pa$ 增加到 $+20Pa$ 时，u 减少 7%。当 $h_{ba} = -1.5Pa$ 且保持固定，而燃气压力从 $5000Pa$ 增加到 $50000Pa$ 时，u 减少约 15%。

从上述分析可知，严格地说引射器是没有自动调节特性的。引射能力在下列条件下要发生变化：

当 K_1、K 和 K_2 随燃烧器工况改变时；

当燃烧室与空气吸入口之间存在压力差时；

当燃烧器在高（中）压下工作时；

当燃气和空气预热温度发生变化而引起相对密度发生变化时；

当燃气成分发生变化时。

尽管如此，在一定的负荷变化范围内，在工程实际上仍可近似认为引射式燃烧器具有自动调节特性。

根据燃烧器最佳工况与引射器最佳工况的一致性，将式（8-44）代入式（8-56），并忽略背压的影响（设 $\chi''' = 1$），可得出下列关系式：

$$F_{1op} = \sqrt{\frac{K}{K_1}} \sqrt{\chi''} \tag{8-59}$$

将式（8-44）和（8-59）代入式（8-56），并令

$$X = \frac{F_1}{F_{1op}} \tag{8-60}$$

$$A_1 = \frac{K_1 (1+u)(1+us) F_{1op} F_j}{F_p} \frac{1}{\varepsilon_F} \tag{8-61}$$

则得

$$A_1 X^2 - 2X + A_1 = 0 \tag{8-62}$$

解式（8-62）得

$$X = \frac{1 - \sqrt{1 - A_1^2}}{A_1} \tag{8-63}$$

式（8-63）是高压引射式燃烧器计算的判别式，它与低压引射式燃烧器判别式的不同之处在于 A_1 值随燃气压力 H 而变化。

$A_1 = 1$，表明燃烧器计算工况与最佳工况一致；

$A_1 > 1$，表明燃烧器引射能力不能满足需要；

$A_1 < 1$，表明燃气压力有多余，这时有下列三种处理办法：第一，保持燃气压力，在不影响燃烧稳定性的情况下，提高喷头的出口速度，增加燃烧器的热强度，从而缩小燃烧器尺寸；第二，如不允许或不希望提高热强度，则可以非最佳工况作为燃烧器计算工况，从而减小燃烧器尺寸；第三，调节燃气压力为最佳工况所需要的压力。

全预混燃烧器的计算通常有下列三种情况：

在最佳工况及最小需要压力下进行计算；

在最佳工况及给出压力下进行计算；

在给出喷头出口速度及给出压力下进行计算。

将式（8-49）代入式（8-56），并令 $\chi'''=1$，可得燃烧器常数的计算公式：

$$\frac{L_g\ (1+u)\ (1+us)\ \sqrt{s}}{\sqrt{\varepsilon_H H}}\chi'=\frac{0.9F_t\mu}{K+K_1F_1^2}=C \tag{8-64}$$

如果 $K_2=0$、$\chi'=1$，式（8-64）就变成式（7-45）的形式，C 即为常压吸气燃烧器常数。

由式（8-64）可知，燃烧器常数 C 与燃烧器的几何特性 F_t、F_p 及阻力特性 K_1、K、μ 有关，与喷嘴面积 F_j 无关。因此在假定能量损失系数（K、K_1、μ）为常数的条件下，喷嘴面积改变时，燃烧器工作参数虽然将发生变化，但燃烧器常数 C 却保持不变。在实际工作中，当燃气成分、压力或喷嘴直径变化时，燃烧器的新工作参数可用式（8-64）重新进行计算。

【例 8-1】　设计一个具有火道的中压引射式完全预混燃烧器，如图 8-1 所示。

已知：燃烧器热负荷 $Q=210\times10^4\text{kW}$，燃烧天然气，低热值 $H_l=35800\text{kJ/Nm}^3$，相对密度 $s=0.56$，密度 $\rho_g=0.72\text{kg/Nm}^3$，理论空气需要量 $V_0=9.5\text{Nm}^3/\text{Nm}^3$，过剩空气系数 $\alpha=1.05$，负荷调节比 $m_2=3$。

【解】

（一）燃烧器的头部计算

1. 按式（8-1）、式（8-2）计算喷头出口速度 v_p 及直径 d_p

选取系数 $m_1=1.5$，假定 $d_p=80\text{mm}$，查表 8-1 得 $v_{fl}^{\max}=2.8\text{Nm/s}$，则喷头出口速度为

$$v_p=m_1m_2v_{fl}^{\max}=1.5\times3\times2.8=12.6\text{Nm/s}$$

$$d_p=\sqrt{\frac{L_g\ (1+\alpha V_0)}{0.36\frac{\pi}{4}v_p}}=\sqrt{\frac{210\times10^4\ (1+1.05\times9.5)}{35800\times0.785\times12.6}}=8.07\text{cm}$$

取 $d_p=80\text{mm}$。

2. 按图 8-11 确定火道尺寸

$$d'=1.25d_p=1.25\times80=100\text{mm}$$
$$D_c=2.5\times d_p=2.5\times80=200\text{mm}$$
$$l_c=2.5D_c=2.5\times200=500\text{mm}$$

$l'=15\text{mm}$，斜度取 1∶50。

3. 按式（8-17）计算能量损失系数 K_1

（1）按式（8-21）计算收缩喷头的阻力损失

选取 $\dfrac{d_p}{d_d}=0.8$，$\dfrac{F_p}{F_d}=0.64$，查局部阻力系数表得阻力系数 $\zeta=0.08$，由于 $\dfrac{F_p}{F_i}\doteq1$，其折算阻力系数为

$$\zeta_1=0.08$$

（2）喷头内气流加速所产生的阻力损失　按式（8-22）计算其折算阻力系数为

$$\zeta_2 = 0.25 \ (m_1 - 1) \ \left(\frac{F_p}{F_d} + 1\right)^2 = 0.25 \ (1.5 - 1) \ (0.64 + 1)^2 = 0.336$$

（3）火道入口的阻力损失　火道入口扩张角为90°时 $\zeta = 0.79$，按式（8-23）计算其折算阻力系数为

$$\zeta_3 = m_1 \zeta = 1.5 \times 0.79 = 1.185$$

（4）气流在火道内加速流动所产生的阻力损失　按公式（8-24）计算其折算阻力系数为

$$\zeta_4 = \left(\frac{m_3 m_4}{m_1} - 1\right) m_1 \left(\frac{F_p}{F_c}\right)^2$$

$$= \left(\frac{7.6 \times 1}{1.5} - 1\right) \times 1.5 \times \left(\frac{1}{6.25}\right)^2 = 0.157$$

（5）火道内摩擦阻力损失　取 $\lambda = 0.045$，其阻力系数为 $\zeta = 0.045 \frac{500}{200} = 0.113$，按式（8-25）计算其折算阻力系数为

$$\zeta_5 = \zeta m_3 m_4 \left(\frac{F_p}{F_c}\right)^2 = 0.113 \times 7.6 \times \left(\frac{1}{6.25}\right)^2 = 0.022$$

总的折算阻力系数为

$$\zeta_n = \zeta_1 + \zeta_2 + \zeta_3 + \zeta_4 + \zeta_5 = 0.08 + 0.336 + 1.185 + 0.157 + 0.022 = 1.78$$

能量损失系数 K_1

$$K_1 = \zeta_h + m_3 m_4 \left(\frac{F_p}{F_c}\right)^2 - \left(\frac{F_p}{F_d}\right)^2$$

$$= 1.78 + 7.6 \times 1 \times \left(\frac{1}{6.25}\right)^2 - (0.64)^2 = 1.56$$

（二）引射器计算

1. 按式（8-59）计算最佳面积比 F_{1op}　选用图8-16所示的引射器，$K_2 = 0.7$，假定 $K = 1.52$，则

$$u = \frac{\alpha V_0}{s} = \frac{1.05 \times 9.5}{0.56} = 17.8$$

$$B = \frac{u^2 s}{(1+u) \ (1+us)} = \frac{17.8^2 \times 0.56}{(1+17.8) \ (1+17.8 \times 0.56)} = 0.860$$

$$\chi'' = 1 - \frac{K_2}{K} B = 1 - \frac{0.7}{1.52} \times 0.860 = 0.604$$

$$F_{1op} = \sqrt{\frac{K}{K_1}} \sqrt{\chi''} = \sqrt{\frac{1.52}{1.56} \times 0.604} = 0.767$$

2. 计算引射器尺寸

（1）确定喉部直径

$$d_t = d_p \sqrt{F_{1op}} = 80 \times \sqrt{0.767} = 70\text{mm}$$

（2）确定扩压管出口直径

$$d_d = 1.25 d_p = 1.25 \times 80 = 100\text{mm}$$

校核 K 值：

$$\sqrt{n} = \frac{d_d}{d_t} = \frac{100}{70} = 1.43$$

查图 8-17 得 $K = 1.50$，与假设值 $K = 1.52$ 相近，故上述计算正确

（3）扩压管长度

$$l_d = 8(d_d - d_t) = 8 \times (100 - 70) = 240 \text{mm}$$

（4）引射器总长度

$$l = 5.25 d_t + l_d = 5.25 \times 70 + 240 = 607 \text{mm}$$

引射器其余尺寸采取 d_t 的倍数，按图 8-10 确定。

3. 计算燃气压力　在最佳工况下 $(A_1 = 1)$ 按式（8-49）及式（8-61）计算燃气压力

$$\varepsilon_H H = \left[\frac{2.175 K_1 (1+u)(1+us)\sqrt{s} L_g F_{1op}}{\mu F_p} \right]^2$$

$$= \left[\frac{2.175 \times 1.56 \times (1+17.8) \times (1+17.8 \times 0.56) \times \sqrt{0.56} \times \frac{3600 \times 210}{35800} \times 0.767}{0.8 \times 50.3} \right]^2$$

$$= 44410 \text{Pa}$$

查图 8-15 得 $H = 58000 \text{Pa}$。

（三）计算喷嘴直径

$k = 1.3$，由图 8-14 查得 $\varepsilon = 0.90$。

$$F_j = \frac{2.175 L_g \sqrt{s}}{\mu \varepsilon \sqrt{H}}$$

$$= \frac{2.175 \times \frac{3600 \times 210}{35800} \times \sqrt{0.56}}{0.8 \times 0.90 \times \sqrt{58000}} = 0.198 \text{cm}^2$$

喷嘴直径 $d = 5.0 \text{mm}$。

第九章* 特种燃烧器

为了满足不同工艺的需要，人们设计了各种各样的燃烧器，并且随着燃气工业的发展，又不断地创造出一些新型燃烧器，如高速燃烧器、平面火焰燃烧器等。这些燃烧器的出现主要是为了提高热效率、节约能源，减少污染、保护环境，提高产品质量和产量。

第一节　低 NO_x 燃气燃烧器

一、低 NO_x 燃烧器 NO_x 抑制原理

目前国外已采用多种新型低 NO_x 燃烧器，其 NO_x 抑制原理不外是采用促进混合、分割火焰、烟气再循环、阶段燃烧、浓淡燃烧以及它们的组合形式。

1. 促进混合型低 NO_x 燃烧器

其简单形式如图 9-1 所示，它是美国为阿波罗登月号着陆用发动机而设计的，由于燃料呈细流与空气垂直相交，故混合快而均匀，燃烧温度也均匀。若干小火焰组成很薄的钟形火焰，火焰很快被冷却，所以燃烧温度低。火焰薄，烟气在高温区停留时间也短。因此 NO_x 生成受到抑制。该燃烧器特点是在负荷变化 $50\% \sim 100\%$ 以内，火焰长度基本不变，NO_x 排放量随过剩空气系数减少，降低不多，在低过剩空气量下燃烧稳定，CO 排放量少。该燃烧器适用于中小型工业锅炉。

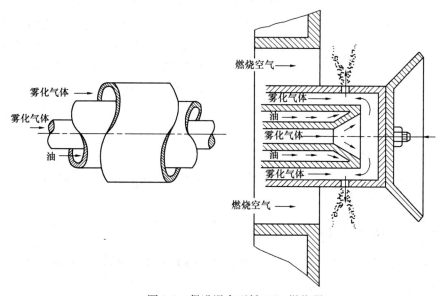

图 9-1　促进混合型低 NO_x 燃烧器

2. 分割火焰型低 NO_x 燃烧器

最简单的形式是在喷嘴出口处开数道沟槽将火焰分割成若干个小火焰，如图 9-2 所示。由于火焰小，散热面积增大，燃烧温度降低和烟气在火焰高温区的停留时间缩短，故抑制了 NO_x 生成。一般可降低 NO_x 40％左右。

3. 烟气自身再循环型低 NO_x 燃烧器

该燃烧器如图 9-3 所示，它利用燃气和空气的喷射作用将烟气吸入，使烟气在燃烧器内循环。由于烟气混入，降低了燃烧过程氧的浓度，同时烟气吸热，降低了燃烧温度，防止局部高温产生和缩短了烟气在高温区的停留时间，故抑制了 NO_x 的生成。

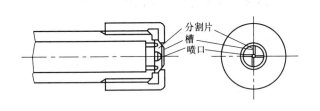 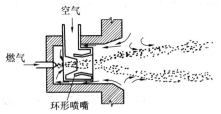

图 9-2 分割火焰型低 NO_x 燃烧器　　　　图 9-3 烟气自身再循环型低 NO_x 燃烧器

这种类型燃烧器结构简单，不需要增加设备，故中小型燃烧设备应用较适合。NO_x 降低率约为 25％～45％。日本大同钢铁公司研制的大同 Caloric 燃烧器就属此类型燃烧器。

4. 阶段燃烧型低 NO_x 燃烧器

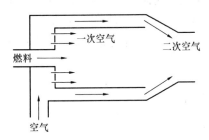

图 9-4 阶段燃烧型低 NO_x 燃烧器

最简单的阶段燃烧型低 NO_x 燃烧器如图 9-4 所示。燃料与一次空气混合进行的一次燃烧是在 $\alpha'<1$ 下进行的，由于空气不足，燃料过浓，燃烧过程所释放的热量不充分，因此燃烧温度低。一次燃烧空气不足，燃烧过程氧的浓度也低，所以 NO_x 生成受到抑制。

一次燃烧完成后，尚未燃尽的燃气与烟气混合物再逐渐与二次空气混合，进行二次燃烧，使燃料达到完全燃烧。二次燃烧时，由于一次燃烧产生的烟气的存在，使得二次燃烧过程的氧浓度与燃烧温度都低，所以也抑制了 NO_x 生成。

上述阶段燃烧是燃料一次供给而空气分段供给形成的，也可燃料分段供给，而空气一次供给，其效果比空气分段供给更好些。

5. 组合型低 NO_x 燃烧器

组合型低 NO_x 燃烧器是将上述四种抑制原理部分或全部组合在一起而形成的，其结构更加复杂，效果则更好些。

二、工业用低 NO_x 燃烧器示例

适用不同燃料、不同用途的低 NO_x 工业燃烧器种类很多，它们大都是组合型。

（一）SNT 型（Straight Narrow Tile）

SNT 型燃烧器的结构如图 9-5 所示。其特征是，燃气从中心供入，空气以强旋流在燃气流周围供入，燃烧器的火道由耐火材料制成，呈狭窄圆柱形。

该燃烧器抑制 NO_x 产生的原理是：

（1）在强旋流的空气作用下，加速了燃气与空气的混合，增加了混合的均匀性，从而促进了燃烧反应，防止了火焰局部高温的产生。使火焰具有均匀的较低的温度水平。

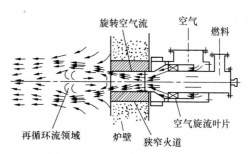

图 9-5 SNT 型低 NO_x 燃烧器

（2）由于燃气与空气混合均匀性的增强，燃气可以在较低的过剩空气量下实现完全燃烧，因此，燃烧过程氧的分压力有所降低。

（3）在空气强旋流作用下，火道出口处产生回流区，形成烟气自身循环，它不仅起到稳定火焰和加速燃烧反应的作用，同时也起到降低燃烧区温度和氧气浓度的作用。

（4）比较狭窄的圆柱形火道，可以防止燃气在高温火道内燃烧。大量燃气流出火道后在火道出口处及炉膛内燃烧。火焰处于炉膛，散热条件好，燃烧温度有所降低。

综上四点理由，NO_x 生成受到抑制，从而减少了 NO_x 排放。

该类燃烧器可在加热炉、热处理炉及锅炉上应用，单个燃烧器的热负荷视燃料种类及用热设备不同，在 $129 \sim 439kW$ 之间变化。它与通常使用的类似燃烧器相比，NO_x 降低率可达 $40\% \sim 70\%$。

这类燃烧器可以做成分别燃烧气体燃料、液体燃料和固体燃料，也可同一结构，分别燃烧两种燃料或同时使用两种燃料。

（二）SSC 型（Sumitomo Staged Combustion Burner）

SSC 型燃烧器是两段燃烧型燃烧器，如图 9-6 所示，其特点是，燃气从中心供入，一次空气以强旋流包围燃气流供入，两者边混合边流经狭窄圆柱形火道，点燃后进入炉内进行还原燃烧。在火道出口四周供给二次空气，二次空气口沿圆周间隔分布，在其封闭间隔处形成烟气自身再循环。通过火焰长度调节阀改变一次空气与二次空气的比例，调节火焰长度。

该燃烧器抑制 NO_x 生成原理与 SNT 型燃气燃烧器类似，此外又增加了空气分段供给和火道出口烟气自身再循环。使其燃烧温度更加均匀和低下，进一步抑制了 NO_x 生成。

（三）SCF 型（Sumitomo Curtain Flame Burner）

SCF 型燃烧器是两段燃烧带状火焰燃烧器，如图 9-7 所示。其结构特点是，将若干个两段燃烧的燃烧器火道相互连通，组成一个条形总火道。在总

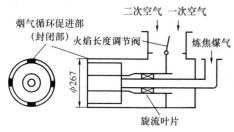

图 9-6 SSC 型燃烧器

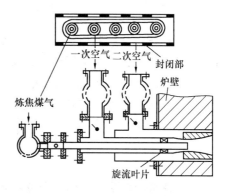

图 9-7 SCF 型燃烧器

火道内相邻火焰在其各自的强烈旋转的一次空气作用下，相互影响，使得一次燃烧形成一个薄的带状火焰。薄的带状火焰散热条件好，抑制了 NO_x 生成。二次空气口均匀分布在总火道四周，高速喷出的二次空气增加了火道出口处的烟气自身再循环。从而使得均质的薄的两段燃烧带状火焰具有明显的抑制 NO_x 生成的作用。

该燃烧器安装在耐火材料砌筑的炉子上，燃用炼焦煤气，当热负荷为 258kW，$\alpha = 1.2$ 时，NO_x 生成量比普通燃烧器降低 $\frac{2}{3}$，在 50×10^{-6} 以下。

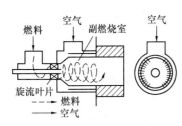

图 9-8　SLG 型燃烧器

（四）SLG 型（Sumitomo Lean Gas Burner）

SLG 型燃烧器是低热值燃气低 NO_x 燃烧器，如图 9-8 所示。其结构特点是，燃气以强旋流从中心供入，空气沿辅助燃烧室外壁以细流垂直燃气流逐渐供入。由于燃气强烈旋转和空气细流垂直供入，加速了混合，促进了燃烧，又由于空气逐次供入，使燃气在非化学当量比下进行燃烧，因此，有效地抑制了 NO_x 生成。辅助燃烧室的存在，保证了燃烧稳定和燃烧完全。

该燃烧器使用高炉煤气，在过剩空气系数 $\alpha = 1.05 \sim 2.0$，空气不预热时，火焰温度分布十分均匀，并低下，因此，NO_x 及 CO 生成量极少，分别在 10×10^{-6} 以下和没有。

（五）SSF 型（Sumitomo solid Fuel Burner）

SSF 型燃烧器是两段燃烧、烟气自身再循环型，燃气和煤混烧燃烧器，它有两种形式，即中心供煤粉（图 9-9）和中心供燃气（图 9-10）。

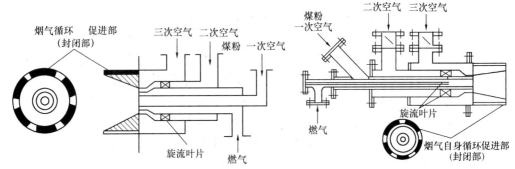

图 9-9　中心供煤粉 SSF 型燃烧器　　　　图 9-10　中心供燃气 SSF 型燃烧器

其结构特点是，煤粉和一次空气混合物与燃气分别从燃烧器中部供入，使得煤粉迅速着火和快速燃烧。二次空气以强旋流在一次燃烧火焰四周供入，促进混合并保证着火及燃烧稳定，抑制了 NO_x 生成。三次空气以高速从火道出口四周间隔供入，促进了烟气自身再循环，在保证火焰稳定和燃烧完全的同时，进一步抑制 NO_x 形成。

第二节　高　速　燃　烧　器

一、高速燃烧器的工作原理及特点

高速燃烧器主要应用在工业炉上。普通工业炉为了加热物料和保证燃料完全燃烧都具有一个宽敞的炉膛。这样，开炉时将炉膛加热到操作温度需要很长的时间；停炉时，由于热惯性大仍有相当一段时间继续加热工件，使加热温度难以控制，并易造成工件过热。为了防止工件过热，普通加热炉只好在略高于工件容许的最高加热温度下运行，这就降低了加热速度，增长了加热时间，特别在工件接近加热最终温度时更是如此。此外，在高温下延长加热时间会产生种种不良影响，如造成钢的氧化和脱碳，使工件表面毛糙和硬度降低。为了节约能源，消除普通加热炉的缺点，并与现代化生产流水线配套，60年代出现了快速加热技术。快速加热主要依靠对流传热而不是辐射传热。其特点是炉体小、加热速度快、热惯性小、加热工件质量高、热效率高并易于自动控制。

实现快速加热的关键一是改造炉体，二是应用高速燃烧器。

高速燃烧器有两个作用，一是燃气在非常高的热强度下燃烧，二是高温烟气以非常高的流速（200~300m/s）喷出燃烧室（火道），从而增加炉内对流传热的作用。

图9-11所示的高速燃烧器相当于一个鼓风式燃烧器在其出口增设一个带有烟气喷嘴的燃烧室。燃气和空气在燃烧室内进行强烈混合和燃烧，完全燃烧的高温烟气以非常高的流速喷进炉内，与工件进行强烈的对流换热。这种燃烧器的热负荷可达2330kW。

高速燃烧器与普通燃烧器相比有下列主要特点：

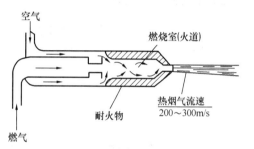

图9-11 高速燃烧器工作原理

优点：

1. 燃烧室的容积热强度非常高，可达$17×10^4 kW/m^3$，除火道式燃烧室外，不需要另设燃烧室。

2. 烟气在火道内剧烈膨胀以及火道出口设有烟气喷口，所以烟气喷出速度非常高，可达200~300m/s。

3. 炉内气氛容易调节成氧化性或还原性，可在较高的过剩空气系数下工作。

4. 负荷调节范围大，调节比可达1:50。

5. 可以使用高温预热空气，因此能以低热值燃气获得高燃烧温度。

6. 由于燃烧反应在火道内瞬时完成，故在惰性气氛的炉内也不会灭火。

缺点：

1. 需要较高的煤气、空气压力、耗电较多。

2. 燃烧室（火道）要求特殊的耐高温耐冲刷的材料，否则寿命很短。

3. 工作噪声较大，需要采取相应的消声措施。

高速燃烧器应用于工业所收到的效益是：

1. 简化了炉体结构，除火道式燃烧室外不再需要普通加热炉所具有的宽敞燃烧室。管理方便，安全装置及炉前管道布置简单。

2. 高速喷出的高温烟气可以引射大量的较低温度的炉内烟气，形成强烈的烟气回流和搅拌作用，使炉内温度分布均匀（如某渗炭炉的炉内温差为±1.5℃）。根据喷出速度不同，引射的回流烟气量也不同，通常变化在20~200倍的范围内。

3. 由于负荷调节范围大，并且以对流传热为主，所以炉内的温度可高，可低、并且热惯性小，所以炉子的使用范围扩大了。

4. 抑制了NO_x的生成。由于燃烧过程中氧的浓度可以控制到需要的最小量；烟气在高温区域内停留的时间短；高温高速烟气引射炉内较低温度的烟气后，本身被迅速稀释而降低温度；炉内的强烈换热也使烟气迅速降温；因此抑制了NO_x的生成。所以说高速燃烧器也是低NO_x燃烧器。

5. 节省燃料。由于燃烧效率高、炉内气体的强制循环及搅拌效果好、除火道外不另设燃烧室、炉内气氛容易调节等因素，所以节省燃料。

6. 可以减少燃烧器个数。由于高速气流能使炉温均匀，故不必像以前那样为了保证炉温均匀必须采用数量很多的燃烧器。燃烧器个数少也有利于自控。

高速燃烧器主要用于热处理炉、玻陶制品窑炉及金属熔化炉上。

二、工业用高速燃烧器示例

（一）SGM 型燃气低压高速燃烧器

SGM 型燃气低压高速燃烧器构造如图 9-12 所示。燃气经狭缝呈薄层流出，空气与燃

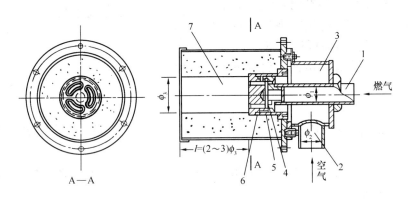

图 9-12　SGM 型燃气低压高速燃烧器

1—燃气入口；2—空气入口；3—空气分配室；4—空气通道；5—燃气通道；6—混合气通道；7—圆柱形火道（燃烧室）

气呈 90°角相遇，由于空气流速与燃气流速比为 1.5，所以空气对燃气有引射作用，促使二者进行强烈混合，混合气体经腰圆形孔进入圆柱形火道燃烧。火焰稳定是依靠转角处和流股间的高温烟气再循环及火道壁面实现的。烟气离开火道的速度为 100m/s 左右。

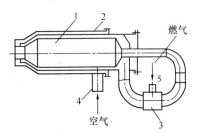

图 9-13　带空冷金属燃烧室高速燃烧器

1—燃烧室；2—外壳；3—混合器；4—空气入口；5—燃气入口

该燃烧器的特点是使用低压焦炉煤气（压力 800～1000Pa，低热值为 14026kJ/Nm^3）与低压空气（压力 2000～2500Pa）实现高速燃烧。火道热强度达 3.5×10^5 kW/m^3，过剩空气系数为 1.02～7.4 时，均能稳定燃烧。

该燃烧器在工业上已推广使用，效果良好。

（二）带空冷金属燃烧室的高速燃烧器

图 9-13 所示为带空冷金属燃烧室的高速燃烧器。这种燃烧器的工作过程是，冷空气经空气入口 4 进入燃

烧器外壳,沿外边第一行程夹层向烟气出口方向流动,在出口处进里边第二行程夹层,沿燃烧室外壁回流,进入混合器3,燃气与空气混合后进入燃烧室1燃烧。该燃烧器火道直径为2.5~3倍喷头直径,火道长度为3.5~5倍火道直径。

(三)铸铁外壳与焊接外壳高速燃烧器

英国的普通高速燃烧器有铸造及焊接两种系列。热负荷在1163kW以下的有三种型号(290,580,1163kW),外壳均为铸造。热负荷在1163kW以上的有4种型号(2180,2900,5800,8700kW),为焊接外壳。

图9-14所示为一热负荷为290kW的铸铁外壳高速燃烧器。其工作过程是,在燃气入口处有一挡板,用三根圆钢支撑在燃气喷口上,迫使燃气沿端部内表面流动,同时产生涡流,有利于与空气混合。空气经燃烧筒上的两排开孔(直径约10mm)进入燃烧筒内,与燃气边混合边燃烧。燃烧筒用1mm厚不锈钢板制成,内衬耐火材料。燃烧室缩口用高铝耐火混凝土制成,外边有不锈钢外壳,内衬碳化硅。燃烧器工作时,在急冷与急热作用下,耐火混凝土常开裂成细小裂缝,压力约为1.5kPa的高温烟气有可能沿裂缝外流,使裂缝愈来愈大。为防止发生这种现象,不仅安装了不锈钢外壳,还设置了冷空气道,保持外侧空气压力大于内侧烟气压力,一旦发生裂缝,冷空气可沿缝流入起冷却作用,避免热烟气外窜,烧坏燃烧器。

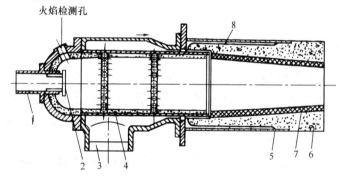

图9-14 热负荷为290kW高速燃烧器

1—燃气入口;2—挡板;3—空气入口;4—燃烧筒;5—不锈钢火道外壳;

6—燃烧室缩口;7—碳化硅衬套;8—冷空气道

(四)天然气高速燃烧器

图9-15所示为天然气高速燃烧器。其工作过程是,燃气经入口管8进入分配室,经小孔6流进第一段燃烧室。空气由入口9进入外壳13,经孔1和孔2进入第一段燃烧室,经螺旋缝隙式孔进入第二段燃烧室12。烟气经缩口14进入炉子工作室。

在第一段燃烧室中燃气与空气进行强烈混合和部分燃烧,在第二段燃烧室中,完成全部燃烧过程。

该燃烧器的特点是,空气沿燃烧室长度分散供应,且设置了空气节流室。空气分散供应起到了对燃烧室的冷却作用,这样,燃烧室可用普通耐热钢制造。空气节流室的出口孔2的面积为入口孔3的4倍,因此,孔2的空气流速远远小于孔3的空气流速。由于流向火焰根部的空气速度减小,火焰稳定性提高,允许燃烧器在较大过剩空气系数下工作。

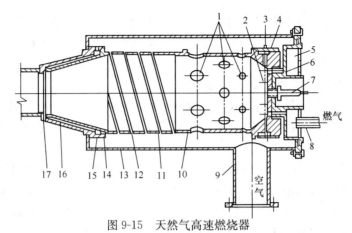

图 9-15　天然气高速燃烧器

1—空气孔；2—节流室空气出口孔；3—节流室空气入口孔；4—节流室；5—燃气分配室；
6—燃气孔；7—点火器；8—燃气入口；9—空气入口；10—第一段燃烧室；11—螺旋状缝
隙式孔；12—第二段燃烧室；13—外壳；14—燃烧室缩口；15—冷却燃烧室缩口用空气入
口；16—喷头；17—冷却空气出口

第三节　平　焰　燃　烧　器

一、平焰燃烧器的工作原理及特点

平焰燃烧器与传统的直焰燃烧器不同，它喷出的不是直焰，而是紧贴炉墙或炉顶向四周均匀伸展的圆盘形薄层火焰。利用旋转气流通过扩张形火道（扩张形火道具有附壁流动性质——科安达效应）便可形成平展气流，燃气在平展气流中燃烧便得到平面火焰。

平焰燃烧器具有下列主要特点：

1. 加热均匀，防止局部过热。由于气流旋转造成平焰中心处有一回流区，起到稳定火焰和搅拌作用，故温度场均匀，加热均匀。

2. 炉子升温及物料加热速度快。由于火焰及烟气紧贴炉壁扩展，对炉壁加热强烈，因此，平焰炉壁温度比直焰炉提高快，并且高，从而提高了物料加热速度，提高了炉子产量。

3. 炉内压力均匀。平焰炉的负压区在火焰中心处，沿炉壁四周为正压区，炉子压力分布均匀，防止了冷风吸入。

4. 节约燃气。平焰离受热工件的距离比一般直焰小得多，故加热快，节约燃气。

5. 烟气中 NO_x 含量少，噪声小。

平焰燃烧器的缺点是制造、安装技术要求高，在工业炉上布置方位受限制，燃烧器热负荷不能太大。

平焰燃烧器主要用于钢铁及机械工业的加热炉上，也用于玻陶、化工等工业窑炉上。

二、平焰燃烧器示例

(一) 半引射型平焰燃烧器

如图 9-16 所示，为半引射型平面火焰燃烧器。它与大气式燃烧器相仿，由引射器、喷头及梅花型火道砖组成。喷头由耐热金属制成，其上开有夹条形火孔。燃气经喷嘴吸入一次空气，混合后经喷头夹条形火孔流出。二次空气依靠炉内负压吸入，在火孔出口处与燃气相遇，二者边混合边进入梅花型火道砖内进行燃烧。所形成的火焰将火道砖及炉墙侧壁加热。高温火道砖及侧墙内表面又以辐射传热加热工件。这样既可保证工件均匀加热，又可防止火焰与工件接触，从而减小炉膛容积。这种燃烧器可安装在工业炉的侧壁、炉顶或炉底。

半引射型平面火焰燃烧器不需要鼓风，本身不耗电能，并具有燃气-空气比例自动调节性能。但需要高压燃气，工作噪声较大。

（二）全引射旋流式平焰燃烧器

全引射旋流式平焰燃烧器由引射器、旋流器及火道三部分组成，如图 9-17 所示。

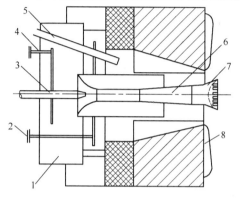 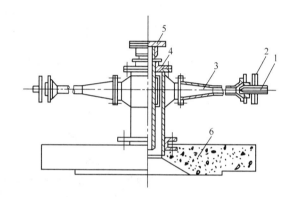

图 9-16　半引射型平面火焰燃烧器

1—消音器；2—二次风门；3—喷嘴；4——一次风门；
5—点火器；6—引射器；7—喷头；8—梅花型火道砖

图 9-17　全引射旋流式平焰燃烧器示意图

1—喷嘴；2—调风板；3—引射器混合室；4—旋流器；
5—中心管；6—火道砖

燃气从喷嘴流出，依靠本身的能量吸入燃烧所需的全部空气，并在混合管内进行混合。混合均匀的燃气-空气混合物经旋流器形成旋转气流，在扩张形火道的配合下，贴附于火道壁及炉墙表面燃烧，形成平焰。

全引射旋流式平焰燃烧器依靠燃气能量既要吸入燃烧用全部空气，又要形成旋转气流，消耗能量较大，故要求使用中（高）压燃气。为了充分利用中（高）压燃气能量，引射器应选用引射效率高的第一类引射器，即负压吸气引射器。

（三）鼓风旋流式平焰燃烧器

鼓风旋流式平焰燃烧器由旋流器和扩散型火道砖组成。在燃烧之前，燃气与空气不预混，属于扩散式燃烧。燃烧所需全部空气均由鼓风机一次供给。平展气流是由旋流器产生的旋转气流和气流在扩散型火道砖的附壁效应作用下形成的。

如图 9-18 所示，为双旋平焰燃烧器。它由旋流器及火道两部分组成。空气和燃气经旋流器呈旋流向前流动，二者强烈混合后进入喇叭形火道开始燃烧，在火道出口处旋转气流在离心力及回流烟气的作用下向四周扩散，于是形成平面火焰。其火焰直径及厚度与旋流强度及火道扩张角有关。

如图 9-19 所示，为螺旋叶片平焰燃烧器。空气经过螺旋叶片产生旋转，燃气从径向

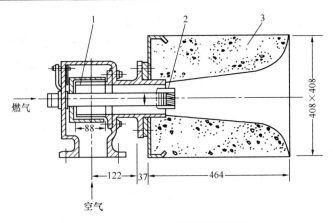

图 9-18 双旋平焰燃烧器
1—空气旋流器；2—燃气旋流器；3—火道

喷孔射入空气旋流中。在旋流中二者进行强烈混合，然后进入喇叭形火道开始燃烧，随即形成平面火焰。

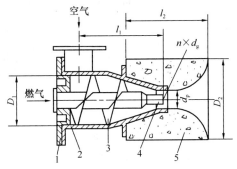

图 9-19 螺旋叶片平焰燃烧器
1—盖板；2—外壳；3—螺旋叶片；4—燃气喷头；5—火道

第四节 浸 没 燃 烧 器

一、浸没燃烧器的工作原理及特点

浸没燃烧法又称液中燃烧法，是一门新型燃烧技术。它是将燃气与空气充分混合，送入燃烧室进行完全燃烧，然后将高温烟气喷入液体中，从而加热液体。浸没燃烧法的燃烧过程大都属于完全预混燃烧，其传热过程属于直接接触传热。

最早的浸没燃烧装置是由英国的柯里尔（Collier）于 1889 年发明的，如图 9-20 所示。该装置由于没有专门的燃烧室，似乎火焰直接喷入液体中，故得名浸没燃烧。

目前，广泛应用的浸没燃烧装置如图 9-21 所示，其主要特点是液面上设置了燃烧室，它起到保证火焰稳定和燃烧完全的作用。

随着浸没燃烧技术的发展和应用，为了克服浸没燃烧动力消耗大的缺点，相继出现了改良型浸没燃烧装置。由此，浸没燃烧装置可分为浸渍型、填充层型、多孔板型、两相流型。后三种又称为改良型，如图9-22所示。

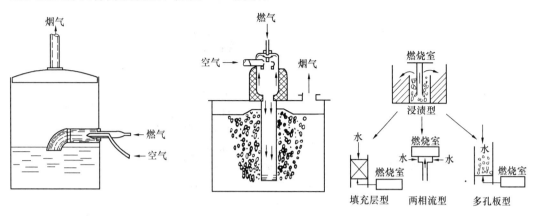

图 9-20 柯里尔的浸没燃烧蒸发器　　图 9-21 蒸发装置　　图 9-22 改良浸没燃烧法分类

浸没燃烧早期应用的目的是着重解决用间壁式换热器加热黏稠、易结晶、易结垢和腐蚀性强的液体时所存在的下述问题：

(1) 气体的对流换热系数小，使设备的传热系数小，传热面积大，加热设备大型化，投资多。

(2) 加热和蒸发黏稠、易结晶和易结垢的液体时，液体侧易结垢和结晶，降低热效率，甚至引起事故。

(3) 加热腐蚀性液体时，传热面需要用耐高温、耐腐蚀的材料制造。

(4) 排烟温度高，热损失大，并且不安全。

(5) 单位产品的能耗大。

浸没燃烧系气-液两相直接接触传热，其最大特点：一是不需要间壁式换热器或蒸发器所必需的固定传热面，因此，不存在传热面上的结晶、结垢和腐蚀问题，节省了耐高温、耐腐蚀材料。二是高温烟气从液体中鼓泡后排出，由于气液混合和搅动十分强烈，大大增加了气液间的接触面积即两相接触传热面积，强化了传热过程，因此，排烟温度低，热效率高，单位产品耗能少，设备简单，投资少。

浸没燃烧不仅解决了间壁式换热器所存在的加热黏稠、易结晶、易结垢和腐蚀性强的问题，还提高了装置的能源利用率，因此，它的研究和应用已越出了对黏稠、易结晶、易结垢和腐蚀性液体的加热范围，而成为节能的重要措施之一。

二、浸没燃烧器应用示例

浸没燃烧广泛用于液体的加热，各种酸洗液的加热，再生和浓缩，废水除酸与净化，碱性废液的中和，惰性气体和还原性气体的生产，液体的气化，清洗储罐及管道等工艺中。

(一) 液体的加热

图 9-23 所示为热水制备系统。燃烧室内衬耐火材料，浸没管为卧式渐缩形鼓泡管，鼓泡管下半周钻有许多小孔，高温烟气经小孔喷入液体中，将液体加热。

图 9-24 所示为酸洗液的加热系统，其浸没燃烧装置安装在储槽外，溶液沿箭头指向不断循环流动，并被浸没燃烧器所加热。随着水分的蒸发需向系统补液，补给液经过设在

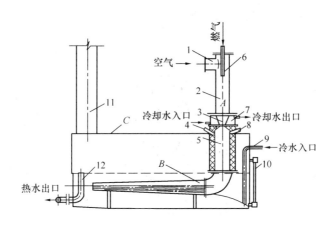

图 9-23 热水制备系统

1—空气管；2—混合管；3—喷头；4—点火孔；5—火道；

6—燃气管；7—冷却水套；8—观察孔；9—给水管；

10—液面计；11—排烟道；12—热水出口

A—燃烧器；B—鼓泡管；C—水槽

分离器内的喷嘴和下部供入，由于补给液的喷淋，使烟气受到冷却，其中蒸汽被冷凝，回收余热，从而减少了排烟热损失。

图 9-25 所示为浸没燃烧装置安装在酸洗槽内的酸洗液加热系统。

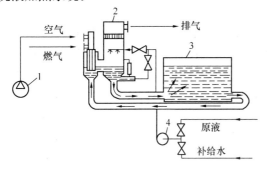

图 9-24 浸没燃烧装置安装在储槽外的
酸洗液的加热系统

1—鼓风机；2—浸没燃烧加热装置；3—酸洗槽；4—离心泵

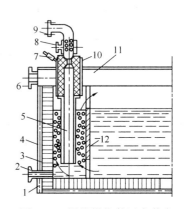

图 9-25 浸没燃烧装置安装在
酸洗槽内的酸洗液加热系统

1—槽外壳；2—排水管；3—橡胶衬里；
4—耐酸衬里；5—鼓泡管；6—排烟管；
7—电点火器；8—天然气管；9—空气
管；10—带内衬燃烧室；11—排烟道；
12—耐酸挡板

（二）废酸液的再生与浓缩

废酸液在浸没燃烧装置中的浓缩与再生过程实质是酸液中水分的汽化过程。其工艺流程如图 9-26 所示。原料液用泵由储槽 1 打入高位槽 3，溶液在浸没燃烧装置 4 中进行加热汽化。烟气经分离器 5、洗涤塔 6 将其中蒸汽冷凝并分离出后排出。浓缩液经结晶和分离后，再重新制备酸洗液。

（三）净化工业废水

对于可产生泡沫的污水，采用发泡式浸没燃烧装置净化较一般净化系统有明显的优越性。其工艺流程如图 9-27 所示。该流程的主要组成部分是，用于预蒸污水的浸没燃烧装置 1 和用于蒸发浓液及热力净化的发泡蒸发器 5。

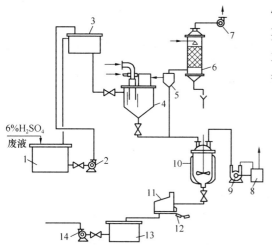

图 9-26　废酸液再生系统

1—原料液储罐；2—泵；3—高位槽；4—浸没燃烧装置；5—分离器；6—洗涤塔；7—风机；8—真空储罐；9—真空泵；10—真空结晶机；11—离心分离机；12—传送带；13—滤出液储槽；14—泵

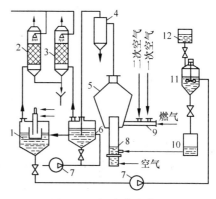

图 9-27　污水蒸发装置

1—浸没燃烧装置；2、3—洗涤塔；4—分离器；5—发泡蒸发器；6—鼓泡器；7—泵；8—发泡柱；9—燃烧器；10—恒压槽；11—混合槽；12—给料器

污水由泵 7 送入鼓泡器 6，经汽气混合气鼓泡后送入浸没燃烧装置 1 进行预蒸。烟气经过洗涤塔 2、3 回收热量后排入大气。预蒸后的污水经泵打入混合槽 11 与表面活性物质混合后送入发泡蒸发器 5，被鼓入的空气和燃气发泡，并同时进行燃烧和加热汽化。污水中的有机物和空气在高温下也参加燃烧。故污水经过发泡蒸发后得以净化。从蒸发器上部排出的烟气中只有 H_2O、CO_2 和 N_2，而没有原来存于污水中的有毒及有害物质。

此外，浸没燃烧器还可应用在制取生物能（沼气）中加热原料液、液体汽化系统、清洗储罐、管道及设备内表面等方面。

第五节　燃气辐射管

一、燃气辐射管的工作原理及特点

对于需要控制炉内气氛的热处理炉，常选用间接加热方法，即燃烧产物与被加热工件相隔离。燃气辐射管就是其中的一种。

燃气辐射管主要由管体、烧嘴和废热回收装置所组成，其工作原理如图 9-28 所示，在耐热钢或耐热陶瓷材料制成的辐射管中，使燃气完全燃烧，以加热管子，利用被加热的管子所放出的辐射热来加热炉子以及炉内待处理的工件或材料。所以有人把辐射管称为内燃式管状加热器。辐射管是以辐射传热为主。

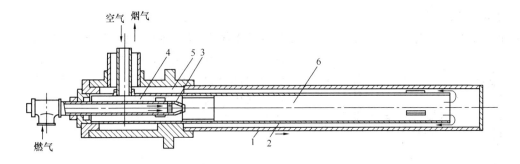

图 9-28 套管式燃气辐射管

1—外管；2—内管；3—燃气喷嘴；4—空气通道；5—烟气通道；6—燃烧区

燃气辐射管的特点：

(1) 由于燃烧废气不引入炉内，因此，炉内气氛便于控制和调节。

(2) 炉内温度分布可根据辐射管的配置情况予以控制，并达到均匀加热。

(3) 由于加热、冷却迅速、调节幅度大，可实现较复杂的温度控制和加热程序化。

(4) 根据炉子的形式和用途，可任意选用辐射管的形式(如直管型、套管型、U 型等)。

(5) 便于安装废热回收装置，以提高热效率。

二、燃气辐射管的类型

燃气辐射管有直管型、套管型、U 型、W 型、O 型、P 型、三叉型，如图 9-29 所示。

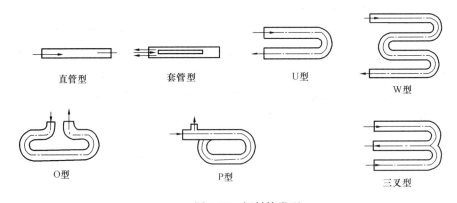

图 9-29 辐射管类型

(1) 直管型辐射管 其结构最简单，在直管的一端装烧嘴。使燃气在管内燃烧、燃烧废气由管子的另一端排出。这种形式的管子表面温度分布差、热效率低。当闷炉或停炉时，因自然通风而引起热量损失。在高温应用时，可使用陶瓷材料辐射管。若两根直管型辐射管成对使用，一根管子出口安装废热回收装置，可为另一根辐射管预热燃烧所需的空气。这样既能改善辐射管表面温度分布，又能提高热效率。但是，安装拆卸极不方便。

(2) 套管型辐射管 具有由内管和外管制成的套管式结构。管子表面温度分布均匀，热效率高，拆装方便，在德国已有 30 多年的使用历史。采用废气再循环的套管型辐射管、其管子表面温度分布更趋均匀，内管热应力降低，废气温度降低，热效率提高。英国、法国、前苏联等国已形成系列产品，广为应用。由于内管温度比外管高出约 100℃，所以，内管材料的耐久性要求更高，提高了制作费用。

（3）U 型辐射管 相当于加长的直管型辐射管，在中间弯曲而成。烧嘴和废热回收装置可安装在同一侧。这种形式的辐射管表面温度分布尚均匀、热效率较高，也广为选用。

（4）W 型、O 型、P 型辐射管 W 型辐射管的热效率要比 U 型高，但是，辐射管表面温度分布和使用寿命都不及 U 型。P 型辐射管是一种废气再循环形式。由于结构复杂、制作困难，实际使用少。O 型辐射管制造复杂、造价高、管子表面温度分布不均，使用寿命不及 U 型，实际应用亦不多。

实际上，带废热回收装置的套管型辐射管、带废热再循环的套管型辐射管、带废热回收装置的 U 型辐射管等，应用最为广泛。

第六节 脉 冲 燃 烧 器

一、脉冲燃烧器的工作原理及特点

脉冲燃烧器从构造上分为有阀型与无阀型两大类。脉冲燃烧器的工作原理与通常的燃烧器不同，而近似于内燃机的燃烧。图 9-30 所示是一种最简单的脉冲燃烧器也称施米特燃烧器。在脉冲燃烧器中，燃烧和热量释放是周期性进行的。一个循环周期分三个过程，即燃烧过程、排气过程和吸气过程。

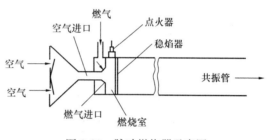

图 9-30 脉冲燃烧器示意图

燃烧过程：供给燃烧室的燃气-空气混合物由前一个周期的高温残存燃烧产物点燃引起燃烧（最开始用点火器点燃），由于气体膨胀燃烧室内压力急剧上升。

排气过程：由于燃烧室内压力升高，使燃气和空气瓣阀关闭，燃烧产物从排气管（尾管）被排出。排气终了时靠排气的惯性作用，燃烧室的压力降至大气压力以下。

吸气过程：由于燃烧室内形成负压，使燃气和空气瓣阀打开，燃气和空气被吸入燃烧室，同时部分燃烧产物从排气管逆向流入燃烧室，将燃气-空气混合物点燃，开始下一个循环。如此自动进行下去。

脉冲燃烧的特点：

（1）燃烧室容积热强度大，可高达 $23260kW/m^3$，因此由脉冲燃烧器组成的加热装置结构紧凑、体积小。

（2）加热效率高。由于脉冲燃烧是在声波作用下进行，燃气和空气混合均匀，燃烧加剧、空燃比接近化学计量比，而且排烟温度可降至露点以下，充分利用了烟气中的潜热，所以热效率高，比目前最先进的燃烧装置提高 10% 左右。当用作热风采暖时，热效率可达 96%；当用作热水锅炉时，热效率接近或超过 100%（按低热值计算）。

（3）传热系数大。脉冲燃烧存在着较高的脉动频率，气流具有相当强的脉冲性，严重破坏了气流的传热边界层，同时在脉冲燃烧周期中有部分时间出现了高速气流，所以总的传热系数很高。比普通的加热设备大一倍以上。

（4）NO$_x$ 排放量低。通常只有常规燃烧器的 50％。

（5）正常运行时，燃烧室平均压力高于大气压，为正压排气。由于是正压排气，不必考虑烟囱的设置位置，安装自由度较大，一般只要用一根较细的管子将烟气排出室外即可。

（6）除了在启动时需要点火和鼓风外，正常运行时点火和排烟不再需要外界能量，可节约电能。

脉冲燃烧器的缺点为：

（1）噪声大，需装有消声器或隔声设备。

（2）调节比小，因脉冲燃烧器只有在一定的热负荷范围内才能保持良好的运行稳定性和一氧化碳排放量。

（3）由于脉冲振动而引起设备提前损坏的可能性较大。

脉冲燃烧作为一种新的燃烧技术有着广泛的应用前景。

二、脉冲燃烧器应用示例

如图 9-31 所示为脉冲燃烧液体加热装置。

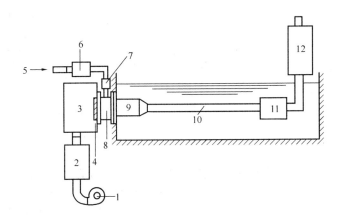

图 9-31　脉冲燃烧液体加热装置
1—风机；2—过滤器；3—空气去耦室；4—空气瓣阀；5—燃气管；6—燃气去耦室；
7—燃气瓣阀；8—混合室；9—燃烧室；10—尾管；11—排气去耦室；12—排气消声器

它是将脉冲燃烧装置的燃烧室、尾管及排气去耦室等置于装有液体的箱体中而形成。如果将燃烧室、尾管及排气去耦室等置于有空气流通的箱体或管道中，就组成脉冲燃烧空气加热装置。

目前已经商品化的脉冲燃烧加热装置有美国 Lcnnox 公司的热风器，日本 Paloma 公司的热水器和蒸汽发生器以及大阪煤气公司的工业液体加热器。

第七节　催 化 燃 烧 器

一、催化燃烧的基本原理及特点

催化燃烧是多相催化反应中的完全氧化反应。可燃气体借助催化剂的催化作用，能在低温下完全氧化，该温度低于可燃气体闪点。目前关于多相催化反应有以下三种理论：活性中心理论、活化络合物理论和多位理论。

活性中心理论认为，催化作用起源于催化剂表面上的活性中心对反应分子的化学吸附。这种化学吸附使反应分子变形并得到活化，所以表现出催化作用。活性中心一般在固体的棱角、突起或缺陷部位，因为那些地方的价键具有较大的不饱和性，所以吸附能力较强。

活化络合物理论认为，反应物分子被催化剂的活性中心吸附以后，与活性中心形成一种具有活性的络合物。由于络合物的形成，使原来分子的化学键松弛，因而反应的活化能大大减低，这就为反应创造了有利条件。活化络合物的形成和分解可示意如下：

$$
A + B + {-\!\!\overset{|}{K}\!-\!\overset{|}{K}\!-} \longrightarrow {-\!\!\overset{\overset{\displaystyle A}{|}}{K}\!-\!\overset{\overset{\displaystyle B}{|}}{K}\!-} \longrightarrow AB + {-\!\!\overset{|}{K}\!-\!\overset{|}{K}\!-}
$$

（气体）（气体）（催化剂表面）　　（活化络合物）

或者

$$
A + {-\!\!\overset{|}{K}\!-} \longrightarrow {\overset{\overset{\displaystyle A}{|}}{K}\!-} + B \longrightarrow {\overset{\overset{\displaystyle A\!-\!B}{|}}{K}\!-} \longrightarrow AB + {-\!\!\overset{|}{K}\!-}
$$

（气体）（催化剂表面）　　　　（气体）

活性中心理论和活化络合物理论都没有注意到表面活性中心的结构，因而不能充分解释催化剂的选择性。多位理论认为，表面活性中心的分布不是杂乱无章的，而是具有一定的几何规律性。只有当活性中心的结构与反应物分子的结构成几何对应时，才能形成多位的活化络合物，从而产生催化作用。这时活性中心不仅使反应物分子的某些键变得松弛，而且还由于几何位置的有利条件使新键得以形成。

在上述三种理论中，有两点是共同的：第一点是认为催化剂表面的性质不是均匀的，有活性中心存在；第二点是认为反应物分子与活性中心之间相互作用的结果使化学键发生改组，从而形成一种产物。至于活性中心的本质和活化络合物的本质，还有待进一步查明。

已经知道气、固多相催化反应的先行步骤是固体催化剂活性表面对反应物分子的化学吸附。但吸附能力过强和过弱都不能起催化作用，只有中等的吸附强度才能得到最大的反应速度。

燃气低温完全预混燃烧常用的催化剂为：铂、钯、镍、铜、银和过渡金属（如铜、钴、铬、锰、钒等）的氧化物，以及一些金属（镁、铜、钴、锰）的亚络酸盐。

在工业上使用时，通常使上述催化剂附着在惰性填料上，使之与气体有较大的接触表面，以便更好地发挥催化剂的作用，这种填料称为载体。常用的载体有硅胶（SiO_2）、铝凝胶（Al_2O_3）、石棉和浮石（钾、钠、钙、镁和铁的硅酸盐）等表面积较大的物质。

另外，在催化剂中加入少量其他物质，可以提高催化剂的活性、选择性和使用寿命，这种作用称为助催化作用。

催化燃烧器的优点是：

1. 燃烧温度低　扩散式催化燃烧温度一般在 400℃ 以下，预混式在 500℃ 以上。催化燃烧几乎看不见火焰，可将燃烧器接近被加热物体，从而缩短加热时间。

2. 由于催化燃烧板面温度低，其辐射射线波长大都为 $4\sim6\mu m$。处于红外线范围内。

3. 燃烧完全，烟气中氮氧化物（NO_x）低。

4. 催化燃烧板面温度均匀。

主要用于干燥、采暖、露天加热、塑料加热等场合。

二、催化燃烧器应用示例

目前应用的催化燃烧器有两种：一是预混式；另一是扩散式。如图 9-32、图 9-33 所示。

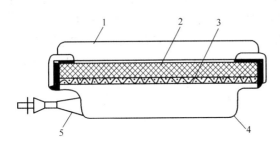

图 9-32　预混式催化燃烧器

1—保护罩；2—镀催化剂的辐射板；3—金属托网；
4—辐射器外壳；5—引射器

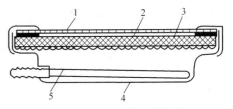

图 9-33　扩散式催化燃烧器

1—保护罩；2—镀催化剂的辐射板；3—金属托网；
4—辐射器外壳；5—钻有小孔的燃气分配管

第八节　富　氧　燃　烧　器

一、富氧燃烧的基本原理及特点

在自然状态下空气中的氧含量为 20.95%，普通燃烧器所用的助燃空气均在自然状态下。如果用比自然状态下含氧量高的空气作助燃空气，则该燃烧称富氧燃烧。相反，称贫氧燃烧。富氧燃烧的极限状态是纯氧燃烧。

富氧燃烧的火焰特性及节能：

1. 理论空气需要量少　随着富氧空气中含氧量的增加，理论空气量减少，从而改变了燃烧特性。

2. 火焰温度高　火焰温度随富氧空气中含氧量增加而升高，当含氧浓度小于 30% 时，火焰温度上升快，大于 30% 时，温度上升缓慢，因此，一般含氧浓度控制在 28% 以下为宜。

3. 排烟量减少　富氧空气含氧量由 21% 增至 27% 时，在 $\alpha=1$ 情况下，湿烟气量可减少 20%，从而减少了排烟热损失。

4. 分解热增加　随着烟气温度升高，分解热增加，当遇到低温表面时，将放出大量分解热，这也是富氧燃烧火焰具有较大传热能力的原因之一。

5. 节约能源　由于富氧燃烧火焰温度高，炉内温压增大，辐射换热量增强，提高了炉内有效利用热。同时，由于排烟量减少，排烟热损失减小，故设备热效率提高，从而节约了燃料消耗量。

6. NO_x 生成量增加，由于火焰温度增高，NO_x 生成量将增加。

二、富氧燃烧器应用示例

1. 二段燃烧型

用于金属加热炉的二段燃烧型富氧燃烧器如图 9-34 所示。燃烧器工作时，通过空气调节阀，调节一次空气量与二次空气量的比例，可以调节火焰长度。

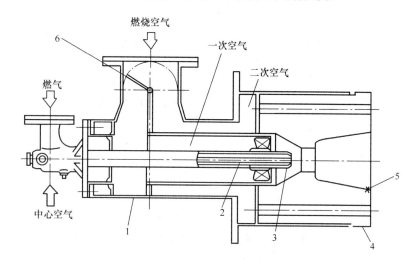

图 9-34　二段燃烧型富氧燃烧器

1—本体；2—中心空气喷嘴；3—燃气喷嘴；4—火道；5—温度测定点；6—火焰形状调
节阀燃料：城市燃气 13A；热负荷：290kW；燃气压力：3000Pa；空气压力：3000Pa

2. 高速燃烧型

图 9-35 所示为高速燃烧型富氧燃烧器。燃气与空气在燃烧器内进行快速混合，快速燃烧。而后烟气以 130m/s 速度从火道喷出。炉内温度十分均匀。

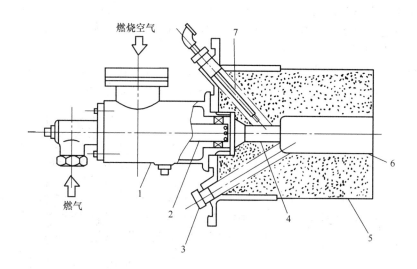

图 9-35　高速燃烧型富氧燃烧器

1—本体；2—燃气管；3—观火孔；4—喉部；5—火道；6—温度测定点；7—点火器
燃料：城市煤气 13A；热负荷：116kW；燃气压力：6500Pa；空气压力：5000Pa

3. 杯型

图 9-36 所示为杯型富氧燃烧器。燃气与空气进行预混，所以燃烧速度快。每个燃烧器热负荷较小，应用时可将几个组合在一起应用。传热方式以辐射传热为主。

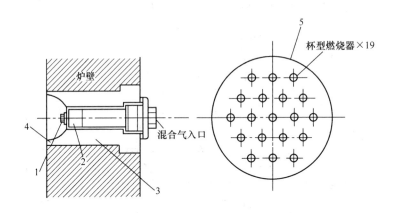

图 9-36 杯型富氧燃烧器

1—喷嘴顶部；2—喷嘴；3—火道砖；4—测温点；5—固定板

燃料：城市煤气 13A；热负荷：5.9kW；混合气压力：6000Pa

第九节 双 燃 料 燃 烧 器

如图 9-37 所示，为煤粉-燃气燃烧器。它由燃气分配室、旋流空气室及中央煤粉供给管道组成。燃气分配室上设有 $d=5\sim8mm$ 的燃气孔口。燃烧器工作时，煤粉同一次空气的混合物沿中心管道经铸铁扩散管进入燃烧室。二次空气经旋流器以 $26\sim30m/s$ 的流速旋转向前流动。燃气从边缘经过燃气孔口以 $110\sim160m/s$ 的流速垂直进入空气旋流中。然后二者一齐进入燃烧室与煤粉混合燃烧。当燃烧挥发分低的煤粉时，供应一定量燃气可以帮助煤粉着火和燃烧，使火焰稳定。

该燃烧器可以单独燃烧煤粉或燃气，也可煤粉和燃气混合燃烧。当大型电站锅炉作为燃气输配系统的缓冲用户来平衡燃气供应的季节不均匀性时，应用煤粉-燃气燃烧器最为

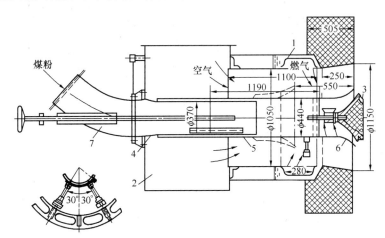

图 9-37 煤粉-燃气燃烧器

1—燃气分配室；2—旋流器；3—分流锥；4—活动管道；5—不动管道；6—出口；

7—煤粉供应管道

合适。

此外，生产上还广泛应用油-燃气燃烧器，用以单独或同时燃烧燃料油和燃气，如图9-38所示。该燃烧装置用低压空气助喷式雾化器和火道混合式燃烧器，适于使用37.8℃时雷氏黏度指数低于35S的轻柴油。

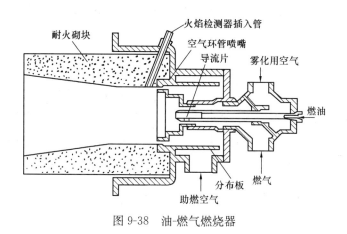

图9-38　油-燃气燃烧器

第十节　蓄热式燃烧器

蓄热式燃烧器是在预热空气燃烧器的基础上发展而来的。20世纪80年代，英国燃气公司等开发了蓄热式燃烧技术，同年美国开始了大量的示范应用工作，之后，蓄热式燃烧器开始广泛应用于玻璃炉、轧钢加热炉、铸造炉、熔铝炉和某些热处理炉。

一、蓄热式燃烧技术概述

工业炉窑节能技术的发展实际上就是烟气余热利用技术的进步。从20世纪60～70年代开始，国内外较普遍地采用空气预热器来回收炉窑的烟气余热。采用这种办法可以降低排烟温度，增加进入炉膛的助燃空气的温度，可以达到一定的节能效果，但仍存在以下问题：

（1）空气预热器一般采用金属材料和陶瓷材料，当应用在高温炉时，前者寿命短，后者设备庞大、维修困难；

（2）回收的热量有限，由于空气预热器的几何结构及助燃空气量与燃气量的匹配问题，预热空气的温度不高，一般不超过400℃，因此炉子热效率一般在50%以下。

针对空气预热器应用在高炉加热炉领域的不足，研究人员在借鉴传统玻璃熔炉蓄热室原理的基础上，采用新型蓄热材料，缩小蓄热室体积，使燃烧器与蓄热器集成为一体，从而形成了蓄热式燃烧这一新型燃烧技术。

由于蓄热室工作原理的限制，燃烧器必须成对安装在炉窑上。在自动换向系统的控制下，燃烧器可实现精确的定时或定温换向工作。如图9-39所示，工作时，一个燃烧器燃烧，另一个充当烟气余热的回收装置：当燃烧器A工作时，助燃空气通过该侧蓄热体A、吸收蓄热体A内储存的热量升温后与燃料混合燃烧，生成的烟气自燃烧器B

流出，放热给蓄热体 B，温度下降后排出。经一定时间或排烟温度达到一定值后，换向阀动作，燃料和从蓄热体 B 吸收热量后的助燃空气由燃烧器 B 射入，燃烧器 B 工作，产生烟气流入燃烧器 A，放热给蓄热体 A 后排出。为了实现蓄热式燃烧工艺，一套蓄热式燃烧系统一般配备一台烟气引风机和一台鼓风机；换向阀则频繁切换（常用的切换周期为 30～200s），不断改变空气和烟气流向，控制蓄热式燃烧器在燃烧周期中不同阶段的功能实现。

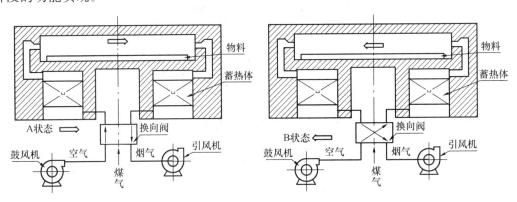

图 9-39　蓄热式燃烧器工作原理图

蓄热室内蓄热材料一般采用大比表面积的陶瓷球或蜂窝体，常温助燃空气可在极短时间内加热到接近炉膛温度（一般比炉膛温度低 50～100℃），同样高温烟气也能在极短时间内将其显热储存在蓄热体内，然后以 150～200℃ 的低温烟气经过换向阀排出。显然，理想的蓄热式燃烧器可以使助燃空气的温度预热到超过 1000℃，并且使热效率达到 80% 左右。这种燃烧工艺让高温加热炉的节能空间得以极大的提高，并且使大量常规燃烧温度不高的低热值燃气应用在高温炉中成为可能。

必须指出，蓄热式燃烧方式在提高热效率的同时，也带来了一些需要解决的问题，主要表现为：

（1）助燃空气的温度提高使燃烧速度加快、火焰温度提高，炉膛内存在局部高温区，容易使加热制品局部过热，烧损率提高，也会影响工业炉的局部炉膛耐火材料和炉内金属构件的寿命；

（2）助燃空气温度的增高导致火焰温度增高，NO_x 的排放量大大增加，对大气环境造成严重的污染。

总之，蓄热式燃烧的应用在提高工业炉加热效率的同时，也带来了工业炉加热中的炉膛内温度分布均匀化以及如何减少 NO_x 污染排放的新问题，这些都需要有新的解决措施——高温空气燃烧（HTAC）技术。

高温空气燃烧技术的核心思想是让燃料在高温低氧气氛中燃烧。它包含两项基本技术措施：一是采用温度效率高、热回收率高的蓄热式换热装置，最大限度回收燃烧产物中的显热，用于预热助燃空气，获得温度为 800～1000℃、甚至更高的高温助燃空气。另一项是采取燃料分级燃烧和高速气流卷吸炉内燃烧产物，稀释反应区的氧气浓度，获得 1.5%～3%（体积）的低氧气氛。燃料在这种高温低氧气氛中，首先进行诸如裂解等过程，获得与传统燃烧过程不同的热力学条件，即在低氧气氛中延缓燃烧释放出热能，不再出现传统燃烧过程中的局部高温区。

这种燃烧方式一方面使炉膛内的温度整体升高且分布更趋均匀，显著降低了燃料消耗，也就意味着减少了 CO_2 的排放。另一方面，消除了传统燃烧的局部高温区，炉内高温烟气回流，降低了反应区的氮、氧的浓度，因此大大抑制了热力型氮氧化物（NO_x）的生成。因此，高温空气燃烧技术具有极大的节能环保效益。

需要指出的是，高温空气燃烧低污染排放的前提条件是要求有很高的助燃空气温度和炉膛温度，否则会造成严重的不完全燃烧现象。因此，在应用高温空气燃烧技术时应对加热炉的冷炉升温等采取相应的措施。

二、蓄热式燃烧器的关键部件

1. 烧嘴

由于蓄热式燃烧器的助燃空气被预热至高温，不再对烧嘴头部起冷却作用，因此烧嘴一般需用耐热钢制造或由耐高温混凝土浇筑而成。

常规燃气燃烧器的头部结构是尽可能使燃气分隔成细小气流分散到助燃空气流中，保证充分扩散混合、完全燃烧。而蓄热式燃烧器则采用空气流和燃气流几乎呈平行射流的形式，目的是希望燃气和空气在向前运动、混合过程中，卷吸炉膛内的烟气、实现与烟气的混合，从而降低燃烧区域的温度，实现抑制 NO_x 的生成。而燃气完全燃烧是由高温空气自身携带的能量来保证的。

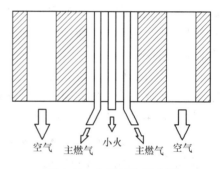

图 9-40 烧嘴结构示意图

除此之外，一般在烧嘴燃气通道下方或燃气通道内安装燃气辅助燃烧器，辅助燃烧器起点火的作用。另外，也起到对燃烧过程的监控作用。

2. 蓄热室

一般蓄热室采用垂直布置形式，如图 9-41 所示。蓄热体大都采用蓄热陶瓷小球。

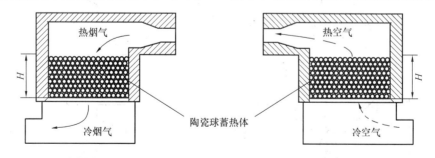

图 9-41 陶瓷球蓄热室示意图

为了便于燃气系统及安全点火、监控系统的安装，也有蓄热室采用水平布置形式。水平布置的形式结构紧凑，但一般适用于陶瓷蜂窝体作为蓄热材料。

蓄热体的材质一般采用耐高温、抗振性好、强度高的陶瓷制成。通常烟气温度在1200℃以下时使用堇青石质的，1200℃以上时使用氧化铝质的和碳化硅质的。

气体流经蓄热室的阻力损失是蓄热室设计的重要技术指标，了解蓄热室在冷态和热态的阻力特性，是合理选择蓄热式燃烧器鼓风系统和排烟系统设备的重要前提。

3. 换向机构

换向装置是蓄热式燃烧器的核心元件之一，其性能的优劣直接影响燃烧器的性能，使用寿命一直是该类燃烧器发展的制约因素。目前，应用于工业炉窑上的换向装置主要有两位四通式、二位五通式、旋转四通式三种换向阀。

现在工业中经常使用的是旋转式四通换向阀，它是根据时间设定或流体温度设定由控制系统控制，能够同时实现燃料空气和烟气的换向动作，从而实现两个烧嘴间的工作转换（图 9-42）。

4. 燃气系统

燃烧器的主燃气系统安装在烧嘴中间通道内，为了保证燃烧气流满足燃烧器切换燃烧的目的，燃气系统内一般设置可以利用电磁阀定时切换的喷管。

燃气是易燃易爆的物质，安全运行始终是燃烧设备首先要考虑的事宜。蓄热式燃烧本质上是间断式的燃烧，如何保证燃烧切换之后燃烧的可靠性，实现的方法可以多种多样。采用常明小火的形式来保证主火的燃烧是一种较为可靠的方法，同时检测小火的存在来保证燃烧的可靠性。

常明小火燃烧器和主燃烧燃气喷管置于高温炉内，如果不采取有效措施使用寿命可能会较短，因此在烧嘴中间通道内接辅助空气，即提供常明小火燃烧器扩散燃烧时的助燃空气，同时对主燃气喷管等进行冷却，可延长燃烧器使用寿命。

点火电极、火焰探测器和观火镜设在主燃气系统侧部，实现燃烧器的自动点火、安全监控和火焰状态观察功能。

5. 控制系统

蓄热式燃烧器的自动控制主要包括点火阶段和正常燃烧阶段，控制原理图见图 9-43。

点火阶段的控制过程与一般工业燃烧器的过程类似，即按动燃烧器启动按钮，经过检测燃气

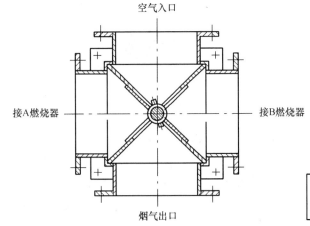

图 9-42　旋转式四通换向阀

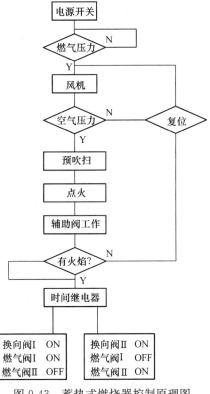

图 9-43　蓄热式燃烧器控制原理图

压力，如果燃气压力处于设定的高、低限之间，则启动风机并检测风压，如果空气压力正常，则进入预吹扫阶段，然后点火变压器工作，打开辅助燃气电磁阀，控制程序开始检测火焰是否存在，如果若干秒（安全时间）后仍然没有火焰，则关闭点火器和辅助电磁阀。如果检测到火焰存在，打开空气换向阀Ⅰ和主燃气电磁阀Ⅰ，并启动时间继电器Ⅰ，到达时间继电器设定的时间后，启动时间继电器Ⅱ，打开空气换向阀Ⅱ、主燃气电磁阀Ⅱ，关闭主燃气电磁阀Ⅰ。到达时间继电器Ⅱ设定的时间时，启动时间继电器Ⅰ，打开空气换向阀Ⅰ、主燃气电磁阀Ⅰ，关闭主燃气电磁阀Ⅱ，如此反复。燃烧过程中如果出现意外熄火情况，则关闭主燃气及辅助燃气电磁阀。

第十章　燃　气　互　换　性

第一节　燃气互换性和燃具适应性

燃气的种类很多，其组分、热值、密度以及燃烧特性等差别很大。当燃气性质发生变化时，燃烧器的工况会发生变化。研究燃气互换性的主要目的，就是考察这些变化是否超出允许的范围，从而界定气质组分的允许变化范围。

一、燃气互换性

随着我国燃气工业的不断发展，供气规模、气源类型、用具类型都在不断增加。在20世纪50年代，我国燃气供应系统的气源几乎是单一的炼焦煤气。但从60年代开始，天然气、液化石油气、油制气等各种类型的气源相继发展，具有多种气源的城市越来越多。例如，北京、天津、沈阳、上海等大城市都已具有天然气、炼焦煤气、油制气、液化石油气等多种气源。2000年后，随着国家能源调整战略的实施，天然气开始大量供应，北京、西安、天津、上海、深圳等城市都已形成以天然气为主气源的供应格局，但来源不同的天然气，在组分、燃烧特性上也存在一定差别。

具有多种气源的城市，常常会遇到以下两种情况。一种情况是随着燃气供应规模的发展或制气原料的改变，某一地区原来使用的燃气要长时期由性质不同的另一种燃气所代替。另一种情况是在基本气源产生紧急事故，或在高峰负荷时，由于基本气源不足，需要在供气系统中掺入性质与原有燃气不同的其他燃气。不论发生哪一种情况，都会使用户得到的燃气性质发生改变，从而对燃具工作产生影响。

任何燃具都是按一定的燃气成分设计的。当燃气成分发生变化而导致其热值、密度和燃烧特性发生变化时，燃具燃烧器的热负荷、一次空气系数、燃烧稳定性、火焰结构、烟气中一氧化碳含量等燃烧工况就会改变。如果燃烧器可以更换，或者其可调部分可以重新调整，那么通过更换或重新调整燃烧器，可以使燃具适应新的燃气。但在燃气供应系统中这样做实际上是有很大困难的，而且几乎是不可能的。因为即使一个气化率不高的中等城市，也有成千上万只燃具（这里主要指民用燃具）分散在千家万户。不论气源性质发生长时期的一次性变化或经常反复的变化，从技术上和经济上都不可能将全部燃烧器逐个更换或重新调整。因此，以一种燃气代替另一种燃气时，必须考虑互换性问题。

研究燃气互换性问题时，民用燃具燃烧器不可能更换或重新调整是一个客观情况，也是提出问题的基本前提。如果燃烧器可以更换或重新调整，那么互换性问题就简单得多，甚至不再存在。

虽然燃烧器是按照一定的燃气成分设计的，但即使在燃烧器不加重新调整的情况下，也能适应燃气成分的某些改变。当燃气成分变化不大时，燃烧器燃烧工况虽有改变，但尚

能满足燃具的原有设计要求，那么这种变化是允许的。但当燃气成分变化过大时，燃烧工况的改变使得燃具不能正常工作，这种变化就不允许了。设某一燃具以 a 燃气为基准进行设计和调整，由于某种原因要以 s 燃气置换 a 燃气，如果燃烧器此时不加任何调整而能保证燃具正常工作，则表示 s 燃气可以置换 a 燃气，或称 s 燃气对 a 燃气而言具有"互换性"。a 燃气称为"基准气"，s 燃气称为"置换气"。反之，如果燃具不能正常工作，则称 s 燃气对 a 燃气而言没有互换性。

美国国家天然气委员会与设备商、研究机构等联合成立的天然气互换性研究机构（NGCt）为了考虑民用燃具之外的化工、冷冻、汽车、发电等用途中的互换性，将燃气互换性定义为"在某燃烧设备中，同一种气体燃料替换另一种气体燃料，而不会显著改变其操作安全性、效率和性能，也不会显著增加污染物排放量。"

应该指出，互换性并不总是可逆的，即 s 燃气能置换 a 燃气，并不代表 a 燃气一定能置换 s 燃气。从这点意义上讲，"互换"两字实际上是不确切的。但由于"互换"两字已使用习惯，所以本章在不会引起概念模糊的地方仍予沿用。

二、燃具适应性

根据燃气互换性的要求，当气源供给用户的燃气性质发生改变时，置换气必须对基准气具有互换性，否则就不能保证用户安全、满意和经济地用气。可见，燃气互换性是对燃气生产单位提出的要求，它限制了燃气性质的任意改变。

两种燃气是否能够互换，并非孤立地决定于燃气性质本身，它还与燃具燃烧器以及其他部件的性能有密切联系。例如，s 燃气能在某些燃具中置换 a 燃气，但是却不能在另一些燃具中置换。换句话说，有些燃具能够同时适用 a、s 两种燃气，但另一些燃具却不能同时适用。因此，这里就引出了一个燃具"适应性"的概念。所谓燃具适应性，是指燃具对于燃气性质变化的适应能力。如果燃具能在燃气性质变化范围较大的情况下正常工作，就称为适应性大；反之，就称为适应性小。

决定燃具适应性大小的主要因素是燃具燃烧器的性能，但是燃具的其他性能（例如，二次空气的供给情况，敞开燃烧还是封闭燃烧等）也影响其适应性。因此通常所讲的适应性不应单单理解为燃烧器的适应性，而应理解为燃具的适应性。

在谈到燃具适应性时，应该注意分清容易混淆的两种不同的适应性概念。一种是指燃具不加任何调整而能适应燃气变化的能力。亦即，当燃气性质有某些改变时，燃具不加任何调整，其热负荷、一次空气系数和火焰特性的改变必须不超过某一极限，以保证燃具仍能保持令人满意的工作状态。本章所讨论的燃具适应性就是指这一种概念。另外还有一种所谓"通用"燃具的概念，即在燃具的设计和构造上采取一系列措施，使它能够适应性质极不相同的各种燃气，例如，既能适应炼焦煤气，又能适应天然气和液化石油气。这种燃具的燃烧器往往设计成具有可调节的喷嘴、一次空气阀和火孔盖，其目的是只要更换或调节燃烧器的个别部件，就能使燃具适应性质相差很大的不同燃气。设计"通用"燃烧器的目的是使燃具产品通用化和适应某些城市燃气性质的一次性改变。当燃气性质经常反复变动时，不可能随时反复地更换燃烧器部件，因此"通用"燃烧器并不能解决本章所涉及的燃气互换性和燃具适应性问题，本章所讨论的内容与"通用"燃烧器无关。

燃气互换性和燃具适应性实际上是一个事物的两个方面。前者是为了保证燃具的正常工作，燃气性质的变化不能超过某一范围，后者是指一个合格的燃具应能适应燃气性质的某些变化。互换性是对燃气品质所提的要求，适应性则是对燃具性能所提的要求。如果某一城市的几种气源具有很好的互换性，则对燃具适应性的要求就可降低。反之，如果燃具具有较大的适应性，则对于不同气源的燃气互换性要求就可降低。

研究燃气互换性和燃具适应性问题具有很大的技术经济意义。它最大限度地从扩大使用各种气源的角度对燃气生产部门和燃具制造部门同时提出了要求。

对于燃气生产部门来说，为了扩大气源，当然希望将所有新出现的、廉价的、来源丰富的燃气都利用起来，而不管它们的性质相差如何之大。但是应该注意，并非所有这些性质不同的燃气都可以随意送入管网供给用户使用。应该根据互换性的要求来确定哪些燃气可以直接供给用户使用，哪些燃气需要改制，哪些燃气需要和其他燃气掺混。燃气互换性对燃气生产部门起了一个限制作用。为了达到互换性的要求，制气方法不能随意选用，制气成本会有某些增加，但从保证整个燃气供应系统的安全、可靠和经济性来讲，是完全合理和必要的。

对于燃具制造厂来说，首先当然应致力于提高各种燃具的工艺效率、热效率和卫生指标，但与此同时必须注意扩大燃具的适应性。为了达到这点，有时甚至需要"牺牲"一些其他方面的效益，但是这种"牺牲"是值得的，它可以从提高制气经济性方面得到补偿。在设计和调整燃具时，除了以基准气为主要对象外，还应预先估计到可能使用的置换气，以便有针对性地采取措施扩大燃具的适应性。例如，如预计今后的置换气较易引起离焰，则在以基准气为对象进行燃具初调整时，就应使其工作点距离焰极限远些。

三、燃气互换性的研究对象

从燃气互换性角度来讲，工业燃具和民用燃具的情况是不同的。工业燃具大多有专人管理，有仪表控制，具有较好的运行条件，当燃气性质改变时可以通过调节来达到满意的燃烧工况。有些工业企业还允许在燃气性质不合格时短时间中断燃气供应，用其他燃料代替燃气或短时间停止生产。因此，一般来讲，工业燃具对燃气互换性的要求较低。民用燃具的情况则不同。民用燃具分布在千家万户，燃具在安装时经燃气公司专业人员一次调整后，不再随燃气性质的改变而反复调整。民用用户不允许燃气中断，也不能用其他燃料代替燃气。绝大多数民用用户缺乏使用燃气的专门知识，如果将不能互换的燃气任意供给民用用户，就会出现大量离焰、回火、黄焰和不完全燃烧事故，大大降低燃气供应系统的运行水平。因此在考虑燃气互换性时，主要应考虑燃气在民用燃具上能够互换。如能达到这点，那么在一般工业燃具上的互换也就不成问题了。当然，有些工业燃具（例如，玻璃加工用的燃具）对火焰特性的变化十分敏感，但是这些燃具一般都有专业的运行调节人员，可以更换燃烧器，也可以用纯氧、纯氢、纯氮等气体作为掺混气体来调节火焰。

第二节 华 白 数

当以一种燃气置换另一种燃气时，首先应保证燃具热负荷（kW）在互换前后不发生大的改变。以民用燃具为例，如果热负荷减少太多，就达不到烧煮食物的工艺要求，烧煮时间也要加长；如果热负荷增加太多，就会使燃烧工况恶化。

对大气式燃烧器，燃气流量如式（7-1）计算：

$$L_{\mathrm{g}} = 0.0036 \mu d^2 \sqrt{\frac{P_{\mathrm{g}}}{s}}$$

燃具热负荷 Q 为：

$$Q = H \cdot L_{\mathrm{g}} = 0.0036 H \mu d^2 \sqrt{\frac{P}{s}} = K \frac{H}{\sqrt{s}}$$

当燃烧器喷嘴前压力不变时，燃具热负荷 Q 与燃气热值 H 成正比，与燃气相对密度的平方根 $\sqrt{s}$ 成反比，而 $\dfrac{H}{\sqrt{s}}$ 称为华白数：

$$W = \frac{H}{\sqrt{s}} \tag{10-1}$$

式中 W——华白数，或称热负荷指数；

$\quad\quad H$——燃气热值（kJ/Nm³），按照各国习惯，有些取用高热值，有些取用低热值；

$\quad\quad s$——燃气相对密度（设空气的 $s=1$）。

因此，燃具热负荷与华白数成正比：

$$Q = KW \tag{10-2}$$

式中 K——比例常数。

华白数是代表燃气特性的一个参数。设有两种燃气的热值和密度均不相同，但只要它们的华白数相等，就能在同一燃气压力下和同一燃具上获得同一热负荷。如果其中一种燃气的华白数较另一种大，则热负荷也较另一种大。因此华白数又称热负荷指数。

在两种燃气互换时，热负荷除了与华白数有关外，还与燃气黏度等次要因素有关，但在工程上这种影响往往可忽略不计。

如果在燃气互换时有可能改变管网压力工况，从而改变燃烧器喷嘴前的压力 H_{g}，则压力 H_{g} 也可成为影响燃烧器热负荷的变数。根据喷嘴射流公式，燃烧器热负荷与喷嘴前压力的平方根 $\sqrt{H_{\mathrm{g}}}$ 成正比。将 $H\sqrt{\dfrac{H_{\mathrm{g}}}{s}}$ 称为广义的华白数：

$$W_1 = H\sqrt{\frac{H_{\mathrm{g}}}{s}} \tag{10-3}$$

式中 W_1——广义的华白数；

$\quad\quad H_{\mathrm{g}}$——喷嘴前压力（Pa）。

当燃气热值、相对密度和喷嘴前压力同时改变时，燃烧器热负荷与广义的华白数成正比：

$$Q = K_1 W_1 \tag{10-4}$$

式中 K_1——比例常数。

当燃气性质改变时，除了引起燃烧器热负荷改变外，还会引起燃烧器一次空气系数的改变。根据大气式燃烧器引射器的特性，一次空气系数 α' 与 $\sqrt{s}$ 成正比，与理论空气需要量 V_0 成反比。由于 V_0 与 H 成正比，因此 α' 与 H 成反比。这样，一次空气系数 α' 就与华白数 W 成反比：

$$\alpha' = K_2 \frac{1}{W} \tag{10-5}$$

式中 K_2——比例常数。

燃烧器喷嘴前压力的变化对一次空气系数影响不大。

式（10-2）、式（10-5）虽然简单，但是从中可以得出一个重要结论：如果两种燃气具有相同的华白数，则在互换时能使燃具保持相同的热负荷和一次空气系数。如果置换气的华白数比基准气大，则在置换时燃具热负荷将增大，而一次空气系数将减小。反之，则燃具热负荷将减小，一次空气系数将增大。

华白数是在互换性问题产生初期所使用的一个互换性判定指数。各国一般规定在两种燃气互换时华白数 W 的变化不大于 $\pm 5\% \sim 10\%$。

在互换性问题产生的初期，由于置换气和基准气的化学、物理性质相差不大，燃烧特性比较接近，因此用华白数这个简单的指标就足以控制燃气互换性。但随着气源种类的不断增多，出现了燃烧特性差别较大的两种燃气的互换问题，这时单靠华白数就不足以判断两种燃气是否可以互换。在这种情况下，除了华白数以外，还必须引入火焰特性这样一个较为复杂的因素。所谓火焰特性，可定义为产生离焰、黄焰、回火和不完全燃烧的倾向性，它与燃气的化学、物理性质直接有关，但到目前为止还无法用一个单一的指标来表示。

第三节　火焰特性对燃气互换性的影响

前已述及，所谓燃气互换性主要是指燃气在配有引射式大气燃烧器的民用燃具中的互换性。引射式大气燃烧器的具体型式虽然很多，但是它们都具有部分预混火焰（本生火焰）的共同特点，因而具有本质相同的火焰特性。

部分预混火焰的结构和特性主要在第五章中论述，本节仅对与互换性有关的特性加以讨论。部分预混火焰由内焰和外焰两部分组成，内焰焰面是一明亮的界面，呈蓝绿色；外焰的明亮度较内焰弱，但在暗处也能明显看出火焰。当燃气性质和燃烧器火孔构造已定时，一次空气系数的大小决定了火焰的形状和高度。一次空气系数大，火焰短，内焰焰面轮廓明显，火焰颤动厉害，有回火倾向性，点火及熄火声大。这种火焰称为"硬火焰"。一次空气系数小时，火焰拉长，内焰焰面厚度变薄，亮度减弱，火焰摇晃，回火倾向性小，点火及熄火声小。这种火焰称为"软火焰"。当一次空气系数再进一步降低时，内焰顶部变得模糊，直至明亮的内焰焰面（反应区）逐步消失。

对于民用燃具的燃烧器来说，过硬的火焰和过软的火焰都是不合适的。较理想的部分预混火焰的内焰焰面应该是轮廓鲜明。而外焰气流的自由流动则不应受到阻碍，化学反应条件也不应受到破坏，以保证在内焰焰面产生的不完全燃烧产物在外焰能达到完全燃烧。为了增大火焰的调节性能，一次空气系数不应维持过高。可以将一次空气系数减小到如此程度，以使内焰焰面厚度尽量变薄，但焰面轮廓不至于模糊和破坏。这时内焰的高度大约为内焰最大可能高度的 $70\% \sim 80\%$。对于局部或全部封闭在燃具中的燃烧器（例如，热水器或烤箱中的燃烧器），二次空气和烟气的流动情况对燃烧器的火焰调整会产生很大影响，因而需在热态下进行调节。

正常的部分预混火焰应该具有稳定的、燃烧完全的火焰结构，而不正常的部分预混火焰就会产生离焰、回火、黄焰和不完全燃烧等现象。产生这些现象的倾向性和燃气的燃烧特性有密切关系。

表示燃气燃烧特性最形象的方法是在以燃烧器火孔热强度 q_p 为纵坐标，以一次空气系数 α' 为横坐标的坐标系上做出离焰、回火、黄焰和燃烧产物中 CO 极限含量曲线。这四条曲线总称为燃气燃烧特性曲线（图 10-1）。不同的燃气在同一只燃具上通过实验所作出的燃烧特性曲线不同，这就明显地表示这两种燃气具有不同的燃烧特性。根据这两套特性曲线的相对位置，就可以看出这两种燃气对离焰、回火、黄焰和不完全燃烧的不同倾向性。同一种燃气在不同的燃具上作出的特性曲线也是不同的，这是因为火孔大小、排列、材料等因素对特性曲线有影响。但是只要两种燃具的基本形式相同，那么不同燃气在这两种燃具上所作出的特性曲线的相对位置仍能保持不变。特性曲线的这一性质甚为重要。该性质使得有可能用在某种典型燃具上测得的两种燃气特性曲线的相对关系来代表在其他类似燃具上将反映出的相对关系，从而表明这两种燃气如果在这种典型燃具上能够互换，那么在其他类似燃具上也能够互换。

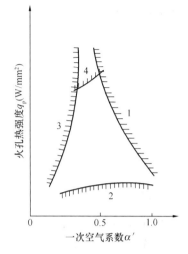

图 10-1　燃烧特性曲线

1—离焰极限；2—回火极限；3—黄焰极限；4—CO 极限

在燃气温度不变的情况下，某一燃具的运行工况取决于燃气的燃烧特性、火孔热强度和一次空气系数。前一因素决定了特性曲线在 $q_p\text{-}\alpha'$ 坐标系上的位置，而后两因素决定了燃具运行点在 $q_p\text{-}\alpha'$ 坐标系上的位置。只有当运行点落在特性曲线范围之内时，燃具的运行工况才认为是满意的。当燃气性质（燃气成分）改变时，燃气燃烧特性和华白数同时改变。燃气燃烧特性的改变引起特性曲线位置的改变，华白数的改变引起燃具运行点的改变。从互换性角度来讲，当以一种燃气置换另一种燃气时，应保证置换后燃具的新工作点落在置换后新的特性曲线范围之内。

下面举一个例子来详细说明燃气互换时燃具运行工况的变化。设有基准气 a 和置换气 s 两种燃气，它们的离焰极限曲线 L_a、L_s 和黄焰极限曲线 Y_a、Y_s 分别绘于图 10-2 上。L_s 在 L_a 的右方，这表示置换气的火焰传播速度比基准气大，不易离焰。Y_s 在 Y_a 的右方，这表示置换气含有较多的重碳氢化合物，易产生黄焰。为了使图面清晰，图中没有绘出回火极限曲线和 CO 极限曲线，但对它们的分析方法是相同的。设基准气的华白数 W_a 为 51.0，置换气的华白数 W_s 为 42.5。根据式（10-2）、（10-5）可

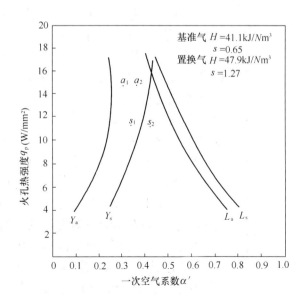

图 10-2　互换时燃具工作状态的变化

知，互换时燃具热负荷的变化为

$$\frac{Q_s}{Q_a} = \frac{W_s}{W_a} = \frac{42.5}{51.0} = 0.833$$

一次空气系数的变化为

$$\frac{\alpha'_s}{\alpha'_a} = \frac{W_a}{W_s} = \frac{51.0}{42.5} = 1.20$$

这样，如果在燃具初调整时将基准气的运行点调整在 a_1（$q_{pa}=14\text{W/mm}^2$，$\alpha'_a=0.30$），那么置换后置换气的运行点就移动到 s_1（$q_{ps}=11.7\text{W/mm}^2$，$\alpha'_s=0.36$）。由于 s_1 超过 Y_s 极限，燃具就要产生黄焰，因此不能互换。如果在燃具初调整时考虑到了今后互换的要求，将基准气运行点调整在 a_2（$q_{pa}=14\text{W/mm}^2$，$\alpha'_a=0.35$），则置换气的运行点就变为 s_2（$q_{ps}=11.7\text{W/mm}^2$，$\alpha'_s=0.42$）。由于 s_2 在 L_s、Y_s 所包围的范围之内，因此就能够互换。

从以上例子看出，置换气能否置换基准气，不仅与这两种气体的燃烧特性有关，而且还与基准气运行点的调整位置有关。下面以图 10-3 的离焰曲线 L_a、L_s 为例，来说明为了满足互换要求，基准气运行点的极限调整位置。要使置换后不发生离焰，置换气运行点的极限位置应在离焰曲线 L_s 上。例如，如要求置换后的运行点为 s_1（$q_{ps}=9.30\text{W/mm}^2$，$\alpha'_s=0.65$），则根据式（10-2）、（10-5）可算出，原来的基准气运行点应调整在 a_1（$q_{pa}=11.16\text{W/mm}^2$，$\alpha'_a=0.54$）上。如要求置换后的运行点为 s_2（$q_{ps}=13.95\text{W/mm}^2$，$\alpha'_s=0.55$），则原来的基准气运行点就应调整在 a_2（$q_{pa}=16.86\text{W/mm}^2$，$\alpha'_a=0.45$）上。这样，如果在 L_s 上取 s_1、s_2 等一系列的点，那就可以得到 a_1、a_2 等一系列相应的点，将这一系列点连接起来，就得到图中所示的虚线 L。这条虚线就是为了满足不发生离焰的互换要求，在燃具初调整时基准气运行点的极限调整位置。凡是基准气运行点调整在该曲线以左，置换后就不会发生离焰现象；反之，就要发生离焰现象。

同样，如果在 Y_s 上取一系列点，用上述相同的方法也可以得到一系列相应的点，将这一系列点连接起来就可以得到另一条虚线 Y。这条虚线就是为了满足不发生黄焰的互换要求，在燃具初调整时基准气运行点的极限调整位置。凡是基准气运行点调整在该曲线以右，置换后就不会发生黄焰现象；反之，就要发生黄焰现象。

图 10-3 也表明两种燃气的互换并非都是可逆的。如图所示，如果把情况反过来，以原来的置换气 s 作为"基准气"，则在初调整时燃具的运行点一定落在 L_s 和 Y_s 所区限的范围之内。这时如果以原来的基准气 a 作为"置换气"来置换现在的"基准气" s，那么根据式（10-2）、式（10-5）的计

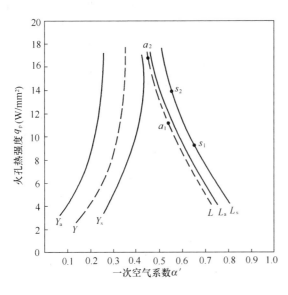

图 10-3 基准气运行点的极限调整位置

算，置换后的运行点必定落在虚线 L、Y 所区限的极限范围之内。因为虚线 L、Y 所区限的范围完全处于 L_a 和 Y_a 所区限的范围之内，因此燃气 a 就可以无条件地置换燃气 s。亦即在任何情况下都不会发生离焰和黄焰现象。但正如前面所说，以燃气 s 置换燃气 a 却是有条件的。只有当燃烧器初调整时燃气 a 的运行点处于虚线 L、Y 所区限的范围之内时，燃气 s 才能置换燃气 a。以上情况清楚地表明两种燃气的互换并不是可逆的。

由于图 10-2、图 10-3 的纵坐标是火孔热强度而不是燃具热负荷，因此在这种坐标系上可以用一组特性曲线来表示某种燃气在火孔构造、大小、排列形式相同的一类燃具上的燃烧特性，而不管其热负荷是否相同。这样，只要有若干代表不同类型燃具的特性曲线图，就可以相当精确地分析互换性问题。

按照以上对互换性的分析方法，一些看起来似乎矛盾的现象就可以得到解释。例如，在燃气互换时，当由于置换气中含氢过多而发生回火现象，人们很容易错误地认为只要在置换气中增加一些一氧化碳或惰性气体，减少一些氢气，以降低置换气的火焰传播速度，回火现象就可防止。但是事实恰恰相反，因为当以一氧化碳或惰性气体来代替氢气时，置换气密度增加，而热值却没有相应增加，这就降低了置换气的华白数，使置换后新运行点的火孔热强度降低，一次空气系数增大，从而使回火倾向更为严重。

当然，举出以上例子并非想说明火焰传播速度无关紧要。正如前几章所述，火焰传播速度是导致各种燃气燃烧特性不同的重要因素。在燃气中增加火焰传播速度较快的成分（例如氢和乙炔），将增加其回火倾向性。在燃气中增加火焰传播速度较慢的成分（例如甲烷和重碳氢化合物），将增加其脱火倾向性。以上例子只是想说明虽然燃气火焰传播速度对火焰特性有重要影响，但是在考虑该因素时必须结合华白数同时考虑。否则很可能对某些成分（例如氢）的作用估计过高，而对某些成分（例如，一氧化碳和惰性气体）的作用估计不足。

为了评价燃气中各种成分对火焰特性的影响，美国曾在热值为 $19400kJ/Nm^3$ 的人造燃气中掺入各种单一气体进行试验，观察其对回火倾向性的影响，试验结果列于图 10-4。从图 10-4 明显看出，燃气成分可分为两大类。一类是碳氢化合物，它使火焰变软，回火倾向性减小。另一类是氢和一氧化碳，它使火焰变硬，回火倾向性增加。值得特别注意的是，所有的惰性气体都能使火焰变硬，产生与氢和一氧化碳相同的效果。其中二氧化碳对火焰硬度的影响甚至超过氢和一氧化碳。氧也能使火焰变硬。对比一氧化碳和氢对火焰硬度的影响可以看出，虽然一氧化碳的火焰传播速度比氢小得多，但是它对火焰硬度的影响却超过氢。这就是因为一氧化碳具有比

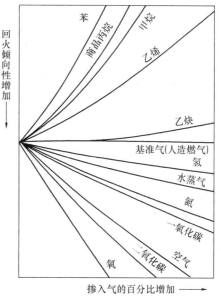

图 10-4　在人造燃气中掺入各种气体时回火倾向性的变化

氢大得多的密度，因而具有小得多的华白数之故。对比乙炔和乙烯对火焰硬度的影响可以看出，虽然两者具有几乎相同的热值和密度，但由于乙烯的火焰传播速度比乙炔小得多，因而使火焰变软的程度比乙炔大得多。乙炔与氢气一样，按其火焰传播速度应该使火焰变硬，但是由于具有较大的华白数，因而对火焰硬度的影响大大减弱。

综上所述，在考虑燃气中某一成分的变化对火焰特性的影响时，必须综合考虑火焰传播速度、华白数等各种因素的影响。

第四节　燃气互换性的判定

两种燃气是否可以互换，虽然可以通过实验手段来确定，但人们总希望有一些公式来加以计算。由于影响燃气互换性的因素十分复杂，因此迄今为止尚不能从理论上推导出一个计算燃气互换指数的公式。燃气互换性试验一般都在特制的控制燃烧器上进行。各国所用的控制燃烧器形式虽然不同，但都是产生本生火焰的大气式燃烧器。各国对燃气互换条件的要求不同，有些限制较严，有些限制较宽。各国所进行实验的对象和深广度也不同，有些针对热值低的燃气，有些针对热值高的燃气，有些只考虑回火因素，有些只考虑离焰因素。因而每个经验公式都具有其局限性。我国已经做了一些第一族燃气互换性的研究工作，但尚未制定统一的燃气互换性判定法，因此只能根据不同要求、不同对象来参考国外的经验公式或图表。

本节将介绍美国燃气协会（A. G. A.）互换性判定法和法国燃气公司德尔布(P. Delbourge)互换性判定法的基本原理，作为两个例子来阐明燃气互换性是如何判定的。

必须说明的是：所有的判定方法都是技术人员以当时该国的燃气具为实验对象所确立的，包括燃烧稳定性的判断都是以对应的燃具标准来界定的。因此，直接使用这些判定方法来分析国内的某些具体情况时，能够借鉴的是这些技术方法本身而不是所获得的结论。换言之，可利用这些判定方法的研究思路来架构分析思路，而不能简单地利用有关计算公式来确定各种气源能否互换。

一、A. G. A. 互换性判定法

美国燃气协会（A. G. A.）对热值大于 32000kJ/Nm³（800 英热单位/英尺³❶）燃气的互换性进行了系统研究，得出离焰、回火和黄焰三个互换指数表达式。以后的试验表明，这些互换指数对热值低于 32000kJ/Nm³ 的燃气也有一定的适用性。

（一）离焰互换指数

从第二节已知，当置换气热值、密度与基准气不同时，燃烧器一次空气系数和热负荷就要改变。根据式（10-5），对于一只已经调整好的燃烧器，一次空气系数与华白数成反比。

---

❶ 由于 A. G. A. 互换性判定法中许多系数的选定与英制单位密切有关，因此本节某些地方沿用英制单位。本书所用的燃气热值单位为 273K、0.1013MPa 下 1m³ 干燃气所含的 kJ 数，英制单位中燃气热值单位为 60℉、30″水银柱下 1 英尺³ 饱和湿燃气所含的英热单位数，两者换算系数为 39.94。

以 a 表示燃气完全燃烧每释放 105kJ（100 英热单位）热量所需消耗的理论空气量：

$$a = \frac{105V_0}{H_h} \tag{10-6}$$

式中　V_0——理论空气需要量（Nm^3/Nm^3）；

　　　H_h——燃气高热值（kJ/Nm^3）。

当置换气与基准气 a 值相同时，成立：

$$\frac{\alpha_s'}{\alpha_a'} = \frac{W_a}{W_s} = \frac{\left(\frac{\sqrt{s}}{H_h}\right)_s}{\left(\frac{\sqrt{s}}{H_h}\right)_a}$$

式中　α'——一次空气系数；

　　　W——华白数（kJ/Nm^3）；

　　　s——相对密度。

式中角标 s 表示置换气，角标 a 表示基准气。

引入一次空气因数 f 这个参数：

$$f = \frac{\sqrt{s}}{H_h} \tag{10-7}$$

这样，当置换气与基准气的 a 值相同时，成立：

$$\frac{\alpha_s'}{\alpha_a'} = \frac{f_s}{f_a} \tag{10-8}$$

当置换气与基准气的 a 值不同时，则成立：

$$\frac{\alpha_s'}{\alpha_a'} = \frac{f_s a_a}{f_a a_s} \tag{10-9}$$

由于一次空气因数 f 与华白数 W 成反比，因此互换前后火孔热强度 q 的变化应符合：

$$\frac{q_s}{q_a} = \frac{f_a}{f_s} \tag{10-10}$$

A. G. A. 测定了各种单一气体和城市燃气的离焰曲线。当将这些曲线在半对数坐标上表示时，发现在燃烧器头部温度不变的情况下，所有离焰曲线都是相互平行的直线，其通式为：

$$\lg q = m\alpha_l' + K \tag{10-11}$$

式中　q——火孔热强度；

　　　α_l'——离焰时的一次空气系数；

　　　m——直线斜率；

　　　K——离焰极限常数。

当燃烧器头部温度恒定时，系数 m 与燃气性质无关，其值为 -0.016，因此式（10-11）中的系数 K 就决定了离焰曲线的位置。亦即，系数 K 起了与燃烧速度相同的作用，成了表示离焰特性的准则。

从式（10-9）、式（10-10）、式（10-11）看出，f、a 和 K 这三个参数决定了互换前后一次空气系数的变化、火孔热强度的变化和离焰曲线位置的变化。因此一个含有 f、a 和 K 的指数就可以表示离焰互换特性。

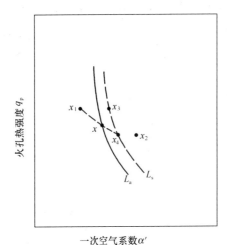

图 10-5　互换前后离焰工况的变化

离焰互换指数的推导原理可以用图 10-5 来阐述。图中曲线 L_a 为基准气的离焰曲线，点 x 为在规定热负荷下的离焰极限运行点。当置换气的一次空气因数 f_s 小于基准气的一次空气因数 f_a 时，互换后的一次空气系数 α' 将减少，火孔热强度 q 将增加。这时，燃烧器运行点将向左上方移动到 x_1。反之，当 f_s 大于 f_a 时，α' 将增加，q 将减少，燃烧器运行点将向右下方移动到 x_2。设曲线 L_s 为置换气的离焰曲线，它与曲线 L_a 的相对位置由置换气和基准气的化学组分所决定。根据式（10-11），也可以说它们的相对位置由两种燃气的离焰极限常数 K 所决定。图中 x_1 与 x_3 的热负荷相同，x_2 与 x_4 的热负荷相同。点 x_1 的 α' 小于曲线 L_s 上点 x_3 的 α'，因此火焰稳定。点 x_2 的 α' 大于曲线 L_s 上点 x_4 的 α'，因此发生离焰。

以 I_L 表示互换后火孔热强度 q_s 下的一次空气系数 α'_s 与互换后 q_s 下的离焰极限一次空气系数 α'_{sl} 之比，称为离焰互换指数：

$$I_L = \frac{\alpha'_s}{\alpha'_{sl}} \tag{10-12}$$

从理论上讲，$I_L < 1$，就能获得稳定火焰；$I_L > 1$，就发生离焰现象。

用基准气调试控制燃烧器时，其一次空气系数 α'_a 和火孔热强度 q_a 取值如下：

1. 将 q_a 调整到 1（10^{-4} 英热单位/时·英寸^2），理由是这时式（10-11）中的 $q = 1$，$\lg q = 0$，计算较为方便。

2. 将 α'_a 调整到离焰极限一次空气系数 α'_{al}，理由是这是一个最不利状态，可以作为判定离焰互换性的依据。

α'_{al} 可根据式（10-11）求得。将 q_a 和 α'_{al} 代入式（10-11），得

$$\lg q_a = -0.016 \alpha'_{al} + K_a$$

由于

$$\lg q_a = 0$$

因此

$$\alpha'_{al} = \frac{K_a}{0.016} \tag{10-13}$$

互换后一次空气系数 α'_s 与互换前一次空气系数 α'_a 之比应符合式（10-9）的关系：

$$\frac{\alpha'_s}{\alpha'_a} = \frac{\alpha'_s}{\alpha'_{al}} = \frac{f_s a_a}{f_a a_s} \tag{10-14}$$

将式（10-13）代入式（10-14），得

$$\alpha'_s = \frac{K_a}{0.016} \frac{f_a a_a}{f_a a_s} \tag{10-15}$$

互换后火孔热强度 q_s 与互换前火孔热强度 q_a 之比应符合式（10-10）的关系：

$$\frac{q_s}{q_a} = \frac{f_a}{f_s}$$

由于以基准气调试时取 $q_a = 1$，上式成为：

$$q_s = \frac{f_a}{f_s} \tag{10-16}$$

根据式（10-11）和式（10-16），可求出 α'_{sl}：

$$\alpha'_{sl} = \frac{1}{0.016}\left(K_s - \lg\frac{f_a}{f_s}\right) \tag{10-17}$$

将式（10-15）和式（10-17）代入式（10-12），即得：

$$I_L = \frac{K_a}{\frac{f_a a_s}{f_s a_a}\left(K_s - \lg\frac{f_a}{f_s}\right)} \tag{10-18}$$

式中　I_L——离焰互换指数；

　K_a、K_s——基准气和置换气的离焰极限常数；

　f_a、f_s——基准气和置换气的一次空气因数；

　a_a、a_s——基准气和置换气完全燃烧每释放 105kJ（100 英热单位）热量所需消耗的理论空气量。

式（10-18）就是离焰互换指数表达式。

虽然对 A.G.A. 控制燃烧器而言不发生离焰的 I_L 理论值为 1，但燃气管网中实际运行的燃具不发生离焰的 I_L 值可根据系统中所有典型燃具的实际性能试验得出。这样，式（10-18）就不仅适用于 $q_a=1$，$\alpha'_a=\alpha'_{al}$ 的情况，而且适用于燃气管网中实际运行的所有典型燃具的工况。

式（10-18）中离焰极限常数 K_a、K_s 的确定方法如下：

通过 A.G.A. 控制燃烧器试验，可得出各种单一气体的离焰极限常数。多组分燃气的离焰极限常数可按各组分的质量成分用下式求得：

$$K = K_1 g_1 + K_2 g_2 + \cdots\cdots \tag{10-19}$$

或

$$K = \frac{K_1 s_1 r_1 + K_2 s_2 r_2 + \cdots\cdots}{s_{mix}} \tag{10-20}$$

式中　K——多组分燃气（混合气体）的离焰极限常数；

　K_1、K_2——各组分（单一气体）的离焰极限常数；

　g_1、g_2——各组分的质量成分；

　r_1、r_2——各组分的容积成分；

　s_1、s_2——各组分的相对密度；

　s_{mix}——多组分燃气的相对密度。

式（10-20）中各组分的 K 和 s 完全是各组分本身的特性，以 F 表示其乘积，称为离焰常数：

$$F = K \cdot s \tag{10-21}$$

将式（10-21）代入式（10-20），得

$$K = \frac{F_1 r_1 + F_2 r_2 + \cdots\cdots}{s_{mix}} \tag{10-22}$$

各单一气体的离焰常数 F 值示于表 10-1。

单一气体的离焰常数 F 和消除黄焰所需的最小空气量 T　　　　　表 10-1

气 体 名 称	分 子 式	F	T
氢	H_2	0.600	0
一氧化碳	CO	1.407	0
甲 烷	CH_4	0.670	2.18
乙 烷	C_2H_6	1.419	5.80
丙 烷	C_3H_8	1.931	9.80
商品丁烷	$75\%C_4H_{10}+25\%C_6H_6$	2.414	15.30
纯 丁 烷	C_4H_{10}	2.550	16.85
乙 烯	C_2H_4	1.768	8.70
丙 烯	C_3H_6	2.060	13.00
苯	C_6H_6	2.710	52.00
发 光 物	$75\%C_2H_4+25\%C_6H_6$	2.000	19.53
氧	O_2	2.900	-4.76
二氧化碳	CO_2	1.080	—
氮	N_2	0.688	—
乙 炔	C_2H_2		17.40

在预先算出基准气和置换气的 f、a 和 K 后，即能用离焰互换指数 I_L 判定这两种燃气是否可以互换。

(二) 回火互换指数

由于在 A. G. A. 控制燃烧器上不易得到回火曲线，同时也由于回火曲线受燃烧器设计和燃烧器头部温度影响很大，因此回火互换指数表达式完全是实验公式。

燃气燃烧速度越大，回火倾向性也越大。因此，回火指数 I_F 应该与代表燃烧速度的离焰极限常数 K 有关。

实验得出，离焰极限常数 K 与燃气-空气混合比为化学计量比时的燃烧速度 S_n（cm/s）的关系为：

$$S_n = 1671gK + 12 \tag{10-23}$$

因此 K 值可以代替 S_n 值用于回火互换指数表达式。

实验也表明，一次空气系数 a' 越接近于 1，越容易回火；火孔热强度越小，也越容易回火。因此，一次空气因数 f 较大的置换气会从增加 a' 和减少 q 两方面增加回火倾向。

对于水煤气或者由炼焦煤气与天然气掺混而成的混合燃气来说，用 $\dfrac{K_s f_s}{K_a f_a}$ 来判定回火倾向性已能满足要求。但是对于丁烷与空气掺混而成的混合燃气，由于其密度较大，即使 $\dfrac{K_s f_s}{K_a f_a}$ 符合要求，也仍然会发生回火现象。其原因是这种燃气密度过大，在燃烧器中不易与空气形成均匀混合物，在燃烧器头部气流分配也不易均匀，因此某些火孔就容易发生回火。这样，在回火互换指数中就应包括密度这个参数。然而，A. G. A. 试验表明，以置换气热值代替置换气密度作为参数，能使回火互换指数计算结果与实验结果更为一致。试验时以天然气作为基准气，热值比较稳定，所以基准气热值不必作为回火互换指数的参数。这样，就形成了以下回火互换指数表达式：

$$I_F = \frac{K_s f_s}{K_a f_a} \sqrt{\frac{H_s}{39940}} \qquad (10\text{-}24)$$

式中　I_F——回火互换指数；

　K_a、K_s——基准气和置换气的离焰极限常数；

　f_a、f_s——基准气和置换气的一次空气因数；

　　　　H_s——置换气高热值（kJ/Nm³）

A. G. A. 用很多置换气在各种典型燃具上做了试验，确定了为防止回火所必需的 I_F 极限值。

（三）黄焰互换指数

确定黄焰互换指数的原理与确定离焰互换指数的原理相似。实验表明，互换后一次空气系数 α' 的改变对产生黄焰是一个重要因素，但火孔热强度 q 的改变却对产生黄焰并无多大影响。这是因为黄焰大多产生于 $q > 11.3\text{W/mm}^2$ 时，这时黄焰曲线倾向于只与一次空气系数有关。

燃气的化学组成决定了为避免黄焰所需的最小一次空气系数。通过 A. G. A. 控制燃烧器测得了各种单一气体的黄焰曲线。根据这些曲线可得出避免黄焰而需的最小空气量 T（Nm³ 空气/Nm³ 燃气）。各种单一气体的 T 值示于表 10-1，根据这些 T 值可以算出多组分燃气避免黄焰而需的最小一次空气系数。

黄焰互换指数的推导原理可用图 10-6 来阐述，图中曲线 Y_a 为基准气的黄焰极限，曲线 Y_s 为置换气的黄焰极限，点 x 为基准气在控制燃烧器上的调试点。当置换气一次空气因数 f_s 小于基准气一次空气因数 f_a 时，α' 下降，q 上升，x 将向左上方移动到 x_1。反之，x 将向右下方移动到 x_2。Y_s 曲线上点 x_3 的热负荷与 x_1 相同，点 x_4 的热负荷与 x_2 相同。点 x_1 的 α' 小于点 x_3 的 α'，产生黄焰。点 x_2 的 α' 大于点 x_4 的 α'，不产生黄焰。

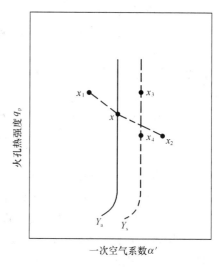

图 10-6　互换前后黄焰工况的变化

综上所述，一个包含基准气和置换气的 f、a 及表示黄焰曲线位置的因数的互换指数就可以表示黄焰互换特性。以 I_Y 表示互换后某热负荷下的一次空气系数 α'_s 与互换后该热负荷下的黄焰极限一次空气系数 α'_{sy} 之比，称为黄焰互换指数：

$$I_Y = \frac{\alpha'_s}{\alpha'_{sy}} \qquad (10\text{-}25)$$

从理论上讲，$I_Y > 1$，就不会产生黄焰。

用基准气调试控制燃烧器时，α'_a 和 q_a 取值如下：

1. 将 q_a 调整到黄焰曲线由倾斜变为垂直时的状态点。因为从这点开始，黄焰极限一次空气系数与 q 无关，推导黄焰互换指数表达式时就不必再考虑 q 的影响。

2. 将 α'_a 调整到黄焰极限一次空气系数 α'_{ay}，因为这是一个最不利状态，可以作为判定黄焰互换性的依据。

互换后一次空气系数与互换前一次空气系数之比应符合式（10-9）的关系：

$$\frac{\alpha'_s}{\alpha'_a}=\frac{f_s a_a}{f_a a_s}$$

将 $\alpha'_a=\alpha'_{ay}$ 代入上式，得：

$$\alpha'_s=\alpha'_{ay}\frac{f_s a_a}{f_a a_s} \tag{10-26}$$

将式（10-26）代入式（10-25），得：

$$I_Y=\frac{f_s a_a}{f_a a_s}\frac{\alpha'_{ay}}{\alpha'_{sy}} \tag{10-27}$$

式中 I_Y——黄焰互换指数；

f_a、f_s——基准气和置换气的一次空气因数；

a_a、a_s——基准气和置换气完全燃烧每释放 105kJ（100 英热单位）热量所需消耗的理论空气量；

α'_{ay}、α'_{sy}——基准气和置换气的黄焰极限一次空气系数。

式（10-27）就是黄焰互换指数表达式。

使城市燃气管网系统中实际运行的燃具不发生黄焰而必需的 I_Y 值可根据系统中所有典型燃具的实际性能试验得出。

式（10-27）中的 α'_y 值可用下式求得：

$$\alpha'_y=\frac{T_1 r_1+T_2 r_2+\cdots\cdots}{V_0} \tag{10-28}$$

式中 T_1、T_2……——各单一气体为消除黄焰而需的最小空气量；

r_1、r_2……——各单一气体的体积成分；

V_0——多组分燃气的理论空气需要量。

实验表明，对于烷烃来说，不论是作为单一气体，还是作为混合气体的一个组分，表10-1中的 T 值都很准确。对于烯烃、乙炔和苯来说，当作为混合气体的一个组分时，表10-1 中的 T 值很准确，但作为单一气体时，T 值就不很准确。氢和一氧化碳作为单一气体不会产生黄焰，因此 T 值为零。氮和二氧化碳会降低黄焰极限，氧则有助于消除黄焰，因此式（10-28）的分母项尚需考虑这些因素并加以修正。修正后的 α'_y 值计算公式如下：

$$\alpha'_y=\frac{T_1 r_1+T_2 r_2+\cdots\cdots}{V_0+7 r_{in}-26.3 r_{O_2}} \tag{10-29}$$

式中 r_{in}——燃气中氮和二氧化碳的体积成分；

r_{O_2}——燃气中氧的体积成分。

（四）离焰、回火和黄焰互换指数计算结果与实验数据的对比

离焰互换指数计算结果与 A. G. A. 控制燃烧器实验数据的最大偏差为 3.2%，平均偏差为 0.9%。黄焰互换指数计算结果与 A. G. A. 控制燃烧器实验数据的最大偏差为 2.8%，平均偏差为 1%。回火互换指数的准确性稍差一些。

为了检验以上三个互换指数是否符合城市燃气管网中类型众多的燃具的实际运行性

能，A. G. A. 以高发热值天然气（$H=44500kJ/Nm^3$，$s=0.64$），高甲烷天然气（$H=38300kJ/Nm^3$，$s=0.558$，CH_4 含量大于 90%）和高惰性天然气（$H=39900kJ/Nm^3$，$s=0.693$，惰性气体含量大于 10%）为基准气，以这三种基准气与炼焦煤气、水煤气、增碳水煤气、丁烷、丁烷改制气等各种燃气的混合物为置换气，进行了大量试验和计算。

试验和计算结果表明，对于离焰工况，当 $I_L<1$ 时，所有燃具均不发生离焰。当 $I_L>1$ 时，有些燃具开始离焰，有些燃具因燃烧器头部温度升高而并不发生离焰。对于以高发热值天然气为基准气的燃具，当 $I_L=1.00\sim1.12$ 时，某些燃烧器的点火和传火发生困难。对于以高甲烷天然气为基准气的燃具，$I_L=1.00\sim1.06$ 时，发生轻微离焰；$I_L>1.06$ 时，发生明显离焰。对于以高惰性天然气为基准气的燃具，$I_L>1.03$ 时就发生明显离焰。对于这三种基准气来说，当 $I_L>1.12$ 时，燃具发生明显离焰。城市燃气管网中实际运行的燃具所以会在 $I_L>1$ 仍不发生离焰，是因为这些燃具以基准气调试时并不会将一次空气系数调整到离焰极限一次空气系数。

对于回火工况，当 $I_F>1.20$ 时燃具发生回火。考虑到一些安全系数，取 $I_F=1.18$ 为极限值是合适的。

对于黄焰工况，不论使用哪一种基准气，当 $I_Y>0.7$ 时都没有黄焰发生。当 $I_Y<0.7$ 时，有些燃具发生黄焰。分别地讲，对于以高发热值天然气为基准气的燃具，$I_Y>0.8$ 时无黄焰发生；$I_Y=0.7\sim0.8$ 时有些燃具虽有黄焰，但无明显的烟炱和不完全燃烧。对于以高惰性天然气为基准气的燃具，$I_Y=0.8\sim1.0$ 时无严重黄焰发生。

表 10-2 对上述试验和计算结果作了归纳。只有当 I_L、I_F、I_Y 三个指数同时符合表 10-2 所规定的范围时，置换气才能置换基准气。

对于各种天然气的互换极限 表 10-2

互换指数	高发热值天然气			高甲烷天然气			高惰性天然气		
	适 合	勉强适合	不适合	适 合	勉强适合	不适合	适 合	勉强适合	不适合
I_L	<1.0	1.0~1.12	>1.12	<1.0	1.0~1.06	>1.06	<1.0	1.0~1.03	>1.03
I_F	<1.18	1.18~1.2	>1.2	<1.18	1.18~1.2	>1.2	<1.18	1.18~1.2	>1.2
I_Y	>1.0	1.0~0.7	<0.7	>1.0	1.0~0.8	<0.8	>1.0	1.0~0.9	<0.9

应该指出，I_L、I_F 和 I_Y 的允许极限并不是一成不变的。特别是当初调试工况改变时，这些互换指数的允许极限就随之变化。

二、德尔布（Delburge）互换性判定法

法国燃气公司从 1950 年开始进行互换性研究，到 1965 年得到较完善的成果。该项研究的主持人是 P·德尔布，因此所获得的互换性判定法称为德尔布法。

前已说明，当气源类型较多时，单用华白数并不足以判定两种燃气是否可以互换，还必须有另外的参数。法国燃气公司首先用控制燃烧器进行了大量试验。试验结果表明，当不同燃气在同一燃烧器上燃烧时，离焰、回火和 CO 三条极限曲线主要取决于与内焰高度有关的因素，而黄焰极限曲线则与内焰高度无关。因此可以用一个参数来表示离焰、回火和 CO 互换特性，而用另一个参数来表示黄焰互换特性。当然，前一个参数比后一个参数重要得多。

经过大量试验，德尔布选择校正华白数 W' 和燃烧势 C_p 作为从离焰、回火和完全燃烧角度来判定燃气互换性的两个指数，并以 $W'\text{-}C_p$ 坐标系上的互换图来表示燃气允许互换范围。以下分别阐述校正华白数和燃烧势的确定原理。

（一）校正华白数

按照式（10-2），燃烧器热负荷 Q 为：

$$Q = KW$$

式中 K 与流体黏度及流动状态有关，也即与燃气组分有关。如果以甲烷为基准来确定 K 值，则燃气中的氢、碳氢化合物（除甲烷外）、氮和二氧化碳均会使 K 值发生变化，从而引起热负荷的变化。其中，氢的影响与碳氢化合物的影响是相反的，二氧化碳的影响与碳氢化合物的影响是相似的，氮的影响较小。为了反映这些影响，需对华白数引入一个与 $(H_2 - C_mH_n - 2CO_2)$ 有关的校正系数 K_1，其中 H_2、C_mH_n 和 CO_2 分别为燃气中氢、碳氢化合物和二氧化碳的体积成分。

当燃气中含有氧时，应考虑含氧量对一次空气系数的影响。含氧量对一次空气系数的影响程度与理论空气需要量有关，而理论空气需要量又与热值成正比。为了反映这种影响，对华白数又要引入一个与 $\left(\dfrac{O_2}{H}\right)$ 有关的校正系数 K_2，其中 O_2 为燃气中氧的体积成分，H 为燃气热值。

这样，就得到了校正华白数 W'：

$$W' = K_1 K_2 W \tag{10-30}$$

（二）燃烧势

既然内焰高度与离焰、回火和不完全燃烧工况密切有关，那就有可能得出一个反映内焰高度的指数来判定离焰、回火和 CO 互换性。

以圆形火孔为例，假定火孔截面速度场分布是均匀的，则内焰高度为：

$$\frac{h}{r} = \sqrt{\left(\frac{v}{S_n}\right)^2 - 1} \tag{10-31}$$

式中　h——内焰高度；

　　　r——火孔半径；

　　　v——火孔气流平均速度；

　　　S_n——燃气-空气混合物燃烧速度。

由于 $\dfrac{v}{S_n}$ 比 1 大很多，因此式（10-31）可简化为：

$$\frac{h}{r} = \frac{v}{S_n} \tag{10-32}$$

对于引射式大气燃烧器，成立：

$$v = \frac{V_g\,(1+R)}{f_p} \tag{10-33}$$

式中　V_g——燃气流量；

　　　R——燃气-空气混合物中空气与燃气的体积比；

　　　f_p——火孔截面积。

当燃烧器喷嘴前燃气压力不变时

$$V_g \propto \frac{1}{\sqrt{s}} \tag{10-34}$$

$$R \propto \sqrt{s} \tag{10-35}$$

综合式（10-32）～式（10-35），得：

$$h = k_1 \frac{\dfrac{1}{\sqrt{s}} + k_2}{S_n} \tag{10-36}$$

式中　k_1、k_2——比例常数。

从式（10-36）可知，如果某个指数要反映内焰高度，它应该是燃气相对密度 s 和燃烧速度 S_n 的函数，而 S_n 则又应是燃气化学组分的函数。德尔布经过大量试验数据的整理，确定该函数的形式如下：

$$C_p = \frac{aH_2 + bCO + cCH_4 + dC_mH_n}{\sqrt{s}} \tag{10-37}$$

式中　　　　　　C_p——燃烧势；
H_2、CO、CH_4、C_mH_n——燃气中氢、一氧化碳、甲烷和碳氢化合物（除甲烷外）的体积
　　　　　　　成分；
　　　　a、b、c、d——相应的系数；
　　　　　　　s——燃气相对密度。

在 a、b、c、d 四个系数中，有一个可以任选。德尔布选定 $a=1$，然后在控制燃烧器上进行了一系列试验，以确定其他系数。经过多次修正，最后得出的燃烧势计算公式如下：

$$C_p = u \frac{H_2 + 0.7CO + 0.3CH_4 + v\Sigma kC_mH_n}{\sqrt{s}} \tag{10-38}$$

式中　k——各种 C_mH_n 的特定系数；
　　　u——由于燃气中含氧量及含氢量不同而引入的系数；
　　　v——由于燃气中含氢量不同而引入的系数。

用具有不同 W' 和 C_p 值的燃气在典型燃具上进行试验，就可以在 W'-C_p 坐标系上作出等离焰线，等回火线和等 CO 线。这三条曲线所限制的范围就是具有不同 W' 和 C_p 值的燃气在该燃具上的互换范围。将城市燃气管网中实际应用的所有典型燃具的互换图合并在同一坐标系上，其内部界限所组成的范围就是满足所有典型燃具要求的互换范围（图 10-7）。华白数的允许波动范围一般为 $5\% \sim 10\%$。这样，在 W'-C_p 坐标系上就可作出两条平行于 C_p 轴的直线，一条为华白数允许变化上限（图 10-7 中 $W'_s / W'_a = 1.1$），另一条为华白数允许变化下限（图 10-7 中 $W'_s / W'_a = 0.9$）。由等离焰线、等回火线、等 CO 线和两条华白数允许变化曲线所限制的范围 $abcde$ 就是燃气允许互换范围，又称德尔布互换图。

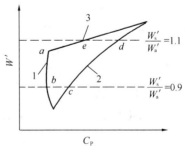

图 10-7　德尔布互换图
1—等离焰线；2—等回火线；3—等 CO 线；W'_s—置换气校正华白数；W'_a—基准气校正华白数

除了在 W'-C_p 坐标系上的互换图外，德尔布法还需用黄焰指数、结碳指数和氢含量等一些次要指标来作为互换性判定依据，这里就不再介绍了。

需要说明的是：我国国家标准中采用的燃烧势计算公式与式（10-38）不同，为简化计算式：

$$C_P = K_1 \frac{H_2 + 0.3\,CH_4 + 0.6(CO + C_m H_n)}{\sqrt{s}} \tag{10-39}$$

式中 K_1——与燃气 O_2 含量有关的系数，$K_1 = 1 + 0.0054 O_2^2$。

三、Weaver 指数法

Weaver 指数法是 ElmerR·Weaver 于 1951 年基于实验数据，对一次空气系数和其他参数（如火焰速度和化学组成）的变化进行经验关联后提出的。它是表示燃气置换时燃烧不正常现象相对倾向性的近似表达式，部分由理论推导而得，部分从以前的实验研究而来，采用六个指数来描述热负荷、空气引射量、回火、脱火、CO 和黄焰。各指数的表达式如下。

1. 热负荷指数

热负荷指数 J_H 代表燃气压力不变时，置换前后的热负荷变化，其值等于置换气和基准气的华白数之比：

$$J_H = \frac{W_s}{W_a} \tag{10-40}$$

式中 W_s、W_a——分别为置换气与基准气的华白数（MJ/Nm^3）。

$J_H = 1$ 代表完全互换；$J_H > 1$ 说明置换后热负荷增大，增加了黄焰和不完全燃烧的倾向。$J_H < 1$ 表示置换后热负荷减小，增加了离焰倾向。

2. 引射指数

引射指数 J_A 反映置换前后一次空气系数的变化，计算式为：

$$J_A = \frac{V_{0s}}{V_{0a}} \sqrt{\frac{s_a}{s_s}} \tag{10-41}$$

式中 V_{0s}、V_{0a}——分别为置换气与基准气的理论空气量（Nm^3/Nm^3）；

s_s、s_a——分别为置换气与基准气的相对密度（空气为 1）。

对天然气来讲，完全燃烧释放相等热量所需的理论空气量基本不变，可认为一次空气系数与华白数成反比，因此 J_A 与 J_H 数值差异很小。$J_A = 1$ 代表完全互换；$J_A > 1$ 说明置换后一次空气系数减小，增加了黄焰和不完全燃烧的倾向。$J_H < 1$ 表示置换后一次空气系数增大，增加了离焰倾向。

3. 回火指数

回火指数的推导方法本质上和 AGA 离焰指数是一致的，其最终表达式为：

$$J_F = \frac{S_s}{S_a} - 1.4 J_A + 0.4 \tag{10-42}$$

式中 S——火焰速度指数，如下计算：

$$S = \frac{\sum r_i B_i}{V_0 + 5(I_n) - 18.8(O_2) + 1} \tag{10-43}$$

式中 r_i——可燃组分的体积分数；

B_i——各可燃组分相应的火焰速度系数（表 10-3）；

I_n——燃气中惰性气体的体积分数；

O_2——燃气中 O_2 的体积分数。

火焰速度指数的公式是基于如下假设：由两种燃气组成的混合气的最大火焰速度与每种燃气量及其理论空气量之和呈线性关系。公式中的系数是由实验数据拟合得到，式中体积分数均按燃气总体积为 1 计算。

单一气体的火焰速度系数 B 和指数 S　　　　　表 10-3

可燃组分	B	S	可燃组分	B	S
H_2	339	100	C_3H_6	674	30
CO	61	18	C_3H_8	398	16
CH_4	148	14	C_4H_8	—	—
C_2H_2	776	60	C_4H_{10}	513	16
C_2H_4	545	29.6	C_6H_6	920	25
C_2H_6	301	17			

4. 脱火指数

脱火指数 J_L 是对火焰速度和一次空气系数进行经验关联（假定火焰速度和一次空气系数呈线性关系），并考虑了燃气中 O_2 对理论空气量的影响后提出。计算式为

$$J_L = J_A \frac{S_s}{S_a} \frac{1-(O_2)_s}{1-(O_2)_a} \tag{10-44}$$

$J_L=1$ 代表完全互换；$J_L>1$ 代表置换后离焰倾向增加。与实验数据的对比分析表明，J_L 更适用于人工燃气，而 I_L 更适用于天然气。

5. CO 生成指数

CO 生成指数 J_i 也称不完全燃烧指数，主要考虑一次空气的供应对燃烧的影响，并增加了反映碳氢比的变量以与实验数据相符。计算式为

$$J_i = J_A - 0.366 \frac{R_s}{R_a} - 0.634 \tag{10-45}$$

式中　R——燃气中氢原子数与碳氢化合物中碳原子数的比值。

由于 J_A 与 J_H 差别很小，J_i 可认为是对置换气和基准气的华白数比值进行碳氢比修正。$J_i=0$ 代表完全互换；$J_i>0$ 代表置换后燃烧不完全倾向增加。

6. 黄焰指数

黄焰指数 J_Y 是对一次空气系数进行经验修正，引入了与积碳相关的参数 N 后提出。计算式为：

$$J_Y = J_A + \frac{N_s - N_a}{110} - 1 \tag{10-46}$$

式中　N——每 100 个燃气分子中燃烧时容易析出的碳原子数，其值等于烃分子中碳原子数减去饱和烃分子数。认为不饱和烃和环烃中每个碳原子均易析出，而每个饱和烃分子有一个碳原子不易析出。

J_Y 也可看成对置换气和基准气的华白数比值进行析碳修正。$J_Y=0$ 代表完全互换；$J_Y>0$ 代表置换后黄焰倾向增加。与实验数据的对比分析表明，J_Y 更适用于人工燃气和

石油气，而 I_Y 更适用于天然气。

Weaver 指数法用于燃气压力为 1.25kPa，变化范围在 0.5～1.5 倍该压力之间。此法适用于民用燃具和工业燃烧装置。对于当时美国的燃具，经试验和计算得到。完全互换的指数值与极限值见表 10-4。

Weaver 指数允许值　　　　　　　　　　　表 10-4

指　数	完　全　互　换	极　限　值
热负荷	$J_H = 1$	0.95～1.05
引射空气	$J_A = 1$	—
回火	$J_F = 0$	<0.08
脱火	$J_L = 1$	>0.64
CO 生成	$J_i = 0$	<0
黄焰	$J_Y = 0$	<0.14

互换性指数极限值的选取会从根本上影响到互换性判定结论，因此有必要针对现代燃具，在目前的基准气和预期的置换气条件下进一步研究互换性判定方法的应用。新泽西气电公共服务公司（Public Service Gas & Electric（PSE&G）in New Jersey）于 20 世纪 70～80 年代进行了大量的燃具试验，制定了炼厂气、液混空和阿尔及利亚 LNG 的混合标准，并基于这些燃气和燃具试验提出了新的互换性指数极限，见表 10-5。1988 年的 AGA 互换性计算程序中也提出了默认的互换性指数极限，其值在 2001 和 2002 年版的计算程序中基本没有变化。2007 年 AGA 推荐的互换性指数极限见表 10-5。

PSE&G 和 AGA 提出的 Weaver 互换性极限　　　　　表 10-5

指　数	PSE&G	AGA
J_H	0.95～1.03	0.95～1.05
J_A	—	0.80～1.20
J_F	—	≤0.26
J_L	>0.64	≥0.64
J_i	<0.05	≤0.05
J_Y	<0.30	≤0.30

第五节　非燃烧类用户的天然气互换性问题

前已述及，燃气互换性问题的研究对象是量大面广的民用燃具，这并不意味着工业燃烧器在气源组分变化时不会产生技术上的问题。2000 年以后，随着全球天然气开采与供应的变化，一类称做"非燃烧类用户的天然气互换性问题"开始引起燃气工业界的关注。

所谓"非燃烧类用户"，指的是民用大气式燃烧器之外的所有应用场合，包括输配设备（压缩机站、管道、阀门、计量设备、LNG 液化与电气化设备等）、燃气轮机电站、天然气发动机、微燃机、作为化工原料的应用等。早期的燃气互换性研究，关注的是各种不同工艺所产生的组分与燃烧特性不同的燃气，在民用大气式燃烧器上是否会导致离焰、黄焰、CO 超标、回火等燃烧不稳定问题;"非燃烧类用户"在面临天然气组分的变化时,则可能在从输配到应用的各个环节引发技术问题。鉴于"非燃烧类用户"的设备种类繁杂,美国于 2004 年成立了由能源管理委员会、研究单位、行业协会、设备商等共同参加的 NGC+,开始对该问题进行全面的梳理与研究。目前这一研究仍在进行中。

我国现阶段处于天然气快速发展时期,天然气输配与大规模应用的基础设施正在建设中,及早认识到天然气组分的差别对于天然气设施的潜在影响,可在规划、设计阶段就采取可靠措施以避免组分变化产生大规模的技术问题。

本节以发动机为例简要介绍天然气的"非燃烧类用户"互换性问题。

在过去十年内,在环保政策以及价格因素推动下,天然气发动机技术发展迅速,闭环反馈控制的化学计量比以及稀薄燃烧等先进发动机技术得到广泛应用。同时天然气发动机初投资低、启动迅速、污染物排放低、可靠性高、部分负荷性能良好及可回收余热品质好,使得其应用范围得到大大加强。现在,天然气发动机广泛应用于备用发电、热电联产、天然气汽车等。

天然气的比重(密度)、热值(华白数)、当量空燃比(λ)、抗爆震性能对发动机性能有重要影响。这些物性与燃气组分紧密相关,当燃气组分变化时,由于华白数的变化,发动机空燃比及污染物排放会受影响,尤其当发动机以某一燃气组分进行性能优化后,工作于最佳性能及最大效率点,若无调节手段适应其他组分时,这种影响更为明显。

若两种天然气华白数相同,则在互换时能使发动机保持相同热负荷和一次空气系数,组分的变化不会导致空燃比和燃烧速度的显著变化,但组分改变可能会改变单位体积的能量密度及混合物抗爆性。但华白数并未涉及甲烷、乙烷及丙烷等组分在燃烧特性方面的差异,因此,在判定两种燃气之间的互换性时,还需要考虑其他指标。

1. 甲烷值(Methane Number,MN)

甲烷值是天然气作为发动机燃料时,评价其抗爆性的一项重要指标。在规定条件下的标准发动机中以一定比例的甲烷/氢气混合气体作为标准燃料测定其辛烷值,然后再在同样条件下测定不同组成天然气的辛烷值(Octane Number,MON);当两者的抗爆性相同时,标准燃料中甲烷的体积百分数值即为该组成天然气的甲烷值。

一些燃料的甲烷值及辛烷值					表 10-6
燃料	CH_4	C_2H_6	C_3H_8	C_4H_{10}	H_2
MN	100	44	32	8	0
MON	122	101	97	89	63

研究发现,燃料的辛烷值与甲烷值的比例几乎是线性的,一些燃料组分的甲烷值及辛烷值如表 10-6 所示。为确保发动机工作时不发生爆震,发动机厂商规定了燃料的最小抗爆震性能。对于重型发动机,发动机厂商规定了最小 MON 或 MN。

按照有关文献中的方法,计算了各种天然气的甲烷值,如图 10-8 所示,其中方框点为管输天然气,圆圈为 LNG。显然,管输气基本位于图中左上部分(低华白数高甲烷值区域),而 LNG 则位于图中的右下部分(高华白数低甲烷数区域)。这说明,LNG 中 C2+组分较多,使其华白数较高而甲烷数较低,在用做天然气发动机时,其爆震倾向增加。

《城镇燃气分类和基本特性》GB/T 13611—2006 中规定:天然气 12T 的华白数范围

为 45.67～54.78MJ/Nm³，国内绝大部分天然气均在此范围内。但各气源的甲烷数差别甚大，四川普光气为 96.19，福建 LNG 为 43.84，两者相差一倍以上。因此在用做天然气发动机燃料时，需特别注意，积极采取措施避免发动机爆缸及部件损坏。

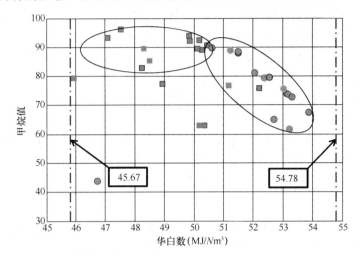

图 10-8　部分国内外天然气的华白数与甲烷数

2. 相关标准

《车用压缩天然气》GB 18047—2000 对汽车发动机用天然气技术指标如表 10-7 所示，此外还要求在使用时考虑其抗爆性能及华白数。同一气源各加气站的压缩天然气，其燃气类别应保持不变。

表 10-7

压缩天然气技术指标

项　　目	技 术 指 标
高位发热量（MJ/Nm³）	31.4
总硫（以硫计）（mg/m³）	≤200
硫化氢（mg/m³）	≤15
二氧化碳，%（vol.）	≤3
氧气，%（vol.）	≤0.5
水露点（℃）	在汽车驾驶的特定地理区域内，在最高操作压力下，水露点不应高于−13℃；当最低气温低于−8℃，水露点应比最低气温低 5℃

而在《石油天然气工业柴油／天然气双燃料发动机》SY/T 6728—2008 中，对天然气质量标准则有更为详细的规定，包括低热值不低于 27MJ/Nm³，甲烷含量不低于 76%（体积分数），天然气总的杂质粒度应小于 5μm 等。

从 20 世纪 80 年代开始，美国燃气协会（AGA）甲烷动力汽车系统委员会就开始致力于压缩天然气国家标准的开发。一些工业团体也参与其中，包括：美国汽车工程师学会（SAE），美国试验材料学会（ASTM），美国天然气汽车联合会（NGVC），美国国家防火协会（NFPA）及美国汽车研究联合会（USCAR）等。经过他们的努力，针对天然气发动机及汽车应用提出了一套工业标准——SAE J1616-1994。

SAE J1616-1994 规定了天然气加注时的燃料特性而非其到达加注站时的组分，它重点强调对储气罐及燃料系统部件形成腐蚀的物理化学特性。影响发动机性能及排放建议包括：CO_2 含量不超过 3%（以保持适当的化学计量比）；包含加臭在内的硫化物总质量分数应低于 8～30ppm，以防止烟气催化转化剂中毒失效；限制天然气组分中丙烷含量，以使在 5.5～8.3MPa 压力下及加注站最冷月大气温度时其潜在液化物不超过罐体容积的 1%；另外，SAEJ1616－1994 还建议天然气华白数范围为 48.43～52.90MJ/Nm³，该建议的华白数范围涵盖了大多数的美国天然气，允许与额定空燃比的最大偏差为 13.7%，这与汽油密度变化可比；现有 SAE J1616-1994 没有推荐方法来确定天然气发动机的辛烷值，对于天然气 MON 的计算尚没有特别建议。

车用 CNG 对甲烷、乙烷以及 C3 和 C6 烃都有明确规定，这些限值与民用燃料有所不同。美国加州对车用 CNG 标准建议甲烷数改为最小 88，部分地区可以采用最小值 73，惰性气体总计该为 4.0%，C4＋以上重质烃为 1.5%。

3. 设备商

为确保发动机在终端应用中能够稳定持久地运行，发动机厂商通常需要运行地点的天然气组分信息，他们也会向用户提供推荐的天然气组分。表 10-8 列出了部分发动机厂商推荐的燃气组分及其燃烧特性。

部分发动机厂商推荐的燃气组分及其燃烧特性 表 10-8

组　分	卡特彼勒	康明斯	Deere	Detroit	Mack
CH_4	≥88.00%	≥90%		≥88%	≥85%
C_2H_6	≤6.00%	≤4%		≤6%	≤11%
C3＋	≤3.00%				
C_3H_8		≤1.70%	≤5%	≤1.70%	≤9%
C4＋		≤0.70%		≤0.30%	
C6＋	≤0.20%				
C_4H_{10}			≤1%		≤5%
C2＋C3＋C4					≤11%
惰性气体（N_2，CO_2）	≤1.5～4.5%	≤3.00%			≤2%N_2；≤3%CO_2
O_2	≤1.00%	≤0.50%			
H_2	≤0.10%	≤0.10%		≤0.10%	
CO	≤0.10%	≤0.10%			
硫		≤0.001%（质量分数）		≤22ppm（质量分数）	
$CO_2＋N_2＋O_2$				≤4.50%	
华白数（MJ/Nm³）		48.06～50.85		47.31～50.66	
MON			≥118	≥115	
MN		对标准机型：≥80；对特殊机型：≥65			
低热值		≥43.7MJ/kg	≥897Btu/scf		
高热值		≥965Btu/scf（标准机型）			

发动机设备商关心的是燃料组分改变对发动机性能及可靠性的影响。由于重烃类组分

可能会导致发动机爆震、破坏或其他不可接受的工作状态，几乎所有发动机制造商都建立了正式或非正式的天然气组分规格，规定了重烃类组分含量的要求。一些设备商允许的丙烷含量值很低，最低的甲烷含量也在 90% 左右，但与其他组分一样，都随地域及时间变化而不同。

对于带闭环反馈控制的化学计量比发动机，天然气组分变化对其运行及可靠性影响不大，因此，对于此类发动机，需要关注天然气组分变化对燃料系统的可靠性及安全性的影响，以及满足发动机排放的天然气组分规格要求。

最后，需特别指出的是：不同来源天然气的组分差别，在不同应用场合所引起的问题与具体的设备密切相关，如对于扩散式燃烧的燃气轮机，已证明组分的变化对于稳定运行几乎不产生影响；对于采用贫燃预混机制的燃气轮机，过量的非甲烷烃类可能会导致贫燃熄火、排放超标等。

第十一章 民用燃气用具

民用燃气用具包括居民家庭、公共建筑和商业企业等用于制备食品、热水和采暖空调的各种燃气用具和设备。

第一节 家用燃气具

用于居民家庭的燃气具主要有燃气灶、热水器、烤箱灶、采暖热水两用炉等。

一、燃气灶具

(一) 分类

国家标准中，将含有燃气燃烧器的家用燃气灶、烘烤器、烤箱灶、中餐灶、西餐灶等统称为燃气灶具。常见燃气灶具的分类见表 11-1。

燃气灶具的分类 表 11-1

类 别	定 义	采用的燃烧器	基本性能指标	备注
家用灶	单个燃烧器标准额定热流量小于 5.23kW 的灶	大气式燃烧器	两眼和两眼以上的家用灶必须有一个灶眼的热负荷不小于 3.5kW；台式灶效率大于 55%、嵌入式灶效率大于 50%	每个燃烧器头部应装设熄火保护装置
中餐炒菜灶	单个燃烧器标准额定热流量小于 60kW 的炒菜灶	大气式燃烧器，强制鼓风式扩散燃烧器		
大锅灶	单个燃烧器标准额定热流量小于 80kW 的灶、锅的公称直径不小于 600mm	大气式燃烧器，强制鼓风式扩散燃烧器		
家用烘烤器	标准额定热流量小于 5.82kW 的烘烤器	大气式燃烧器	表面无大面积焦痕；内部无夹生	
家用烤箱	标准额定热流量小于 5.82kW 的烤箱	大气式燃烧器	表面无大面积焦痕；烤箱内温差小于 20℃；烤箱中心升温到 200℃时间小于 20min	
家用烤箱灶	家用灶与家用烤箱的组合	大气式燃烧器	同家用灶和烤箱。保持通风良好	
家用饭锅	焖饭的最大稻米量小于 4L、标准额定热流量小于 4.19kW 的饭锅	大气式燃烧器	不夹生、不烧焦；米饭中心温度在 80℃以上；热效率大于 50%	

家用燃气灶按灶眼数可分为单眼灶、双眼灶、多眼灶；按结构形式可分为台式、嵌入式、落地式等。嵌入式灶是指镶嵌在烹调台面使用的灶具，较之摆放在台面上使用的台式灶，日常清洗和维护更为方便。

最常见的是嵌入式和台式双眼灶。

（二）家用燃气灶

图 11-1 为嵌入式家用灶示意图。由进气管、开关旋钮、燃烧器（引射器、分气盘、火盖等）、盛液盘、灶面、锅支架和框架所组成。家用燃气灶采用多火孔头部的大气式燃烧器。火孔多为圆形、条缝形或方形，火孔中心线与水平面夹角为 40°～50°。锅支架高度（火孔端面至锅支架最高部位的距离）一般取 25～35mm 为宜。至少有一个火眼的锅支架能适应

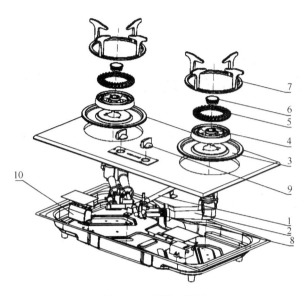

图 11-1　家用双眼灶

1—进气管；2—引射器；3—盛液盘；4—分气盘；
5—大火盖；6—中心火盖；7—锅支架；8—喷嘴；
9—旋钮；10—控制器

100mm 直径的平底锅。家用灶使用电子点火或压电陶瓷点火装置。为了提高燃气灶的安全性，防止意外中途熄火而引发的灾害，国家标准要求在燃烧器头部应装设熄火安全装置。

嵌入式家用灶的结构与台式灶基本相同，但在面板上面或侧面设置了进风口，保证一次空气供应。

（三）燃气烤箱

家用燃气烤箱的固定容积（加热室）在 40～55L 之间，即宽 400～500mm，深 400～500mm，高 300mm。加热形式有自然对流循环式和强制对流循环式两种。前者是利用热烟气的升力在箱内（直火式）或在箱外（间接式）循环加热，然后由排烟口逸出；后者是利用风机强制烟气循环，其优点是可充分利用加热室的空间，缩短了加热室的预热时间从而缩短了烤制时间。图 11-2 所示为直火式烤箱。

烤箱由外部围护结构和内箱 12 组成。内箱包以绝热材料层 16

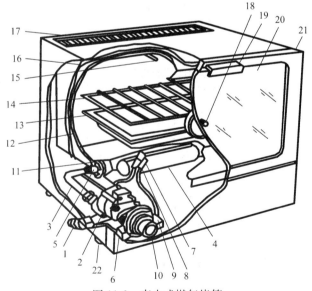

图 11-2　直火式燃气烤箱

1—进气管；2—恒温器；3—燃气管；4—燃烧器；5—喷嘴；6—阀门；7—点火电极；8—点火辅助装置；9—压电陶瓷；10—旋钮；11—空气加热器；12—内箱；13—托盘；14—托网；15—恒温器的感热元件；16—绝热材料层；17—排烟口；18—温度指示器；19—拉手；20—烤箱玻璃；21—门；22—烤箱腿

用其减少热损失。箱内设有承载物品的托网 14 和托盘 13，顶部设置排烟口 17。在内箱上部空间里装有恒温器的感热元件（敏感元件）15，它与恒温器 2 联合工作，控制烤箱内的温度。烤箱的玻璃门上装有温度指示器 18。

燃气管道和燃烧器置于烤箱底部。燃气由进气管 1 经阀门 6、恒温器 2、燃气管 3 和喷嘴 5 进入燃烧器 4 实现燃烧。点火系压电自动点火装置，它由压电陶瓷 9、点火电极 7 和点火辅助装置（燃烧器）所组成。燃气燃烧生成的高温烟气通过对流和辐射换热方式用或烤或蒸的工艺加热食品。最后烟气由排烟口 17 排入大气中。

二、燃气热水器与采暖炉

燃气热水器是提供生活热水的燃气用具，采暖炉是用于住宅单户采暖的、结构类似于热水器的民用燃气具。

通常按照加热水的方式，将热水器和采暖炉分为快速式（直流式、即热式）和容积式两类；按照空气供应烟气排除方式可分为直排式、烟道式、平衡式、强制排烟式、强制给排气式等。

在国家标准中，对快速式热水器的基本性能要求如下：热水温度≤95℃；热效率≥84%；燃烧产物中 CO 含量≤0.1%，NO_x 浓度≤260mg/kWh，运行噪声≤65dB。对容积式热水器的性能要求：热水温度≤95℃；热效率≥75%；燃烧产物中 CO 含量≤0.04%，运行噪声≤65dB。

2007 年 7 月开始执行的《家用燃气快速热水器和燃气采暖炉能效限定值及能效等级》GB 20665—2007 中，将热水器能效等级分为三级，其中 1 级能效最高。各等级的热效率要求见表 11-2。

热水器能效等级 表 11-2

热水器类型		负荷率（相对于额定热负荷）	最低热效率（%）		
			能效等级		
			1	2	3
供热水型		100%	96%	88%	84%
		50%	不低于额定热负荷时效率 2 个百分点	不低于额定热负荷时效率 4 个百分点	—
采暖型		100%	94%	88%	84%
		50%	不低于额定热负荷时效率 2 个百分点	不低于额定热负荷时效率 4 个百分点	—
两用型	采暖	100%	94%	88%	84%
		50%	不低于额定热负荷时效率 2 个百分点	不低于额定热负荷时效率 4 个百分点	—
	热水	100%	96%	88%	84%
		50%	不低于额定热负荷时效率 2 个百分点	不低于额定热负荷时效率 4 个百分点	—

(一)燃气热水器

1. 快速式热水器

快速式热水器可在水流经热水器的瞬间将其加热至所需温度,能快速连续供应热水,热效率比容积式热水器高 5%～10%。

图 11-3 为快速式燃气热水器工作原理图,它由水路和热交换系统、燃气供应及燃烧系统、空气供应与烟气排放系统、安全和自动控制系统组成。工作过程如下:燃气经电磁阀 9、气量调节阀 8、水-气联动装置 7,进入燃烧器 5,在火孔上燃烧,形成稳定火焰。燃烧所需空气,可由自然供风或风机强制鼓风方式提供。燃烧产生的高温烟气流经换热器 2,经换热器吸热、冷却后,最后由排烟口排出。冷水流经水-气联动装置 7、水量调节阀 6 后进入上部的热交换器 2,在换热器内被高温烟气加热后输出,供洗浴之用。

燃气热水器均设有电点火系统,安全控制功能很多,包括熄火保护(热电偶、火焰离子检测)、水气连锁、过热保护、过压保护、风压检测与保护、防冻装置、漏电保护等。

自动恒温型燃气热水器增加了一套自动调节系统,由传感器(水温传感、水流传感、风机转速检测)、计算控制电路和执行机构(比例阀、电动阀、电磁阀组合等)三部分组成。

图 11-4 为一个典型的强制鼓风式燃气热水器结构。在鼓风机 4 的出口设置了一块均流板 6,将空气在整个燃烧器断面上均匀分布。燃烧需要的一次空气与二次空气均由均流板送出。

2. 冷凝式快速热水器

提高热水器效率的一个主要手段就是进一步降低排烟温度,直到烟气中的水蒸气凝结,即冷凝式热水器。烟气中水的凝结会引发两个问题:一是低

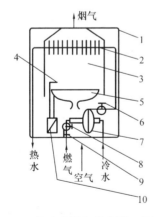

图 11-3 快速式燃气热水器工作原理

1—外壳;2—换热器;3—燃烧室;4—点火针;5—燃烧器;6—水量调节阀;7—水-气联动装置;8—气量调节阀;9—电磁阀;10—点火控制器

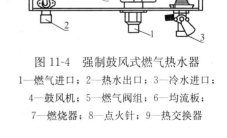

图 11-4 强制鼓风式燃气热水器

1—燃气进口;2—热水出口;3—冷水进口;4—鼓风机;5—燃气阀组;6—均流板;7—燃烧器;8—点火针;9—热交换器

温腐蚀问题，会缩短燃具的寿命；二是含酸的凝结水排出燃具后，对它所流经的金属和建筑物均有腐蚀作用。为了做到回收余热的同时保持燃具的原有寿命，冷凝式热水器需增设余热回收器和凝结水处理装置。

图 11-5 所示为一冷凝换热器布置在引风机后的冷凝式热水器。在引风机后增设冷凝换热器，并在其下布置凝结水收集器，酸性冷凝水被中和或经冷水稀释后排入下水道。燃用天然气时，冷凝水的 pH 值为 3.0～4.0。

若采用中和方式，在中和器内利用镁改变水质，其化学反应如下：

$$Mg + 2H_2O \rightarrow Mg(OH)_2 + H_2$$

$$Mg(OH)_2 + 2HNO_3 \rightarrow Mg(NO_3)_2 + 2H_2O$$

$$Mg(OH)_2 + H_2SO_4 \rightarrow MgSO_4 + 2H_2O$$

$$Mg + 2HNO_3 \rightarrow Mg(NO_3)_2 + H_2$$

$$Mg + H_2SO_4 \rightarrow MgSO_4 + H_2$$

反应生成物硝酸镁和硫酸镁是溶于水的，与水一起排掉。

图 11-6 所示为一种烟气向下流动（俗称"倒烧"）的冷凝式热水器。燃烧器布置在顶部，烟气向下流动，冷凝水排出方向与烟气流动方向一致，有助于冷凝水顺畅排出，避免其滞留于换热器上。

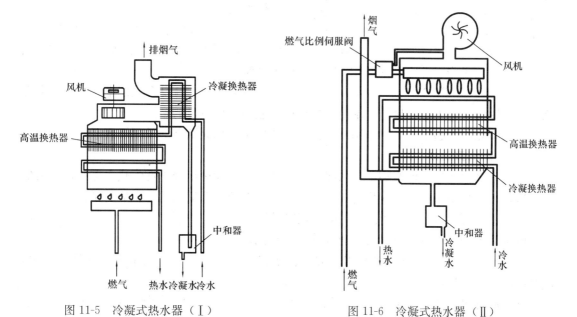

图 11-5　冷凝式热水器（Ⅰ）　　　　图 11-6　冷凝式热水器（Ⅱ）

冷凝式热水器与普通燃气热水器的主要不同之处在于热交换器的抗腐蚀和冷凝水的排除。目前常用的换热器有两类：不锈钢换热器和铸硅铝换热器。前者具有较好的抗腐蚀能力，在换热器的设计上，多采用并联方式，以减小阻力、降低运行噪声。铸硅铝换热器的抗腐蚀能力强，可根据需要铸成各种形状，以达到最佳的换热与冷凝水排除效果。

　　另外，冷凝式热水器大多采用全预混燃烧方式，将过剩空气系数控制在 1.2，既可提高燃烧温度、增大传热能力、减小燃烧空间，又增加了水蒸气在烟气中的百分比，有利于提高冷凝换热效率。当然，这种全预混燃烧器对控制系统的要求更高。

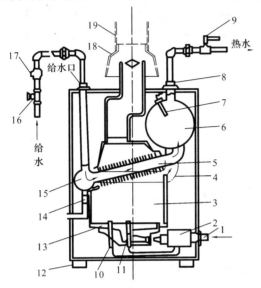

图 11-7　封闭式容积热水器

1—燃气进气管；2—燃气阀门装置；3—燃烧室；4—回流管；5—热交换器；6—储水箱（大）；7—恒温器；8—出水口；9—出水阀；10—火焰检测装置；11—电气点火装置；12—支脚；13—主燃烧器；14—排水阀；15—储水箱（小）；16—给水阀；17—减压逆止阀；18—安全排气罩；19—排气筒

3. 容积式热水器

　　容积式热水器能储存较多的水，间歇将水加热到所需要的温度。容积式热水器的储水筒分为开放式（常压式）和封闭式两种。前者是在常压下把水加热，热损失较大但易除水垢；后者是在承受一定蒸汽压力下把水加热，热损失较小但筒壁较厚，除水垢亦困难。

　　图 11-7 所示为封闭式容积热水器（为快速加热型）。其燃气系统包括：燃气引入管 1、燃气阀门装置 2、电气点火装置 11、火焰检测装置（燃烧器安全装置）10 和主燃烧器 13 等。

　　水路系统包括给水阀门 16、减压逆止阀 17、储水箱 6 及 15、回流管 4、出水阀 9 和排水阀 14 等。

　　热交换系统包括燃烧室 3、热交换器 5。烟气排除系统包括烟管、安全排气罩 18、排气筒 19。

　　在储水箱 6 内设有恒温器 7，通过它和燃气阀门装置联合工作，根据水温变化情况来控制燃气供应量的多少。

　　火焰检测装置起熄火保护作用。一旦主燃烧器中途熄火则立即关断燃气通路。

（二）燃气采暖炉

　　燃气采暖炉是指为建筑物单户采暖，将采暖系统的配件组合进燃气热水器中而形成的热水器，可将小型采暖系统简化为燃气采暖炉、散热器和管道阀门等组成的系统。

　　1. 配备快速式生活热水系统的采暖热水两用炉

　　该采暖炉的热水供应方式与快速式热水器相同。

　　图 11-8 为壁挂式采暖热水两用炉的结构示意，使用翅片式换热水箱加热采暖热水，同时使用板式换热器加热生活热水。工作原理如下：

　　首次运行时，开启补水阀 6，给管路补水；采暖工况时，采暖系统的回水由采暖回水口接入，经水泵 7 加压后，再进入内循环入口管 9，经换热水箱 14、被高温烟气加热，之后通过内循环出口管 11 到达采暖水出口 5，返回到采暖系统。

　　燃气采暖热水两用炉都有热水优先的设计，开启生活热水龙头后，生活热水水流开关将水流信号发送到控制器，再由控制器指挥。冷水通过进口接管 2 进入，经过切换后进入板式换热器 3，吸热后由卫生热水出口 4 排出，采暖水的进口 1、出口 5 被关闭，炉内的水经过水泵 7，进入内循环入口管 9 和换热水箱 14，由内循环出口管 11 进入板式换热器

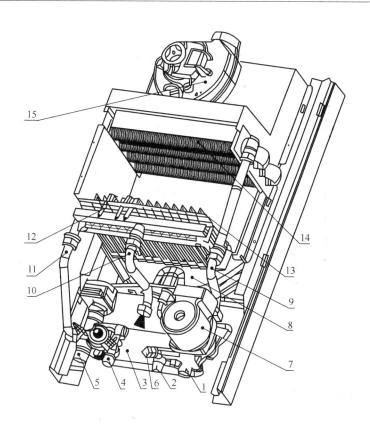

图 11-8 配有快速生活热水系统的采暖热水两用炉

1—采暖回水接口；2—生活冷水进口；3—板式换热器；4—生活热水出口；5—采暖出水接口；6—补水
阀；7—水泵；8—膨胀水箱；9—内循环进水管；10—燃气进口；11—内循环出水管；12—点火针和熄
火保护；13—燃烧器；14—换热水箱；15—引风机

3，将进入板式换热器的冷水加热后，返回到水泵。

燃烧室为封闭空间，仅有进风口和排烟道连通。燃烧所需空气，从空气进口经过烟管外的夹层进入燃烧室，其动力来自设在烟道中的引风机 15；空气与燃气在燃烧室内燃尽，燃烧生成的高温烟气流向换热水箱 9，经换热器吸热冷却后，烟气温度下降，由排烟口排出。

图 11-9 为烟管式燃气两用炉，燃烧后的高温烟气流过浸没在水箱中的烟管，将水箱内的水加热。采暖运行时，水箱的水供采暖循环使用；使用生活热水时，停止供暖循环，自来水通过生活热水加热盘管吸收水箱内水的热量而被即时加热。

2. 配有生活热水储水罐的采暖热水两用炉

为提高使用生活热水的舒适性，一些采暖炉配有生活热水储水罐，热水加热盘管设置在热水储水罐内，而储水罐可以内置（容积相对较小，80L 左右），也可外置（容积可以大些）。图 11-10 为配有外置水罐的壁挂炉结构原理。

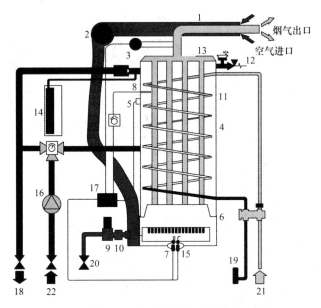

图 11-9 烟管式燃气两用炉

1—平衡式烟道；2—风机；3—风压开关；4—管壳式换热器；5—温度传感器；6—燃烧器；7—点火电极；8—温度传感器；9—燃气电磁阀；10—燃气喷嘴；11—生活热水加热盘管；12—安全阀；13—自动排气阀；14—闭式膨胀罐；15—火焰检测电极；16—循环泵；17—控制器；18—采暖供水；19—生活热水；20—燃气手动关闭阀；21—冷水；22—采暖回水

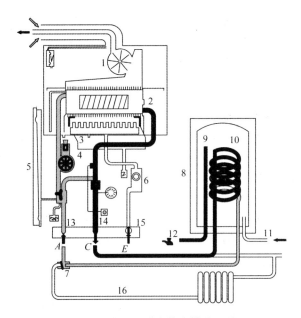

图 11-10 带生活热水储水罐的壁挂炉

1—风机；2—主换热器；3—燃烧器；4—循环泵；5—膨胀罐；6—燃气电磁阀；7—三通阀；8—生活热水罐；9—生活热水出口；10—加热盘管；11—冷水进口；12—热水龙头；13—采暖供水；14—采暖回水；15—燃气进口；16—采暖循环

第二节 商业燃气具

商业燃气具系指在宾馆、食堂、餐馆等厨房中广泛使用的炊事用具,产品设计多根据用户使用要求决定,品种繁多。按其使用功能分类,有中餐炒菜灶、大锅灶、蒸箱、西餐灶、烤炉、煲仔炉、矮仔炉、砂锅灶、消毒柜、煎饼炉等。按其灶体所使用的材质及结构特点,可分为不锈钢灶具和砖砌灶具。

与同样功能的家用燃气具相比,商业燃气具的热负荷要大得多。随着城市燃气事业的发展,这类燃具的用气量逐步增高。

下面介绍强制鼓风式中餐炒菜灶、大锅灶和燃气蒸箱,这三种商业燃气具的数量和燃气用量在厨房炊事器具中占较大比例。

一、中餐炒菜灶

中餐炒菜灶是一种用于快速烹饪少量菜肴的设备,一般配备主炒菜灶、副炒菜灶、带容器的煮汤灶(汤锅)、给水排水装置等。中餐炒菜灶随着菜系要求的不同而变化,广帮菜系多使用强制鼓风式燃烧器,江浙菜系多使用大气式燃烧器。中餐炒菜灶的热负荷大,火力强劲,出菜速度快,可以满足各种菜系的烹调工艺要求。

图 11-11 是一种典型的中餐炒菜灶,由角钢骨架、空气管道与燃气管道系统、燃烧器、烟道、余热水罐、上下水管路、面板等组成。在风机出口的空气管道中设置蝶阀,联动齿条 2 将燃气阀门与空气碟阀连接,使得在一定的功率范围内空气与燃气的供应保持近乎不变的比例。燃气与空气在燃烧器 3 喷出后混合、燃烧,烟气自烟道 8 排出的过程中加热煮汤灶(汤锅),之后经后部的烟道排出。

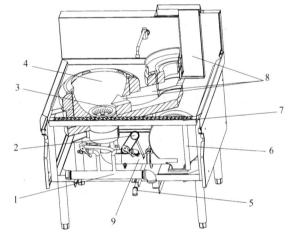

图 11-11 强制鼓风式中餐灶
1—燃气进气管;2—燃气-空气联动阀;3—燃烧器;
4—耐火炉墙;5—进水管;6—排污管;
7—水槽盖板;8—烟道;9—空气管道

灶台后侧设有放水管,灶面以较小的坡度向前侧倾斜,清洗灶面后的污水经多孔的水槽盖板 7 收集后,流入排污管道 6。

目前的中餐炒菜灶多使用角钢骨架,外覆不锈钢板,造型美观。炉膛用耐火砖砌筑,或用耐火泥现场浇筑。燃烧器热负荷在 35kW 以上。由于燃烧火焰与锅底的接触时间很短,热效率较低,在 $20\%\sim35\%$ 左右。烟气温度较高,即便在加热热水后,也常超过 500℃。由于使用强制鼓风式燃烧器,噪声很大(>100dB)。

行业标准《中餐燃气炒菜灶》CJ/T 28—2003 规定,主燃烧器热负荷配备系列应符合 7kW 一档,即 7kW、14kW、21kW、28kW、35kW、42kW。且锅支架应具有一定的耐热性和耐久性,其高度应确保燃烧充分($CO<1000\times10^{-6}$)和热效率较高。设计应考虑

安装和维修的方便。

在厨房中炒菜灶常成组配置，为节省空间若干台炒菜灶并列布置，燃气管、进水管连接在一起。

中餐炒菜灶的节能方法很多，如采用旋流预混措施加强空气与燃气的混合，采用全预混燃烧技术等。但这些措施都对空气和燃气的比例调节提出了较高要求，制造成本提高，目前的应用尚不广泛。

表 11-3 为某强制鼓风中餐灶的性能参数。

强制鼓风中餐灶的性能参数　　　　　　表 11-3

名　　称	型　　号	额定热负荷(kW)		配置风机	
		主　火	总　和	电压(V)	功率(kW)
鼓风单炒单尾	ZCR(T，Y)1-28/28AX	28	28	220	0.25
鼓风双炒双尾	ZCR(T，Y)2-28/56AX	28	56	220	0.5
鼓风三炒三尾	ZCR(T，Y)3-28/84AX	28	84	220	0.75

二、大锅灶

大锅灶用来烹饪大量食物，常用于食堂等的厨房。按照灶眼数量，大锅灶一般可分为单眼和双眼。按照所使用的燃烧器形式，大锅灶可分为扩散式、大气式、强制鼓风式；按照排烟方式，大锅灶可分为间接排烟大锅灶和烟道式大锅灶。

通常按所使用铁锅的直径来描述大锅灶规格，常用规格有 ϕ600mm（24 英寸）、ϕ660mm（26 英寸）、ϕ710mm（28 英寸）、ϕ760mm（30 英寸）、ϕ860mm（34 英寸）、ϕ1020mm（40 英寸）等。单个灶眼的热负荷不大于 80kW。

图 11-12 为一个采用大气式燃烧器的大锅灶结构示意图。灶的中央有一圈耐火材料砌

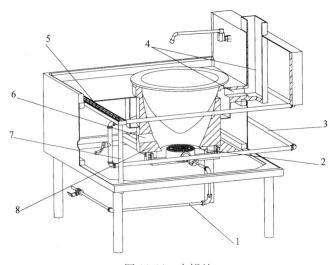

图 11-12　大锅灶

1—燃气进气管；2—燃烧器；3—进水管；4—烟道；5—水槽盖板；6—观火孔；7—排污管；8—耐火炉墙

筑的半锥型炉墙，烹饪用的大锅置于炉墙上。下部为一个大气式燃烧器 2（热负荷 25～80kW）。炉墙下部燃烧器上方，设置一个观火孔 6；后侧上方为烟道。

与中餐炒菜灶一样，大锅灶大多采用角钢骨架、不锈钢外壳。

因为采用大气式燃烧器，燃烧充分，火焰与锅底的接触时间较长，大锅灶的热效率比炒菜灶高很多，达 45% 左右。

大锅灶的燃烧器多使用有凸缘火孔的铸铁燃烧器，以控制成本。近年来为降低能耗，一些制造商推出了采用多孔陶瓷板的大锅灶，通过提高辐射传热量来增加传热，但在使用过程中易出现火孔堵塞、易烧损等问题。表 11-4 为某品牌大锅灶的性能参数。

大锅灶的性能指标　　　　　　　　　　　　表 11-4

型　号	外形尺寸 （长×宽×高）	功率 （kW）	进气接口 （英寸）	进水接口 （英寸）	排水接口 （英寸）	配备 燃烧器
DZT660（26 英寸）	1100mm×1150mm×800mm	10.6	1.5	3/4	2	8″
DZT710（28 英寸）	1200mm×1150mm×800mm	14	1.5	3/4	2	10″
DZT760（30 英寸）	1200mm×1150mm×800mm	28	1.5	3/4	2	13″
DZT1020（40 英寸）	1500mm×1400mm×800mm	28	2	3/4	2	13″双引射管

三、蒸箱

蒸箱按照用途与加热要求分为蒸饭箱和三门蒸柜，蒸饭箱又分为单门蒸饭箱（也称3.5 蒸饭箱，一次蒸米 35kg/h）和双门蒸饭箱（也称 6.4 蒸饭箱，一次蒸米 64kg/h）。蒸饭箱是用于宾馆、饭店以及企事业单位、学校、公共食堂厨房蒸制食品的主要设备，可用于蒸饭、面制品、菜肴以及餐具消毒。三门蒸柜主要用于广帮菜肴中鱼、点心等的蒸制，结构紧凑，加热迅速，蒸汽发生量大。

蒸箱实际上是一个密闭的蒸汽发生器，工作原理类似于笼屉。图 11-13 是一个蒸箱的结构示意图。

蒸汽发生室位于蒸箱的下部，上部为多格抽屉式的蒸格，为减少散热损失，蒸格外侧为保温材料、外覆不锈钢薄板。蒸格门用耐温胶条材料密封，减少蒸汽逸漏。

蒸汽发生室的结构（图 11-14）类似于火管结合水管的小型锅炉，整个燃烧室 7 采用外侧全部被水包围的设计。采用大气式燃烧器。来自于平衡水箱的补水由进水口 1 供入，补充到被加热的水管 3 内，之后进入蒸汽发生室；燃烧之后的烟气首先加热水管，再进入到浸没在水中的烟管 6，最后经烟道排出。蒸汽发生室的上方设有几个蒸汽出口 5，供入蒸格空间。

在工作过程中，水管内的热水被加热后，整个包围燃烧室的水空间呈现不同的温度和密度，通过自然对流来进一步加热，产生蒸汽。蒸箱的工作特点是连续工作时间长、功率大。为避免出现干烧，系统除采用浮球控制的平衡水箱补水之外，还配备了温度控制的防止干烧装置，当蒸汽发生室下部的温度超过一定值时，系统报警并关闭燃烧系统。

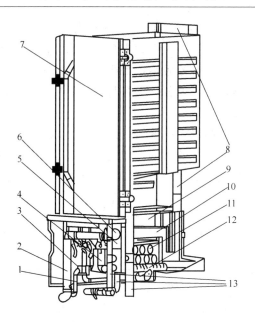

图 11-13 单门蒸箱

1—进水管；2—进气管；3—除垢器；4—蒸汽发生室进气管；5—平衡水箱；6—浮球；7—上箱体；
8—烟道；9—蒸汽发生室；10—火管；11—被加热水管；12—排管式燃烧器；13—排水管

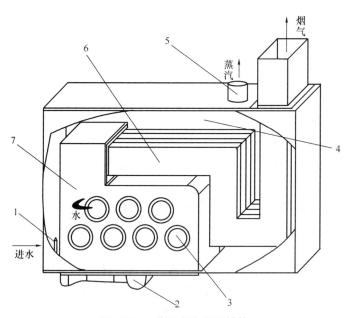

图 11-14 蒸汽发生室的结构

1—进水口；2—燃烧器；3—水管；4—蒸汽发生室；5—蒸汽出口；6—烟管；7—燃烧室

第三节 民用燃气用具的工艺设计

燃气用具一般由五部分组成：燃气及空气供应系统、燃烧器、燃烧室及加热室、烟气排除系统和外壳及附件等。

一、关于工艺设计的几个问题

（一）燃烧与燃烧器

设计燃烧器之前应做好下列准备工作：确定热负荷及安全系数、确定燃烧方法、根据燃烧器的工作条件及燃烧稳定性选出合理的设计参数，同时考虑燃烧器的耐久性。

1. 燃具额定热负荷

在使用额定压力的基准气情况下，燃具在单位时间内放出的热量称为燃具的热负荷，单位用 kW 表示。额定热负荷必须保证燃烧器的有效热量能满足加热工艺的要求，其计算步骤是先计算出被加热物质从初温到终温所需的热量，根据国家标准规定的热效率或估算的热效率，按照温升所需时间来计算额定热负荷。

（1）被加热物质无相变的情况下，热负荷的计算公式为：

$$Q = \frac{K \cdot W \cdot c\,(t_2 - t_1)}{3600 \eta \tau} 100 \tag{11-1}$$

式中　Q——燃具热负荷（kW）；

　　W——被加热物质的质量（kg）；

　　c——被加热物质的比热（kJ/（kg·℃））；

　t_1、t_2——被加热物质的初温和终温（℃）；

　　τ——升温所需要的时间（h）；

　　η——燃具的热效率（%）；

　　K——安全系数，$K = 1.28 \sim 1.40$。

安全系数是考虑燃气压力有可能降低、热值可能变化、热效率估算不准以及其他未考虑到因素的影响。

（2）被加热物质（固体）与熔融状态相伴时，热负荷的计算公式为：

$$Q = \frac{K\,[W \cdot c\,(t_2 - t_1) + w \cdot m]}{3600 \eta \tau} 100 \tag{11-2}$$

式中　w——固体的熔融量（kg）；

　　m——固体的熔解热（kJ/kg）；

（3）被加热物质（固体）与蒸发过程相伴时，热负荷的计算公式为：

$$Q = \frac{K\,[W \cdot c\,(t_2 - t_1) + w' \cdot r]}{3600 \eta \tau} 100 \tag{11-3}$$

式中　w'——液体的蒸发量（kg）；

　　r——液体的气化潜热（kJ/kg）；

必须指出的是：在确定家用尤其是商业用燃气灶具的热负荷时，不应仅考虑将一定数量的食物做熟需要多少热量，更重要的是为了使食品在色、香、味上能有某些特点（风味）需考虑火力的强弱、温度的高低、烹饪时间以及工艺应满足哪些要求。只有将各个因素进行综合分析后，方能定出合适的热负荷。

燃具（或加热设备）的热负荷确定后，即可定出燃烧器的热负荷。根据具体情况，定出燃烧器的个数，那么每个燃烧器的热负荷也可得出。

2. 燃烧方法的确定

选定的依据是：（1）被加热物质所要求的温度；（2）燃烧室构造以及燃烧室热强度；（3）火焰长度；（4）燃烧器的特点；（5）燃烧器的耐久性；（6）燃烧器的成本及维修难易程度。

从表 11-1 中可以看出，大气式燃烧器的使用最为广泛。中餐烹饪很多时候是在敞开空间进行的，火焰向外部的辐射散热对热效率的影响很大。随着技术的进步和控制装置成本的下降，一些民用和商业灶具中开始应用全预混燃烧。与大气式燃烧相比，全预混燃烧将混合和燃烧过程分开来，利用引射装置将燃烧所需的全部空气供入，借助多孔金属结构稳定火焰，燃烧速度快、火焰短、温度高，从而减小了辐射热损失，较易获得理想的热效率。

3. 燃烧器的燃烧稳定性

根据燃气的燃烧特性，为使燃烧稳定即不发生离焰、脱火、回火和不完全燃烧等现象，要选取合理的设计参数，如一次空气系数、火孔热强度等。

（二）**热效率**

燃具的热效率是指有效利用热占燃气总放热量的百分比，即

$$\eta = \frac{q}{Q} \times 100(\%) \tag{11-4}$$

式中　η——燃具的热效率（%）；

q——有效利用热（kJ）；

Q——燃气的总放热量（kJ）。

燃具的热效率是燃烧过程和传热过程的综合效率，它是燃具能量利用的经济性指标。

仅就节能而言，热效率越高越好。但热效率的提高往往会伴随着下列情况：热效率越高，燃具的成本亦会提高，燃具的耐久性和安全性均会变差，燃具的结构复杂维修难度增加等；另外，热效率的提高往往会导致 CO 排放增加。

热效率的提高可从燃烧的完善程度和传热的强化两方面来着手，同时一些有效的控制功能对热效率的提高有直接的推动作用。例如，在热水器中使用自动点火技术，取代了长明火，节省了长时间点燃长明火所耗用的燃气量；冷凝式热水器充分利用了烟气中的冷凝水潜热。在强制鼓风式中餐炒菜灶中，使用控制装置将出菜时的火力减小，在烹饪过程中将火力增大。

表 11-1 和表 11-2 中给出了一些常见燃气具的热效率要求指标。

（三）**燃烧室与加热室容积**

1. 燃烧室

燃烧室容积的大小，与燃具热负荷、燃烧方法有关。燃烧室过大，炉壁散热损失增加，热效率降低，炉内温度低，热效率降低；燃烧室过小，燃气无法充分燃烧，燃烧室壁和加热面过热会加速腐蚀、缩短燃具寿命。

燃烧室容积由燃烧室容积热强度决定，燃烧室容积热强度是指在燃烧室单位容积、单位时间内燃气完全燃烧所放出的热量，它的大小取决于燃具用途、燃烧方法、加热方法等，常通过实验测出。工程设计选定容积热强度的实质是保证燃气在燃烧室停留时间大于燃气从着

火到燃尽的时间，并在保证燃气完全燃烧的前提下尽可能小。燃烧室的截面尺寸取决于燃烧器的尺寸，高度取决于火焰的外焰高度。常用燃具的燃烧室容积热强度见表 11-5。

各种燃具燃烧室容积热强度　　　　　　　　表 11-5

燃具种类		燃烧室容积热强度 （kW/m³）×10³	燃烧方式	燃烧室深度或高度（从 燃烧器到水管群的距离） （mm）	燃烧室壁状况
浴盆 热水器	立式	1.163～2.326	部分预混	100～150	水冷铜壁（水/自然循环）
	卧式	1.163～1.744	部分预混	150～350	水冷铜壁（水/自然循环）
热水器	小型快速	0.233～0.349	扩散式	火焰长度的5～7倍或150～350	水冷铜壁（水/强制循环）
	小型快速	2.33～3.49	部分预混	火焰长度的4～7倍	水冷铜壁（水/强制循环）
	大型容积	1.163～1.744	部分预混	70～100	水冷铜壁（水/自然循环）
采暖炉	大型热交换式	0.58～1.16	部分预混	150～200	侧壁为铁或耐火材料， 顶部为空冷式铁壁
	辐射板式	3.49～7.0	部分预混	—	耐火材料
烘干机		0.35～0.58	部分预混	300～400	空冷式铁壁
工业燃烧炉		3.49～4.65	鼓风式	—	耐火材料
大型烤箱灶		—	部分预混	28～35（顶部燃烧器到灶面板）	顶部为水冷式铜壁或铝壁
小型燃气锅炉		1.163～1.744	部分预混	—	水冷式铁壁

必须说明的是，燃烧室的容积热强度并非固定不变而是随着燃烧技术的完善略有增加的。因此，在进行燃具设计时表 11-5 中的数据可作为参考，但原则是避免火焰接触水冷壁或燃烧室壁，以避免发生不完全燃烧和结炭。

2. 加热室

在确定燃烧室的尺寸后，还需考虑加热室的设计，确定出适于被加热物体的加热室、计算出换热面积。用于加热液体时，常用的加热方法如图 11-15 所示。

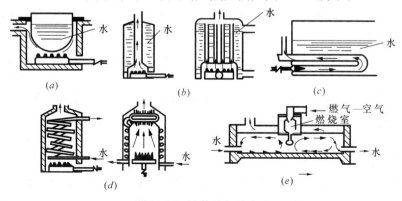

图 11-15　液体的加热方法

（a）直火锅加热；（b）立式火锅加热；（c）浸管加热；（d）水管加热；（e）浸没燃烧加热

图 11-15（a）为直火锅加热，结构简单，传热面积小，加热能力受限制，热效率较低，约为 35%～55%。

图 11-15（b）为立式炉加热，锅内液体进行自然对流循环，燃烧室壁也是换热面，热效率较高，约为 70%～85%。随着热效率的提高，燃烧产物中的水可能会凝结，应采取措施防止直落到燃烧器上。

图 11-15（c）为浸管加热，将烟管浸入被加热液体中，烟气在管内流动通过管壁将热量传给液体，热效率较高，约为 65%～85%，燃烧产物中的水易排出。由于烟气是水平流动，如设计不当会发生不完全燃烧现象和发出较大的噪声。

图 11-15（d）为水管加热，图中第一种情况，由于燃烧室壁不参与换热过程，故其热效率较低，约为 60%～70%；第二种情况换热条件明显改善，热效率达 75%～80%。

图 11-15（e）为浸没燃烧加热，燃气在燃烧室完全燃烧后，高温烟气直接与液体接触，热效率可达 90% 以上。

加热室设计的主要任务是设计换热面。设计中既考虑提高热效率的问题，又要顾及燃具使用寿命、冷凝水排除和制造加工难易的问题。

设计计算换热面的步骤如下：对新制造的燃具，根据其用途定出加热方法，结合燃烧室设计计算结果布置辐射换热面和对流换热面，进行换热面的设计计算。即选定各换热面出口烟气温度、计算出各换热面的面积。对原有燃具（或热工设备）改烧其他燃料时，或者为了提高原有燃具的生产率或热效率时则要进行热力校核计算。即在已布置好换热面的情况下，校核各换热面出口烟气温度是否处于合理的范围内。设计计算或校核计算的结果应与燃具的热平衡计算结果一致，诸如热效率、排烟温度等应满足热工计算所规定的误差范围要求。

（四）热平衡分析

在提高燃气具的热效率时，一个有效的分析工具就是精确的热平衡分析。输入燃具的燃气能量大部分都被有效利用了，其余则以不同的形式损失了。通过热平衡分析，可以寻找热损失较大的部分，从而进行针对性的技术改进。

（五）适用性与安全性

在进行燃气具的工艺设计时，除了尽可能提高其热效率之外，还要顾及充分发挥它的性能，例如对食品加热要均匀，合理组织燃烧使烟气中的 CO 符合相关的标准要求。对使用者而言，更希望燃具实用、操作简便、自动化程度高。新技术不断地应用于燃具中，主要表现在从手工操作向自动化控制发展。燃具的运行操作部分采用电子技术；采用程序控制，实现全自动操作，使用者只需调定最终状态，燃具便可按设计程序并利用传感器完成运行过程。

关于燃具的安全性问题更应予以重视，对火焰中途意外熄灭、缺氧情况下的燃烧需设置保护手段。对快速热水器，应有防止过热的有效保护。要严防燃具泄漏燃气，以免发生火灾、爆炸等恶性事故。

（六）造型与构造

燃具的造型应美观大方。现代化的住宅要求所用的燃具能成为住宅装饰的一部分。燃具能充分利用室内空间，与室内装饰相协调。为了扩大生活空间，燃气具向结构紧凑化发展，出现了超薄型燃具和一机多用的燃具。

燃具结构应力求简单，燃烧室、燃烧器、燃气管和水管以及电器元件应易于拆装，便于检修和清扫。

二、民用燃具的检验与使用

(一) 评价民用燃具的质量指标

评价燃具的性能优劣主要依据其性能、结构、材料、外观等性能指标。热工指标和性能指标简介如下：

（1）燃具前的燃气压力　设计燃具时，选定的燃气压力为额定压力。表 11-6 中给出了我国对各种不同种类燃气所采用的额定压力。

燃气用具的额定燃气压力　　表 11-6

燃具种类 ＼ 燃气种类	人工煤气 5R、6R、7R	天然气 4T、6T	天然气 10T、12T	液化石油气 19Y、20Y、22Y
低压（kPa）	1.0	1.0	2.0	2.8
中压（kPa）	10 或 30	10 或 30	20 或 50	30 或 100

（2）测试用燃气　在国家标准《城镇燃气分类与基本特性》GB/T 13611—2006 中，给出了各种燃气的测试用气组成。其中 0 为基准气，1 为黄焰和不完全燃烧界限气，2 为回火界限气，3 为脱火界限气，详见表 11-7。

GB/T 13611—2006 中的测试用气　　表 11-7

类别	试验气	体积组成（%）	比重	热值（MJ/Nm³） H_i	H_s	华白数（MJ/Nm³） W_i	W_s	燃烧势 Cp
3T	0	CH_4：32.5；空气：67.5	0.855	11.06	12.28	11.95	13.28	22.0
	1	CH_4：34.9；空气：64.1	0.845	11.87	13.19	12.92	14.35	22.9
	2	CH_4：16.0；H_2：34.2；N_2：49.8	0.594	8.94	10.18	11.59	13.21	50.6
	3	CH_4：30.1；空气：69.9	0.866	10.24	11.37	11.0	12.22	21.0
4T	0	CH_4：41；空气：59	0.818	13.95	15.49	15.43	17.13	24.9
	1	CH_4：44；空气：56	0.804	14.97	16.62	16.69	18.54	25.7
	2	CH_4：22；H_2：36；N_2：42	0.553	11.16	12.67	15.01	17.03	57.4
	3	CH_4：38；空气：62	0.831	12.93	14.36	14.19	15.75	24.0
6T	0	CH_4：53.4；N_2：46.6	0.747	18.16	20.18	21.01	23.35	18.5
	1	CH_4：56.7；N_2：43.3	0.733	19.29	21.42	22.53	25.01	19.9
	2	CH_4：41.3；H_2：20.9；N_2：37.8	0.609	16.18	18.13	20.73	23.23	42.7
	3	CH_4：53.4；N_2：46.6	0.760	17.08	18.97	19.59	21.76	17.3
10T	0/2	CH_4：86；N_2：14	0.613	29.25	32.49	37.38	41.52	33.0
	1	CH_4：80；C_3H_8：7；N_2：13	0.678	33.37	36.92	40.53	44.84	34.3
	3	CH_4：82；N_2：18	0.629	27.89	30.98	35.17	39.06	31.0

续表

类 别	试验气	体积组成（％）	比重	热值（MJ/Nm³）		华白数（MJ/Nm³）		燃烧势
				H_i	H_s	W_i	W_s	Cp
12T	0	CH₄：100	0.555	34.02	37.78	45.67	50.73	40.3
	1	CH₄：87；C₃H₈：13	0.684	41.03	45.30	49.61	54.78	41.0
	2	CH₄：77；H₂：23	0.443	28.54	31.87	42.88	47.88	69.3
	3	CH₄：92.5；N₂：7.5	0.586	31.46	34.95	41.11	45.67	36.3
19Y	0，1，3	C₃H₈：100	1.550	88.00	95.66	70.69	76.84	48.2
	2，3	C₃H₆：100	1.476	82.78	88.52	68.14	72.86	49.4
20Y	0	C₃H₈：75；C₄H₁₀：25	1.682	95.12	103.29	73.34	79.64	46.3
	1	C₄H₁₀：100	2.079	116.48	126.21	80.79	87.53	41.6
	2	C₃H₆：100	1.476	82.78	88.52	68.14	71.86	49.4
	3	C₃H₈：100	1.550	88.00	95.65	70.69	76.84	48.2
22Y	0，1	C₄H₁₀：100	2.079	116.48	126.21	80.79	87.53	41.6
	2	C₃H₆：100	1.476	82.78	88.52	68.14	71.86	49.4
	3	C₃H₈：100	1.550	88.00	95.65	70.69	76.84	48.2

（3）燃具的额定热负荷　不同燃具的额定热负荷的大小、实测热负荷的偏差等均需符合相应的国家标准规定，一般在检验实验条件下的实测值与设计值的直接偏差应小于10％。该实测值是换算到15℃、101325Pa下的热负荷值。首先按下式计算燃气消耗量：

$$L_g^0 = L_g \times \sqrt{\frac{101.3 + P_g}{101.3} \cdot \frac{B + P_g}{101.3} \cdot \frac{288.15}{273.15 + t_g} \cdot \frac{s}{s_r}} \qquad (11-5)$$

式中　L_g^0——折算为标准状态下的基准气（设计用燃气）的流量（Nm³/h）；

L_g——试验状态下的干试验气流量（m³/h）；

P_g——试验时燃气流量计内的燃气压力（kPa）；

B——试验时大气压力（kPa）；

t_g——试验时燃气流量计内的燃气温度（℃）；

s——干试验气的相对密度；

s_r——基准气的相对密度。

燃具的折算热负荷计算如下：

$$Q = \frac{1}{3.6} H_{l,r} \cdot L_g^0 \cdot 10^{-3} \qquad (11-6)$$

式中　Q——15℃、101325Pa、干燥状态下的折算热负荷（kW）；

$H_{l,r}$——基准气的低热值（kJ/Nm³）。

按照下式计算燃具的热负荷偏差：

$$热负荷偏差 = \frac{折算试验热负荷 - 标准额定热负荷}{标准额定热负荷} \times 100\% \qquad (11-7)$$

（4）燃具的热效率 燃具在额定压力下工作时，其热效率应达到相应标准所规定的最低指标，检验时使用基准气在额定压力下作业。

（5）燃烧产物的卫生指标 燃具排放的烟气中含有 CO、NO_x、3-4 苯并芘、臭氧和硫化物等有害于人体和环境的成分，因此，对其含量应加以限制。目前我国仅对烟气中的 CO 含量做了限制，要求燃具在额定压力下工作，折算成过剩空气系数 $\alpha = 1$ 时，干烟气中 CO 含量应符合相应的标准规定。干烟气中 CO 含量的换算可根据烟气中的 O_2 含量计算，也可根据烟气中 CO_2 含量计算，换算公式如下：

采用 O_2 含量计算：

$$CO_{\alpha=1} = \frac{CO' - CO'' \left(\dfrac{O_2'}{20.9} \right)}{1 - \dfrac{O_2'}{20.9}} \times 100\% \qquad (11-8)$$

式中　$CO_{\alpha=1}$——折算为过剩空气系数为 1 时，烟气中的 CO 含量（%）；

　　　CO'——烟气样中的 CO 含量（%）；

　　　O_2'——烟气样中的 O_2 含量（%）；

　　　CO''——检验室内空气中的 CO 含量（%）。

采用 CO_2 含量计算：

$$CO_{\alpha=1} = (CO)_m \frac{(CO_2)_N}{(CO_2)_m} \times 100\% \qquad (11-9)$$

式中　$(CO_2)_N$——理论干烟气样中的 CO_2 含量（%）；

　　　$(CO_2)_m$——烟气样中的 CO_2 含量（%）；

　　　$(CO)_m$——烟气样中的 CO 含量（%）。

过去我国一直采用 O_2 含量计算方法，目前我国新标准也开始采用欧美通行的做法，CO_2 含量计算法。

（6）燃烧稳定性 不同烹饪过程（或工艺条件）要求不同的火力，因此燃具的热负荷按工艺需要进行调节，在调节范围内火焰仍稳定燃烧。检验离焰、脱火时，采用脱火界限气（表 11-7 中的 3 号气）于 1.5 倍额定压力下作业；检验回火时，采用回火界限气（表 11-7 中的 2 号气）于 0.5 倍额定压力下作业；检验黄焰和不完全燃烧时，采用黄焰和不完全燃烧界限气（表 11-7 中的 1 号气）在 1.5 倍额定压力下作业。

（7）安全性 燃气会引起火灾、爆炸，且还有毒性，故不能让其未经燃烧而逸出，为此对燃具要施以安全保护举措。首先对燃具的气密性提出要求，供气管、阀门、配件连接处要严密不漏气。用 4.2kPa 的气压试验，从燃气入口到燃烧器阀门，漏气量应小于 0.07L/h；对自动控制阀门，漏气量应小于 0.55L/h；其次燃具设有安全保护装置，例如燃气阀门应有限位与自锁装置，旋钮的开、关位置应有明显标志和方向指示，家用燃气灶必须装设熄火保护装置，在家用热水器上装有熄火安全、缺氧保护装置和换热器过热保护装置等。最后，从操作安全和燃具使用寿命角度出发，对燃具各部位表面温度提出具体要求，见表 11-8。

燃具表面温度规定值　　　　　　　　　　　　　　　　表 11-8

燃具种类	燃 具 部 位							
	操作时手必须接触的部位	操作时手可能接触的部位	操作时手不易接触的部位	阀门壳体	干电池表面	压电元件与导线	软管接头	热水器四周墙壁或台面
	温度（℃）							
家用灶	室温+30	室温+70	室温+110	室温+40	室温+20	室温+50	室温+20	
热水器（快速）	室温+30	室温+65	室温+105	室温+50	室温+20	室温+50	室温+20	65
烤箱	室温+30	室温+70	室温+110			室温+50	室温+20	
中餐炒菜灶	室温+30	室温+65	室温+105	室温+50	室温+20	室温+50		
沸水器	—	—	室温+105	室温+50	室温+20	室温+50	—	65

对于带有燃烧室的设备，必须设置预吹扫程序，先启动风机进行预吹扫，预防在燃烧室内积存的可燃气体在点火时出现爆燃。

（二）燃具检验

检验燃具时首先做外观检查，要求其整体造型美观大方，外壳要平整匀称、色泽均匀。经表面处理的外壳不应有喷涂不匀、脱漆、起皱、掉瓷、伤痕、裂纹和锈蚀等铸件不应有砂眼。其次将燃具与设计加工图以及技术条件进行核对，视各部件是否符合设计要求。尤其是对喷嘴直径、火孔直径以及数目做检查；此外对燃具的使用、调节、清扫和检修拆装难易进行检查，其是否适用、自如和简便；最后进行机械性能和人工性能检测，视其结果认定质量是否合格。

国家标准中对燃具的材料、结构和安全以及性能等要求的规定有很多，详见相应的规范、国家标准。

三、民用燃具的材料

民用燃具种类虽多，但所用材料大致相同。所有材料可归为金属和非金属两种，本节仅综述对金属材料的要求。

（一）燃烧器头部及混合管部件

燃烧器头部及混合管所用材料为灰铸铁、钢板（08F）和不锈钢。

灰铸铁按强度分为七级，为了燃具在保存、运输和使用过程中不至于损坏，要求选用抗拉强度大于 200MPa 牌号的灰铸铁。

灰铸铁与铸钢相比，凝固范围较窄，熔点低，流动性好。一般灰铸铁的液态和凝固收缩率均小于铸钢。由于灰铸铁件生产工艺简单，而且又有良好的铸造性能，加之铸铁价格低廉，因此，目前在燃具生产中得到了广泛应用。

铸铁燃烧器除被空气中氧腐蚀外，尚存在加热过程中引起的氧化作用，以及加热容器中溢出来的物质所引起的腐蚀。为防止氧化，可在铸铁化学组成中添加元素铝、铬、硅、镍、钛和钒等。在国外，对烤箱和采暖炉的燃烧器所用铸铁添加钛和钒，它有效地改善了在高温下燃烧器的耐蚀性。

为节省燃具的金属用量，除采用非金属材料外，可将铸铁件改为钢板件，例如现已采用冷冲压钢板（08F）制作燃烧器头部和混合管。为了提高抗蚀和耐热能力，有的厂家还采用了钢板渗铝工艺。

此外，台式灶、烤箱灶、热水器外壳和采暖炉外罩亦采用薄钢板制造。对于燃具的外框围护结构要考虑装饰问题，要求材料有良好的表面质量，通常选用冷轧深冲优质低碳钢板中 08 钢。08 钢分有镇静钢和沸腾钢，因沸腾钢除能保证燃具工艺上表面质量要求外，其价格又低于镇静钢，所以，在燃具生产中采用 08 钢中的沸腾钢，其代号为 08F。

有些燃具如快速热水器，其燃烧器用不锈钢制作。

（二）燃气喷嘴

燃气喷嘴宜用黄铜制造。黄铜（铜、锌合金）容易熔铸和进行压力加工，具有良好的机械性能和耐蚀性，与紫铜和其他铜合金相比，其价格低、重量轻，因而广为应用。

黄铜在干燥大气中开始氧化的温度是 300℃（紫铜为 130℃），可见在大气中它几乎不受腐蚀。在设计燃烧器时，燃气喷嘴孔径是经周密计算而得出的，如果孔径改变，就会引起燃具的热负荷、热效率、烟气中一氧化碳含量的变化，同时也影响了燃烧稳定性。为此，燃气喷嘴宜用耐腐蚀的黄铜制造。

（三）热水器的热交换器

快速热水器的上水管及翼片、容积式热水器的贮水槽和排烟筒均为换热部件。它用铜板或脱氧铜板制造。

铜（紫铜）分为含氧铜和无氧铜（包括脱氧铜）。它们具有优良的导热性，有中等机械强度和良好的耐蚀性，可以焊接和钎焊，因而用它制造换热器。

铜在温度超过 130℃时，会出现氧化现象，因此在较高温度下工作的部件不要用铜制造。

假若铜中含有 0.03%～0.04% 的氧气，当在含氢气氛中长时间加热时，铜将明显变脆，同时耐蚀性也变差。含杂质少的、充分脱氧的铜，对各种有机酸、无机酸具有很大的耐蚀性，故又用它制造水管。由于脱氧铜在含氢气氛中长时间加热或焊接不会引起氢脆性，因此对要求具有一定机械强度的部件使用脱氧铜为宜。

（四）燃具的金属骨架

烤箱灶和大型灶具的金属骨架结构系采用普通碳素钢的甲类钢制造，一般使用 Q235 钢。Q235 钢可制成各种型钢、条钢、螺栓和螺钉等，用于焊接、铆接和螺栓连接的钢结构中。

（五）燃气旋塞和水阀

燃气管路和水管上的旋塞、水阀门，用黄铜或青铜制造。

青铜原指铜锡合金。现除黄铜、白铜（镍铜合金）外，其他铜合金均称青铜。

锡青铜具有良好的机械性能、铸造性能，耐腐蚀、耐磨，因而用于制作燃气旋塞和水阀。尤其是接触水的管件，最好采用这种材料制造。

（六）其他部件

燃具上特别需要耐蚀或要求美观的部件，可用不锈钢制造。不锈钢中有代表性的是含有 13% 或 18% 铬的不锈钢，以及含铬 18%、含镍 8% 的 18-8 铬镍不锈钢。铬元素是提高钢的耐蚀性的基本元素，当其含量达 13% 时，在金属表面形成钝化膜，使耐蚀性有明显提高。

国内燃气用具厂通常使用的不锈钢是"1Cr18Ni9Ti"。

四、民用燃具的自动与安全控制装置

随着技术进步和生活水平的提高,燃具上开始配备各种自动调节和安全控制装置。这种燃烧自动调节与安全装置是一种基本上无需人直接监视和操作而能对整个燃烧过程进行自动调节、控制和干预的机构。

燃气燃烧的自动调节和控制装置,是按照被控制目标参数的变化,如温度、压力、流量等,自动地调节燃气与空气的供应,并保证其安全运行。

目前的燃气灶具都装有自动点火及熄火保护装置,烤箱及烘箱除自动点火系统及熄火保护装置外,还装有温度调节系统。家用快速热水器及采暖炉,除上述装置外,一般还装有燃气压力调节、缺氧保护、过热保护及水-气连锁等装置。可以说,燃具性能的优劣在很大程度上取决于这些控制装置的性能。

下面介绍这些民用燃气具的自动与安全控制装置的原理。

(一) 自动点火

用于燃具的点火装置形式很多,传统的方式包括火焰点火、热丝点火、电火花点火等。目前在燃具主要采用电火花点火,即利用点火装置产生的高压电在两电极间隙间产生电火花,来点燃燃气。

作为燃具的电火花点火装置,应具备的基本条件是:要有足够高的电压以击穿空气产生电火花;要有足够高的能量使电火花能引燃燃气;电火花要有足够长的火花延续时间;要能在恶劣的环境下工作。电火花点火装置有两种形式:压电陶瓷和电脉冲点火。早期的燃具中,大量采用压电陶瓷结合长明火的形式,这样的系统最大的优势是不需电源,但由于每次只产生一个电火花,点火成功率受到很大限制。随着对控制要求的提高,外加电源已成为必须,能连续产生电火花的电脉冲点火成为主导。

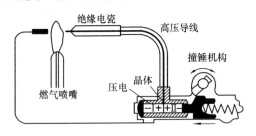

图 11-16 压电陶瓷点火装置

1. 压电陶瓷点火装置

给一种晶体(亦称"压电陶瓷")施加一定的压力就会发电,这种放电现象叫做"压电"。如图 11-16 所示,借外力使压电陶瓷 I 与 II 相冲击,将机械能转变为电能,输出 $8\sim18kV$ 高压,击穿电极间隙 $4\sim6mm$,产生电火花,用以点燃燃气。

2. 连续电脉冲点火装置

连续电脉冲点火装置大致可分为可控硅式和电压开关式两种,其工作原理基本相同,唯一不同的是在放电频率的控制形式上。

图 11-17 (a) 所示原理是:点火开关 S 闭合,由 R_1、V_1 和 T_1 一次线圈组成的振荡电路起针,经 T_1 的二次线圈升压,二极管 V_2 整流后,一路到电容 C_1 储能,另一路通过 R_2 对 C_2 进行充电。因双向触发二极管 V_3 的阻断特性,当 C_2 两端的电压达到 V_3 的开通电压时,V_3 导通,C_2 储存的能量击发可控硅导通,C_1 通过可控硅 V_4 和 T_2 的一次线圈回路放电。在 T_2 的二次线圈中感应出一个高压脉冲,击穿两极间隙产生一个电火花。C_2 在触发 V_4 后,因其端电压低于 V_3 的开通电压,V_3 关断,电路进行第二次充放电过程。

改变 R_2、C_2 的大小，可以改变高压放电火花的放电频率。

图 11-17 (b) 线路的工作原理基本上与 (a) 相同，不同的是在电火花放电频率的控制上。本线路利用一只电压开关管的通断来控制放电频率。当 C_1 充电储能，电压开关管 V_3 两端电压达到其开通电压时，其立即导通，C_1 通过 V_3、T_2 的初级线圈回路放电，在 T_2 的次级线圈中感应出一个高压电脉冲。此时，V_3 两端电压降低，即关断，电路进行第二次充放电过程。此线路的放电频率基本不可调，放电频率的快慢完全取决于 V_3 的电压开关值。

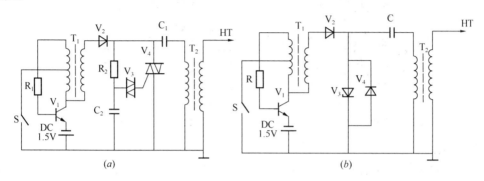

图 11-17　连续电脉冲点火装置
(a) 可控硅式；(b) 电压开关式

(二) 熄火保护

判断火焰是否熄灭是保证燃气不发生意外泄漏的重要措施之一。检测火焰的方法主要有：检测火焰的发光（可见光、紫外线、红外线）的光电检测法，检验火焰温度的热电偶法，检测火焰离子电流的离子检测法。

1. 热电偶熄火保护装置

这种熄火保护装置是以热电偶为火焰传感元件、电磁阀为执行机构所组成的装置。当热电偶感知火焰意外熄灭时，电磁阀自动切断燃气通路。热电偶熄火保护装置主要有直接关闭式和隔膜阀式两种。

直接关闭式热电偶熄火保护装置见图 11-18。按下气阀钮，同时点火装置产生的火花点燃火种，热电偶的感热部分被加热，由于热电偶的"热惰性"，需保持此状态一段时间，直到热电偶产生的电流能激励电磁阀的铁芯和衔铁保持吸合状态，再松开气阀钮。

如在使用中长明火熄灭或其他原因导致热电偶温度下降，导致热电偶产生的电流降低到一定值时，电磁阀的铁芯和衔铁脱离，在弹簧力的作用下，电磁阀的密封垫切断气路，有效防止人身事故、节省能源。

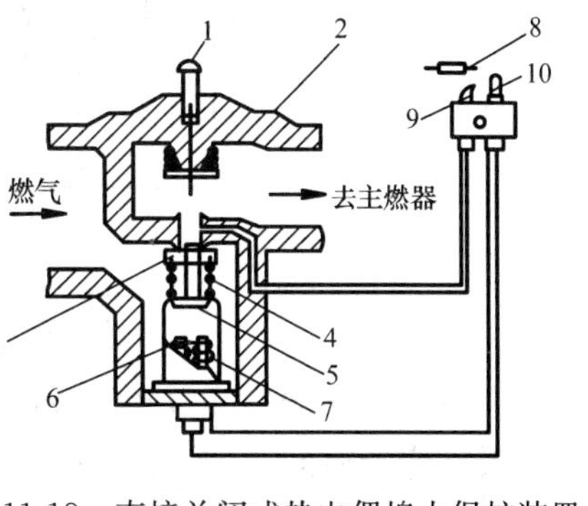

图 11-18　直接关闭式热电偶熄火保护装置
1—气阀钮；2—气体阀；3—密封垫；4—弹簧；5—衔铁；6—铁芯；7—感应线圈；8—高压放电针；9—长明火；10—热电偶

隔膜阀式热电偶熄火保护（图 11-19）的工作原理与直接关闭式相同，唯一不同之处则是塑料隔膜来切断气路。电磁阀吸合时，控制薄膜上方压力的燃气入口被关闭，出口同时开启，作用于薄膜上方的压力逐渐下降，燃气通路打开。如遇燃具火焰熄灭，热电偶提供的电流逐渐减小到一定值时，电磁阀断开，此时控制薄膜上方压力的燃气入口被开启，出口关闭，这样，作用于薄膜上方的压力不断升高，最后切断燃气通路。

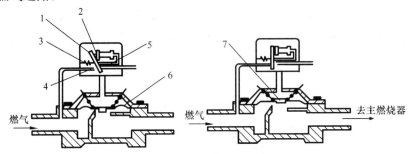

图 11-19　隔膜阀式热电偶熄火保护装置

1—衔铁；2—铁芯；3—弹簧；4—压力出口孔；5—燃气排出口；6—薄膜；7—密封胶垫

2. 火焰离子检测熄火保护装置

在燃烧过程中，火焰内部会产生大量的正、负离子。当有外加电场施加于火焰时，这些正、负离子便会在电场的作用下定向移动，因此产生电流，称之为"火焰离子电流"，具有下列特点：

（1）单向性，即火焰具有整流作用；

（2）电流强度与温度有关，随火焰温度的增加、离子电流增加；

（3）与施加在火焰上的电压有关，电压越高、离子电流越强；

（4）与在火焰中施加电压的两电极形状有关，两电极面积越大、电流越大。

图 11-20 为火焰离子检验原理与火焰等效电路。火焰的内阻一般很大（在 $1M\Omega$ 以上），因此火焰的离子电流很小（一般在 μA 级）。

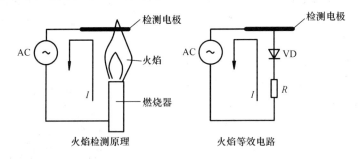

图 11-20　火焰离子检验原理与火焰等效电路

在点火变压器打开且正常放电产生火花的情况下，打开燃气电磁阀，在打开电磁阀后的一段"安全时间"内（2～3s），控制器应通过火焰离子探针检测到足够强度的离子电流，否则判断为点火失败。在燃烧器工作期间，控制器始终通过离子电极监测这一电流值，一旦发现电流过小，则立即关闭燃气电磁阀。

3. 光电式熄火保护装置

该保护装置以光电管为火焰的感知元件、以电磁阀为执行元件。光电管在感知燃具火焰熄灭时，发出一个信号，这个信号经放大后，控制电磁阀切断燃气通路。

光电式熄火保护装置可检测火焰的可见光、红外线、紫外线，主要优点是可靠性好、动作迅速，而且可与自动点火、各种自动保护及报警功能兼容。但制造复杂、成本较高，目前主要用于工业燃烧器和高档民用燃具中。

（三）水-气连锁

在热水器、采暖炉中广泛使用水-气连锁装置，其目的是保证热水器的热交换系统不会因干烧而导致损坏。常用的有压差式和水流开关式两种。

1. 压差式水-气连锁

图 11-21 所示为压差式水-气连锁装置的工作原理。在供水管中设一节流孔（或文丘里管），将水-气连锁阀的水膜阀内两个腔分别接到节流孔前后（或者文丘里管的喉部与出口）的位置上。当水流过节流孔（或文丘里管）时，薄膜两侧产生压差，使薄膜向左移动，克服燃气阀的弹簧力而顶开燃气阀盘，燃气进入主燃烧器燃烧；水流停止时，节流孔前后的压差消失，在弹簧力作用下燃气关闭，从而保证热水器在没有水流时停止燃烧。文丘里管比节

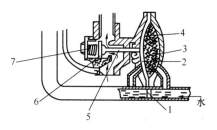

图 11-21　压差式水-气连锁装置工作原理
1—节流孔；2—水腔（低压侧）；3—水腔（高压侧）；4—薄膜；5—阀杆；6—燃气阀；7—弹簧

流孔的阻力要小，特别是在低水压时文丘里的优势很明显。

压差式水膜阀的膜片两侧压差是与水流量大小成正比的，因此将膜片与一个调节阀芯连接在一起，就可以形成一个稳流阀；当流量增大时，膜片两侧的压差也增加，膜片带动阀芯运动、减小阀口开度，从而减小流量；反之，当流量减小时，阀的开度会增大，从而保持流量的稳定。对于非恒温型热水器，这种稳流作用可使热水器的水温比较稳定。

压差式水-气连锁装置是机械式的，特点是机构较复杂但控制电路简单，启动水压较高，水路系统阻力较大。体积大，不宜用于 10L/min 以上的大容量热水器上。

2. 水流开关式水-气连锁

水流开关式水-气连锁是在水路中设置一个水流传感器，通过水路中磁性翻板随水流动作或带磁极的转子随水流旋转，使管外的霍尔元件产生一个电信号，再根据这个电信号控制燃气管路中的电磁阀的开启，达到水-气连锁的目的。翻板式水流开关性能不稳定，容易因摩擦力增大或其他原因导致不能复位，引起水-气连锁失效。目前主要使用转子式水流传感器。

转子式水流传感器主要采用叶轮传感器，有轴向叶轮式和切向叶轮式，切向叶轮的力矩大些，但转速小，不利于精确测量，只适合于作为水流开关。在恒温热水器中，需要设置水量检测装置（以便向控制器输入水量信号），为此普遍采用图 11-22 所示的轴向叶轮式水流传感器，既做水流开关也做流量检测。在叶轮的圆周方向设置若干对磁极，随着叶轮的旋转，附着在管外的霍尔元件受交替变换的磁场作用，输出一个与叶轮转速成正比的脉冲信号，由于是单位时间内的频率信号，所以频率越低误差就越大。为了提高水流传感器的输出频率，设计传感器时在不致造成太大阻力损失的前提下应尽

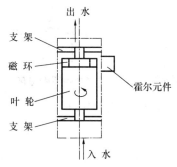

图 11-22　轴向叶轮式水流传感器

可能提高水轮的转速。同时,普通的水流开关只用两对磁极,水流量传感器则通常采用充磁的方式生成三对磁极。

水流开关式水-气连锁是电气式的,启动水压低,水路系统阻力小,体积小,在 10L/min 以上的大容量热水器中已普遍采用。

(四)燃气阀组

燃气阀组是作为燃气流量调节的必要手段,在采用手动调节的燃气具中,采用旋塞阀作为燃气流量的调节手段,这也是最经济的调节手段。随着安全控制标准的提高,要实现自动控制与安全控制,则需增加电磁阀。

现代热水器和采暖炉中很多采用了温度自动控制系统,由于需要自动调节燃气流量,所以需要一个针对燃气流量的执行机构。作为执行机构,电磁阀是较常用的手段,但电磁阀每个动作的行程较大,加大了系统的响应时间,同时,作为气体流量的执行机构易受压力波动的影响,因此比例阀就成为燃气流量控制的首选。

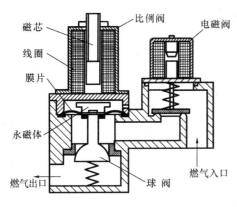

图 11-23 燃气比例阀

所谓比例阀是指燃气流量与输入执行机构的电流或电压大小成正比。比例阀有两种类型——压力型和流量型。压力型比例阀输出的是一个稳定的压力,其原理类似于调压器,所不同的是将调压器的平衡弹簧换成了可以调节磁力大小的磁力线圈,通过改变线圈电流的大小来改变磁力的大小,从而获得所需的燃气压力,再通过其下游孔径一定的喷嘴获得一个稳定的流量;流量型比例阀输出的是一个稳定的流量,其原理类似于一个稳流阀,通过节流元件产生的与流量信号成正比的压差信号,作用于膜片的两侧产生一个推力,磁力线圈产生的磁力与此推力相平衡,从而获得一个稳定的流量输出。两种比例阀的共同点就是燃气流量不受进口燃气压力的影响,不同之处在于燃气流量一个依赖于喷嘴,一个不受喷嘴孔径的影响。图 11-23 所示为燃气比例阀的一种结构形式。

(五)过热保护

正常情况下,热水器的出口温度由控制器控制,保证其在用户设定的范围内。但在有些情况下,如控制器故障、燃气调节阀故障等,使得热水器水温持续升高。此时,当温度高于上限时,过热保护开关将断开,切断电源,使其停止工作。在过热保护开关中的执行机构是一个双金属片(图 11-24),当温度过高时,在热应力的作用下产生变形,推动开关断开。某些过热保护开关断开后,需采用手动复位的方式将其复位。而有些过热保护开关,当水温降低后,过热保护开关将自动复位。

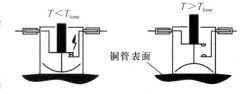

图 11-24 过热保护

(六)风压开关

在强制排烟系统中,确保系统排烟通畅,实时监测风机的运转状况和烟气通畅与否是非常重要的。风机运转状况可以从两方面进行监测——风机转速与风机所产生的风压。直流风机比较容易进行转速监测，强制排烟式一般采用交流风机，转速基本是恒定的，这时通常采用的方法是监测风机产生的风压。

利用文丘里管和风压开关的组合可以对烟气排放过程进行监测（图 11-25）。在风机出口或烟道中设置文丘里管，其喉部与入口分别于风压开关的两侧腔室相连。其工作过程如下：

（1）燃气热水器在启动前（风机运转之前）首先检测的是风压开关的状态。此时公共端与常闭端应闭合（图 11-25a），否则控制系统将判定系统故障，热水器将停止启动。

（2）风机开始运转后，正常情况下气流将在文丘里管上产生压差，该压差用于驱动风压开关。此时，公共端与常开端应闭合（图 11-25b），表明风压正常。通常情况下，风压开关的转换压差约 60Pa。

（3）在运行过程中，控制器会实时监测风压开关的状态。当风机发生转速过低、

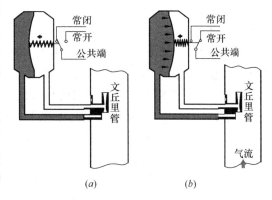

图 11-25　风压开关工作原理
(a) 风机停转（或流量过小）；(b) 风机正常运转

风机停转、烟道阻力过大（堵塞）、空气通道阻力过大（堵塞）等情况时，风压开关的压差减小或消失而动作，向控制器发出信号，燃气热水器停止运行。

很多情况下，如风压开关性能不佳、气流扰动等因素会导致文丘里管所产生的压差满足不了风压开关的动作压差，造成设备无法正常运行。为此很多产品放弃了文丘里管形式而采用单管取压，取压点设置在风机扇叶的边沿，在扇叶的高速旋转中这一点上的气流速度特别大，从而形成较大的负压，保证风压开关所需风压能够正常建立。这种形式只要风机正常运转，就可以获得足够的负压，满足风压开关的动作要求。在烟道堵塞时，风机内会产生一定的背压而减少负压值，当负压值减少到一定程度时就会导致风压开关动作，停止设备运行。

（七）过压保护

当采暖系统中压力超过其所能承受的极限时，必须有相应的保护措施保证系统安全。安全阀即为保护措施之一。在采暖炉中内置有安全阀，或外置安全阀附件。安全阀主要由阀体、阀芯、弹簧。开启装置等组成。采暖炉的安全阀均为开启压力固定式，一般开启压力为 3bar。

安全阀的工作原理很简单，当系统压力超过安全阀中弹簧的弹性力时，阀芯就被顶开，达到放水泄压的作用。当系统压力降低后，安全阀在弹簧的作用下又会自动关闭。安全阀也可手动强制开启，以检验其是否工作良好。当转动安全阀头部的开启装置时，阀芯将被强行提起，安全阀被打开。

采暖炉中安全阀的出口应通过导流管引出，并接至下水处，避免当安全阀开启时炽热的水或蒸汽喷出，造成人员受伤。

第四节 民用燃具的通风排气

一、用气房间的卫生要求

烟气中的有害气体是 CO、CO_2、SO_2 和 NO_x。CO 毒性很大，与人体内血红蛋白的结合力大于 O_2，会使血液中的氧合血红蛋白减少、造成人体缺氧，引起内脏出血、水肿和坏死，最后导致死亡。在正常情况下，由于人体血液中的 CO_2 分压高于肺泡中的 CO_2 分压，故血液中的 CO_2 弥散到肺泡中去，通过呼吸排出体外；空气中的 CO_2 含量增加，其分压若超过血液中的 CO_2 分压时，空气中的 CO_2 可快速地散入血液中，使人中毒亦可导致死亡。SO_2 主要对呼吸道和眼睛具有强烈的刺激作用，大量吸入会引起肺水肿、喉痉挛直至窒息。NO_x 在日光照射下与光化学反应形成有毒的烟雾，当人们长期处于含量大于 50×10^{-6} 的环境中可导致死亡。

因此，对设置燃具的房间，必须充分考虑燃烧可能带来的污染问题。我国标准《室内空气质量标准》GB/T 18883—2002 中规定：CO_2 不得超过 0.1%，CO 不得超过 $10mg/m^3$，NO_2 不得大于 $0.24mg/m^3$，SO_2 不得大于 $0.50mg/m^3$。

二、用气房间的通风

通风方式分自然通风和机械通风两种。前者是靠风力造成的压力差和室内外温差造成的热压进行的通风，后者是依靠消耗电能的风机造成的机械力进行的通风。

房间换气量可用控制室内 CO_2 浓度的方法进行计算，公式如下：

$$V = \frac{M}{K - K_0} \tag{11-10}$$

式中　V ——房间换气量 （m^3/h）；

　　　M ——室内 CO_2 发生量 （m^3/h）；包括燃具发生量和人体产生的量，见表 11-9；

　　　K ——CO_2 允许浓度 （%），取 0.1%；

　　　K_0 ——室外空气中 CO_2 浓度，一般取 $0.03\% \sim 0.04\%$。

人体产生的 CO_2 量　　　　　　　　　　　　　　　　　　　表 11-9

作业程度	产生量 （m^3/ （h·人））	作业程度	产生量 （m^3/ （h·人））
就寝时	0.011	中作业时	0.033~0.054
轻作业时	0.023~0.033	重作业时	0.054~0.084

房间的换气次数按下式计算：

$$N = \frac{V}{v} \tag{11-11}$$

式中　N ——房间换气次数 （次/h）；

　　　V ——房间换气量 （m^3/h）；

　　　v ——房间容积 （m^3）。

对于安装燃具的房间，通风换气的形式及强度取决于房间内燃具的热负荷，其目的是保护用气的安全。相关规定如下：

（1）安装燃具的房间应设给气口，并且上部宜设排气口或气窗（设排气扇时除外）。

（2）严禁在没有排气条件的房间安装非密闭式燃具。非密闭式燃具指进气口、排气口任一方或两方与室内连通的燃具。

（3）安装半密闭型自然排气式燃具的室内给气口和换气口的断面积均应大于排气筒的断面积。

（4）安装在浴室内的燃具必须是密闭型燃具。

（5）单户住宅采暖和制冷系统使用燃气时，应设置在通风良好的走廊、阳台或其他非居住房间内。

（6）商业用气设备设置在地下室、半地下室或地上密闭房间内时，应设置独立的机械送排风系统；通风量应满足下列要求：

1）正常工作时，换气次数不应小于 6 次/h；事故通风时，换气次数不应小于 12 次/h；不工作时换气次数不应小于 3 次/h；

2）当燃烧需要的空气取自室内时，应满足燃烧所需的空气量；

3）应满足排除房间热力设备散失的多余热量所需的空气量。

（7）液化石油气管道和烹调用液化石油气燃烧设备不应设置在地下室、半地下室内。这是因为液化石油气的密度大于空气，一旦泄漏，会沉积在下方，在地下室则不易散失，危险性增加。

三、烟囱（排气筒）的设计

燃烧所产生的烟气必须排出室外，排烟方式有自然排烟和机械排烟两种。烟囱的形式根据燃具的结构不同又大致分为半密闭型燃具烟囱和密闭型燃具烟囱。半密闭型燃具指空气进口设在室内，排烟口引向室外。密闭型燃具指空气进口和排烟口均不设在室内的燃具。

设置烟囱还可提高燃具的运行安全性。例如，当燃具一旦发生不完全燃烧或漏气时，烟囱可及时地排出可燃气体，它既可预防人员中毒，又可预防发生爆炸。

（一）半密闭型燃具的排烟系统

1. 自然排烟

（1）自然排烟的结构与工作原理

自然排烟的烟囱可分为单独排烟筒型和共用排烟筒型，二者的结构与工作原理大致相同。图 11-26 为一个单独排烟的半密闭型燃具的自然排烟装置示意图。

在燃烧器内，由燃烧室高温烟气与外部空气的密度差而形成的热压（上浮力）作为自然通风的动力，此热压形成的抽力需克服空气口和换热器的阻力损失，抽力与阻力的大小决定了空气的供给量，必须保证在使用过程中保持不变；在烟道内，同样依靠热压产生的抽力将燃烧的烟气不断引向室外。

排烟装置由一次排烟筒、安全排烟罩、二次排烟筒、风帽等构成。一次排烟筒指燃烧设备上的排烟口部分，二次排烟筒通常是与燃烧设备分离的，设置在安全排烟罩下游。

安全排烟罩如图 11-27 所示，有三方面功能：一是当出现倒风时排烟罩中的挡板会阻止气流直接吹向燃烧室，防止其破坏燃烧器的稳定燃烧或吹熄火焰；二是烟道不直接与燃烧室连接，燃烧室内抽力不会受烟道高度的影响，避免过多冷空气通过燃烧室而降低燃具效率；三是排放烟气的同时抽取了一定量的环境空气，使烟气中的水蒸气分压减小，可降低烟气露点而防止水蒸气在筒壁上凝结形成酸性腐蚀液。

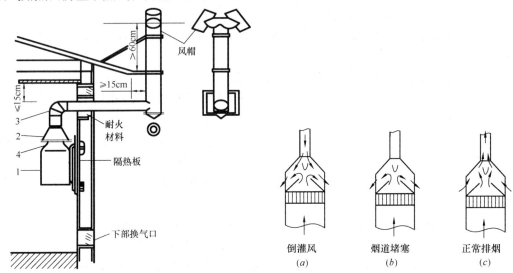

图 11-26　单独排烟筒装置示意图　　　　　　图 11-27　安全排烟罩
1—燃具；2—安全排烟罩；3—二次排烟筒；4——一次排烟筒

　　风帽设置在烟道末端，是为了防止倒灌风和避免雨雪漏入排烟筒内，并能产生一定的附加抽力。有多叶形、T 形、H 形、文丘里形等多种形式，如图 11-28 所示。

　　（2）自然排烟的设计计算

　　设计烟囱主要是确定烟道、连接管的断面尺寸和燃具前的抽力。断面积可根据烟气流速 1.5～2m/s 范围内预先给定，给定值是否合理可用计算燃具前的抽力数值来判断。图 11-29 是半密闭型燃具烟囱工作示意图。从烟囱末端至燃具烟气出口处（安全排气罩进口）的垂直距离为 H，烟囱末端的大气压力为 B，此时烟囱的抽力用下式计算：

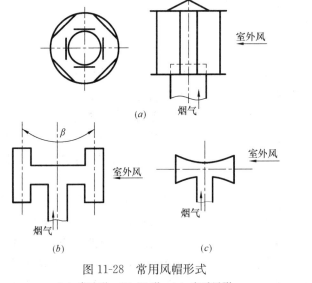

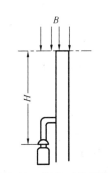

图 11-28　常用风帽形式　　　　　　图 11-29　烟囱工作示意图
（a）多叶形；（b）H 形；（c）文丘里形

$$\Delta P = 0.0345H \left(\frac{1}{273 + t_a} - \frac{1}{273 + t_f} \right) B \tag{11-12}$$

式中　ΔP——烟囱的抽力（Pa）；

　　t_a、t_f——分别为外部空气温度和计算管段中的烟气平均温度（℃）；

　　　B——大气压力（Pa）；

　　　H——产生抽力的烟囱高度（m）。

为了计算烟气的平均温度，首先要计算出烟气在连接管和烟道中流动时由于传热造成的温度降。烟气向烟道周围空气传热的方程式为：

$$Q = KF_f (t'_f - t_a) - \frac{KF_f \Delta t}{2} \tag{11-13}$$

计算管段的热平衡方程式：

$$Q = c_f L_{0,f} \Delta t \frac{1000}{3600} \tag{11-14}$$

式中　Δt——烟道（囱）中烟气的温度降（℃）；

　　　K——烟道（囱）的平均传热系数（W/(m² · K)）；

　　　F_f——烟道（囱）内表面积（m²）；

　　　t'_f——进入烟道（囱）处的烟气温度（℃）；

　　　t_a——烟道（囱）周围空气温度（℃）；

　　　Q——温降为 Δt 时烟气放出的热量（W）；

　　　c_f——烟气的平均容积比热（kJ/(Nm³ · K)）；

　　$L_{0,f}$——标准状态下通过烟道（囱）的烟气量（Nm³/h）。

不同材料的烟道（囱）的传热系数 K（W/(m² · K)）如下：

断面 1 砖×1 砖(1 砖厚)：3.25～3.72；

断面 1/2 砖×1/2 砖(半砖厚)：3.95～4.53；

屋顶保温烟道(半砖厚)：3.13～3.48；

抹灰砖墙中的烟道(半砖厚)：2.32～2.56；

无保温钢制室内排气筒：3.48～4.65。

烟囱造成的抽力 ΔP 应能克服燃具、烟道和烟囱的阻力 $\Sigma \Delta P$，而且抽力 ΔP 应为阻力 $\Sigma \Delta P$ 的 1.2～1.3 倍。

烟道、烟囱的阻力 $\Sigma \Delta P$ 包括摩擦阻力 ΔP_1 和局部阻力 ΔP_2。

摩擦阻力按下式计算：

$$\Delta P_1 = \lambda \frac{l}{d} \frac{v_f^2}{2} \rho_{0,f} \frac{273 + t_f}{288} \tag{11-15}$$

式中　λ——摩擦阻力系数，对砖烟道为 0.04，金属烟道为 0.02，旧的金属烟道为 0.04；

　　　l——计算管段的长度（m）；

　　　d——计算管道的直径（m）；

　　　v_f——标准状态下的烟气流速（Nm/s）；

　　$\rho_{0,f}$——标准状态下的烟气密度（kg/Nm³）；

　　　t_f——计算管段中烟气的平均温度（℃）。

局部阻力按照下式计算：

$$\Delta P_2 = \Sigma \zeta \frac{v_{\mathrm{f}}^2}{2} \rho_{0,\mathrm{f}} \frac{273 + t_{\mathrm{f}}}{288} \tag{11-16}$$

式中　$\Sigma \zeta$——包括保证一定出口速度压力损失在内的局部阻力系数之和；

　　　计算中采用下述局部阻力系数，安全排气罩入口：0.5；90°弯头：0.9；进入砖砌烟道时的气流骤扩和90°弯头：1.2；有风帽的烟道（排气筒）出口：1.5～2.5。

　　　燃具出口处的真空度按下式计算：

$$\Delta P_{\mathrm{v}} = \Delta P - \Sigma \Delta P \tag{11-17}$$

式中　ΔP_{v}——燃具烟气出口处的真空度（Pa）；

　　　ΔP——烟囱抽力（Pa）；

　　　$\Sigma \Delta P$——烟道、烟囱的抽力（Pa）。

　　　最后，半密闭型自然排气燃具的排气筒高度还需大于下式的计算结果（当排气筒总长度小于8m时）：

$$H = \frac{0.5 + 0.4n + 0.1l'}{\dfrac{1000A_{\mathrm{v}}}{6Q \times 0.945}} \tag{11-18}$$

式中　H——排气筒的高度（m）；

　　　n——排气筒上的弯头数目（个）；

　　　l'——从防倒风罩开口下端到排气筒风帽高度1/2处的排气筒总长度（m）；$l' = H + l$；

　　　l——已知排气筒的水平部分长度（m）；

　　　A_{v}——排气筒的有效截面积（cm^2）；

　　　Q——燃具的热负荷（W）。

2. 机械排烟

机械排烟分为单独机械排烟和共用机械排烟两种。

单独机械排烟的壁挂式半密闭型燃具的排气口距门窗和地面的高度应符合下列要求：排气口在窗的下部和门的侧部时，距相邻卧室的窗和门的距离不得小于1.2m，距地面的高度不得小于0.3m；排气口在相邻卧室的窗的上部时，距窗的距离不得小于0.3m；排气口在机械（强制）进风口的上部，且水平距离小于0.3m时，距机械进风口的垂直距离不得小于0.1m。

高层建筑的共用机械排烟系统是在共用排烟筒顶端安装引风机。选用风机的排风量为各燃具排烟筒的设计流量之和。燃具排烟筒的设计流量按照下式计算：

$$L_{\mathrm{v}} = 3.88Q \tag{11-19}$$

式中　L_{v}——排烟筒的设计流量（m^3/h）；

　　　Q——燃具的热负荷（kW）。

风机的风压按下述方法确定：首先利用式（11-19）计算出排气量，使其自最下层燃具的安全排烟罩起，至共用排烟筒出口止的路程上所消耗的压力损失，再加上共用排烟筒顶端的附加压力之和定为风机的风压。附加压力选取原则是：若顶端处于风压带内，取120Pa；顶端处于风压带之外，则取20Pa。

（二）密闭型燃具的排烟系统

安装密闭型燃具，运行不会对室内空气造成影响。对装有空调的建筑应安装密闭型燃具。

密闭型燃具的排烟系统大多采用平衡式，即供排气口大致处于同一位置，也即处于同一环境条件下，从而可尽量避免风压、风速等对燃烧室内部的影响。

（1）外墙安装形式　平衡式燃具可装在外墙上，给排气口直接通到室外。

（2）共用给排气筒形式　对于高层建筑内设共用给排气筒，将各楼层平衡式燃具连接其上。这样不仅方便了建筑设计，而且还不破坏建筑外观。共用给排气筒主要有 U 形和 SE 形两种。

图 11-30 为 U 形给排气筒示意图。它有两个垂直风道，下端相连呈 U 字形。其特点是因为进排气口均设于屋顶，故不受风力影响；地下室可使用燃具；占地面积较 SE 形大。

图 11-31 所示为 SE 形给排气筒，它在建筑底层水平风道上连接垂直的给排气通道，呈倒 T 字形。其特点是占地面积小，工况受风力影响，地下室用气困难。

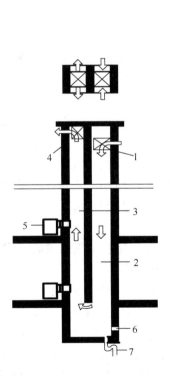

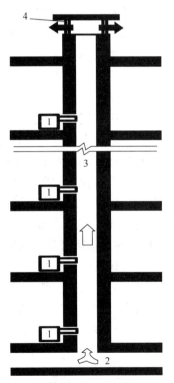

图 11-30　U 形给排气筒
1—给气口；2—给气筒；3—排气筒；4—排气口；
5—燃具；6—清扫口；7—排水管

图 11-31　SE 形给排气筒
1—燃具；2—水平风道；3—垂直风道；
4—排气口

（三）燃烧烟气排除的一些规定

1. 设有直排式燃具的室内容积热负荷指标超过 $207W/m^2$ 时，必须设置有效的排气装置将烟气排至室外。有直通洞口（哑口）的毗邻房间的容积也可一并作为室内容积计算。

2. 家用燃气具和热水器（或采暖炉）应分别采用竖向烟道进行排气。

3. 浴室内燃气热水器的给排气口应直接通向室外。其排气系统与浴室必须有防止烟气泄漏的措施。

4. 商业用户厨房中的燃气用具上方应设排气扇或排气罩。

5. 燃气用气设备的排烟应符合下列要求：

（1）不得与使用固体燃料的设备共用一套排烟设施。

（2）每台用气设备宜采用单独烟道；当多台设备合用一个总烟道时，应保证排烟时互不影响。

（3）易积聚烟气的地方，应设置泄爆装置。

（4）设有防止倒风的装置。

（5）从设备顶部排烟或设置排烟罩排烟时，其正上部应有不小于 0.3m 的垂直烟道方可接水平烟道。

（6）有防倒风排烟罩的用气设备不得设置烟道闸板；无防倒风排烟罩的用气设备，在至总烟道的每个支管上应设置闸板，闸板上应有直径大于 15mm 的孔。

（7）安装在低于 0℃房间的金属烟道应做保温。

6. 水平烟道的设置应符合下列要求：

（1）水平烟道不得通过卧室。

（2）居民用气设备的水平烟道长度不宜超过 5m，弯头不宜超过 4 个（强制排烟式除外）。

（3）商业用户用气设备的水平烟道长度不宜超过 6m。

（4）工业企业生产用气设备的水平烟道长度，应根据现场情况和烟囱抽力确定。

（5）水平烟道应有大于等于 0.01 坡度坡向用气设备。

（6）多台设备合用一个水平烟道时，应顺烟气流动方向设置导向装置。

（7）用气设备的烟道距难燃或不燃的顶棚或墙的净距不应小于 5cm；距燃烧材料的顶棚或墙的净距不应小于 25cm。当有防火保护时，其距离可适当减小。

7. 烟囱的设置应符合下列要求：

（1）住宅建筑的各层烟气排出可合用一个烟囱，但应有防止串烟的措施；多台燃具共用烟囱的烟气进口处，在燃具停用时的静压值应小于或等于零。

（2）当用气设备的烟囱伸出室外时（图 11-32），其高度应符合下列要求：当烟囱距离屋脊小于 1.5m（水平距离）时，烟囱应高出屋脊 0.6m；当烟囱离屋脊 1.5～3.0m（水平距离）时，烟囱可与屋脊等高；当烟囱距离屋脊的距离大于 3.0m（水平距离）时，烟囱应在屋脊水平线下 10°的直线上。在任何情况下，烟囱应高出屋面 0.6m；当烟囱的位置邻近高层建筑时，烟囱应高出沿高层建筑物 45°的阴影线。

（3）烟囱出口应有防止雨雪进入和防倒风的装置。

（4）烟囱出口的排烟温度应高于烟气

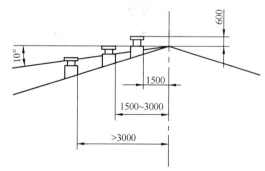

图 11-32 排烟筒安装高度示意

露点 15℃ 以上。

8. 用气设备排烟设施的烟道抽力（余压）应符合下列要求：

（1）负荷 30kW 以下的用气设备，烟道的抽力不应小于 3Pa；

（2）负荷 30kW 以上的用气设备，烟道的抽力不应小于 10Pa；

（3）工业企业生产用气工业炉窑的烟道抽力，不应小于烟气系统总阻力的 1.2 倍。

9. 排气装置的出口位置应符合下列规定：

（1）建筑物壁装的密闭式燃具的给排气口距上部窗口和下部地面的距离不得小于 0.3m。

（2）建筑物壁装的半密闭强制排气式燃具的排气口距门窗洞口和地面的距离应符合下列要求：排气口在窗的下部和门的侧部时，距相邻卧室的窗和门的距离不得小于 1.2m，距地面的距离不得小于 0.3m；排气口在相邻卧室的窗的上部时，距窗的距离不得小于 0.3m。

（3）排气口在机械（强制）进风口的上部，且水平距离小于 3.0m 时，距机械进风口的垂直距离不得小于 0.9m。

（4）高海拔地区安装的排气系统的最大排气能力，应按在海平面使用时的额定热负荷确定。高海拔地区安装的排气系统的最小排气能力，应按实际热负荷（海拔的减小额定值）确定。

第五节　燃　气　空　调

一、概述

燃气空调系指以燃气为驱动能源的空调冷（热）源设备及其组成的空调系统。

燃气空调有三种主要形式：直燃型吸收式空调、燃气发动机（或燃气轮机）驱动空调以及去湿供冷系统。前两种方式均产生空调用的冷冻水，去湿供冷的燃气空调则直接产生低温空气。随着节能技术的发展，利用余热进行空气除湿工艺的各种复合空调也开始逐步商业化。

与在建筑中广泛使用的电动压缩式制冷机相比，燃气空调具有以下优势：

1. 设备自身用电量少，可节约高品位的电力资源。夏季城市的空调高峰时段，电力负荷过重。同时，燃气则处于消费低谷。将燃气空调应用于建筑空调系统中，可有效调节电力与燃气两种不同形式的能源，削电峰、填气谷。

以直燃型吸收式机组为例，其耗电设备仅是机组附带的冷剂泵、溶液泵、电控系统等，自身耗电量很少。各种空调冷（热）源设备每 kW 制冷量的电耗情况如下：直燃机 0.051kW，水冷离心式机组 0.19kW，水冷螺杆式机组 0.21kW，水冷往复式机组 0.25kW，风冷式往复热泵机组 0.31kW。通常情况下，燃气直燃型吸收式机组自身的电耗仅为电动离心式机组的 3%～4%；考虑配套设备后的直燃机总电耗也仅为电动离心式机组的 22%～24%。

2. 环保方面的优势。吸收式机组以溴化锂-水为工质对，溴化锂水溶液无毒无臭不可燃，对大气环境没有污染，不存在压缩式制冷过程中的制冷剂泄漏和排放。

表 11-10 为一些不同制冷设备运行一小时的污染物排放量。其中电力按照煤电测算。显然燃气直燃机的排放量是最低的。

各种制冷机运行一小时的污染物排放量

表 11-10

制冷机形式	$SO_x(g/(kW \cdot h))$	$NO_x(g/(kW \cdot h))$	$TSP(g/(kW \cdot h))$	灰渣$(g/(kW \cdot h))$	$CO_2(g/(kW \cdot h))$
燃油直燃机	1.169	0.338	0.138	4.0	312.1
燃气直燃机	0.29	0.317	0.05	4.0	248.5
电动离心式冷水机	1.046	0.753	0.129	14.3	289.3
电动活塞式冷水机	1.59	1.145	0.197	21.7	439.9
电动螺杆式冷水机	1.16	0.835	0.143	15.8	320.8
电动螺杆式风冷热泵	1.69	1.216	0.209	23.1	468.1
电动涡旋式风冷热泵	1.57	1.133	0.194	21.5	435.1

3. 运行管理方面的优点。燃气直燃机不属于高压容器，对操作人员和安装部位均无特殊要求；运动部件少，噪声低；工况适应的变化范围较宽，设备性能稳定。

4. 燃气型直燃机和发动机驱动热泵均可实现一机两用，夏季制冷、冬季供暖。与传统的电动冷水机组结合燃气锅炉的方式相比，大大提高了设备利用率，节约设备投资费用和占地面积。

回顾吸收式制冷机的发展历程，可以发现燃气空调始终处于和电动空调的竞争之中。在此意义上，燃气空调的发展与推广在很大程度上受到各国政府的政策和燃气企业鼓励的影响。终端用户更多关心的是技术的可靠性与使用的经济性。

二、直燃型吸收式空调

(一) 历史

1774 年，J. Priestley 发现了氨，并指出氨与水有极大的亲和性。1859 年 F. Carre 成功地发明了以氨为制冷剂的吸收式制冷机并申请了专利，当时主要用于人工制冰。该发明几乎具备了现代吸收式制冷机的所有特点。1860 年在法国巴黎制成了五台样机，每小时制冰 12～100kg。1862 年 F. Carre 的吸收式制冷机和 J. Harrison 设计的一台以乙醚为制冷剂的压缩式制冷机同时在伦敦世界博览会上展出，前者因效率远高于后者而获得重视。

1922 年瑞典皇家技术学院的学生 Baltzar von Platen 和 Carl Munters 发明了家用吸收式冰箱，并由 Electrolux 和 Servel 公司开始生产。1930 年美国阿克拉公司生产出第一台氨水单效式燃气空调，1945 年 Carrier 公司生产出蒸汽型吸收式冷水机组。1961 年美国斯太哈姆公司研制出蒸汽双效型溴化锂吸收式机组，用于工业空调。

1966 年上海第一冷冻机厂、中船 704 所、合肥通用机械研究所和上棉十二厂等单位研制成功我国第一台用于纺织工业空调的蒸汽型单效溴化锂吸收式冷水机组。在 20 世纪 90 年代，我国的燃气空调和蒸汽型吸收式机组获得迅猛发展，1991～2000 年间产量增长了 37 倍。

目前，国内生产直燃型燃气吸收式冷热水机组的厂家有十多家，单机制冷量 418～8378MJ/h。

(二) 原理

吸收式制冷机由发生器、膨胀阀、冷凝器、蒸发器、吸收器和溶液泵等部件组成。工作介质为二元溶液工质对（制冷剂和吸收剂），利用不同温度下吸收剂对制冷剂的吸收比例不同，来实现制冷剂的循环，因而称为吸收式制冷。

目前常用的吸收式制冷有氨水吸收式制冷和溴化锂水吸收式制冷。前者以氨为制冷剂，水为吸收剂，多用来获得0℃以下的低温。但氨有刺激性臭味，且热效率较低、体积庞大，多用于工业工艺过程。后者以水为制冷剂，溴化锂溶液为吸收剂，获得5℃以上的冷冻水供空调使用。

1. 吸收式制冷循环

溶液在不同的温度下具有不同的溶解特性，使制冷剂在较低的温度下被吸收剂吸收，并在较高的温度下蒸发、起到升压的作用。因此，吸收器相当于压缩机的低压吸气侧而发生器相当于压缩机的高压排气侧，其中，吸收剂扮演了将制冷剂从低压侧运送到高压侧的运载液体的角色。所以，在吸收式制冷循环中，有两个循环——制冷剂循环和溶液循环。

以溴化锂水溶液为例说明。水在等压下沸腾的饱和温度是不变的，1bar下的饱和温度是100℃。在1bar下溴化锂水溶液的饱和温度是随着浓度的变化而变化的，例如：溴化锂水溶液浓度为40%、50%、60%时，溶液的饱和温度分别为113℃、130℃、150℃。

可见，在相同压力下，溴化锂水溶液的饱和温度是随着浓度的增加而提高的。由于溴化锂是难于挥发的物质，沸腾的溴化锂水溶液液面上部空间的蒸汽总压力就是水蒸气的分压力，这部分水蒸气与溴化锂溶液完全处于平衡状态，即水蒸气的压力和温度与溶液相同。

图11-33为溴化锂吸收式制冷机的工作流程。由发生器泵11送来的溴化锂稀溶液，经热交换器5进入发生器2内，被发生器管簇内的工作蒸汽加热。由于溶液中水的沸点比溴化锂的沸点高很多，因此稀溶液被加热到一定温度后，溶液中的水受热蒸发、成为冷剂水蒸气；冷剂水蒸气经挡水板将其中所携带的液滴分离后进入冷凝器1，被冷凝器管簇内的冷却水冷却、成为冷剂水。冷剂水经节流膨胀阀降压，进入蒸发器的水盘内，并由蒸发器泵9送往蒸发器的喷淋装置。冷剂水均匀地喷淋在蒸发器管簇的外表面，由于吸收了管内冷冻水的热量而汽化成为冷剂水蒸气，管内冷冻水被冷却后温度降低。

蒸发器内的冷剂水蒸气经挡水板将其携带的液滴分离后进入吸收器，被从吸收器泵送来的喷淋在吸收器管簇外表面的溴化锂中间溶液所吸收。吸收过程中释放出来的吸收热被吸收器管簇内的冷却水带走。中间溶液吸收了冷剂水蒸气而成为稀溶液，又被发生器泵送往溶液热交换器后，进入发生器中加热。如此循环往复，不断产生冷量。

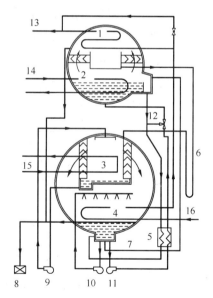

图11-33 溴化锂吸收式制冷机的
工作流程

1—冷凝器；2—发生器；3—蒸发器；4—吸收器；5—热交换器；6—U形管；7—防结晶管；8—抽气装置；9—蒸发器泵；10—吸收器泵；11—发生器泵；12—溶液三通阀；13—冷却水进口；14—工作蒸汽；15—冷却水；16—冷却水进口

在溴化锂吸收式制冷机中设置溶液热交换器的目的是为了提高制冷机的经济性。因为从发生器出来的浓溶液温度较高，而从吸收器中出来的稀溶液温度较低，通过热交换后，稀溶液的温度提高，从而减少了发生器中热量的消耗；浓溶液的温度降低，使吸收器中的冷却水量减少。

2. 溴化锂吸收式制冷机的辅助设备

（1）抽气装置

溴化锂吸收式制冷机的工作过程是在较高的真空度下进行的，外界空气很容易渗入机器内部。不凝性气体的存在将影响管壁传热和吸收过程的正常进行，制冷量将显著下降。因此必须及时抽除机器内的不凝性气体。

在抽除不凝性气体时，冷剂水蒸气将同不凝性气体一起被抽出。由于水蒸气在低压下的比容很大，直接影响抽除效果；同时，水蒸气如长期被抽除，将改变溶液的浓度，影响机器的性能。为此，在抽气装置中设有冷剂分离器，如图 11-34 所示，从机器内抽出的不凝性气体和冷剂水蒸气一起进入冷剂分离器，冷剂水蒸气被喷淋的溴化锂溶液所吸收，不凝性气体由真空泵排出，阻油器设有阻挡油板，其作用是防止真空泵停止运行时，泵内的润滑油倒流入制冷系统内。

图 11-35 为自动抽气装置。自动抽气装置虽有多种形式，但其基本原理都是利用溶液泵排出的高压流体作为抽气动力，通过引射器抽出不凝性气体。不凝性气体随同溶液一起进入储气室，在储气室内与溶液分离后上升到储气室顶部，溶液再经回流阀返回吸收器。当不凝性气体积聚到一定数量时，关闭回流阀，依靠溶液泵的压力将不凝性气体压缩到大气压力以上，然后打开放气阀，将不凝性气体排出。

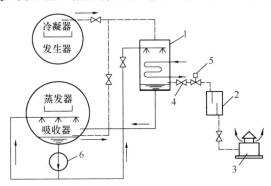
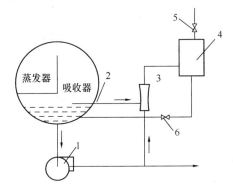

图 11-34　抽气装置
1—冷剂分离器；2—阻油器；3—真空泵；4—手动
截止阀；5—电磁阀；6—吸收器泵

图 11-35　自动抽气装置
1—溶液泵；2—抽气管；3—引射器；4—储气室；
5—放气阀；6—回流阀

（2）屏蔽泵

为了使制冷系统保持稳定的真空度，吸收器泵、发生器泵和蒸发器泵都采用结构紧凑、密封性能好的屏蔽泵。屏蔽泵是将泵的叶轮和电动机的转子装在同一根轴上，泵与电动机共用一个外壳。电机转子的外侧和定子的内侧各加上一个圆筒形的屏蔽套，使电机的绕线与溶液隔开，防止溶液对转子和定子的腐蚀。屏蔽泵的结构见图 11-36，工作液体由吸入口 1 进入，经叶轮 2 和蜗壳升压后由出口 3 排出，一部分液体由连接管 8 流入电机的

后部间隙来冷却电机,最后冷却和润滑前后轴承
后,回到叶轮的吸入口1。

屏蔽泵的安装位置应保证具有一定的灌注高
度,以防止屏蔽泵产生汽蚀,及产生噪声和振
动等。

(3) 自动溶晶管

在发生器出口溢流箱的上部连接一根J形管通
入吸收器。制冷装置正常运转时,浓溶液从溢流箱
的底部流出,经溶液热交换器降低温度后流入吸收
器。若浓溶液在溶液热交换器出口处因温度过低而
结晶,堵塞管道使溶液不能流通,溢流箱内的液位
升高。当液位高于J形管的上端位置时,高温的浓

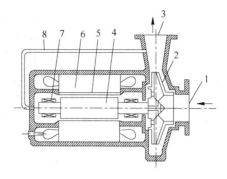

图 11-36 屏蔽泵

1—吸入口;2—叶轮;3—出口;4—转子;
5—屏蔽套;6—定子;7—轴承;8—连接管

溶液由J形管直接流入吸收器,使出吸收器的稀溶液温度升高,因而提高了溶液热交换器
出口处的浓溶液温度,使结晶的溴化锂自动溶解。消除了结晶,发生器中的浓溶液又重新
从正常的回流管流回吸收器。

3. 双效溴化锂吸收式制冷机

单效溴化锂吸收式制冷机一般以蒸汽为热源,COP 较低 (0.7 左右)。为了提高机组
的热效率,通常使用双效溴化锂吸收式制冷机。

双效吸收式制冷机在机组中设有高压与低压两个发生器。在高压发生器中采用高品质
热源,由它产生的冷剂水蒸气作为低压发生器的热源,不仅有效地利用了冷剂水蒸气的潜
热,同时又减小了冷凝器的热负荷。

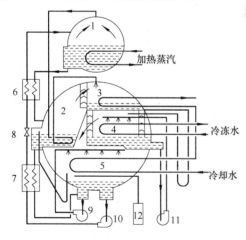

图 11-37 双效溴化锂吸收式制冷机流程图

1—高压发生器;2—低压发生器;3—冷凝器;4—蒸
发器;5—吸收器;6—高温热交换器;7——低温热交
换器;8—调节阀;9—吸收器泵;10—发生器泵;
11—蒸发器泵;12—抽气装置

图 11-37 为双效溴化锂吸收式制冷机的系
统流程,由高压发生器、低压发生器、冷凝
器、蒸发器、吸收器、高温热交换器、低温
热交换器、泵和抽气装置等组成。高压发生
器单独设置在一个筒体内,另一筒体由低压
发生器、冷凝器、蒸发器和吸收器等组成。

吸收器出口的稀溶液由发生器泵 10 输
送,先后流经低(7)、高温热交换器(6),
温度升高后进入高压发生器 1,被管内的工
作蒸汽加热产生冷剂水蒸气,溶液的温度和
浓度升高。由高压发生器出来的溶液经高温
热交换器 6 降温后进入低压发生器 2,被管
内来自高压发生器 1 的冷剂水蒸气加热,再
次产生冷剂水蒸气,溶液的浓度进一步
提高。

高压发生器 1 中产生的冷剂水蒸气加热
低压发生器中的溶液后,放出潜热,凝结成冷剂水,经节流后与低压发生器 2 中的冷剂水
蒸气一起进入冷凝器 3,被管内冷却水冷却而成为冷剂水,冷剂水经节流装置后进入蒸发

器4的水盘中，并由蒸发器泵11输送，喷淋在蒸发器的管簇外表面，吸收管内冷冻水的热量而汽化成为冷剂水蒸气。冷冻水温度降低，达到制冷的目的。

另一方面，由低压发生器2出来的浓溶液经低温热交换器7降温后进入吸收器5，与稀溶液混合后由吸收器泵9输送并喷淋在吸收器管簇上，吸收在蒸发器中产生的冷剂水蒸气，使蒸发器保持所需的低压，冷剂水得以不断汽化吸热。喷淋溶液吸收冷剂水蒸气后浓度降低，重新成为稀溶液，又由发生器泵10送往高压发生器。吸收过程产生的热量则由吸收器内的冷却水带走。

4. 直燃型吸收式冷热水机组

直燃型吸收式冷热水机组直接采用燃气燃烧加热溴化锂水溶液。从结构上，除了将高压发生器改为直燃式加热器外，其他部分与双效吸收式制冷机相同。由于做成冷、热水机组的形式，因此夏天可用来制冷，冬天则用于采暖。

根据产生热水的方式不同，冷热水机组可有多种机型。图11-38所示为一种比较简单的直燃型溴化锂吸收式冷热水机组的原理。制冷循环与双效溴化锂吸收式制冷机相同，采暖循环时，关闭蒸发器的冷剂水和冷冻水进水管上的阀门，蒸发器泵和冷冻水泵停止运行。冷凝器中凝结的冷剂水改为流入低压发生器将浓溶液稀释。溶液泵和冷却水泵继续运行。冷却水回路切换为热水回路，其工作流程如下：

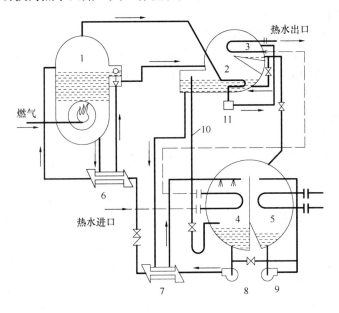

图11-38　直燃型溴化锂吸收式冷热水机组流程
1—高压发生器；2—低压发生器；3—冷凝器；4—吸收器；5—蒸发器；6—高温热交换器；
7—低温热交换器；8—溶液泵；9—蒸发器泵；10—J形管；11—疏水器

吸收器出来的稀溶液由溶液泵输送，经低温热交换器和高温热交换器加热后进入高压发生器，被燃气的燃烧热加热，产生水蒸气，浓缩后的溶液经高温热交换器冷却，进入低压发生器，被管内来自高压发生器的水蒸气加热，再次产生水蒸气、成为浓溶液。低压发生器内产生的水蒸气进入冷凝器并加热管内的热水。低压发生器中的浓溶液被低压发生器加热管内和冷凝器中的凝结水稀释为稀溶液，经低温热交换器冷却后进入吸收器，喷淋在吸收器管簇上，预热管内流动的热水。预热后的热水进入冷凝器被加热，温度升高成为采暖用热水。吸收器内的稀溶液又送往高压发生器，如此不断循环。

燃气直燃型吸收式冷热水机组的发生器，主要由燃烧设备和发生器本体组成。发生器本体除了与蒸汽型发生器类似的部件之外，还有适用于锅炉燃烧系统的炉筒、对流换热器、预热回收装置、烟囱等设备。燃气直燃型发生器工作时，燃气在炉筒中燃烧，形成高温烟气。烟气通过炉筒和对流换热器加热溴化锂稀溶液，再经余热回收装置通过烟囱排出。

从结构上直燃型发生器可分为火管式和水管式两种。

(1) 火管式发生器 火管式是指高温烟气在烟管内流动，加热管外的溴化锂溶液。对流换热器的传热管一般是传热性能良好的螺纹管或内部有螺旋片的光管。对流换热器一般采用炉筒和管簇平行布置的形式，见图 11-39 (a)。火管被焊接固定于两端的封头上。对流换热器利用检漏和清灰，可维护性较好，所以一般用于燃油型溴化锂吸收式冷热水机组。

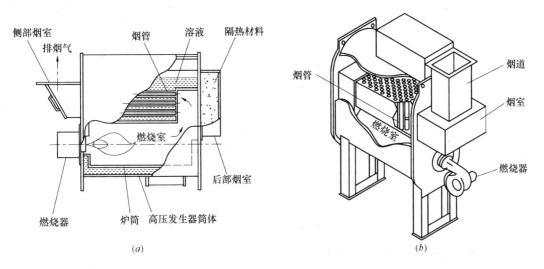

图 11-39 直燃型溴化锂吸收式冷热水机组的发生器
(a) 火管式；(b) 水管式

(2) 水管式发生器 水管式是指管内流动溴化锂溶液，高温烟气在管外加热。对流换热器的传热管通常采用光管、翅片管或螺纹管。为有利于冷剂蒸汽的产生，对流换热器一般采用炉筒与管簇垂直布置的形式，见图 11-39 (b)。水管式结构的特点是换热效果好、节省材料，结构也比较紧凑。但由于传热管承受的烟侧温度变化很大，在热胀不均的情况下，会产生热应力，容易使传热管与管板接头处发生泄漏，同时不利于检漏和清灰。

(三) 分类与设计相关问题

1. 机型与分类

直燃型吸收式机组的分类方法很多。按照使用情况，可分为制冷与采暖交替型机组、同时制冷与采暖型机组；按照机组集装方式，可分为冷却塔一体型、模块化机组、热水器一体型和 BCT 户式机组。

从制冷量来看，燃气直燃型吸收式机组的单机制冷量已经覆盖 233kW～11630kW 的范围。另外，BCT 户用机组的制冷量为 23kW～115kW。

2. 性能变化

（1）冷冻水出口温度与制冷量的关系

当其他参数不变时，冷冻水温度每提高1℃，制冷量增加约4%～6%；图11-40为某品牌直燃型机组的制冷量随着冷冻水出口温度的变化。

因为蒸发压力取决于冷冻水出口温度，若冷冻水出口温度降低，则蒸发压力下降，吸收器中吸收冷剂水蒸气的能力下降，稀溶液浓度升高，导致制冷量下降。

（2）冷却水进口温度与制冷量的关系

在其他参数不变时，冷却水进口温度每降低1℃，制冷量增加约4%。冷却水进口温度降低，将使吸收器内稀溶液温度下降，吸收效果增强，稀溶液浓度下降；同时，冷凝温度也将降低，引起溶液浓度升高，制冷量增加。

但当冷却水温度过低时，将会产生浓溶液结晶、蒸发器泵吸空等问题。当冷却水进口温度低于16℃时，应减少冷却水量，以适当提高其出口温度。

对系统配置一定的机组，也常用环境空气的温度来表述冷却水进口温度。图11-41为某品牌直燃型吸收式机组的制冷量随着环境气温的变化。

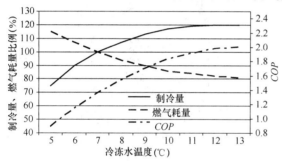

图11-40　制冷量随冷冻水出口温度的变化　　图11-41　制冷量随冷却水进口温度的变化

（3）部分负荷下的制冷量与制热量

图11-42为某品牌直燃型吸收式机组的制冷工况天然气用量随着部分负荷率的变化。对于制热量，也有类似的性能曲线。

3. 与电动空调系统的对比

由于各地的天然气与电力的价格比不同，直燃型吸收式冷热水机组与同功率的电动冷水机组，在运行费用方面存在不同的竞争经济性。比较客观科学的方法，是在考虑全年动态空调和采暖负荷的基础上，结合机组的部分负荷性能情况以及电力和天然气的价格进行综合比较。

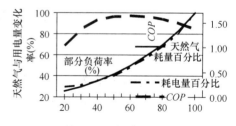

图11-42　直燃型吸收式机组的天然气用量随部分负荷率的变化

举例说明如下：由负荷计算软件获知，某建筑物在某日的逐时空调负荷如表11-11所示，试比较在使用直燃型吸收式机组和电动冷水机组情况下的运行费用。

选择A品牌的直燃型吸收式机组，性能如表11-12所示；作为对比，选择B品牌的离心式冷水机组，性能也列于表11-12中。

某建筑的设计日逐时空调负荷 表 11-11

时刻	负荷（kW）	时刻	负荷（kW）
8：00 AM	1012	15：00 PM	984
9：00 AM	1082	16：00 PM	904
10：00 AM	1122	17：00 PM	763
11：00 AM	1145	18：00 PM	626
12：00 AM	988	19：00 PM	565
13：00 PM	1022	20：00 PM	611
14：00 PM	1027		

两种机组的制冷性能对比 表 11-12

部分负荷率（%）	A直燃型吸收式机组的COP	B电动离心式冷水机组的COP
20%	1.04	3.983
30%	1.36	4.605
40%	1.55	5.215
50%	1.62	5.804
60%	1.63	6.068
70%	1.61	6.214
80%	1.56	6.225
90%	1.48	6.086
100%	1.36	5.804
	额定制冷量1163kW； 天然气耗量84.5m³/h	额定制冷量1150kW； 用电量198.2kW

按照表 11-11 中的负荷，可确定吸收式机组与离心式机组在不同时刻的负荷率，根据表 11-12 中的性能，可计算对应时刻的天然气与电力用量，列于表 11-13。

两种机组的逐时用能情况 表 11-13

时 刻	制冷负荷（kW）	A直燃型吸收式机组		B电动离心式冷水机组	
		部分负荷率（%）	天然气耗量（m³/h）	部分负荷率（%）	用电量（kW）
8：00 AM	1012	87%	66.49	88%	165.5
9：00 AM	1082	93%	74.04	94.1%	181.2
10：00 AM	1122	96.5%	79.08	97.6%	191.1
11：00 AM	1145	98.5%	82.11	99.6%	196.9
12：00 AM	988	85%	64.23	85.9%	160.8
13：00 PM	1022	87.9%	67.47	88.9%	167.5
14：00 PM	1027	88.3%	67.94	89.3%	168.5
15：00 PM	984	84.6%	64.62	85.6%	160.1
16：00 PM	904	77.7%	56.84	78.6%	145.3

续表

时　刻	制冷负荷(kW)	A 直燃型吸收式机组		B 电动离心式冷水机组	
		部分负荷率(%)	天然气耗量(m³/h)	部分负荷率(%)	用电量(kW)
17：00 PM	763	65.6%	46.57	66.3%	123.9
18：00 PM	626	53.8%	38.09	54.4%	105.7
19：00 PM	565	48.6%	34.67	49.1%	98.2
20：00 PM	611	52.5%	37.21	53.1%	103.8

某地的天然气价格 3.04 元/m³，电价为峰、谷、平分时计价：1.168 元/kWh（时段：8：00AM～11：00AM、13：00PM～15：00PM、18：00PM～21：00PM）和 0.74 元/kWh（时段：11：00AM～13：00PM、15：00PM～18：00PM）。将表 11-11 中的天然气与电力耗量，分别乘以对应时段的单价，可得到：吸收式机组的能耗费用为 2369 元；离心式机组的能耗费用为 1963 元。

上述例子生动地说明了吸收式机组与电动冷水机组在运行费用方面的差别。

三、燃气发动机驱动热泵（GHP）

（一）概述

采用发动机来驱动制冷压缩机的技术，可追溯到 20 世纪 70 年代的德国世博会。一个游泳馆利用活塞式的燃气发动机来驱动热泵，给馆内提供采暖热源，同时回收发动机的余热来加热泳池内的水。

发动机驱动的制冷或热泵技术的可靠性，在很大程度上取决于不需维护的发动机连续运行时间。早期的发动机驱动技术，由于成本的限制，均采取柴油机或汽油机的天然气改装工艺，在污染物排放和效率等指标方面处于较差的水平。直到 20 世纪 80 年代末，日本和美国分别出现了小型燃气热泵（GHP）和大型的发动机驱动冷水机组，二者均是政府节能政策鼓励和制造业积极参与的产物。之后，天然气发动机作为压缩式热泵或制冷动力源的技术和产品，开始快速增长，同期的溴化锂吸收式机组销量则逐年下降。2003 年日本 GHP 的销量达到 41523 台，共计 418000kW。

GHP 的能量情况平衡如下：输入天然气发动机的热量以 100% 计，驱动压缩机的有效轴功为 25%～33%，气缸冷却水余热为 25%～30%，发动机尾气热量为 20%～25%，不可利用的热量占 15%～20%。显然，GHP 的供冷（热）性能取决于发动机的效率和压缩机的性能。此外，GHP 将发动机的高温余热（尾气）和低温余热（冷却水）进行回收，在冬季补充热泵采暖，夏季可供应生活热水、除湿设备再生等。GHP 通过发动机与各种压缩式制冷（热）循环装置两类成熟的技术进行整合，极大地拓展了燃气空调的发展空间和市场需求。

从日本 GHP 的市场销售情况来看，单台容量为 9.5～22kW、适用于中型建筑物的 GHP 与电动空气源热泵各占一半的市场份额，采用一台室外机连接多台室内机的设计，能源利用率和启动性能等均优于电动空气源热泵。在功率较小（8kW 以下）的家用 GHP 市场，2000 年以后则以年均 30% 的速度下滑，从 2000 年的销量 12829 台下降到 2008 年的 728 台，供货商也从 5、6 家减少到仅大阪燃气一家。导致这种局面的原因有以下几点：

1. 小型燃气发动机的效率较低。

2. 燃气发动机的余热无法得到有效利用。发动机的功率越小，余热利用的成本就越高。对家用GHP，冬季的热量用以补充采暖，夏季很多时候则将余热直接排放。

3. 出现了效率更高的家用小型热电联产系统。

(二) 原理

图11-43为空气源GHP系统的工作原理图。系统由压缩机、天然气发动机、四通换向阀、缸套冷却换热器、烟气换热器、散热盘管与风扇、余热散热器和室内机组成。

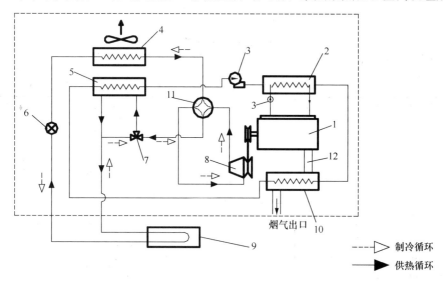

图 11-43 GHP 工作原理示意图

1—发动机；2；缸套冷却板式换热器；3—冷却循环泵；4—散热盘管；5—余热散热器；
6—膨胀阀四通阀；7—三通电磁阀；8—压缩机；9—室内机；10—烟气热回收换热器；
11—四通阀；12—烟管

夏季制冷循环：室内机9作为蒸发器，散热器4作为冷凝器。发动机1通过传动皮带驱动压缩机8。制冷剂经压缩机8加压后，通过散热器4排出冷凝热，经膨胀阀6节流，到室内机9吸收热量后蒸发，返回压缩机8，完成制冷循环。在循环冷却泵3的作用下，循环冷却液依次经过缸套冷却板式换热器2、烟气换热器10，最后由余热散热器5排入到大气中。

冬季供暖循环：室内机9作为冷凝器，散热盘管4作为蒸发器，经四通换向阀11转换为供暖循环后，压缩机8出口的高压制冷剂通过余热散热器5吸收气缸冷却热和烟气余热后，至室内机9、释放热量后排出冷凝热。液体制冷剂经膨胀阀6节流后，进入散热盘管4（蒸发器）吸取室外空气热量而汽化，之后返回压缩机8，完成制热循环。

与同样功率的电动空气源热泵相比，GHP的主要优点如下：

1. 供热能力强，可在-20℃环境温度下仍保持额定供暖能力。由于回收发动机余热来补充采暖，而且室外机处于较高的温度水平，无需除霜，可实现快速制热，机组的效率较高。GHP比较适合寒冷地区的供暖。

2. 冷暖平均COP可达1.33，机组的部分负荷特性较好。GHP的能量调节方式，与压缩机形式有关。通常使用一台发动机，借助皮带驱动几台小型压缩机。使用活塞式压缩机时，可将发动机的转速调节与压缩机卸缸相结合；使用涡旋式压缩机时，可直接采用转速调节。

3. 一台室外机可连接最多24台室内机，最长配管160m。可将室外机统一安装在建筑顶部，通过电脑控制实现所需的温度水平。

当然，由于发动机需要维护（空气过滤器、润滑油、机油、火花塞等），GHP的保养周期取决于发动机，一般为1万小时左右。另外，目前市场上GHP产品的价格较高，比同功率的电动空气源热泵高出一倍以上。

表11-14为一些GHP产品的性能。

一些GHP产品的性能   表11-14

制造商		单位	Rinnai			Sanyo			
型 号			P280	P560	P710	SGP-H280M1G2	DGP-H355M2G2	DGP-H450M2G2	DGP-H560M2G2
制冷热能力	冷量	kW	28.0	56.0	71.0	28.0	35.5	45.0	56.0
	热量	kW	33.5	67.0	84.0	31.5	40.0	50.0	63.0
外形尺寸	高	mm	2100	2100		2248			
	长	mm	1424	2120		1474	1800		
	深	mm	890	890		1000			
重量		kg	585	890	895	565	805	805	820
电力消耗	制冷	kW	0.82	1.23	1.34	0.7	1.0	1.36	1.36
	制热	kW	0.86	1.29	1.44	0.58	1.12	1.12	1.12
燃气消耗	制冷	kW	19.7	39.6	57.3	19.7	22.1	28.4	35.2
	制热	kW	21.3	39.8	53.1	21.6	25.3	32.5	38.7
发动机	排量	L	0.952	1.998			—		
	功率	kW	7.5	15.0	19.0	6.2	7.9	10.0	12.4
压缩机	种类		涡旋式2台	涡旋式4台		—	—	—	—
	传动		V形皮带			—			
冷媒	种类		R410a			R410a			
	充量	kg	11.5	19.0	19.0	8.5	13	13	16
运行噪声		dB	56	58	62	56	57	57	58
允许配管长度		m	165			170			

制造商		单位	Yanmar					Mitsubushi Heavy Industry	
型 号			YNZP 280G1	YNZP 355G1	YNZP 450G1	YNZP 560G1	YNZP 840G1	GCHP 450HMTE4	GCHP 560HMTE4
制冷热能力	冷量	kW	28.0	35.5	45.0	56.0	84.0	45.0	56.0
	热量	kW	31.5	40.0	50.0	63.0	95.0	53.0	67.0
外形尺寸	高	mm	2176					2135	
	长	mm	1470	1470	1990	1990	2985	1750	
	深	mm	800					950	

制造商		Yanmar					Mitsubushi Heavy Industry	
型号	单位	YNZP 280G1	YNZP 355G1	YNZP 450G1	YNZP 560G1	YNZP 840G1	GCHP 450HMTE4	GCHP 560HMTE4
重量	kg	740	740	940	950	1270	910	920
电力消耗 制冷	kW	0.57	0.68	1.10	1.17	1.68	1.62	
电力消耗 制热	kW	0.64	0.77	1.16	1.22	1.62	1.18	
燃气消耗 制冷	kW	20.8	26.1	27.4	38.1	56.0	44.3	54.6
燃气消耗 制热	kW	22.0	26.2	29.6	38.6	57.9	41.5	51.9
发动机 排量	L	1.006		1.642		2.189	2237	
发动机 功率	kW	7.5	9.5	12.1	15.0	22.5	12.1	15.0
压缩机 种类		涡旋式压缩机					CR5445HVR	CR5453HVR
压缩机 传动		多楔带		多楔带与电磁离合器			直结式柔性耦合器	
冷媒 种类		R410a					R407C	
冷媒 充量	kg	13.8	14.9	19.3	20.6	35.9	17.5	18.0
运行噪声	dB	52	54	55	56	60	60	61
允许配管长度	m	160					125	

注：1. 制冷能力指室内干球 27℃，湿球 19℃，室外 35℃；

2. 制热能力指室内干球 20℃，室外干球 7℃，湿球 6℃。

（三）经济性与适用性

1. 运行费用测算

就像溴化锂吸收式机组与电动冷水机组的市场竞争一样，GHP 的竞争对象是小型电动风冷热泵机组（EHP）。下面以目前采用的多联式空调系统为例，对 GHP 与 EHP 的运行费用进行比较。由于该空调系统中的室内机基本相同，认为其运行费用基本相同，仅比较室外机的运行费用。所采用的机组性能见表 11-15。

燃气热泵与电动热泵的性能参数 表 11-15

		电动热泵（EHP）	燃气热泵（GHP）
供暖能力（kW）		56	56
供冷能力（kW）		63	67
耗电量（kW）	供冷	21.8	1.07
耗电量（kW）	供暖	18.8	1.15
天然气耗量（kW）	供冷	—	43.5
天然气耗量（kW）	供暖	—	46

在国外的 GHP 用户中，公共建筑比例较大，学校和事务所占 50.7%，商场占 14.9%，娱乐、宾馆、医院和家庭占 20.1%，工业占 10.4%，其他占 3.9%。在此以全天 24h 运行的宾馆建筑作为分析对象。假设该建筑物长 30m，宽 15m，高 15m，4 层，窗墙面积比为 0.3，墙体传热系数为 1.0/0.6W/(m·℃)（两个数值分别为夏热冬冷地区与寒冷地区，下同），屋顶传热系数为 0.7/0.55W/(m·℃)，窗内遮阳，传热系数为 3.5/

3W/(m・℃)。人员密度 0.1 人/m²，新风量 30 m³/(h・人)，设备负荷平均 10W/m²。夏季室内设计参数为 26℃，相对湿度 50%，冬季 20℃，相对湿度 50%。

假设围护结构负荷(温差传热和日射负荷)、新风(包括渗透风)负荷均与室外温湿度存在线性关系，利用 BIN 气象参数方法，计算目标建筑的空调与采暖负荷，结果见图 11-44。

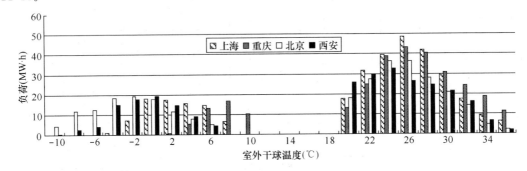

图 11-44 目标建筑的空调与采暖负荷

考虑 GHP 冬季利用余热补充供暖，其制热能力与环境温度无关；夏季 GHP 的 COP 随环境温度的变化，与 EHP 运行特性同样处理。参照表 11-15 中 GHP、EHP 的运行参数，计算得到两种设备的全年能耗，见表 11-16。

GHP 与 EHP 的全年能耗结果   表 11-16

		上海	重庆	北京	西安
GHP	耗电量(kWh)	7192	6577	6536	6018
	耗气量(Nm³)	26910	24642	24409	22492
EHP	耗电量(kWh)	110316	98949	108509	95846

由于 BIN 方法无法确定逐时负荷，而只能给出在各种室外参数情况下的负荷。考虑到目标建筑为 24h 工作的宾馆，使用各时段电价(表 11-17)的平均值、天然气价格来计算运行费用，计算结果见表 11-18。

由于各地的天然气、电价比例不同，GHP 与 EHP 的经济性呈现相反的表现。上海的天然气价格高，GHP 较之 EHP 需支付更高的运行费；北京的天然气价格低而电价高，所以每年可节省 43%；西安也节省 38%。

必须说明的是：上述估算是按照 24h 的平均电价来进行的，因为 BIN 参数方法虽可快速提供在一定气象条件下的负荷，但不能给出对应的时间段。所以这种对比的最终结论仅作参考。在可能的情况下，应使用逐时负荷数据结合对应时段的电价，进行两种系统的经济性对比，才是最科学、可靠的做法。

我国几个城市的能源价格   表 11-17

地　区		电力价格(元/kWh)				天然气价格(元/m²)
		峰	谷	平	平均	
北京	时段	7：00~11：00，19：00~23：00	23：00~7：00	11：00~19：00	0.825	1.85
	价格	1.27	0.364	0.841		

续表

地 区		电力价格(元/kWh)				天然气价格
		峰	谷	平	平均	(元/m²)
上海	时段	8：00～11：00 13：00～15：00 18：00～21：00	22：00～6：00	6：00～8：00 11：00～13：00 15：00～18：00 21：00～22：00	0.711	3.04
	价格	1.138	0.286	0.71		
重庆	时段	8：00～12：00 21：00～23：00	19：00～21：00	23：00～7：00	7：00～8：00 12：00～19：00	0.841	2.29
	价格	1.242	1.408	0.414	0.828		
西安	时段	8：00～11：00，18：30～23：00	23：00～7：00	7：00～8：00 11：00～18：30	0.826	1.95
	价格	1.2335	0.4344	0.834		

注：1. 电价数据来自于各省市物价局的相关电价政策文件；
2. 截至 2010 年 7 月。如有变化，仅作参考。

GHP 与 EHP 的全年能耗费用对比　　　　　　　　　　表 11-18

		上海	重庆	北京	西安
GHP	电费(元)	5110	5530	5390	4970
	天然气费(元)	81810	56430	45160	43860
	合计费用(元)	86920	61960	50550	48830
EHP	电费(元)	78430	83220	89520	79190

2. GHP 余热的使用

在前面的经济性计算中，只考虑了制热、制冷等 GHP 产品所直接提供的功能。实际上，GHP 在夏季的余热并未得到有效利用。一些 GHP 供应商已经开始提供含有卫生热水功能的模块，在进一步提高能源利用率的同时，可降低夏季向大气中排气的温度，减轻城市热岛效应。

在目前的天然气与电力价格下，最大程度地利用发动机的余热可显著改善 GHP 的经济性。特别是有较大热水用途的场合，余热的利用更能凸显其适用性。图 11-45 是一个用于游泳馆的燃气热泵系统。发动机直接驱动压缩机，利用冷凝器 5 的排热加热游泳池水（45℃）；发动机的缸套冷却热量与排烟的热量，利用水冷却器 3 和烟气热交换器 2 交换后，送入蓄热器 1 中供应采暖和卫生热水。该系统中，低温热源为地下水，也可以室外空气或空调机组排出的湿空气作为低温热源。

四、去湿供冷与复合空调系统

(一) 原理

在吸收式制冷和燃气热泵 GHP 中，最终获得的是可供空调系统使用的冷冻水或低温冷剂。两种制冷方法的工艺均属于机械制冷，和环境空气没有质交换，只有热交换，也常

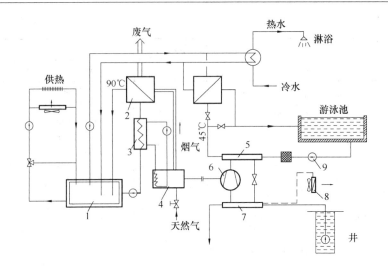

图 11-45 用于游泳馆的燃气热泵系统

1—蓄热器；2—烟气热交换器；3—缸套水冷却器；4—天然气发动机；

5—冷凝器；6—压缩机；7—蒸发器；8—空气冷却器；9—水泵

称做"闭式"循环系统。

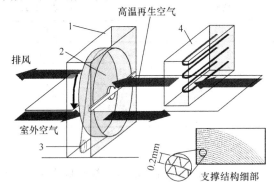

图 11-46 除湿转轮的结构与工作原理

1—外壳；2—转芯；3—驱动马达与皮带；4—加热器

使用燃气的去湿供冷技术（Desiccant cooling），利用燃气燃烧产生的高温空气，再生由高度吸湿性材料制成的除湿转轮，从而获得低于环境空气含湿量的干燥空气，再利用水蒸发、吸热降温的原理来获得空调所需的低温、低湿空气。由于过程中与环境空气不仅有热交换，而且存在质（水分）交换，常称做"开式"循环系统。

去湿供冷的主要设备为除湿转轮，其结构如图 11-46 所示，由外壳、转芯、驱动马达与皮带等组成。转芯是包含支撑结构和吸湿材料的蜂巢状结构，流道断面有正旋形、梯形、三角形等，比表面积为 2000～3000m²/m³。转芯常用的吸湿材料有硅胶、氯化锂、分子筛等，对水有强烈的亲和性。转芯在马达和皮带的驱动下，缓慢旋转(10～20r/h)，交替暴露于两股不同温度的气流中。

转芯处于"过程空气"（也称"处理空气"）侧时，温度较低、相对湿度较高的空气中所含的水分，被吸附在吸湿材料表面，释放出相变潜热，出口空气温度升高、含湿量下降。当转芯旋转到"再生空气"侧时，温度较高、相对湿度较低的空气将转芯中的水分蒸发，出口空气温度下降、含湿量升高。总的效果是利用热量实现了水分的转移，就像热泵消耗机械功将能量由低温热源转移到高温热源一样，这种除湿设备又被称做"湿泵"。

理论上，过程空气所经历的减湿过程是等焓的，但由于转芯的蓄热效应，出口的焓会略微高于进口的焓。在转轮的除湿工艺中，所使用的热量可以是燃气燃烧加热获得的热空气，也可以是热水加热得到的热空气。

图 11-47 中给出了转轮除湿与传统冷冻减湿工艺的对比。$W{\rightarrow}A$ 为转轮减湿过程，W

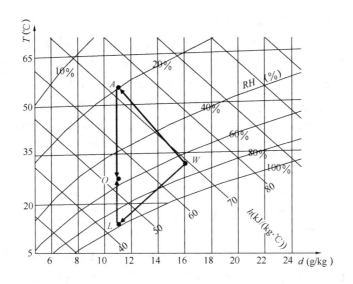

图 11-47 两种空气除湿过程的比较

→*L* 为冷冻减湿过程。

转轮减湿后得到的是高温低湿空气，必须结合其他降温措施才能完成真正的空调过程（*A*→*O*）。在去湿供冷技术中，最多使用的是天然冷源和蒸发冷却。蒸发冷却系指利用水的蒸发来获得低于环境空气温度的湿空气，通过热交换器来降低 *A* 点空气的温度。

在去湿供冷技术中，利用燃气燃烧的热量再生除湿转轮，利用蒸发冷却获得的冷量来降低空气的温度，没有任何机械制冷过程，因此又有"环保"型燃气空调的美誉。

目前的商业除湿转轮，过程空气与再生空气的断面划分有 $180°+180°$、$270°+90°$ 两种，前者的再生空气温度较低（$50\sim70℃$），后者的再生空气温度较高（$120\sim150℃$）。二者的减湿能力均在 $6\sim8g/kg$ 干空气。面风速控制在 $1.8\sim2.8m/s$。

因为蒸发冷却所能提供的最大温差为环境空气的干球温度与湿球温度差，没有机械制冷的纯去湿供冷的应用，在很大程度上受到气候条件的限制。环境空气的湿度越大，干湿球温度差越小，可提供的冷量越小。

（二）系统组成

图 11-48 所示为一个常用的燃气驱动的去湿供冷系统。由除湿转轮、加热器、显热热交换器、蒸发冷却器、过滤器等组成。其中显热热交换器的结构与除湿转轮完全相同，差别在于前者的转芯未包括吸湿材料，因此只交换两侧气流的显热，另外其旋转速度较快，

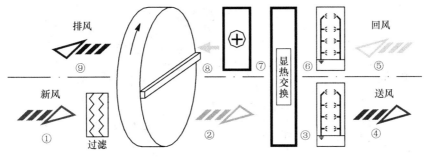

图 11-48 去湿供冷空调流程

10～20r/m。一般显热热交换器的效率在75％左右。

夏季,室外空气(点1:30℃、14g/kg)首先经转轮除湿,温度升高、湿度下降(点2:50℃、8g/kg);来自空调房间的回风(点5:25℃、50％RH),经过蒸发冷却后温度下降(点6:18℃、100％RH),通过显热交换器将除湿后的空气温度降低到送风温度(点3:22℃),同时,自身温度升高到46℃(点7),经加热器加热到要求的再生温度(点8)。

冬季,除湿转轮和回风侧的蒸发冷却器停止工作。利用显热热交换器回收排风热量,同时新风侧的蒸汽加湿器工作,将新风处理到需要的送风状态。

(三)复合空调系统

在去湿供冷系统中,燃气发挥的作用仅是提供再生需要的高温空气(50～150℃)。由热力学知识可知,将燃气的高品位能量用于低品位热量的供给是一种很大的浪费。这也是为什么去湿供冷始终没有发展为主流的燃气空调的原因之一。

显然,使用低品位的热量(如太阳能热水、各种余热)来再生除湿转轮,会极大地改善上述系统的经济性。下面介绍几个将吸收式机组、发动机驱动制冷系统与除湿转轮相结合的使用燃气的"复合"空调系统,所谓"复合"是指将"闭式"与"开式"循环相结合。

1. 吸收式制冷结合余热除湿的复合空调系统

直燃型吸收式机组的排烟温度通常在120～150℃左右,可回收后再生除湿转轮。美国马里兰大学进行了有关实验。系统的组成类似于图11-48,但再生的热源来自于吸收式机组的排烟余热,冷源则由蒸发冷却变为了吸收式冷水机组。

由于空调系统的湿负荷由余热再生的转轮承担,吸收式机组可使用温度较高的冷冻水,机组的效率得以大大提高。

2. 发动机驱动制冷结合余热除湿的复合空调系统

图11-49是一个适用于宾馆、游泳池、溜冰场等的发动机驱动复合空调系统。包括空调箱、发动机驱动冷水机组、电动冷水机组(图中的三个虚线框)。新风利用类似于去湿供冷的除湿转轮、显热热交换器,由发动机的缸套余热和排烟余热供应转轮再生所需的热量。

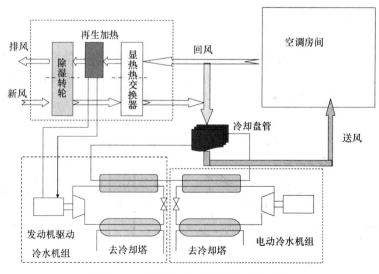

图11-49 发动机驱动的复合空调系统

系统所需的冷负荷由发动机驱动的制冷剂和电动冷水机组提供，其中用于人员新风处理的冷负荷、设备与照明负荷等随着时间的变化不大，由发动机驱动系统承担，这样可以保证发动机在基本不变的工况下运行。围护结构得热量等瞬变负荷，由电动冷水机组承担，调节方便。

第十二章　燃 气 工 业 炉 窑

第一节　概　　述

一、燃气工业炉窑的分类

(一) 按用途分类

这种分类方法是一种最常用的分类方法，根据生产用途不同，可分为五类：

1. 熔炼炉　将金属等固体物料从固态熔化成液态，再加入其他合金元素进行精炼。加热目的是熔化金属等物料，如冲天炉、平炉、熔铜炉、熔铝炉和玻璃熔池窑等。

2. 锻轧加热炉　加热目的是为了增大金属在轧制、锻造、冲压和拉拔前的可塑性，如轧钢加热炉、锻造加热炉等。

3. 热处理炉　加热目的是为了改变金属的结晶组织，使其满足不同的热处理工艺要求，如淬火、退火、回火、渗碳及氮化等。

4. 焙烧炉　又称焙烧窑，加热目的是使物料发生物理或化学变化，以获得新的产品，如白云石、石灰石和耐火材料的焙烧等。

5. 干燥炉　加热目的是为了排除物料中的水分，如铸型的干燥及黏土、砂子和型煤的干燥等。

(二) 按炉温分类

1. 高温炉　炉温在 1000℃ 以上，其炉内传热一般以辐射为主。

2. 中温炉　炉温为 650~1000℃，炉内除以辐射传热外，对流传热亦不可忽视。

3. 低温炉　炉温在 650℃ 以下，以对流传热为主。

(三) 按炉子工作的连续性分类

1. 连续性操作的炉子。

2. 周期性(间歇式)操作的炉子。

(四) 按加热方式分类

1. 直接加热炉　指炉气直接与物料接触，故又称火焰炉。

2. 间接加热炉　指炉气不直接与物料接触。

(五) 按行业分类

1. 炼铁　高炉、热风炉、烧结炉、球团炉、焦炉、焙烧炉。

2. 炼钢、压力加工　转炉、电弧炉、平炉、均热炉、轧钢加热炉、锻造加热炉。

3. 钢材热处理　退火炉、正火炉、调质炉、回火炉、热压合炉、渗碳炉、软氮化炉、镀覆炉、气氛发生炉、烧结炉。

4. 铸铁、铸钢　冲天炉、电弧炉、感应熔化炉、热处理炉、干燥炉。

5. 有色金属 精炼炉、熔化炉、均热炉、加热炉、焙烧炉、转炉、热处理炉(退火、调质、回火、烧结等)。

6. 陶瓷、水泥、耐火材料 熔化炉(玻璃、耐火材料等)、烧成炉(水泥、耐火材料、陶瓷器、砖瓦、陶管、窑业原料等的烧成)、煅烧炉(窑业原料焙烧与煅烧)、热处理炉(平板玻璃、电视显像管等热处理)。

7. 化学工业 煤化工中的炼焦炉、煤气发生炉;石油化工中的加热炉、分解炉、转化炉。

8. 环境保护 工业废弃物焚烧炉、废气燃烧炉、城市垃圾与下水污泥焚烧炉。

(六) 按炉型结构分类

按炉型结构分类有:室式炉、开隙式炉、台车式炉、井式炉、步进式炉、振底式炉等。

二、燃气工业炉窑的特点

工业炉窑所采用的能源,目前常用的只有电、煤、油、气四种。燃煤、油、气三种工业炉的加热方式是用燃料燃烧后的烟气来进行加热,这类工业炉通常称火焰炉。燃气工业炉是火焰炉的一种,与其他两种火焰炉比较,具有以下优点:

1. 无公害 气体燃料都经过脱硫处理,燃烧生成物中 SO_x 含量极少,甚至于不必考虑。又气体燃料的含氮量较少,燃烧生成物中 NO_x 含量比其他燃料少,同时对于高温生成的 NO_x 也比其他燃料容易抑制。因此,气体燃料具有无公害的优点。

2. 易于自动控制 一般来说,燃气燃烧器的调节比要比其他燃料燃烧装置的幅度宽,过剩空气量也较其他燃料少,而且微调灵敏性也较快,容易实现炉温和炉压、甚至炉气成分的自动控制。

3. 清洁、卫生、操作方便 燃气燃烧器不存在结焦、结渣的问题,即使不完全燃烧产生炭黑也容易清理。容易实现自动点火及火焰监测等。

4. 易于实现特种加热工艺 燃气工业炉内燃烧产物的成分调节灵敏,稍变动过剩空气量,炉内气氛即刻发生变动。这使少氧化加热以及快速加热等特种工艺的实现比较容易。

但是,燃气工业炉的管理及操作要比其他燃料严格。因燃气-空气混合物的可燃混气成分都在爆炸范围内,如果操作不按规程,管理检查不严格,就容易发生爆炸等事故。

三、燃气工业炉窑的技术性能

燃气工业炉窑的技术性能应该表明以下几方面:

1. 炉型及使用工艺的名称。

2. 生产率(对连续式炉),或装炉量(对周期式炉)。

3. 最高炉温及常用炉温。

4. 炉膛有效容积或炉底有效面积。

5. 升温速度(冷炉工况),或达到最高炉温所需时间。

6. 炉膛有效空间内的温差。

7. 燃料规格名称及其最大和平均消耗量。

8. 排烟量及排烟方式。

9. 各项附属设备，如燃烧器、风机等的型号、规格、功率等。

10. 其他动力，如用水、压缩空气等的压力、消耗量等技术要求。

11. 其他特殊性能。

除以上的技术性能外，还应提供两项说明文件。第一，操作说明，包括操作程序，维修规程以及安全注意事项等；第二，施工说明，包括各个特殊部位的施工程序及验收标准。同时还应附有烘炉曲线。

第二节　燃气工业炉的炉型与构造

一、燃气工业炉窑的主要形式

燃气工业炉按炉子工作方式分为连续式炉与周期式炉。在连续式炉与周期式炉中，都可以达到同样的加热和热处理效果，采用哪种炉型适宜要由产量和操作条件等决定。一般来说，连续炉适于少品种大量生产的物料加热，周期式炉适于处理批量小的物料。

（一）周期式炉的形式和特征

周期式炉常见形式见图 12-1。周期式炉被加热物料从入炉加热到最后出炉都在炉内不运动，有时按规定的温度曲线升温、保温、降温冷却，都在一个炉膛内进行，按一定周期分批处理物料。多数情况是装料口即是出料口。

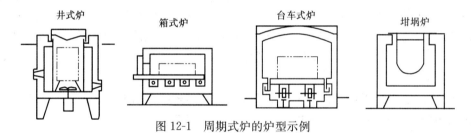

图 12-1　周期式炉的炉型示例

常见周期式炉的炉型主要有：井式炉、箱式炉、台车式炉、罩式炉、坩埚炉和浴炉。

（二）连续式炉及物料输送方式

连续式炉的主要形式及输送机构见图 12-2。连续式炉的被加热物料从装料端装入，在炉内以一定速度连续地或按一定时间间隔移动，加热到预期的温度后，从出料端出来。这种炉型可以是连续装料，也可以是按一定规律间隔装料。对于较大物料加热，为使其表

形　式	炉　型	机　构	形　式	炉　型	机　构
炉底滑轨式	推料机	料盘	悬　挂　式（单轨吊式）	推料机	悬吊装置
辊　底　式	推料机	料盘	台　车　式	推料机	台车

（a）

图 12-2　连续式炉内工件的输送方式（一）

（a）推料式

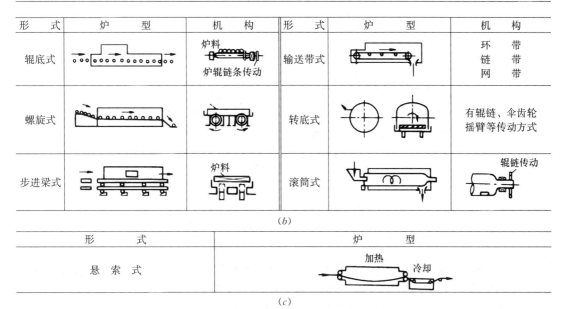

形　式	炉　　型	机　构	形　式	炉　　型	机　构
辊底式		炉料 炉辊链条传动	输送带式		环　带 链　带 网　带
螺旋式			转底式		有辊链、伞齿轮 摇臂等传动方式
步进梁式		炉料	滚筒式		辊链传动

(*b*)

形　　式	炉　　型
悬　索　式	加热　冷却

(*c*)

图 12-2　连续式炉内工件的输送方式（二）

(*b*) 输送机式；(*c*) 带材连续处理式（牵引式）

面与中心温度均匀，在出料前还设有均热段。对某些连续热处理炉，还设有一个冷却段，使物料在规定的较低温度下出炉。

连续式炉的特征常与物料的输送方式密切相关。物料的输送方式主要有：

1. 推料式　在炉内没有传动机构，靠炉外进料口前的推料机推动炉料，一个接一个的炉料在炉底或滑道上紧密排列，推进一个料顶出一个料。也可从侧面顶出一个料，然后推进一个料。炉料的推送方式有炉底滑轨式、辊底式、悬挂式及台车式等。

2. 输送机式　用炉外的传动装置使炉内的传送带或输送机运动，实现一个一个地输送炉料，但物料相互间不靠紧。物料的输送方式有辊底式、螺旋式、步进式、输送带式、转底式及滚筒式等。

3. 线材连续处理式　又称牵引式，主要用于金属线材、带材等很长的物料热处理。加热与冷却处理后常以成卷的形式取出。线材牵引方式有悬链式、辊底式等。

二、燃气工业炉的基本组成

燃气工业炉是一种较复杂的热工设备。它主要由炉膛、燃气燃烧装置、余热利用装置、烟气排出装置、炉门提升装置、金属框架、各种测量仪表、机械传动装置及自动检测与自动控制系统等部分组成。如图 12-3 所示。

（一）炉膛

工业炉炉膛的特点是处在高温下工作，并经常受到炉尘、炉渣和炉气的侵蚀作用。因此，要求组成炉膛的炉墙、炉顶、炉底和地基等部分所用的材料、结构型式和尺寸等多方面都必须适应上述特点，以保证炉子能安全、可靠与经济地工作。

1. 炉墙

炉膛的侧面砌砖部分称为炉墙。由于高温的要求，耐火墙要有足够的耐火度，保温墙要有良好的隔热性能，使炉子既耐高温，又只有较小的热损失。外壁温度在 60～80℃以

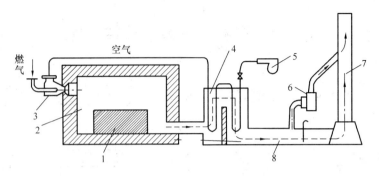

图 12-3 燃气工业炉系统示意图

1—物料；2—炉膛；3—燃烧器；4—换热器；

5—风机；6—排烟机；7—烟囱；8—水平烟道

下，最高不超过 100℃。因此在设计时，既要考虑内壁的温度条件，以确定耐火材料的质量，又要考虑材料的传热性质，以确定炉墙的结构与厚度。

根据炉子工作的需要，在炉墙上常开有炉门、观察孔、燃烧装置用口以及测孔等，但这些孔洞应不影响炉墙的强度和密封性。

2. 炉顶

炉膛顶部的砌砖部分称为炉顶。按其结构形式，炉顶可分为拱顶和吊顶两种。炉子跨度小于 3～4m 时可采用拱顶，跨度较大的炉子一般采用吊顶。

拱顶的厚度和炉子的跨度有关。随炉子的跨度增大，拱顶的厚度也应适当增加。拱顶支持在拱脚砖上，拱顶的横推力由固定在钢架上的拱脚梁承受，如图 12-4 所示。

拱顶材料可用黏土砖，对高温炉内的炉顶可采用高级耐火材料，拱顶上面可以采用硅藻土砖绝热，也可用矿渣棉等散料做绝热层。

吊顶由一些特种异形砖组成，异形砖用吊杆单独地或成组地吊在炉子的钢梁上。图 12-5 为两种不同的吊顶结构。

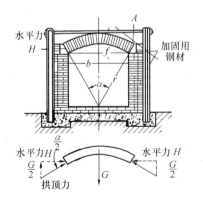

图 12-4 拱形炉顶的结构

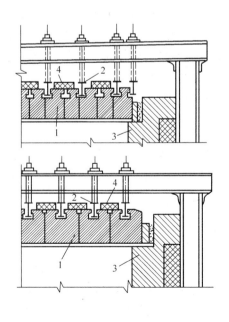

图 12-5 吊顶结构

1—炉顶异形砖；2—工字钢；3—炉子前墙；

4—吊顶上硅藻土砖的绝热层

吊顶砖的材料对加热炉通常用一级黏土砖，而在熔炼炉上多采用高级耐火材料。在吊顶砖外面用硅藻土砖绝热，但砌筑时切勿埋住吊杆，以免使它烧坏或降低机械强度。

吊顶虽不受炉子跨度的限制和易于局部修理，但它结构复杂，造价较高，所以只在大炉子上采用，而小炉子多采用拱顶。

3. 炉底

炉膛底部的砌砖部分称为炉底。工业炉的炉底与其他部位不同，如金属加热炉的炉底，经常受到很大的机械负荷以及金属和氧化铁皮的作用。因此，对砌筑它的材料有更高的要求，既要坚固，又应有一定的厚度。有了必要的厚度就可以防止基础混凝土受热后发生损坏。长时间加热时，要保持混凝土基础部分的温度不高于 300℃。炉床的标准厚度如表 12-1 所示。对于普通的加热炉，助熔剂的侵蚀和装炉物料的磨损是决定炉床寿命的重要因素。

炉床砖的厚度   表 12-1

炉内温度（℃）	<500	500～1000	1000～1200	>1200
炉床砖块数	2	4	5	>6
炉床砖厚度（mm）	130	260	325	390

图 12-6 为空气冷却炉床示例。炉床砖和混凝土基础之间要铺上槽钢或钢轨，形成间隙，使空气流通，冷却。这种方法可以防止基础混凝土过热引起损坏，同时又可降低炉床温度，延长服务年限。这种结构多少会增加些热损失，但由于它能延长炉床寿命，因此在大型炉中普遍采用。

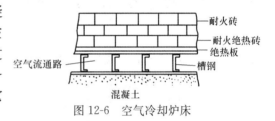

图 12-6 空气冷却炉床

4. 炉子基础

炉子基础是承受全部炉体载荷的重要部位。所以，设计炉子基础时应注意下列事项：

（1）混凝土基础任何部分的温度不能超过 300℃，否则混凝土本身就失去机械强度。

（2）应避免将炉子部件和其他设备放在同一个整块的基础上，以防由于负荷不同而引起不均衡下沉，使基础开裂或设备倾斜。

（3）基础底部的深度在寒冷地区应深于冰冻线以下，以免由于气温变化使基础破坏。

（4）炉子基础应尽量建于地下水面以上，否则必须采取防水措施。

5. 炉膛的基本尺寸

炉膛的尺寸是炉体结构设计的重要数据，它与炉子产量、技术工艺操作、物料尺寸、形状及其在炉内的布置等因素有关。连续加热炉和室状加热炉的尺寸一般由经验方法确定。

（1）炉高 燃气工业炉的炉高可用 M·A 格林科夫推荐的公式计算

$$h_e = (A + 0.05B) \, t_1 \times 10^{-3} \tag{12-1}$$

式中 h_e——炉子的有效高度（m）；

      B——炉膛宽度（m）；

      t_1——炉气温度（℃）；

      A——系数，当 $t_1 < 900℃$ 时，$A = 0.5 \sim 0.55$；当 $t_1 > 1500℃$ 时，$A = 0.65$；当 $t_1 = 900 \sim 1500℃$ 时，A 值可用内差法求出。

由此不难求出炉子的全高 h，当金属在炉内一面加热时

$$h = h_e + \delta \tag{12-2}$$

当金属在炉内两面加热时

$$h = 2h_e + \delta \tag{12-3}$$

式中　δ——料坯厚度（m）。

计算所得的炉高数值是设计炉高的依据。应指出，最后确定炉高时要综合各种因素，使炉膛高度能保证燃烧器布置合理、炉内气体流动和传热状况正常，使整个炉膛充满炉气。

（2）连续加热炉的炉膛宽度　炉内为单排放料时

$$B = l_m + 2 \times 0.25 \tag{12-4}$$

炉内为双排放料时

$$B = 2l_m + 3 \times 0.25 \tag{12-5}$$

式中　B——炉膛宽度（m）；

　　　l_m——料坯长度（m）。

（3）连续加热炉的炉长　连续炉的有效长度，即被物料所占据的长度，可按下式计算

$$l_e = \frac{G\tau b}{g} \tag{12-6}$$

式中　l_e——炉子的有效长度（m）；

　　　G——炉子的生产量（kg/h）；

　　　τ——料坯的全加热时间（h）；

　　　b——料坯的宽度（m）；

　　　g——每根料坯的质量（kg）。

连续加热炉的全长为

$$l = l_e + (0.5 \sim 1.5) \tag{12-7}$$

设计时注意：推料式连续加热炉的炉体不能过长，否则推料困难，并会引起料坯拱起。如果计算所得炉子长度过长，可改为双排放料或改为修建两座炉子以满足产量的要求。

（4）室状加热炉的炉长与炉宽　室状加热炉的炉长与炉宽，应按被加热件的尺寸进行排炉，并满足装炉量的要求来确定炉底的长度与宽度。料坯间的空隙一般取 0.3～0.8 倍的物料厚度。排出的炉子长度与宽度，各边再加 100～200mm 的间隙即为炉底的实际长与宽。

一般室状加热炉的炉体不宜过长，最好控制在 $l < 2B$ 的范围内。若因产量过大致使计算所得炉体过长时，可改成两座或双室式炉。

（二）炉门及提升装置

1. 炉门的功用与结构

炉子的工作门及观察孔平时均需用炉门关闭起来，其目的是为了保持炉温，以减少炉内辐射和炉气溢出所造成的热损失，以及避免因空气的吸入而恶化炉内气氛。因此，对炉门的要求是严密、轻便、耐用及隔热。

侧墙上的炉门通常采用铸铁制成，内侧衬有耐火绝热砖，其形式按尺寸大小而定。

对一些高温炉,其炉门常设有水冷装置。炉门装在炉门框上,炉门框再固定在炉子的金属构架上。炉门在安装时应使其向门框倾斜 10°角,以便炉门靠自重压紧在炉门框上,以保证炉门的关闭严密性。

2. 炉门提升装置

炉门的开闭多半是垂直升降的,提升都借助于滑轮和滚子的作用,可用人工、电动或气动等方式实现。当炉门的重量不大时,可采用人工操作的扇形机构提升。若炉门很重,启动次数频繁时,可采用气动、电动或液压提升机构。

炉门及其提升机构应固定在钢架上,并使炉门和炉墙不发生碰撞。

(三) 金属构架

1. 金属构架的作用

为了使炉墙坚固并在操作情况下保持砌体形状,必须在炉子上安有由竖钢架、水平梁及连接杆等组成的金属构架。它有下列作用:

(1) 加固炉子砌体、承受炉子拱顶的侧压力或吊顶的全部重量,并把其作用力传给基础。

(2) 构架是炉子的骨架,在其上面安装炉子的附属设备。如炉门框、燃烧器及冷水管。

(3) 抵抗砌体的高温膨胀,使炉子不发生变形。

竖钢架是金属构架的主体,它用地脚螺栓固定在混凝土基础内。为使其金属构架成为一个牢固的整体,竖钢架彼此间必须用连接梁或拉杆连接起来,并将其固定。

2. 金属构架的材料

竖钢架多采用槽钢,而且是成对地设置。有些炉子也可采用废钢轨作为钢架。连接梁多采用角钢和槽钢。连接杆用圆钢。而炉底空冷层的钢梁则常用工字钢和槽钢。

(四) 烟道、闸门和烟囱

1. 排烟方式

炉子的排烟方式分上、下排烟两种,它与炉子的结构形式以及周围环境条件有关。

下排烟的炉子结构比较庞大,要占据较大的地下深度,布置烟道时可能受到车间设备基础及厂房柱基的限制;但其优点是烟气被引入地下,不恶化车间卫生条件及操作环境,不妨碍车间地上管线的布置并便于吊车的运行。

下排烟方式往往是多台炉子组成一个排烟系统。这种布置紧凑,经济合理,但烟道系统不易严密,可能影响烟囱正常抽力,当地下水位较高时,还需设计烟道防水措施。

上排烟的炉子,炉体结构比较简单,造价低,施工方便,能充分利用较高的烟气温度,在得到同样的负压条件下,烟囱高度可降低。当厂房通风条件好、炉子规模小、车间内炉子数量不多、对吊车运行妨碍不大时,或者当地下水位较高、采用防水结构有困难时,均可用上排烟方式。

2. 烟道

烟道是连接炉子与烟囱的烟气通道。设计烟道时,应正确选择其截面尺寸和结构形式,并使其具有良好的气密性。

下排烟炉子的烟道,大都布置在距地面 300mm 以下。烟道通常用砖砌筑,其底部采用混凝土基础。为了不使混凝土温度过高,上面可用硅藻土砖做绝热层,最上面再砌半砖厚的黏土砖，外部用红砖。烟道拱顶通常采用双层的半圆拱顶。

3. 闸门

为了调节炉膛内的压力，在烟道上必须设置烟气闸门。按炉子大小、用途差异，可采用不同形式的闸门或插板。一般烟气温度低于 400～600℃时，可用灰铸铁或铸钢件制成；当温度高于 600～700℃时，则必须用水冷闸门、衬砖闸门或耐热合金钢制的闸板。

4. 烟囱

烟囱是火焰炉常用的排烟装置，其作用是在烟囱根部产生抽力（即形成负压），这是由于烟囱内烟气密度比外部空气密度小，从而产生升力（即重力压头），使烟气能够排出。

（五）燃气燃烧装置

燃烧装置是燃气工业炉上重要的装置之一。根据炉子的结构形式、工作特点及燃烧器的特性，正确设计、选择及合理安装使用燃烧装置及其系统是非常重要的工作。

（六）炉用设备及其他附件

1. 测量仪器

主要是测量燃气流量、压力、温度及空气流量、压力、温度、燃气成分、烟气成分、炉内温度、压力、烟气温度、压力、空气与燃气预热温度及被加热物料温度等所需的仪器。

2. 燃烧调节装置

调节进入炉内的热量，可通过调节燃气及空气量来实现。燃烧调节主要是控制炉内温度、炉膛压力及炉内气氛等。

3. 安全装置

燃气工业炉上安装安全装置对保证安全生产及避免意外损失都是非常必要的。

4. 余热利用设备

主要指为了提高炉子热效率而采取的热工措施，如为了回收烟气中的热量，可设燃气预热及空气预热装置、废热锅炉以及物料预热装置。加强炉子及管道绝热保温等也能收到良好的热工效果。但对不同炉子应作经济技术分析，不能随意选用。

三、筑炉用材料

筑炉用材料包括耐火材料、保温材料、炉用金属材料和一般建筑用材料。筑炉材料的种类和品种繁多，燃气工业炉的设计与使用者，应根据炉子的工作条件，合理选择和使用有关筑炉材料，尽量做到延长炉子寿命、降低炉子造价和燃气消耗量。

（一）筑炉用耐火材料

凡是能抵抗高温和在高温下所产生的物理、化学作用的材料统称为耐火材料。用耐火材料砌筑的炉衬，常处于高温下，因此工作条件最差，损耗最快，要经常检修，从而直接影响炉子的产量、成本及劳动条件。有的耐火制品直接和被熔炼的金属接触，它渗入金属中就成为非金属杂质、严重降低产品质量。因此，了解和正确选用耐火材料非常重要。

1. 工业炉对耐火制品的基本要求

按工业炉用途不同以及同一炉子部位的不同，对所采用的耐火制品性能要求也有所不同。总的来说，选用材料是为了使炉子经久耐用、高产优质、节能及低耗。基本要求是：

（1）耐高温并且高温下结构强度大。

（2）耐急冷急热性能好。

（3）能抵抗炉渣、液体金属、烟尘及炉气的侵蚀。

（4）在长期高温工作条件下，耐火制品炉衬的体积和形状变化要小。

（5）外观好、尺寸公差小。

2．工业炉选用耐火制品的原则

（1）按炉子工作条件中的主要矛盾来选用材料。

（2）要充分掌握材料的性能，特别是使用性能。

（3）炉体各部位的使用寿命最好十分接近。

（4）经济上节省、技术上可行。

（5）合理利用国家资源、尽量就地取材。

3．耐火材料的性能

耐火材料的性能可以用它的物理性能和工作性能来表示。耐火材料的物理性能包括体积密度、比重、气孔率、吸水率、透气性、耐压强度、热膨胀性、导热性、导电性及热容量等。这些物理性能影响着耐火材料的工作性能。耐火材料的工作性能包括耐火度、荷重软化点、在高温下的化学稳定性与体积稳定性、耐急冷急热性等。

（二）炉用保温材料

在砌筑中温炉或高温炉时，均在耐火砖层之外再砌一层保温材料。保温层的作用是减少炉体散热，提高热效率，节省能源，改善劳动条件。

保温材料的主要特点是体积密度小，导热系数小，比热小等。常把导热系数小于 $0.3W/（m \cdot K）$ 的材料称为保温材料（或绝热材料）。常用的保温材料有石棉、硅藻土、矿渣棉、蛭石、膨胀珍珠岩等，另外轻质或超轻质的耐火砖、耐火纤维也可当保温材料使用。

（三）不定形耐火材料

不定形耐火材料是近年来研制的新型耐火材料，它的特点是可制成各种预制块、便于机械化施工：可在加热炉上整体浇捣，从而加强炉体的整体性，又便于改进炉型结构。

按制作或施工方法来分，不定形耐火材料有耐火混凝土（浇注料）、可塑料、喷涂料、捣打料、涂抹料、投射料等。

1．耐火混凝土

耐火混凝土是由胶结料、骨料、掺合料三部分组成，有时还要加入促凝剂。

（1）骨料　骨料是主要的耐火基体，应具有较高的耐火度，它与胶结料不能生成较多的低熔物。另外骨料的颗粒大小对制品质量有很大的影响，所以对骨料的颗粒大小除有一定限制外，各种颗粒大小在数量上还有一定的配比。

（2）胶结料　胶结料又称结合剂，起胶结硬化作用，使制品有一定的强度。常用的胶结料有矾土水泥、硅酸盐水泥、水玻璃、磷酸等。根据胶结料不同，耐火混凝土可分为铝酸盐水泥耐火混凝土、水玻璃耐火混凝土、磷酸盐耐火混凝土及硅酸盐耐火混凝土等。

（3）掺合料　掺合料的原料与骨料相同，只是颗粒度较小。掺合料可使制品的气孔率降低，比重增加，耐压强度提高，抗渣性提高，但收缩性增加，耐急冷急热性降低。

2．耐火可塑料

耐火可塑料是以耐火骨料、细粉料为主，另外加入适量的生黏土和化学结合剂，经过充分搅拌后形成硬泥膏状，在规定时间内具有较好的可塑性。可塑料与耐火混凝土的骨料相同，只是结合剂不同，耐火可塑料的结合剂用生黏土，耐火混凝土用水泥等做结合剂。

耐火可塑料的最大特点是常温下的可塑性，可制成任何形状。缺点是常温强度低，施工要求质量高，不易实现机械化。未经烧成的热硬性可塑料要严格注意防水与防冻，也不要承受外力。烘炉时升温速度每小时约 $10\sim15℃$，并要分段保温。

耐火可塑料制成的炉子具有整体性、密封性好，导热系数小，热损失小，耐急冷急热性好，炉体不易剥落，耐高温，有良好的抗蚀性，炉子的使用寿命长等特点。它也可在炉子局部地区使用，例如用于加热炉水管包扎，步进式炉中步进梁的表面保护层等。

四、常用保温隔热材料的性能

一般可按照工作温度来划分绝热材料：在工作温度高于 $1200℃$ 时，称为高温绝热材料；工作温度低于 $1200℃$ 而高于 $900℃$ 时，称为中温绝热材料；工作温度低于 $900℃$ 时，称为低温绝热材料。

下面简单介绍几种常用的绝热材料。

(一) 硅藻土

硅藻土是硅藻的尸骸沉积在海底或湖底所形成的一种松软多孔的矿物，其主要化学成分是非晶体的 SiO_2，并含有有机物质、黏土等杂质。硅藻土砖是以煅烧过的硅藻土为主，用生硅藻土或黏土结合剂制成的。硅藻土不是耐火材料，使用时不能与火焰直接接触；在工作温度低于 $900℃$ 时，绝热性能良好；表 12-2 是硅藻土砖的性能指标。

硅藻土砖的性能指标　　　　　　　　　表 12-2

级　别	耐火度 (℃)	密度 (kg/m³)	耐压强度 (kPa)	不同温度下的导热系数（W/(m·℃)）			热膨胀系数
				温度（℃）	导热系数	计算公式	
A 级	1280	500±50	500	50 350 550	0.081 0.143 0.174	0.072+0.000206t	0.9×10^{-6}
B 级	1280	550±50	700	50 350 550	0.095 0.159 0.192	0.085+0.000214t	0.94×10^{-6}
C 级	1280	650±50	1100	50 350 550	0.110 0.163 0.214	0.10+0.000228t	0.97×10^{-6}

(二) 石棉

石棉绝热材料有粉状的，也可制成石棉板、石棉布、石棉纸、石棉绳等使用。石棉可分为纤维蛇纹石棉和角闪石棉两大类，用得最多的是前者，又称温石棉，其化学成分为纤维状硅酸镁（$3Mg\cdot2SiO\cdot2H_2O$），其性能如下：

1. 高温强度：纤维蛇纹石棉在 $500℃$ 时开始脱去其化学结合水并使其强度降低，在 $700\sim800℃$ 时变脆，其熔点为 $1500℃$。

2. 密度及导热性能：在松散状态下的纤维石棉，密度和导热系数都较小；常用石棉制品的导热系数如下：

$\quad$优质石棉绒：$0.086+0.233\times10^{-3}t$　W/(m·℃)　$\qquad$(12-8)

$\quad$石棉水泥板：$0.070+0.174\times10^{-3}t$　W/(m·℃)　$\qquad$(12-9)

$\quad$石棉板：$0.163+0.174\times10^{-3}t$　W/(m·℃)　$\qquad$(12-10)

3. 耐热性及化学性能：纤维石棉耐热性能良好，长期使用温度可达700℃，在高温下不燃烧，耐碱性强，耐酸性弱。

（三）蛭石

蛭石作为工业原料使用开始于20世纪初期，膨胀蛭石的普遍使用则开始于20世纪40年代；蛭石得名于它在受热膨胀时的形态很像水蛭的蠕动。

1. 化学成分：蛭石是一种复杂的铁、镁、含水硅酸铝盐类矿物，其矿物组成和化学成分极为复杂，且不稳定；化学组成大致如下：SiO_2：$38\%\sim42\%$，Al_2O_3：$8\%\sim18\%$，MgO：$7.8\%\sim24.5\%$，CaO：$0.9\%\sim11\%$，$Fe_2O_3\%$：$3\sim23\%$；另外随产地的不同，还含有少量的K_2O、Na_2O、MnO、水分等。可见，蛭石的化学成分变化是很大的，不能单从其化学成分来评价其性质。

2. 物理性质：由于水化程度的不同，蛭石的物理性质也有很大的变化。当蛭石被加热到$800\sim1100$℃时，在短时间内体积急剧膨胀，单片体积可增大$15\sim20$倍，这是它最有价值的特性。

蛭石的抗压强度不大，其硬度为$1.0\sim1.8$，熔点为$1300\sim1370$℃；蛭石不耐酸，即使在常温下也可被硫酸和盐酸腐蚀，腐蚀程度随温度的增高和酸浓度的加大而提高；但蛭石的耐碱性较强，苛性碱对蛭石的腐蚀也很微弱。

蛭石的电绝缘性能很差，不可用做电绝缘材料。

（四）膨胀蛭石

蛭石经过高温煅烧成为膨胀蛭石后才具有使用价值，受蛭石原料和生产工艺的影响，膨胀蛭石的性质有很大的变化。

1. 密度：密度是衡量绝热材料质量的主要指标之一。膨胀蛭石的密度一般为$80\sim200kg/m^3$，这主要取决于膨胀程度、颗粒组成和杂质含量等因素。换言之，尽管蛭石的原料质量很好，若煅烧不好、未达到完全膨胀，密度也会增加；同样，若在选矿时没有很好地清除杂质，尽管煅烧得很好，由于杂质不会膨胀，其密度也会增加；另外，膨胀蛭石的颗粒组成对其密度的影响也很大，大的颗粒密度小，小的颗粒密度大。

2. 导热性：膨胀蛭石的导热系数一般为$0.047\sim0.07$W/(m·℃)。膨胀蛭石的导热性能与其结构状态、密度、颗粒尺寸、热流方向等因素有关。

（1）密度对导热性能的影响：可用下式来表示密度对导热系数的影响：

$$\lambda=(0.0454+0.00128\rho)\pm0.0116\quad W/(m·℃)\qquad(12-11)$$

式中　λ——膨胀蛭石的导热系数；

$\qquad\rho$——膨胀蛭石的密度。

（2）所处环境的温度对导热性能的影响：高温时，由于膨胀蛭石薄层间空气的热交换作用增强，使其导热系数增大，隔热性能降低；膨胀蛭石的导热系数随其所处环境温度的提高而成正比地增大。

（3）颗粒尺寸的影响：当温度在100℃以下时，小颗粒的膨胀蛭石比大颗粒的导热系数大。而当温度更高时，就会出现与此相反的现象，因为大颗粒的对流换热作用比小颗粒要充分得多；因此，在低温环境下绝热时，可选用大颗粒的膨胀蛭石；在高温环境下绝热时，就要用小颗粒的膨胀蛭石。

（4）颗粒层面与热流的方向对导热性能的影响：膨胀蛭石的导热性能随着热流与颗粒层面的方向不同而不同，热流沿其层面流动比垂直其层面流动时的导热系数要大两倍。因此，在填充松散膨胀蛭石时，要尽可能使膨胀蛭石的层理与热流的方向垂直，这样在使用同样的膨胀蛭石的情况下，可得到最小的导热系数。

（5）含水量的影响：由于水的导热系数比空气大，膨胀蛭石的含水量的增大会导致其导热系数增加。当膨胀蛭石的含水量增加 1% 时，导热系数平均提高 2% 左右。故此，应防止膨胀蛭石受潮，尽量降低其含水量。

膨胀蛭石制品的性能 表 12-3

指　标	水泥蛭石制品	水玻璃蛭石制品	沥青蛭石制品
体积密度（g/cm³）	430~500	400~450	300~500
允许工作温度（不大于℃）	600	800	70~90
导热系数（W/(m·℃)）	0.093~0.140	0.081~0.105	0.081~0.105
抗压强度（MPa）	7.25	7.5	7.2

3. 耐热性：膨胀蛭石属无机矿物，具有很高的熔点和不燃性，且还具有较好的耐热性能。其允许工作温度不大于 1000℃。

膨胀蛭石制品的性能指标列于表 12-3 中；在使用时可将膨胀蛭石直接倒入炉壳与炉衬之间起绝热作用，也可用高铝水泥、水玻璃或沥青做结合剂，制成各种绝热制品使用。

（五）珍珠岩制品

珍珠岩是一种酸性玻璃质的火山喷出物，岩浆遇冷后急剧凝缩形成矿石；珍珠岩的主要特性如下：

1. 化学组成：珍珠岩的化学组成大致为：SiO_2：68%~71.5%，Al_2O_3：11.5%~13.2%，MgO：0.04% ~ 0.2%，CaO：0.68% ~ 2.3%，Fe_2O_3：0.86% ~ 1.86%，K_2O：1%~3.8%，Na_2O：3.1%~3.6%，烧失量：4.5%~11%。

2. 物理性质：珍珠岩的相对密度为 2.32~2.34，硬度为 5.2~6.4，耐火度为 1300~1430℃。其绝热性能比常用的膨胀蛭石和硅藻土好，从密度看，膨胀珍珠岩为 40~300、膨胀蛭石为 100~300、矿渣棉为 125~300、硅藻土为 350，可见珍珠岩较轻；从导热系数看，珍珠岩为 0.048、蛭石为 0.055、矿渣棉为 0.056、硅藻土为 0.070，可见珍珠岩的绝热性能也较好。

由于上述特点，珍珠岩制品目前广泛应用于工业炉的炉体绝热保温，减少砌体散热损失，有良好的节能效果。

（六）耐火纤维

耐火纤维又称陶瓷纤维，是一种新型的节能材料，密度轻、导热系数低、耐高温、抗热震、抗气流冲刷，被日益广泛地应用在各种工业炉上，在国外被誉为工业炉结构的巨大革命。

1. 密度：硅酸铝耐火纤维散状物的密度一般小于 $0.1g/cm^3$，加工为毡或毯时为 0.12～0.16，较密实的二次制品也仅为 0.2；因此其重量约为普通耐火砖的 1/10～1/5，为一般轻质耐火砖的 1/6～1/4，在同样条件下，采用硅酸铝纤维的炉墙的蓄热量仅为普通耐火砖的 1/24～1/7，蓄热损失小，特别适用于间歇工作的热处理炉。

2. 导热系数小、保温效果好：表 12-4 为硅酸铝耐火纤维与其他保温材料导热系数的比较，不难发现，硅酸铝耐火纤维的导热系数比其他保温材料低得多，1cm 的耐火纤维层的保温效果相当于 10cm 的普通耐火砖、5cm 的轻质砖或 2cm 的保温砖。

硅酸铝耐火纤维的导热系数与其他保温材料的比较（W/（m·℃））　　表 12-4

材料名称	密度（kg/m³）	温度（℃）	
		300	600
硅酸铝耐火纤维	105	0.062	0.105
硅酸铝耐火纤维	168	0.055	0.093
硅酸铝耐火纤维	210	0.048	0.083
膨胀珍珠岩	218	0.116	0.140
硅藻土保温砖	550	0.139	0.163
轻质泡沫耐火砖	400	0.186	0.233
普通黏土耐火砖	2040	0.919	1.00

3. 高温稳定性：硅酸铝耐火纤维在 950℃ 以下时，基本上是稳定的；当温度达到 1000℃ 时，通过 X 光检查可观察到非晶型纤维逐步发生析晶失透现象，纤维逐渐失去弹性而变脆、粉化；温度进一步升高时，会产生自然蠕变现象，使体积缩小。原料中的杂质越多，上述现象就越严重；所以，长期使用温度在 1000℃ 以上的工业炉，应选用高纯度的天然料、高铝料及人工合成的硅酸铝耐火纤维，以保证工业炉结构的稳定。

4. 耐化学侵蚀：硅酸铝耐火纤维的耐化学侵蚀能力比玻璃纤维和矿物棉强，在常温下不与酸作用，在高温下对液态金属及合金不浸润；但在具有高浓度氢气的热处理炉中采用硅酸铝耐火纤维，如其中含有少量杂质，它们就容易被还原，使炉内的露点升高，加剧金属材料的氧化。此外，当温度高于 1300℃ 时，耐火纤维也会与铁发生化学反应而生成硅铁合金。

5. 合理使用：一般在工作温度低于 1000℃ 时，可使用天然料硅酸铝耐火纤维，在工作温度高于 1000℃ 时，可选用合成纯料硅酸铝耐火纤维；对温度高于 1100℃ 的工业炉，必须使用高铝纯料或含铬纯料硅酸铝耐火纤维。要根据炉温和温度梯度曲线来合理地选用耐火纤维；但在下述情况下不能选用耐火纤维：与熔融液态金属和熔渣接触的部位、火焰直接接触和高速气流冲击的部位、易与被加热工件相碰撞而无法防护的内衬、当炉内气流速度超过 13m/s 而耐火纤维未经过特殊处理的、用氢气做保护气体的热处理炉。

上述不宜用耐火纤维做炉衬的工业炉，可将耐火纤维放在中间和外层做保温材料使用，同样也能收到节能效果。

表 12-5 中列出了常用的保温绝热材料的主要热工性能。

常用的保温绝热材料的主要性能 表 12-5

材料名称	密度（kg/m³）	允许工作温度（℃）	导热系数（W/（m·℃））
硅藻土砖	500±50	900	$0.105+0.233\times10^{-3}t$
硅藻土砖	550±50	900	$0.131+0.233\times10^{-3}t$
硅藻土砖	650±50	900	$0.159+0.314\times10^{-3}t$
泡沫硅藻土砖	500	900	$0.110+0.233\times10^{-3}t$
优质石棉绒	340	500	$0.087+0.233\times10^{-3}t$
矿渣棉	200	700	$0.700+0.157\times10^{-3}t$
玻璃绒	250	600	$0.037+0.256\times10^{-3}t$
膨胀蛭石	100～300	1000	$0.072+0.256\times10^{-3}t$
石棉板	900～1000	500	$0.163+0.174\times10^{-3}t$
石棉绳	800	300	$0.073+0.314\times10^{-3}t$
白云石石棉板	400～450	400	$0.085+0.093\times10^{-3}t$
硅藻土	550	900	$0.072+0.198\times10^{-3}t$
硅藻土石棉粉	450	800	0.070
碳酸钙石棉灰	310	700	0.085
浮石	900	700	0.254
超细玻璃棉	20	350～400	
超细无碱玻璃棉	60	600～650	0.035～0.814
膨胀珍珠岩	31～135	200～1000	0.035～0.047
磷酸盐珍珠岩	220	1000	$0.052+0.029\times10^{-3}t$
碳酸镁石棉灰	140	450	0.047
硅酸铝耐火纤维	41	1000	0.074～0.322
硅酸铝耐火纤维	105	1000	0.062～0.148
硅酸铝耐火纤维	168	1000	0.055～0.121

第三节 燃气工业炉的热工特性

炉子热工作的优劣是直接影响产品数量、质量及经济指标高低的关键。炉子的热工作是指炉内燃料燃烧、气体流动及热交换的总和。因此，从炉子热工作观点来说，三者是分不开的。所以，从选择和设计炉型结构及运行管理等方面来说，都应以保证炉子达到工艺所需要的最佳热工作为目的。

炉子热工作的好坏，炉膛部位是核心，因为物料的干燥、加热及熔炼等过程都是在炉膛内完成的。而炉膛热工作又受炉子各部位热工作状态及各种因素所影响。因此，应了解和掌握工艺对工业炉的基本要求和炉子各部位的热工特性，以便进一步提高和改进炉子的热工作。

一、炉体的热工特性

炉体构造与材料的热工性质对炉子热工状态有密切关系。为使炉子经济、合理及可靠地运行，炉子砌体构造与材料选用必须合理，其砌体的基本热工特性如下：

（一）绝热厚度与砌体温度的关系

一般砌体的作用是保证炉子空间达到工作温度，炉衬不被破坏，而加绝热层是为了减小热损失。

图 12-7 为不同绝热层厚度时，耐火炉衬厚度上的温度变化示意图。可以看出，为了

防止耐火炉衬温降太大，炉衬外面应加一定厚度的绝热层。当绝热层厚度 $\delta_2 = 0$ 时，耐火炉衬温度从内表面 1300℃ 降到外表面 250℃。当 $\delta_2 = 500mm$ 时，耐火炉衬温降仅为 100℃。所以，加绝热层能防止热传导及减小耐火炉衬的温度降。

因此，工业炉应采用适应工作温度的炉衬和较好的绝热材料以防炉子外表面过热，这也是必要的节能措施之一。

（二）绝热对升温时间的影响

炉子绝热的优劣不仅直接影响炉子燃料消耗，而且也影响炉子的升温时间（图 12-8）。

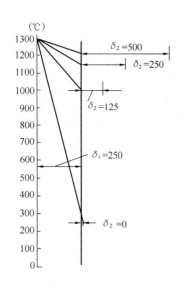

图 12-7　耐火砌体内温度变化示意图

δ_1—耐火炉衬厚度；δ_2—绝热层厚度

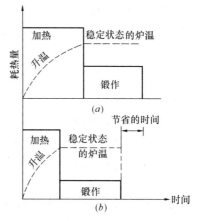

图 12-8　两种不同绝热情况下炉子的耗热量与升温时间

（a）绝热不好；（b）绝热良好

（三）砌体内各层的温度变化

工业炉各层墙壁是由不同材料组成的，而各层材料的导热系数与厚度都不一样，因此温度变化也各有差异（图 12-9）。

炉内热量通过辐射、传导与对流向炉内表面传热，内表面获得热量再通过墙壁的热传导传向外表面，而外表面再通过辐射与对流将热量传给周围空气。

砌体的主要作用之一就是保证炉体外表面温度低，减少外表面的热损失。

（四）炉体表面散热量

工业炉外墙表面热损失的多少与表面温度有关（即与砌体厚度和材料性质有关），温度越高，则热损失量越大（图 12-10）。

【例 12-1】　如炉砌体无绝热层，外表面温度为 250℃，外表面面积为 10m²，则该炉子通过外表面的热损失按图 12-10 曲线查出为：

$$Q_{out} = 5350 \times 10 = 53500W$$

如炉子用天然气为燃料，天然气的热值为

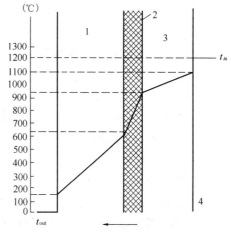

图 12-9　炉墙厚度上的温度分布

1—建筑砖；2—绝热层；3—耐火材料层；

4—炉膛空间；t_{in}—内壁温度；t_{out}—外壁温度

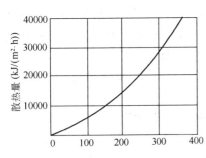

图 12-10 炉外(墙)表面温度
与散热量的关系

$H_l = 35588 \text{kJ/Nm}^3$,那么每小时相应多烧掉天然气 5.4Nm^3。

如果加绝热层,使外表面温度降低到 50℃,则表面热损失为:

$$Q_{out} = 349 \times 10 = 3490 \text{W}$$

相应每小时多烧掉天然气 0.35Nm^3。

两者相差 $5.4 - 0.35 = 5.05 \text{Nm}^3$,即加绝热层后每小时可节省 5.05Nm^3 天然气。

(五)炉体的蓄热能力

炉体的蓄热能力也是炉子的热工特性之一。一般砌体的蓄热能力与温度有关,可用下式确定:

$$Q_a = \sum_{i=1}^{n} \rho_i s_i c_i t_i \tag{12-12}$$

式中 Q_a——砌体的蓄热损失(kJ/m^2);

s_i——砌体各层的厚度(m);

ρ_i——砌体各层的密度(kg/m^3);

c_i——砌体各层在平均温度下的比热(kJ/(kg·℃));

t_i——砌体各层平均温度(℃)。

从加热经济观点看,希望炉子蓄热能力小,但这样炉子墙壁可能很薄,而导致表面热损失增加。因此,选用砌体厚度与材料时要严格进行热工分析后确定。一般来说,长期运行的连续式炉,其砌体可选厚些,反之选薄些。

砌体的吸热量,是指砌体温度从 t_1 被加热到 t_2 时,砌体所得到的热量,即:

$$Q_s = \sum_{i=1}^{n} V_i \cdot \rho_i \cdot c_i (t_2 - t_1) \tag{12-13}$$

式中 Q_s——砌体的吸热量(kJ/周期);

V_i——各层砌体的体积(m^3);

t_1、t_2——砌体在加热开始时与终了时的平均温度(℃)。

而砌体的放热量,则是指砌体由某一温度冷却到另一温度时所放出的热量。

(六)炉内温度的建立

如图 12-11 所示,当采用一定的热量加热炉子时,装在炉内的温度计开始迅速上升,即在单位时间内炉温增加很快,而后炉温上升逐渐缓慢,最后达到稳定的热状态 B_1,温度不再升高。这表示供热量与热损失相等,Q_1、B_1 及 t_1 不再变化。

如果从冷状态重新加热炉子,且供应炉内的热量减少到 Q_2 及 Q_3 时,那么炉内就达不到 t_1 温度,此时炉内热状态稳定点就处于比 t_1 低的温度之下。

如炉内需要温度为 t_2,则可分别向炉内供应热量 Q_1、Q_2 及 Q_3,这时升温的时间间隔就不同,分别为 1、2 及 3。因此,炉内升温时间与热量供应成反比。

(七)采用轻质材料的节能效果

为了节约能源,在近代工业炉中,多采用轻质、导热系数小的材料作为砌体的保温材料。从图 12-10、式(12-12)及(12-13)中可看出:砌体表面热损失与蓄热损失是和砌

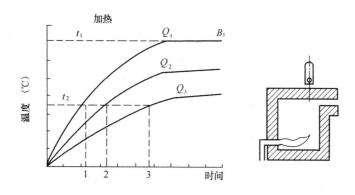

图 12-11 供给炉子不同热量时炉内热状态示意图

体表面温度和砌体材料的密度、厚度、比热及温度有关。因此，在保证炉内工作温度与砌体强度条件下，尽量采用轻质材料为宜。表 12-6 给出了采用不同轻质材料时的节能效果。

采用轻质耐火材料对砌体散热及蓄热的影响   表 12-6

炉子工作特点	砌筑类型	筑炉材料名称	厚度 (mm)	热损失		炉墙内温度分布 (℃)
				散热量 (kJ/(m²·h))	蓄热量 (kJ/m²)	
连续式炉	I	黏土砖	232	6926		1300 |975 ⊢ 151
		轻质黏土砖	116			
	II	黏土砖	232	5074		1300 |1064 ⊢ 121
		轻质黏土砖	232			
	III	耐火纤维毡	75	3720		1360 |1123 |940 ⊢ 108
		黏土砖	232			
		轻质黏土砖	232			
周期式炉	I	黏土砖	232	3184	381101	850 |726 ⊢ 73
		轻质黏土砖	116			
	II	硅土砖	232	2157	147698	850 |780 ⊢ 69
		硅藻土砖	116			
	III	耐火纤维毡	75	1609	10768	850 |670 ⊢ 66
		矿渣纤维	100			

二、火焰炉炉膛内的热工作过程

炉子的构造与操作对生产率有直接影响。这是因为它直接影响了炉子的热工作过程（燃料燃烧、气体流动及传热过程），而这些物理化学过程又影响了生产率。

热工作过程对生产指标的影响包括很多方面，下面主要讨论传热过程对生产率的影响。因为炉子的用途就是加热物料，在一定的工艺条件下，增强传热，就能提高生产率。

(一) 火焰炉炉膛内的热交换模型

炉子加热物料大部分是在炉膛内进行的。炉膛是由耐火材料砌筑的一个封闭空间，在其内有三种物体存在，即燃烧产物（炉气）、被加热的物料和炉膛内壁（包括炉墙、炉底及炉顶），这三种物体在炉膛内互相进行着复杂的热量交换。

炉膛内各种热交换是很复杂的，在换热过程中炉气是热源体，而低温物料是受热体。燃料燃烧所产生的热量，被炉气（火焰）带入炉膛。其中部分热量传给被加热物料，部分热量通过炉体散失到炉外，还有部分热量通过温度降低后的炉气（烟气）排出炉膛。

此外，炉壁也参加热交换，但在热交换中只起着热量传递的中间体作用，也即炉气通过两种途径以辐射传热方式将热量传给物料。即：炉气→物料及炉气→炉壁→物料。除此之外，炉气还以对流传热方式向物料传递热量。如图 12-12 所示。

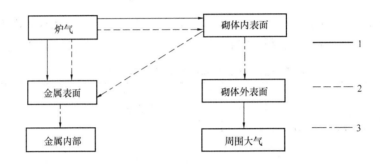

图 12-12　燃气炉内热交换示意图
1—对流；2—辐射；3—传导

在生产实践中，根据工艺的需要，可在不同的炉子上采用各种不同的措施，使炉膛的辐射热交换带有不同的特点。概括起来，可有三种情况：

第一，炉膛内炉气均匀分布。这时炉气向每平方米炉壁和物料的辐射热量相等，称为均匀辐射传热。

第二，高温炉气在物料表面附近。这时炉气向每平方米物料的辐射热量大于向每平方米炉壁的辐射热量，称为直接"定向"辐射传热。

第三，高温炉气在炉壁附近。这时炉气向每平方米炉壁的辐射热量大于向每平方米物料的辐射热量，称为间接"定向"辐射传热。

均匀传热时，传给物料（金属）的总热量为：

$$Q_2 = c \cdot \left[\left(\frac{T_1}{100} \right)^4 - \left(\frac{T_2}{100} \right)^4 \right] \cdot F_2 + \alpha_c \ (t_1 - t_2) \ \cdot F_2 \qquad (12\text{-}14)$$

式中　Q_2——炉气与炉壁对物料的传热量（kJ/h）；

　　　c——炉气与炉壁对物料的导来辐射系数（kJ/（$m^2 \cdot h \cdot K^4$））；

t_1（T_1）——炉气温度（℃或 K）；

t_2（T_2）——物料表面温度（℃或 K）；

　　　F_2——物料的受热表面积（m^2）；

　　　α_c——炉气对物料的对流换热系数（kJ/（$m^2 \cdot h \cdot$ ℃））。

导来辐射系数是炉气、炉壁及炉料三者之间的总辐射系数，其值为

$$c = \varepsilon_1 \varepsilon_2 \frac{20.51 \left[1 + \varphi_{32} \left(1 - \varepsilon_1\right)\right]}{\varepsilon_1 + \varphi_{32} \left(1 - \varepsilon_1\right) \left[\varepsilon_2 + \varepsilon_1 \left(1 - \varepsilon_2\right)\right]} \qquad (12\text{-}15)$$

式中　ε_1——炉气的黑度；

　　　ε_2——物料（金属）表面的黑度，一般可近似地认为是常数，取 $\varepsilon_2 = 0.8$；

　　　φ_{32}——炉壁对物料的角系数，$\varphi_{32} = \dfrac{F_2}{F_3}$，$\dfrac{1}{\varphi_{32}} = \omega$ 称为炉围伸展系数；

　　　F_3——炉膛的内表面积（m^2）。

由上式可知，由于 $\varepsilon_2 \approx$ 常数，故导来辐射系数仅与 ε_1 及 φ_{32} 有关。在炉子工作条件下，暗焰的炉气黑度较辉焰的炉气黑度为低。所谓暗焰是指不含碳粒的火焰，而辉焰是指含有碳粒的火焰。暗焰炉气黑度 ε_1 的变化对导来辐射系数影响较大。适当地加大炉膛内壁面积 F_3，以减小 φ_{32} 值也可以提高导来辐射系数 c 值。尤其当 $\varepsilon_1 < 0.5$ 时效果更为显著。但是炉壁面积增大必将引起炉膛造价增加、炉壁散热损失增大和炉气不易充满炉膛，从而不利于物料的加热。

导来辐射系数与炉壁的黑度 ε_3 无关。这是因为当炉壁黑度较小时，炉壁辐射作用减小，但反射作用增大；当炉壁黑度增大时，炉壁辐射作用增大，而反射作用减小。故炉壁黑度对它在传热过程中起中间体的作用并无影响。

在炉内热交换中炉壁起着相当重要的中间体作用。炉气传给炉壁的热量，一部分通过炉墙散失到炉外，而其余的大部分热量则又传给了物料。

由图 12-13 可明显地看出炉壁在换热中的作用。图中实线表示炉气充满炉膛时（即 $F_4 = F_3$，F_4 为包围炉气的表面积）辐射给金属的热量，当 $\varepsilon_1 = 0.3$ 时，所得全部热量为 $\varepsilon_1 = 1$ 时的 70%，其中由炉气辐射给金属的热量占 48.6%，而由炉壁传给金属的热量占 51.4%。虚线是炉气未充满炉膛时（即 $F_4 < F_3$）辐射给金属的热量，$\varepsilon_1 = 0.3$ 时，总热量为 $\varepsilon_1 = 1.0$ 时的 64%，其中炉气辐射热占 56.2%，而炉壁辐射热则降至 43.8%。

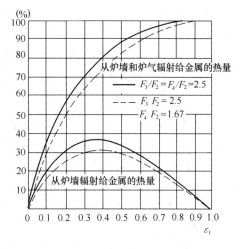

图 12-13　炉膛内辐射换热过程中炉壁的作用

因此，对于火焰炉炉膛内的热交换来说，在同样的炉围伸展度和炉气黑度条件下，减小炉气在炉膛中的充满度，将导致热交换量的减少，并降低炉壁在热交换中传递热量的作用。

根据封闭空间中传热理论的分析和实验证明，炉墙的形状对其传热是没有影响的，即当 ω 不变时，不论炉子是平顶或拱顶，其传热基本相同。

（二）炉内热工过程对生产率的影响

热工作过程对生产率的影响包括多种因素，这里主要分析传热过程对生产率的影响。单位时间内物料所得到的热量越多，物料的加热就越快，炉子的生产率就越高。而炉气传给物料的这部分热量增多，无用热量损失就相对减少，从而提高了炉子的总热效率。

从炉膛热交换公式中可看出，影响炉子生产率和燃料消耗的主要因素是导来辐射系数、物料平均温度、炉气温度和对流换热系数。

导来辐射系数与炉气黑度和炉围伸展度有关。

物料的平均温度与物料初温及终温有关。

炉气温度与物料平均温度、燃气理论燃烧温度及炉膛出口烟气温度有关。而理论燃烧温度又和燃气热值、过剩空气系数、燃气温度及空气温度有关。

对流换热系数主要与炉气速度有关。

综上所述，可知炉膛热交换量（物料得到的热量）与燃气热值、过剩空气系数、燃气温度、空气温度、炉膛出口烟气温度、物料起始温度、物料最终温度、炉气黑度、物料受热面积、炉壁面积及炉气速度有关。以下分别分析这些因素对炉膛热交换的影响以及如何利用这些因素来提高炉子生产率和降低燃料消耗。

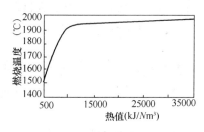

图 12-14　燃气热值与燃烧温度的关系

1. 燃料的热值　一般来说，燃料的热值越高，理论燃烧温度也越高。但必须指出，对燃气工业炉来说，这一结论只适用于热值小于 8370～9210kJ/Nm³ 的燃气。当热值较大时，再继续增大热值也不会使炉温有显著升高（图 12-14）。这是由于燃烧产物在高温下热分解以及燃烧产物体积随热值增加而相应增加的结果。

当然，采用富氧或氧气助燃，燃烧温度比用空气助燃高得多。

对高温熔炼炉，最合理的燃气热值为 8370～9210 kJ/Nm³，因为这样既可以得到高温又可节省优质燃料。

对加热炉，炉温受到金属加热温度限制，一般地以炉气温度比物料温度高 100～150℃左右为宜。由于加热炉要求炉气温度不高，所以更可选用低热值燃气，热值达 6200～7500kJ/Nm³ 即可。

选用燃气热值时，要考虑价格便宜、生产方便、使用合理。应尽量用热值低的燃气，将热值高的优质燃气留给高温熔炼、城市民用和化工方面应用。

2. 过剩空气系数　从理论上讲，过剩空气系数为 1 时燃烧温度最高，但实际供给的空气量大于理论空气需要量。正确选用过剩空气系数是十分重要的，它与燃气种类、炉子用途、燃烧方式以及燃烧装置的构造等多种因素有关。

3. 燃气与空气初始温度　提高燃气与空气初始温度可提高燃气的燃烧温度，从而提高炉子的生产率。一般可采用预热的方法来提高它们的初始温度。特别是采用预热空气最为合理，其预热温度与节省能耗的关系如图 12-15 所示。

从图中可看出，空气温度每提高 100℃，即可节约燃气 5% 左右（当采用炼焦煤气，过剩空气系数为 1，排烟温度为 800℃时）。

利用烟气预热空气和燃气能减少烟气带走的热量，降低炉子的燃气耗量，提高炉子的热效

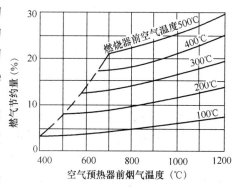

图 12-15　用烟气预热空气的经济性

率，提高理论燃烧温度，尤其对高温炉来说，经济意义更大。因此，较完善的工业炉都应有预热装置。

4. 炉膛出口烟气温度　由炉膛排出的烟气温度越高，炉气的平均温度也越高，炉内的热交换量也就越大，即炉子生产率越高。但这时从炉膛被烟气带走的热量增加，因而燃气耗量增加。如平炉和均热炉被高温烟气带走的热量约占送入炉内热量的 50％～60％，连续式加热炉和热处理炉约占 30％～50％。由此可见，在提高出炉烟气温度的同时，必须注意更好地利用烟气余热。

5. 物料加热表面的初始温度及终温　对物料加热来说，加热终温一般由工艺过程要求而定，加热初始温度一般等于室温，但也有采用热装料的，如在加热之前使金属已有一定的温度，这对提高生产率、降低燃料消耗都有利，有时也可用烟气来预热物料。

6. 炉气黑度　如前所述，炉气黑度越大，导来辐射系数就越大，热交换量也越大，炉子的生产率越高。一般可采用下列四种方法来增大炉气黑度：

(1) 采用有焰燃烧使火焰呈辉焰。这时在燃烧产物中，碳氢化合物分解所产生的碳粒，有利于炉气黑度的增大。但它可使燃烧过程减慢，甚至由于不完全燃烧造成炉气温度降低而不利于传热，导致燃气耗量提高。因此，只有在保证炉气离开炉膛前完全燃烧的前提下，采用有焰燃烧才是适宜的。

(2) 采用火焰增碳法，这种方法只有在高温下才能采用。

(3) 采用增加气层厚度的方法，但它受炉膛尺寸的限制。

(4) 用富氧或氧气助燃，以增加燃烧产物中辐射性强的气体 CO_2 及 H_2O 的浓度。

7. 物料受热面积　单位质量的物料受热面积越大，则接受炉气和炉壁传给的热量就越多，加热时间越短，炉子生产率就越高，燃料消耗量也相对越少。其方法为采用物料的多面加热和以分散加热代替成堆加热。

8. 炉壁的内表面积　炉壁的内表面积越大，导来辐射系数就越大，传热量也越大，但靠增加炉子宽度和长度的办法来加大炉子内表面积将造成炉子体积增大，占地增多，炉底单位面积利用系数降低，炉子成本增高。靠过分地提高炉顶来增加内表面积，从造价及热损失观点来说也是不利的。炉膛过高，有时热炉气积聚在顶部，如炉墙不严密，将会溢出炉外。另外，在加高炉膛时还要注意组织炉气均匀地充满炉膛，如果炉气不能充满炉膛或未很好组织火焰，由于重力压头的作用，炉气高温部分将靠近炉子上部，而下部靠近物料的则为低温炉气，这样反将恶化传热效果，减小热交换量。因此，炉膛高度也不可能过分增高。所以，应该在保证炉气充满炉膛的条件下，适当地加高炉顶，以增加内表面积。这对增大热交换量，提高炉子生产率和降低燃耗都是有益的。

9. 炉膛内的炉气速度　炉气通过被加热物料表面的速度越大，对流换热系数就越大。

大多数高温炉中的传热都以辐射方式为主。因为炉气速度不大，所以对流传热很少。在低温炉中，由于炉温不高，辐射传热量不大，相对来说对流传热量就显得重要，这时提高炉气速度对整个传热有利。但应当指出，如果采取一些措施，在高温炉中对流传热也可以起主要作用。其方法如下：

第一，使高速气流直接作用在加热件表面上，以强化对流传热。

第二，炉内设置炉气再循环装置。采用低压燃烧器时，再循环气体循环倍数可达 2；采用高速燃烧器时，循环倍数可达 5～6。采用高速燃烧器和炉气再循环，既增强了对流传热，又降低了燃烧气体的温度，从而可避免加热件的过热。

第三，采用旋风式炉膛结构，强化对流传热。

综上所述，对燃气工业炉来说，增大炉气速度、强化对流换热，也是提高炉子生产率及降低燃气耗量的一个途径。

还应指出，在实际生产中，炉气并不是均匀分布在整个炉膛内的，而且炉内温度也是不一致的，有燃烧的高温区，也有靠近加热物体处的低温区，同时炉内气流的流动状态对热交换也有直接影响，所以炉内热交换过程十分复杂。为了保证有利于炉内热交换的气流组织，不同用途的炉子对炉内气流状态也有不同的要求。这些要求是通过正确选择炉型与合理布置燃烧装置和排烟口的数量和位置来实现。

三、炉内的气流组织

在炉子工作中，为了强化炉内传热、控制炉压以及降低炉气温差，必须了解气体在炉内的流动规律，并按炉子工作需要，加以合理组织。为此，应熟悉气体浮力及重力压头、气体与固体之间的摩擦力、气体的粘性以及气体的引射等基本规律。

(一) 炉气循环

严格地说，炉气的流动同炉气的循环是有区别的。燃烧产物可以从燃烧器（进气口）直接流向排烟口，也可以被强制在同一点上反复地通过两次或多次，后一种才是真正的炉气循环。但这里讲的"循环"既指真正的循环气流，也指一次通过的气流。

气体流动的方向和速度决定于压力差、重力差（浮力）、阻力及惯性力。在有射流作用的炉膛内，如重力差可以忽略时，炉气流动的方向和速度主要取决于压力差、惯性力和阻力。

一般炉内射流属受限射流，所以沿射流方向上的压力是逐渐升高的，而产生的压力差有使气流减速或倒流的趋势。但射流中心的速度较大，即惯性力较大，因此只能减速，难以倒流。射流边界上的气体惯性力较小，边界上和边界外面的气体将在反压的作用下向相反的方向流动，这样就形成了循环气流，也称回流。

影响炉气循环的主要因素如下：

1. 限制空间的尺寸　主要是炉膛与射流喷口断面积之比。显然，如比值很大，炉膛将失去限制作用，射流相当于自由射流，不产生回流；相反，如比值很小，则循环路程上的阻力很大，循环气体也将很小。在极端情况下，则变成管内的气体流动，也没有回流。

2. 排烟口与射流喷入口的相对位置　射流喷入口与排烟口布置在同侧，将使循环气流加剧（图12-16），因为同侧排烟在回流的循环路程上阻力最小。

3. 射流的喷出动量、射流与壁面的交角以及多股射流的相交情况，这些因素对循环气流的影响，需按具体情况进行具体分析和试验才能判定。

(二) 炉气循环与炉内温度

炉气循环越强烈，炉膛内上下温差越小。因此在某些低温干燥炉及热处理炉上、为使炉内呈均匀低温，经常采用炉气再循环的方法。

图12-17为外部再循环式炉。由于火焰的喷

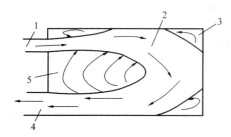

图12-16　同侧排烟的再循环

1—射流喷口；2—射流区；3—旋涡区；

4—排烟口；5—回流区

射作用,将部分烟气吸入根部与新鲜燃烧产物相混合,使燃烧气流温度降低,但这时流量增大。

再循环强烈程度可用"循环倍数"来表示,其数值为:

$$K = \frac{G_1 + G_2}{G_1} \tag{12-16}$$

式中　K——循环倍数;

G_1——射流喷射气体量(kg/s);

G_2——回流气体量(kg/s)。

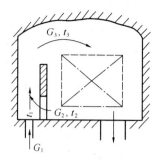

图 12-17　外部再循环式炉

显然,K 值越大,再循环越强烈,从而炉膛内上下温度差也越小,其值基本上与 K 成反比。证明如下:

假定气体比热相等,依照热平衡关系可写出下式

$$G_1 c t_1 + G_2 c t_2 = (G_1 + G_2) c t_3 \tag{12-17}$$

式中　t_1——射流喷射气体温度(℃);

t_2——回流气体温度(℃);

t_3——混合气体温度(℃);

c——气体比热(kJ/(kg·K))。

所以

$$t_3 = \frac{G_1 t_1 + G_2 t_2}{G_1 + G_2}$$

则炉膛内上下温差为

$$t_3 - t_2 = \frac{G_1 t_1 + G_2 t_2}{G_1 + G_2} - t_2 = \frac{1}{K}(t_1 - t_2) \tag{12-18}$$

(三)炉内旋涡区

气流流动时,遇到障碍物或突然变形,它将脱离固体表面产生旋涡。炉内的旋涡主要产生在炉内死角处,产生原理和循环气流相同。

在高温火焰炉内,旋涡区的产生通常是有害的,其原因如下:

1. 旋涡区内气流更新慢,因为温度低,对炉膛内换热不利。如果由于物料突起或堆料凹坑而产生旋涡,则对传热就更加不利。

2. 在旋涡区里由于气流方向和速度的突然改变易于沉渣、对炉子的砌体有侵蚀作用。

3. 由于旋涡的存在将增加气流的阻力。

(四)射流对炉膛内压力分布的影响

由受限射流理论可知,沿射流进程动量减小,压力回升。因此,通常在炉膛内射流喷出口处为低压区,射流末端为高压区。这样在低压区(负压区)将吸入冷空气,在高压区(正压区)将向外冒火。这个特点在研究炉子热工制度时必须注意。在加热金属时,不管加热速度快慢如何,加热室内的压力都必须与大气相等或略大一些。

(五)加热炉内的合理气流组织

加热工艺对炉子工作参数(温度、压力、气氛及炉气速度)的要求,除通过合理组织燃烧外,还可以采用不同的喷射口与排烟口的尺寸和位置来实现。

1. 排烟口靠近炉底布置　这种排烟口布置方式如图 12-18 所示,它使燃烧产物在接近炉底处离开,那么炉底平面处就很容易保持所需微小正压,而且又能使工件上温度较低的燃烧产物从排烟口顺流而出。从传热观点来说，由于燃烧产物的行程由上返下迂回成 U 形，所以它能有较长的时间在炉内放出热量，并使其离炉温度略高于工件温度。

图 12-19 所示的炉子体现了上述原理，虽酷似图 12-18 的炉体结构，但两者的气流情况则有所不同。图 12-18 适用于高温，而图 12-19 适用于 900℃ 以下的炉温。该炉的燃烧器 2 喷射气流是横穿排烟道的，它能引射一部分烟气自 1 返回炉内经 4 进行再循环。当然，工件的放置应以不妨碍炉气循环为原则，例如可以把工件垫起来。如果把图示的内壁 3 拆除，那么气流就会反常，因为那样做，喷射气流只能引射顶层的炉气，而底层炉气将不能保证从顶部排烟口排除，导致炉气再循环恶化。利用高动量的高速燃烧器，可引射相当部分的烟气返回炉内进行再循环。而这个循环的环流区位置正处于加热工件的周围，因此，极大地提高了工件的加热速度和温度的均匀性。

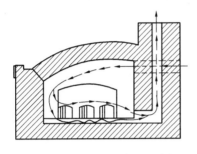

图 12-18　布置在炉底附近的排烟口

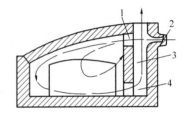

图 12-19　使燃烧产物产生自然再循环的炉体结构

2. 排烟口布置在炉侧或炉顶　在某些炉温为 700~950℃ 的底燃式炉内（图 12-20），把排烟口布置在炉侧或炉顶是比较合理的。因为该种布置方式能使燃烧器喷射的火焰把加热室内较冷的燃烧产物抽回到底部，让冲淡了的炉气在工件上循环流通，这样能降低炉温并使之均匀。

3. 排烟口布置在炉底　在敞烟的井式炉内，为防止火焰直接喷向工件，燃烧器沿炉膛内壁切线方向布置，以形成旋转气流。为了加快炉气气流的旋转运动，并迫使气流靠近中间加热区域，即靠近吊挂的工件周围，同时防止火焰扩散角过大而烧损工件，因此常在燃烧器喷口处砌成扩张形结构。当火焰绕炉膛旋转到第二层燃烧器喷口处时，在其喷口的引射下，混入下层火焰中继续绕炉膛旋转。如图 12-21 所示，除主流股在环行流动区旋转外，在炉中心部分还存在着一个涡流区。炉内气流的流向与排烟口的位置有关，若排烟口

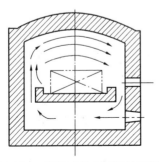

图 12-20　底燃式炉内气流的再循环

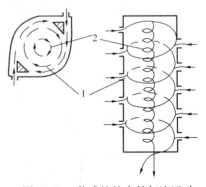

图 12-21　井式炉炉内的气流运动
1—环形流动区；2—中心涡流区

位于炉子下部中心，则此旋转环流将在中心位置。这样将有利于吊挂在中间位置的工件加热的均匀性。

第四节　燃气钢铁用炉

随着燃气工业的发展，特别是天然气工业的发展，燃气已广泛应用于冶金、机械、化工、建材、轻工及食品等工业部门。在这些部门中，工业炉采用气体燃料比用固体及液体燃料有许多优点。气体燃料易于与空气混合并在炉内达到完全燃烧，热能利用率高，炉内温度、压力及气氛易于实现自动控制，有利于提高产品质量及数量，劳动条件好，燃料易于输送，能减轻大气污染。因此，在条件许可时，工业炉的热源应优先选用气体燃料。

一、冶炼与铸造用炉

（一）冶炼用炉

1. 高炉　高炉也叫鼓风炉，是炼制生铁的主要设备。用焦炉煤气和天然气可取代12％炼铁用焦炭。一般用 $600Nm^3$ 天然气可顶替 1t 焦炭。燃气从风口喷入，炼 1t 铁需用天然气 $40\sim70Nm^3$。

2. 平炉　平炉中可单独使用天然气和重油，也可二者混烧。用天然气加热平炉，可增大火焰亮度。使用高动量燃烧器可产生短火焰，使其加热效果更好。

3. 电弧炉与转炉　在供电不足时，燃气可用来进行辅助加热，最好是使用氧气-燃气燃烧器或富氧燃烧器，并用来预热废钢，可增加其产量。

（二）铸造熔化用炉

铸造熔化炉主要用于熔化铁，除普通化铁炉外，也有用反射炉、转炉、坩埚炉等。

1. 化铁炉　化铁炉也叫冲天炉，是铸造行业的主要设备。可用燃气作为冲天炉的辅助燃料，也有大量完全使用燃气的燃气冲天炉。

2. 反射炉　反射炉适用于铸造大型激冷轧辊。为了使炉顶和熔化液面易于加热，有效利用炉壁的辐射，它的结构是炉顶低，炉顶面积大，浇口杯浅。反射炉的温度易于调节，可以在较短时间内熔化较多的大型材料，而且在熔化过程中可以调节成分。缺点是热效率低，因此，废气中的热量应进行回收。

二、轧钢用炉

（一）金属的加热工艺

1. 金属在加热时形成的缺陷

各种不同种类的钢在加热时都有其特殊要求，在加热过程中必须予以充分满足，否则将产生加热缺陷，变成废品。其主要缺陷如下：

（1）氧化　在高温下，钢件表面层的铁与炉气中的氧化性气体（O_2、CO_2、H_2O 及 SO_2）进行化学反应，生成氧化铁皮，称为金属的氧化（烧损）。氧化铁皮重量占钢件总重量的百分数称为钢的烧损量。钢的氧化取决于加热温度、加热时间、炉气成分、过剩空气量、钢的化学成分及钢的形状等多种因素。

1）温度因素　在低温时（$600\sim700℃$以下），金属氧化速度慢。而后随温度升高而加快，当温度达 900～1000℃ 时就发生激烈的氧化，而达到 1300℃ 左右氧化就更加强烈。温度再高时，由于氧铁皮开始熔化，更加速了氧化作用，如表 12-7 所示。所以，在钢的加热中严格控制加热温度是十分重要的。

加热温度与氧化铁皮增加率　　　　　　　　　　表 12-7

加热温度（℃）	900	1000	1100	1300
氧化铁皮增加率（%）	100	200	350	700

2）时间因素　一般来说，加热时间越长，产生氧化铁皮也越多，尤其在高温下更显著。但是当氧化铁皮达到一定程度时，由于它的存在阻碍了钢的继续氧化，故加热时间对钢的氧化不再有显著的影响。但这种作用不可靠，生产中以快速加热为宜。

3）炉气成分　在炉气中，可能存在氧化性气体、还原性气体与中性气体。炉气中氧化性气体越多，钢的氧化越厉害。还原性气体和中性气体与钢不发生氧化反应，具有保护作用。如果炉气中氧化性气体含量多，则称为氧化性气氛。反之，当还原性气体含量达到较高程度时，则称为还原性气氛。

4）过剩空气量　过剩空气量直接影响炉内气氛。生产中必须严格加以控制。

5）钢的成分及形状　钢中的合金元素含量越多，氧化速度越慢。但含镍的钢在有 SO_2 的炉气中加热时，却随含镍量的增加而加速氧化。另外，钢表面积越大，氧化速度也越快。

综上所述，为了减少氧化铁皮，在加热工艺中应采取如下措施：

第一，在保证加热质量的前提下，尽量采用快速加热与少装勤装的方法。

第二，在保证燃料完全燃烧的情况下，尽量减少过剩空气系数。

第三，保证炉膛有不太大的正压力，以防止冷空气被吸入炉内。

第四，尽量采用少氧化或不氧化加热炉。

第五，采用间接加热，如用金属和陶瓷等保护罩或燃气辐射管等。

第六，采用保护层，即在金属表面涂一层涂料，使炉气与钢表面隔绝以减少氧化。

（2）脱碳　在高温下钢料所含的碳分与炉气中的 H_2O、CO_2、O_2 及 H_2 等进行化学反应，造成钢料表面层含碳量减少称为脱碳。脱碳会使钢的机械性能发生变化，对钢的质量是不利的。影响脱碳的主要因素也是加热温度、加热时间、炉气成分、过剩空气量和钢的成分。所以减少氧化的措施也同样适用于减少脱碳。

（3）过烧　金属加热到接近熔点时，晶间低熔点物质开始熔化，由于炉气中的氧化性气体渗入晶粒边界，使晶间物质氧化，破坏了晶粒间的联系，一经锻压、轧制即发生破碎而成为废品，不能挽救，只能重新熔炼，此种现象称为过烧。防止方法主要还是控制加热温度及加热时间，并应注意使炉气中不含过多氧气。

（4）过热　钢在稍低于过烧温度的高温下长期保温，而使晶粒过分长大，这种现象称为过热。过热的金属在轧制与锻造时塑性有所增加，但晶粒比较粗大，降低了钢的机械性能。过热的钢可采用退火处理以恢复其原来的结晶组织，再重新加热并进行压力加工。

2. 金属的加热温度

金属的加热温度，就是在加热完成后出炉时，金属表面的温度。它随着热加工的目的、性质、要求而不同。比如热处理的目的是改善金属的结晶组织，其加热温度，依热处理方法而有很大差别。压力加工前的加热目的是为了获得金属的塑性、其加热温度应保证金属在压力加工时，具有足够的塑性这一要求。

各种钢的加热温度数据见表12-8。由表中可看出，高碳钢和合金钢的加热温度低些，而高碳钢及合金钢加热温度的下限却比较高，因此它们加热的温度范围较小。所以在生产中对高碳钢和合金钢的加热应给予特别的注意。此外，不仅要注意金属表面的加热温度，还应注意加热终了时，金属断面上的温度差。断面上过大的温度差将造成沿金属断面上的塑性不均。这种塑性不均，易造成轧制时的不均匀变形和表面裂纹，而形成废品。严重的断面温度不均，甚至可能使轧辊折断。加热速度越快，则断面上的温度差越大。这就是某些钢坯加热需要"均热时间"的原因。

3. 金属的加热时间

金属的加热时间是指将物料加热到工艺要求温度所需要的总时间。这个时间受金属种类、物料尺寸、形状、物料在炉内的配置、炉型结构以及加热制度等一系列因素的影响。为此，对于已经定型及积累有大量实际数据的炉子，在特定条件下，可根据经验和经验公式来确定加热时间。这里仅给出几种常用的方法。

金属加热温度及过烧温度　　　　　　　　　　　　　表 12-8

钢　　　种		加热温度（℃）	过烧温度（℃）	钢　　　　种	加热温度（℃）	过烧温度（℃）
碳素钢：	1.5%C	1050	1140	硅锰弹簧钢	1250	1350
	1.1%C	1080	1180	镍钢 3%Ni	1250	1370
	0.9%C	1120	1220	8%镍铬钢	1250	1370
	0.7%C	1180	1280	5%渗碳镍钢	1270	1450
	0.5%C	1250	1350	铬钒钢	1250	1350
	0.2%C	1320	1470	高速钢	1280	1380
	0.1%C	1350	1490	奥氏体镍铬钢	1300	1420

（1）根据生产率估算加热时间

金属全加热时间，可根据单位生产率估算

$$\tau = \frac{g_f}{H} \tag{12-19}$$

式中　τ——全加热时间（h）；

g_f——单位炉底面积所担负的被加热物料的重量（kg/m²）；

H——炉子的单位面积生产率（kg/（m²·h））。

对于轧制金属用的连续加热炉，H=300～600kg/（m²·h）；对于均热炉，H=1000～3000kg/（m²·h）；对于热处理炉，H=40～300kg/（m²·h），通常取 H=150～200kg/（m²·h）。

（2）根据经验公式估算连续加热炉的加热时间　金属全加热时间可由经验公式估算：

1）Ю·А·齐瑞科夫公式

$$\tau = c\delta \tag{12-20}$$

式中 τ——全加热时间（h）；

δ——钢坯厚度（cm）；

c——钢种系数。软钢和低碳钢 $c=0.1\sim0.15$；中碳钢和低合金钢 $c=0.15\sim0.20$；

高碳钢 $c=0.20\sim0.30$；高级工具钢 $c=0.30\sim0.40$。

2）H·Ю·泰茨公式（适用于加热软钢和中碳钢，并且炉气出炉温度为 800～850℃的连续加热炉）。

$$\tau=（7.0+0.05\delta）\delta \tag{12-21}$$

式中 δ——钢坯厚度（cm）；

τ——全加热时间（min）。

3）F·赫斯公式（适用于碳钢的加热）：

$$\tau=\frac{K\delta}{1.24-\delta} \tag{12-22}$$

式中 τ——全加热时间（h）；

δ——钢坯厚度（m）；

K——系数，一面加热时 $K=2.27$；两面加热时 $K=1.39$。

（3）根据经验公式估算室状加热炉加热时间 根据 H·H·多布罗霍托夫公式：

$$\tau=\phi K\delta\sqrt{\delta} \tag{12-23}$$

式中 τ——由 0℃到 1200℃的金属全加热时间（h）；

K——与金属种类和加热温度范围有关的校正系数，其值可查表 12-9；

ϕ——与钢坯在炉内的配置有关的校正系数，其值可查图 12-22 和图 12-23；

δ——料坯厚度（m）。

加热时间的校正系数　　　　　　　　表 12-9

钢　种	温度范围（℃）	K	钢　种	温度范围（℃）	K
铁和软钢	0～1200	10	高碳钢和合金钢	0～1200	20
铁和软钢	0～800	5	高碳钢和合金钢	0～850	13.3
铁和软钢	850～1200	5	高碳钢和合金钢	850～1200	6.7

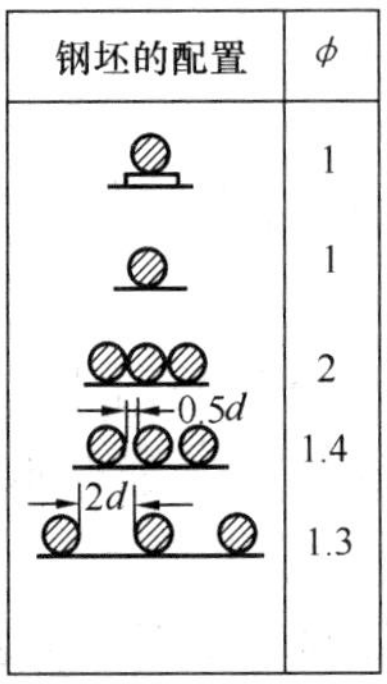

图 12-22　圆钢在炉内的配置 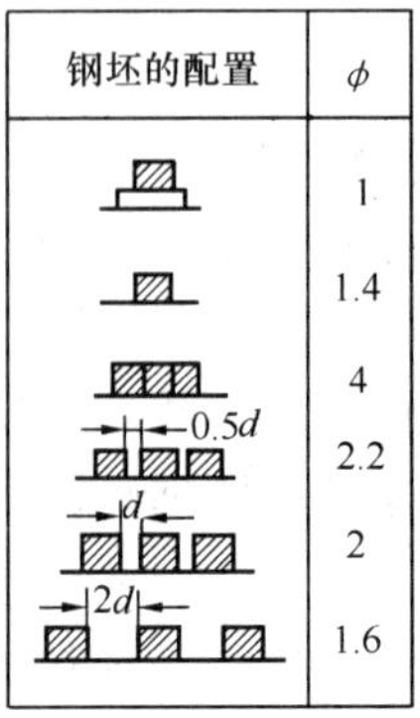　　　图 12-23　方钢在炉内的配置

4. 金属的加热制度

为了保证钢的加热质量，除严格控制加热温度外，还必须考虑温度的均匀性，即对截面上的温差也必须有一定要求。如对轧制前的加热，每米厚度上温差不得超过 100～300℃；对热处理，要求整个厚度温差不超过 10～15℃。所以在加热过程中要对钢的加热温度与炉气温度规定一定的制度，分别称为加热制度与温度制度。它是通过不同炉型和不同加热方式来达到。

目前采用的有一段加热制度、二段加热制度、三段加热制度及多段强化加热制度。

(1) 一段加热制度　金属在一定的炉膛温度下加热，而在整个加热过程中炉温不变，而钢的表面和中心温度逐渐上升，最后达到要求温度，称为一段加热制度。其特点为：

1) 加热开始时，温度压头（即炉温与钢表面的温度差）较大。

2) 炉子结构与热工操作比较简单。

3) 金属表面与中心的温差大，不易达到加热的均匀性。

4) 烟气出炉温度高，排烟热损失大，产品单位热耗指标高。一段加热制度适用于钢板、薄钢坯及薄壁钢管等的加热。

(2) 二段加热制度　二段加热制度是指金属先后在两个不同的温度区域内加热。二段加热制度可由加热期和预热期组成，这样烟气出口温度较低，在炉膛中就能更好地利用热能。

(3) 三段加热制度　按金属在炉中加热时间和加热温度的不同分为三个阶段：

1) 预热期　金属进炉后，用由加热段来的炉气预热金属，在金属温度达到 500～600℃之前以较慢速度加热、这样就降低了排烟温度，节约了热能。

2) 加热期　金属温度达到 500～600℃后，快速加热。

3) 均热期　金属出炉前，为使截面温度均匀，进行均热。

这种加热制度适合于合金钢、高碳钢或某些中碳钢冷坯的加热。因为在开始加热这些金属时需考虑温度应力的危险，而加热终了时截面上易形成较大温差，故应予均热。

(4) 强化加热制度　近年来，对生产量大的炉子，为保证加热质量，就着眼于低温段和加热段的强化问题，而形成了多点供热，也称为多段加热炉。它的特点如下：

1) 灵活性大，炉气温度曲线和供热分配可随钢材品种而异。

2) 可提高炉子生产率。通过提高炉子尾部温度而加大平均辐射温压，虽然燃料消耗量大，但可通过余热利用来回收热能。

(二) 轧钢加热炉

1. 均热炉

均热炉位于炼钢和初轧工序的中间，可最大限度地降低钢锭表面的过热，把钢锭均匀加热到能轧制的温度。均热炉有上部燃烧式和下部燃烧式两种。新建的几乎均采用上部燃烧型（可参见图 12-16）。炉上部的一个面上有 1～3 台燃烧器，在钢锭上部的燃烧空间进行燃烧。为了保证炉内温度均匀分布，一般都用高速燃烧器，火焰短，而且又可使燃烧产物在炉内上下循环。

2. 推钢式连续加热炉

(1) 推钢式三段加热炉　所谓推钢式加热炉是用推料机将钢坯由装炉侧推入，在推到出料口的过程中进行加热。加热室分成预热、加热、均热三个段。下部加热室为了能补充水冷滑道的热量损失，它的热量分配比上部加热室的多。钢坯是由炉床上的水冷滑道管支撑着。为了防止水冷滑道在钢坯上留下滑道痕迹，加热段后应使用热滑道，以防止钢坯接触部的温度下降。图 12-24 为三段式连续加热炉示例。

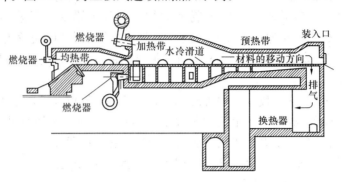

图 12-24　推钢式三段加热炉

（2）推钢式五段加热炉　推钢式五段加热炉的特征如下：

1）与三段式加热炉比较，即使炉子的尺寸相同，其加热能力也很大。

2）当轧制能力低，即降低炉子能力操作时，如把炉尾的燃烧器关闭，就可与三段式加热炉一样操作。因此也加热合金钢和高碳钢。

3）厚度不同的板坯比较容易加热。

4）燃料单耗若只以一座炉子与三段式加热炉相比，则五段式加热炉高。但从炉子整体作比较时，五段式加热炉并不逊色。

3. 步进式连续加热炉

步进式炉有固定梁及活动梁，工件随活动梁（或活动底）的上升→前进→下降→返回运动而在固定梁（或固定底）上前进一个步距，这样整个固定梁上的钢坯全部一起一步一步地从进料端送至出料端。它适用于较长件，炉子的能力很大，长度也不受起拱和推力限制。钢坯与钢坯互不紧挨着，有利于传热。步进炉是一种比较先进的炉型。

（1）步进梁式加热炉（图 12-25）　步进梁式加热炉是装有经水冷的步进梁的一种加热炉。钢坯靠着圆形或矩形的步进梁的周期运动而移动，不会产生类似推钢机式的材料拱起现象，而且不会因水冷滑道使低温部位固定。

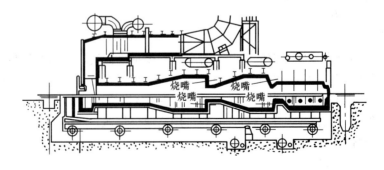

图 12-25　节能型步进梁式加热炉

这种加热炉对步进底式炉所不能加热的下部，也能加热。但缺点是水冷梁造成的热损失大，热效率比推钢式炉略低。

（2）步进底式连续加热炉 步进底式加热炉用来加热推料机式加热炉难于处理的薄钢坯、钢板和钢管等。它不用水冷滑道，所以不会留下滑道痕迹。它是上部燃烧式的单面加热。这种加热炉的炉床有固定炉底和活动炉底两种。活动炉底可以移动被加热物料，没有水冷滑道，热效率高。

三、锻造用炉

（一）金属锻造的目的与温度

1. 锻造的目的 金属在锻造之前必须先进行加热，其目的是提高金属的塑性，降低变形抗力，以利于金属的变形和获得良好的外形和锻后组织。所以，金属加热是锻造工艺中不可缺少的重要工序。

2. 金属的锻造温度 金属的锻造温度是有一定规定范围的。所谓锻造温度范围是指始锻与终锻温度之间的一段温度间隔。在这段温度范围内，金属具有良好的可塑性（足够高的塑性、低的变形抗力等）和合适的金相组织。这个温度范围对于不同的钢种也不一样。

始锻温度主要受过热和过烧的限制，应比过烧温度低 100～200℃。终锻温度应保证在结束锻造之前金属仍具有足够的塑性以及锻造后获得良好的结晶组织。

（二）锻造加热炉

按金属加热工艺的不同，燃气锻造加热炉目前又有很多种炉型。

1. 室式加热炉 燃气室式加热炉主要用于小型锻工车间和修理车间，其特点是炉温均匀，排出炉子的废气温度高，单位物料燃料耗量大，间断式装出料，提高生产率较困难，不能满足大生产的要求，操作不易实现机械化。

图 12-26 是由炉膛（加热室）、平燃烧装置及烟道等组成的天然气室式平焰加热炉。

2. 无（少）氧化加热炉 无氧化加热金属是一种比较先进的加热技术，它不仅可以防止金属的高温氧化，而且也可提高金属加热及加工质量。

无氧化加热时，燃气燃烧一般都分两个阶段进行。第一阶段过剩空气系数 α 取 0.5～0.6，如果使用天然气，这时在燃烧产物中含有 CO_2 3%～8%、H_2O 8%～12%、CO 4%～12%、H_2 8%～12%，其余为 N_2。此外，还可能有极少量甲烷、热分解产物和碳氢化合物。

未完全燃烧时，炉气的热值可达 3140～33350kJ/m³，每立方米天然气只能放出 12560～14650kJ 的热量。因此，第一阶段燃烧仅利用了热量的 35%～42%，这样要使炉子达到高温是困难的。当 α = 0.5 时，只能保证燃烧温度为 1200～1300℃，显然，在这种情况下不可能将金属物料加热到 1200～1250℃。对于这类炉子，空气必须预热到 600～800℃，燃烧温度应增加到 1600℃。

图 12-27 所示为带有换热器的室式无氧化加热炉。

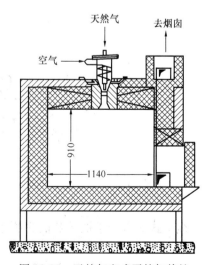

图 12-26 天然气室式平焰加热炉

315

3. 快速加热炉 这种加热炉炉膛结构紧凑，具有较高的气流速度和炉内温度，可以在较短的时间内迅速将金属物料加热到规定温度。由于加热时间短，故氧化铁皮的生成量很少。快速加热是一种新的加热技术。

图 12-28 为燃烧煤气的快速加热炉。

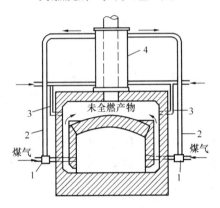 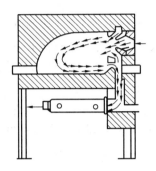

图 12-27 带换热器的室式炉

1—烧嘴；2—热空气（富化空气）管道；

3—全燃用空气管道；4—换热器

图 12-28 燃烧煤气的快速加热炉

4. 连续锻造加热炉 作为锻造（包括模锻）用连续加热炉主要有三类炉型：

（1）斜底式连续加热炉 斜底式炉适合于加热圆形棒料。特点是靠其斜炉底的作用，使圆形棒料在由进料口至出料口的滚动前进过程中得到加热。它是不用外力输料的炉型。

（2）推钢式连续加热炉 用于锻造加热的推钢式炉又分横推式与纵推式两种：

横推式炉适用于推送截面为方形的物料。图 12-29 为横推式无氧化加热炉。燃气同热空气在炉子的最终加热段进行不完全燃烧，随后与供入的热空气进行全燃。最后全燃产物由预热段末端向上排出。

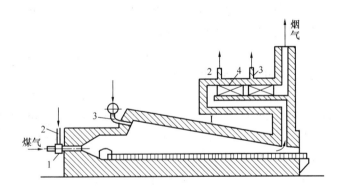

图 12-29 两段燃烧的一段连续加热炉

1—烧嘴；2—助燃用的热空气；3—全燃用的热空气；4—换热器

纵推式炉常用于推送截面为圆形的短棒料，有火焰直接加热型与陶管间接加热型两种。间接加热型中，高温火焰快速加热陶瓷管，再由管内壁将热量辐射给物料。

（3）步进式连续加热炉 用于锻造加热的步进炉多为步进底式炉，如图 12-30 所示。

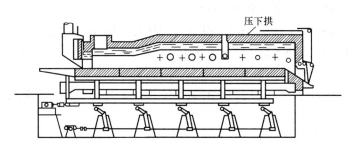

图 12-30　步进底式炉

横放在固定炉底上的炉料，随活动炉底的矩形运动，以一定时间间隔循序前进，物料在行进中得到加热。步进底式炉适于加热长 500mm 以上的坯料，产量为 1～2t/h 以上。

四、热处理用炉

(一) 金属热处理的工艺与特点

1. 金属热处理的主要目的

金属热处理的目的是改变其物理机械性能和工艺使用性能；消除加工应力；降低材料硬度，便于切削加工；完成内外扩散过程，以获得均匀成分；进行某些化学热处理，达到特定要求。为了达到这些目的，就要采用不同的热处理方法，如退火、正火、淬火、回火、渗碳、渗氮、渗金属及氰化等。

2. 热处理的加热工艺

虽然热处理方法各不相同，但物料在炉中至少要经过三个阶段，才能达到工艺要求。

（1）加热阶段　物料按一定速度加热到规定的热处理温度。

（2）均热阶段　使物料在规定的热处理温度下保持一定的时间。

（3）冷却阶段　使被加热物料按一定速度从热处理温度冷却下来。

图 12-31（a）为金属热处理最简单的三个阶段示意图。但实际上，某些物料的热处理都要经过多次加热、均热及冷却组成多段热处理工艺，如图 12-31（b）所示。

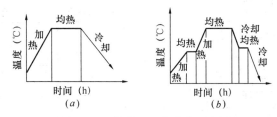

图 12-31　热处理工艺曲线示意图
(a) 三段热处理；(b) 多段热处理

由于热处理是金属热加工的最后阶段，对产品质量有极大影响，因此热处理加热比金属锻轧前加热有更高的要求，炉型设计中必须充分注意这一点。

3. 物料对热处理的要求

为了保证炉料的热处理质量，对热处理的要求大致如下：

（1）金属物料必须严格按热处理加热曲线进行加热，其温度偏差不能超过 3～10℃。

（2）保证被加热物料在炉中能均匀地加热。

（3）在被加热物料的整个体积中加热温度也要均匀，其断面最大温差不超过 10～15℃。

（4）加热过程中应尽量减少金属的氧化和脱碳等加热缺陷，故对炉气成分要求更严格。

（5）物料在加热过程中，不应出现开裂与变形，尤其是细长件的加热处理更应注意。

4. 热处理炉的特点

金属热处理炉在热工上有如下特点：

（1）为保证物料加热温度的精度，炉子的温度压头不能太大，必须严格加以控制。

（2）选用热源时应考虑能精确地控制炉温和尽量减少金属物料的氧化与脱碳。

（二）热处理加热炉

1. 直接加热的热处理炉　这类炉子由于金属与炉气直接接触，所以在金属物料的加热过程中可能产生氧化与脱碳。因此，只适用于热处理工艺要求不严格的炉料，如铸件和锻件的退火等。对产量不大的中小型钢件，常使用装有平焰燃烧器或杯型焰燃烧器的箱形炉。

2. 间接加热的热处理炉　由于直接加热不可避免地会使金属产生氧化和脱碳，因此对重要的工件常采用间接加热，其方式有三种：

（1）马弗罩式　将被加热的工件用罩子保护起来，燃烧产物先将热量直接传给罩子，罩子再把热量传给被加热工件（图 12-32）。

（2）辐射管式　燃气在特制的辐射管中燃烧，其产物先将热量均匀传给辐射管，然后再靠辐射管的热辐射将工件加热（图 12-33）。

（3）燃气外热式浴炉　它也属于外热式井式炉。其特点为加热金属的介质不是炉气而是熔融状态的盐类、金属液或油。这种炉子的使用温度受坩埚材质限制，一般在 1000℃ 以下。为延长坩埚的使用寿命，火焰不得直接喷在坩埚上，燃烧器出口应与坩埚成切线方向。

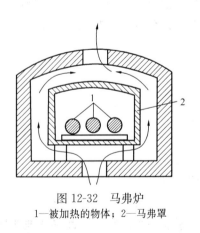

图 12-32　马弗炉
1—被加热的物体；2—马弗罩

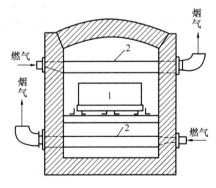

图 12-33　辐射管式加热炉
1—被加热物件；2—燃气辐射管

3. 可控气氛热处理炉　其种类也很多，通常按炉型、驱动方式、控制气氛种类及其适用范围的不同进行分类。可控气氛就是指对于炉气成分能调节控制，从而达到对碳势的控制。碳势是指在一定温度下，钢与炉气达到动态平衡（即不脱碳又不增碳）时，钢表面的含碳量。碳势取决于炉气成分和温度。

可控气氛热处理炉的主要特征是指在某一既定温度下，向炉内通入一定成分的人工制备气氛，以达到某种热处理的目的。如气体渗碳、碳氮共渗及光亮淬火、退火、正火等。通过调节通入气氛的成分，实现对炉内气氛的碳势控制。近代可控气氛炉的另一特点是采用了抗渗碳砖，从而取消了马弗罩，成为无马弗炉。图 12-34 是用于光亮淬火的无马弗罩的推杆式可控气氛炉。

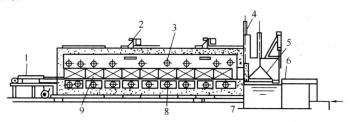

图 12-34　推杆式炉
1—推钢机；2—风扇；3—辐射管；4—内门升降气缸；5—淬火升降机；
6—淬火出料机构；7—淬火油槽；8—辐射管；9—工件

可控气氛炉与一般热处理炉的不同点是：炉子的密封性能好；炉内气氛能控制；采用辐射管间接加热以及抗渗碳的耐火材料；设有防爆装置及其他自控与检测装置。

第五节　燃气有色金属用炉

一般来说，有色金属是指铜、铝、铅、锌、金、银、镍、钴、钛、钨、钼、铬、钒、锑等铁以外的金属。就这些金属由矿石提取的方法而论，大致分为湿法和火法。火法冶炼是一种烧结、熔炼矿石、熔化提取金属的方式。火法冶炼与工业炉的关系尤其密切。

使用有色金属用炉，目的是熔化矿石和金属，所以主要工业炉是熔化固体物料的炉子。而在有色金属的使用方面，有直接使用其纯金属铸件，有先使其凝固，再经轧制或锻造加工成形后使用。加工过程中使用的加热炉、热处理炉则按其材质及工艺确定。

一、有色金属熔炼炉

（一）铝熔炼炉

铝熔炼炉的形式多种多样，常见的炉型有固定式熔化保温炉、倾动式熔化保温炉、带前床的熔炼炉、炼铝用反射炉及回转式铝熔炼炉等。下面只介绍一种带前床的熔炼炉。

图 12-35 所示为带有前床的铝熔炼炉。前床部分主要是为了熔炼再生铝而设置的。将废料装入前床，靠熔融液本身的热量来熔化。加热室和前床之间的隔墙用能升降的撇渣门隔开，一边用泵使熔融液在此处循环，一边促使废料熔化。从节省能源的观点来看这是一种日趋普及的炉型。

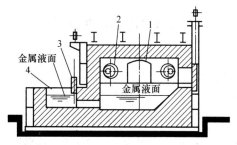

图 12-35　带前床的熔炼炉
1—检查口；2—烧嘴；3—撇渣门；
4—前床（装料口）

（二）铜熔炼炉

铜熔炼炉的炉型结构目前主要有三种，它

们是炼铜用反射炉、熔炼电解铜的鼓风炉和具有悠久历史传统的熔铜坩埚炉。目前应用最广泛的是炼铜反射炉。

炼铜反射炉适合于混合熔炼或中小规模生产。由于反射炉的结构和性能决定了排出的烟气温度较高（1000℃），多数情况下，对大型炉设置蓄热室和余热锅炉，而小型炉上设高效空气预热器。此外，对于大规模生产，则采用鼓风炉，它能连续熔炼电解铜、铸成铜棒、铜锭、方坯等，是一种比反射炉性能好、效率更高的炉子。

二、有色金属铸造用炉

有色金属铸造用炉也即有色金属熔化炉。常见的炉型是坩埚炉、熔池炉、小型反射炉、快速熔化炉等。下面只简单介绍坩埚炉与快速熔化炉两种炉型。

（一）坩埚炉

坩埚炉是铜合金和轻金属合金等有色金属的熔化炉，适于在需经常熔化少量金属液体的工厂中使用。同一台坩埚炉常起到熔化和保温两种作用，但要求使用调节范围大的燃烧器。

图 12-36 所示为燃烧废气不与金属直接接触的间隔型坩埚炉。燃烧废气虽不会腐蚀金属，但其热效率要比开口型坩埚炉（图 12-37）低很多。

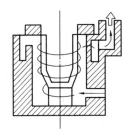

图 12-36　间隔型坩埚炉

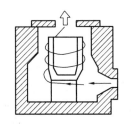

图 12-37　开口型坩埚炉

（二）快速熔化炉

快速熔化炉是锭模铸造工厂常用的小型炉，一般炉子容量为 0.2～1t 左右。这种炉子的特点是用排烟口装料，利用烟气的热量预热冷料。装料口的下部有高负荷的燃烧器，靠喷流进行快速熔化。熔化了的熔融液流入保温室，在那里用顶部燃烧器或侧燃烧器保温，也可直接流入浇包或浇铸器。

快速熔化炉炉型小巧、加热快，投资省、金属损耗少，可与浇铸成型机组装在一起。

三、有色金属轧制与锻造用炉

有色金属锻、轧用加热炉，其加热方式应根据被加热件的材质和加热温度来决定。加热温度在 600℃ 以下通常采用间接加热或强制对流式炉，600℃ 以上用明火加热炉或马弗炉。

铝坯轧制加热温度通常是 480～500℃。热轧铝锭、铝坯采用间接加热炉并配热风循环风机。炉子型式决定于产量，大致可分为连续式与周期式两大类。周期式炉主要为均热炉和车底式炉；连续式炉主要有推料炉、传送带式炉及步进式炉等。

铜及铜合金的加热用明火加热炉或马弗炉，材质虽然不同，但加热温度都在 800～900℃ 以内。炉型根据产量和被加热件的形状决定，小批量用车底式炉，大批量用推料式炉、步进式炉。其炉型结构与钢铁用加热炉相同，但为了防止坯料软化产生缺陷，要装在底盘上推送。

四、有色金属热处理用炉

（一）铝及铝合金热处理用炉

铝及铝合金常用的热处理炉是铝材退火炉和铝材调质炉。其中调质炉包括均匀化处理炉、固熔化处理炉和时效处理炉等。铝合金退火是为了软化因加工、时效硬化等而硬化了的材料。将这类材料重新加热到再结晶温度以上的温度，再保温、冷却。铝合金通常是在空气中进行退火或调质，个别的也有在可控气氛中进行。由于铝的黑度小，熔点低，不能靠辐射加热，只能是通过使热风大量循环的方法进行强制对流给热。

图 12-38 是热风循环网带式铝材回火炉。这种炉子可利用温差（使装料侧的温度高于处理温度）来缩短升温时间。

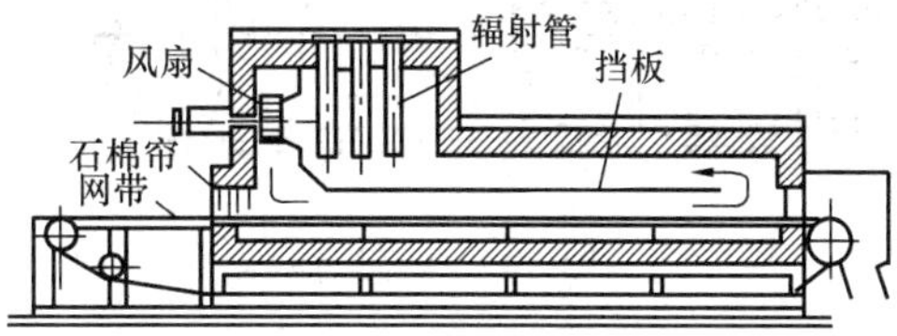

铝合金热处理炉的炉温控制非常严格，一般控制精度为 $\pm 5\,^\circ\!C$，特殊要求时为 $\pm 3\,^\circ\!C$。

图 12-38 输送带式回火炉

（二）铜及铜合金热处理用炉

铜及铜合金热处理用炉主要是铜材退火炉。铜材在较高温度下易于氧化而受到损害，因此，一般都是在控制气氛中加热、进行无氧化或光亮热处理。铜材热处理炉与钢铁工业可控气氛炉相同，使用的主要是还原性保护气氛。炉型主要有连续式炉与周期式炉两类。

第六节 燃气窑业用炉

在窑业制品及其原料的生产过程中，使用着各种工业炉窑，其目的大致可分为：煅烧、烧成、熔融及热加工。如制造玻璃要在窑中熔化原料，玻璃制品又要在退火窑中退火；制造水泥要在窑中烧制熟料；而制造耐火材料及陶瓷制品也要在窑中煅烧熟料，成形后的半成品又要在窑中烧成成品。因此，窑业是耗能很大的工业。实践证明，在窑业中采用燃气作为能源具有特殊的优越性。

一、玻璃熔窑

普通玻璃是用砂、纯碱、芒硝及石灰石等配成生料，并加入占生料重量 15%～30% 的熟料，放在坩埚或池窑内加热熔化后制成。制造特殊要求的玻璃时还要加入其他原料。

近代的玻璃池窑已广泛应用燃气。熔化玻璃用的燃气要求不含硫，否则将影响玻璃的质量。目前的玻璃熔窑主要可分为坩埚窑与池窑两种。

（一）坩埚窑

坩埚窑主要在熔制颜色或成分不同的玻璃时应用，特点是产量小，不经济，不易自动化，但制得的玻璃性质均匀。

在坩埚窑中熔化玻璃时，熔化、澄清及冷却等过程都依次序同在一处进行。物料在坩埚内被加热，当采用开口型坩埚时，主要依靠气体及窑墙表面的热辐射来熔化。而经过坩坩埚传入的热量是很小的。只有在使用间隔型坩埚时，经过坩埚壁传入的热量才是主要的。

坩埚窑由工作室（在其中放置坩埚）、燃烧装置、空气及燃气预热装置、气体管道、闸门及排气设备等组成。

（二）池窑

连续式池窑是现代化的玻璃熔窑，主要用于熔制一种成分的玻璃时使用。特点是产量大，热耗指标小，易实现自动化与机械化。池窑内的主要过程是熔化、澄清、冷却和成形，其过程沿窑长依次排列在窑池空间。池窑的结构大体上由熔化部、澄清部及余热回收部三部分组成。按熔化部的燃烧方式，池窑分为端部燃烧和侧部燃烧两种，前者在池窑后

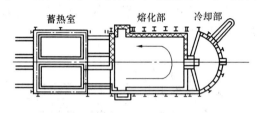

图 12-39　马蹄焰池窑

壁上有一对喷火口，从一边的喷火口喷出的火焰，纵向穿过熔化部，在熔化部的端部返回，从另一个喷火口排烟，即采用所谓 U 字形火焰（马蹄焰）的燃烧方式。图 12-39 是该种窑的示意图。

根据玻璃熔化的特点，要求火焰温度高，亮度大，硬而有力。为了保证高温，一般都采用空气预热（700～1000℃）。由于采用高温空气，以及为了保证火焰亮度大，因此一般都采用扩散式燃烧装置。

二、水泥烧成窑

（一）水泥熟料的煅烧方法

按原料及技术条件的不同，水泥熟料有三种煅烧方法：一是干法，可在立窑、旋窑或其他类型窑内煅烧；二是半干法，在立波窑（带有炉栅预热器的旋窑）内煅烧；三是湿法，只能在旋窑内煅烧，料浆的入窑水分在 32%～40%。

（二）旋窑

旋窑（回转窑）如图 12-40 所示。其窑体横卧，与水平成 3%～5% 的倾斜角，窑体转动速度为每分钟 0.5～2 转，炉料随窑体转动而向前移动，并自动翻转搅拌以保证受热均匀。窑体为圆筒形，外径约 2～5m，长约 25～200m，用耐火材料砌的内衬厚 150～200mm，可用钢板焊接或铆接。

进料端（冷端）在窑的上端，安装在收尘室内，烟气穿过收尘室由烟囱排出。出料端

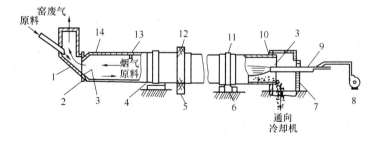

图 12-40　旋窑示意图

1—入口；2—入口密封；3—耐热合金件；4—挡轮；5—小齿轮；6—托轮；7—活动窑头；
8—一次空气风机；9—烧嘴；10—出口密封；11—轮带；12—大齿轮；13—耐火砖；14—窑壳

装在可以推动的窑头内，窑头与窑体之间设有密封装置，窑头处还装有燃烧器，炉料出口后通向冷却机，经空气冷却后排出。

（三）旋窑内的燃气燃烧装置

在旋窑中使用气体燃料时，其燃烧速度主要取决于燃气与空气的混合速度。一般多采用双套管燃烧器，中心管通燃气，外面管子通空气，一次空气占全部空气量的70%～80%。

全窑单位时间内燃气燃烧放出的热量称为窑的热功率。燃烧段单位时间单位容积内燃烧放出的热量叫热强度。这样，当功率一定时，增长火焰长度，燃烧段的长度也增加，就会降低热强度和煅烧温度；相反，缩短火焰长度就会提高热强度，提高煅烧温度。

三、砖和陶瓷器窑炉

烧陶瓷和砖是先将做原料的各种黏土和岩石粉碎、混合成形，然后进行干燥和烧成。

（一）烧窑过程

烧窑前，对成形的陶瓷坯要先进行干燥，使其含水量降低到5%左右。烧砖瓦则可在半干燥情况下入窑，在烧窑开始进行干燥。

陶瓷器一般至少要烧两次。第一次是烧素坯，陶器要加热到1150～1250℃，瓷器要加热到1250～1410℃。上釉后在1040～1150℃温度下再次烧制。不上釉的砖瓦只烧一次。

陶瓷器的烧成需要按专门的温度-时间表进行操作。一般先在低于200℃条件下脱水，在400～800℃脱除化合水，并在300～900℃温度下烧掉碳、硫和有机粘结料，而后于900℃坯料开始瓷化。陶器素坯于1150～1250℃完成，瓷器素坯于1410℃完成。此外，窑内气氛对烧成品的最终性能也有很大影响。因此，采用气体燃料具有更大的优越性。

（二）陶瓷窑

燃气陶瓷窑分周期式与连续式两大类。另外，根据燃烧气流，可分为升焰式，水平焰式和倒焰式。工业上主要采用圆形、方形的倒焰式室窑和隧道窑。

1. 倒焰式室窑　图12-41为圆形倒焰式室窑，其特点是炉内温度分布均匀。

2. 连续式隧道窑　隧道窑是陶瓷和耐火材料工业中现代化最为完善的窑，它也有直形隧道及环形隧道两种形式，其中以直形隧道优点较多，采用最广。

隧道窑内部与铁路隧道相似，其内也有铁轨，载有制品的一台台窑车，沿着狭长的隧道逆着气流连续运动（图12-42）。

隧道窑由预热带、烧成带及冷却带构成。窑车

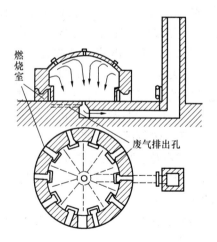

图12-41　圆形倒焰式室窑

在窑外将制品装好后，从窑的预热带一端窑门推入窑内，然后依次通过上述各带进行烧成。通常在预热带内，用与窑车前进方向相反的从烧成带流入的热气体（高温烟气）使制品逐渐加热升温，在此期间脱除吸附水及结晶水，并使有机物质等分解。在烧成带内，用直接燃烧加热至规定温度，并且保温，然后进入冷却带。在冷却带内，从窑出口吹入的大

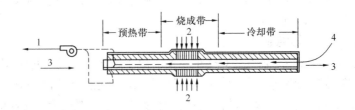

图 12-42　直形隧道窑的工艺流程示意图
1—燃烧产物；2—加热用燃气；3—料车；4—冷却和供燃烧用的空气

量冷空气与烧成制品进行热交换，烧成制品的大部分显热被回收，用于预热燃烧用的空气和干燥用的热空气。窑车到出口时，制品就烧成。

布置燃烧器时，应使烧成带全带断面温度均匀。因此，较多采用燃气直接在窑内燃烧的方式，这时窑车应停止不动，两车料垛之间留有一定的空隙，火焰对准该空隙喷入。

隧道式窑的优点是热效率高，产品质量稳定，易实现自动化、操作容易、生产能力大。

隧道窑的发展趋势是炉型向中小型和微型化发展，操作与控制向全自动化方向发展。

四、耐火材料烧成窑

(一) 耐火材料烧成窑的特点

耐火材料烧成窑与供陶瓷器、砖瓦等烧成用的连续式和间歇式窑几乎是相同的。其不同点在于多数耐火材料需要高温烧成。因而这种炉窑的筑砌材料必须能耐高温（1700～1900℃）。此外，由于耐火材料的用途遍布钢铁工业、有色金属工业、化学工业及窑业等多部门。所以，为适应上述用途，要求制造具有不同性能和形状的硅质、高铝质、镁质、铬质、白云石质及锆石英质等制品，并且要按这些制品要求的制造条件烧成。

(二) 耐火材料烧成窑的类型

耐火材料烧成窑使用较多的大致有间歇式的圆形、方形倒焰窑、梭式窑、钟罩式窑和连续式的隧道窑等。目前，耐火材料用隧道窑烧成的最多，圆窑几乎只用于烧成硅砖，其他的窑多用于烧成特殊制品。

(三) 燃气超高温隧道窑

超高温隧道窑是指烧成温度为 1900℃以上的炉窑。对于这种窑极为重要的是砌筑窑的耐火材料的性能应保证。同时为了易于得到超高温，助燃空气应合理地预热到850～1000℃。

超高温窑主要用于烧成直接结合的碱性砖、高铝砖、镁砖、白云石砖等。

五、玻璃热处理用窑

玻璃是一种无机物质，在高温下（1550～1600℃）是黏性大的液体，冷却后成为坚硬的非晶质固体，在常温下硬而脆，导热系数约为钢的1/60。

(一) 玻璃制品的热处理工艺

玻璃在成型加工过程中多数受到急冷，因此内部容易产生应力，稍有外力便会破损。将玻璃再加热，然后缓冷，便可消除应力，这种方法称为退火。相反，像平板玻璃那样形状简单的制品，从缓冷温度或缓冷温度以上进行急冷时，制成有均匀残余应力的钢化玻璃，称为淬火。像汽车挡风玻璃之类的平板玻璃则加热至软化点以上的温度，再送入模型中弯曲成要求的形状，叫做塑型。此外，玻璃的热处理中，还有将文字或图案烤到玻璃上去的彩烧工艺，给荧光灯和电视显像管内侧烤烧荧光涂料的烘烤工艺以及用低熔点玻璃料熔合密封的熔封工艺。

（二）玻璃热处理用炉

玻璃热处理常用炉型为：缓冷炉（也称退火炉）、淬火炉、塑型用炉、彩烤炉、烘烤炉及熔封炉等。其热源主要是燃气，亦可用电。一般玻璃制品多采用燃气火焰直接加热方式。如某玻璃厂在对水瓶的缓冷及彩烧处理中，直接在网带式缓冷炉和彩烧炉上，安装天然气杯型火焰燃烧器，不仅产品质量好，而且节能效果很显著。图 12-43 为网带式缓冷炉。

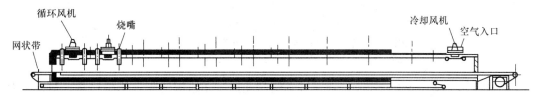

图 12-43　用气体燃料的带热风循环的明焰式缓冷炉

对玻璃制品质量要求较高的，如电视显像管的热处理，则可用燃气辐射管，并配备热风循环风机。目的在于其宽度方向的温度分布要均匀，沿其长度方向的温度能调节成符合温度曲线。

第七节　燃气化工与环保用炉

燃气化工用炉的范围很广，它涉及生产焦炭和煤气的炼焦炉、制造城市煤气的水煤气发生炉、石油化学工业用的加热炉、裂解炉、转化炉，电石生产用的熔炼炉等。

一、煤化工用炉

煤炭化学工业用炉主要是焦炉和水煤气发生炉。建焦炉的行业主要是钢铁工业和煤气制造工业，建水煤气发生炉的主要是中小型化肥厂和煤气制造工业。在水煤气中用裂解油的方法可提高煤气的热值而获得增热水煤气。因此，焦炉和增热水煤气发生炉是煤气制造工业的主要设备。

二、石油化学工业用炉

（一）加热炉

在化学工业中使用的燃气加热炉，是一个在钢板外壳内砌筑耐火绝热材料的燃烧室，燃气在燃烧室内燃烧，产生的热量用以加热排列在燃烧室内的钢管里的原料，通常这种形式的加热装置称为管式加热炉。它主要用作液体原料的加热、蒸发及裂解。

加热炉根据外观形状、炉管排列方式、燃烧器的布置方法等进行分类，由于组合方式不同而有许多种，图 12-44 是一些基本炉型。它一般由辐射传热段、对流传热段、燃气燃烧装置以及排出烟气的烟囱等组成。有时还组装着锅炉、蒸汽过热器、空气预热器等。由于安装了这些设备，使炉子热效率可达 80％～90％以上。

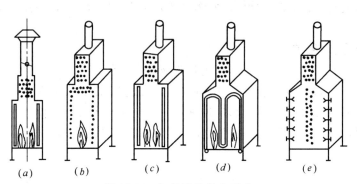

图 12-44　加热炉的代表型式
(a) 圆筒炉—立管—底烧；(b) 立式炉—卧管—底烧；(c) 立式炉—立管—底烧；(d) 立式炉—环形管—底烧；(e) 立式炉—卧管—无焰燃烧

　　炉内烟气温度为 800～1200℃，炉墙砌筑与此温度相适应的耐火绝热材料。目前多有采用耐火陶瓷纤维的趋势。
　　管式加热炉的炉管排列分水平管、垂直管及环形管三种。燃烧器布置有垂直向下燃烧、垂直向上燃烧、水平燃烧以及炉壁辐射燃烧等四种方式。排烟装置的型式取决于对流室的构造，通常多采用自然排烟形式。
　　(二) 裂解炉
　　裂解方法大致分为管式炉裂解法、部分燃烧法、流动层法，目前世界上使用的装置大部分是管式炉裂解法。从裂解炉炉管设计的观点出发，较多采用立管式炉。这种炉子是在侧墙上安装数量很多的辐射式燃烧器，也可在炉子的顶部或底部安装数量不多的大容量长火焰燃烧器。
　　裂解炉由辐射室、对流室、管道及烟囱等构成。辐射室内温度最高达 1200～1300℃，因此炉顶、墙及底均采用耐火度较高的材料来砌筑。
　　(三) 转化炉
　　转化炉的作用是使碳化氢和蒸汽发生反应得到氢气的炉子。它是化工厂和制造氢气工艺过程中的主要设备。其生产的气体用途很广，有氨合成气、甲醇合成气、羰基合成气等。
　　转化炉主要由炉体、催化剂管、燃烧器及工艺气体和燃料气系统所组成。燃烧器的布置与裂解炉相同，可布置在炉顶、炉底及侧墙上。侧墙上一般采用无焰辐射燃烧器，数量多、温度均匀。而炉顶与炉底均可采用长焰型扩散燃烧器，数量少、但负荷较大。

　　三、环境保护用炉

　　随着经济的高速增长，生活消费日益提高。由各工业生产活动而带来的废弃物数量急剧增加，同时生活方面的废弃物也越来越多。对这些废弃物（垃圾），目前最普遍而且能做到稳定化处理的是焚烧法。其特点是能减少废弃物的体积；使废弃物的组成稳定下来，不再污染环境；焚化时产生的热量能部分回收。

(一)固态废物焚化炉

固态废物(城市垃圾)焚化炉有固定式炉、半机械化炉和机械化炉等。其中机械化炉用得最多。使用这种炉子所需用的体力劳动量少，垃圾的处理量大，而且可以最大限度地减少二次公害。

机械化的垃圾焚化炉是将垃圾的装入、焚烧和出灰过程形成一个整体。装炉的垃圾先用吊车由垃圾坑装到漏斗里，再由漏斗向炉内连续供给。在炉内先在干燥段里用预热空气加以干燥，然后进入燃烧段。干燥段和燃烧段的炉栅都很特殊，能使垃圾反转进行充分混合。燃烧废气的流动方向与垃圾前进的方向相反，用燃气先把炉顶加热，利用炉顶辐射热促使后进入炉内的垃圾着火。燃烧段的后部设有后燃烧段，碳化的垃圾在后燃段里得到充分燃烧，垃圾灰经水冷后排出。

另外，燃烧室出口的废气温度应保持在 700~950℃，使有臭味的气体氧化并防止焚化后灰渣熔融，也能保护燃烧装置和炉衬材料，还可抑制 NO_x 的产生。

(二)液态废物焚化炉

液态废物主要指废油和不属于废油的一般废液。其焚化方式有两种，一种是用专门的焚化炉上的雾化装置进行雾化燃烧，另一种是在回转窑那样的固体废物焚化炉上同时设置雾化装置进行混烧。后一种方式的这种废油和污泥焚化设备，是在顺流式回转窑的二次燃烧室上，同时装设助燃用燃气燃烧器和废液雾化用喷嘴。它一般用作工厂工业废弃物的焚化设备。

(三)废气焚化炉

工业排放的废气中，含有碳氢化合物等各种可燃成分，其含量万分之几至百分之十左右，这些废气会造成环境污染，因而不能直接排放到大气中。废气焚化炉就是使这类废气在高温下燃烧，转化为无害、无臭的二氧化碳、水蒸气、氮等的一种设备。

废气的可燃成分当中，大多数是带有恶臭的物质，采用焚化法可以除臭。

废气焚化炉有立式和卧式两类。从工艺设备排出的废气被焚化处理后的废气预热到 250~600℃，再供给燃烧室。燃烧室的大小要让废气有足够的滞留时间，以便将废气中的可燃性气体烧掉。

第八节　燃气干燥用炉

从物料中排除水分的过程称为干燥。不同生产过程对于干燥工艺的需求也不相同。冶金与机械制造工业经常用干燥工艺来加热耐火材料的砖坯、铸造用的砂型及型芯。木材加工业经常用干燥工艺来干燥木材。而食品工业又常用干燥工艺来干燥食品。总之，在生产及生活中用干燥工艺干燥物料是十分普遍的，而使用燃气作热源比用其他燃料更具有其独特的优点。

一、物料的干燥

(一)物料中水分存在的形式

在一般物料中，水分可能有三种存在形式：一是物料表面的吸附水，又称为自由水分；二是物料内部的吸附水，又称大气吸附水分；三是与物料形成化学结合的结晶水。其中前两种统称为机械吸附水，干燥过程主要是排出这种水分。

（二）物料的干燥方法

干燥工艺是向被干燥的物料提供热量，使水分加快蒸发。按传热方式有三种干燥方法：

1. 接触干燥　物料直接与加热表面接触来蒸发水分，这种方法适用于干燥薄层物料。

2. 辐射干燥　利用辐射热源（如燃气红外线辐射器及燃气辐射管）的辐射热来加热物料。该方法优点很多，已被各行业广泛采用，特别是远红外干燥对某些工艺更有其特点。

3. 对流干燥　以热空气或热烟气为干燥剂。当它流经物料表面时，将热量传给物料，并带走从物料表面蒸发的水分。这也是应用非常广泛的一种干燥工艺。

二、燃气干燥装置

燃气干燥装置按产生热风的方式不同，可分为直接式热风发生装置与间接式热风发生装置两类。直接式热风发生装置是指燃烧产物与空气混合形成的热风经引风机直接进入干燥室干燥物料。间接热风发生装置是指冷空气在加热管外被间接加热成为热风进入干燥室，由于是间接加热，故热风中无燃烧产物。

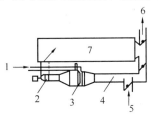

图 12-45　具有排风循环
的热风干燥室

1—燃气；2—鼓风机；3—燃烧室；
4—循环气体；5—空气；6—排气；
7—干燥室

由于工艺需求不同，燃气干燥装置的形式多种多样，下面简介几种常用的干燥装置。

（一）间歇式干燥装置

1. 烘箱　烘箱是最常用的箱式干燥装置，它有直接燃烧式与间接燃烧式两种。除了干燥含水物以外，烘箱还广泛用于涂料的干燥与凝固、油漆的烘烤等工艺。

2. 热风式干燥装置　图 12-45 是用燃气加热空气并具有部分排气循环的热风式干燥装置，可用于含水量多的物料干燥。

物料放在具有网底的搁板上，热风穿过物料层使之干燥。与箱式干燥相比，这种装置的热风与物料接触好，内部扩散快，短时间内即可干燥均匀。

（二）连续式干燥装置

1. 隧道式干燥装置（图 12-46）　其特点为物料装在台车里在窑内连续移动，为提高干燥效果，采用热风与物料台车逆向流动。

2. 回转式干燥装置（图 12-47）　使倾斜的圆筒回转，同时将物料加入圆筒内进行干燥。

图 12-46　隧道式干燥装置

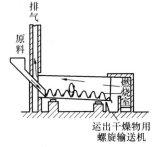

图 12-47　回转式干燥装置

3. 回转百叶板式干燥装置（图 12-48） 百叶板装在回转筒里，加热的空气穿过在百叶板中间流动的物料层，通过圆筒的中心部后排出。这种装置的优点是物料和热空气接触好，物料很少出现破损，但它不适合干燥粘结性物料。

4. 传送带式干燥装置（图 12-49） 物料装在传送带上进行干燥。

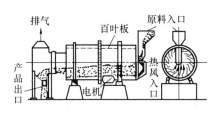

图 12-48 回转百叶板式干燥装置

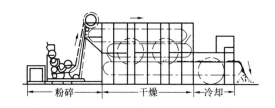

图 12-49 传送带式干燥装置

5. 沸腾床干燥装置（图 12-50） 在该装置中，每个被干燥的颗粒均为空气所包围，空气支托物料颗粒，产生的搅动作用使床内的温度均匀。与喷雾干燥一样，直接燃烧的空气加热器对几乎所有物料都能提供适宜的加热措施。

沸腾床干燥有以下优点：

（1）传热速度非常快，致使高效设备结构紧凑。由于传输面积大，因而传质速率也高。

（2）由于颗粒被周围空气相互隔开，因而颗粒破碎率较低。

（3）沸腾床干燥装置适应性好，可用于多种物料，特别适用于难以处理的物料。

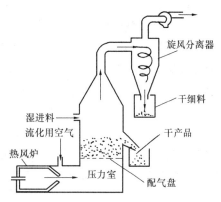

图 12-50 沸腾床干燥装置

（4）干燥和分级可同时进行，而不需以后的过筛分离和除尘。

除以上所述的各种燃气工业炉窑之外，在某些燃气气源充足，尤其是天然气供应丰富，环境污染控制特别严格的城市和地区，还运行着相当数量的燃气锅炉。

燃气锅炉一般由燃烧器、燃烧室、炉体、汽锅、过热器、省煤器及其他附件所组成。

与燃煤锅炉相比，燃气锅炉操作方便、灵活、清洁卫生、无煤灰、粉尘和黑烟等污染、便于自动控制与调节，热效率高。

第十三章 燃气工业炉余热利用

第一节 概 述

余热（也称废热）是指自某一设备或系统排出的热载体所释放的高于环境温度的热量和其中可燃性废物的低发热量；工业炉窑排出的烟气及炉渣中未燃尽颗粒所含的热量、冶金行业中的高炉、焦炉、转炉煤气所含的热量都可称为余热。

按照余热载体的温度水平可分为：高温余热（温度高于650℃）、中温余热（温度为300～650℃）、低温余热（温度低于300℃）。在确定余热回收利用方案时，既要考察其数量的多少、质量的高低，又要考察其具体的特点。例如有的余热是连续、稳定的，而有的余热资源是间断的；有的余热含有大量的烟尘、颗粒，而有的余热则较为清洁。

表13-1列出了我国燃气相关行业中常见的余热资源的大致情况。

燃气相关行业中常见的余热资源概况　　　　　　　　　　　表 13-1

工业部门	余热种类	余热温度	举例
钢铁工业	焦炭显热	1050℃	焦炉
	烧结矿显热	650℃	烧结矿
	燃烧烟气余热	250～300℃	热风炉
	低温水	50～70℃	高炉用冷却水
化工工业	气体余热	200～700℃	加热炉
	固体余热	1800℃	电石反应炉
工业炉窑	气体余热	900～1500℃	玻璃炉窑
		600～700℃	锻造加热炉
		400～600℃	热处理炉
		200～400℃	干燥炉、烘干炉
轻工业（食品、纺织）	气体余热	80～120℃	干燥机排气

一、余热回收的经济性问题

（一）可回收余热所应满足的条件

在确定如何合理回收、利用余热时，一个必须考虑的问题是回收的经济性；一般地，在满足下列条件时，可考虑余热的回收利用：

（1）余热的数量较大、可集中起来；

（2）余热的发生量相对稳定；

（3）余热具有较高的温度；

（4）回收利用的余热，从使用上看与用户的距离要近，且供应与需用在时间上要一致；

（5）余热载体的腐蚀性要小；

（6）所需的回收设备要简单、制造加工要容易。

（二）余热回收的判断标准

对不同的用能设备或系统，应确立一定的标准，来判断其余热利用的优劣程度；换言之，从用能设备或系统排出的余热在怎样一个水平上，就可以说该系统的余热利用情况是较好的、较合理的。国外的一些规定如下：

1. 对设备允许温度、回收率、进行回收的范围需制定标准，进行管理。日本对工业锅炉的排烟温度和工业炉的余热回收率作了规定，如表 13-2、表 13-3 所示。

工业锅炉的标准烟气温度 表 13-2

锅 炉 容 量		标准烟气温度（℃）			
		固体燃料	液体燃料	气体燃料	高炉气或其他副产气
电力、燃气等公用事业用		145	145	110	200
其他	蒸发量：>30t/h	200	200	170	200
	蒸发量：10~30t/h	—	200	170	—
	蒸发量：<10t/h	—	320	300	—

工业炉标准余热回收率 表 13-3

排烟温度（℃）	标准余热回收率（%）	余气温度参考值（℃）	预热空气温度参考值（℃）
500	20	200	130
600	20	290	150
700	20~30	300~370	180~260
800	20~30	370~530	205~300
900	20~35	400~530	230~385
1000	25~40	420~570	315~490

2. 需掌握余热的温度、数量状况，另外对余热的有效利用方法要进行周密的调查、探讨。

3. 及时清除热交换器换热面上的污垢，并防止余热载体的泄漏，以保持较高的余热回收率。

4. 防止余热载体在运输过程中的温度下降，防止冷空气侵入，增强绝热、保温性能，改善、提高单位换热面的余热回收量。

5. 设置余热回收设备要考虑综合热效率。

（三）余热回收方案的确定原则

在确定余热回收利用的方案时，首先要考虑余热的温度、数量和使用回收后能量用户的特点。例如，对高炉的高温烟气，既可用于加热燃烧用的空气，又可通过冷却水冷却、加热氟利昂、转换为动力。

一般地，对余热回收可按照下述原则来进行：

1. 高温余热首先用在需要高温的场合，以减少㶲损失；

2. 力图直接利用，减少能量转换次数；

3. 优先用在本身的工程上，如用在其他工程上，其地点距离提供余热的地点要近，而且余热的供应与需用在时间上要一致；

4. 若余热热源常停止供应余热，需考虑其他后备热源。

余热回收是一个针对性很强的课题，对不同的余热热源要确定一个合理的利用方案，需经过经济与技术两方面的比较、选择。例如，在钢铁工业中，当采用连续铸造时，就不需要均热炉；又如锻件直接进行锻造，加热炉的负荷就会减小，所能提供的余热量也相应减少。在回收烟气余热时，必须考虑含有硫分的燃料的燃烧产物中硫化物的低温腐蚀问题。若为提高余热回收量而使换热器出口的烟气温度降至露点以下，烟气中的水蒸气与硫化物产生硫酸而腐蚀换热面，为此要求换热面采用抗腐蚀的材料，通常可采用不锈钢代替普通碳钢。若避免低温腐蚀，必须控制余热回收量。

又如，空气预热温度会影响燃烧温度，空气预热温度越高则燃烧温度越高，使烟气中的 NO_x 浓度增加；为降低 NO_x 含量，可改进燃烧器的性能来实现。

从燃气工业炉窑的热工过程看，从炉膛流出的烟气，温度越高，炉内平均辐射温压越大，换热越强烈，炉子的生产能力也就越高。根据物料加热温度和燃烧方式的不同，工业炉烟气出炉温度在 200～1500℃。这样，很大一部分热量被烟气带走。根据节能减排原则，充分利用工业炉的余热，具有很大的经济技术意义。利用工业炉余热的主要方法有：

1. 预热燃烧用空气或燃气；

2. 生产蒸汽或热水；

3. 预热物料。

（四）预热空气或燃气的经济技术意义

1. 节约燃料 利用工业炉的余热预热燃烧所需的空气或燃气可以回收大部分余热。热空气或热燃气带入炉内大量物理热，一方面减少了供给炉子的燃气量，直接节约燃料；另一方面，增加物理热并不增加烟气体积，可减少排烟热损失。对高热值燃气，由于理论空气量大，因此预热空气比预热燃气效果好。对低热值燃气，两者都应预热。

2. 提高理论燃烧温度 在高温冶金炉上安装空气预热设备，往往不只是为了节省燃料，还有一个重要目的，就是希望得到足够高的燃烧温度来满足高温工艺的要求。对于任何工业炉，预热空气都可以保证足够高温，从而提高工业炉的生产能力。此外，对于高温工业炉而言，使用低热值燃气，则必须将燃气和空气预热。因而，预热空气和燃气对扩大利用低热值燃气能源有特殊的现实意义。

空气和燃气的预热温度越高，带入炉内的物理热越多，燃气的理论燃烧温度越高。这一关系可用图 13-1 明显地表示出来。由图可知，将空气预热到 600～800℃时燃烧高炉煤气，与空气不预热时燃烧 $H_l = 8374 \text{kJ/Nm}^3$ 的混合煤气具有同样的燃烧温度。

3. 提高燃气燃烧速度，改善燃气的燃烧过程 空气和燃气的温度越高，燃烧反应越快，火焰传播速度越大。在其他条件相同时，火焰将缩短。这点对于炉子采用集中端头供热，提高炉子平均辐射温压，从而提高炉子生产能力很有益处。

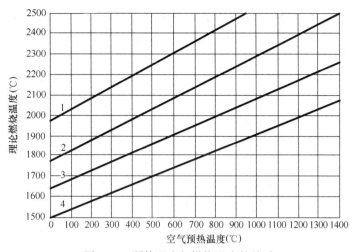

图 13-1　预热温度与燃烧温度的关系

1—炼焦煤气，$H_l = 1674\text{kJ/Nm}^3$；2—混合煤气，$H_l = 8374\text{kJ/Nm}^3$；

3—混合煤气，$H_l = 5443\text{kJ/Nm}^3$；4—高炉煤气，$H_l = 4187\text{kJ/Nm}^3$

二、利用余热生产蒸汽的技术经济意义

余热利用的另一个有效方法是安装废热锅炉，利用余热产生蒸汽或热水供动力、生产工艺及生活使用。

由于水的热容量和密度比空气的大，它可以把烟气的温度降至 150～250℃，因此利用烟气产生蒸汽时的热回收率比预热空气大。这点是预热空气难以达到的。例如，一般平炉蓄热室（预热空气用）排出的烟气温度尚有 500～600℃，即使增加蓄热室面积也难再降低排烟温度，且不经济，故应在蓄热室后再安装废热锅炉，进一步降低排烟温度至 150～250℃，将蓄热室排出烟气热量的 50% 以上回收下来。当然预热空气能直接改进炉子热工特性，是应该首先应用的。生产蒸汽虽然对工业炉没有直接作用，但对节约能源却有重要意义。

对于某些温度很高或含尘量高的烟气（如炼铜炉的烟气），若直接在炉后安置空气预热器，则它必然会迅速堵塞和损坏。由于废热锅炉清灰方便和能耐高温，所以可在空气预热器前先安装废热锅炉，起除尘及降温作用。当然这样会减少直接用来预热空气的热量。

安装废热锅炉后，烟气温度降得比较低，这就能够采用机械排烟，从而消除自然排烟受季节及操作条件的影响，使工业炉工作稳定。

预热空气即使在小型工业炉上也是适用的，而废热锅炉过去多用于较大的工业炉。为了节约能源，有些工厂的锻造加热炉也采用了废热锅炉，利用所获得的蒸汽作为气锤的动力和其他用途，收到了良好效果。

第二节　换　热　器

利用工业炉排出的烟气预热空气或燃气所采用的热工设备有两种，即换热器和蓄热室。

在换热器中烟气和空气（或燃气）分别同时在加热面的两侧流过。在流动过程中通过壁面烟气将热量传给空气或燃气。由于受材质和气密性的限制，换热器还不能将燃气或压力较高的空气预热到很高的温度，故当预热温度要求很高时多采用蓄热室。

蓄热室是根据蓄热原理设计的。其主要部分是用耐火砖砌成格子砖，工作时，烟气首先通过格子砖将砖加热，经过一定时间后格子砖已被加热到一定温度。这时利用换向设备关闭烟气通道，打开空气通道，使空气由相反方向通过蓄热室。于是冷空气吸收格子砖的热量而被加热。为了连续加热空气，一个炉子至少应有两座蓄热室，一座被烟气加热（蓄热），一座被空气冷却（放热）。为了控制烟气和空气交替地通过蓄热室，应设有特殊的换向装置。一般的燃气加热炉常采用换热器，因此下面对换热器的构造作较详细的介绍。

换热器的构造应满足下列要求：传热系数大，避免局部过热，气密性好，流动阻力小，便于清扫，应有防胀装置等。

根据制造材料不同，换热器分为金属换热器及陶瓷换热器两种。由于金属的导热性能好，传热系数大，所以金属换热器的体积小。金属构件之间可以进行焊接，因此气密性好，可以预热压力较高的空气或燃气。但是由于金属所能承受的温度有限，所以当空气或燃气的预热温度稍高时，常采用陶瓷换热器。

一、金属换热器

从实践中所知，金属换热器中空气的最高预热温度和制造换热器的材料有关。碳素钢的最高使用温度在 450℃ 以下，故空气被预热的温度不宜超过 350℃。如果需要更高的预热温度，应采用合金钢或合金铸铁，或者对钢进行表面处理，如渗铝等。

金属换热器的主要形式有管状换热器、针状及片状换热器、套管式换热器、辐射换热器、喷流式换热器、回转式换热器和热管换热器。

1. 管状换热器　管状换热器由风箱及管子组成。最初管子采用铸铁管，由于接头气密性差及传热系数小，故近代多用无缝钢管焊成。通常空气在管内流动，速度为 5～10Nm/s。烟气在管外流动，速度为 2～4Nm/s。传热系数约为 11.6～23.3W/（m² · K）。

用无缝钢管焊成的换热器，其气密性非常好，除预热空气外，还能预热燃气。换热器的管子可以水平安装或垂直安装。最好是垂直悬挂，这样管子受热可自由膨胀。为防止高温下管子弯曲，水平安装时管子长度不宜超过 0.8～0.9m。为防止气流分布不匀，产生局部过热而将管子烧坏，垂直安装时管子长度不宜超过 3～4m。

图 13-2 是内径 50mm 的钢管换热器，用于燃气锻造加热炉的烟道内，其传热系数为

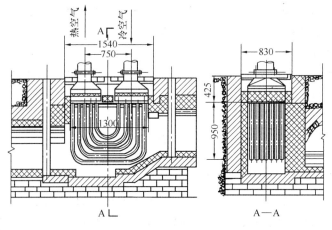

图 13-2　简单钢管换热器

23.3W/（m² · K）。该换热器的优点是
结构简单，缺点是管子长度不同时换热
器可能弯曲，甚至被烧坏。

　　图 13-3 是另一种管状换热器，烟气
通过许多垂直管束 1 向上流动，空气在
管外流动。考虑到管子及壳体的膨胀不
同，壳体与管子上均设有膨胀圈 2。换热
器的下部是烟气入口，又是热空气出口，
所以该处温度最高，为延长换热器寿命，
下部可用合金钢管。此外还采取了降温
措施，如中间设有一根短路风管 3，部分
冷空气可通过风管 3 直接送入高温区，
冷却底板及换热器下部，然后沿管 4 向
上流动与热空气混合后流出换热器。为
防止底板被烧坏，底板下吊挂一层耐火
材料。每根管子的入口作成渐扩管，这
样可减少入口阻力。该换热器在国外被
广泛采用。

　　图 13-4 是套管式换热器，它由两根
直径不同的钢管套在一起组成，内管下
端开口，外管下端封死，内管及外管均

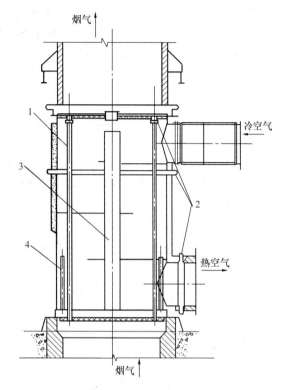

图 13-3　管状换热器
1—管束；2—膨胀圈；3—短路风管；4—短管

为悬挂，受热后可自由膨胀。如果风压小于1500～2000Pa，悬挂处可采用砂封，否则，
应采用焊接。

　　该换热器的工作过程是空气由冷风箱沿内管下流，再转入内外管夹层向上流，最后经

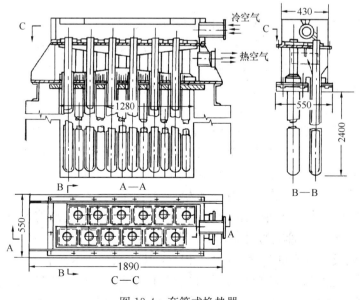

图 13-4　套管式换热器

热风箱流出换热器。烟气在管外垂直于外管流动。目前较多工厂采用这种换热器。

2. 针状和片状换热器　为了增加管状换热器的受热面，减少金属耗量，在光管换热器的基础上发展成管子两侧都带针状和片状凸出物的针状换热器（图 13-5）和片状换热器（图 13-6）。

空气在管内流动，烟气在管外流动。针状换热器的空气流速为 4～8Nm/s，烟气流速为 1～2Nm/s。片状换热器的流速比针状换热器大，一般空气流速为 5～10Nm/s，烟气流速为 2～5Nm/s。为了减少阻力，凸出物的方向应与气流流动方向一致。

针状和片状换热器的管子通常用耐热铸铁或耐热钢浇铸而成。由于表面带针或肋片，增加了管子的实际换热面积，从而提高了传热效率。这种换热器结构紧凑，体积小，金属耗量少，是现代工业炉上应用最广的一种换热器。它常用于烟气温度为 700～1000℃ 的中小型锅炉，可以把空气预热到 300～600℃。

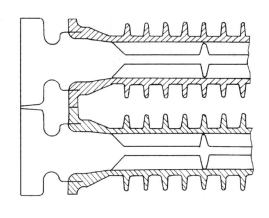

图 13-5　针状换热器

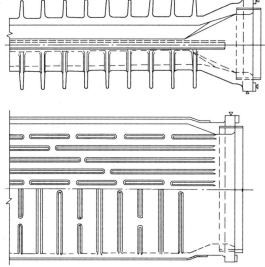

图 13-6　片状换热器

针状换热器的型号是以各排针的间距命名的，如针间距是 17.5mm，就称为 17.5 型。大型针状换热器是由若干根标准管子组成的，管与管之间、管子与空气入口管及排气管之间用螺钉连接。图 13-7 是由 24 根管子组成的针状换热器。

当烟气含尘量高时，为防止堵塞，可选用单面带针的管子，烟气一侧为光管。

3. 辐射换热器　当出炉烟气温度较高时（1100～1300℃），常采用辐射换热器（图 13-8）。烟气在内管中流动，空气在内外管间的环缝中流动。烟气与内管之间的传热主要靠辐射。考虑到气体层厚度越大，辐射传热越大，因此辐射换热器的烟气通道截面都较大。通常烟气管道直径应大于 500mm，烟气流速为 1～3Nm/s。

辐射换热器在高温下工作的主要特点为：

第一，充分利用了高温烟气的辐射传热能力。同时空气流速又很高，可达 20～30Nm/s，增加了空气与管壁的对流传热。因此传热系数较大，最高可达 93.2W/(m² · K)以上。比管状及针状换热器所需换热面积小，可以减少金属耗量。

第二，空气流速较高，可使壁温接近空气预热温度，两者之差不超过 100～130℃。同时也能保证壁温均匀。因此，辐射换热器可以承受较高的烟气温度。

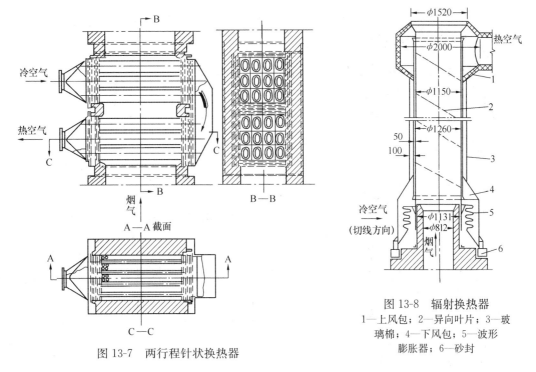

图 13-7 两行程针状换热器

图 13-8 辐射换热器
1—上风包；2—异向叶片；3—玻璃棉；4—下风包；5—波形膨胀器；6—砂封

第三，烟气通道的截面积较大，适用于含尘量高的工业炉。烟气通道的阻力小，有利于烟气的排除。

第四，适当缩小换热器烟气入口的直径，在引射作用下使得较冷烟气在入口处循环（回流），降低入口温度，可以防止换热器入口被烧坏。

辐射换热器的缺点是：空气流速高，需要较高的鼓风压力；烟气温度高，需要用耐热性能好的合金材料制造；受热面积小。

从热能利用观点出发，高温区采用辐射换热器，低温区采用对流换热器较为合理（图13-9）。

4. 喷流式换热器　喷流式换热器是采用气体喷流来强化对流换热过程。一般利用空气喷流，当烟气温度不太高时，也可采用烟气喷流。图13-10所示为安装在烟道内的空气喷流式换热器。它由两根直径不同的圆筒相套而成，内筒上钻有许多小孔，外筒壁面为换热面。烟气从上向下流经换热面，而空气经小孔喷出，冲击外筒壁面，于是烟气便把空气加热，被加热的空气沿内外筒间的环形缝隙向上流出。空气与外筒壁面之间为喷流（对流）换热，烟气与外筒壁面之间主要是辐射传热。因此，这种换热器实质上属于空气喷流式辐射换热器。

冷空气从小孔喷出后，直接冲击着换热面的气体边界层，使气体边界层受到破坏，从而强化了对流换热。当 $Re=5000$ 时，喷流放热系数比一般纵向对流放热系数大五倍。比一般辐射式换热器的传热系数高一倍。空气喷流也是降低金属换热器壁温的有效办法。

热空气沿内外筒间环形缝隙向上流动时，吹动小孔喷出的空气射流，使其向上倾斜，减小了对外筒壁面的冲击力量，降低了喷流换热的效果。这种现象在热空气出口处更为严重。因此，该换热器不宜做得细长，应尽量降低环形缝隙中热空气的上升速度。

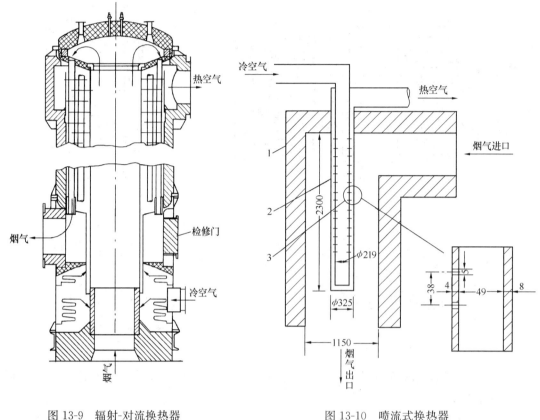

图 13-9　辐射-对流换热器　　　　　图 13-10　喷流式换热器

1—垂直烟道；2—换热器；3—喷管孔

喷流换热器的空气喷流速度一般为 20～25Nm/s，$\dfrac{H}{D} \geqslant 8$（D——喷孔直径，H——环缝宽度）。

5. 回转式换热器　回转式换热器又叫再生蓄热式换热器，其结构如图 13-11 所示。

转子是一个扁的圆柱体，其中充满由 0.5mm 厚的钢板压成的蓄热板，在电动机带动下，以 $\dfrac{3}{4}$～$2\dfrac{1}{2}$ 转/min 的转数绕中心轴 2 旋转。

烟气从入口 5 进入换热器，通过转子的一半（180°）的蓄热板向下流，当烟气流经蓄热板时，把热量传给蓄热板，使其温度升高。空气从另一侧下方的空气入口流入换热器，流经旋转转子的 120°时，从已被烟气加热的蓄热板中吸取它在被烟气加热时所储存的热量，使其温度升高。最后流出换热器。烟气、空气的流速一般为 8～12m/s。

转子被径向隔板从上到下分成互不相通的 12 个大格（每格 30°，里面还有小格），烟气与空气之间有 30°的过渡区。过渡区既不流通空气也不流通烟气，因此，烟气与空气不会相混。

图 13-11 所示回转式换热器为蓄热体旋转，外壳固定，与此相对应的是风罩旋转，蓄热体固定。

回转式换热器的主要优点是：

第一，结构紧凑，体积小，节省钢材。与管式换热器相比节省钢材 1/3 左右。所占容积只有管式换热器的 1/10。

第二，布置方便。

第三，因为蓄热板的温度高，烟气腐蚀的危险性小，所以检修周期较长。

主要缺点是漏风量大。

6. 热管换热器　热管换热器是回收锅炉及工业炉烟气余热的一种新型的、极为有效的热能回收装置。它由一束热管组成，如图 13-12 所示。工质在热管的蒸发段吸收外部高温烟气的热量而汽化，蒸汽进入冷凝段后，在此冷凝放热，将热量传给冷凝段外的低温待预热的空气。工质的不断循环便实现了传热过程。

由热管换热器所构成的余热回收装置如图 13-13 所示。

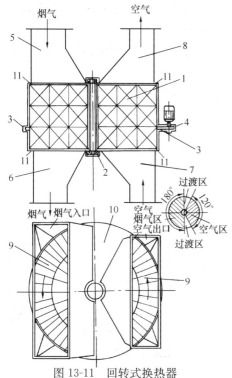

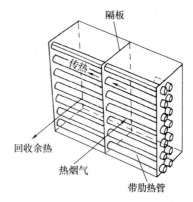

图 13-12　热管换热器示意图

图 13-11　回转式换热器

1—转子；2—转子的中心轴；3—环形长齿条；4—
主动齿轮；5—烟气入口；6—烟气出口；7—空气
入口；8—空气出口；9—径向隔板；10—过渡
区；11—密封装置

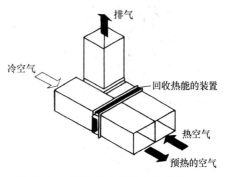

图 13-13　回收余热预热空气的热
管装置

热管换热器在回收工业余热中应用，有下述优越性：

(1) 无运动部件，不需要外部动力，可靠性高。

(2) 传热效率远高于其他型式的换热器，设备紧凑，热负荷高。装置的尺寸范围很宽。

(3) 能适用于较大温度范围和热负荷范围。可根据工作温度选取热管材料和工质，如在 350~500℃ 范围内，可用水作工质；在 500~650℃ 范围内，可用有机液体为工质；在更高的温度范围内，则用液态金属作工质。

(4) 在冷、热流体之间有固体壁面隔开，完全消除了横向气体混渗。

（5）冷、热流体采用逆流时，热流体进口与冷流体出口是分开的，不会使热流体进口处温度过高，克服了常用逆流换热器的缺点，因此换热效果好。

二、陶瓷换热器

上面已经述及，金属换热器受使用材料的限制，不能把空气预热到较高的温度。当空气预热温度在 500～700℃以上时，常安装陶瓷换热器。

陶瓷换热器是用异型耐火黏土砖或碳化硅砖砌成。碳化硅砖比耐火黏土砖耐火度高，高温下的导热性能好，如温度为 1000℃时碳化硅砖的导热系数 $\lambda=9\sim12W/(m^2 \cdot K)$。而耐火黏土砖只有 $\lambda=1.2\sim1.5W/(m^2 \cdot K)$。此外碳化硅砖荷重软化点高。耐急冷急热，耐火度和机械强度等性能也好。因此碳化硅砖是制造陶瓷换热器的优质材料。但碳化硅砖比耐火黏土砖价格高，如含黏土 15%～25%的碳化硅砖比耐火黏土砖贵 20～25 倍，而且易受碱性炉渣腐蚀，所以其应用范围受到限制。目前在工业炉上用得最广的仍是耐火黏土砖。

图 13-14 为均热炉用管式陶瓷换热器，烟气在管内垂直方向流动，空气在管外水平方向流动。其型砖如图 13-15 所示。

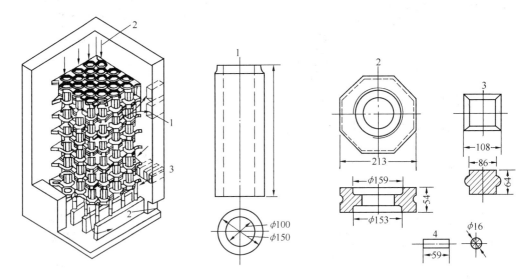

图 13-14　管式陶瓷换热器
1—热空气出口；2—烟气；3—冷空气入口

图 13-15　管式陶瓷换热器型砖
1—管砖；2—环形盖砖；3—方形隔板砖；4—塞棒砖

图 13-16 为方孔式换热器，空气在管内垂直流动，烟气在管外水平流动。其型砖如图 13-17所示。这种换热器多用在连续式加热炉上。

陶瓷换热器的最大缺点是气密性差。为了保证砌缝严密，防止因膨胀或收缩而造成漏气，砌筑时应使接缝水平分布。接缝的砖面应进行研磨，并且用特殊泥浆砌筑。砌筑上的措施只能提高气密性，但不能从根本上克服陶瓷换热器气密性差的缺点。因此，换热器内气体流速不宜过大，通常采用烟气流速为 0.3～1.0Nm/s，空气流速为 1～2Nm/s。由于气流速度小和耐火材料热阻大，故传热系数较小。

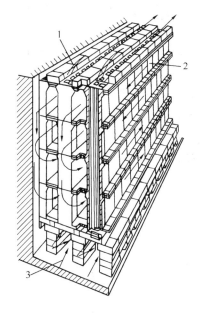

图 13-16 方孔式换热器
1—热空气出口；2—烟气；3—冷空气入口

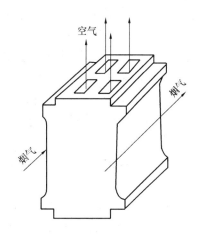

图 13-17 方孔式换热器型砖

为了减少换热器的热阻，希望器壁尽量薄些；为了增加气密性，希望器壁尽量厚些，砖块尽量大些。综合考虑后，根据制造工艺及强度要求，砖壁厚度不应小于 13～15mm，砖的高度不宜大于 350～400mm。可用下式计算砖壁的厚度：

$$K\ (t_f - t_a)\ s < 9500 \tag{13-1}$$

式中 K——受热面的传热系数（W/(m² · K)）；

t_f——烟气温度（℃）；

t_a——空气预热温度（℃）；

s——壁厚（cm）。

陶瓷换热器的传热系数小，因而体积庞大；气密性差，因而不能用来预热燃气或压力较高的空气，不能安装在地基发生振动的车间里，如锻造车间等。

陶瓷换热器的优点是耐火度高，可将空气预热到 900～1000℃ 的高温，寿命长。

第三节 废 热 锅 炉

一、废热锅炉与锅炉的区别

废热锅炉是利用工业余热来生产蒸汽或热水的设备。它的吸热部分与普通锅炉一样也是由气锅、管束、省煤器及过热器组成。但由于它是利用工业余热作为热源，因此与普通锅炉有很大的区别。

在普通锅炉中燃料燃烧产生的热量只用来生产蒸汽或热水，而在工业炉和废热锅炉联合装置中，燃料燃烧产生的热量主要是加热或熔化炉内物料，其次才是生产蒸汽或热水。

通常进入废热锅炉的烟气温度比燃料在锅炉中燃烧的烟气温度低，即烟气的热焓低。因此 $1m^3$ 烟气所产生的蒸汽比普通锅炉少。

进入废热锅炉的烟气量、烟气温度及烟气性质是不稳定的，随着工业炉的生产量、燃料性质及工艺条件而发生变化，因此废热锅炉的蒸汽或热水产量也是变化的。

为了防止有害气体的腐蚀，废热锅炉的设计参数往往决定于烟气性质。例如炼铜反射炉的烟气中含有 SO_3，为了防止 H_2SO_4 凝结，炼铜反射炉的废热锅炉的压力及排烟温度就不能任意选取，而必须根据烟气中 SO_3 含量来确定。

有的烟气中夹带半熔状态的粉尘或烟炱，例如锌焙烧炉的烟气中含有微矿粉，使废热锅炉在高温区或水冷壁上结灰或结焦。因此这种废热锅炉必须具有除灰及清渣设施，否则就无法运行。

蒸发量相同时，废热锅炉的排烟体积比普通蒸汽锅炉多 5～6 倍。因此引风机电能消耗较大。

进入废热锅炉的烟气温度低，受热面利用效率也低，当烟气温度低于 400℃ 时，受热面利用效率过低，应用废热锅炉是不经济的。

当热源分散时，废热锅炉的各个换热设备可分散布置在各个工艺流程上（如某些石油化学工业的废热锅炉），当热源集中时，可在每个炉子上安装废热锅炉，也可在一组工业炉后集中安装废热锅炉。但在一些过于分散的小型工业炉上，由于布置和维护都有困难，就不适于安装废热锅炉。

二、废热锅炉的类型

废热锅炉与普通锅炉一样，基本上可分为烟管式及水管式两大类。

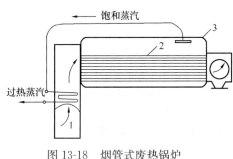

图 13-18　烟管式废热锅炉
1—烟道；2—烟管；3—锅筒

1. 烟管式废热锅炉　图 13-18 为烟管式废热锅炉的示意图，工业炉的烟气经烟道 1 进入锅炉，在烟管内流动的过程中将烟管外面的水加热并使其气化。冷却后的烟气经引风机排入大气。产生的饱和蒸汽由锅筒 3 的气空间引至过热器，最后将过热蒸汽送出锅炉。锅炉的主要受热面是烟管。烟管全部浸没在锅筒的水容积中。为了加强烟气与管壁之间的对流放热，应尽量提高烟气在管内的速度，通常自然通风时取 3～5m/s，强制通风时取 20m/s。

烟管废热锅炉的主要优点是结构紧凑，体积小；水容积大，能适应变负荷工作；对水质要求较低；气密性好，操作简单。缺点是排烟温度高，热效率低；钢材耗率较大；受热面布置在锅筒内，锅筒上部又有约 1/3 的空间是气空间，因此受热面不可能布置太多；锅炉的工作压力不能太高。

2. 水管废热锅炉　目前用于工业炉上的水管废热锅炉形式多样。图 13-19 为 FG70-13/250 型废热锅炉，蒸发量为 2t/h，蒸汽压力为 $13 \times 10^5 Pa$，过热蒸汽温度为 250℃，烟气入口温度为 800℃，烟气量为 $7000Nm^3/h$，对流受热面积为 $169m^2$，过热器受热面积为

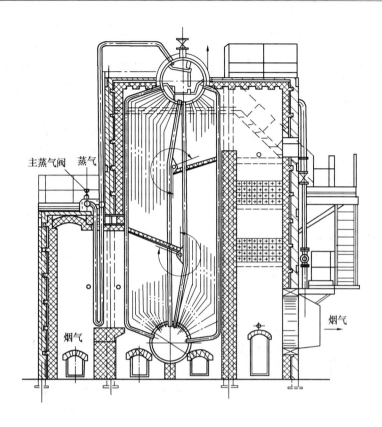

图 13-19 FG70-13/250 型废热锅炉

$3.82m^2$。外形尺寸是：上下锅筒中心距为 4.82m，锅炉总宽度 2.78m，总长度 6.285m。

该废热锅炉是双气包纵置式，它由气包、管束、省煤器及过热器组成。烟气依次经过过热器、对流管束、省煤器而排入大气。

图 13-20 为排管式水管锅炉，它由 ϕ50mm 的钢管组成排管，再用联箱与锅筒连接。垂直排管系刚性连接，受力不好，占地面积较大。倾斜排管要求锅筒位置较高，排管容易积灰。这种锅炉便于就地施工，对水质要求不高，但焊接工作量大。

图 13-21 为弯管式水管锅炉，它由 ϕ51mm 的弯管组成。弯管与上锅筒和下联箱连接。它结构紧凑、运行稳定、检修方便，适于布置在工业炉的炉体内作为水冷壁管。

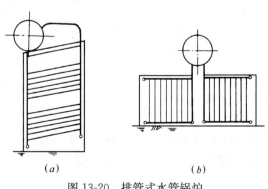

图 13-20 排管式水管锅炉
(a) 倾斜排管；(b) 垂直排管

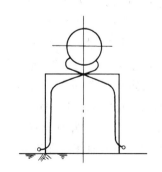

图 13-21 弯管式水管锅炉

343

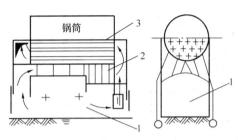

图 13-22　烟水管废热锅炉

1—工业炉炉膛；2—对流管束；3—烟管

3. **烟水管废热锅炉**　图 13-22 为烟水管废热锅炉，其蒸发量为 0.8t/h，蒸汽压力为 8×10^5 Pa，锅炉受热面为 $30m^2$。工业炉炉膛排出的烟气先经过对流管束，再进入烟管，而后排入大气。水由锅炉炉体外面的下降管向下流，经联箱进入对流管束，受热上升，在锅筒内继续受热气化，形成了自然水循环。这种锅炉具有烟管及水管两种锅炉的特点，结构更为紧凑，便于组装。

4. **强制循环废热锅炉**　以上几种废热锅炉均为自然循环废热锅炉，水循环是靠自然压头实现的。强制循环废热锅炉的水循环靠泵来实现，如图 13-23 所示。强制循环锅炉最重要问题是应使流量沿各管束均匀分布，如果流量分布不匀，就会使个别管子缺水而烧坏。

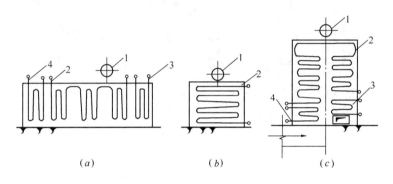

图 13-23　强制循环废热锅炉

(a) 卧式（垂直管束）；(b) 卧式（水平管束）；(c) 立式

1—气包；2—蒸发器；3—省煤器；4—过热器

强制循环废热锅炉的优点是水循环比较稳定；受热面可用直径较小的管子，并且可布置得很紧密，结构紧凑；热效率高。缺点是投资大；清除水垢困难、水质要求高；运动复杂；增加了循环水泵的动力消耗。

这种锅炉通常用在烟气量大（一般不小于 50000～60000Nm³/h）的工业炉上。

上述废热锅炉都没有燃烧室，蒸汽产量随工业炉工况而波动，甚至随工业炉停产而停产。为了提高废热锅炉供气的稳定性和可靠性，有时废热锅炉设有辅助燃烧室，以调节蒸汽产量。辅助燃烧室与废热锅炉组成一个整体，其结构形式决定于燃料种类。图 13-24 是以燃气或油为燃料的设有辅助燃烧室的废热锅炉。其结构简单，水循环稳定、可靠。在辅助燃烧室四周设有水冷壁管，它除吸收辐射热和保护炉墙外还可兼作工业炉与辅助燃烧室之间的炉墙。

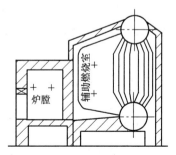

图 13-24　设有辅助燃烧室的废热锅炉

第十四章　燃气工业炉热力计算

在燃气工业炉中，通过燃气燃烧来加热物料。工程上对新建工业炉需要进行热力计算；对燃煤燃油炉窑进行燃料转换时，也需要进行热力校核计算。此外，为了提高已有工业炉的生产量或热效率，需要对工业炉进行改造或增设空气预热器、燃气预热器或余热锅炉等，这时也应进行热力校核计算。

热力计算涉及比较繁琐复杂的辐射传热、对流传热等热工问题。在实际工程中，为了简化计算，除特殊情况外，一般采用经验数据或热工指标进行计算。

第一节　热平衡与热效率

燃气工业炉的热平衡，是指以热力学第一定律为基础，从能量转换、利用的各环节对工业炉的能量收支进行核算，以评价其有效利用程度。其目的在于分析全部能量从何而来，随后又分配在何处。热平衡是对进入工业炉的能量在数量上的平衡关系进行研究，是考察能量构成、分布、流向和利用水平的极其重要而行之有效的科学手段。

对于燃气工业炉，在分析其用能变化时可写成：

$$输入总能量（包括耗电等）＝输出有效能＋损失$$

或者：

$$输入总能量（只计热能）＝输出有效利用热量＋热损失$$

后者就是热平衡关系式。

一、区域热平衡和全炉热平衡

为对燃气工业炉的热平衡有个全面了解，先简要介绍炉膛和空气预热器这两个区域的热平衡。

（一）炉膛热平衡

如图 14-1 所示，把炉膛作为一个区域，进入该区域的热量是炉膛的热收入，离开的都是热支出。这样得到的热平衡就是炉膛热平衡。它是炉子各区域热平衡中最重要的一环。

连续式加热炉的炉膛热平衡公式可写成：

$$Q_m + Q_c + Q_a + Q_g = Q_p + Q'_{ph} + Q'_{ch} + Q'_l + Q_{ab}$$

式中　Q_m——物料入炉时带入的物理热（kJ/h）；

　　　Q_c——燃气的化学热，即燃烧热（kJ/h）；

　　　Q_a——空气的物理热（kJ/h）；

　　　Q_g——燃气的物理热（kJ/h）；

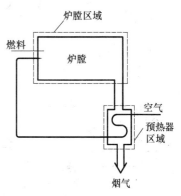

图 14-1　燃气工业炉热平衡示意图

Q_p ——物料出炉时带走的物理热（kJ/h）；

Q'_{ph} ——炉膛烟气带走的物理热（kJ/h）；

Q'_{ch} ——炉膛烟气中未燃气体的化学热，即化学不完全燃烧热损失（kJ/h）；

Q'_l ——炉膛热损失（kJ/h），包括炉膛砖砌体的散热损失、冷却水带走的热量、炉门等处的逸漏热损失、炉门或开孔敞开时的辐射热损失等；

Q_{ab} ——物料发生化学反应所吸收的热量（kJ/h），吸热为正、放热为负。

将上式中 Q_m 移到等号右侧，则有：

$$Q_c + Q_a + Q_g = (Q_p - Q_m) + Q'_{ph} + Q'_{ch} + Q'_l + Q_{ab} \qquad (14\text{-}1)$$

显然（$Q_p - Q_m$）即为物料在炉内获得的热量，通常称之为有效热 Q_e；

通常 Q'_{ch} 较小，可略去，则式（14-1）可简化为

$$Q_c + Q_a + Q_g = Q_e + Q'_{ph} + Q'_l + Q_{ab} \qquad (14\text{-}2)$$

式（14-2）概括地表达了炉膛热平衡的全貌。炉膛的热收入项包括：燃气的燃烧热 Q_c 以及燃气、空气的物理热 Q_g、Q_a；热支出项包括：有效热 Q_e、炉膛烟气带走的热量 Q'_{ph} 和炉膛的热损失 Q'_l、化学反应吸热量 Q_{ab}。

（二）空气预热器的热平衡

图 14-1 同时给出了空气预热器的热平衡。若预热器紧挨着炉膛烟气出口，而且炉膛全部烟气进入预热器，则预热器的收入有烟气热量、进口空气的热量。而热支出有三项：热空气所带走的物理热、预热器的热损失和预热器出口烟气带走的物理热。这样，空气预热器的热平衡可写作：

$$Q'_{ph} + Q_{a-in} = Q_a + Q''_{ph} + Q''_l \qquad (14\text{-}3)$$

式中　　Q_{a-in}、Q_a ——分别为进入和离开空气预热器的空气物理热（kJ/h）；

　　　　Q'_{ph}、Q''_{ph} ——进入和离开预热器的烟气物理热（kJ/h）；

　　　　Q''_l ——预热器的散热损失（kJ/h）。

（三）全炉的热平衡

全炉热平衡是各区域热平衡的总和。若炉子只有炉膛和空气预热器两部分，则炉子的热平衡式即为式（14-2）和式（14-3）之和：

$$Q_c + Q_{a-in} + Q_g = Q_e + Q''_{ph} + Q'_l + Q''_l + Q_{ab}$$

或

$$Q_c + Q_{a-in} + Q_g = Q_e + Q''_{ph} + Q_l + Q_{ab} \qquad (14\text{-}4)$$

式中　　Q_l ——全炉热损失（kJ/h）。

$$Q_l = Q'_l + Q''_l \qquad (14\text{-}5)$$

必须看到炉膛热平衡式与全炉热平衡式的区别。对于炉膛来说，热空气的物理热 Q_a 是它的收入；但对于全炉来说，热收入中并不包含 Q_a，这是因为热空气的物理热是烟气通过预热器供应的。

（四）热平衡图

对于热量单位为"kJ/h"的连续工作的炉子，其热平衡可用图形来表示（图 14-2）。从热平衡图可清楚地看出整

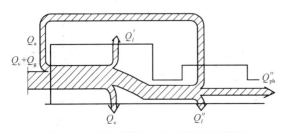

图 14-2　连续式燃气工业炉的热平衡图

个炉子热平衡的全貌。

二、热平衡中各项热量的计算方法

现以连续式加热炉为例来说明热平衡中各项的计算方法。此处计算热量的基准温度取为0℃，各项物理热均由此开始计算。必须说明的是，基准温度的选择仅会影响具体的数值，对整体的平衡不会产生影响。另一个常用的温度基准是环境温度，即炉子所处空间的外部温度。

（一）热收入

包括燃气的化学热、物理热和空气的物理热三部分。

1. 燃气的化学热

$$Q_c = L_g^0 H_l \tag{14-6}$$

式中　L_g^0——标准状态下的燃气流量（Nm^3/h）；在设计炉子时，燃气流量可按产品单耗估算。在测试工作中，由测量得到的燃气温度 t_g、压力 P_g、大气压 **B**、流量 L_g 按下式计算：

$$L_g^0 = L_g \frac{288}{273 + t_g} \frac{P_g + B}{101325}$$

其中，H_l 为燃气的热值（kJ/Nm^3）。

2. 燃气的物理热

$$Q_g = c_g L_g^0 t_g \tag{14-7}$$

式中　c_g——燃气从 $0 \sim t_g$ 的平均定压比热（$kJ/（Nm^3 \cdot ℃）$）。

3. 空气的物理热

$$Q_{a-in} = c_a L_a t_a \tag{14-8}$$

式中　c_a——为空气自 $0℃ \sim t_a$ 的平均定压比热（$kJ/（Nm^3 \cdot ℃）$）；

　　L_a——空气流量（m^3/h）；可由空气管道直接测试确定，也可按照烟气分析、燃气组成和燃气流量计算得到；

　　t_a——空气的温度（℃）。

（二）热支出项

包括有效热、设备散热、排烟热损失、辐射热损失、逸漏热损失等。

1. 有效热量

$$Q_e = G（c_2 t_2 - c_1 t_1）+ G_w q_w \tag{14-9}$$

式中　G——被加热物件的产量（kg/h）；

　t_1、t_2——被加热物件的起始与终了温度（℃）；

　c_1、c_2——被加热物件在起始与终了温度下的比热（$kJ/(kg \cdot ℃)$）；

　　G_w——加热过程中发生相变的组分（kg/h）；

　　q_w——相变潜热（kJ/kg）。

在很多加热工艺中，第二部分热量所占的比例可能大于第一部分，如喷塔的干燥工艺、饼干的烘烤等。

在设计炉子时，炉子的生产率以及进出炉温度都是根据设计要求确定的。在进行测试时，这些数据都是实际测得的。

2. 炉膛出口烟气带走的热量

(1) 烟气物理热 Q'_{ph}

$$Q'_{ph} = c_f L_f t_f \tag{14-10}$$

式中　　L_f——排烟量（Nm^3/h）；

$\quad\quad\quad t_f$——烟气温度（℃）；

$\quad\quad\quad c_f$——烟气自 0℃~t_f 的平均比热（kJ/（$Nm^3 \cdot$ ℃））。

(2) 化学不完全燃烧热损失 Q'_{ch}

$$Q'_{ch} = L_f (H_{CO} r_{CO} + H_{H_2} r_{H_2} + \cdots\cdots) \tag{14-11}$$

式中　　H_{CO}、H_{H_2}——CO 和 H_2 的热值（kJ/Nm^3）；

$\quad\quad\quad r_{CO}$、r_{H_2}——CO 和 H_2 在烟气中的体积组分；在进行测试时，需用气体分析仪测得各种可燃组分的含量；设计时可参照现有设备估计。

3. 炉膛热损失 Q'_l

炉膛热损失所包含的具体项目随着炉子的不同而不同。一般情况下包括：通过砌体的散热损失、冷却水带走的热量、炉内运料工具（如链条）等带走的热量、炉门或开孔的辐射热损失、烟气逸漏的热量等。下面介绍其中一些项目的计算方法。

(1) 通过砌体的散热　在连续工作的炉子上，通过砌体的散热可看做稳态传热过程，有关计算方法在传热学中均有介绍。设计炉子时，常采用下面的公式：

$$Q_{br} = \frac{t_3 - t_0}{\dfrac{\delta_1}{\lambda_1} + \dfrac{\delta_2}{\lambda_2} + 0.054} \cdot F_{br} \tag{14-12}$$

式中　　Q_{br}——通过砌体的散热（kJ/h）；

$\quad\quad\quad t_3$——炉子内表面温度（℃）；

$\quad\quad\quad t_0$——炉子周围空气温度（℃）；

$\quad\quad\quad \delta_1$、δ_2——耐火材料厚度和绝热层厚度（m）；

$\quad\quad\quad \lambda_1$、$\lambda_2$——耐火材料与绝热材料的导热系数（kW/(m·K)）；

$\quad\quad\quad F_{br}$——砌体的散热面积（m^2）；

$\quad\quad\quad 0.054$——炉壁外表面与空气之间的热阻（炉壁外表面与空气之间的传热系数约 18.6W/($m^2 \cdot$ K)）。

由于炉膛各部分的砌体厚度与温度不同，所以炉体各部分的散热损失要分别计算，之后相加才能求得整个炉体的散热损失。表 14-1 列出了通过砌体的散热损失数据，可作为设计时的参考。在测试工作中，可使用热流计等仪表进行实测，之后按下式计算：

$$Q_{br} = \sum_i q_i F_i \tag{14-13}$$

式中　　q_i——砌体某表面的散热热流（kW/m^2）；

$\quad\quad\quad F_i$——该散热表面的面积（m^2）。

通过炉子砌体的热损失　　　　　　　　　　　　　　　　　　　表 14-1

砌体厚度（砖）	热损失及炉墙外壁温度	炉墙内壁温度（℃）					
		400	600	800	1000	1200	1400
1 黏土砖	热损失（kW/m^2）	1.186	1.907	2.733	3.605	4.559	5.641
	外壁温度（℃）	100	140	175	210	245	275

续表

砌体厚度（砖）	热损失及炉墙外壁温度	炉墙内壁温度（℃）					
		400	600	800	1000	1200	1400
$1\frac{1}{2}$黏土砖	热损失（kW/m²）	0.826	1.326	1.884	2.489	3.163	3.850
	外壁温度（℃）	80	110	140	170	195	220
2黏土砖	热损失（kW/m²）	0.640	1.047	1.512	2.035	2.617	3.198
	外壁温度（℃）	60	80	110	130	150	175
1黏土砖 1/2硅藻土砖	热损失（kW/m²）	0.361	0.640	0.954	1.326	1.582	2.070
	接触面温度（℃）	310	460	610	760	930	1080
	外壁温度（℃）	35	55	75	90	105	130
$1\frac{1}{2}$黏土砖 1/2硅藻土砖	热损失（kW/m²）	0.326	0.558	0.826	1.047	1.512	1.791
	接触面温度（℃）	280	410	550	720	830	980
	外壁温度（℃）	30	45	65	80	100	120
1硅藻土砖	热损失（kW/m²）	0.407	0.698	0.930	—	—	—
	外壁温度（℃）	25	40	60			

（2）冷却设备吸收热量

在很多炉窑中，常使用冷却水等来促进设备散热，保持所需要的温度水平。

$$Q_{w} = L_{w}c_{w}(t_{w2} - t_{w1}) \tag{14-14}$$

式中　L_w——冷却介质的流量（kg/h）；

　　t_{w1}、t_{w2}——冷却介质进入、离开系统的温度（℃）；

　　c_w——冷却介质的比热(kJ/(kg·℃))。

（3）通过炉门或开孔的辐射热损失

当炉门或开孔打开时，炉内向外辐射造成热损失。若炉墙很薄，那么向外辐射的热量可按黑体辐射的四次方定量计算。但是，实际上炉墙有一定厚度，通过开孔的辐射热损失比上述数值小，为：

$$Q_{r} = \Sigma\, 20.41\left(\frac{T_{1}}{100}\right)^{4} F_{r}\varphi_{r}\tau \tag{14-15}$$

式中　T_1——炉门或其他高温处的炉温（K）；

　　F_r——炉门或其他高温处的面积（m²）；

　　φ_r——辐射的综合角系数，由图14-3查得；

　　τ——炉门或开孔在一小时内的开启时间。

（4）炉气逸漏损失：

$$Q_{do} = \Sigma\, L_{do}c_{do}t_{do} \tag{14-16}$$

式中　L_{do}——炉门或开孔处的炉气逸漏量（Nm³/h）；

　　t_{do}——逸漏炉气的温度（℃）；

　　c_{do}——逸漏炉气温度下的定压比热(kJ/(Nm³·℃))。

炉气逸漏量L_{do}可通过下式计算：

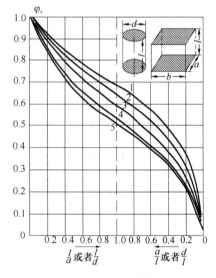

图14-3　综合辐射角系数 φ_r

1—长的平板 a：b=0；2—长方体 a：b=0.2；

3—长方形 a：b=0.5；

4—四方体 a：b=1；5—圆

$$L_{\text{do}} = \mu H b \sqrt{\frac{2gH(\rho_{\text{a}} - \rho_{\text{t}})}{\rho_{\text{t}}}} \frac{288}{273 + t} \times 3600 \qquad (14\text{-}17)$$

式中　H、b——为逸漏处零压线以上的高度和宽度（m）；

　　　　t——逸漏处炉气的温度（℃）；

　　　　μ——流量系数；对薄墙 $\mu = 0.6$，厚墙 $\mu = 0.8$；

　　　　ρ_{a}、ρ_{t}——分别为逸漏处外围的空气密度和逸漏炉气温度下的炉气密度（kg/m³）。

三、炉子燃气用量的确定

在设计炉子时，有两种方法确定炉子的燃气用量：计算法和经验法。前者是从热平衡关系式中求得炉子的燃气用量；后者是参照同类炉子的数据，选定所设计炉子的燃气用量。经验法的好处是有实际生产数据为依据，计算工作量较小。但是，这种方法不能剖析设计方案在热量利用方面的优缺点。若设计方案与原来炉子有较大的出入，或设计新型炉子，更难获取可靠的参考数据。而计算法的情况正好相反。所以最好将两者结合起来，既做实际调查，又做理论计算，彼此补充，互相校核。

按照计算法，若忽略燃气的物理热，由炉体热平衡式（14-2）得：

$$Q_{\text{c}} + Q_{\text{a}} = Q_{\text{e}} + Q'_{\text{ph}} + Q'_{l} + Q_{\text{ab}}$$

$$L_{\text{g}}^{0} H_{l} + L_{\text{g}}^{0} V_{\text{a}} c_{\text{a}} t_{\text{a}} = Q_{\text{e}} + L_{\text{g}}^{0} V_{\text{f}} c_{\text{f}} t_{\text{f}} + Q'_{l} + Q_{\text{ab}}$$

经整理后炉子的燃气耗量为

$$L_{\text{g}}^{0} = \frac{Q_{\text{e}} + Q'_{l} + Q_{\text{ab}}}{H_{l} + V_{\text{a}} c_{\text{a}} t_{\text{a}} - V_{\text{f}} c_{\text{f}} t_{\text{f}}} \qquad (14\text{-}18)$$

将输入燃气的总热量除以炉子的产品产量 G，可得到单位产品的热消耗量，简称单位热耗：

$$b = \frac{L_{\text{g}}^{0} H_{l}}{G} \qquad (14\text{-}19)$$

式中　b——单位热耗（kJ/kg）。

单位热耗是衡量炉子热工性能的一个重要生产指标。

四、炉子的热效率

有效利用的热量与供应炉子的热量之比，称为炉子的热效率：

$$\eta = \frac{Q_{\text{e}}}{L_{\text{g}}^{0} H_{l}} \qquad (14\text{-}20)$$

式中　η——炉子的热效率。

在测试工作中，只要测出炉子的燃气用量 L_{g}^{0}、燃气的低热值 H_{l} 以及物料的有效利用热量 Q_{e}，即可算出炉子的热效率。这是一种常用的、也是较准确的测定炉子热效率的方法，称为直接计算法（正算法）。

必须指出，直接计算法只能求得炉子的热效率，但不可能用来研究和分析影响热效率的各种因素，以寻求提高热效率的途径。为此，在实际测试过程中，往往先测出炉子的各项热损失，反过来计算炉子的热效率，这种方法称为反算法。将热效率公式改写，忽略燃气、空气的物理热时，由炉子热平衡式（14-4）得：

$$Q_e = Q_c - Q''_{ph} - Q_l - Q_{ab}$$

所以炉子热效率可写为

$$\eta = \frac{Q_c - Q''_{ph} - Q_l - Q_{ab}}{L_g^0 H_l} \tag{14-21}$$

或由炉膛热平衡式（14-2）可写出

$$\eta = \frac{Q_c + Q_a - Q'_{ph} - Q'_l - Q_{ab}}{L_g^0 H_l} \tag{14-22}$$

式（14-21）、式（14-22）称为炉子热效率的反算法计算式。

工业炉的热效率往往比较低，例如：均热炉为30%～40%，连续加热炉为30%～50%，锻造炉为5%～40%，热处理炉为5%～20%。因此提高炉子的热效率是目前节能减排的一个重要任务。

【例14-1】 按表14-2中列出的二段式连续加热炉炉体热平衡数据，用正算法和反算法计算该炉的热效率。

热 平 衡 表　　　　　　　　表 14-2

热收入项	10^6 kJ/h	%	热支出项	10^6 kJ/h	%
1. 燃气的燃烧热 Q_c	67.99	85	1. 物料获得热量 Q_e	25.62	32
2. 空气的物理热 Q_a	8.62	11	2. 烟气带走物理热 Q'_{ph}	28.47	36
3. 金属氧化反应放热 Q_{ab}	3.39	4	3. 炉门及开孔热损失 $Q_{do}+Q_r$	1.63	2
			4. 砖砌体散热 Q_{br}	1.09	1
			5. 冷却水带走热量 Q_w	13.23	17
			6. 其他各项热损失 Q_{un}	9.96	12
共计	80.00	100	共计	80.00	100

【解】 分两种方法计算：

（1）正算法 根据上表数据，有效热为

$$Q_e = (25.62 - 3.39)\times 10^6 = 22.23\times 10^6 \text{ kJ/h}$$

而燃气的燃烧热为

$$Q_c = 67.99\times 10^6 \text{kJ/h}$$

所以

$$\eta = \frac{Q_e}{Q_c} = \frac{22.23\times 10^6}{67.99\times 10^6} = 33\%$$

（2）反算法 炉体热损失

$$Q'_l = Q_{do}+Q_r+Q_{br}+Q_w+Q_{un} = (1.63+1.09+13.23+9.96)\times 10^6$$
$$= 25.91\times 10^6 \text{kJ/h}$$

$$Q_e = Q_c+Q_a-Q'_{ph}-Q'_l = (67.99+8.62-28.47-25.91)\times 10^6$$
$$= 22.23\times 10^6 \text{kJ/h}$$

所以

$$\eta = \frac{Q_e}{Q_c} = \frac{22.23\times 10^6}{67.99\times 10^6} = 33\%$$

第二节　㶲平衡与㶲效率

一、概述

㶲平衡是以热力学第一定律和第二定律为基础，从能量传递与转换的质和量方面，对

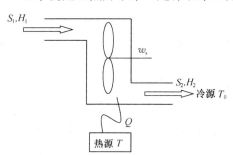

图 14-4　稳定流动过程的
能量平衡和熵平衡图

系统和设备的㶲进行核算，以评价能量的合理运用程度。㶲平衡对于生产实际过程中能量合理利用的评价和改进具有指导意义。特别是在用能流程设计方面，㶲平衡分析能够更好地揭示出工艺过程的合理性、方向性。

设工质在某一系统或设备中进行着稳定流动过程，如图 14-4 所示，则进入系统的能量与从系统流出的能量是相等的。忽略进口处和出口处的动能差和位能差，可写出系统的能量方程式和熵方程式：

能量方程式：
$$H_1 + Q = H_2 + w_s$$

熵方程式：
$$S_1 + \frac{Q}{T} + \Delta S = S_2$$

式中　H_1、H_2——分别为进出口的焓；

　　　S_1、S_2——分别为进出口的熵；

　　　w_s——向外输出的功；

　　　Q——吸收的热量。

以冷源温度 T_0（即环境温度）乘以熵方程式并减去能量方程式，有：

$$w_s - \frac{T - T_0}{T}Q = (H_1 - T_0 S_1) - (H_1 - T_0 S_1) - T_0 \Delta S$$

或者：

$$\frac{T - T_0}{T}Q + [(H_1 - T_0 S_1) - (H_0 - T_0 S_0)]$$

$$= [(H_2 - T_0 S_2) - (H_0 - T_0 S_0)] + w_s + T_0 \Delta S$$

即：
$$\psi_0 + \psi_1 = (\psi_2 + w_s) + \psi_s$$

最后得到：
$$\psi_0 = (\psi_2 - \psi_1 + w_s) + \psi_s \tag{14-23}$$

输入㶲＝输出有效利用㶲＋㶲损失

上式即为㶲平衡式。

式中　　　$\psi_0 = \dfrac{T - T_0}{T}Q$——热源输入热量的㶲，称热㶲，即热、冷源温度

　　　　　　　　　　　　　　　为 T、T_0 下卡诺循环的最大有用功；

$\psi_1 = [(H_1 - T_0 S_1) - (H_0 - T_0 S_0)]$——工质进入系统的㶲；

$\psi_2 = [(H_2 - T_0 S_2) - (H_0 - T_0 S_0)]$——工质离开系统的㶲；

$\psi_s = T_0 \Delta S$——系统不可逆㶲损失；

w_s——工质对外做出的轴功。

二、㶲效率

根据㶲平衡式，㶲效率 η_ψ 可定义为：$\eta_\psi = \dfrac{(\psi_2 - \psi_1) + w_s}{\psi_0}$

而 $\qquad\qquad (\psi_2 - \psi_1) + w_s = \psi_0 - \psi_s$

所以 $\qquad\qquad \eta_\psi = \dfrac{\psi_0 - \psi_s}{\psi_0} = 1 - \dfrac{\psi_s}{\psi_0}$

由此式可知：

1. 如果过程完全可逆，则 $\psi_s = 0$，$\eta_\psi = 1$；

2. 如果过程完全不可逆，或者不可逆程度非常大，则 $\psi_s = \psi_0$，$\eta_\psi = 0$；

3. 实际上，过程都是不可逆的，仅不可逆程度不同而已，因此 $0 < \eta_\psi < 1$，η_ψ 越大，说明 ψ_s 越小、不可逆性越小、热力学完善程度越好；反之，η_ψ 越小，说明 ψ_s 越大，不可逆性越大、热力学完善程度越差；因此，η_ψ 能够准确而又定量地反映出过程的不可逆性，从而确定节能的方向和合理利用能源的措施。

以一台热水锅炉为例来说明热效率和㶲效率的不同。将水由 20℃ 加热到 60℃，水量为 200kg/h，燃气耗量为 $V_g = 3 Nm^3/h$，燃气低热值为 $H_l = 14.84\,MJ/Nm^3$，环境温度为 $t_0 = 20^\circ C$。加热水所需热量 $Q_1 = 33.44 MJ/h$，消耗燃气所得热量为 $Q_2 = 44.52 MJ/h$。

热效率 $\eta_e = \dfrac{Q_1}{Q_2} = \dfrac{33.44}{44.52} = 75.1\%$

水由 20℃ 加热到 60℃，其㶲的变化为：

$$(\psi_2 - \psi_1) = (H_2 - T_0 S_2) - (H_1 - T_0 S_1) = 2160.4 kJ/h$$

对于燃气的㶲，可以认为近似等于它的低热值，即

$$\psi_0 \approx Q_2 = 44\,520 kJ/h$$

㶲效率 $\qquad\qquad \eta_\psi = \dfrac{(\psi_2 - \psi_1)}{\psi_0} = \dfrac{2160.4}{44520} = 4.86\%$

由此可见，燃气热水锅炉的㶲效率仅为 4.86%；即便将其热效率提高到 100%，它的㶲效率也仅有 6.46%。这一简单例子表明，在分析设备用能情况时，仅分析其热效率，容易使人产生误解。

十分明显，上述例子中㶲效率低的原因是由于用高品位的燃气去完成一个只要求低品位能量的任务（即将热水由 20℃ 加热到 60℃），而导致有用功的损失。虽然其热效率较高（达 75.1%），但其㶲效率仅为 4.86%，这表明燃气的能量没有得到合理的利用。为了提高能量的合理利用程度，必须重新进行考虑，采用提高㶲效率的方案。

从上面的实例，可以具体地了解到能量的数量和质量、热效率和㶲效率是不一样的。从形式上说，㶲效率和热效率是相类似的，都是过程所得与所耗能量之比。但是从本质上说，它们是有区别的。热效率反映的只是各种不同形式的能量传递和能量转化过程的效率，所计算的仅是各种形式的能量在数量上的有效利用率，而没有考虑到各种形式能量质

量的不同，没有考虑到各种能量品位的差别，结果是把热能与电能、热能与机械能、高品位与低品位能等，等量齐观，从而掩盖了能量利用过程中的不合理性。㶲效率表示相同品位能量的合理利用情况，即各种形式的能量在质量上的利用率。据此，可评比用能系统或设备的优劣，提高能量的合理利用率。

三、燃气工业炉的㶲平衡计算

与热平衡一样，㶲平衡也包括㶲收入项、㶲支出项两部分。现以燃气工业炉为例说明其计算方法。取基准温度为0℃来考虑。

(一) 㶲收入项

包括燃气化学热的㶲 ψ_c、物理热的㶲 ψ_g 和空气物理热的㶲 ψ_a 三部分。

1. 燃气化学热的㶲 ψ_c：

$$\psi_c = Q_c = L_g^0 H_l \tag{14-24}$$

式中　L_g^0——标准状态下的燃气流量（Nm³/h）；

　　　H_l——燃气的热值（kJ/Nm³）。

2. 燃气物理热的㶲 ψ_g：

$$\psi_g = c_g \left[(t_g - t_0) - T_0 \ln \frac{T_g}{T_0} \right] L_g^0 \tag{14-25}$$

式中　T_g、t_g——燃气温度（K、℃）；

　　　c_g——0℃～t_g的燃气平均定压比热（kJ/（Nm³·℃））。

3. 空气物理热的㶲 ψ_a：

$$\psi_a = c_a \left[(t_a - t_0) - T_0 \ln \frac{T_a}{T_0} \right] L_a \tag{14-26}$$

式中　T_a、t_a——空气温度（K、℃）；

　　　c_a——0℃～t_g的空气平均定压比热(kJ/(Nm³·℃))。

总的输入项 $\Sigma \psi = \psi_c + \psi_g + \psi_a$

(二) 㶲支出项

包括物料获得的㶲、砌体散热㶲、烟气㶲损失、辐射热㶲损失、逸漏热㶲损失、燃烧不可逆过程的㶲损失等。

1. 物料获得的㶲：

$$\psi_e = \psi_2 - \psi_1 = G \left\{ c_2 \left[(t_2 - t_0) - T_0 \ln \frac{T_2}{T_0} \right] - c_1 \left[(t_1 - t_0) - T_0 c_1 \ln \frac{T_1}{T_0} \right] \right\} \tag{14-27}$$

式中　$T_1(t_1)$、$T_2(t_2)$——进出物料的温度（K 和℃）；

　　　c_1、c_2——物料在进炉、出炉温度下的比热(kJ/(kg·K))；

　　　G——炉子的生产能力（kg/h）。

2. 通过砌体散热的热㶲：

若设备内部平均的炉气温度为 t_{br}，散热总量为 Q_{br}，则对应的㶲为：

$$\psi_{br} = Q_{br} \frac{T_{br} - T_0}{T_{br}} \tag{14-28}$$

相应的热㶲损失为：
$$\psi'_{br} = Q_{br} - \psi_{br} \tag{14-29}$$

3. 冷却介质带走的㶲：

$$\psi_w = L_w \left[c_w \left(t_{w2} - t_{w1} \right) - T_0 c_w \ln \frac{T_{w2}}{T_{w1}} \right] \tag{14-30}$$

式中　　　　　　　　L_w——冷却介质的流量（kg/h）；

T_{w1}（t_{w1}）、T_{w2}（t_{w2}）——冷却介质进入、离开系统的温度（K 或℃）；

c_w——冷却介质的比热(kJ/(kg·℃))。

4. 排烟的㶲损失：

按照烟气组分、温度分别计算 T_f 与环境温度 T_0 下的烟气焓 h_f、h_0，熵 s_f、s_0。再按照下式来计算烟气的热㶲损失：

$$\psi_f = L_f \left[\left(h_f - h_0 \right) - T_0 \left(s_f - s_0 \right) \right] \tag{14-31}$$

式中　　L_f——烟气流量（Nm³/h）。

在不同温度水平下混合气体的焓、熵时，可查表 14-3 按对应的温度水平、体积百分比加权求得。

不同温度范围内各种气体焓、熵计算公式中的系数值　　　　　　　表 14-3

	适用温度范围及公式	系数	空气	N₂	O₂	CO	H₂O	CO₂	SO₂	H₂
0℃为基准的焓 (kJ/Nm³)	0℃≤t≤1400℃ $H_i=a_{1i}t+b_{1i}t^2$	a_{1i}	1.285	1.273	1.327	1.281	1.465	1.788	1.892	1.273
		$b_{1i}\times10^5$	12.225	11.932	14.403	12.853	25.539	39.565	33.494	6.071
	1400℃≤t≤2000℃ $H_i=a_{2i}t+b_{2i}$	a_{2i}	1.612	1.599	1.687	1.616	2.290	2.692	2.604	1.524
		b_{2i}	−226.1	−230.3	−238.6	−226.1	−661.5	−527.5	−376.8	−234.5
	2000℃≤t≤3000℃ $H_i=a_{3i}t+b_{3i}$	a_{3i}	1.662	1.629	1.742	1.645	2.437	2.747	2.650	1.616
		b_{3i}	−326.6	−288.9	−347.5	−284.7	−954.6	−636.4	−468.9	−418.7
1atm下的绝对熵 (kJ/(Nm³·K))	0℃≤t≤1400℃ $S_i=A_{1i}\ln T+B_{1i}T+C_{1i}$	A_{1i}	1.218	1.206	1.248	1.210	1.327	1.570	1.708	1.239
		$B_{1i}\times10^5$	24.45	23.86	28.81	25.71	51.08	79.13	67.0	12.14
		C_{1i}	1.637	1.608	1.955	1.846	0.708	0.352	1.139	−1.269
	1400℃≤t≤2000℃ $S_i=A_{2i}\ln T+B_{2i}$	A_{2i}	1.612	1.599	1.687	1.616	2.290	2.692	2.604	1.524
		B_{2i}	−0.879	−0.917	−0.833	−0.741	−5.589	−6.665	4.396	−3.182
	2000℃≤t≤3000℃ $S_i=A_{3i}\ln T+B_{3i}$	A_{3i}	1.662	1.629	1.742	1.645	2.437	2.747	2.650	1.616
		B_{3i}	−1.269	−1.143	−1.252	−0.967	−6.720	−7.084	4.752	−3.894

例如：当烟气温度在 0～1400℃ 范围内，各系数应取 a_{1i}、b_{1i}、A_{1i}、B_{1i}、C_{1i}。若烟气中各成分的容积百分比为 r_{RO_2}、r_{H_2O}、r_{N_2}、r_{O_2} 等，则各系数的计算式为：

$$\left.\begin{aligned}
a_{1i} &= r_{RO_2} a_{1RO_2} + r_{H_2O} a_{1H_2O} + r_{N_2} a_{1N_2} + r_{O_2} a_{1O_2} \\
b_{1i} &= r_{RO_2} b_{1RO_2} + r_{H_2O} b_{1H_2O} + r_{N_2} b_{1N_2} + r_{O_2} b_{1O_2} \\
A_{1i} &= r_{RO_2} A_{1RO_2} + r_{H_2O} A_{1H_2O} + r_{N_2} A_{1N_2} + r_{O_2} A_{1O_2} \\
B_{1i} &= r_{RO_2} B_{1RO_2} + r_{H_2O} B_{1H_2O} + r_{N_2} B_{1N_2} + r_{O_2} B_{1O_2} \\
C_{1i} &= r_{RO_2} C_{1RO_2} + r_{H_2O} C_{1H_2O} + r_{N_2} C_{1N_2} + r_{O_2} C_{1O_2}
\end{aligned}\right\} \tag{14-32}$$

5. 辐射热㶲：

若炉门、孔口等辐射处的平均温度为 T_r (t_r)，辐射散热总量为 Q_r，则对应的㶲为：

$$\psi_r = Q_r \frac{T_r - T_0}{T_r} \tag{14-33}$$

相应的热㶲损失为：

$$\psi'_r = Q_r - \psi_r \tag{14-34}$$

6. 逸漏炉气的㶲：

若逸漏炉气平均温度为 t_{do}，逸漏炉气总量为 L_{do}，按照式（14-35）来计算其对应的㶲。

$$\psi_{do} = L_{do} \left[(h_{do} - h_0) - T_0 (s_{do} - s_0) \right] \tag{14-35}$$

式中 L_{do} ——逸漏烟气量 (Nm^3/h)；

h_{do}、s_{do} ——分别为逸漏烟气的焓(kJ/Nm^3)和熵$(kJ/(Nm^3 \cdot K))$，按照式(14-32)和表14-3 中的系数计算。

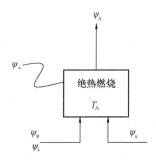

图 14-5 绝热燃烧过程的
㶲平衡示意图

7. 燃烧不可逆的㶲损失：

燃气燃烧是典型的不可逆过程，存在不可逆㶲损失。设绝热燃烧后烟气的㶲为 ψ_A，根据绝热燃烧过程的㶲收支平衡（图14-5），燃烧不可逆的㶲损失为：

$$\psi_s = (\psi_c + \psi_g + \psi_a) - \psi_A \tag{14-36}$$

首先由绝热燃烧过程的热平衡式计算绝热燃烧温度 t_A：

$$t_A = \frac{Q_c + Q_g + Q_a - L_f \sum b_{2i}}{L_f \sum a_{2i}} \tag{14-37}$$

再按照式（14-38）计算对应温度下烟气的㶲 ψ_A。

$$\psi_A = (h_A - h_0) - T_0 (s_A - s_0) \tag{14-38}$$

最后按照式（14-36）计算燃烧不可逆的损失。

8. 总的热㶲损失：

热㶲损失包括炉体散热、炉门/孔口等辐射的热㶲损失之和。

$$\psi'_s = \psi'_{br} + \psi'_r \tag{14-39}$$

9. 传热不可逆的㶲损失以及其他㶲损失：

$$\psi''_s = (\psi_c + \psi_g + \psi_a) - (\psi_e + \psi_{br} + \psi_f + \psi_r + \psi_{do} + \psi_w + \psi_s + \psi'_s) \tag{14-40}$$

【例14-2】 对一个连续式铜锭加热炉，计算其热平衡与㶲平衡。已知热工测试为：燃气低热值 $H_l = 13.854MJ/Nm^3$，理论空气量 $V_0 = 3.293Nm^3/Nm^3$，燃气耗量 $L_g^0 = 828 Nm^3/h$，燃气温度 $t_g = 21℃$，炉内过剩空气系数 $\alpha = 1.03$，烟气总量为 $3709Nm^3/h$；铜锭入炉温度 $t_1 = 33℃$，出炉温度 $t_2 = 942℃$，产量 $G = 14371.4kg/h$；导轨需要的冷却水量 $G_w = 5800kg/h$，供水与出水温度分别为 $t_{w1} = 14℃$ 和 $t_{w2} = 37℃$；炉体散热量 $Q_{br} = 906440kJ/h$，对应的炉气平均温度为 $t_{br} = 821℃$；逸漏炉气总量为 $L_{do} = 937Nm^3/h$，平均温度为 $t_{do} = 924℃$；排烟温度为 $t_f = 608℃$；炉门、窥火孔等处的辐射散热总量为 $Q_r = 195530kJ/h$，平均温度为 $t_r = 1178℃$。

【解】

铜锭在入炉和出炉温度下的比热分别为 $c_1 = 0.3864kJ/(kg \cdot ℃)$ 和 $c_2 = 0.4262kJ/(kg \cdot ℃)$。忽略铜锭的氧化烧损，按照前述的热平衡计算方法，可得到表14-4的结果。

铜锭加热炉的热平衡　　　　　　　　表 14-4

热量输入项	kJ/h	%	热量输出项	kJ/h	%
1 燃气化学热 $Q_c = L_g^0 H_l$	11471110	99.0%	1 物料吸收热 $Q_e = G(c_2 t_2 - c_1 t_1)$	5586710	48.2%
2 燃气物理热 $Q_g = c_g L_g^0 t_g$	23730	0.2%	2 炉体散热量 $Q_{br} = \sum_i K_i F_i (t_i - t_0)$	906440	7.8%
3 空气物理热 $Q_a = c_a \alpha L_g^0 V_0 t_a$	87490	0.8%	3 排烟热损失 $Q_f = c_f L_f t_f$	2497730	21.6%
			4 辐射热损失 $Q_r = \sum 20.52 \left(\dfrac{T_1}{100}\right)^4 F\varphi$	195530	1.7%
			5 炉气逸漏热损失 $Q_{do} = \sum L_{do} c_{do} t_{do}$	1330630	11.5%
			6 冷却水带走热量 $Q_w = L_w c_w (t_{w2} - t_{w1})$	801350	6.9%
			7 其他及误差	263940	2.3%
合计	11582330	100.0%	合计	11582330	100.0%

据此，可算得铜锭加热炉的热效率为：

$$\eta = \frac{Q_e}{Q_c} = \frac{5586710}{11471110} = 48.1\%$$

按照前述的计算方法，分别计算㶲收入项中的各项：

（1）燃气化学热的㶲：$\psi_c = Q_c = L_g^0 H_l = 13854 \times 828 = 1147110 \text{ kJ/h}$

（2）燃气物理热的㶲：

$$\psi_g = c_g \left[(t_g - t_0) - T_0 \ln \frac{T_g}{T_0} \right] L_g^0 = 1.365 \times 828 \times \left[21 - 0 - 273 \times \ln \frac{273 + 21}{273} \right] = 870 \text{kJ/h}$$

（3）空气物理热的㶲：

$$\psi_a = c_a \left[(t_a - t_0) - T_0 \ln \frac{T_a}{T_0} \right] L_a$$

$$= 1.298 \times 1.03 \times 828 \times 3.293 \times \left[24 - 0 - 273 \times \ln \frac{273 + 24}{273} \right] = 3630 \text{kJ/h}$$

总的输入项 $\sum \psi = \psi_c + \psi_g + \psi_a = 1147110 + 870 + 3630 = 1151610 \text{kJ/h}$

㶲支出项包括：

（1）铜锭获得的㶲：

进炉铜锭的㶲：

$$\psi_1 = G \left[c_1 (t_1 - t_0) - T_0 c_1 \ln \frac{T_1}{T_0} \right]$$

$$= 14371.4 \times 0.3864 \times \left[33 - 273 \times \ln \frac{273 + 33}{273} \right] = 10260 \text{kJ/h}$$

出炉铜锭的㶲：

$$\psi_2 = G\left[c_2\,(t_2-t_0)-T_0c_2\ln\frac{T_2}{T_0}\right]$$

$$=14371.4\times0.4262\times\left[942-273\times\ln\frac{273+942}{273}\right]=3273270\,\text{kJ/h}$$

铜锭获得的㶲：$\psi_e = \psi_2-\psi_1 = 3273270-10260 = 3263010\,\text{kJ/h}$

（2）炉膛散热㶲：

炉体散热量 $Q_{br}=906440\,\text{kJ/h}$，对应的炉气平均温度为 $t_{br}=821℃$；对应的㶲为：

$$\psi_{br}=Q_{br}\frac{T_{br}-T_0}{T_{br}}=906440\times\frac{821+273-273}{821+273}=680240\,\text{kJ/h}$$

相应的热㶲损失为：$\psi'_{br}=Q_{br}-\psi_{br}=906440-680240=226200\,\text{kJ/h}$

（3）排烟的㶲损失：

排烟量为燃烧产生的烟气总量减去逸漏的烟气量，$L_f=2772\,\text{Nm}^3/\text{h}$；

根据燃气组分和过剩空气系数，可计算得到烟气的体积百分比，如下：

$r_{CO_2}=10.21\%$；$r_{H_2O}=26\%$；$r_{N_2}=63.39\%$；$r_{O_2}=0.4\%$；

查表 14-3，可按 $t_f=608℃$ 对应的温度水平和上述的体积百分比加权计算焓和熵所需的系数：

$$\Sigma a_{1i}=r_{CO_2}a_{1CO_2}+r_{H_2O}a_{1H_2O}+r_{N_2}a_{1N_2}+r_{O_2}a_{1O_2}$$
$$=0.1021\times1.788+0.26\times1.465+0.6339\times1.273+0.004\times1.327$$
$$=1.377$$

$$\Sigma b_{1i}=r_{CO_2}b_{1CO_2}+r_{H_2O}b_{1H_2O}+r_{N_2}b_{1N_2}+r_{O_2}b_{1O_2}$$
$$=(0.1021\times39.57+0.26\times25.54+0.6339\times11.93+0.004\times14.40)\times10^{-5}$$
$$=18.30\times10^{-5}$$

$$\Sigma A_{1i}=r_{CO_2}A_{1CO_2}+r_{H_2O}A_{1H_2O}+r_{N_2}A_{1N_2}+r_{O_2}A_{1O_2}$$
$$=0.1021\times1.570+0.26\times1.327+0.6339\times1.206+0.004\times1.248$$
$$=1.273$$

$$\Sigma B_{1i}=r_{CO_2}B_{1CO_2}+r_{H_2O}B_{1H_2O}+r_{N_2}B_{1N_2}+r_{O_2}B_{1O_2}$$
$$=(0.1021\times79.131+0.26\times51.079+0.6339\times23.865+0.004\times28.805)\times10^{-5}$$
$$=36.60\times10^{-5}$$

$$\Sigma C_{1i}=r_{CO_2}C_{1CO_2}+r_{H_2O}C_{1H_2O}+r_{N_2}C_{1N_2}+r_{O_2}C_{1O_2}$$
$$=0.1021\times0.352+0.26\times0.708+0.6339\times1.608+0.004\times1.955$$
$$=1.248$$

排烟温度下的焓为：

$$H_f=L_f(\Sigma a_{1i}t_f+\Sigma b_{1i}t_f^2)$$
$$=2772\times(1.377\times608+18.30\times10^{-5}\times608^2)=2508280\,\text{kJ/h}$$

在 0℃时烟气的焓为：$H_f=0$

排烟温度下的熵为：

$$S_f=L_f(\Sigma A_{1i}\ln T_f+\Sigma B_{1i}T_f+\Sigma C_{1i})$$
$$=2772\times(1.273\times\ln881+36.60\times10^{-5}\times881+1.248)=28280\,\text{kJ/(h·K)}$$

在 0℃ 时烟气的熵为：

$$S_0 = L_f(\Sigma A_{1i}\ln T_f + \Sigma B_{1i}T_f + \Sigma C_{1i})$$
$$= 2772 \times (1.273 \times \ln273 + 36.60 \times 10^{-5} \times 273 + 1.248) = 23530\text{kJ/(h · K)}$$

排烟的烔损失为：

$$\psi_f = (H_f - H_0) - T_0(S_f - S_0) = (2508280 - 0) - 273 \times (28280 - 23530)$$
$$= 1211530\text{kJ/h}$$

（4）辐射烔损失：

炉门、孔口等辐射处的平均温度为 $t_r = 1178℃$，辐射散热总量为 $Q_r = 195530\text{kJ/h}$，则辐射热损失的烔为：

$$\psi_r = Q_r\frac{T_r - T_0}{T_r} = 195530 \times \frac{1178 + 273 - 273}{1178 + 273} = 150220\text{kJ/h}$$

相应的热烔损失为：$\psi_r' = Q_r - \psi_r = 195530 - 150220 = 45310\text{kJ/h}$

（5）逸漏炉气的烔损失：

逸漏炉气总量为 $L_{do} = 937\text{Nm}^3/\text{h}$，平均温度为 $t_{do} = 924℃$；逸漏炉气在 924℃ 的焓为：

$$H_{do} = L_f(\Sigma a_{1i}t_f + \Sigma b_{1i}t_f^2)$$
$$= 937 \times (1.377 \times 924 + 18.30 \times 10^{-5} \times 924^2) = 1338590\text{kJ/h}$$

逸漏温度下的熵为：

$$S_f = L_f(\Sigma A_{1i}\ln T_f + \Sigma B_{1i}T_f + \Sigma C_{1i})$$
$$= 937 \times (1.273 \times \ln1197 + 36.60 \times 10^{-5} \times 1197 + 1.248) = 10030\text{kJ/(h · K)}$$

在 0℃ 时的熵为：

$$S_0 = L_f(\Sigma A_{1i}\ln T_f + \Sigma B_{1i}T_f + \Sigma C_{1i})$$
$$= 937 \times (1.273 \times \ln273 + 36.60 \times 10^{-5} \times 273 + 1.248) = 7950\text{kJ/(h · K)}$$

逸漏炉气的烔损失为：

$$\psi_{do} = (H_{do} - H_0) - T_0(S_{do} - S_0) = (1338590 - 0) - 273 \times (10030 - 7950)$$
$$= 770750\text{kJ/h}$$

（6）冷却水带走的烔：

$$\psi_w = G_w\left[c_w(t_{w2} - t_{w1}) - T_0 c_w\ln\frac{T_2}{T_1}\right] = 4.187 \times 5800 \times \left[(37 - 14) - 273\ln\frac{310}{287}\right]$$
$$= 47460\text{kJ/h}$$

（7）燃烧不可逆的烔损失

首先按照绝热燃烧前后的热平衡计算绝热燃烧温度：

$$t_A = \frac{Q_c + Q_g + Q_a - L_f^0\Sigma b_{2i}}{L_f^0\Sigma a_{2i}}$$

式中

$$\Sigma a_{2i} = r_{CO_2}a_{2CO_2} + r_{H_2O}a_{2H_2O} + r_{N_2}a_{2N_2} + r_{O_2}a_{2O_2}$$
$$= 0.1021 \times 2.692 + 0.26 \times 2.29 + 0.6339 \times 1.599 + 0.004 \times 1.687$$
$$= 1.892$$

$$\Sigma b_{2i} = r_{CO_2} b_{2CO_2} + r_{H_2O} b_{2H_2O} + r_{N_2} b_{2N_2} + r_{O_2} b_{2O_2}$$

$$= 0.1021 \times (-527.5) + 0.26 \times (-661.5) + 0.6339 \times (-230.3) +$$

$$0.004 \times (-238.6)$$

$$= -372.8$$

L_f^0——绝热燃烧产生的烟气量，$L_f^0 = 3709 Nm^3/h$。

可求得绝热燃烧温度为 $t_A = 1847℃（2120K）$；计算烟气在该温度下的焓与熵。

$$H_A = L_f^0 (\Sigma a_{2i} t_A + \Sigma b_{2i})$$

$$= 3709 \times (1.892 \times 1847 - 372.8) = 11578470 \ kJ/h$$

$$\Sigma A_{2i} = r_{CO_2} A_{2CO_2} + r_{H_2O} A_{2H_2O} + r_{N_2} A_{2N_2} + r_{O_2} A_{2O_2}$$

$$= 0.1021 \times 2.692 + 0.26 \times 2.290 + 0.6339 \times 1.599 + 0.004 \times 1.687$$

$$= 1.892$$

$$\Sigma B_{2i} = r_{CO_2} B_{2CO_2} + r_{H_2O} B_{2H_2O} + r_{N_2} B_{2N_2} + r_{O_2} B_{2O_2}$$

$$= 0.1021 \times (-0.665) + 0.26 \times (-5.589) + 0.6339 \times$$

$$(-0.917) + 0.004 \times (-0.833)$$

$$= -2.717$$

$$S_A = L_f^0 (\Sigma A_{2i} \ln T_A + \Sigma B_{2i}) = 3709 \times (1.892 \times \ln 2120 - 2.717)$$

$$= 43680 kJ/(h \cdot K)$$

烟气在 0℃时的熵为：

$$S_0 = L_f^0 (\Sigma A_{1i} \ln T_f + \Sigma B_{1i} T_f + \Sigma C_{1i})$$

$$= 3709 \times (1.273 \times \ln 273 + 36.60 \times 10^{-5} \times 273 + 1.248) = 31480 kJ/(h \cdot K)$$

故得绝热燃烧后烟气的㶲：

$$\psi_A = (H_A - H_0) - T_0 (S_A - S_0) = (11578470 - 0) - 273 \times (43680 - 31480)$$

$$= 8247870 kJ/h$$

燃烧不可逆的㶲损失：

$$\psi_s = (\psi_c + \psi_g + \psi_a) - \psi_A = 3227740 kJ/h$$

（8）热㶲损失：

热㶲损失包括炉体散热、炉门/孔口等辐射的热㶲损失之和。

$$\psi_s' = \psi_{br}' + \psi_r' = 226200 + 45310 = 271510 kJ/h$$

（9）传热不可逆㶲损失以及其他㶲损失：

$$\psi_s'' = (\psi_c + \psi_g + \psi_a) - (\psi_e + \psi_{br} + \psi_f + \psi_r + \psi_{do} + \psi_w + \psi_s + \psi_s') = 1853150 kJ/h$$

表 14-5 列出了该铜锭加热炉的㶲平衡情况。

铜锭加热炉的㶲平衡表　　　　　　　　　　　　　表 14-5

输　入　项	kJ/h	%	输　出　项	kJ/h	%
1 燃气化学热的㶲 ψ_c	11471110	99.96%	1 铜锭获得的㶲 ψ_e	3263010	28.43%
2 燃气物理热的㶲 ψ_g	870	0.01%	2 炉体散热㶲 ψ_{br}	680240	5.93%
3 空气物理热的㶲 ψ_a	3630	0.03%	3 排烟㶲损失 ψ_f	1211530	10.56%

输 入 项	kJ/h	%	输 出 项	kJ/h	%
			4 辐射㶲损失 ψ_r	150220	1.31%
			5 炉气逸漏㶲损失 ψ_{do}	770750	6.72%
			6 冷却水带走㶲 ψ_w	47460	0.41%
			7 燃烧不可逆㶲损失 ψ_s	3227740	28.13%
			8 热㶲损失 ψ'_s	271510	2.36%
			9 传热不可逆㶲损失以及其他不可逆㶲损失	1853150	16.15%
合计	11475610	100.0%	合计	11475610	100.0%

可得其㶲效率为 $\eta_\psi = \dfrac{\psi_e}{\psi_c} = \dfrac{3263010}{11471110} = 28.4\%$

第三节 燃气工业炉炉膛热交换计算

在工业炉中，由于工艺及热工制度的不同，不同炉子的炉膛热交换也不同。某些炉子甚至同一炉膛内不同地带也有不同的热交换。在间歇式炉中，同一地带因时间不同存在着不同的热交换。因此，在热交换计算中，一定要按炉窑的实际工作情况具体分析后计算。

由于上述原因，工业炉内热交换是比较复杂的，有时难以从理论上完全分析清楚。但在工程上可根据某些近似炉子工作状态下的假定条件，按传热的基本理论进行炉内热交换计算，并按实际情况进行修正。

本节将重点说明当炉气温度和黑度在整个炉膛中呈均匀分布时，连续式加热炉炉膛辐射热交换的计算方法。在这种均匀辐射传热的情况下，炉气向每 m² 炉壁或物料的辐射热量均等于 $\varepsilon_1 \sigma_0 T_1^4$，其中 ε_1 为炉气黑度，T_1 为炉气绝对温度。实际上，炉气分布绝对均匀是不可能的。但是有些炉子的情况与此相接近，或者以炉气均匀分布为其理想情况。因此，分析这种情况下的炉膛热交换是有现实意义的。为了简化起见，在分析和推导炉膛辐射热交换的计算公式时作了如下的假定：

第一，炉膛是一个封闭体系；

第二，炉膛内各处的气体温度都相等；

第三，炉壁和物料表面的温度都是均匀的；

第四，从炉壁和物料表面反射出来的射线密度都是均匀的；

第五，气体对辐射射线的吸收率在任何方向上都是一样的；

第六，气体的吸收率等于气体的黑度，其值只决定于气体温度；

第七，炉壁和物料表面都具有灰体性质，即黑度不随温度而改变；

第八，气体以对流方式传给炉壁的热量，恰等于炉壁对外的散热量，即在辐射热交换中炉壁的热量收支相等。

在上述假设条件下，可导出炉气和物料之间辐射热交换公式为

$$Q_2 = C\left[\left(\frac{T_1}{100}\right)^4 - \left(\frac{T_2}{100}\right)^4\right] \cdot F_2 \tag{14-41}$$

式中　Q_2——炉气对物料之间的辐射热交换量，即金属所得的辐射热（W）；

　　　C——导来辐射系数（W/(m²·K⁴)），其值小于 5.67；

　　　T_1——炉气温度（K）；

　　　T_2——物料温度（K）；

　　　F_2——物料的辐射换热面积（m²）。

十分明显，炉膛辐射热交换计算的主要内容是确定导来辐射系数。

在分析和推导炉膛热交换的计算公式时，公式中所用的符号统一为：T 代表绝对温度，ε 代表黑度，φ 代表角系数，F 代表辐射换热面积，Q 代表热流量。各符号的下角码 1、2、3 各代表炉气、物料、炉壁，例如角系数 φ_{32} 代表炉壁对物料的角系数。

一、炉气的黑度（或称火焰黑度）ε_1

在某一温度时影响炉气黑度的因素有两方面：一是炉气的成分；二是有效辐射层厚度，它决定于炉膛的形状和尺寸。

在燃用气体燃料炉子中，影响炉气黑度的主要成分是三原子气体 CO_2 和 H_2O 以及悬浮着的炭黑微粒。

辉焰的黑度可认为由炉气（火焰）中发光部分的黑度 ε_{1l} 和不发光部分的黑度 ε_{1d} 所组成，即

$$\varepsilon_1 = m\varepsilon_{1l} + (1-m)\varepsilon_{1d} \tag{14-42}$$

式中　m——发光部分所占份额，它取决于炉膛热强度 q_v；当 $q_v \leqslant 400\text{kW/m}^3$ 时，$m=0.1$；当 $q_v \geqslant 1200\text{kW/m}^3$ 时，$m=0.6$。当炉膛热强度在两值之间时，可用直线内插法确定。

当假定整个炉膛都充满发光火焰或都充满不发光的三原子气体时，其黑度分别为

$$\varepsilon_{1l} = 1 - e^{-(K_{su}r_{su}+K_{cb})PS} \tag{14-43}$$

$$\varepsilon_{1d} = 1 - e^{-K_{su}r_{su}PS} \tag{14-44}$$

式中　K_{su}——三原子气体的辐射减弱系数（1/(m·MPa)）；

　　　P——炉膛压力，绝对压力（MPa）；

　　　K_{cb}——炭黑粒子的辐射减弱系数（1/(m·MPa)）。

K_{su} 可按以下经验公式确定：

$$K_{su} = 10\left[\frac{0.78+1.6r_{H_2O}}{\sqrt{10P_{su}S}} - 0.1\right]\left(1-0.37\frac{T_1}{1000}\right) \tag{14-45}$$

式中　　　T_1——炉膛内烟气的平均绝对温度（K）；

$r_{su}=r_{CO_2}+r_{H_2O}$——烟气中三原子气体的总容积成分；

　　　P_{su}——三原子气体的绝对分压力（MPa），由于炉膛的绝对压力 $P \approx 0.1\text{MPa}$，所以 $P_{su}=P \cdot r_{su}$；

K_{su}的数值也可用线算图（图14-6）查得；

　　　　S——有效辐射层厚度（m），通常可用下列近似式进行计算：

$$S=\eta\frac{4V}{F} \tag{14-46}$$

式中　V——炉膛的有效容积（m^3）；

　　　　F——包围炉膛6个面的面积总和（m^2）；

　　　　η——气体辐射有效系数，一般η值在$0.85\sim0.9$，计算时可近似地取0.9。

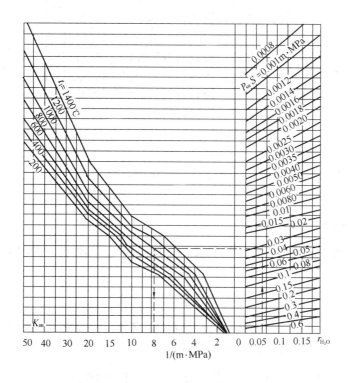

图14-6　三原子气体辐射减弱系数

K_{cb}可用下式确定：

$$K_{cb}=0.3\ (2-\alpha)\ \left(1.6-\frac{T_1}{1000}-0.5\right)\times\frac{C}{H} \tag{14-47}$$

式中　$\dfrac{C}{H}$——燃气中碳与氢重量成分的比值，如$\dfrac{C}{H}$值越大，则火焰中炭黑粒子的浓度就越

　　　　　　大，K_{cb}就越高；

　　　　α——炉膛出口过剩空气系数，α越小，火焰中炭黑浓度就高。当$\alpha=2$时，炭黑浓

　　　　　　度较小，不再对射线有减弱作用；此时$K_{cb}=0$。

　　计算火焰黑度ε_1时所涉及的烟气成分规定以炉膛出口处的数据为准，而烟气温度为各段之平均值。为了简化计算，可用线算图14-7求得ε_1［对于负压或正压小于5kPa的炉膛，炉壁绝对压力$P\approx0.1MPa$；图中K值按公式（14-47）计算］。

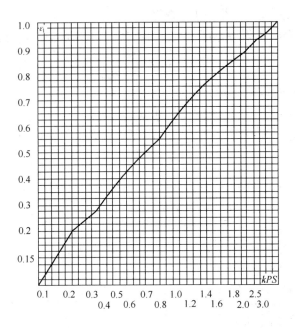

图 14-7 火焰的黑度

二、炉壁温度 T_3

在辐射热交换中，一个物体的热量收支差额等于投来辐射与有效辐射之差。因此，炉壁的差额热量为

$$Q_3 = [投来辐射]_3 - [有效辐射]_3 \qquad (a)$$

由传热学可知，在辐射热交换中，一个物体的热量收支差额又可等于物体吸收投来辐射与自身辐射之差，则炉壁的差额热量可写成

$$Q_3 = A_3[投来辐射]_3 - [自身辐射]_3 \qquad (b)$$

由式 (a)、(b) 联立求解，可得

$$[有效辐射]_3 = \frac{[自身辐射]_3}{A_3} + \left(\frac{1}{A_3} - 1\right)Q_3$$

即

$$Q_{3e} = \frac{\varepsilon_3 \sigma_0 T_3^4 F_3}{A_3} + \left(\frac{1}{A_3} - 1\right)Q_3$$

前已假定，气体以对流方式传给炉壁的热量，恰等于炉壁向外的散热量。所以在炉膛的辐射热交换中炉壁的差额热量 Q_3 等于零。又由于炉壁是灰体，其黑度 ε_3 等于吸收率 A_3，则炉壁的有效辐射 Q_{3e} 为

$$Q_{3e} = \sigma_0 T_3^4 F_3$$

根据 $Q_3 = 0$，式 (a) 可写成

$$[投来辐射]_3 = [有效辐射]_3$$

炉壁的投来辐射包括：炉气辐射到达炉壁、物料的有效辐射到达炉壁、炉壁的有效辐

射到达其自身共三部分。即

$$[投来辐射]_3 = \varepsilon_1 \sigma_0 T_1^4 F_3 + Q_{2e}(1-\varepsilon_1)\varphi_{23} + Q_{3e}(1-\varepsilon_1)\varphi_{33}$$

其中 σ_0 为斯蒂芬-波尔兹曼常数，公式等号右侧第二项中的物料的有效辐射 Q_{2e} 又等于物料的自身辐射和反射辐射之和，即

$$Q_{2e} = \varepsilon_2 \sigma_0 T_2^4 F_2 + \varepsilon_1 \sigma_0 T_1^4 F_2(1-\varepsilon_2) + Q_{3e}(1-\varepsilon_1)\varphi_{32}(1-\varepsilon_2)$$

综合以上四式，并考虑到 $\varphi_{23}=1$，则得

$$\sigma_0 T_3^4 F_3 = \varepsilon_1 \sigma_0 T_1^4 [F_3 + F_2(1-\varepsilon_1)(1-\varepsilon_2)] + \varepsilon_2 \sigma_0 T_2^4 F_2(1-\varepsilon_1) +$$
$$\sigma_0 T_3^4 F_3 [\varphi_{23}(1-\varepsilon_1) + \varphi_{32}(1-\varepsilon_1)^2(1-\varepsilon_2)]$$

又考虑到 $\varphi_{33}=1-\varphi_{32}$，整理得

$$T_3^4 = T_2^4 + \frac{\varepsilon_1[1+\varphi_{32}(1-\varepsilon_1)(1-\varepsilon_2)]}{\varepsilon_1 + \varphi_{32}(1-\varepsilon_1)[\varepsilon_2 + \varepsilon_1(1-\varepsilon_2)]} \cdot [T_1^4 - T_2^4]$$

由分析得出，上式中右面分式小于 1，所以 $T_2 < T_3 < T_1$。此外，如果视 ε_2 为常数，则炉壁内表面温度只取决于炉气黑度、炉气温度、物料表面温度及炉围伸展度 ω。

从上式还可看出：第一，炉气温度 T_1 及物料表面温度 T_2 越高，则炉壁内表面温度 T_3 也越高。这符合实际情况，例如在加热炉加料时，由于物料表面温度低，炉壁表面温度也随之降低，平炉也是如此。第二，在炉气温度、物料温度和炉围伸展度各因素都固定的条件下，炉气黑度越高，则炉壁内表面温度越高。这是因为炉气黑度越高，则炉气和炉壁的热交换程度越甚，也即物料表面温度对炉壁温度影响越小，所以此时炉壁内表面温度较高并接近于炉气温度（图 14-8）。

从图 14-8 中还可看出，在其他条件一定时，ω 越大，则炉壁内表面温度越高，这是由于物料面积相对来说比较小，对炉壁温度影响也较小，所以炉壁内表面温度接近于炉气温度。

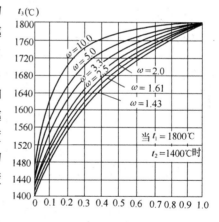

图 14-8 ε_1 与 ω 对炉壁内表面温度的影响

对高温炉而言，通过炉墙散失的热量以及炉气对炉壁内表面的对流换热量与炉气的强大辐射热流比较起来是很小的。因此，可以认为炉墙内表面温度不受炉气的对流换热量与炉墙散热损失的影响。所以，炉墙外部的绝缘层对炉墙内表面温度的影响是很小的。但是，外部加砌绝缘层虽然不致使高温炉砌体的内表面温度有明显的提高，但砌体内部的温度却有所提高，即整个砌体厚度方向的平均温度有所升高。其结果也会影响墙砌体的使用寿命。

三、导来辐射系数 c

物料的差额热量为

$$Q_2 = [投来辐射]_2 - [有效辐射]_2$$

物料的投来辐射包括：炉气辐射到达物料表面的与炉壁的有效辐射到达物料表面的两部分，即

$$[投来辐射]_2 = \varepsilon_1 \sigma_0 T_1^4 F_2 + Q_{3e}(1-\varepsilon_1)\varphi_{32}$$

物料的有效辐射 Q_{2e} 为

$$Q_{2e} = \sigma_0 T_2^4 F_2 + \left(\frac{1}{\varepsilon_2}-1\right)Q_2$$

这样就可得物料的差额热量为

$$Q_2 = \varepsilon_1 \sigma_0 T_1^4 F_2 + Q_{3e}(1-\varepsilon_1)\varphi_{32} - \sigma_0 T_2^4 F_2 - \left(\frac{1}{\varepsilon_2}-1\right)Q_2$$

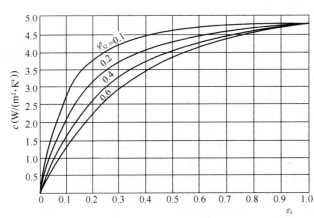

图 14-9 c 随 ε_1 和 φ_{32} 而变化的关系曲线

当炉壁的差额热量等于零时，炉壁的有效辐射为

$$Q_{3e} = \sigma_0 T_3^4 F_3$$

如果物料表面为平面，则

$$F_3 \varphi_{32} = F_2 \varphi_{23} = F_2$$

整理以上三式后得

$$Q_2 = \varepsilon_1 \sigma_0 T_1^4 F_2 + \sigma_0 T_3^4 F_2 (1-\varepsilon_1)$$
$$- \sigma_0 T_2^4 F_2 - \left(\frac{1}{\varepsilon_2}-1\right)Q_2$$

再将炉壁温度 T_3 的计算式代入上式，整理后得物料的差额热量为

$$Q_2 = \frac{\varepsilon_1 \varepsilon_2 \sigma_0 [1+\varphi_{32}(1-\varepsilon_1)]}{\varepsilon_1 + \varphi_{32}(1-\varepsilon_1)[\varepsilon_2 + \varepsilon_1(1-\varepsilon_2)]} [T_1^4 - T_2^4]F_2 \tag{14-48}$$

由于 $\sigma_0 = 5.67 \times 10^{-8} \text{W}/(\text{m}^2 \cdot \text{K}^4)$，代入上式得

$$Q_2 = \frac{5.67\varepsilon_1 \varepsilon_2 [1+\varphi_{32}(1-\varepsilon_1)]}{\varepsilon_1 + \varphi_{32}(1-\varepsilon_1)[\varepsilon_2 + \varepsilon_1(1-\varepsilon_2)]} [T_1^4 - T_2^4]F_2 \times 10^{-8} \tag{14-49}$$

上式中物料的差额热量 Q_2 即为式（14-41）所指出的炉气和物料之间的辐射热交换量，则得导来辐射系数为

$$c = \frac{5.67\varepsilon_1 \varepsilon_2 [1+\varphi_{32}(1-\varepsilon_1)]}{\varepsilon_1 + \varphi_{32}(1-\varepsilon_1)[\varepsilon_2 + \varepsilon_1(1-\varepsilon_2)]} \tag{14-50}$$

式中 φ_{32}——炉壁对物料的角系数，其数值等于物料的辐射换热面积与炉膛内表面积之比，即 $\varphi_{32} = \dfrac{F_2}{F_3}$；

ε_2——物料的黑度,对于被氧化的金属,一般取 $\varepsilon_2 \approx 0.80$。

由于 ε_2 近似为常数,故导来辐射系数 c 仅是炉气的黑度和炉壁对物料的角系数的函数,即 $c = f(\varepsilon_1, \varphi_{32})$。在实际应用中,将该函数式绘成曲线,如图 14-9 所示。根据已知的 ε_1 和 φ_{32} 之值,可以非常简便地查出 c 值。

由图 14-9 曲线可看出,当炉气黑度 ε_1 比较小时,增加 ε_1 可使 c 值得到比较显著的提高,从而增加物料得到的热量,但当 ε_1 比较大时,再增加 ε_1 值效果也不大。

四、物料(金属)表面以及炉气的平均温度

金属表面温度沿炉长方向(如连续式加热炉)或随时间(如成批装出料的室状加热炉)而有所变化。同样,炉气温度也相应地沿炉长或随时间而有所变化。因此进行炉膛热交换计算时,必须决定沿炉子长度方向或在所规定的时间范围内炉气和金属表面的平均温度。

(一)金属表面的平均温度 其值常用以下几种方法计算:

1. 算术平均值 适用于低温炉情况,其计算式为

$$t_2 = \frac{t_{2b} + t_{2f}}{2} \tag{14-51}$$

2. 几何平均值 适用于高温炉情况,其计算式为

$$\left(\frac{T_2}{100}\right)^4 = \frac{1}{2}\left[\left(\frac{T_{2b}}{100}\right)^4 + \left(\frac{T_{2f}}{100}\right)^4\right] \tag{14-52}$$

3. 抛物线平均值 适用于连续加热炉情况,其计算式为

$$t_2 = t_{2b} + \frac{2}{3}(t_{2f} - t_{2b}) \tag{14-53}$$

或

$$t_2 = t_{2f} - \frac{1}{3}(t_{2f} - t_{2b}) \tag{14-54}$$

式中 $t_2 (T_2)$——金属表面平均温度(℃或 K);

$\quad t_{2b} (T_{2b})$——金属表面开始温度(℃或 K);

$\quad t_{2f} (T_{2f})$——金属表面终了温度(℃或 K)。

(二)炉气的平均温度 其值常用以下几种方法计算:

1. 算术平均值 适用于炉气温度变化不大或呈直线变化时的情况,其计算式为

$$t_1 = \frac{t_{1b} + t_{1f}}{2} \tag{14-55}$$

在大多数情况下炉气的温度变化都是很大的,所以算术平均值和实际情况距离较大,此时用对数平均值或几何平均值则更接近实际情况。

2. 对数平均值 其计算式为

$$t_1 = \frac{t_{1b} - t_{1f}}{\ln \dfrac{t_{1b} - t_2}{t_{1f} - t_2}} + t_2 \tag{14-56}$$

3. 几何平均值 其计算式为

$$\left(\frac{T_1}{100}\right)^4 = \sqrt{\left[\left(\frac{T_{1b}}{100}\right)^4 - \left(\frac{T_2}{100}\right)^4\right]\left[\left(\frac{T_{1f}}{100}\right)^4 - \left(\frac{T_2}{100}\right)^4\right]} + \left(\frac{T_2}{100}\right)^4 \tag{14-57}$$

式中 t_1（T_1）——炉气的平均温度（℃或 K）；

t_{1b}（T_{1b}）——炉气的开始温度（℃或 K）；

t_{1f}（T_{1f}）——炉气的终了温度（℃或 K）。

如果燃气在炉膛内燃烧，则求炉气平均温度时，对数平均值和几何平均值两者都可应用。但在高温炉中用几何平均值更接近于实际情况。

第四节 对流受热面传热计算

燃气在炉内燃烧所产生的热量，有很大一部分包含在炉子排出的烟气（也称废气）之中。例如，连续加热炉排出烟气带走的热量可占热负荷的 $45\%\sim55\%$，室状加热炉则更高。根据节约能源的需要，这部分热量必须加以充分利用。一台浪费能源的工业炉，不管其他工艺指标如何先进，也称不上是一台设计合理和完善的炉子。排烟中的热能首先应该用来预热入炉的物料、燃烧需用的空气及燃气，使排烟带出的热能重新回入炉内，直接节约加热工业炉所需的优质燃料。这是较理想的热能利用方案。

为了回收烟气中所含的热能，在先进的工业炉尾部都设有空气预热器、燃气预热器等对流受热面。在这些受热面中，高温烟气主要以对流的方式进行放热。由于烟气中含有三原子气体和炭黑粒子，它们还具有一定的辐射能力，因此还有辐射放热。

一、对流受热面的传热方程和热平衡方程

对流受热面的传热计算是以每小时烟气的放热量或每小时工质（空气或燃气）的吸热量为计算基础的。由此可得出对流受热面的传热方程和热平衡方程如下：

（一）传热方程式

通过对流受热面的传热量为

$$Q_t = 3600 KF\Delta t \tag{14-58}$$

式中 Q_t——经过对流受热面的传热量（kJ/h）；

K——在某一对流受热面中，由管外烟气至管内工质的传热系数（kW/($m^2 \cdot$ K)）；

F——某一对流受热面的计算传热面积（m^2）；

Δt——平均温差（℃）。

（二）热平衡方程式

1. 烟气侧

$$Q_b = \varphi \ (L_{f1} c_{f1} t_{f1} - L_{f2} c_{f2} t_{f2}) \tag{14-59}$$

2. 工质侧（工质为空气时）

$$Q_b = \frac{1+\beta}{2} L_a c_a \ (t_{a2} - t_{a1}) \tag{14-60}$$

式中 Q_b——在某一对流受热面中，每小时烟气传给受热面的热量（kJ/h）；在稳定传热情况下，它等于工质的吸热量，也等于经过受热面的传热量 Q_t；

φ——考虑散热损失的保温系数；

L_{f1}、L_{f2}——烟气进入和离开此受热面时的流量（Nm^3/h）；

c_{f1}、c_{f2}——烟气进入和离开此受热面时的平均定压容积比热（kJ/($Nm^3 \cdot$ K)）；

t_{f1}、t_{f2}——烟气进入和离开此受热面时的温度（℃）；

　　　β——考虑管道不严密的漏风系数；

　　L_a——燃气燃烧所需的实际空气量（Nm^3/h）；

　　c_a——空气的平均定压容积比热（$kJ/（Nm^3 \cdot K）$）；

t_{a1}、t_{a2}——空气进入和离开此受热面的温度（℃）。

式（14-58）～式（14-60）是对流受热面计算的基本方程式。当已知对流受热面的传热面积，而需要确定烟气经放热后的温度 t_{f2} 时，计算的关键在于确定传热系数 K。

二、传热系数

对流受热面的一侧是烟气，另一侧是工质（空气或燃气）。烟气侧的表面上不可避免地有一层灰污，这就增加了传热热阻。

由于烟气对灰污层的放热热阻以及灰污层的热阻都很难单独测定，因此计算时往往用利用系数 ξ 来考虑灰污对传热的影响。

对空气（或燃气）预热器，把灰污和烟气冲刷不完全对传热的影响合并用利用系数 ξ 来考虑，它表示受热面实际的传热系数 K 和无灰污并冲刷完全时的传热系数 K'_0 的比值，即

$$\xi = \frac{K}{K'_0}$$

所以
$$K = \xi K'_0 = \xi \frac{1}{\frac{1}{\alpha_1} + \frac{1}{\alpha_2}} = \xi \frac{\alpha_1 \alpha_2}{\alpha_1 + \alpha_2} \tag{14-61}$$

式中　ξ——空气（或燃气）预热器的利用系数；

　　α_1——烟气对管壁的放热系数（$kW/（m^2 \cdot K）$）；

　　α_2——管壁对工质的放热系数（$kW/（m^2 \cdot K）$）。

对于燃用气体燃料的管式空气预热器，如果没有中间管板，$\xi = 0.85$；如果有一块中间管板，ξ 值要降低 0.1；如果有两块中间管板，ξ 值要降低 0.15。

必须指出，高温烟气对管壁的放热系数 α_1 是由对流放热系数和辐射放热系数两部分组成。即

$$\alpha_1 = \alpha_c + \alpha_r \tag{14-62}$$

式中　α_c——对流放热系数（$kW/（m^2 \cdot K）$）；

　　α_r——辐射放热系数（$kW/（m^2 \cdot K）$）。

综上所述，为了计算传热系数 K，必须确定烟气对管壁的放热系数 α_1 和管壁对工质的放热系数 α_2 等。下面将介绍各有关参数的确定方法。

第五节　对流放热系数

由传热学可知，受迫流动情况下，放热的准则方程为
$$Nu = f(Re, Pr)$$
即
$$\frac{\alpha_c d}{\lambda} = f\left(\frac{vd}{\nu}, \frac{\mu gc}{\lambda}\right)$$

式中　$Nu = \dfrac{\alpha_c d}{\lambda}$——努谢尔特准则；

　　　$Re = \dfrac{vd}{\nu}$——雷诺准则；

　　　$Pr = \dfrac{\mu g c}{\lambda}$——普朗特准则。

按照相似理论整理大量试验数据，可以得到各种不同冲刷条件下的准则方程，从而可以求出相应的对流放热系数 α_c。

从上述的函数式可以看出，影响 α_c 的因素是：受热面的特性尺寸 d，工质的流速 v 以及物理性质，如导热系数 λ、动力黏度 μ、密度 ρ（运动黏度 $\nu = \mu/\rho$）、定压比热 c 等。

一、横向冲刷管束时的对流放热系数

（一）横向冲刷管束为错列布置时，对流放热系数用下式计算

$$\alpha_c = c_s c_r \frac{\lambda}{d} \left(\frac{vd}{\nu} \right)^{0.6} Pr^{0.33} \tag{14-63}$$

式中　λ——工质在平均温度下的导热系数（kW/（m·K））；

　　　ν——工质在平均温度下的运动黏度（m²/s）；

　　　d——管子外径（m）；

　　　v——工质在最窄截面处的平均流速（m/s）；

　　　Pr——工质在平均温度下的普朗特数；

　　　c_s——管束结构特性 $\left(\dfrac{s_1}{d}、\dfrac{s_2}{d} \right)$ 修正系数，s_1、s_2 为管中心距；

　　　c_r——管束排数 Z_2 的修正系数。

c_s 值取决于图 14-10 中横向管间流通截面 AB 与斜向管间流通截面 CD 之比值 φ_σ（图 14-10），即

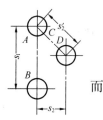

图 14-10　错列管的节距

$$\varphi_\sigma = \frac{AB}{CD} = \frac{s_1 - d}{s_2' - d} = \frac{\dfrac{s_1}{d} - 1}{\dfrac{s_2'}{d} - 1} = \frac{\sigma_1 - 1}{\sigma_2' - 1}$$

而

$$\sigma_2' = \frac{s_2'}{d} = \frac{\sqrt{\left(\dfrac{s_1}{2} \right)^2 + s_2^2}}{d} = \sqrt{\frac{1}{4}\left(\frac{s_1}{d} \right)^2 + \left(\frac{s_2}{d} \right)^2} = \sqrt{\frac{1}{4}\sigma_1^2 + \sigma_2^2}$$

式中　σ_1、σ_2、σ_2'——横向、纵向和对角线方向的相对节距。

当 $0.1 < \varphi_\sigma \leq 1.7$ 时，$c_s = 0.34 \varphi_\sigma^{0.1}$；

当 $1.7 < \varphi_\sigma \leq 4.5$ 时，$c_s = 0.275 \varphi_\sigma^{0.5}$（$\sigma_1 < 3$ 时）；

　　　　　　　　　　　$c_s = 0.34 \varphi_\sigma^{0.1}$（$\sigma_1 \geq 3$ 时）。

由于流态不同，最初几排管子的放热系数比以后几排小，其影响用 c_r 修正。当沿气流方向管排数 $Z_2 > 10$ 时，$c_r = 1$；

当 $Z_2 < 10$ 时，$c_r = 3.12 Z_2^{0.05} - 2.5$（$\sigma_1 < 3$ 时）；

$$c_r = 4Z_2^{0.02} - 3.2\ (\sigma_1 \geqslant 3\ \text{时})。$$

式（14-63）可以简化为线算图 14-11，使用该图时的计算式如下：

$$\alpha_c = \alpha_0 c_r c_s c_m \tag{14-64}$$

式中　α_0——在标准烟气条件下（成分 $r_{H_2O} = 0.11$，$r_{CO_2} = 0.13$）所得到的对流放热系数，由图 14-11 查得；

　　　c_m——工质（烟气、空气）物理特性修正系数，由图 14-11 查得。

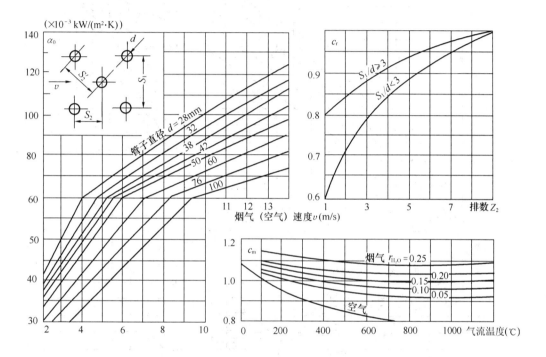

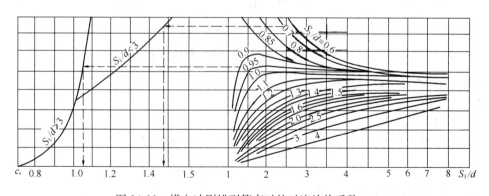

图 14-11　横向冲刷错列管束时的对流放热系数

（二）横向冲刷管束为顺列布置时，对流放热系数由下式计算

$$\alpha_c = 0.2 c_r c_s \frac{\lambda}{d} \left(\frac{vd}{\nu} \right)^{0.65} Pr^{0.33} \tag{14-65}$$

式中符号意义和式（14-63）相同。

顺列管束的结构特性修正系数 c_s 按下式计算

$$c_s = \left[1 + (2\sigma_1 - 3) \left(1 - \frac{\sigma_2}{2} \right)^3 \right]^{-2}$$

当 $\sigma_2 \geqslant 2$ 和 $\sigma_1 \leqslant 1.5$ 时，$c_s = 1$；

当 $\sigma_2 < 2$ 和 $\sigma_1 > 3$ 时，取 $\sigma_1 = 3$，并由图 14-12 查得 c_s。

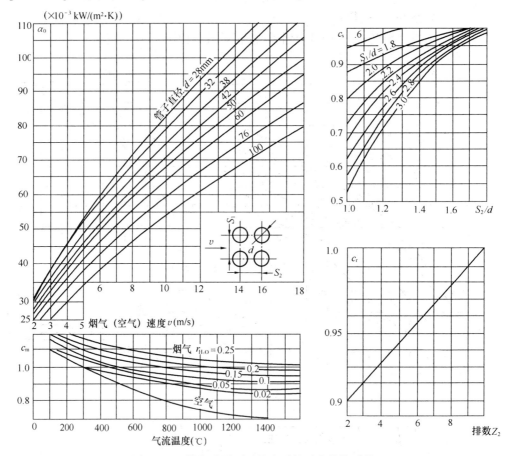

图 14-12　横向冲刷顺列管束时的对流放热系数

管排数 Z_2 的修正系数 c_r 可按下式计算

当 $Z_2 < 10$ 时，$c_r = 0.91 + 0.0125 (Z_2 - 2)$；

当 $Z_2 \geqslant 10$ 时，$c_r = 1$。

式（14-65）也可作成线算图（图 14-11），使用该图的计算式为

$$\alpha_c = \alpha_0 c_r c_s c_m \tag{14-66}$$

二、纵向冲刷管束时的对流放热系数

纵向冲刷有两种情况，一是属于管内冲刷，如空气（或燃气）预热器管内的烟气流动；二种是对流管束外的烟气对管子的纵向冲刷。

纵向冲刷管子时，工质的流动通常处于紊流状态（$Re > 10^4$），其放热系数可由下式确定

$$\alpha_c = 0.023 \frac{\lambda}{d_e} \left(\frac{v d_e}{\nu} \right)^{0.8} Pr^{0.4} c_t c_l c_d \tag{14-67}$$

式中　d_e——当量直径（m）；

　　　c_t——热流方向的修正系数。考虑热流方向不同时对放热的影响，当空气被加热

　　　　　时，$c_t=\left(\dfrac{T}{T_b}\right)^{0.5}$，其中 T 和 T_b 分别表示空气与管壁的温度（K）；当烟气被

　　　　　冷却时，$c_t=1$；

　　　c_l——管束相对长度的修正系数。考虑流体在进口处放热较强的影响，其值决定于

　　　　　管束长度和当量直径的比值，可由图 14-13 查得；

　　　c_d——管径的修正系数。

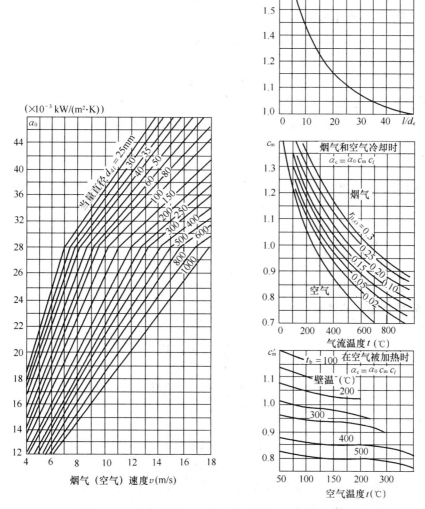

图 14-13　空气或烟气在纵向冲刷时的对流放热系数

当气流在圆管内流动时，当量直径即为管子的内径；当气流在非圆形管内流动时，

$$d_e=\frac{4F}{U} \tag{14-68}$$

式中　F——非圆形管道流通截面积（m²）；

U——湿周长（m）。

对截面尺寸为 $a \times b$ 的矩形管道时，

$$d_e = \frac{4ab}{2\,(a+b)} = \frac{2ab}{a+b} \qquad (14\text{-}69)$$

当矩形管道内布有 Z 根管子而气流在管外纵向冲刷时，

$$d_e = \frac{4\left(ab - Z\frac{\pi d^2}{4}\right)}{2\,(a+b)+Z\pi d} \qquad (14\text{-}70)$$

为了方便起见，上述计算方法可编制成线算图，如图 14-13 所示。

当烟气（或空气）纵向冲刷管束时，α_c 可按图 14-13 与下式计算：

烟气（或空气）冷却时

$$\alpha_c = \alpha_0 c_m c_l \qquad (14\text{-}71)$$

空气加热时

$$\alpha_c = \alpha_0 c'_m c_l \qquad (14\text{-}72)$$

上式中 c'_m 不仅考虑了工质的物理特性，而且把 c_t 的修正值也综合在一起。在查取 c'_m 时，先要求得壁温，其值为空气和烟气平均温度的平均值。

三、平均流速和计算截面积

计算对流放热系数时，必须知道烟气或工质的平均流速，它可用下式计算：

$$v = \frac{L}{f} \qquad (14\text{-}73)$$

式中　v——平均流速（m/s）；

　　　L——体积流量（m^3/s）；

　　　f——通道截面积（m^2）。

（一）体积流量 L 的计算

对于烟气

$$L = \frac{BV_f\,(t_f+273)}{3600 \times 288} \qquad (14\text{-}74)$$

或

$$L = \frac{L_{f1}+L_{f2}}{2} \cdot \frac{t_f+273}{3600 \times 288} \qquad (14\text{-}75)$$

对于空气

$$L = \frac{L_a\,(t_a+273)}{3600 \times 288} \cdot \frac{1+\beta}{2} \qquad (14\text{-}76)$$

式中　V_f——按受热面平均过剩空气系数计算所得的烟气容积（Nm^3/Nm^3 干燃气）；

　　　B——燃气消耗量（Nm^3/h）；

L_{f1}、L_{f2}——烟气进入和离开受热面时的体积流量（Nm^3/h）；

　　　L_a——燃气燃烧所需的实际空气量（Nm^3/h）；

　　　β——漏风系数。

（二）通道截面积 f 的计算

1. 当烟气横向冲刷光管管束时

$$f = ab - Z_1 d_{out} l \tag{14-77}$$

式中 a、b——烟道的长与宽（m）；

Z_1——在所计算截面上的管子根数；

d_{out}——管子外径（m）；

l——管子在计算截面上的投影长度。

2. 当烟气纵向冲刷时

（1）管内纵向冲刷

$$f = Z \frac{\pi d_{in}^2}{4} \tag{14-78}$$

（2）管外纵向冲刷

$$f = ab - Z \frac{\pi d_{out}^2}{4} \tag{14-79}$$

式中 Z——并联管子数；

d_{in}——管子内径（m）。

第六节 辐射放热系数

当进入空气（燃气）预热器、对流管束的烟气温度较高时，在热力计算中必须考虑高温烟气的辐射影响。气体辐射换热可按下式计算：

$$q_r = \varepsilon_1 \frac{\varepsilon_t + 1}{2} \sigma_0 \ (T_f^4 - T_t^4)$$

式中 q_r——辐射换热量（kW/m²）；

ε_1、ε_t——烟气、管壁的黑度，通常 $\varepsilon_t = 0.8 \sim 0.9$；

T_f、T_t——烟气、管壁灰污表面的绝对温度（K）。

如果将上式表示成对流换热公式的形式，则

$$q_r = \alpha_r \ (T_f - T_t)$$

比较以上二式，可得

$$\alpha_r = \frac{\varepsilon_1 \dfrac{\varepsilon_t + 1}{2} \sigma_0 \ (T_f^4 - T_t^4)}{T_f - T_t}$$

$$= \varepsilon_1 \frac{\varepsilon_t + 1}{2} \sigma_0 T_f^3 \frac{1 - \left(\dfrac{T_t}{T_f}\right)^4}{1 - \dfrac{T_t}{T_f}} \tag{14-80}$$

上式只适用于含灰气流。燃用气体燃料时，烟气是不含灰气流。由于气体辐射能量不是与温度成四次方关系，故需对上式加以修正，这时

$$\alpha_r = \varepsilon_1 \frac{\varepsilon_t + 1}{2} \sigma_0 T_f^3 \frac{1 - \left(\dfrac{T_t}{T_f}\right)^{3.6}}{1 - \left(\dfrac{T_t}{T_f}\right)} \tag{14-81}$$

α_r 亦可用图 14-14 与下式计算：

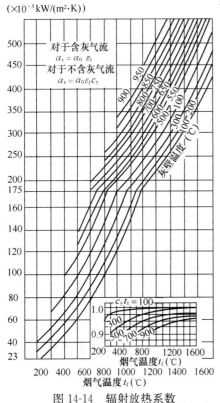

图 14-14　辐射放热系数

对含灰气流
$$\alpha_r = \alpha_0 \varepsilon_1 \qquad (14\text{-}82)$$

对不含灰气流
$$\alpha_r = \alpha_0 \varepsilon_1 c_y \qquad (14\text{-}83)$$

式中　α_0——当含灰气流黑度 $\varepsilon_1 = 1$ 时的辐射放热系数；

c_y——不含灰气流的辐射修正系数，用来修正烟气中不含灰而导致烟气辐射的减弱；

ε_1——气流（烟气）的黑度（$\varepsilon_1 = 1 - e^{-KPS}$）。

与第二节中介绍的火焰黑度计算方法一样，一般非正压炉 $P \approx 0.1\mathrm{MPa}$ 对不含灰气流，气体的减弱系数 K 值可按下式求得（或查相应的线算图 14-5）

$$K = K_{su} r_{su} \qquad (14\text{-}84)$$

在计算或查图时，烟气温度应取烟道中气流的平均温度。对于较大的气流空间，有效辐射层厚度 s 可按式（14-46）计算。

在对流烟道的管束间，有效层厚度 s 为

$$s = 0.9 d_{out} \left(\frac{4}{\pi} \cdot \frac{s_1 s_2}{d_{out}^2} - 1 \right) \qquad (14\text{-}85)$$

式中　s_1、s_2——管束的横向及纵向管距（m）；

d_{out}——管子外径（m）。

在求得 KPS 后，仍可用图 14-6 求得气流的黑度 ε_1。

为了计算辐射放热系数 α_r，还必须确定管壁灰污层外表面的温度 t_t。对于燃用气体燃料的所有受热面，其灰污层的外壁温度 t_t 为

$$t_t = t + 25$$

式中　t——进出口工质的平均温度。

第七节　平　均　温　差

在对流受热面的传热计算中，需要知道传热温差 Δt。由于换热介质沿受热面有温度变化，因此在传热计算中，需要用平均温差。平均温差和受热面两侧介质的相对流向有关。

对于单纯的顺流或逆流，可采用对数平均温差：

$$\Delta t = \frac{\Delta t_{max} - \Delta t_{min}}{\ln \dfrac{\Delta t_{max}}{\Delta t_{min}}} \qquad (14\text{-}86)$$

式中　Δt——平均温差（℃）；

$\Delta t_{\max}$、$\Delta t_{\min}$——受热面进出口处最大温差和最小温差（℃）。

当 $\dfrac{\Delta t_{\max}}{\Delta t_{\min}} \leqslant 1.7$ 时，采用算术平均值已足够精确

$$\Delta t = \frac{\Delta t_{\max} + \Delta t_{\min}}{2} = t_f - t \tag{14-87}$$

式中 t_f、t——烟气和工质的平均温度（℃）。

在相同的工质进出口温度和相同的烟气进出口温度条件下，逆流具有最大的平均温差，顺流具有最小的平均温差。对任何系统，$\Delta t_{pa} \geqslant 0.92\Delta t_{op}$ 时，则可用下式计算平均温差

$$\Delta t = \frac{\Delta t_{pa} + \Delta t_{op}}{2} \tag{14-88}$$

式中 Δt_{pa}——视系统为纯顺流时的平均温差（℃）；

Δt_{op}——视系统为纯逆流时的平均温差（℃）。

第八节 对流受热面传热计算方法提要

对流受热面的传热计算以式(14-58)～式(14-60)为基础。由于对流换热的传热量与烟气放热量都与烟气温度有关，故对流传热计算需用试算法。对流受热面的传热计算通常采用校核计算的步骤，即已知受热面的结构特性、工质的入口温度、每小时燃气消耗量、烟气入口温度、漏风系数等，计算受热面的传热量和烟气、工质的出口温度。

计算时先假定受热面的烟气出口温度 t_{f_2}，然后按烟气侧的热平衡方程式算出烟气的放热量 Q_f；再由工质侧的热平衡方程式求得工质的出口温度。再由传热方程式（14-58）算出传热量 Q_t，最后按 $Q_f = Q_t$ 的原则，检验某受热面的烟气出口温度 t_{f_2} 假定的是否合理。可按下式计算烟气放热量 Q_f 和传热量 Q_t 之间的误差：

$$\delta Q = \left| \frac{Q_f - Q_t}{Q_f} \right| \tag{14-89}$$

当 $\delta Q \leqslant 5\%$，则可认为假定的烟气出口温度是准确的。该部分受热面的传热计算也就完成。此时温度的最终数据应以热平衡公式中的值为准。当 $\delta Q > 5\%$ 时，必须重新假定烟气出口温度 t_{f_2} 再进行计算。第二次假定的 t_{f_2} 和第一次的假定值相差不到 50℃，则传热系数可不必重算，只需重算平均温差以及 Q_f 和 Q_t，然后再校核 δQ 直到 $\leqslant 5\%$ 为止。

为了避免多次重算的麻烦，在实用上常采用图解法，即先假定三个烟气出口温度——t'_{f_2}、t''_{f_2}、t'''_{f_2}，然后分别算出这三个假定温度下的 Q_f 和 Q_t 值，连接三个 Q_f 值和三个 Q_t 值可得两条直线，其交点所对应的温度即为实际的烟气出口温度 t_{f_2}（图14-15）。

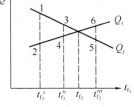

图 14-15 t_{f_2} 的图解法

空气预热器的计算[1]可分为设计计算和校核计算两种。设计计算主要是根据空气

---

[1] 燃气预热器的计算与空气预热器相同，故不再专门说明。

的预热温度，求所需的加热面积。而校核计算是已知预热器的面积，求可能达到的预热温度。

空气预热器计算的原始数据按下列原则确定：

（一）空气预热温度 t_a

一般空气预热的温度都是根据炉子的工艺要求提出的，但是这里必须估计到空气由预热器到炉子的烧嘴这一路程上的温度降落。温度降落的数值视距离远近及管道保温情况而定，一般为 30～50℃。所以离开预热器的空气温度应当是炉子需要温度加上这一数值。

（二）空气进口温度

视季节而异，一般可取较冷季节的空气平均温度。

（三）预热空气量

要估计到由于管道不严密而漏损的空气量，供入预热器的空气量应为燃气燃烧所需的实际空气量乘以漏风系数 β。对于陶瓷预热器，此漏风系数 β 为 1.3～1.4；对于金属预热器，可取 β 为 1.05～1.3 或再大些。因此流过空气预热器的平均空气量应按式（14-76）计算。

（四）烟气进入预热器的温度

若直接利用炉子的烟气来预热空气，由于烟道的散热损失，进入预热器的烟气温度一般比出炉烟气温度低 50～200℃。对于金属预热器，进入预热器的烟气温度应以预热器材料所能承受的温度为限，若烟气温度高于允许温度，应掺入冷空气将烟气稀释到允许的温度。

（五）进入预热器的烟气量

炉子排出的烟气一般全部经过预热器。为了降低烟气温度而需掺入的冷空气量，可按总焓不变的关系求出：

$$V_f c_f t_f + V_a c_a t_a = (V_f + V_a) c_{mix} t_{mix}$$

式中　V_f、c_f、t_f——炉内排出烟气的容积、平均定压容积比热和温度；

V_a、c_a、t_a——掺入冷空气的容积、平均定压容积比热和温度；

c_{mix}、t_{mix}——烟气和空气混合物的平均定压容积比热和温度。

（六）预热器的保温系数 φ

考虑到预热器本身的热损失，对于金属预热器，$\varphi=0.9～0.95$；对于陶瓷预热器，$\varphi=0.85～0.90$。

（七）预热器中空气和烟气的流速

按第十三章中的推荐流速选用。

【例 14-3】　连续加热炉的热工计算，已知：

1. 用途　轧钢前加热；

2. 生产率　70t/h；

3. 燃料　高炉-焦炉混合煤气，成分见表 14-6；

理论空气量及燃烧产物容积列于表 14-7；

烟气焓温表列于表 14-8。

燃气燃烧计算结果　　　　　　　　　　　　　　　表 14-6

名　　称	单　　位	数　值	名　　称	单　　位	数　值
燃气组成 CO_2			烟气量 $\alpha=1$	Nm^3/Nm^3 干燃气	3.10
CO		21.72	$\alpha=1.03$	Nm^3/Nm^3 干燃气	3.15
H_2	容积（%）	22.44	$\alpha=1.08$	Nm^3/Nm^3 干燃气	3.26
N_2		36.56	$\alpha=1.13$	Nm^3/Nm^3 干燃气	3.36
CH_4		10.80	$\alpha=1.18$	Nm^3/Nm^3 干燃气	3.47
C_2H_4		1.28	烟气组分 r_{RO_2}	%	13.5
O_2		0.60	（容积成分）r_{H_2O}	%	17.4
燃气低热值	kJ/Nm^3 干燃气	9793	r_{N_2}	%	69.1
燃气含湿量	g/Nm^3 干燃气	37.2	烟气密度	kg/Nm^3	1.3
燃气密度	kg/Nm^3 干燃气	0.979	理论燃烧温度	℃	2074
理论空气需要量	$\dfrac{Nm^3\ 干空气}{Nm^3\ 干燃气}$	2.23	空气含湿量	g/Nm^3 干燃气	13.0

理论空气量及燃烧产物容积　　　　　　　　　表 14-7

名　　称	符　号	单　　位	数　值
理论空气量	V_0	Nm^3/Nm^3 干燃气	2.23
RO_2 容积	V_{RO_2}	Nm^3/Nm^3 干燃气	0.4168
N_2 理论容积	$V^0_{N_2}$	Nm^3/Nm^3 干燃气	2.13
H_2O 理论容积	$V^0_{H_2O}$	Nm^3/Nm^3 干燃气	0.536

4. 钢坯种类低碳钢和中碳钢（尺寸 210mm×210mm×8100mm）；

5. 预热温度　煤气 35℃，不预热；空气预热至 400℃；

6. 钢坯加热后出炉温度　1200℃。

【解】　计算步骤如下：

（一）炉子基本形式的决定

轧钢生产的连续性较大，加热钢坯的品种也较稳定，产量也比较大，故决定采用上下两面加热，并采用三段炉温制度以保证钢坯加热质量和较高的生产率。

为使炉子构造不过于复杂，决定只预热空气。空气预热器的计算见例 14-3。

由于料坯已经很长，因此采用单排放料。

（二）燃气燃烧计算结果

燃气燃烧计算结果列于表 14-6。

（三）炉子温度制度的确定

根据钢坯的性质、形状和尺寸以及加热的要求（参见图 14-16）取

1. 钢坯出炉的表面温度　1200℃

2. 钢坯入炉的表面温度　20℃

3. 经过预热段以后钢坯的表面温度 650℃

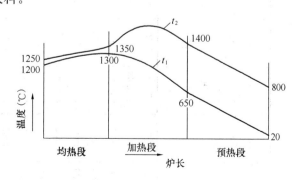

图 14-16　连续式加热炉温度曲线

烟　气　焓　温　表　　**表 14-8**

t℃	I_{RO_2}		$I^0_{N_2}$		$I^0_{H_2O}$		I^0_f	I^0_a				$I_f=I^0_f+(\alpha-1)I^0_a$							
	$V_{RO_2}=0.4168$		$V^0_{N_2}=2.13$		$V^0_{H_2O}=0.536$		$I_{RO_2}+I^0_{N_2}+I^0_{H_2O}$	$V^0_a=2.23$			$V_0c_at_a+1.24V_0d_ac_{H_2O}t_a$	$\alpha=1.03$		$\alpha=1.08$		$\alpha=1.13$		$\alpha=1.18$	
	$c_{RO_2}t_{RO_2}$	$V_{RO_2}c_{RO_2}t_{RO_2}$	$c_{N_2}t_{N_2}$	$V^0_{N_2}c_{N_2}t_{N_2}$	$c_{H_2O}t_{H_2O}$	$V^0_{H_2O}c_{H_2O}t_{H_2O}$		c_at_a	$V_0c_at_a$	$1.24V_0d_ac_{H_2O}t_a$		I_f	ΔI	I_f	ΔI	I_f	ΔI	I_f	ΔI
100	170	70.86	130	276.9	150	80.4	428	131	292.13	5.4	298							482	491
200	350	149.63	260	553.8	303	162.41	866	262	584.26	10.93	595					943	493	973	508
300	563	234.66	393	837.09	461	247.10	1319	369	883.08	16.6	900					1436	503	1481	
400	777	323.85	528	1124.64	623	333.93	1782	532.56	1188.59	22.44	1211					1939	520		
500	1001	417.22	666	1418.58	791	423.98	2260	672	1498.56	28.47	1527			2382	514	2459	530		
600	1233	513.91	806	1716.78	965	517.24	2748	814	1815.22	34.71	1850			2896	527	2989	543		
700	1471	613.11	950	2023.5	1143	612.65	3249	958	2136.34	41.16	2178	3314	519	3423	536	3532	553		
800	1715	714.81	1095	2332.35	1326	710.74	3758	1105	2426.15	47.73	2512	3833		3959		4085			
900	1967	819.84	1243	2647.59	1515	812.04	4279	1255	2798.65	54.51	2853								
1000	2219	924.88	1394	2969.22	1712	917.63	4812	1407	3137.61	61.63	3199								
1100	2473	1030.75	1547	3295.11	1911	1024.30	5350	1561	3481.03	68.8	3550								
1200	2728	1137.03	1698	3616.74	2115	1133.64	5887	1713	3819.99	76.14	3896								
1300	2983	1243.31	1851	3942.63	2324	1245.66	6432	1867	4163.41	83.65	4247								
1400	3241	1350.85	2011	4283.43	2532	1357.15	6991	2028	4522.44	91.15	4614								
1500	3693	1539.24	2167	4615.71	2751	1474.54	7629	2186	4874.78	99.02	4924								
1600	3771	1575.75	2325	4952.25	2968	1590.85	8119	2345	5229.35	106.85	5336								
1700	4043	1685.12	2484	5290.92	3189	1709.30	8685	2505	5586.15	114.8	5701								
1800	4311	1796.82	2645	5633.85	3414	1829.90	9261	2668	5949.64	122.88	6073								
1900	4582	1909.78	2800	5964	3643	1952.65	9826	2824	6297.52	131.17	6429								
2000	4848	2020.65	2964	6313.32	3869	2073.78	10408	2989	6665.47	139.25	6802								
2100	5117	2132.77	3121	6647.73	4097	2195.99	10926	3148	7020.04	147.5	7168								
2200	5388	2245.72	3279	6984.27	4329	2320.34	11550	3307	7374.61	155.83	7530								

4. 钢坯进入均热段时的表面温度　1300℃

5. 烟气出炉温度　800℃

6. 烟气进入预热段温度　1400℃

7. 烟气在均热段中的最高温度　1350℃

8. 烟气在均热段中的平均温度　1300℃

9. 烟气在加热段中的平均温度，按式（14-57）计算　1673℃

10. 烟气在预热段中的平均温度　1100℃

11. 预热段中钢坯表面平均温度　440℃

12. 均热段中钢坯表面平均温度　1250℃

(四) 钢坯加热时间的计算

按式（12-15），钢坯的全加热时间为

$$\tau = (7.0+0.05\delta)\ \delta = (7.0+0.05\times21)\times21 = 169\text{min} = 2.8\text{h}$$

(五) 炉子基本尺寸的决定及有关的几个指标

1. 炉子宽度

$$B = l_m + 2\times0.25 = 8.1+0.5 = 8.6\text{m}$$

设计中实取炉宽为 8.76m。

2. 炉膛高度

(1) 预热段　按式（12-3）

$$h_e = (A+0.05B)\ t_1\times10^{-3} = (0.5+0.05\times8.76)\times1100\times10^{-3} = 1.03\text{m}$$

实取炉膛高度为 1m。下加热炉膛与上加热对称，故高度相同。

(2) 加热段

$$h_e = (A+0.05B)\ t_1\times10^{-3} = (0.65+0.05\times8.76)\times1673\times10^{-3} = 1.82\text{m}$$

实取高度为 2m。下加热炉膛与上加热相同。

(3) 均热段

$$h_e = (A+0.05B)\ t_1\times10^{-3} = (0.65+0.05\times8.76)\times1300\times10^{-3} = 1.40\text{m}$$

实取均热段炉膛高度为 1m。因本炉采用端头出料，均热段过高无必要，并易将冷空气吸入炉内。

3. 炉子长度

$$l_e = \frac{G\tau b}{g} = \frac{70\times2.8\times0.21}{0.21\times0.21\times8.1\times7.8} = 14.7\text{m}$$

为了保证足够产量和留有一定余地，将计算炉长加长约 20%，故有效炉长为 18m。参照加热时间的理论计算结果，并根据经验，确定各段长度如下：

预热段　7.15m

加热段　5.5m

均热段　5.35m

有效炉长　$l_e = 18$m

炉子总长度（不计砖砌体在内）为

$l = l_e + 0.7 = 18.7$m，取 19m。

4. 炉底有效面积 F_e 及全面积 F

$$F_e = l_e l_m = 18 \times 8.1 = 145.8 m^2$$
$$F = lB = 19 \times 8.76 = 166 m^2$$

5. 有效炉底强度

$$\frac{G}{F_e} = \frac{70 \times 10^3}{145.8} = 480 kg/(m^2 \cdot h)$$

每根料坯出炉的间隔时间

$$\frac{g}{G} = 0.04h \approx 2.4min$$

（六）炉墙砖砌体内表面温度 T_3 的计算及其材料的选定

$$T_3^4 = T_2^4 + \frac{\varepsilon_1 \left[1 + \varphi_{32} (1-\varepsilon_1)(1-\varepsilon_2)\right]}{\varepsilon_1 + \varphi_{32} (1-\varepsilon_1) \left[\varepsilon_2 + \varepsilon_1 (1-\varepsilon_2)\right]} \left[T_1^4 - T_2^4\right]$$

1. 预热段

已知：
$$T_1 = 1100 + 273 = 1373K$$
$$T_2 = 440 + 273 = 713K$$

金属表面黑度取 $\varepsilon_2 = 0.8$

根据炉子的尺寸

$$\varphi_{32} = \frac{F_2}{F_3} = \frac{8.1 \times 7.15 \times 2}{7.15 \times 1 \times 4 + 8.76 \times 7.15 \times 2} = 0.75$$

$$S = 3.6 \frac{V}{F} = 3.6 \times \frac{7.15 \times 1 \times 8.76}{7.15 \times 1 \times 2 + 8.76 \times 7.15 \times 2 + 1 \times 8.76 \times 2} = 1.44$$

又已知
$$r_{H_2O} = 0.174; \quad r_{RO_2} = 0.135$$
$$r_{su} = r_{RO_2} + r_{H_2O} = 0.309$$

则
$$P_{su} = r_{su}P = 0.309 \times 0.1 = 0.0309$$

因此
$$P_{su}S = 0.0309 \times 1.44 = 0.445$$

查图 14-6 得 $K_{su} = 7.5$，再由式（14-44）得

$$\varepsilon_1 = 1 - e^{-K_{su}r_{su}PS} = 1 - e^{-7.5 \times 0.309 \times 0.1 \times 1.44} = 0.28$$

将以上数据代入 T_3 的计算式可解出炉墙内壁温度为

$$T_3 = 1130K$$

或
$$t_3 = 857℃$$

2. 加热段

用与预热段计算相同的计算方法，可得

$$T_3 = 1548K$$

或
$$t_3 = 1275℃$$

根据计算结果，决定炉内衬全部采用黏土砖。

（七）热平衡计算及燃料消耗量的决定

1. 热收入

（1）燃气的燃烧热

$$Q_c = BH_l = B9793 kJ/h$$

（2）空气的物理热

$$Q_a = BV_a t_a c_a = BaV_0 t_a c_a = BaI_a^0 = B \times 1.03 \times 1211 = B1247 kJ/h$$

其中 $I_a^0 = 1211 \text{kJ/Nm}^3$ 为 $400℃$ 时，1Nm^3 燃气所需空气的焓，由焓温表 14-8 查得。燃气物理热略去不计。

2. 热支出

（1）有效热（不计金属氧化放热）

$$Q_e = G(t_2 c_2 - t_2' c_2')$$

其中 $t_2' = 20℃$，$t_2 = 1200℃$；

由有关资料查得，

$$c_2' = 0.465 \text{kJ/kg} \cdot ℃，\quad c_2 = 0.712 \text{kJ/(kg} \cdot ℃)$$
$$G = 70 \times 10^3 \text{kg/h}$$

代入上式得

$$Q_e = 70 \times 10^3 (1200 \times 0.712 - 20 \times 0.465) = 59.16 \times 10^6 \text{kJ/h}$$

（2）炉膛烟气带走的热量（不计化学热）

$$Q_{ph}' = BV_f c_f t_f = BI_f = B3833 \text{kJ/h}$$

其中 $I_f = 3833 \text{kJ/Nm}^3$ 为 $800℃$ 时 1Nm^3 燃气所产生烟气的焓，由焓温表（表 14-8）查得。

（3）炉膛的热损失 Q_l'

通过砖砌体的散热 Q_{br}

$$Q_{br} = \frac{t_3 - t_a}{\dfrac{\delta_1}{\lambda_1} + \dfrac{\delta_2}{\lambda_2} + 0.06} F_{br}$$

均热段炉顶热损失（炉顶砖砌体结构尺寸见图 14-17）：

黏土砖平均温度　$t_m = \dfrac{1300 + 700}{2} = 1000℃$

绝热层平均温度　$t_m = \dfrac{700 + 80}{2} = 390℃$

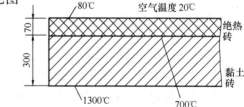

图 14-17　均热段炉顶结构尺寸

由有关资料查得

黏土层平均导热系数　$\lambda_1 = 0.7 + 0.00064 t_m$
　　　　　　　　　　　$= 1.34 \text{W/(m} \cdot ℃)$

绝热层平均导热系数　$\lambda_2 = 0.33 + 0.00015 t_m = 0.389 \text{W/(m} \cdot ℃)$

已知炉顶面积　$F_{br} = 8.76 \times 5.35 = 46.9 \text{m}^2$

所以

$$Q_{br} = \frac{1300 - 20}{\dfrac{0.3}{1.34} + \dfrac{0.070}{0.389} + 0.054} \times 46.9 \times 3.6 = 0.472 \times 10^6 \text{kJ/h}$$

均热段炉底的热损失：

根据经验数据，通过实底散失的热流为 $2326 \sim 3489 \text{W/m}^2$

取上限，故

$$Q_{br} = 3489 \times 8.76 \times 5.35 \times 3.6 = 0.589 \times 10^6 \text{kJ/h}$$

用同样的方法可求出其他各段炉墙的热损失，将这些热损失相加就得到砖砌体总的散热为：
$$Q_{br}=3.71\times10^6\,kJ/h$$

通过炉门或开孔的辐射热损失 Q_{do}

若炉子进、出料端炉门常开，则辐射热损失为
$$Q_{do}=20.41\left(\frac{T_1}{100}\right)^4 F_{do}\phi$$

预热端：

已知　$T_1=1373K$；$F_{do}=8.76\times1m^2$

查图 14-4 得 $\phi=0.8$。所以
$$Q_{do}=20.41\,(13.73)^4\times8.76\times1\times0.8=5.11\times10^6\,kJ/h$$

均热端（开口高为 0.42m）

已知　$T_1=1300+273K$；$F_{do}=8.76\times0.42m^2$

$\phi=0.65$。所以
$$Q_{do}=20.41\,(15.73)^4\times8.76\times0.42\times0.65=2.99\times10^6\,kJ/h$$

通过炉门总的辐射热损失为
$$Q_{do}=5.11\times10^6+2.99\times10^6=8.1\times10^6\,kJ/h$$

炉膛总的热损失为
$$Q'_l=Q_{br}+Q_{do}=3.71\times10^6+8.1\times10^6=11.81\times10^6\,kJ/h$$

（4）其他热损失 Q_{un}

除了以上所估计的各项热损失外，尚有化学不完全燃烧损失和冷却水水热损失等。根据经验取其为热量总支出的 6.8%，得
$$Q_{un}=8.31\times10^6\,kJ/h$$

这样，热平衡方程式为
$$B9793+B1247=B3833+59.16\times10^6+11.81\times10^6+8.31\times10^6$$

解该方程得总燃料消耗量 $B=11000Nm^3/h$，计算结果列于表 14-9。

加 热 炉 热 平 衡 表　　　　　　　　表 14-9

热　收　入	$10^6kJ/h$	%	热　支　出	$10^6kJ/h$	%
燃气的燃烧热	107.72	88.7	金属吸收的热量	59.16	48.7
空气的物理热	13.72	11.3	炉膛烟气带走热量	42.16	34.7
			砖砌体的热损失	3.71	3.1
			炉门的辐射热损失	8.1	6.7
			其他热损失	8.31	6.8
总　　计	121.44	100	总　　计	121.44	100

【例 14-4】　用例 14-3 的连续加热炉的烟气来预热空气送入该炉使用。计算该空气预热器的传热面积和烟气出口温度。

【解】　计算步骤如下：

(一) 有关空气的各参数

1. 每小时需预热的空气量　加热炉每小时燃用燃气 $11000\mathrm{Nm^3/h}$，燃烧器的过剩空气系数为 1.03，则需预热空气量为 $L_{a2}=11000\times1.03\times2.23=25300\mathrm{Nm^3/h}$。考虑到预热器有漏风（约占 10%），每小时进入预热器的空气量为

$$L_{a1}=25300\times1.1=27830\mathrm{Nm^3/h}$$

2. 空气预热温度及冷空气进入预热器的温度　连续式加热炉规定热空气进入燃烧器的温度为 $400℃$，考虑到热空气在出预热器之后在输送管道中将产生 $50℃$ 的温度降，因而需要在预热器中将空气预热至 $t_{a2}=450℃$。

冷空气进入预热器的温度 $t_{a1}=20℃$。

3. 每小时空气的吸热量

空气的平均定压容积比热　$c_a=1.34\mathrm{kJ/(Nm^3\cdot℃)}$

每小时空气的吸热量为

$$Q_a=\frac{L_{a1}+L_{a2}}{2}c_a(t_{a2}-t_{a1})$$

$$=\frac{27830+25300}{2}\times1.34\times(450-20)$$

$$=15.3\times10^6\,\mathrm{kJ/h}$$

(二) 有关烟气的各参数

1. 进入预热器的烟气量和温度

每 $1\mathrm{Nm^3}$ 燃气产生的烟气量为 $3.15\mathrm{Nm^3}$

进入预热器的烟气量　$L_f=11000\times3.15=34650\mathrm{Nm^3/h}$

进入预热器的烟气温度等于连续加热炉的排烟温度

$$t_{f1}=800℃$$

2. 流出预热器的烟气量　由于预热器不严密，有一部分空气漏入，烟气量为

$$L_{f2}=34650+25300\times0.1=37180\mathrm{Nm^3/h}$$

3. 烟气流出预热器的温度　根据烟气的温度及其成分可得进入和流出预热器的比热：

$$c_{f1}=1.5\mathrm{kJ/(Nm^3\cdot℃)};$$

$$c_{f2}=1.47\mathrm{kJ/(Nm^3\cdot℃)}$$

根据热平衡方程式

$$Q_a=\varphi(L_{f1}c_{f1}t_{f1}-L_{f2}c_{f2}t_{f2})$$

取保热系数 $\varphi=0.90$，则

$$15.3\times10^6=0.9(34650\times1.5\times800-37180\times1.47t_{f2})$$

$$t_{f2}=450℃$$

(三) 平均温差

由于 $\Delta t_{max}=430℃$；$\Delta t_{min}=350℃$，$\dfrac{\Delta t_{max}}{\Delta t_{min}}=1.2<1.7$，采用算术平均值已足够精确，所以

$$\Delta t=\frac{\Delta t_{max}+\Delta t_{min}}{2}=\frac{430+350}{2}=390℃$$

（四）传热系数的确定

选用双侧式 $L=1550$ 的片状管作为预热器的元件，其传热系数 $K=81\sim116.3\text{W}/(\text{m}^2\cdot\text{K})$。根据温度范围，取 $K=96\text{W}/(\text{m}^2\cdot\text{K})$。

（五）预热器各项指标的确定

1. 传热面积

$$F=\frac{Q_\text{a}}{K\Delta t}=\frac{15.3\times10^6}{96\times3.6\times390}=113.5\text{m}^2$$

根据双侧式片状管的主要尺寸与指标，可得单根片状管的假想受热面积为 0.47m^2，因此所需管子根数为

$$n=\frac{113.5}{0.47}=241\text{ 根}$$

2. 预热器管子排列

查双侧式片状管规格，一根管空气流通面积为 0.0113m^2，烟气流通面积为 0.094m^2。

取空气流速 $v_\text{a}=8\text{Nm/s}$，则一根管中空气流量为

$$l_\text{a}=0.0113\times8\times3600=325.4Nm^3/\text{h}$$

取烟气流速 $v_\text{f}=4\text{Nm}^3/\text{s}$，则一根管烟气流量为

$$l_\text{f}=0.094\times4\times3600=1354Nm^3/\text{h}$$

因此空气流动方向管子数为

$$n_1=\left(\frac{L_\text{a1}+L_\text{a2}}{2}\right)\div l_\text{a}=\frac{27830+25300}{2}\div325.4=81\text{ 根}$$

烟气流动方向上管子列数为

$$z_2=\left(\frac{L_\text{f1}+L_\text{f2}}{2}\right)\div l_\text{f}=\left(\frac{34650+37180}{2}\right)\div1354=27\text{ 列}$$

一个行程的管子排数为

$$n_2=\frac{n_1}{z_2}=\frac{81}{27}=3\text{ 排}$$

若空气流动采用三行程，则管子总数为

$81\times3=243$ 根 >241 根，有富裕。

烟气流动方向上管子排数为

$$z_1=3\times3=9\text{ 排}$$

预热器总的排列方式为

9 排 27 列，共 243 根双侧式片状管。

第十五章　燃气工业炉的空气动力计算

第一节　燃气工业炉空气动力计算的任务

一、燃气工业炉气体流动的特点

燃气在工业炉炉膛内燃烧所生成的烟气将其所含热量传给被加热物后，经烟道及其他附属设备排入大气。若工业炉的排烟温度较高，可采用空气(燃气)预热器等余热回收装置，回收部分热能，以提高热能利用率。

由于烟气流动情况直接影响炉膛内温度分布和物料加热的均匀性，因此必须掌握炉内气流速度分布和压力分布规律，正确组织炉膛内的气流运动。这样才能保证物料加热的质量和产量，使工业炉达到良好的技术指标。此外，要保证工业炉正常运行，必须连续地供应燃烧所需空气；燃烧后产生的烟气也应及时从炉内排出。为此必须使空气和烟气具有一定的能量，用以克服流动过程中的各种阻力，并保证炉内具有一定压力。这种连续送风和排烟的过程即为工业炉的通风过程。通风力不足，会引起不完全燃烧，燃料损失增大，燃烧强度减弱，烟气温度降低；通风力过大，会使过剩空气增大，烟气热损失增大，炉内温度下降，温度分布不均匀。它们都会使工业炉生产受到影响。

因此，燃气工业炉空气动力计算对于工业炉的设计、操作及安全运行都有重要意义。

工业炉内被加热物料一般都放在炉底，因此控制炉内压力的首要任务是保证炉底压力为大气压或微小的正压，通常炉底保持 $10 \sim 20 Pa$ 正压。这时炉门缝隙稍有火苗冒出，而没有冷空气吸入，以保持炉内气氛，使炉内不至于有过多的过剩空气，不至降低炉温和恶化传热过程。此点与工业锅炉有显著差别。一般工业锅炉炉膛内保持负压 $10 \sim 30 Pa$，不使烟气和灰尘从炉墙、烟道喷出。

图 15-1 为工业炉自然通风时，炉膛及烟道系统压力分布情况示意图。图中 1 至 2 为燃气及空气混合物经燃烧器后产生烟气的过程；2 至 3 由于热压作用烟气能量增大至正压，满足炉膛内压力要求；3 至 4 为烟气流动过程中克服热压作用而消耗的一部分能量；4 至 5 为烟气流动过程中克服烟道阻力所消耗的能量；5 至 6 由于热压作用，烟气压力有所增大；6 至 7 由于烟气流经热交换器，消耗较多能量；7 至 8 为烟气流经烟道阀门，克服局部阻力而消耗能量；8 至 9 为烟气克服烟道阻力而消耗能量；

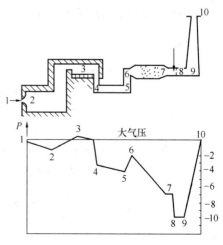

图 15-1　工业炉系统压力分布示意图

9 至 10 由于烟囱产生的抽力，使烟气能量增大而排出大气。

二、燃气工业炉空气动力计算的任务和原理

(一) 空气动力计算的任务

燃气工业炉空气动力计算的任务是求得工业炉风道及烟道的全压降，从而在自然通风情况下确定烟囱的高度；在机械通风情况下确定送风机和引风机的风压，选择合适的通风排烟设备。

(二) 工业炉内气体状态参数的变化

燃气工业炉空气动力计算过程中，应注意温度、压力与气体体积的变化关系。众所周知，气体是可压缩的。但是在工业炉内，除个别情况（如高压喷嘴）外，气体压力变化不大，通常炉内压力与大气压相差很小。炉膛内各点压力相差仅为 $20 \sim 100 \mathrm{Pa}$。在空气（燃气）预热器中，压力变化也常常只有几千帕。因此，在工业炉系统空气动力计算过程中，可以把气体看成是不可压缩的。

燃气工业炉整个烟气系统中，气体温度变化是相当大的，在进行空气动力计算时必须考虑。

(三) 工业炉通风系统中热压的作用

由于燃气工业炉炉内烟气温度比炉外空气温度高得多，因此在空气动力计算时应特别注意热压的作用。其附加热压值按式(15-1)计算：

$$\Delta P = Hg(\rho_{\mathrm{a}} - \rho_{\mathrm{f}}) \tag{15-1}$$

式中　ΔP——热压(Pa)；

　　　H——截面高差(m)；

　　　g——重力加速度$(\mathrm{m/s^2})$；

　　　ρ_{a}——外部冷空气密度$(\mathrm{kg/m^3})$；

　　　ρ_{f}——内部热烟气密度$(\mathrm{kg/m^3})$。

因此，附加热压值与截面高差成正比，与内外气体密度差成正比。附加热压沿高度方向呈直线分布，越靠上部该压力值越大。

当热气流在烟道内由上向下运动时，该附加热压起阻止气体流动的作用；反之，当热气流在烟道内自下向上运动时，该附加热压起帮助气体流动的作用。此点在空气动力计算时应予以特别注意。

(四) 实际流体的伯努利方程

从流体力学可知，当空气（烟气）在风道（烟道）中从第一截面流向第二截面时（图15-2），其实际流动的伯努利方程即能量方程如下：

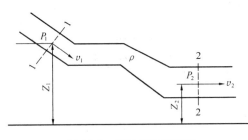

图 15-2　任意烟风道简图

$$P_{\mathrm{a1}} + \frac{v_1^2 \rho}{2} + Z_1 \rho g = P_{\mathrm{a2}} + \frac{v_2^2 \rho}{2} + Z_2 \rho g + h$$

所以

$$h = P_{\mathrm{a1}} - P_{\mathrm{a2}} + \frac{(v_1^2 - v_2^2)\rho}{2} + (Z_1 - Z_2)\rho g \tag{15-2}$$

式中 P_{a1}、P_{a2}——截面 1、2 处气体具有的绝对压力(Pa);

Z_1、Z_2——截面 1、2 中心线离基准面的高度(m);

ρ——气体在截面 1、2 间的平均密度(kg/m³);

v_1、v_2——截面 1、2 上气体的平均流速(m/s);

h——气体在 1、2 截面间的流动阻力(Pa)。

在工业炉空气动力计算时,由于炉子内外是相互连通的,炉内外是两种不同密度的气体,考虑到炉外冷空气对炉内热烟气的影响,因此式(15-2)改写为式(15-3)的形式。

在任一截面处,气体的绝对压力 P_a 等于表压力 P 和大气压力 B 之和,即

$$P_a = P + B = P + (B_0 - Z\rho_a g)$$

式中 B_0——海平面大气压力(Pa);

ρ_a——空气密度(kg/m³);

Z——海拔高度(m)。

由上式得

$$P_{a1} - P_{a2} = (P_1 - P_2) + \rho_a g(Z_2 - Z_1)$$

将上式代入式(15-2),得

$$h = (P_1 - P_2) + \frac{(v_1^2 - v_2^2)\rho}{2} - (Z_2 - Z_1)(\rho g - \rho_a g)$$

$$= h_{st} + h_d - \Delta P_h \tag{15-3}$$

式中 P_1、P_2——截面 1、2 处气体具有的相对压力(Pa);

h_{st}——截面 1、2 间气体静压差(Pa);

h_d——截面 1、2 间气体动压差(Pa);

ΔP_h——工业炉内外温差形成的热压(Pa)。

第二节 气体流动阻力计算

一、阻力计算基本公式

燃气工业炉空气动力计算过程中,气体流动的总阻力损失主要包括摩擦阻力损失、局部阻力损失及气体冲刷管束的阻力损失。

(一)沿程摩擦阻力(包括气流纵向冲刷管束的阻力)

这是由于气体本身的黏性及气体与管壁间的摩擦而产生的能量损失。

气体通过等截面通道(包括气流纵向冲刷管束)时的摩擦阻力,可用下式表示

$$h_f = \lambda \frac{l}{d_e} \frac{\rho v^2}{2} = \lambda \frac{l}{d_e} \frac{\rho_0 v_0^2}{2} \times \frac{273+t}{288} \tag{15-4}$$

式中 h_f——摩擦阻力(Pa);

λ——摩擦阻力系数;

d_e——管道截面的当量直径(m);

l——管道长度(m);

v_0、v——气体在标准状态及流动温度下的平均流速(m/s);

ρ_0、ρ——气体在标准状态及流动温度下的密度（kg/m³）；

　　t——气体平均温度（℃）。

式(15-4)中摩擦阻力系数 λ 由气体流动性质而定。当 $Re<2\times10^3$ 为层流；$Re>5\times10^3$ 为紊流。在工业炉中气体的流动多为紊流，只有在少数情况下才可能遇到层流。

摩擦阻力系数 λ 按以下各式计算：

$Re<2000$ 的光滑圆管

$$\lambda=\frac{64}{Re} \tag{15-5}$$

$2000\leqslant Re\leqslant4000$ 的光滑圆管

Re	2000	2500	3000	4000
λ	0.052	0.046	0.045	0.041

$Re>4000$ 的任意值时的光滑圆管

$$\lambda=\frac{1}{(1.8\lg Re-1.64)^2} \tag{15-6}$$

$4000<Re<10^5$ 的光滑圆管

$$\lambda=\frac{0.316}{Re^{0.25}} \tag{15-7}$$

$10^5<Re<10^8$ 的光滑圆管

$$\lambda=0.0032+\frac{0.221}{Re^{0.237}} \tag{15-8}$$

工业炉空气动力计算中常用下列经验公式：

$$\lambda=\frac{A}{Re^n} \tag{15-9}$$

式中　A、n——和管壁粗糙度有关的常数，可由表15-1查得。

当求 Re 数时，采用通道壁温下的动力黏度。

不同管道的 A 和 n 值　　　　　　表 15-1

	光滑的金属管道	表面粗糙的金属管道	砖 砌 管 道
A	0.32	0.129	0.175
n	0.25	0.120	0.120

（二）管路局部阻力损失

管路上除了有沿程摩擦阻力之外，由于气流流动时，发生气流方向变化（转弯）或截面变化而产生的流动阻力，称之为局部阻力损失。局部阻力损失表示为

$$h=\zeta\frac{\rho v^2}{2}=\zeta\frac{\rho_0 v_0^2}{2}\frac{273+t}{288} \tag{15-10}$$

式中　ζ——局部阻力系数；

　v_0、v——气体在标准状态下及在气流温度下的平均流速（m/s）；

　ρ_0、ρ——气体在标准状态下及在气流温度下的密度（kg/m³）；

　　t——气体平均温度（℃）。

局部阻力系数 ζ 由通道部件的形状而定。在工业炉空气动力计算中常用的局部阻力系

数列于附表 4。

(三) 横向冲刷管束阻力

当横向冲刷管束时，无论有无热交换，其流动阻力均用式 (15-10) 计算。

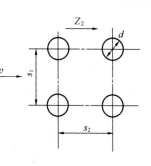

图 15-3　顺列管束

式中局部阻力系数 ζ 与管束的结构形式、介质流过的管子排数及 Re 数有关。介质进入和流出管束时，由于截面收缩和扩大所引起的阻力损失已计入 ζ 中，不再另外计算。计算时应用的气流速度按烟道有效截面确定。

对于顺列管束(图 15-3)，ζ 可由下式计算：

$$\zeta = \zeta_0 Z_2 \tag{15-11}$$

式中　Z_2——沿气流方向(即管束深度方向)的管排数；

ζ_0——每一排管子的阻力系数，与 $\dfrac{s_1}{d}$、$\dfrac{s_2}{d}$、$\psi = \dfrac{s_1 - d}{s_2 - d}$ 以及 Re 值有关，其中：

s_1、s_2——管束的横向、纵向管距(m)；

d——管子外径(m)。

ζ_0 值可按下式计算：

当 $\dfrac{s_1}{d} \leqslant \dfrac{s_2}{d}$、且 $0.06 \leqslant \psi \leqslant 1$ 时，

$$\zeta_0 = 2\left(\frac{s_1}{d} - 1\right)^{-0.5} Re^{-0.2} \tag{15-12}$$

当 $\dfrac{s_1}{d} > \dfrac{s_2}{d}$　$1 < \psi \leqslant 8$ 时

$$\zeta_0 = 0.38\left(\frac{s_1}{d} - 1\right)^{-0.5} (\psi - 0.94)^{-0.59} Re^{-0.2/\psi^2} \tag{15-13}$$

$8 < \psi \leqslant 15$ 时

$$\zeta_0 = 0.118\left(\frac{s_1}{d} - 1\right)^{-0.5} \tag{15-14}$$

为了计算方便，将式(15-11)～式(15-14)制成线算图 15-4，可直接查得阻力系数及有关修正值。图中算式为

$\dfrac{s_1}{d} \leqslant \dfrac{s_2}{d}$ 时 $\qquad\qquad\qquad\qquad \zeta = c_s \zeta_s Z_2$

$\dfrac{s_1}{d} > \dfrac{s_2}{d}$ 时 $\qquad\qquad 1 < \psi \leqslant 8 \quad \zeta = c_s c_{Re} \zeta_s Z_2$

$\qquad\qquad\qquad\qquad\qquad 8 < \psi < 15 \quad \zeta = \zeta_\omega Z_2$

式中　c_s——管距修正系数；

c_{Re}——雷诺数的修正系数；

ζ_ω、ζ_s——图上查得的阻力系数。

对于错列管束(图 15-5)，ζ 可用下式计算：

$$\zeta = \zeta_0 (Z_2 + 1) \tag{15-15}$$

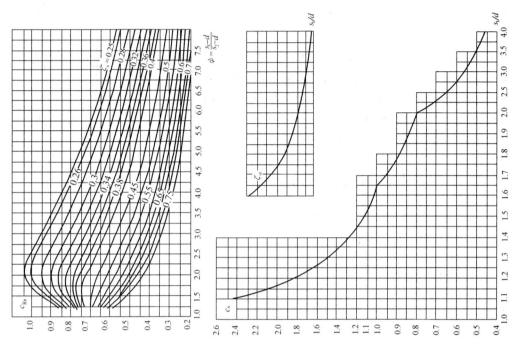

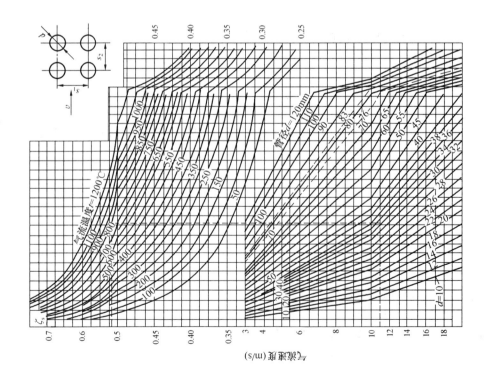

图 15-4　横向冲刷顺列管束阻力系数

式中　Z_2——沿气流方向的管子排数。

所有错列管束，除了 $\varphi>1.7$，$3<\dfrac{s_1}{d}\leqslant10$ 的管束以外，ζ_0 值按下式计算：

$$\zeta_0=c_sRe^{-0.27} \tag{15-16}$$

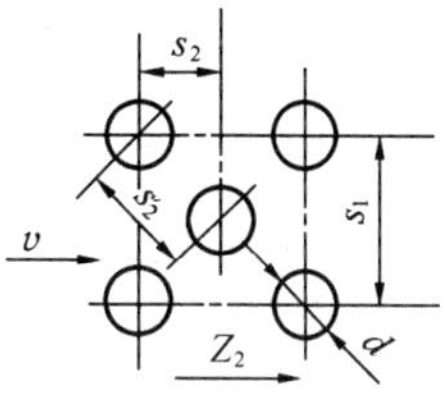

式中　c_s——错列管束的结构系数，与比值 $\dfrac{s_1}{d}$ 及 $\varphi=\dfrac{s_1-d}{s_2'-d}$ 有关，

其中，s_2'——管子的斜向管距，$s_2'=\sqrt{\dfrac{1}{4}s_1^2+s_2^2}$；

s_1、s_2——管束横向和纵向的管距。

当 $0.1\leqslant\varphi\leqslant1.7$ 时

对于 $\dfrac{s_1}{d}\geqslant1.44$

$$c_s=3.2+0.66(1.7-\varphi)^{1.5} \tag{15-17}$$

对于 $\dfrac{s_1}{d}<1.44$

$$c_s=3.2+0.66(1.7-\varphi)^{1.5}+\frac{1.44-\dfrac{s_1}{d}}{0.11}[0.8+0.2(1.7-\varphi)^{1.5}] \tag{15-18}$$

当 $1.7<\varphi\leqslant6.5$ 时，此已成为密布管束，即斜向截面几乎等于或小于横向截面。

对于 $1.44\leqslant\dfrac{s_1}{d}\leqslant3.0$ 时

$$c_s=0.44(\varphi+1)^2 \tag{15-19}$$

对于 $\dfrac{s_1}{d}<1.44$ 时

$$c_s=\left[0.44+\left(1.44-\frac{s_1}{d}\right)\right](\varphi+1)^2 \tag{15-20}$$

当 $\varphi>1.7$ 和 $3.0<\dfrac{s_1}{d}\leqslant10$ 时

$$\zeta_0=1.83\left(\frac{s_1}{d}\right)^{-1.46} \tag{15-21}$$

为了计算方便，可以按(15-15)～式(15-21)制成的线算图15-6确定错列管束阻力。图中算式为

当 $0.1<\varphi<1.7$ 以及 $\dfrac{s_1}{d}\leqslant3.0$ 和 $1.7\leqslant\varphi\leqslant6.5$ 时，

$$\Delta h=c_sc_d\Delta h_0(Z_2+1)$$

当 $\varphi>1.7$ 且 $3.0<\dfrac{s_1}{d}\leqslant10$ 时

$$\Delta h=\zeta_\omega\frac{v^2\rho}{2}(Z_2+1)$$

式中　c_s——管距修正系数；

$\quad\quad c_d$——管径修正系数；

图 15-5　错列管束

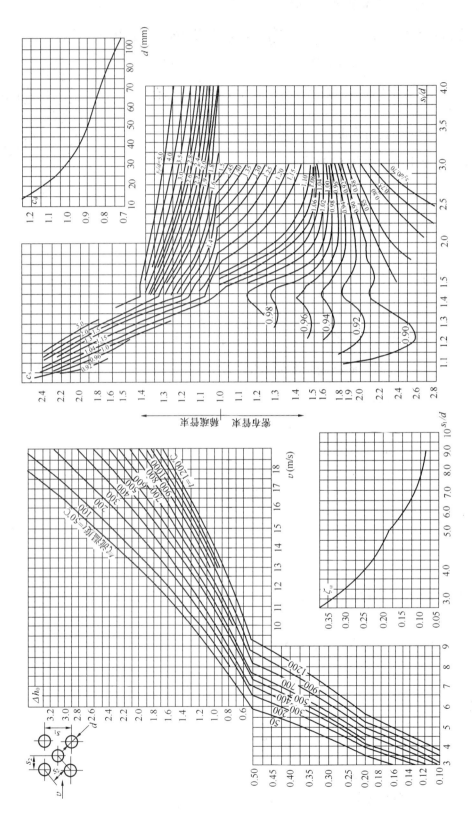

图 15-6　横向冲刷错列管束的阻力系数

ζ_w——图上查得的阻力系数；

Δh_0——图上查得的管束阻力（Pa/排）。

当气流斜向冲刷光滑管管束时，其阻力系数可同样按横向冲刷的公式和线算图来计算，但其流速应根据斜向截面进行计算。

二、烟气流动阻力计算

计算烟气流动阻力的原始数据为烟气量、各段烟气的烟气流速、烟气温度、烟道的有效面积及其他结构特性。这些数据在燃气燃烧计算和热力计算中已经求得。

在计算各段烟气流动阻力时，温度等均取平均值。

由于阻力计算时所使用的各种线算图都是对于空气绘制的，因此，为了方便起见，可以利用线算图求得相应于干空气状态（$\rho_{0a}=1.293$）的烟道各部分的阻力。然后，再根据烟气密度进行换算。

计算烟气流动阻力的顺序是从炉膛开始，沿烟气流动方向，依次计算空气（燃气）预热器、管道各部分的阻力。各部分阻力之和即为烟道的全压降。

下面按烟气流程的次序分别阐述每一部分计算应考虑的问题。

（一）炉膛

炉膛内的摩擦阻力损失按式（15-4）计算，式中 v_0、t 为炉膛内平均烟气流速及平均温度。

实际上由于工件在炉底上排得不整齐，故炉膛内压力损失比计算所得结果要大。可以粗略地认为炉膛内的压头损失等于计算值的两倍。

（二）空气（燃气）预热器

1. 管式空气预热器　这种换热器的基本构件是钢管。通常管内走空气，管外走烟气，但也有与此相反的。

一般机械排风时，可采用烟气在管内流动，此时烟气阻力是由管中的摩擦阻力 Δh_p 和管子进出口的局部阻力 Δh_{io} 所组成。这两项阻力均按烟气在空气预热器的平均烟气流速、平均烟气温度计算。

管束空气预热器的摩擦阻力按线算图 15-7 求得。查图时：

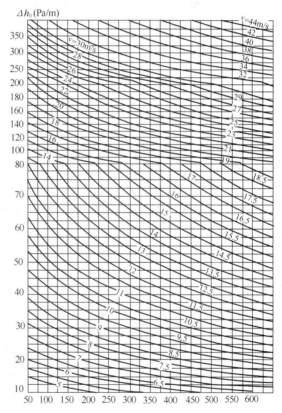

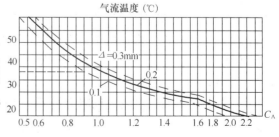

图 15-7　空气预热器纵向冲刷时的阻力

Δ—绝对粗糙度（mm）

$$\Delta h_{\mathrm{p}} = \Delta h_0 cl \qquad (15\text{-}22)$$

式中　Δh_0——由图上查得的每米长度的摩擦阻力(Pa/m)；

　　　c——修正系数；

　　　l——管长(m)。

预热器进出口处因截面变化而产生的局部阻力按下式计算：

$$\Delta h_{io} = (\zeta + \zeta')\frac{v^2\rho}{2} \qquad (15\text{-}23)$$

式中　$\dfrac{v^2\rho}{2}$——气流动压头，用气流在管内的平均烟气流速和烟气温度求得；

　　　ζ、ζ'——进口和出口的局部阻力系数，根据管子有效总截面积与空气预热器前后的烟道有效截面积之比由附录 4 查得。

管子总的流通截面：

$$F = \frac{Z\pi d_{\mathrm{in}}^2}{4}$$

式中　F——管子有效总截面积(m²)；

　　　Z——管子数；

　　　d_{in}——管子内径(m)。

当空气在管内流动时，一般流速为 4~8Nm/s；烟气则以 1~2Nm/s 的速度流经管子之间。空气和烟气流速之比应不小于 2.5~3.0，以防止管子烧坏。预热器内的空气阻力为 300~3000Pa；烟气阻力为 20~300Pa。

2. 片状换热器　一般用经验公式计算片状换热器的阻力。片状换热器一个行程内表面空气流动阻力按下式计算：

$$\Delta h_{\mathrm{a}} = Agv_{0a}^2\frac{T}{288} \qquad (15\text{-}24)$$

式中　Δh_{a}——片状管内表面空气阻力(Pa)；

　　　v_{0a}——标准状态下管内空气流速(m/s)；

　　　T——管内空气平均温度(K)；

　　　A——与长度有关的阻力系数，其值如下：

管 道 长 度 (mm)	1107	1550	2042
系 数 A	0.20	0.25	0.30

在实际计算时应注意，由于铸铁管道的不严密性，片的尺寸与设计尺寸不完全一致，加上腐蚀增加了管道的粗糙度，因此当用式(15-24)计算换热器阻力时，应增加 25%~30%。

片状换热器外表面烟气流动阻力按下式计算：

$$\Delta h_{\mathrm{f}} = ag(n+m)v_{0f}^2\frac{T}{288} \qquad (15\text{-}25)$$

式中　Δh_{f}——片状管外表面烟气阻力(Pa)；

　　　n——烟气流动方向上的管子排数；

m——烟气流动方向上的管子组数；

T——烟气平均温度(K)；

v_{0f}——标准状态下烟气流速(Nm/s)；

a——与管道形式有关的系数。双侧式 $a=0.0145$；单侧式 $a=0.0044$。

多行程换热器空气管道转弯处的管内压头损失，一般采用片状管空气流动阻力的 $50\%\sim60\%$。

换热器管内空气流速采用 $4.0\sim8.0$Nm/s。如果换热器前压力较高，则为了减小换热器尺寸，降低金属表面最高温度，也可以适当提高空气流速。

换热器管外烟气流速采用 $2.0\sim5.0$Nm/s。空气流速可取 $5.0\sim10.0$Nm/s。

3. 辐射换热器　辐射换热器的烟道截面一般比较大，直径为 $0.5\sim3.0$m。烟气流速采用 $1\sim3$Nm/s。预热空气的流速一般采用 $20\sim30$Nm/s。

辐射换热器中烟气阻力损失可忽略不计。

【例 15-1】　计算换热器管内外阻力。

已知：采用双侧式的片状管作为换热器的元件，管长 1550mm，预热空气量 27830Nm³/h，经换热器的烟气量为 37180Nm³/h，空气进口温度 20℃，出口温度 450℃；烟气进口温度 800℃，烟气出口温度 450℃。由传热计算得出所需管子数 243 根。

【解】　计算步骤如下：

1. 先假定换热器管外烟气流速 $v_{0f}=4.0$Nm/s，管内空气流速 $v_{0a}=8.0$Nm/s。

2. 空气通过换热器的总截面为

$$f_a=\frac{27830}{3600\times8.0}=0.966\text{m}^2$$

3. 烟气通过换热器的总截面为

$$f_f=\frac{37180}{3600\times4.0}=2.58\text{m}^2$$

4. 决定换热器行程及管子排列　由片状换热器结构特性得知，双侧式片状换热器管长为 1550mm 时，烟气横向流动，每两根管道间烟气流通截面为 0.094m²，空气沿管道纵向流动，每根空气管截面为 0.0113m²，由例 14-3 得，空气流动采用三个行程，每个行程的管子排数为 3，总排列为 9 排 27 列共 243 根双侧式片状管。

5. 校核实际流速　实际空气流通总面积为

$$f_a=27\times3\times0.0113=0.92\text{m}^2$$

实际烟气流通总面积为

$$f_f=27\times0.094=2.54\text{m}^2$$

实际空气流速为

$$v_{0a}=\frac{7.731}{0.92}=8.4\text{Nm/s}$$

实际烟气流速为

$$v_{0f}=\frac{10.33}{2.54}=4.1\text{Nm/s}$$

6. 换热器管内空气流动总阻力　换热器中空气平均温度

$$t_a=\frac{450+20}{2}=235℃$$

按公式(15-24)计算管内空气流动阻力

$$\Delta h = 3 \times A g v_{0a}^2 \frac{T}{288} = 3 \times 9.81 \times 0.25 \times 8.4^2 \times \frac{235+273}{288} = 916 \text{Pa}$$

换热器进出口处截面变化产生的局部阻力及三个180°转弯的局部阻力之和近似采用等于管内阻力，所以换热器内空气流动阻力为

$$\Delta h_a = 2 \times 916 = 1832 \text{Pa}$$

由于管道不严密等因素，附加阻力25%，所以实际空气阻力为

$$\Delta h_a = 1832 \times 1.25 = 2290 \text{Pa}$$

7. 换热器管外烟气流动阻力　先求换热器管外烟气平均温度

$$t_f = \frac{800+450}{2} = 625 ℃$$

按式(15-25)计算管外烟气流动阻力：取 $a = 0.0145$，$v_{0f} = 4.1 \text{Nm/s}$，$n = 9$，$m = 3$。

$$\Delta h_f = a g(n+m) v_{0f}^2 \frac{T}{288} = 0.0145 \times 9.81 \times (9+3) \times 4.1^2 \times \frac{273+625}{288}$$
$$= 89.5 \text{Pa}$$

附加25%，烟气总阻力为

$$\Delta h_f = 89.5 \times 1.25 = 112 \text{Pa}$$

(三) 烟道

烟道内烟气量除包括燃料燃烧计算求得的烟气量以外，尚需增加换热器、烟道、阀门等各设备和部件的漏风量。

考虑漏风量后的总烟量可按下式计算：

$$L_f = B(V_{0f} + \Delta \alpha V_0) \frac{273+t_f}{288} \tag{15-26}$$

式中　L_f——排烟道烟气量(m^3/h)；

$\qquad B$——燃气消耗量(m^3/h)；

$\quad V_{0f}$——单位体积燃气燃烧所产生的烟气量(Nm^3/Nm^3)；

$\quad V_0$——所需理论空气量(Nm^3/Nm^3)；

$\qquad t_f$——烟气温度($℃$)；

$\quad \Delta \alpha$——漏风系数。

金属管状换热器的 $\Delta \alpha = 0.15$；金属辐射换热器的 $\Delta \alpha = 0.15$。砖烟道的 $\Delta \alpha$，每10m取0.05；钢板烟道的 $\Delta \alpha$，每10m取0.01。烟道闸门及孔等漏风量按具体情况而定。

在烟道计算时，往往取经济流速。若烟气流速过大，虽可节约管材，但动力消耗过大；反之，若流速过小，虽可节约动力，却浪费了管材。

矩形烟道的高度与宽度之比可取0.5~2。工业炉常用烟道系列可参考有关设计手册。

【例15-2】　计算图15-8所示连续加热炉排烟系统阻力损失。

已知：连续加热炉燃气消耗量 $B = 7200 \text{Nm}^3/\text{h}$，烟气密度 $\rho_{0f} = 1.28 \text{kg}/\text{Nm}^3$，理论空气需要量 $V_0 = 2 \text{Nm}^3/\text{Nm}^3$，炉膛出口总烟气量 $L_f = 20376 \text{Nm}^3/\text{h}$，有三根下降竖烟道。

【解】　计算步骤如下：

(一) 烟道截面计算

1. 竖烟道　流过每根竖烟道的烟气量为

$$L_f = \frac{20376}{3} = 6792 \text{Nm}^3/\text{h} = 1.89 \text{Nm}^3/\text{s}$$

初选竖烟道中烟气流速 $v = 2.5 \text{Nm/s}$，每根竖烟道截面尺寸为

$$F = \frac{6792}{3600 \times 2.5} = 0.75 \text{m}^2$$

按常用烟道系列取烟道截面尺寸 $1044 \times 696 \text{mm}$，则截面 $F = 0.73 \text{m}^2$

实际烟气流速为

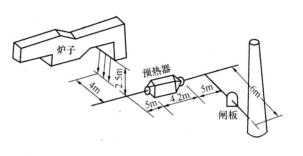

图 15-8 连续加热炉排烟系统图

$$v = \frac{1.89}{0.73} = 2.6 \text{Nm/s}$$

2. 竖烟道出口至换热器 初选流速 $v = 2.5 \text{Nm/s}$，得烟道截面积

$$F = \frac{20376}{3600 \times 2.5} = 2.26 \text{m}^2$$

按常用烟道系列取宽×高为 $1392 \text{mm} \times 1716 \text{mm}$，则截面积 $F = 2.39 \text{m}^2$，实际烟气流速为

烟道阻力计算表 表 15-2

分 段 号		1	2	3	4
分 段 名 称		竖 烟 道	竖烟道至预热器	预热器	预热器至烟囱入口
通道尺寸	长度 l(m)	2.5	9		11
	截面尺寸(mm)	1044×696	1392×1716		1392×1716
	截面积 F(m²)	0.73	2.39		2.39
	周长 s(m)	3.48	6.22		6.22
	当量直径 d_e(m)	0.84	1.54	另	1.54
	上升管高度 H(m)	2.5	—		—
气体参数	流量(Nm³/s)	1.89	5.66	行	6.86
	温度 t(℃)	893	870		426
	流速 v_0(Nm/s)	2.6	2.37	计	2.9
通道内压力的变化	t℃时的动压头 h_d(Pa)	18.5	15.1		13.8
	热压头 $H\Delta\rho$(Pa)	22.4	—	算	—
	局部阻力　局部阻力系数	流入尖锐边缘孔洞 0.5	集流管 1.5，90°弯头 1.3		二只 90°弯头 1.3
	$\Sigma\zeta$	0.5	2.8		2.6
	$\Sigma\zeta h_d$(Pa)	9.25	42.3		3.7
	摩擦阻力　$\dfrac{\lambda l}{d_e}$	0.15	0.29		0.36
	$\dfrac{\lambda l}{d_e} h_d$	2.78	4.38		4.97
全段压头损失之和(Pa)		34.43	47.1	78.4	41.3
总压力损失(Pa)			201.2		

$$v=\frac{20376}{3600\times2.39}=2.37\mathrm{Nm/s}$$

3. 预热器　采用铸铁管状预热器预热空气。其阻力与预热器尺寸有关，另行计算。

4. 预热器至烟囱入口　中间经过一个阀门。由于预热器漏风及烟道吸风，该段的 $\Delta\alpha$ 为 0.3，故该段计算烟气量为

$$L_f=20376+B\Delta\alpha V_0=20376+7200\times0.3\times2=24696\mathrm{Nm^3/h}$$

截面仍用 1392×1716mm，烟气流速为

$$v=\frac{24696}{3600\times2.39}=2.9\mathrm{Nm/s}$$

（二）烟道阻力计算

计算结果列于表 15-2 中。其中竖烟道至预热器段动压为

$$h_d=\frac{2.37^2\times1.28}{2}\times\frac{273+870}{288}=14.3\mathrm{Pa}$$

预热器至烟囱段动压为

$$h_d=\frac{2.9^2\times1.28}{2}\times\frac{273+426}{288}=13.1\mathrm{Pa}$$

三、空气及燃气流动阻力的计算

空气及燃气流动阻力计算的原理及步骤与烟气流动阻力计算完全相同。

按工业炉额定负荷，由燃气燃烧计算确定所需燃气量及空气量。阻力计算所用原始数据如空（燃）气温度、在空（燃）气预热器中空（燃）气的有效截面、空（燃）气流速等都由热力计算得到。

空（燃）气风道的阻力包括：冷空（燃）气风道、空（燃）气预热器、热空（燃）气风道和燃烧设备等区段的阻力。在计算时，按管线中管道截面、流量、温度等的变化情况分段，总阻力损失等于各分段阻力损失之和，当管道分为几路并联时，管道阻力损失按阻力损失最大的一条线路计算。在其他线路上加装阀门进行调节。

第三节　燃气工业炉通风排烟装置

燃气工业炉通风排烟装置可按其所利用的能量来源不同分为自然通风装置和机械通风装置。自然通风装置是靠工业炉周围空气与炉内烟气的热压差使烟气流动；机械通风装置是用鼓风机、引风机或引射器等装置供给能量，供气体流动。

在工业炉中广泛利用烟囱产生自然抽力，虽然基建投资较大，施工周期较长，但是它工作可靠，不需消耗动力，运转费用低廉，很少需要检修。当烟道阻力损失很大或烟气温度很低（例如排烟系统中有废热锅炉等余热利用装置）时，往往需用机械排风，此时烟囱的主要作用是保证将烟气扩散到卫生标准允许的浓度。

一、自然通风装置（烟囱）

烟囱的吸力系由周围空气与烟气的热压差所造成（图 15-9），其值按式（15-1）计算。

由于烟囱底部为负压，而工业炉炉膛尾部为一个大气压，气体自然由炉尾流至烟囱底部，并由烟囱排至大气。

小型工业炉用烟囱自然排烟时，烟囱高度可由下式计算：

$$H = \frac{1.2h_1 + h_2}{\rho_a - \rho_f} \qquad (15\text{-}27)$$

式中　H——烟囱高度（m）；

　　　h_1——工业炉烟道阻力，不包括烟囱本身产生的热压差及烟囱的阻力（Pa）；

　　　h_2——烟囱的阻力，包括摩擦阻力和出口局部阻力（Pa）；

　　　ρ_a——室外空气密度（kg/m³）；

　　　ρ_f——烟囱内烟气平均温度下的烟气密度（kg/m³）；

　　　1.2——安全系数。

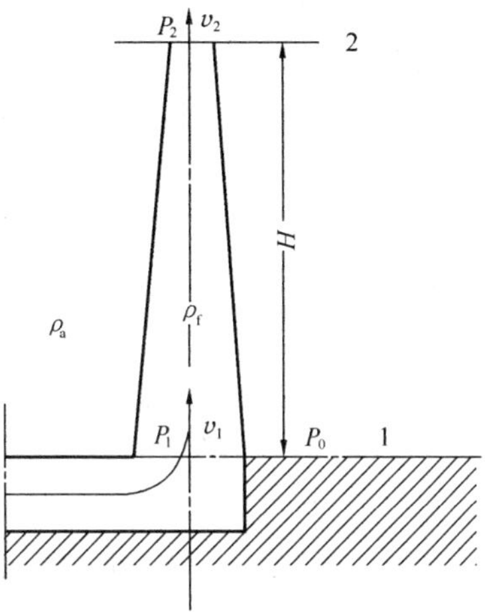

图 15-9　烟囱略图

每米烟囱的温降可采用经验数据：砖砌烟囱 1℃/m，不衬砖的金属烟囱 3～4℃/m，有砖衬的金属烟囱 2～2.5℃/m，混凝土烟囱 0.1～0.3℃/m。

在设计新烟囱时，烟囱高度 H 为未知数。计算烟囱中烟气温降及摩擦阻力时，预先按下式估算：

$$H = (25 \sim 30)D_2$$

计算应在夏季最高平均温度、最低气压及最大负荷条件下进行。取用的烟囱高度不得小于 20m。若烟囱高度计算值超过 50m，应采用机械排烟。

烟囱出口流速 v_{f2}，当自然排烟时，一般取 2.5～3.0Nm/s 或 5～8Nm/s；机械排烟时，可取 5.5～8.0Nm/s。

选定出口流速后，即可计算烟囱出口直径

$$D_2 = 1.13\sqrt{\frac{L_f}{v_{f2}}} \qquad (15\text{-}28)$$

式中　D_2——烟囱出口直径（m）；

　　　L_f——进入烟囱的烟气量（m³/s）；

　　　v_{f2}——烟囱出口烟气速度（m/s）。

烟囱底部直径 D_1

$$D_1 = D_2 + 2iH \qquad (15\text{-}29)$$

式中　i——烟囱的锥度，常取 0.02～0.03；

　　　H——烟囱高度（m）。

一般取 $D_1 = 1.5D_2$。

二、机械通风装置

(一) 燃气工业炉常用的鼓引风机

燃气工业炉常用的鼓引风机主要有 3 种：轴流式风机、离心式风机及罗茨风机。

轴流风机的风量大，但风压小，因此在工业炉上应用不广。

离心风机在工业炉上应用最广。根据风机的不同，离心风机可分为高压离心风机（风压 3000～15000Pa)，中压离心风机(风压 1000～3000Pa)和低压离心风机(风压小于 1000Pa)三类。

罗茨风机的主要特点是风量稳定，流量不受阻力影响，而只与轴转速有关。

(二) 燃气工业炉鼓引风机的选择

1. 选择鼓引风机的基本原则　选择鼓引风机的任务在于根据风机的用途确定风机的型号及转速，使风机产生所需要的流量 L 和压头 ΔP，并在最佳工况下工作。

选择风机应考虑如下原则：

第一、风机工作点应在最佳效率范围内，即风机效率应保证具有最高效率的 90%以上。一般风机厂产品性能表中对某一风机所列出的性能范围都符合以上要求。

第二、尽可能选择比转数较大的风机。

第三、风机的出口方向要保证风机与管路系统连接方便，阻力小。

第四、力求运转安全，可靠，性能稳定。

2. 选择鼓引风机的原始数据　原始数据包括：管路系统的最大流量 L_{max}；管路系统所需的最大压头 ΔP_{max}；气体的温度；气体的密度以及工作条件下的大气压力。

在实际选择时，风量要乘安全系数 1.1，风压要乘安全系数 1.2。

当采用离心式风机时，由于风机特性往往是 20℃、一个标准大气压(101325Pa)、介质为空气时的性能，故选择风机时，应根据实际工况按表 15-3 中的公式进行换算。

3. 选择方法　各种型号风机的性能均已制成表格及通用特性曲线，可直接用来选择风机。

选择时根据原始数据，按表 15-3 求得表示风机性能时用的 L_s、ΔP_s。根据用途，从产品样本选用风机型号，然后按风机特性曲线或特性表确定风机的机号，转速及所需功率。

【例 15-3】 选择风机。

已知：某工业炉，需助燃空气量 1100Nm^3/h，需空气全压 2453Pa，若地区大气压为 79993Pa，夏季最高平均温度为 35℃。

【解】 按下列步骤选择：

1. 选择风机用的空气量为：

$$L = 1.1 \times 1100 \times \frac{101325}{79993} \times \frac{273+35}{273} = 1729\text{m}^3/\text{h}$$

2. 选择风机用的风压为：

$$\Delta P = 1.2 \times 2453 = 2943.6\text{Pa}$$

3. 按表 15-3 换算为：

$$L_s = 1729\text{m}^3/\text{h}$$

$$\Delta P_s = 2943.6 \times \frac{101325}{79993} \times \frac{273+35}{273+20} = 3919.5\text{Pa}$$

4. 查产品样本，选 9-27-101 型 No4 离心风机，其性能如下：全风压 ΔP_s = 3953.4Pa；风量 L_s = 1790m^3/h；功率 N_s = 4.5kW。

5. 此风机的实际需要电机功率为

离心风机性能关系式　　　　表 15-3

改变密度 ρ，转速 n 时的换算公式	改变转速 n，大气压力 P_a，气体温度 t 时的换算公式
$\dfrac{L_s}{L}=\dfrac{n_s}{n}$	$\dfrac{L_s}{L}=\dfrac{n_s}{n}$
$\dfrac{\Delta P_s}{\Delta P}=\left(\dfrac{n_s}{n}\right)^2\dfrac{\rho_s}{\rho}$	$\dfrac{\Delta P_s}{\Delta P}=\left(\dfrac{n_s}{n}\right)^2\left(\dfrac{P_s}{P}\right)\dfrac{273+t}{273+t_s}$
$\dfrac{N_s}{N}=\left(\dfrac{n_s}{n}\right)^3\dfrac{\rho_s}{\rho}$	$\dfrac{N_s}{N}=\left(\dfrac{n_s}{n}\right)^3\left(\dfrac{P_s}{P}\right)\dfrac{273+t}{273+t_s}$
$\eta_s=\eta$	$\eta_s=\eta$

表中：L_s、ΔP_s、N_s——20℃、一个标准大气压(101325Pa)、介质为空气时的风机风量(m^3/h)、风机全压(Pa)、风机轴功率(kW)；

L、ΔP、N——实际工况下的风机风量(m^3/h)、风机全压(Pa)、风机轴功率(kW)；

n——风机转速(转/min)；

η——全压效率；

t_s——表示风机性能时用的气体温度，一般通风机为 20℃；排烟的引风机为 200℃；

t——实际工况下的气体温度(℃)；

ρ_s——表示风机性能用的气体密度，一般通风机为 1.2kg/m^3；排烟的引风机为 0.745kg/m^3；

ρ——实际工况下气体密度(kg/m^3)。

$$N=N_s\times\frac{0.101325}{0.07993}\times\frac{273+20}{273+35}=4.5\times0.75=3.4\text{kW}$$

(三)引射排烟装置

当烟气温度高于 250℃时，往往不能直接用引风机排烟，若烟囱又不能形成足够的抽力时，常采用引射排烟装置。

引射排烟的原理与引射式燃烧器相同。它是通过喷嘴高速喷出气体时产生的负压带走烟气。喷射用气体有空气、蒸汽、压缩空气等。

第十六章*　燃气应用新技术

第一节　冷热电三联供技术

冷热电三联供技术(Combined Cooling Heating and Power，CCHP)，又称做分布式能源技术(Distributed Energy System，DES)，是指利用一种形式的一次能源同时生产冷、热、电力三种不同形式的能量来满足用户的用能需求。与传统的集中供能形式不同，CCHP技术是在用户处进行三种形式能量的同时生产，可避免长距离输送的损耗。通过能量的梯级利用，将高品质的天然气优先做功，回收余热后生产冷量或热量，大大提高了一次能源利用率。对于夏季需制冷、冬季需供热的建筑，以及空调负荷很大的车间，热负荷较大的加热、干燥等工艺，CCHP系统可提供更大的供能灵活性。

由于天然气CCHP系统具有很高的能源效率、经济性和环保性能，近年来在全球范围内已获得越来越广泛的应用。美国计划将新建建筑和既有建筑中CCHP的使用比例分别提高到20%和5%。日本政府为鼓励高效低排放CCHP系统的建设与发展，2003年起规定在建筑面积超过30000m^{2}的新建建筑和既有建筑中，必须优先考虑CCHP系统。在欧洲，CCHP系统更是飞速发展。丹麦通过CCHP系统生产的电力已超过50%，荷兰超过40%，意大利超过24%，葡萄牙超过14%。

CCHP技术被认为是最具经济性的天然气利用方式之一。典型的区域冷热电三联供系统(District Combined Heating and Power，DCHP)就是由联合循环的热电联产电厂和蒸汽吸收式制冷装置构成的，满足区域的供电、热、冷负荷。

本节主要介绍CCHP的系统组成和系统规划与设计方法、经济技术方案比较等基本内容。

一、CCHP系统概述

(一) CCHP系统的历史

最早的热电联产(CHP)技术可追溯到1875年，德国汉堡发电厂将发电的余热供给周围工厂和住宅用暖。一战以后，丹麦、瑞士、法国等相继采用该系统并逐步普及。第二次世界大战以后，除巴黎采用蒸汽外，大部分区域供热采用高温水代替蒸汽，形成以民用住宅采暖为主的区域集中供热系统；美国也很早就开发出热电联产技术，65.5%的集中式供热工厂是以热电联产方式运行的；前苏联是热电联产最发达的国家，早在20世纪70年代已经拥有了四百多座热电厂。我国的热电技术是从前苏联引入的，1958年北京建成第一座热电厂，供给工业用蒸汽和附近街道住宅采暖用热水。1978年后，为改善环境污染，热电联产型的供热方式作为环境工程而迅速发展，哈尔滨、沈阳、大连等地相继出现了超大规模的热电联产型集中供热系统，并逐步扩至南方城市。

日本的热电联产起步较晚，是在 20 世纪 70 年代后，由垃圾焚烧发电系统变成热电联产式的，并开发了各种类型的中小型热电联产系统。

20 世纪 90 年代后期，随着国家能源结构调整步伐的加快，尤其是天然气供应的逐步充足，在国内一些城市开始了天然气 CCHP 技术的示范性建设，比较典型的如上海浦东国际机场和北京燃气集团大楼等。

(二) 国内 CCHP 系统的问题

在国外迅速推广的天然气 CCHP 技术，在国内应用时存在以下几方面的问题，使得经济性难以完全凸现：电力与天然气的价格比例、电力上网政策与价格、原动机的成本、设计资料的缺乏等。

原动机的发电功率与可利用余热之间的比例（常称做电热比），随着机组负荷百分比的变化而变化。建筑侧的电力负荷与采暖或空调负荷之间的比例，也随着季节、小时、建筑物的用途等变化。在设计系统时，可采用"以热定电"或"以电定热"两种模式（图 16-1），前者是按照建筑的实际热或冷负荷来配置和控制原动机，保证机组所产余热能够满足实际需求，不会产生过剩的热量或冷量。此时的电力往往超过用能侧的实际需求，国外大多采用将过剩电力出售给电网公司的方法。这样配置的 CCHP 系统可发挥最大程度的综合效率和经济性。

"以电定热"模式是按照用能侧的电力需求来配置和控制原动机，由 CCHP 系统生产的电力永远不超过实际需求。对应地，余热往往不能单独满足供冷或供热的需求，需要配备额外的补充能量来源。

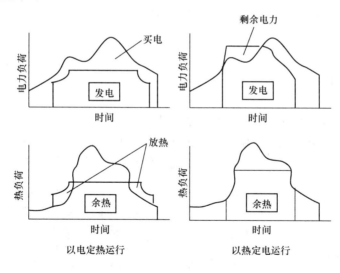

图 16-1 CCHP 系统的运行设计模式

显然，"以热定电"模式下，系统的配置更为简单，多余电力上网即可。CCHP 技术在国内出现之初，电网公司对电力上网基本上采用不接受的政策；近年来，自发电力的上网政策有一定改善，但多数地区的上网电价常与煤电的上网价格持平，在客观上制约了"以热定电"模式的实施。

另外，目前使用天然气的 CCHP 系统的原动机，国产设备很少，进口设备的高成本，使得附加设备投资回收期过长，也在一定程度上阻碍了这一技术的推广。

(三)CCHP 系统的组成

CCHP 系统主要包括原动机系统、发电机组、余热利用系统和控制系统(图 16-2)。

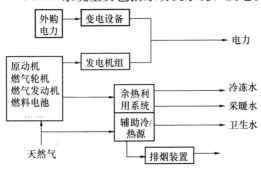

图 16-2 CCHP 系统示意图

原动机用于将天然气的化学能转化为机械功,可以是燃气轮机、微型燃气轮机、发动机,也可以是燃料电池、Stirling 发动机等。从所转化的功来看,绝大部分系统是用来驱动发电机发电,也有用来驱动制冷、制热设备工作的(如发动机驱动的制冷机、燃气热泵等);原动机功率最小的仅有 1kW,最大的可达几百 MW。

余热利用系统将原动机的余热进行回收,这种"先功后热"的做法可以最大限度地提高能源利用率,避免直接燃烧造成的可用能损失。

CCHP 系统所使用的燃料,包括天然气、沼气、柴油、煤油、煤等一次能源。本节主要介绍以天然气为一次能源的 CCHP 系统。

余热的温度水平随着原动机的不同而变化较大。根据余热的温度不同,余热利用的途径可分为三类:产生动力(如联合循环发电的蒸汽轮机)、直接利用(如吸收式制冷、余热锅炉供暖)和供热泵使用。

因为电力上网政策的约束和原动机设备的性能问题,余热利用设备常需考虑各种补充与备用措施,在余热不能全部满足冷、热负荷时补充供冷或供热。实际上,CCHP 技术的应用在很大程度上取决于余热利用方案和设备。

二、原动机

(一) 燃气轮机

1. 概述

燃气轮机是一种以空气及燃气 (或燃油) 为工质的旋转式热力发动机,将燃料在高温燃烧时释放出来的热量转化为机械功。其工作原理类似于我国传统的走马灯。燃气轮机驱动系统由三部分组成:压气机、燃烧室、燃气透平(也称动力涡轮),如图 16-3 所示。为了

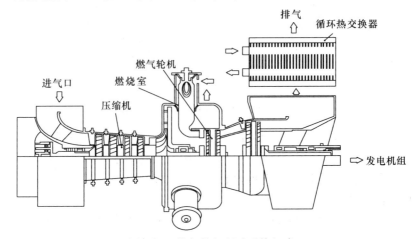

图 16-3 燃气轮机驱动系统组成

确保正常工作，还设有燃料、润滑、冷却、启动、调节与安全等辅助系统。正常工作时，工质依次经过吸气压缩、燃烧加热、膨胀做功、排气放热四个过程而完成一个热力循环。其工作原理为：压缩机经进气道从外部吸入空气，压缩后送入燃烧室，同时燃料（气体或液体燃料）经燃料喷嘴喷入燃烧室与高温的压缩空气混合，在定压下进行燃烧。生成的高温高压烟气进入燃气轮机膨胀做功、推动动力叶片高速旋转，乏气排入大气中或再加利用。燃气轮机的涡轮所发出的机械功中，约 2/3 用来驱动空气压缩机，其余部分可以输出用来拖动其他机械工作，如驱动发电机发电。

　　燃气轮机具有功率大、体积小、投资省、运行成本低和寿命周期较长等优点，主要用于发电、交通和工业动力。

　　燃气轮机所排出的高温烟气可进入余热锅炉产生蒸汽或热水，用以供热、提供生活热水或驱动蒸汽（或热水）吸收式制冷机供冷，也可以直接进入排气补燃型吸收式机组用于制冷、供热和提供生活热水。通常余热锅炉带补燃，发电量、供热量、供冷量的调节比较灵活。

　　燃气轮机还可以与蒸汽轮机（抽汽式或背压式）共同组成燃气—蒸汽轮机联合循环系统，将燃气轮机做功后排出的高温烟气通过余热锅炉回收转换为蒸汽，再将蒸汽注入蒸汽轮机发电，或将部分发电做功后的乏汽用于供热。也可以与燃料电池共同组成燃料电池—燃气轮机联合循环系统。联合循环使发电效率大大提高，但在发电容量较小的 BCHP 中很少采用。

　　2. 燃气轮机循环

　　（1）理想简单循环

　　目前燃气轮机全部采用等压加热循环（即 Brayton 循环），下面简单介绍其原理。如图 16-4 所示，1～2：气体在压气机中等熵压缩；2～3：气体在燃烧室中等压加热；3～4：气体在透平中等熵膨胀、做功；4～1：气体排入大气后等压冷却。

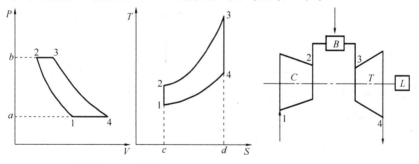

图 16-4　理想 Brayton 简单循环

　　衡量燃气轮机性能常用的三个技术指标是比功、热效率和有用功系数。

　　比功是在一个循环过程中单位质量工质对外所做的功，循环比功表征的是对外做功能力的大小。热效率是工质经过一个循环后，输出功与输入热量的百分比。热效率的高低反映热量利用的程度。有用功指的是循环中透平膨胀功扣除压气机所耗压缩功后，转变为净输出功的份额，实际上就是循环比功与透平功的比值。

　　对理想简单循环的四个工作过程，可分析如下：

　　等熵压缩 1～2：　　　　　$w_C = c_p (T_2 - T_1) = c_p T_1 (\pi^m - 1)$　　　　　（16-1）

等压加热 2～3：
$$q_1 = c_p (T_3 - T_2) \tag{16-2}$$

等熵膨胀 3～4：
$$w_T = c_p (T_3 - T_4) = c_p T_3 \left(1 - \frac{1}{\pi^m}\right) \tag{16-3}$$

等压冷却 4～1：
$$q_2 = c_p (T_4 - T_1) \tag{16-4}$$

比功：
$$w_t = w_T - w_C \tag{16-5}$$

式中　$\pi = P_2 / P_1$，称为压比；

$m = (\kappa - 1)/\kappa$，κ 为绝热指数；

w_C 相当于 P-V 图上 12ba 所围面积；q_1 相当于 T-S 图上 23dc 所围面积；w_T 相当于 P-V 图上 34ab 所围面积；q_2 相当于 T-S 图上 41cd 所围面积。

将式(16-1)、式(16-3)代入式(16-5)，可有：
$$w_t = c_p T_1 \left[\tau \left(1 - \frac{1}{\pi^m}\right) - (\pi^m - 1) \right] \tag{16-6}$$

式中　$\tau = T_3 / T_1$，称为温比。

由式（16-6）可看出：比功 w_t 随温比 τ 和压比 π 而变化。取 $c_p = 1\,\text{kJ}/(\text{kg}\cdot\text{℃})$，$\kappa = 1.4$ 和 $T_1 = 288\text{K}$ 代入式（16-6），可得到图 16-5。

将式（16-6）进行微分，令
$$\frac{dw_t}{d\pi} = 0, \text{可得}: \pi_{wmax} = \tau^{\frac{1}{2m}} \tag{16-7}$$

式中　π_{wmax}——温比 τ 不变的情况下，产生最大比功 w_t 时的最佳压比。

理想简单循环的热效率：
$$\eta_t = \frac{w_t}{q_1} = 1 - \frac{1}{\pi^m} \tag{16-8}$$

上式表明：理想简单循环的热效率 η_t 仅与压比 π 有关，且随压比 π 的增大而增大，如图 16-6 所示。

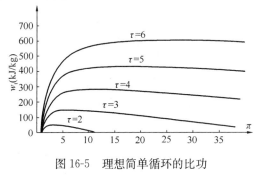

图 16-5　理想简单循环的比功　　　　图 16-6　理想简单循环的热效率

（2）实际简单循环

实际的燃气轮机循环中存在着各种损失。例如，实际的压缩过程与膨胀过程均不是等熵过程，使得实际压缩功大于理想的压缩功，实际膨胀功大于理想的膨胀功，故压气机效率和透平效率均小于 100%；燃烧室内存在压力损失和燃烧不完全损失；此外，还有燃气轮机的吸、排气损失；轴承与传动装置的机械损失等。

实际简单循环的工作过程如图 16-7 所示。

图 16-7（a）是考虑了压气机效率 η_C 和透平效率 η_T 后循环过程的变化，由理想状态的

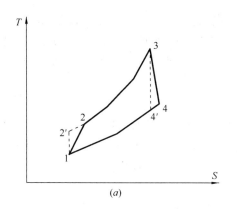 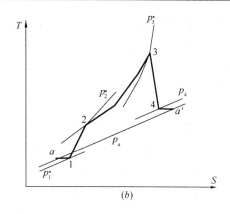

(a) $\qquad\qquad\qquad\qquad$ (b)

图 16-7　实际简单循环

$12'34'$ 变为实际的 1234；图 16-7 (b) 是考虑到各种压力损失后的循环，$(p_\mathrm{a}-p_1)$ 为进气压力损失，(p_2-p_3) 为燃烧室中的压力损失，(p_4-p_a) 为排气压力损失。

下面分析压气机和透平效率对实际循环效率的影响。关于其他因素对实际循环效率的影响，可参见其他文献。

压气机的实际压缩功为：

$$w_\mathrm{C}=c_\mathrm{p}\,(T_{2\mathrm{S}}-T_1)/\,\eta_\mathrm{C}=c_\mathrm{p}T_1\,(\pi^\mathrm{m}-1)/\,\eta_\mathrm{C} \tag{16-9}$$

式中　　$T_{2\mathrm{S}}$——等熵压缩的出口温度。

透平的实际膨胀功为

$$w_\mathrm{T}=c_\mathrm{p}\,(T_3-T_{4\mathrm{S}})\eta_\mathrm{T}=c_\mathrm{p}T_3\left(1-\frac{1}{\pi_\mathrm{T}^\mathrm{m}}\right)\eta_\mathrm{T} \tag{16-10}$$

式中　　$T_{4\mathrm{S}}$——等熵膨胀的出口温度；

$\pi_\mathrm{T}=p_3/\,p_4$——透平的膨胀比。

为区别于简单理想循环，实际循环的比功用 w_e 表示，热效率用 η_e 表示，则有：

$$w_\mathrm{e}=w_\mathrm{T}-w_\mathrm{C} \tag{16-11}$$

$$\eta_\mathrm{e}=\frac{w_\mathrm{e}}{q_1} \tag{16-12}$$

η_C 和 η_T 对比功 w_e 的影响如图 16-8 所示。由于 η_C 和 η_T 对循环效率的影响，使得 w_e 显著小于理想循环的比功，η_e 小于理想循环的热效率 η_t，如图 16-9 所示。

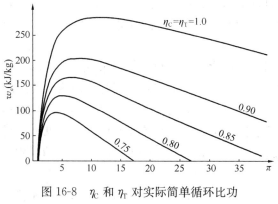 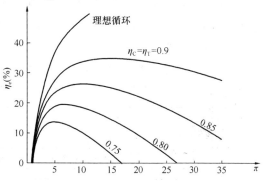

图 16-8　η_C 和 η_T 对实际简单循环比功 $\qquad$ 图 16-9　η_C 和 η_T 对实际简单循环热效率

w_e 的影响 $\qquad\qquad\qquad\qquad\qquad$ η_e 的影响

实际循环的热效率 η_e 不仅与压比 π 有关，也与温比 τ 有关，并存在最佳效率压比 $\pi_{\eta max}$，且 $\pi_{\eta max} > \pi_{u max}$。在 η_C 和 η_T 变化相对量相同时，η_T 要比 η_C 对 w_e 和 η_e 的影响大，可见提高透平效率 η_T 对改善循环效率 η_e 的影响，要大于提高压气机效率 η_C 的影响。

3. 燃气轮机的特点

燃气轮机以高速回转运动代替发动机活塞的往复运动，因而能够做到重量轻、体积小、效率高，其重量仅为发动机的几分之一到几十分之一；由于是回转运动，且机械摩擦副少，因而振动小，低频噪声低，大大改善了工作条件；因机械摩擦部件少，节省润滑油；可燃用煤油、重油等劣质燃料。

但是由于涡轮内有高温烟气，需用耐高温材料制造涡轮叶片，增加了制造成本，采用冷却措施又必然使机构复杂；目前受到材料和冷却技术的限制，不能选用过高的燃烧温度，故单机热效率总体上不如发动机高、经济性较差，用复合循环热效率虽可大大提高，但系统复杂；烟气温度高，对材料有一定的腐蚀作用，影响涡轮的使用寿命。

目前，国外燃气轮机发电机组的单机容量已达 300MW 以上，其供电效率已提高到 35% 以上；瑞士 ABB 公司生产的 KA26-1 型，容量 360MW 联合循环机组的 ISO 工况发电效率高达 58.5%；美国 GE 公司正在研制的 STAG109G 联合循环机组，效率接近 60%。

在 CCHP 方面，天然气燃气轮机的发展主要有两方面：一是发展高参数、大容量的燃气－蒸汽联合循环装置，提高初温和压比，以提高热效率，将目前大多燃气轮机作为调峰电站的应用，转移到带动城市电力的基荷轨道上来。二是因地制宜地发展小型和微型分布式能源系统，用于 DCHP 或 BCHP。

4. 燃气轮机的一些技术参数

按国际通用分类：单机容量 100MW 以上的称为大型燃机，20MW～100MW 为中型燃机，20MW 以下为小型燃机，300kW 以下为微型燃机。大型燃气轮机一般用于热电厂，而小型燃气轮机和微燃机比较适合用于 BCHP。

在 CCHP 的设计与规划中，常使用以下参数来描述燃气轮机的基本性能：

(1) 发电量与发电效率。已商品化的燃气轮机，发电量从 1200kW 到 240MW 甚至更高。简单循环时的发电效率 23%～43%；采用联合循环时的效率 47%～55%。

(2) 余热。许多燃气轮机厂家使用"可回收余热"来说明机组的余热量，单位为 kJ/kWh，即每产生 1kWh 电力可回收利用多少 kJ 的热量。如可回收热量 12000kJ/kWh，对应的热电比为 3.3:1。

不少厂家的样本中同时给出了烟气的流量与温度水平。对燃气轮机来说，余热即为高温烟气的热焓。显然，回收余热后的烟气温度越低，则可利用的余热量越大。离开燃气轮机的烟气温度随着热力循环不同而不同，一般在 280～650℃。

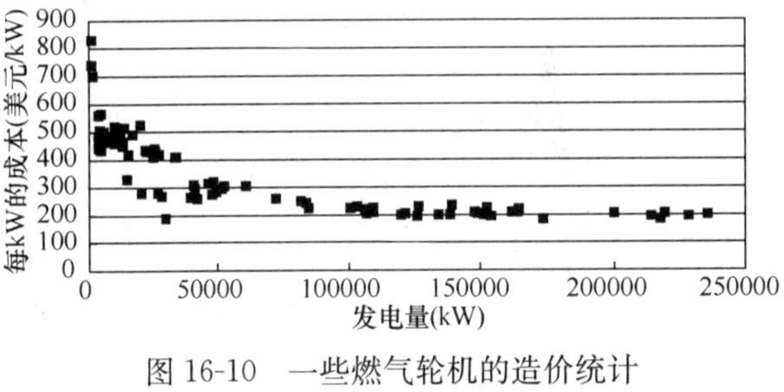

图 16-10　一些燃气轮机的造价统计

若以燃气轮机的烟气温度降低到 180℃ 为机组余热，余热占输入燃料热量的比例一般在 20％～57％。

（3）燃气轮机设备成本与维护费用。常用 1kW 发电能力为单位来比较各种燃气轮机的造价与维护费用。图 16-10 列出了一些国外燃气轮机的价格。显然，机组的发电功率越大，单位发电能力的造价越低。

5. CCHP 应用相关的一些问题

（1）天然气供应压力

燃气轮机均需要较高的供气压力（1.0MPa 以上），远高于城市燃气管网 0.4MPa 的中压配气压力。在规划和设计燃气轮机 CCHP 系统时，必须对这一问题给予足够重视，即：考虑技术上可行的增压措施，或者敷设压力足够的天然气管道。这两种方法都会增加系统的建设费用。表 16-1 给出了一些燃气轮机所需的供气压力。

Solar 公司小型燃机需要的天然气压力										表 16-1
项　目	单位	土星 20	半人马 40	半人马 50	水星 50	金牛 60	金牛 65	金牛 70	火星 90	火星 100	大力神 130
进气压力	MPa	1	1.4	1.7	1.6	1.7	1.7	2.0	2.4	2.4	2.7

（2）海拔和环境温度对燃气轮机的影响

燃气轮机样本中，常给出额定工作参数，如发电量、热效率、余热量等，均是指在 ISO 工况——即环境温度为 15℃、海拔为 0m（大气压为 101325Pa）——下的性能。

海拔越高、环境温度越高，环境空气的密度越小，吸入燃气轮机的空气量相应就越少，机组的发电量下降，可利用余热量相应地也会变化。对以空调为主要设计考虑的地区，这一点尤为重要。环境温度越高，需要的供冷能力越强，但此时燃气轮机的可利用余热量反而下降，必须配备足够容量的供冷装置来予以补充。

图 16-11 给出了某品牌燃气轮机在环境温度－30～45℃时的发电量与效率变化。

（3）部分负荷工况

在燃气轮机 CCHP 系统设计时，往往根据机组的额定工况参数来进行设备选型与配置。更进一步地，若全面评价系统的经济性，则必须考虑"以热定电"或"以电定热"的运行模式。此时，燃气轮机有可能处于部分负荷工作，其热效率和发电量均会发生变化。图 16-

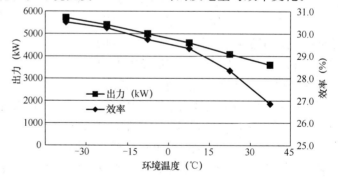

图 16-11　环境温度对发电量和效率的影响

12 是某燃气轮机在 20％～100％负荷率、环境温度 0～36℃时的热效率变化。可见，随着部分负荷率下降，机组热效率会大大下降。

（二）微型燃气轮机（微燃机）

1. 概述

微型燃气轮机（下简称微燃机）的发电量一般在 300kW 以下，以天然气、煤制气、

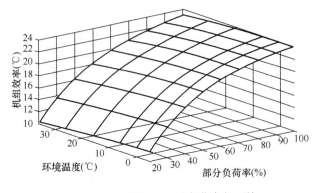

图 16-12　某燃气轮机随负荷率与环境
温度变化的效率变化图

甲烷、LPG、汽油、柴油等为燃料。功率为数百 kW 的燃气轮机在 20 世纪 40～60 年代就已开发并应用了，当时是将飞机发动机的燃气轮机小型化，产生高温、高压气体，用于发电和驱动，称为小型燃气轮机。但是长期以来，这种燃气轮机无法与发动机相匹敌。到 20 世纪 90 年代，随着板翅式回热器在工艺及制造成本方面的突破，新的设计概念将燃气轮机与发电机设计成一个整体，不仅大大简化了结构，且使整台发电机组的尺寸显著减少，重量减轻，这种机组出现后即获得强大的生命力。

　　微型燃气轮机为全径流式，即用离心压气机和向心透平，基本原理是通过一个铸有叶轮并和永磁电机转子连接的转子的高速旋转来带动发电机发电，叶轮一侧为压缩机，另一侧为燃烧室和动力叶片，在转子上两者叶轮为背靠背结构（图 16-13）。转子的速度为 70000～156000r/min，为了减少阻力，一些机组还采用空气轴承，转子浮在空气轴衬上运行。这样就不需润滑油系统，结构更趋简化。所用回热器一般为高效板式回热器。

　　微燃机以径流式叶轮机械为技术特征，采用回热循环大大增加了微燃机的竞争力。微燃机发电机具有四项主要特征：

　　（1）微型透平：由于采用了简单的径向设计原理，与大型工业用燃气轮机复杂的轴向设计相比更加简单、小巧。较低的燃烧室温度可避免使用高成本的尖端材料。与发动机相比，维修成本更低、振动更小、排放更低、结构更紧凑。

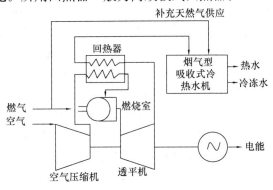

图 16-13　微燃机系统组成

微燃机的主要结构特点是采用单级径向压缩机、低排放环保型的燃烧器、单级径向透平、压比为 4∶1、采用空气轴承（或双润滑油系统轴承）。

　　（2）高速交流发电机：发电机和微燃机同用一根轴，由于非常小，可装进燃气轮机机械装置中，组成一个紧凑的高转速透平交流发电机。这种装置不需减速箱，交流发电机还可作为一个启动电机，以进一步减少发电机组的体积。

　　（3）高效回热器：早期的微燃机发电效率仅 17%，正是高效的回热器将微燃机的效率提高到可与发动机发电机组竞争的水平。回热器通过回收高温烟气的热量、预热助燃空气，减少燃料消耗。回热器采用不锈钢制成外壳，寿命长，效率可达 90%。

　　（4）功率逆变控制器：透平交流发电机的电力输出频率是 1000～3000Hz，必须转换成 50～60Hz，一个由微机控制的功率调解控制器可进行输出频率转换，也可调解成其他输出频率，以便提高不同质量和特性的电能。功率调解控制器可根据负荷的变化调节转速，也可根据外部电网负荷变化运行，或作为独立系统运行。还包括远程管理、控制和监测。

2. 微燃机的循环

微燃机采用回热 Brayton 循环，与大型燃气轮机是相同的，其理想的热力过程见图 16-14，表 16-2 中给出了相应的描述。其中两部分阴影面积代表回热器中空气的吸热量和烟气的放热量，二者相等；与燃气轮机循环相比，增加了回热器中的等压吸热、放热过程。在理想循环中 $T_2 = T_6$，$T_3 = T_5$，$P_2/P_1 = P_4/P_5$。

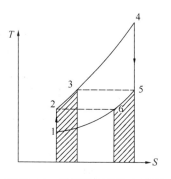

图 16-14　微燃机理想热力过程

微燃机热力状态点与热力过程　　　　表 16-2

过程	过程发生部位	热力过程	过程	过程发生部位	热力过程
1~2	压气机	等熵压缩	4~5	透平	等熵膨胀
2~3	回热器	等压吸热	5~6	回热器	等压放热
3~4	燃烧室	等压燃烧	6~1	大气	等压排气

与大型燃气轮机不同的是，为了降低燃烧室温度而使用常规材质的透平材料，过剩空气系数常控制在 7 以上，燃烧室温度维持在 900℃ 左右。

3. 微燃机的特点

目前作为现场能源系统的微燃机都采用了无人值守的智能化自动控制技术、晶体变频控制技术，能自动跟踪频率调节，保证了安全运行。与其他的发电机（如柴油机）相比，微燃机发电机组具有以下优点：

（1）寿命长。典型数据可达 45000h，而同功率等级的柴油机仅为 4000h。

（2）移动性好、占地面积少。一台 30kW 微型燃气轮机发电机组重量小于一台 3kW 的柴油发电机组，设备大小犹如一台电冰箱。

（3）安全性高。仅有一个运动部件（转子），故障率降到最低，内置保护与诊断监控系统，提供了预先排除故障的手段，在线维护简单。若采用空气轴承和空气冷却，无需更换机油和冷却介质。发电机组的首次维修时间在 8000 小时以后，维修费用低；具有一系列的自动超限保护和停机保护等功能。

（4）环保性好。噪声小，排气温度低，排放远低于柴油机，有利于环境保护。

4. 微燃机的技术参数

表 16-3 中列出了一些国外微燃机的技术参数。

一些国外微燃机的技术参数　　　　表 16-3

型号	C30	C650	C200	AS75	T100	TG80CG	TA80	Power Work	Parallon
额定功率（kW）	30	65	200	75	100	80	80	70	75
热效率（%）	26	29	33	28.5	30	27	30	33	28.5

续表

型号	C30	C650	C200	AS75	T100	TG80CG	TA80	Power Work	Parallon
转速（r/min)	96000	96000	60000	65000	70000	99750	110000	60000	65000
压比	3.2	3.2	3.2	3.7	4.5	4.3	4.0	3.3	3.7
燃料耗量（MJ/h)	415	807	2182	947	1200	1067	960	763	947
燃烧室温度（℃)	930	930	930	920	950	680	920	870	930
排气温度（℃)	275	309	280	250	270	300	280	200	250
NOx（ppm)	9	9	9	9~25	<15	<9	<25	<9	9~25
燃料种类	天然气、柴油	天然气、柴油	天然气、柴油	天然气、柴油	天然气、柴油	天然气、柴油	天然气、柴油	天然气、柴油	天然气、柴油

（1）发电量与热效率。微燃机的单机发电量不大（在 300kW 以下）。通过回热技术等已有效地提高了微燃机的热效率，从最初的 17%～20% 上升到现在的 26%～30%，排烟温度降低到 300℃ 以下，综合利用效率可达 75%～80% 左右。理论上，提高温比和压比是提高效率的关键，在不使用特种材料的前提下，微燃机的温比和压比的提升空间有限。以微型燃气轮机作为动力的分布式能源系统的热功转换效率依然低于大型集中供电电站。如何有效提高 CCHP 系统的能量利用效率是当前微燃机 CCHP 技术发展所面临的主要障碍之一。

（2）余热。对使用空气轴承的微燃机（如 Capstone 产品），可利用的余热只有烟气余热，且温度较燃气轮机低得多。通常微燃机的烟气温度在 200～300℃，一些微燃机厂商提供标准的热回收模块用于采暖和卫生热水供应。对使用油轴承的微燃机，常采用图 16-15 所示的流程。微燃机主轴利用高压润滑油润滑，高速旋转所产生的热量通过冷却介质带走，利用冷却空气保持冷却介质的温度，因此还有一定的高温空气余热可以利用。在夏季，高温空气的温度可达到 60℃，可考虑用于空调的除湿装置再生。

（3）设备成本与维护费用。微燃机的产量比发动机等小得多，商品化的历史也仅有十几年，因此微燃机发电机组的成本比发动机等要高得多。

5. 与 CCHP 有关的一些问题

（1）所需的天然气压力。微燃机均需较高的天然气压力（最低 0.15MPa），在城市建筑中有时不能满足这一要求，需设置缓冲罐、自管网中抽气。必须指出的是：一些品牌的微燃机样本中声称可使用低压天然气，实际上是通过内置增压机从低压管网中抽气（与我国的燃气设计规范相违）。还有一些微燃机使用外置增压机来实现天然气的增压。

（2）环境空气温度的影响。与燃气轮机一样，微燃机的发电量与发电效率也随着空气温度的升高而减小，这种减小的幅度随着厂商设备的不同而不同。图 16-16 给出了某品牌微燃机在不同环境空气温度下的效率，当环境空气由 15℃ 升高到 35℃ 时，发电效率下降约 3 个百分点。在同样的温度变化下，一些设备的发电量可能会下降 30%。在系统配置时必须注意。

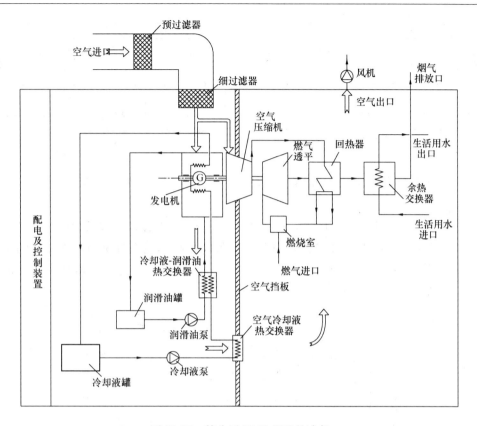

图 16-15 某公司 T100 机组的冷却

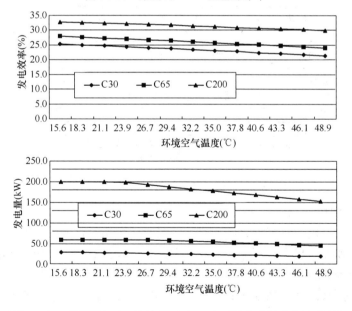

图 16-16 某微燃机在不同环境空气温度下的发电效率与发电量

（3）进气阻力与排气阻力的影响。与燃气轮机相比，微燃机的压比要小得多，因此对进气与排气的阻力更为敏感。通常使用相应的修正因子来考虑这种阻力的影响，如图16-17所示。将发电量和发电效率分别乘以对应的修正因子，可计算在相应阻力下的发电

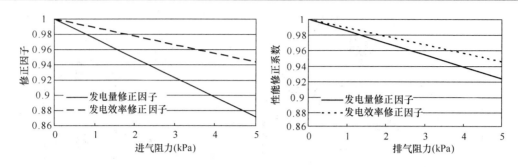

图 16-17　燃气与排气阻力对微燃机发电量与发电效率的修正因子与性能修正系数

量和效率。

（4）部分负荷工况性能。通常微燃机的发电量较小，在设计时容易忽略部分负荷下的性能。对可能采用微燃机 CCHP 的建筑而言，需要了解其在部分负荷下的工作情况，包括最小发电量、余热（烟气的温度与流量）、效率等。图 16-18 是某品牌微燃机在部分负荷下的工作情况。

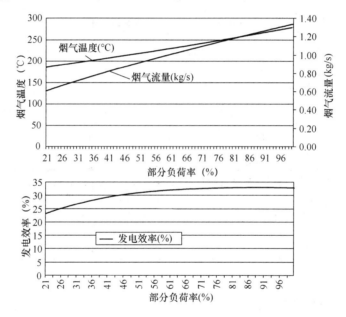

图 16-18　某品牌微燃机在部分负荷下的工作情况

（三）燃气发动机

发动机属于内燃机，有多种分类方式。按照所使用燃料，分为汽油机、柴油机、煤油机、燃气发动机和多燃料发动机等；按照点火方式，分为点燃式（Spark-ignition，SI）和压燃式（Compression-ignition，CI）；按照一个循环的冲程数，分为四冲程、二冲程；按照冷却方式，分为水冷式、风冷式；按进气方式，分为自然吸气式和增压式；按气缸数目，分为单缸和多缸；按气缸排列方式，分为直列式、V 型、卧式、对置气缸等。

燃气发动机的历史十分悠久，可追溯到使用炼焦煤气的煤气机，但当时的效率很低，随着汽油机和柴油机的出现而逐步淡出。之后伴随天然气的工业化进程，1940 年诞生了世界上第一台燃用天然气的发动机。

1. 概述

天然气发动机大多采用点燃式，发动机主要由进气阀、排气阀、气缸盖、气缸、活塞、连杆、曲轴等组成。燃料与空气直接进入发动机气缸中，并在气缸中燃烧，工质压力升高。活塞受到气体压力的作用在气缸内移动。利用连杆把活塞的直线运动传给曲轴，并转变为曲轴的旋转运动。发动机的实际热力循环是将燃料的热能转变为机械能的过程，包括进气、压缩、燃烧、膨胀和排气等多个过程。对于往复式发动机，曲轴每转两圈，活塞往复运动四次完成进气、压缩、做功、排气一个工作循环的为四冲程发动机；如果曲轴每转一圈，活塞往复运动两次完成一个工作循环的为二冲程发动机。

天然气做发动机燃料时，具有以下特点：

（1）天然气辛烷值高，当天然气用于汽油机改装成的发动机时，可适当增加其压缩比。

（2）天然气的着火温度高，当天然气用于柴油机改装成的发动机时，混合气难以自行着火，必须使用柴油引燃方式或增加一个点火系统，才能使混合气着火燃烧。

（3）天然气常温下为气体，可与空气均匀混合、易实现完全燃烧。

（4）天然气是一种低密度的气体燃料。若采用缸外混合方式，就会减少进入气缸的空气量；另外，天然气（较之汽油、柴油）混合气的热值低，因此会导致发动机的功率和动力性能有一定程度的下降。

（5）天然气发动机的润滑性能差，对吸气、排气系统等关键部件应采取相应措施以保证其可靠工作。

天然气发动机按其使用燃料的情况分为：

（1）单一燃料发动机。即针对天然气的特性而专门设计制造的发动机，它可以最大限度地发挥天然气的优势，多用于气源供应充分的固定场所，如天然气发电或热电冷联供装置。

（2）两用燃料发动机。这种发动机可同时兼用液体与气体两种燃料，又称灵活燃料发动机。例如汽油—天然气发动机。这对天然气供气系统尚未形成网络的地区较为适用。两用燃料发动机可以方便地通过对现有点燃式发动机的改造实现。

（3）双燃料发动机。这种发动机同时使用天然气和液体燃料，例如柴油—天然气。这种发动机以少量的液体燃料作为引燃剂，其余大部分燃料为天然气。

2. 燃气发动机的循环

点燃式发动机的工作过程包括吸气、压缩、燃烧、膨胀四个行程。其工作循环即奥托（Otto）循环：定容加热循环。理想的奥托循环过程如下（图16-19）：

活塞由上止点向下移动时（图中自左向右），将燃气与空气的混合物经进气阀吸入气缸，活塞的这个行程称做吸气行程（示功图上的0-1）。吸气过程中，由于气阀的节流作用，气缸内压力略低于大气压力。活塞到达下止点时，进气阀关闭、进气停止。活塞随即反向移动，气缸中的气体被压缩、升温，称做压缩行程（图中1-2）。当活

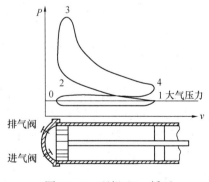

图 16-19　理想 Otto 循环

塞接近上止点时，火花塞放电、点燃可燃混合物，气缸内瞬时生成高温高压燃烧产物。因燃烧反应进行得很快，活塞的瞬间移动很小，可认为工质是在定容下燃烧而升温升压（2-3）。活塞到达上止点后，工质膨胀，推动活塞，带动曲轴做功（3-4），称为工作行程或膨胀行程。膨胀终了时排气阀门打开，产物排出。活塞从下止点返回时，继续将废气排出缸外（4-0）。由于排气阀的阻力，排气压力略高于大气压力。这样完成一个实际工作循环。

可见，实际的发动机循环是一个开口系统，每个循环都要从外界吸入工质、循环结束时又将废气排到外界。同时，活塞在移动时与气缸壁不断摩擦，高温工质也不断通过气缸壁向外放热。因此，实际的发动机循环并非闭合循环，也不是可逆循环。但是，可通过合理的简化和假设，使之成为闭口的可逆理想循环。

工质首先被等熵压缩（1-2），接着从热源定容吸热（2-3），然后进行等熵膨胀做功（3-4），最后向冷源定容放热（4-1），完成一个可逆循环。

吸热量为 $$q_1 = c_v (T_3 - T_2)$$
放热量为 $$q_2 = c_v (T_4 - T_1)$$
循环的效率等于

$$\eta_{t,v} = 1 - \frac{q_2}{q_1} = 1 - \frac{T_1 (T_4 / T_1 - 1)}{T_2 (T_3 / T_2 - 1)}$$

由于 1-2 和 3-4 均为等熵过程，可有：

$$\frac{T_2}{T_1} = \left(\frac{v_1}{v_2}\right)^{\kappa-1}, \frac{T_3}{T_4} = \left(\frac{v_4}{v_3}\right)^{\kappa-1}$$

而 $v_3 = v_2$，$v_4 = v_1$ 故

$$\frac{T_2}{T_1} = \frac{T_3}{T_4}$$

最后，有

$$\eta_{t,v} = 1 - \frac{T_1}{T_2} = 1 - \frac{1}{(v_1 / v_2)^{\kappa-1}} = 1 - \frac{1}{\varepsilon^{\kappa-1}}$$

式中 $\varepsilon = \frac{v_1}{v_2}$ 称为压缩比，表示工质在燃烧前被压缩的程度。

显然，压缩比越高，发动机的效率越高。但是压缩比过大，压缩终了温度过高，易产生爆燃，损坏气缸和活塞。

3. 燃气发动机的技术参数与性能改善

（1）供气方式。当前使用的天然气发动机大多是由汽油机或柴油机改装而成的。天然气发动机的供气方式主要有以下两种：

1）机外混合（即预混合）方式。在供气系统的混合器（或混合室）中，将天然气通过调节阀按一定比例与空气混合，由发动机吸入气缸。在液—气双燃料发动机中，通常由调速器根据负荷的变化控制天然气调节阀，同时保持一定的柴油喷射量（约占满负荷油量的10%左右）作为引燃油量。国外双燃料机的引燃油量可以达到5%以下。在纯天然气发动机中，则利用节气门根据工况要求实现对混合气量的控制，而可燃混合气一般利用火花塞点燃。国外有些增压天然气发动机都采用这种供气形式。

在机外混合方式中，天然气可以在进气总管内与空气混合，也可以在进气管或缸盖进气道内与空气混合。这种供气方式的优点是形成的混合气较为均匀，控制系统较为简单；

缺点是安全性较差，若发动机调整不良，或是在气门叠开角大的增压强化机型设计中，在燃烧室扫气时，可燃气体有可能进入排气系统，燃烧后废气也有可能回窜到进气系统，存在爆炸的危险。另外，未燃气体燃料随扫气排出，也会引起排放指标的恶化。

目前较常用的文丘里式与比例式混合进气装置，均属于机外混合，前者利用空气引射天然气来形成均匀的混合气，后者使用膜片式比例调节器来实现混合并控制空燃比。

2）天然气直喷混合方式。在发动机压缩过程接近上止点时，天然气经气缸盖上的高压燃料阀（或喷嘴）直接喷射入气缸内，并与空气混合形成可燃混合气，工作原理类似于直喷柴油机的燃油喷射。

这种供气方式的优点是天然气不参与压缩过程，减少了爆燃的可能性。同时，供气系统对气体燃料的成分不敏感，采用这种供气方式的发动机可燃用多种气体燃料。这种供气方式还易于实现电控，具有较高的热效率和比功率。其缺点是高压气体燃料喷射系统设计制造复杂、成本较高。

（2）性能指标。发动机的主要性能指标有动力性能指标（功率、转矩、转速）、经济性能指标（燃料与润滑油消耗量）、运转性能指标（冷启动性能、噪声和排放）和耐久可靠性指标（大修或更换零件之间的最长运行时间与无故障长期工作能力）。

热效率和燃料消耗量是衡量发动机经济性能的重要指标。目前天然气发动机的燃料消耗率大致为 $0.27 \sim 0.40 Nm^3/(kW \cdot h)$。表 16-4 给出了一些天然气发动机 CCHP 机组的性能参数。

一些天然气发动机 CCHP 机组的性能参数　　　　表 16-4

型号	G3306TA	1160GQKA	ME70116Z1	8MACH-30G	JMS312GS-N. L	8NHLG-ST
额定发电量（kW）	110	1160	1552	2550	550	400
压缩比	8	12	12	—	—	—
天然气耗量（MJ/h）	1451	10595	13550	20634	5117	4127
天然气压力（kPa）	11	20～600	15	510	100～300	98～196
烟气流量（kg/s）	0.157	1.94	—	—	—	—
烟气温度（℃）	540	469	454	—	—	—
发电效率（%）	27.3	39.4	41.2	44.5	38.7	34.9
余热利用率（%）	54.3	45.5	44.6	35.2	42.1	40
综合利用率（%）	81.6	84.9	85.8	79.7	80.8	74.9

作为 CCHP 系统的原动机，天然气发动机的发电效率一般在 25%～45%，综合利用率为 75%～85%。

（3）发动机的动力性能与经济性提高。可通过下列措施来改善发动机的动力性能和经济性：

1）采用增压技术。在保持过剩空气系数等参数不变的情况下，增加吸入空气的密度可提高发动机功率，这就需要在发动机上装置增压器，使空气进入气缸前进行预压缩，如目前广泛采用的排气涡轮增压器。增压还是改善发动机的经济性、降低比质量、降低有害废气排放、节约原材料的一项最有效的技术措施。

2）合理组织燃烧过程，提高循环指示效率。合理组织发动机缸内的燃烧过程一直是发动机工作过程研究的核心问题之一。通过对混合气的形成、燃烧以及燃料供给系统等方面的深入研究，提高内燃机的指示效率，不仅可改善发动机动力性能，同时也可改善其经济性。

3）改善换气过程，提高气缸的充量系数。同样大小的气缸容积，在同样的燃烧条件下可以获得更多的有用功。

4）提高发动机的转速。增加转速可以增加单位时间内每个气缸做功的次数，因而可提高发动机的功率输出，同时发动机的比质量随之降低。因此它是提高发动机功率和减小质量、尺寸的一个有效措施。转速的增长不同程度上受燃烧恶化、充量系数和机械效率急剧降低、零件使用寿命和可靠性降低以及发动机振动、噪声加剧等限制。因此，需要在这些方面开展深入的研究。

5）提高发动机的机械效率。这方面主要需合理选定各种热力和结构参数，靠结构、工艺上的措施来减少摩擦损失及驱动水泵、油泵等附属机构所消耗的功率以及改善发动机的润滑、冷却来实现。

对天然气发动机而言，为改善性能，设计中应注意以下问题：

1）柴油机的压缩比和膨胀比都比天然气发动机大，且其过剩空气系数一般比天然气发动机大。与汽油机相比，天然气发动机的缸径大，强化程度高，常使用增压中冷，压缩比也较高。因此，天然气发动机的排气温度一般比柴油机、汽油机的排气温度高。另外，柴油和汽油都是以液体状态进入发动机的，其汽化潜热明显地降低了发动机的热力状态，而天然气在气缸内扩散时没有相变潜热，因此，天然气发动机工作过程中，活塞、气缸壁、进排气门、气门座等处的温度比汽油机、柴油机相应部件的温度要高。将汽油机或柴油机改装成天然气发动机时应采用耐高温的材料对这些部件进行重新设计。

2）天然气燃料不具有润滑性，因此，天然气发动机的润滑性能较差。对气门座、气门接面、活塞、活塞销、天然气喷嘴等易于磨损的部件，应使用润滑性好、耐磨的材料。

3）天然气与空气在混合器中混合后进入发动机，由于天然气在混合气中占有一定的比例，充气系数下降，导致发动机的功率和扭矩下降，因此，在用汽油机或柴油机改装成天然气发动机时，要尽可能地使发动机的功率和扭矩得到恢复，保持良好的发动机性能。

4. 与 CCHP 有关的一些问题

（1）天然气供气压力。与微燃机和燃气轮机相比，天然气发动机所需的供气压力要低得多。表 16-4 中给出了一些天然气发动机 CCHP 系统的工作参数，所需的压力最低的仅有 11kPa。较低的压力需求也是目前在建筑中推广应用的一个先天优势。

（2）余热。天然气发动机的余热主要有高温烟气、缸套冷却水、润滑油系统的冷却余热等三部分。烟气温度一般在400～700℃，可进入余热锅炉产生蒸汽或直接进入吸收式制冷机组，加以回收利用。缸套冷却系统和润滑油冷却系统，所能提供的余热一般为不同温度水平的热水。在设计CCHP系统时，必须根据发动机需要的冷却水平（即进出口温度）来考虑流量等参数。如冷却过度，缸套与润滑油的温度过低，不但会降低效率，还会影响机组的运行寿命；冷却不足，则可能导致系统不能正常工作。因此，发动机的余热回收系统较之燃气轮机、微燃机等都要复杂。

（3）排气阻力的影响。与微燃机不同，天然气发动机的工作性能受排气阻力的影响较小，通常3kPa的背压不会对发动机的工作产生明显影响。当然并不能无限制地增大余热回收系统的阻力。在设计时，可向发动机制造商征询其设备性能，获取可承受的最大阻力，以保证最大程度地回收余热，同时不对发动机的运行产生不利影响。

（4）部分负荷下的性能。目前市场上的天然气发动机CCHP机组，发电量从1kW～8MW不等。若选用发电量较大的机组，则有可能经常处于部分负荷下工作，必须了解其从最小功率点直到额定负荷下的全部工作性能。

表16-5给出了几个天然气发动机CCHP机组在几个部分负荷点下的工作性能。

一些天然气发动机 CCHP 机组的部分负荷性能　　　　　　　　　　　表 16-5

型　号			6LAALG-DT		6NHLM-ST		SGP-760		14MACH-30G
余热回收形式			热水	热水+蒸汽	热水	热水+蒸汽	热水	热水+蒸汽	热水+蒸汽
燃料耗量（MJ/h）	负荷率	100%	2271		3212		6589		35610
		75%	1793		2554		5283		27914
		50%	1364		1889		3944		20509
发电量（kW）	负荷率	100%	200		300		635		4450
		75%	150		225		476		3338
		50%	100		150		318		2225
发电效率（%）	负荷率	100%	31.7		33.7		34.7		45.0
		75%	30.0		31.7		32.5		43.0
		50%	26.4		28.6		29.0		39.0
余热回收率（%）	负荷率	100%	44.9	17.9+26.8	45.5	20.2+24.5	38.6	18.6+20.0	19.1+15.9
		75%	44.2	16.4+27.0	45.0	19.4+24.8	41.5	18.8+22.7	20.0+15.5
		50%	43.5	14.9+27.9	47.3	17.9+28.6	46.0	19.2+26.8	22.8+15.8

（5）设备成本、维护和寿命。天然气发动机的设备投资是目前已商品化的CCHP系统中最低的，约300～900美元/kW；维护成本0.008～0.015美元/kW。大机组的寿命较长，可达20～30年；1MW以下的小机组，寿命较短。天然气发动机的维护比微燃机等要复杂，每连续运行700～1000h，需更换润滑油和过滤器。

(四) 燃料电池

1. 概述

燃料电池是一种按电化学原理，将燃料和氧化剂中的化学能直接转化为电能的能量转换装置。因为它不是热机，故不受卡诺循环的限制，效率较高。燃料电池大多以氢为燃料，需要从化石燃料如煤、石油、天然气等经过重整反应而来，也会排放污染物和二氧化碳，但由于在重整过程中经过了催化处理，效率又高，所以燃料较纯净，消耗量比较少，因此排放的污染物及二氧化碳较少。

燃料电池是1839年发明的，1962年应用到航天飞行器上，1980年开始进入民用市场。目前在美国、加拿大、欧洲各国以及日本等，多达几百家公司和研究机构在进行燃料电池技术的开发。燃料电池已基本上克服了所有的技术障碍，开始步入工业化生产。

与传统电池一样，燃料电池是一种将活性物质的化学能转化为电能的装置，都属于电化学动力源。但与普通电池不同的是，其电极本身不具有活性物质，只是个催化转换元件。普通电池除了具有电催化元件外，本身也是活性物质的储存容器，因此，当储存于电池内的活性物质使用完毕时，必须及时更新补充活性物质后才能再使用。而燃料电池则是名副其实的能量转换装置，燃料和氧化剂等活性物质都是从外部供给的。只要这些活性物质不断地加入，燃料电池就可连续发电。从工作方式来看，它与其他原动机驱动的发电机组相似。

2. 工作原理与分类

(1) 工作原理

燃料电池由三个主要部分组成：燃料电极（负极）、电解质、空气/氧气（正极）。正极与负极均为多孔结构。其基本工作原理为：气体燃料连续不断地供入负极；空气/氧气被连续不断地供入正极；在正负电极处发生电化学反应，从而产生电能。

以氢-氧燃料电池（图16-20）为例，在酸性电解质燃料电池中，氢气在负极发生电离，释放出负电子和 H^+ 离子：

$$2H_2 \rightarrow 4H^+ + 4e^-$$

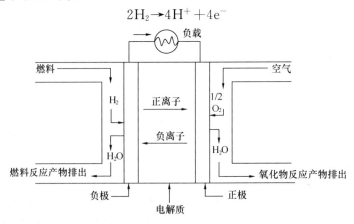

图16-20　氢-氧燃料电池反应原理图

这些负电子通过连接正负极的电路流到正极，同时，氢离子通过电解液也被送到正极。在正极，氧气与负电子、氢离子发生反应，产生水：

$$O_2 + 4e^- + 4H^+ \rightarrow 2H_2O$$

而在碱性电解质燃料电池中，在负极，氢气被由电解质传递而来的 OH^- 离子氧化，释放出能量和负电子：

$$2H_2 + 4OH^- \rightarrow 4H_2O + 4e^-$$

在正极，氧气与负电子、电解质里的水发生反应，生成 OH^- 离子：

$$O_2 + 4e^- + 2H_2O \rightarrow 4OH^-$$

燃料电池的电能是由其化学反应的吉布斯自由能（Gibbs Free Energy）转换而来。单体电池的实际电压一般为 $0.6 \sim 0.7V$ 左右。将很多个单体燃料电池"串联"组成的燃料电池堆，是燃料电池的核心。而燃料电池系统则是由燃料电池堆以及辅助装置所构成的。不同类型的燃料电池的辅助装置有很大的不同，一般情况下，有动力装置、直流电/交流电转换装置、电动机、燃料储存装置、燃料处理装置、脱硫装置、压力控制装置、冷却装置等。因此，燃料电池系统是一个非常复杂的系统。

（2）燃料电池的分类

燃料电池研究与开发中涉及的特性参数很多，常根据其工作温度和电解质类型进行分类。按照工作温度，燃料电池可分为高、中及低温型三类。工作温度从室温至 $100℃$，称之为常温燃料电池，这类电池包括固体聚合物电解质膜型燃料电池。工作温度介于 $100 \sim 300℃$ 之间的为中温燃料电池，如磷酸型燃料电池。工作温度在 $600℃$ 以上的为高温燃料电池，这类电池包括熔融碳酸盐燃料电池和固体氧化物燃料电池。

依据电解质的不同，燃料电池分为碱性燃料电池（AFC）、磷酸型燃料电池（PAFC）、熔融碳酸盐燃料电池（MCFC）、固体氧化物燃料电池（SOFC）、质子交换膜燃料电池（PEMFC）（又称固体聚合物燃料电池（SPFC））等。

1）磷酸型燃料电池（PAFC）

磷酸型燃料电池由两块涂有催化剂的多孔质碳素板电极和经浓磷酸浸泡的碳化硅系电解质保持板组合而成。通过具有隔离与集流双功能的双极性板，将单电池串联成电池堆。这类电池的工作温度为 $190 \sim 210℃$，工作压力为 $0.3 \sim 0.8MPa$，单电池电压为 $0.65 \sim 0.75V$。

由于 PAFC 电池堆工作温度需维持在某一给定范围内，通常间隔若干个单电池便设置一块冷却板。冷却板内的冷却介质常用水、空气或绝缘油。水冷式冷却效率高，且可利用废热，但需对水质进行预处理。冷却管要求强耐酸腐蚀；空冷式可靠性高、成本低，尤为适合在较高压力下运行的电池堆采用，但在电池外部其热交换效率较低；绝缘油冷却是新近开发的新型冷却方式。

PAFC 单电池的电极是以铂（或铂合金）为催化剂的多孔性碳电极，电极基板由特殊碳纤维材料制成，厚约 $0.4mm$。电极基板应具有多孔性、低密度、机械强度大、耐腐蚀性好及低电阻等特点。这类电极可用喷涂、过滤或液压等方法成型。喷涂法适合自动化生产，过滤法适合在实验室研究中使用，而液压法的制造过程较冗长，但其电化学性能的重现性较好。

PAFC 需要电导性低、热传导性与耐酸性良好的电解液保持材料，目前的电解液保持材料由碳化硅和聚四氟乙烯调成，厚度一般为 $0.1 \sim 0.3mm$。为了能隔离燃料气和氧化剂气体，这种保持材料制成的基板应具有微孔或毛细管结构，并且当注入磷酸电解液后，可保证在 6kPa 以上压差下不出现"冒泡"现象。

隔离—集流双极性板要求具有良好的电导性、耐腐蚀性和优良的热传导特性，而且不透气。双极性板用石墨或炭制成。

2）质子交换膜燃料电池（PEMFC）

又称固体聚合物燃料电池（SPFC），它由两块多孔电极组成，电极一侧负载催化剂。粘结在质子交换膜的任一面上构成膜—电极集合体。多孔电极的另一侧与极板接触，极板制成槽形以便燃料和氧化剂气体通过。这些极板同时也做集流体使用，与电极的电接触可通过这些流体流场的极板实现。

PEMFC 具有能量密度高、无腐蚀性、电池堆设计简单、系统坚固耐用等优点，其工作温度为 70～100℃。电解质材料的改进，使 PEMFC 的电性能显著提高，寿命更长。目前，PEMFC 作为电动汽车动力电源的研究已经取得突破性进展。

3）熔融碳酸盐燃料电池（MCFC）

熔融碳酸盐燃料电池（MCFC）采用碱金属碳酸盐（如 Li_2CO_3、K_2CO_3、Na_2CO_3 及 $CaCO_3$ 等）组成的低共融物质作电解质，熔融电解质被吸附在惰性的铝酸锂（Li_2AlO_2）制隔离片内。正极由氧化镍（添加少量锂以增加其电子导电能力）制成。负极由难熔的氧化镍还原、烧结成多孔的镍电极，其工作温度高达 650℃，在此温度下镍具有良好的催化性能，故不需添加其他贵金属催化剂，配以适当的隔离板和集流器即可组成单电池。

MCFC 的最大特点是适合含碳燃料，可直接利用煤气化所得的气体燃料，水煤气、天然气或烃类蒸气转化所得到的气体均可作为燃料直接送入电池发电。而且，排热品位高，可应用于供热、供冷或驱动蒸汽轮机。

4）固体氧化物燃料电池（SOFC）

SOFC 是一种全固态燃料电池，由两块多孔陶瓷电极和介于电极间的固体氧化物电解质组合而成。由于所采用的固体氧化物电解质在低温时比电阻过大，这类电池的工作温度需维持在 800～1000℃左右。因其在高温下工作，正、负极的极化可忽略，极化损失集中在电解质的阻力降上；有较高的电流密度和功率密度；而且可直接使用烃类、甲醇等做燃料，而不必使用贵金属做催化剂，同时避免了中、低温燃料电池中的酸碱电解质或熔盐电解质的腐蚀性及封接问题；副产有工业利用价值的高温废气，可实现热电联产，燃料利用率高。

5）碱性燃料电池（AFC）

碱性燃料电池（AFC）采用碱性溶液（如 KOH 溶液）做电解质。根据电解液在电池内的存在形式，AFC 可分为多孔基体型和自由电解液型两种。前者是将电解液饱吸在多孔性材料（如石棉膜）上，多孔基体既是电解液保持体，又是电极间的隔离层。后者采用电解液室储存电解液，外设电解液循环系统，可通过电解液循环过程移走电池反应热，将反应产物水分蒸发。

AFC 的主要优点是工作温度低，一般为 60～80℃，电池本体材料可选用廉价的耐碱性工程塑料，成型加工工艺简单。电极不需采用贵金属催化剂，可选用常规的朗尼金属催化剂，如朗尼镍等。AFC 存在的主要问题是碱性电解液对含碳燃料十分敏感，必须对燃气中的碳含量加以严格控制。为维持一定的电解液浓度，还必须设置较复杂的排水和排热等辅助系统。

各种燃料电池的主要特点如表16-6所示。

各种燃料电池的主要特点 表16-6

温度范围	低温		中温	高温	
电解质类型	碱性燃料电池	质子交换膜燃料电池	磷酸型燃料电池	熔融碳酸盐燃料电池	固体氧化物燃料电池
缩写	AFC	PEMFC	PAFC	MCFC	SOFC
适用燃料	纯氢	氢、天然气	天然气、氢	天然气、煤气、沼气、氢	天然气、煤气、沼气、氢
氧化剂	纯氧	空气、氧气	空气、氧气	空气、氧气	空气、氧气
运行温度	120℃	85℃	190℃	650℃	1000℃
发电效率	32%	30%	40%	42%	45%
适用领域	航天	汽车、航天	BCHP、DCHP		
优点	污染低、电效率高、维护少	低污染、低噪声、启动快	低污染、低噪声	低污染、低噪声、具内重整能力	低污染、低噪声、具内重整能力
缺点	燃料与氧化剂限制严格、造价高、寿命短	价格昂贵	造价高	启动慢、电解液有腐蚀性	启动慢、材料要求苛刻
总价格（包括安装费用，美元/kW电）	$2700	$1400	$2100	$2600	$3000

3. 燃料电池的特点

与燃气轮机、发动机等原动机相比，燃料电池具有以下优点：

(1) 能量转换效率高。燃料电池是按照电化学原理直接等温地将化学能转化为电能，不同于常规的原动机需经过机械功的中间环节，因此既没有转换损失，也不受热力学卡诺循环理论的限制，理论上其发电效率可达85%～90%。但由于工作时各种极化的限制，目前各类燃料电池的实际能量转化效率为40%～55%，若用于CCHP，总的能源利用率可高达80%以上。

(2) 污染物排放量低。燃料电池是名副其实的清洁能源技术，但对燃料的要求很高，有些燃料电池只能用氢气，有些燃料电池虽然能够用天然气，但必须脱硫。因此若不将燃料改制所产生的污染物排放计入的话，燃料电池可以做到"零排放"。

(3) 噪声低。燃料电池靠电化学反应发电，其内部没有任何活动部件，不会发出任何噪声。在尽量减低其动力装置（如泵）的噪声与振动之后，燃料电池系统在运行时的噪声和振动是非常低的。实验证明：距离40kW磷酸燃料电池发电站4.6m处的噪声值小于60dB。

(4) 负荷调节灵活。由于燃料电池发电装置是模块结构，容量可大可小，布置可集中可分散，且安装简单，维修方便。另外，当燃料电池的负载有变动时，可很快响应，故无论处于额定功率以上过载运行或低于额定功率运行，它都能承受且效率变化不大。这种性能使燃料电池不仅可用于 CCHP 系统，也可在用电高峰时作为调节的储能电池使用。

燃料电池的缺点如下：

（1）价格非常昂贵，是内燃机、燃气轮机等发电设备的 2～10 倍。目前最先进的燃料电池系统的价格相当于太阳能发电系统的价格。

（2）燃料电池的维护与其他的发电装置有很大的不同，一旦发生故障，往往需要运回生产基地进行维修，目前还无法做到现场更换电池堆。

（3）对燃料非常挑剔，往往需要非常高效的过滤器，且要经常更换。在这个意义上说，燃料电池是一种尚未商业化的技术。

随着技术的不断进步，燃料电池的价格有望降低到可与其他原动机竞争的水平，并且经过一段时间使其趋于成熟，它将以其高效、清洁、安静等综合优势成为各种分散式发电技术中最优的技术之一。

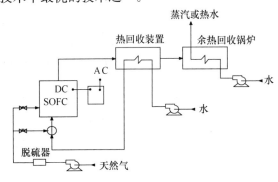

图 16-21　SOFC 热电联产系统示意图

4. 燃料电池 CCHP 系统

图 16-21 为 SOFC 热电联产系统示意图。由 SOFC 电池堆排出的 755℃的废气并不能够直接加以利用，而要首先经过热回收装置变成 315℃的废气，然后再通入余热回收锅炉与冷水进行热交换，使其变为蒸汽或热水，用来供热、提供生活热水或驱动蒸汽（或热水）吸收式制冷机供冷。热回收装置出来的高温废气也可以直接进入排气直热或排气再燃型吸收机用于制冷，供热和提供生活热水。余热锅炉可以加补燃系统，使发电量和供热量的调节更为灵活。

固体氧化物燃料电池排出的高温烟气还可以驱动燃气轮机（可以加补燃）进一步发电，形成 SOFC—燃气轮机联合循环系统，这种系统的发电效率最高可以达到 70%。

三、余热利用系统

（一）概述

CCHP 节能的主要原因是在提供电力的同时，实现了不同温度水平热量需求的对口利用，因此余热的合理回收与高效使用是 CCHP 系统的关键技术之一。

从原动机来看，原动机产生的可利用余热，主要有系统冷却用的高温热水以及排放出的高温烟气。用能侧需求的是用于空调的冷冻水、用于采暖的热水、卫生热水，有时还有保持建筑内空气品质的湿度控制技术与设备所需要的热量或冷量。从原动机余热的载体来看，基本是热水或者蒸汽两种形式。

图 16-22 给出了 CCHP 系统设计时所需考虑的各种余热利用设备，包括烟气型/蒸汽型/热水型吸收式制冷机、余热锅炉、热交换器等。对同样的原动机系统和用能需求，可以有多种不同的余热利用方案。例如，对发动机的高温烟气，可选择直接送入烟气型吸收式制冷机，夏季产生冷冻水、冬季产生采暖水；也可选择送入余热锅炉，产生蒸汽、送入

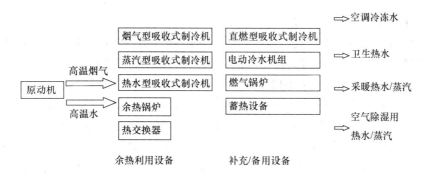

图 16-22　CCHP 系统设计时所需考虑的各种余热利用设备

蒸汽型吸收式制冷机。

图中还给出了一类具有补充与备用功能的设备，如直燃型吸收式制冷机、电动冷水机组、燃气锅炉、蓄热设备等。这是由于在"以电定热"的设计原则下，对绝大部分的建筑负荷而言，仅靠原动机的余热所能提供的冷量或热量不足以满足需求，必须考虑其他的补充设施。当然，具体采用何种备用设备，必须在考虑电力、空调、采暖和热水负荷的情况下，进行投资与运行费用的综合比较之后，方能确定。

随着设备水平的不断完善，目前已有一些将补充功能与余热回收利用结合一体的新型装备，如带有补燃功能的烟气型吸收式制冷机。

（二）余热利用设备

CCHP 系统中常用的余热回收换热器有回收发动机冷却水余热的冷却液－水换热器和回收排烟余热的烟气－热水（或蒸汽）换热器。换热器的结构可采用管翅式、壳管式、板式、螺旋板式等多种形式。此外，在回收烟气冷凝热时，除了常规的间壁式换热器外，也可采用直接接触方式，即水直接通过喷嘴以逆流方式流入热烟气气流，将烟气冷却到低于进口烟气的露点温度，最终以低温饱和状态离开系统，而水则被加热后离开系统。水和烟气的直接接触可在喷雾室内、挡板盘塔或填充塔内完成，由于水流过烟气后会具有一定的酸度，一般利用二级换热器，将回收的热量传给工艺介质。

CCHP 系统中所采用的换热器与常规换热器并没有太大区别，可参见有关文献。下面重点介绍各种利用烟气、原动机冷却系统的高温热水作为热源的吸收式制冷机。

1. 蒸汽型双效溴化锂吸收式制冷机

利用余热锅炉回收排气废热，产生 0.6～0.8MPa（表）的蒸汽，可用做蒸汽型双效溴化锂吸收式制冷机的热源。

2. 蒸汽型单效溴化锂吸收式制冷机

采用沸腾冷却方式的发动机，可产生 0.1MPa（表）的饱和蒸汽，用做单效溴化锂吸收式制冷机的热源。

3. 热水型单效溴化锂吸收式制冷机

水冷式发动机的气缸套、过冷器、油冷器等可产生约 85～95℃ 的热水，另外也可以回收排烟余热产生热水，用做热水型单效溴化锂吸收式制冷机的热源。

4. 烟气型吸收式制冷机

直接利用燃气发动机（或燃气轮机、微燃机）的排气作为溴化锂吸收式制冷机高压发生器的唯一驱动热源。

5. 烟气补燃型吸收式制冷机

直接将原动机的排气用做直燃型溴化锂吸收式制冷机的热源；在余热量不足时，则通过燃烧器燃烧补充。高压发生器有两个加热源——烟气余热和天然气直接燃烧，既充分利用了烟气的热量，又保证了机组的稳定运行。

图 16-23 是某烟气型双效吸收式制冷机的流程图。在"烟气驱动"模式下，处于烟气热交换器 6 内的稀 LiBr 溶液，被热烟气流加热、沸腾。其中的制冷剂（水蒸气）分离，向下流入分离器 9、进入低压发生器 4 内的盘管。浓度提高了的 LiBr 溶液（中间浓度），向下流入高压发生器 5，之后继续向上流，充满管束，再向下流入高温热交换器 7，到达低压发生器 4 的腔体，开始二次沸腾过程。高温热交换器 7 将热量由中间浓度的溶液传给稀溶液。

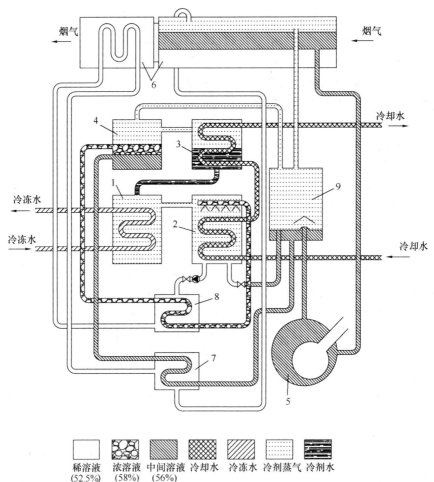

图 16-23　烟气型双效吸收式制冷机的流程

1—蒸发器；2—吸收器；3—冷凝器；4—低压发生器；5—高压发生器；6—烟气热交换器；
7—高温热交换器；8—低温热交换器；9—分离器

在低压发生器 4 中盘管内凝结的制冷剂以及分离出来的制冷剂，进入到冷凝器 3，进行凝结。在冷凝器内热量传给冷却水。在低压发生器 4 中产生的较高浓度的 LiBr 溶液，在低温换热器 8 中将热量传递给稀 LiBr 溶液，之后进入吸收器 2。LiBr 溶液的浓度水平和冷却水的温度提供了一个低压环境，液态制冷剂在蒸发器 1 内发生相变。

在吸收器 2 内 LiBr 溶液吸收在蒸发器内所产生的制冷剂蒸气，重新形成稀溶液。吸收过程的热量通过冷却水排出。溶液泵 11 将稀溶液自吸收器内泵入到低温热交换器 8、高温热交换器 7，经过烟气热回收换热器 10，回收热量。最终稀溶液到烟气热交换器 6，再次由烟气加热沸腾，如此循环往复。

当烟气的余热量不足以产生足够的冷量输出时，切换到"双驱动"模式，即补燃系统与烟气共同工作。位于高压发生器 5 内的燃气燃烧器启动，LiBr 溶液以串联的形式沸腾——先烟气热交换器 6，后高压发生器 5，较浓的溶液在两级中依次形成。

在双驱动模式下，与分离器 9 连接的管道全部开启。自高压发生器 5 内 LiBr 溶液表面，液滴伴随蒸汽一起进入分离器 9，分离后的较浓溶液进入高温热交换器 7。之后的流程与"烟气驱动"模式相同。

（三）烟气型吸收式机组的选用

市场上已有适合各种原动机的烟气型溴化锂吸收式机组。在进行 CCHP 系统设计、选用设备时，需注意下列问题：

1. 烟气的温度水平。燃气轮机、天然气发动机、微燃机等动力装置的烟气温度相差很大。尤其是微燃机，为了降低 NOx 等污染物的排放，同时考虑到降低成本所采用的涡轮材料，利用非常稀薄的燃烧机制（过剩空气系数＞7），烟气温度大大下降。而类似于余热锅炉设计的烟气型吸收式机组，其换热面的设计、布置都是针对特定的烟气进口温度的。若选型不当，则机组出力不足，甚至无法正常工作。

2. 设备的阻力。由于烟气温度远低于锅炉燃烧室内的温度水平，在溴化锂机组设计时，布置了大量的对流换热面，流动阻力较大。对一些天然气发动机，这一阻力可忽略不计。余热回收系统的阻力不会对发动机的工作性能产生影响；但对燃气轮机、微燃机等，这一阻力可能会对其工作性能产生很大影响，导致出力下降。通常在微燃机的产品样本中，会给出在不同阻力下的出力修正系数。

（四）余热利用系统布置方案

按照余热的载体形式，余热回收方案可有三种类型：热水、蒸汽、热水结合蒸汽。以天然气发动机 CCHP 系统和燃气轮机 CCHP 为例，说明如下。

图 16-24 给出了两种利用热水余热回收的方案。方案（a）中，设置了两个热交换器：排气换热器和缸套水换热器，自排热用水换热器来的温度较低的水，在吸收缸套水的热量后进入到排气换热器，温度得以进一步升高，之后进入到热水型的吸收式制冷机，产生空调用冷冻水；离开制冷机后，温度降低，再依次进入采暖用水换热器和卫生热水换热器，产生采暖和卫生热水。最后，进入到排热用水换热器，通过冷却塔将热水温度降低到发动机正常冷却需要的水平。为确保卫生热水的正常供应，设置热水锅炉作为补充和备用。

显然，这种方案的冷量随着发动机的运行而变化，为了适应空调系统的负荷变化，原动机必须不断地改变运行工况点。为此，在方案（b）中增加了直燃型吸收式机组，补充空调和采暖。

热水结合蒸汽的余热回收方案见图 16-25。发动机烟气直接进入烟气余热锅炉，产生

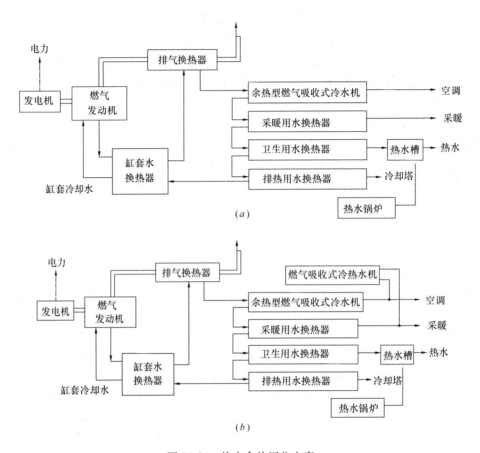

(a)

(b)

图 16-24 热水余热回收方案

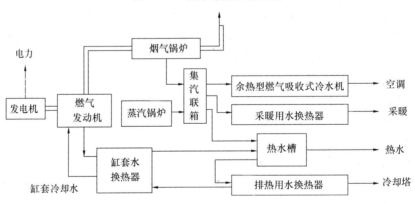

图 16-25 热水结合蒸汽的余热回收方案

蒸汽。同时设置蒸汽锅炉，将该两部分装置产生的蒸汽供应集汽联箱，一起向蒸汽型吸收式制冷机组、采暖用水热交换器和热水槽提供蒸汽。散热后的蒸汽，以低压蒸汽或水的形式返回到烟气锅炉和蒸汽锅炉，循环使用；对温度较低的缸套冷却热水，回收后主要供应卫生热水槽，之后再经过排热热交换器，利用冷却塔将多余的热量放散。

图 16-26 是利用蒸汽回收燃气轮机余热的方案。高温的燃气轮机烟气直接进入到烟气余热锅炉，所产生的蒸汽和蒸汽锅炉产生的蒸汽一起进入到集汽联箱，共同向蒸汽型吸收

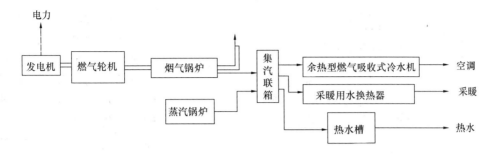

图 16-26　蒸汽作为热媒的余热回收方案

式制冷机组、采暖热水系统、卫生热水槽提供热量。

上述三种利用方案，各有优缺点和使用场合。热水回收方案，因传热温差较大，可回收较多的热量，但需要的各种热交换器也比较多，系统复杂，而且因为热水型吸收式机组的 COP 较低，产生的冷量较少。蒸汽回收方案，可回收的热量较少，但系统简单。热水结合蒸汽型的回收方案，系统需要的设备最多，但蒸汽所处的高温段与热水所处的低温段可分开管理、运行，操作相对灵活。

针对不同的建筑用能需求，即不同的电力、空调、采暖、卫生热水需求，必须在进行综合比较的基础上来选择采用何种余热回收方案。

（五）余热利用系统的原则与设计

1. 余热利用的原则

余热利用系统设计时必须考虑如下因素：余热利用的优先顺序；根据 CCHP 系统排放的余热量，确定合适的余热利用设备容量；按照余热利用优先顺序，确定设备间的连接方法；布置管路系统。

（1）余热利用的优先顺序

热水形式的余热（如发动机的缸套冷却余热、Stirling 发动机余热），其利用一般以卫生热水、采暖和制冷为主。根据热力学第二定律，热能利用以从高到低的温度顺序进行梯级利用效果最好，卫生热水所需温度比采暖高，且热水负荷为常年负荷，波动较小，采暖负荷为季节性负荷，波动较大，因此余热利用的优先顺序为：

卫生热水＞采暖＞空调

这一优先顺序的根本目的在于保证 CCHP 系统能够最大程度地连续稳定运行。

（2）余热利用设备的设置顺序

余热利用设备的设置顺序应按设备的用热品质而定。如热水回收模式中（图 16-28），沿余热热水系统的上游至下游，依次布置吸收式制冷机组、采暖热交换器和卫生热水换热器，最后为调节热负荷的冷却塔。

2. 余热热水系统的设计

（1）余热热水温度

余热热水温度级别由利用方式所决定。余热用于供热水、采暖场合，其温度可设定得较低（45～60℃）；当用于制冷场合，由于热水温度越高效率越高，温度级别必须设定得较高。此外，为了保证热水型吸收式制冷机的出力，应确保吸收式制冷机的热水入口温度需达到一定高温，所以吸收式制冷机应设置在其他余热利用设备的上游侧。

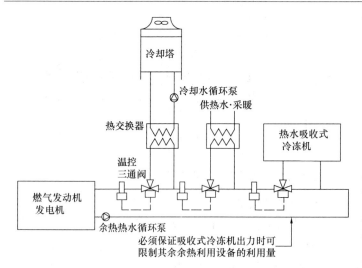

（2）排热系统的设计

除了余热利用设备外，余热热水系统还需设置调节热负荷用的冷却塔，通过该装置来释放过剩余热，使回到天然气发动机的热水温度在一定值以下（图 16-27），从而避免负荷侧的余热使用量急剧下降时，发生过高温度的热水返回发动机引发停机。因此，在冷却塔的循环水侧、余热热水侧均设置控制排热用的三通阀，并在三通阀下游附近设置响应灵敏

图 16-27　排热系统中冷却塔及三通阀的设置

的温度传感器。而且，循环冷却水泵、冷却塔风扇若能根据余热热水温度、冷却循环水温度进行启停控制，可实现节能并降低运行费用。

3. 余热蒸汽系统设计

来自燃气轮机、燃气发动机的余热蒸汽与来自蒸汽锅炉的蒸汽通过蒸汽集箱连接，作为蒸汽吸收式制冷机、采暖、供热水等的热源进行利用。为了优先利用余热蒸汽，余热蒸汽压力设定值应高于锅炉蒸汽压力设定值（图 16-28）。

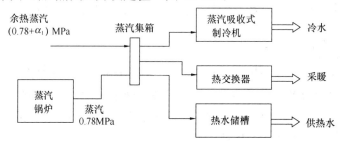

图 16-28　蒸汽锅炉与余热蒸汽的设定压力

4. 卫生热水系统的设计

（1）设置预热槽

余热用于供应卫生热水时需加热热水储槽中的热水，负荷变动较大时设置预热槽可更有效利用余热。预热槽用余热加热（图 16-29），温度设定稍高于热水储槽温度。由于给水先通过预热槽加热后再供给热水储槽，如此可减少锅炉的加热量，且负荷变动可通过预热槽吸收。预热槽需具备一定容量，在设置两台热水储槽时通常将其中一台作为预热槽。

（2）不设置预热槽

不设置预热槽的场合，给水通过热水热交换器被余热热水加热，余热利用侧温度设定比锅炉热水侧温度设定稍高，以此来控制锅炉的加热（图 16-30）。

5. 采暖系统的设计

（1）采暖用热交换器串联设置

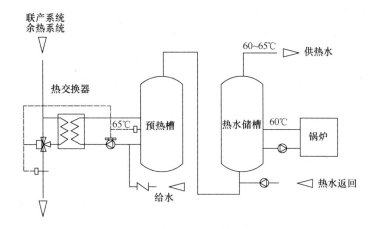

图 16-29 设置预热槽的供热水系统示例

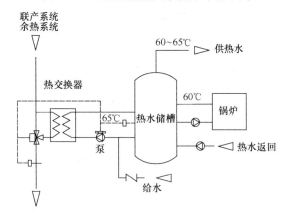

图 16-30 不设置预热槽的供热水系统示例

采暖用热交换器（上游侧）与燃气吸收式冷热水机串联设置时（图 16-31a），余热可用于燃气吸收式冷热水机的预热，由于优先利用了余热，天然气 CCHP 系统的效率可获得提高，且余热量即使变动，燃气吸收式冷热水机的热水出水温度亦能保持定值。

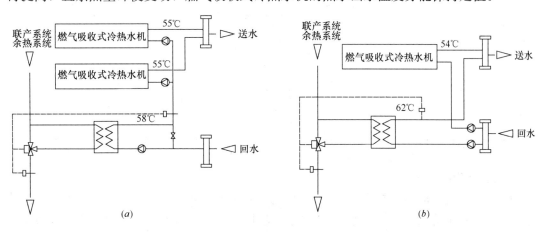

图 16-31 热交换器串联设置的采暖系统设计示例

433

（2）采暖用热交换器并列设置

直燃型燃气空调机与采暖用热交换器通过热水集箱并列连接（图 16-31b），为了有效利用余热，采暖用热交换器热水出口温度设定要高于直燃机的热水出口温度（直燃型燃气空调机在燃烧 OFF 时的热水出口温度与采暖用热交换器的入口设计温度值相同）。

四、CCHP 规划与设计方法

（一）系统规划

规划一个天然气 CCHP 系统，首先需了解用户的负荷特性（电力、空调、采暖等）和外部环境因素、系统组合形式。一般的应用配置方案可借鉴国外同类用户，系统配置和优化则需根据不同配置情况和当地的能源政策等综合因素予以确定，最后从节能、环保和经济三方面综合评价用户的 CCHP 应用效果。

（二）用户类型

天然气 CCHP 系统的使用从长期来看经济性更加明显。除此之外，还有环境保护及供应可靠性等方面的优势。CCHP 系统的规划一方面是要把握各种用户对该系统的适用性，另一方面是确定合理的回收年限。

用户具有以下特征时，可考虑采用天然气 CCHP 系统：

1. 全年电力负荷、热力负荷（供热水、空调和采暖）稳定且设备使用率高；

2. 电力负荷与热力（空调、采暖、热水）负荷逐时变化类似（热电比波动小）；

3. 用户热电比与原动机负荷特性相匹配；

4. 对供能安全性有很高要求的用户（如医院、电脑中心等）；

5. 需要避免超高压受电的场合。

具体设计时，可按表 16-7 中的需求进行评分，综合得分越高、越适合采用 CCHP。

各种用户对象的负荷特性情况   表 16-7

用户类型	宾馆	医院	工业用户	办公楼	商场	住宅
热水需求大	★	★	△	△	△	★
蒸汽需求大	★	★	★	—	—	
制冷采暖共用	★	★	△	★	★	
热电比波动小	★	★	★	★	△	
超高压回避	△	△	△	△	△	★
需备用发电	△	△	★	★	△	△
综合评价	10	10	9	8	6	5

注：★为 2 分，△为 1 分，综合得分高者为佳。

（三）负荷特性

CCHP 系统同时生产热力和电力，必须充分掌握各种用户的电力负荷、热力负荷的逐时、逐月变化情况，方能实施科学合理的设计，凸显 CCHP 系统的经济性。即需要预测电力与热力（蒸汽、热水、采暖、空调）的最大负荷、年负荷以及逐月负荷工况和逐时负荷工况。由于我国的有关设计规范中还没有完整的设计参数，下列指标数据均参考日本的一些设计资料。必须指出：在可以获取类似设计资料的时候，应以用户的实际用能指标为准。

1. 最大负荷与年负荷

表16-8、表16-9分别给出了不同类型用户的电力、热水与采暖、空调的最大负荷、年负荷设计指标。

2. 逐月、逐时负荷

各类用户的逐月、逐时负荷工况可参考有关文献。

不同用户的最大电力负荷及最大热力负荷　　　　　　　　表16-8

			办公楼（标准型）	办公楼（OA型）	医院	宾馆	商场	体育中心	住宅
电力负荷（W/m²）			50	71	50	50	70	70	30
热力负荷	热水	W/m²	16.3	16.3	46.5	116.3	23.3	814.0※	18.6
		kcal/(m²·h)	14	14	40	100	20	700※	16
	采暖	W/m²	58.1	39.5	95.3	77.9	93.0	122.1	34.9
		kcal/(m²·h)	50	34	82	67	80	105	30
	空调	W/m²	104.7	123.3	104.7	87.2	139.5	122.1	46.5
		kcal/(m²·h)	90	106	90	75	120	105	40

不同用户的电力年负荷及热力年负荷　　　　　　　　表16-9

			办公楼（标准型）	办公楼（OA型）	医院	宾馆	商场	体育中心	住宅
电力负荷（kWh/(m²·年)）			156	189	170	200	226	250	21
热力负荷	热水	kWh/(m²·年)	2.6	2.1	93.0	93.0	26.7	1017.4※	34.9
		Mcal/(m²·年)	2.2	1.8	80	80	23	875※	30
	采暖	kWh/(m²·年)	36.0	68.6	86.0	93.0	40.7	94.2	23.3
		Mcal/(m²·年)	31	59	74	80	35	81	20
	空调	kWh/(m²·年)	81.4	153.5	93.0	116.3	145.3	94.2	9.3
		Mcal/(m²·年)	70	132	80	100	125	81	8

※：上面一行为MWh/年，下面一行为Gcal/年。

（四）外部因素

外部因素主要考虑以下几点：当地的能源和环保政策；CCHP系统与商业电网的连接情况；富余电力上网及上网电价情况。

CCHP系统生产的电力是否与商业电网相连，对热电联产系统的运用来说是一个很重要的因素。表16-10对并网运行系统以及独立运行系统两种方式进行了比较，后者不需要继电保护器，设备费较低，但一般只适用于规模较小、电力负荷相对稳定的用户。

并网运行系统与独立运行系统的比较　　　表 16-10

		并网运行系统	独立运行系统
电力系统示意图			
负荷设备	发电机对应的负荷设备	全负荷	部分负荷
	发电机的负荷率	可能 100% 负荷率运行；可采取热定电系统，综合效率高	受电力负荷波动影响大；负荷率一般在 80%～90%
	负荷设备的单机容量	不需要细分	要细分，需设计优先顺序
	负荷切换装置	不要	需要
	运行操作	没有特别要求	切换操作时会导致瞬态停电
用电侧	保护装置	需要继电保护器	不要
发电机	种类	同步发电机（SG）、诱导发电机（IG）	只限于同步发电机
电力品质	电压、频率	受商业电力支配，品质安定	与发电机的控制能力相关
	负荷发生急剧变动时	能被商业电网吸收	会降低电力品质

（五）运行方式

前已述及，CCHP 系统有两种设计准则和对应的运行方式："以电定热"或"以热定电"。前者是指在确定系统配置方案时，按照用能侧的电力负荷需求来选择设备，发电机组的电力出力一定，可以最大功率运行。此时，所产生的余热在某些时段无法满足热或冷负荷，而在另外的时段则需要排热放散到环境中。后者正好相反，按照系统的热或冷量需求来配置和调节，这种运行方式不产生过量余热，综合效率高，但涉及富余电力上网问题。

需要特别指出的是：我国现阶段的电力政策客观上不欢迎 CCHP 系统的发电上网，如一些城市的电网以煤电成本价格收购，因此在设计 CCHP 系统时主要采用"以电定热"的方式为主。当然，在条件许可时，采用"以热定电"的方式亦无不可。

（六）系统选择

1. 确定原动机种类及余热利用系统

天然气 CCHP 系统中，可供选择的原动机种类有小型燃气轮机、天然气发动机、微型燃气轮机、燃料电池等几种。在确定原动机种类时，必须考虑用户处的天然气管网压力、流量能否满足原动机的要求。

2. 确定发电机容量及台数

按照下列因素来确定发电机的容量：保证 CCHP 系统的综合效率要高；确保高负荷率以及充足的运行时间；明确生产厂家的机种、型号、容量等参数；确保定期检查、维护；是否兼做防灾之用。

用户电力负荷的特点不同，发电机容量的确定亦不一样，一般可按照电力需求高峰值

的 $25\%\sim40\%$ 来确定。

（七）系统设计

参照国外一些天然气 CCHP 系统的实践经验，系统设计包括以下内容：区分"不得"和"允许"自发电逆流情况下的电气系统、余热利用系统的不同设计原则和技术方案、发电机房的设计等。

前面已重点介绍了余热利用系统的设计，以下简要说明电气系统的一些注意事项和机房设计。

1. 电气系统的设计

在设计 CCHP 系统的电气系统时，不管是用于新建建筑或是既有建筑的新增设施，都应考虑整体匹配和耦合。电气系统运行除了与电网电压、遮断（关闭）容量、负荷容量以及变动等因素密切相关之外，还受到包括保护系统在内的装置设计、选型等因素的影响。

表 16-11 总结了 CCHP 系统的不同电气系统应用方式。

CCHP 系统的电气系统应用方式　　　　　　　　　表 16-11

	并网系统		独立系统
	不得逆电上网	允许逆电上网	—
发电容量	小于自用的电力负荷	可额定功率运行	小于自用的电力负荷
对应热负荷	对应发电量利用余热 （以电定热）	额定功率运行下利用余热 （以热定电）	对应发电量利用余热 （以电定热）
CCHP 系统故障时 的电力供应	商业电网替代供应	商业电网替代供应	商业电网替代供应 （需要切换回路）

（1）不得逆电上网的并网系统

CCHP 发电设备与商业电力并网，但自发电力不允许向电网输出，这种应用方式称为"不得逆电上网的并网系统"。该方式 CCHP 设施以满足用户侧电力供应为目的，与热力负荷相比，电力消耗占据用户侧的大部分需要，因此采用以电力供应为主、同时利用余热的"以电定热"运行方式。

当用户某时段内的大部分电力都由 CCHP 系统负担时，一旦某个较大的用电负荷停止运行（例如大型泵的停止等），即使立刻降低发电机的发电量，亦会导致发电出力瞬间超过电力负荷，产生瞬态逆向流，此时受电侧的逆电继电器会启动并断开发电设备。为防止出现这种情况，可采取"购电控制"措施，在低负荷时段控制发电机的发电量，维持一定的购电量——最低购电量（图 16-32）。最低购电量应根据建筑内的最大负荷容量（泵等），并考虑逆电继电器的整定值等因素，最终由用户与电力公司协议确定。

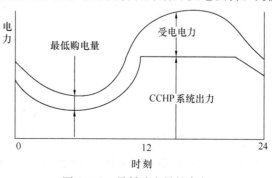

（2）允许逆电上网的并网方式

CCHP 发电设备与商业电力并网，

图 16-32　最低购电量的意义

自发电力可向电网送出的应用方式称为"允许逆电上网的并网系统"方式。此时 CCHP 机组可额定功率运行，产生的余热热量稳定，有利于余热利用，并可根据用户热负荷需求确定机组发电容量，因而系统运行经济性好。但该方式是否可采纳，与用能地区的电力政策相关，主要取决于与电力部门协商的送电价格、容量、时段等，目前在国内的设计中很少采用。

（3）独立系统

在确定哪些电力负荷可由 CCHP 承担时，遵从的基本原则是保证 CCHP 系统的运行时间长、小负荷运行时间短，并综合实际负荷的同时使用率决定。表 16-12 是电力负荷的优先选定顺序。

电力负荷优先选定顺序　　　　　　　　　　　　　表 16-12

负 荷 种 类			优先顺序	参　　考
电灯	照明		◎	常用负荷
	插座		△	同时利用少
一般动力	空调设备	通风风机	○	常用负荷
		风机盘管、空调箱	△	根据室内利用状态而变化，过渡期负荷停止
		冷却水泵	△	
		热源动力	△	
	卫生设备	循环水泵	○	常用负荷
		给排水泵	×	根据液面进行启停场合多，平均负荷少
	电梯		×	启动电流大，平均负荷小
	桑拿等加热器负荷		△	ON/OFF 启停，平均负荷有小的时候

注：◎ 基本负荷，○ △ 需要考虑负荷率，× 不适合采用。

CCHP 发电系统与商业电力系统的切换有两种方式（图 16-33），一种是全部切换，配线简单、但负荷的选择精确程度不高，系统的动态匹配性差；另一种是部分切换，配线复杂、投资费用高，但中小负荷的选择精确程度高，系统的动态匹配性好。

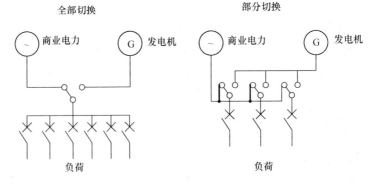

图 16-33　全部切换和部分切换

通常的切换器能在 50ms 内完成切换，能满足一般照明负荷需求，但一些电动机则需要采用 10ms 以内完成切换的高速切换器，以保证停电时电动机内部控制系统工作的连续性。

2. 发电机房的设计

（1）设备排气系统

发动机的排气系统由尾气热回收器、消声器、烟囱等组成，排气配管系统需考虑设备允许的背压和排气量，再根据系统布置和阻力情况设计配管口径。

（2）发电机房换气量的确定

发电机房的换气量由三部分组成：一是燃气燃烧所需空气量，二是维持室温所需空气量，三是工作人员呼吸所需空气量。部分机型容量的发电机房换气量可按表 16-13 选取。

设备允许的背压和换气量　　　　　　表 16-13

原动机		允许背压（Pa）	换气量
天然气发动机	三元催化	4000～5000	10～13m³/kW（烟气温度 550～650℃）
	稀薄燃烧	3500～4000	13～15m³/kW（烟气温度 370～410℃）
燃气轮机		1500～3000	13～20m³/kW（烟气温度 500～550℃）

（3）降噪防振

燃气轮机的噪声多为高频噪声，距离机组 1m 处声强约为 90～115dB，燃气发动机的噪声多为中低频噪声，距离机组 1m 处声强约为 90～105dB。可采取整体遮罩、室内吸声材料、邻近区域设置隔声墙、排气管道消声等方式满足相应噪声标准。

考虑避免邻近建筑的振动，且对建筑物的固有频率做事先计算，相比燃气轮机，天然气发动机更需考虑振动问题，可设立独立设备基础和其他必要的措施。

第二节 燃 气 汽 车

一、燃气汽车分类

在各种汽车替代燃料中，燃气是理想的清洁燃料，它在资源、环保、经济和安全诸方面均具有优势。按照燃料的储存形式（或称为贮气技术），燃气汽车分为贮气包、压缩天然气（CNG）、液化天然气（LNG）、液化石油气（LPG）等不同的种类。目前对以 CNG 为燃料的压缩天然气汽车（CNGV）和以 LPG 为燃料的液化石油气汽车（LPGV）的研究最成熟，推广应用也最广泛。据统计，全世界目前有近 40 个国家在实施以气代油的战略计划。天然气作为汽车替代燃料，将成为天然气利用的又一个重要领域。

天然气与液化石油气作为车用燃料的使用方法基本类似，对于 CNG 汽车和 LPG 汽车，其专用装置工作原理大同小异，只是具体结构和技术参数有所不同，以及储存设备上略有区别，因此本节主要介绍 NGV 汽车技术，并涉及一些 LPG 汽车的特殊设备。

燃气汽车通常是在汽油发动机或柴油发动机上加装一套燃气汽车专用装置而成，因此可根据使用燃料的种类，把汽油机改装的燃气汽车分为单燃料（Mono-Fuel）和两用燃料（Bi-Fuel）汽车；把柴油机改装的燃气汽车分为单燃料（Dedicated-Fuel）和双燃料（Dual-Fuel）汽车。

由汽油机改装的燃气汽车：

　　（1）两用燃料燃气汽车（Bi-Fuel-Vehicle）——一般是指具有两套燃料供应系统（其一为使用 CNG 或 LPG）的汽油车，使用中可以在两种燃料之间进行灵活切换。此类车辆在燃用汽油时，发动机汽缸不能同时使用 CNG 或 LPG 作为发动机的燃料；反之，燃用 CNG 或 LPG 时，也不能混烧汽油。

　　（2）单燃料燃气汽车（Mono-Fuel-Vehicle）——仅使用 CNG 或 LPG 中的一种作为汽油发动机的燃料，不再使用其他燃油或代用燃料的汽车。

　　由柴油机改装的燃气汽车：

　　（1）双燃料燃气汽车（Dual-Fuel-Vehicle）——是指同时燃用 CNG（或 LPG）与柴油的汽车。此类车辆燃用 CNG（或 LPG）为主燃料，柴油起引燃作用。此类发动机结构参数也几乎不做改动，可以在单纯燃用柴油或 CNG 与柴油同时混烧两种工况灵活切换。

　　（2）单燃料专用（Dedicated-Fuel）燃气汽车——一般是指原柴油机针对天然气参数进行发动机结构改造，增加电子点火系统及天然气供应系统的燃气汽车。

　　工程实践中，习惯上根据发动机燃料供应系统的形式及复杂程度，把燃气汽车分成四类：

　　（1）第一代系统，具有完整的机械式燃气供应系统，这种系统主要针对没有尾气催化转化器的化油器汽车；

　　（2）第二代系统，基本的机械式燃气供应系统加上电子燃料控制系统，这种系统适用于闭环化油器和节气门喷射/单点喷射发动机车辆，能满足欧Ⅰ/Ⅱ标准，第二代系统可以包括尾气氧含量闭环控制，也可以没有闭环控制；

　　（3）第三代系统，具有多点燃料喷射、电子控制和氧含量闭环控制的特点，也包括分组喷射或连续喷射闭环控制的燃气喷射系统，能满足欧Ⅱ/Ⅲ标准；

　　（4）第四代系统，与第三代系统类似，但具有 OBD（车载诊断）能力，是一种闭环控制、稀薄燃烧的多点顺序燃气喷射系统，能满足欧Ⅲ/Ⅵ标准。

　　分析上述不同燃气汽车技术的实质，可以看出它们之间的主要区别是混合气的形成方式以及电子控制技术的先进性。为了方便叙述，本节将其分为混合器方式的燃气动力技术和电子喷射燃气动力技术两类。

　　为了在汽车上使用燃气，需要在汽油发动机或柴油发动机上加装一套燃气汽车专用装置，即燃气汽车的燃气供给系统；按功能可划分为储气系统和燃气动力总成两部分。其中储气系统有储气瓶、充气阀、CNG 瓶口阀（或 LPG 组合阀）、高压管及高压接头等部件；燃气动力总成包括燃气减压器、燃气动力装置及电子控制装置。

二、燃气汽车的燃气储存系统

　　燃气汽车的燃气储存系统包括储罐（气瓶）和燃料加注及使用的必要设备部件。

　　1. CNG 储气瓶

　　目前世界范围内已经形成了车用 CNG 气瓶的储气压力为 20MPa 的国际标准，这是综合考虑了车用气瓶的容积/质量比以及降低 CNG 加气站运行成本而确定的优化结果。

　　压缩天然气储气瓶分为四类（见表 16-14），第一类是全钢或全铝合金金属瓶（CNG-1）；第二类是钢或铝内衬加筒身经"环箍缠绕"树脂浸渍长纤维加固的复合材料气瓶（CNG-2）；第三类是钢或铝内衬加"整体缠绕"树脂浸渍长纤维加固的复合材料气瓶

（CNG-3）；第四类是塑料内衬加"整体缠绕"树脂浸渍长纤维加固的复合材料气瓶（CNG-4）。

CNG 储气瓶特性表　　　　　　　　　　　　　　表 16-14

储气瓶种类	结 构 示 意	容积质量等效比	材料
CNG-1		1	钢
CNG-2		1.7	钢/玻璃纤维
		2.1	铝/玻璃纤维
CNG-3		2.3	铝/玻璃纤维全缠绕
CNG-4		4.0	热塑 碳/玻璃纤维

各种 CNG 储气瓶的特点如下：

CNG-1 便宜但重量大，这类气瓶的生产成本较低，安全耐用；重量大，容积质量等效比小。

CNG-2 其中内衬承担 50% 的内压压力，复合材料承担 50% 的应力，重量减轻，但成本提高，该种气瓶在瓶体圆柱部分用玻璃纤维环状缠绕，与同容积的全钢瓶相比较，重量轻 35% 左右。因其较好的综合性能/价格比，很适应在 CNG 汽车上安装使用。

CNG-3 内衬承担较小比例的应力，重量更轻，但价格更高。

CNG-4 气瓶应力全部由复合材料承担，特点是重量轻，但价格高。

采用何种气瓶主要取决于重量减轻和制造成本增加之间的取舍。但不同类型的气瓶应具备相同的系统安全性要求，也应满足相同的技术标准。不同类型的气瓶也取决于操作使用及充装条件。

由于车辆行驶条件相对比较严酷，所以气瓶还应适应极端温度（车辆中 −40～85℃）、反复充装（压力变化）引起的疲劳应力，以及路况条件下各种溶液的侵蚀、振动、火灾和碰撞等应用条件。因此，气瓶设计需做到：

（1）气瓶的设计寿命应比车辆寿命长；

（2）应遵循"先漏后破"（Leak Before Break）原则。换言之，若在用气瓶超过了其设计寿命，或者充装次数大大高于正常情况，气瓶也只会出现漏气问题；

（3）气瓶应有热力驱动的压力释放装置来防火。

CNG 气瓶产品的推出，需经过水压试验、低温压力试验、坠落试验、火烧试验、枪击试验、环境暴露试验、振动试验、挤压试验等多种严格的测试，因此完全能保证使用过程中的安全。

由于 CNG 气瓶技术的发展水平及严格的压力容器管理体制，目前国内实际应用并得到广泛认可的是 CNG-1 和 CNG-2 储气瓶。其中公共汽车一般采用 CNG-1 钢质钢瓶，而小车使用 CNG-2 缠绕钢瓶。

CNG 气瓶有 40～110L 不等的容量规格，其中公称直径有 232、267、273、325mm 等。

2. CNG 气瓶瓶口装置

瓶口装置由进气口、出气口、手动截止阀和安全装置四部分组成（图 16-34）。

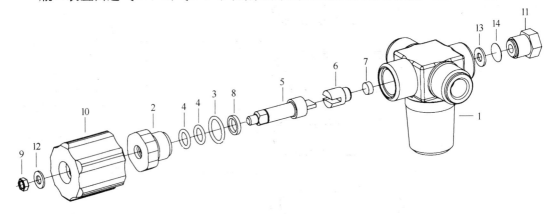

图 16-34　CNG 气瓶瓶口阀结构示意图

1—钢瓶阀阀体；2—阀杆上端体；3—阀杆外部密封圈；4—阀杆内部密封圈；5—阀杆；6—截止活塞；
7—尼龙活塞座；8—聚四氟乙烯垫圈；9—螺帽；10—手轮；11—安全放散阀阀体；12—垫圈；13—
锁死垫圈；14—爆破膜片

进气口为 ZW27.8 锥螺纹、锥度 3：25，14 牙/英寸（螺距 1.814mm）。出气口为 G5/8″（左）外螺纹连接，60°锥面密封。应特别注意的是，天然气为可燃气体，因此标准规定连接螺纹为左旋（即反扣）。手动截止阀的作用是在必要时关闭气瓶与高压管线阀的通道。

早期的 CNG 气瓶阀的安全装置一般采用爆破膜片式结构。随着对安全事故预防的重视，安全装置采用爆破膜片与易熔合金复合式结构，且在瓶阀内部增加一个过流关闭自动阀芯，见图 16-35。过流关闭自动阀采用压差原理，在正常用气时，气瓶阀的进出气端压差较小，阀门保持开启，使高压气瓶正常供气；一旦后续管路遭损坏时，在气瓶阀的进出气端形成较大压差，阀门即刻自动关闭，将高压气瓶出气口的管路切断。另外，当车辆遇到意外时，高温将易熔合金熔化，高压将膜片爆破，气瓶内的高压天然气泄放，以保护气瓶。易熔合金熔化温度为 100±5℃，膜片爆破压力为水压试验压力，允许误差为±5%。

3. 车用液化石油气钢瓶及集成阀

液化石油气主要成分是丙烷、丁烷等，对储气瓶的压力要求不及压缩天然气储气瓶高。液化石油气瓶（或称液化气罐）可以采用普通钢板材料经焊接成形，也可以用薄壁钢管制成。相对于压缩天然气瓶，它可以直径较大、长度较小而容量较大。

车用液化石油气钢瓶的技术参数为：

(1) 环境工作温度范围 −45～45℃；

(2) 最大充装量为水容积的 80%；

(3) 工作压力不超过 2.5MPa；

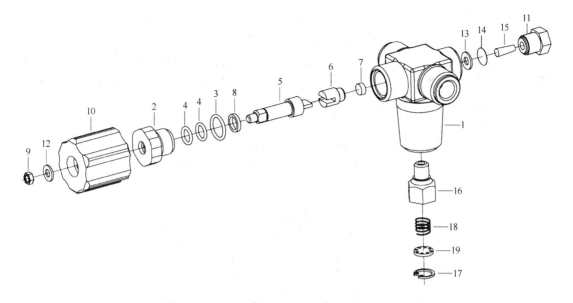

图 16-35 过流关闭型 CNG 气瓶瓶口阀结构示意图

1～14 同图 16-34；15—易熔金属塞；16—内部过流阀体；17—卡簧；18—过流阀弹簧；19—穿孔垫片

（4）测试压力不低于 3.0MPa；

（5）爆破压力不低于 6.75MPa；

（6）根据气瓶规格大小的不同，壁厚一般为 3～5mm。

常用的车用液化石油气钢瓶有常规气瓶和环形 LPG 罐两种形式。车用 LPG 气瓶与家用气瓶最大的区别是它输出液态 LPG，配备液面指示、最大充量液面限制、安全阀、气相输出阀、液相输出阀、充液阀等功能的集成阀。

（1）常规气瓶（LPG Cylinder）

常规气瓶（图 16-36）有 35～150 L 不同容量的规格，公称直径有 270、300、315、360、400mm 不同的规格，集成阀安装口标准角度 α 一般为 30°，也可选 0°或 90°。

考虑到车用 LPG 气瓶安装的复杂性，一般每辆车安装一个气瓶。为了方便安装和增大储存量，国外有针对特殊车型的双气瓶及多气瓶产品（如图 16-37 所示）。

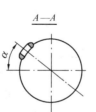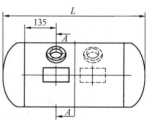

图 16-36 液化石油气车用气瓶

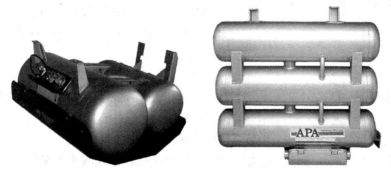

图 16-37 车用液化石油气双气瓶和多气瓶产品

（2）环形 LPG 罐

环形 LPG 罐（图 16-38）安装在车辆的备用轮胎位置，可以增大行李箱利用空间，因此近年来得到了广泛的欢迎。环形 LPG 罐分为内部阀孔和外部阀孔两种。为了使环形 LPG 储罐适应各种车胎的尺寸，环形 LPG 储罐的容量有 35～92 L 不等，外径 580～720mm，高度 180～270mm。

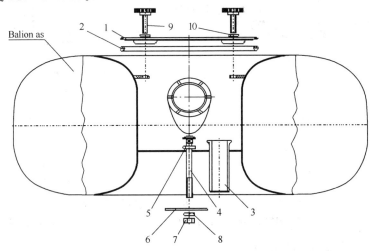

图 16-38　环形车用 LPG 罐

1—上盖；2—垫圈；3—套管；4—螺栓；5—垫圈；6—下盖；7—螺帽；8—垫圈；9—螺杆；10—垫圈

（3）LPG 集成阀

车用液化石油气钢瓶分为 A 类瓶和 B 类瓶两类。A 类瓶是指按设计技术要求已装好组合部件及附件、提供给用户（或安装者）的整备车用钢瓶。B 类瓶则指未装好组合部件及附件的车用钢瓶。

液化石油气钢瓶需要安装一系列阀件后才能正常工作，如：限量充装阀，液位显示器、安全阀、超流量关闭阀、充气阀接口、气相输出阀、液态气输出阀等。在实际产品中，为了减小安全风险，已越来越多使用集成阀（如图 16-39 所示）。

图 16-39　LPG 气瓶集成阀

集成阀（或多功能阀），是把 LPG 气瓶安装所需的多种设备功能用一个单一产品来替代，可以大大提高产品及安装的可靠性。

安装在液化石油气气瓶上的 LPG 集成阀，由一系列机械零件组成，具有多种特定功能：

（1）加气。加气状态时，液化石油气从加气口流经组合阀进入钢瓶。

（2）加气限制。组合阀安装有一种装置，与浮子相连，当液体充到钢瓶总容量的 80% 时跳起，阻止液化石油气流动，保证系统安全可靠。

（3）液位显示。通过指针、灯光为司机显示燃料容量。

（4）输出。组合阀通过伸向瓶底的吸管，实现液化石油气的液态输出。

（5）截流。有两个开关用于截断组合阀的加气和输气管路通路。

（6）过流保护。当液化石油气流量超过标定数值，阻止液流输出，防止燃料泄漏。

（7）过压保护。当钢瓶内压超过额定压力（2.5MPa），保护膜片破裂、泄压。

4. 燃气汽车的加气口

加气口是安装在汽车上、与加气站售气机的加气枪连接后给车用气瓶充装压缩天然气装置的总称。通常由接口、止回阀、防尘盖（塞）、输气接头和安装件组成。它的主要作用是在加气站储存的高压燃气充装到车用气瓶组时，可靠地接通高压充气气路；在充气结束后，能可靠地封闭充气口，防止燃气从充气口泄漏。为保证在不同加气站之间加气插头的通用性，对加气口的接口形状和尺寸规定了统一要求，但充气装置有插销式和卡扣式两种形式。

（1）压缩天然气汽车加气口

图 16-40 是一种常见的插销式加气口的结构示意图。由截止阀、止回阀、加气阀和防尘塞等组成。该加气口采用带排气螺塞的插销式防尘塞结构。对于尾部带排气螺塞的防尘塞，在准备充气时，应先旋松排气螺塞，泄放截止阀可能漏气形成的压力，然后再拔出防尘塞，以防止防尘塞上密封胶圈早期损坏。加气时，在拔出防尘塞后，将高压加气软管上的插头插入充气孔，打开手动截止阀，即可充气。充气完成后将截止阀关闭，拔出高压加气软管上的插头，插回防尘塞，旋紧排气螺塞。截止阀一旦有轻微漏气进入插销孔内，防尘塞应起到密封作用。

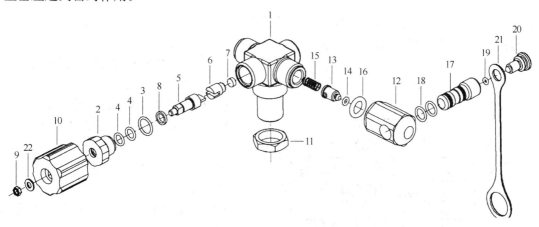

图 16-40 插销式 CNG 加气口

1—钢瓶阀阀体；2—阀杆上端体；3—阀杆外部密封圈；4—阀杆内部密封圈；5—阀杆；6—截止活塞；

7—尼龙活塞座；8—聚四氟乙烯垫圈；9—螺帽；10—手轮；11—螺帽；12—加气阀；13—止回阀；

14—密封圈；15—弹簧；16—密封圈；17—防尘塞；18—密封圈；19—密封圈；20—泄压螺母；

21—插销橡胶带；22—垫圈

各国插销式加气接头的结构尺寸有所不同，我国标准已统一为孔径 $\phi 12$ 的插销式充气阀。

卡扣式加气口采用快速式接头（见图 16-41），可以有效提高加气操作。其接口应符合 ISO14469 规定，加气口外形和尺寸全世界统一。

（2）液化石油气汽车加气口

图 16-42 是螺旋式液化石油气加气口结构图。根据国家标准《液化石油气汽车加气口》规定，液化石油气汽车加气口接口形式及尺寸必须符合统一的规定。加气口必须设置

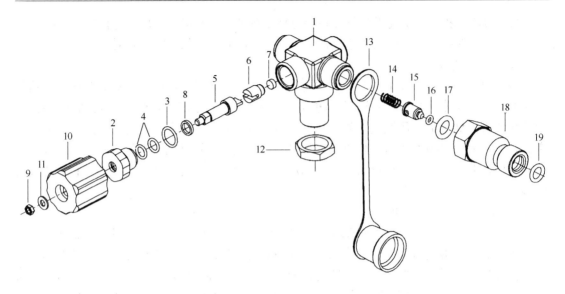

图 16-41　卡扣式 CNG 加气口

1—钢瓶阀阀体；2—阀杆上端体；3—阀杆外部密封圈；4—阀杆内部密封圈；5—阀杆；6—截止活塞；7—尼龙
活塞座；8—聚四氟乙烯垫圈；9—螺帽；10—手轮；11—垫圈；12—螺母；13—防尘盖；14—弹簧；15—止回
阀；16—密封圈；17—密封圈；18—卡扣式阀体；19—密封圈

止回阀，加气口必须用高压管与液化石油气钢瓶相连接，不许直接安装在钢瓶上。加气口应有能防止水和灰尘进入接口的防尘盖。防尘盖与安装内套之间应有柔性件连接，以防旋

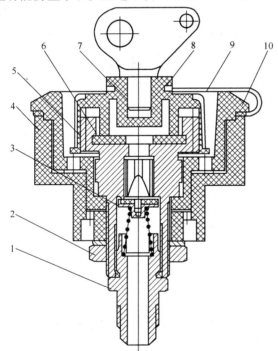

图 16-42　螺旋式 LPG 加气口

1—接头；2—锁紧螺母；3—止回阀；4—外套；5—接口（阀体）；
6—密封垫；7—钥匙；8—防尘盖；9—连接圈；10—安装盒

出后丢失。凡与液化石油气接触的零件材料，必须与液化石油气介质相容。加气口承压零件的阀体密封处及螺纹连接处在 $-40 \sim 60℃$ 温度范围内，在 3.3MPa 气压下，应无泄漏或气体泄漏量≤20mL/h。加气口的止回阀处于关闭状态时，在常温 $25 \pm 5℃$，$0.5 \sim 3$MPa 气压范围内，应无泄漏或泄漏量≤20mL/h。

5. 燃气汽车的高压管线及高压接头

我国目前高压管线采用 $\phi 6$ 或 $\phi 8$ 的 CNG 专用镀锌无缝钢管或不锈钢无缝钢管。不锈钢无缝钢管采用的材质为 1Cr18Ni9Ti，而镀锌钢管采用的材质是 SAE1000。一般而言，不锈钢管由于较硬，适合做新车改装用的定型管，而镀锌钢管较为柔软，适合用在车辆的改装。

高压接头采用卡套式管件，它由接

头体、卡套和压紧螺母三部分组成，其结构见图16-43。

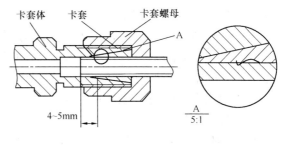

图16-43 卡套式管件

使用时，拧紧压紧螺母，使卡套受力，由于接头体内锥面的作用，卡套的中部产生弹性弯曲变形，前部则产生径向收缩变形，迫使前端内侧对口切入钢管，深度为0.15～0.25mm，形成密封和防止管体拔脱，同时，卡套后端外侧分别和接头体、螺母和内锥面形成锥面密封。

6. 燃气汽车的燃气储量显示装置

在天然气汽车上，一般是通过测量气瓶中的气压高低来监测气瓶中CNG的储存量。气压显示装置可以是机械式压力表，也可以是压力传感器配合发光二极管显示器。在液化石油气汽车上，气瓶中LPG的储存量一般利用浮子式传感器的位置高低来监测LPG储存量。储气量显示装置是燃气供应系统中必须配置的仪表，它对驾驶员的安全、节能操作有重要指导意义。

无论是CNG系统，还是LPG系统，连接在燃气管线上的压力表（或传感器）一旦发生漏气故障，都有可能引起火灾或乘员呼吸中毒事故，因此，直接连接在燃气管线中的压力表（传感器）应安装在驾驶室或车厢外。压力传感器配合发光二极管显示器可实现在驾驶室内对压力的安全显示监控。气量显示器用来定性指示气瓶剩余气量的多少，一般由4只绿灯和1只红灯组成；全部绿灯亮表示已充满气；熄一个绿灯表示已用约1/4气量；若只有红灯亮，表示气快用完，应加气了。有些气量显示系统，借用车上原有的燃油表实现储气量显示功能，实现一表两用。当运行在燃油工况，原车燃油表指示油箱内的油量多少；当运行在燃气工况，原车燃油表指示气瓶内的燃气储量。

7. 燃气汽车的过滤器

车用CNG压力高，CNG在减压器阀口处的流速很高，气体中微小的颗粒杂质均易对减压器阀口造成冲刷损坏，导致密封失效，影响减压器工作的安全可靠性。因此在储气瓶到减压调节器之间，应设置过滤器。为易于检查和清洗，有些型号减压器将过滤器作为一个管接头直接装于减压器进气口上；有些则在高压系统管路中加装独立的过滤器。

液化石油气中含有多种杂质，故一般在气瓶和电磁阀之间设有过滤器。在LPG管路中，一般将过滤器与电磁截止阀作为一体，过滤器的滤芯可以拆卸，便于清除滤出的杂质，而且结构坚固，耐压性强。滤芯中央装有永久磁头，可以吸附滤掉通过了滤芯的微小悬浮铁粉，免除铁粉对电磁阀动作灵敏度的影响。图16-44是与电磁阀为一体的过滤器外形图，上部是电磁阀，下部是过滤器。

三、燃气汽车的动力总成

CNG汽车和LNG汽车采用相同的动力技术，差别是车载储存和输配装置等的燃气动力系统（动力总

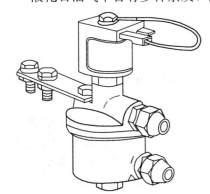

图16-44 与电磁阀一体的过滤器

成，POWER TRAINS）不同。

　　燃气汽车的技术关键是精确控制发动机使用燃气时的空燃比以及点火正时，从而维持汽车良好的动力性能以及燃料经济性，同时使燃气汽车的排放量最小化。此外，要求发动机控制系统能对车辆运行过程中的转速以及负载的快速变化有良好的反应能力。

（一）混合器方式的燃气汽车

1. 开环比例混合式燃气控制系统

　　所谓开环比例控制，就是依靠文丘里管混合器维持发动机不同工况下的燃气空气混合比例，目前国内燃气汽车改装市场上应用仍然比较多。该系统利用发动机在吸气冲程所产生的真空力，使减压后的燃气按一定的比例与空气混合后进入发动机燃烧室燃烧做功。

　　在使用气体燃料时，它的燃烧比化油器汽车的汽油要充分，所以其尾气排放中NMHC（非甲烷未燃碳氢化合物）排放相对燃烧汽油时下降 70％左右，CO（一氧化碳）排放相对燃烧汽油时下降 20％左右。同时因为燃烧温度低、H/C 比高等特性，NO_x 排放下降 40％~50％，CO_2 下降 25％左右。在使用燃气燃料和使用燃油燃料的燃料消耗比上，由于天然气可以进行稀薄燃烧，因此一般 $1Nm^3$ 天然气可以相当于 1.1L 以上的汽油。但是使用气体燃料时的动力性较使用汽油时有所下降，目前的改装一般可以将功率下降幅度控制在 5％以内。该系统因发展历程长，相关技术已经完全成熟。

　　图 16-45 为典型开环燃气供应系统的示意图。

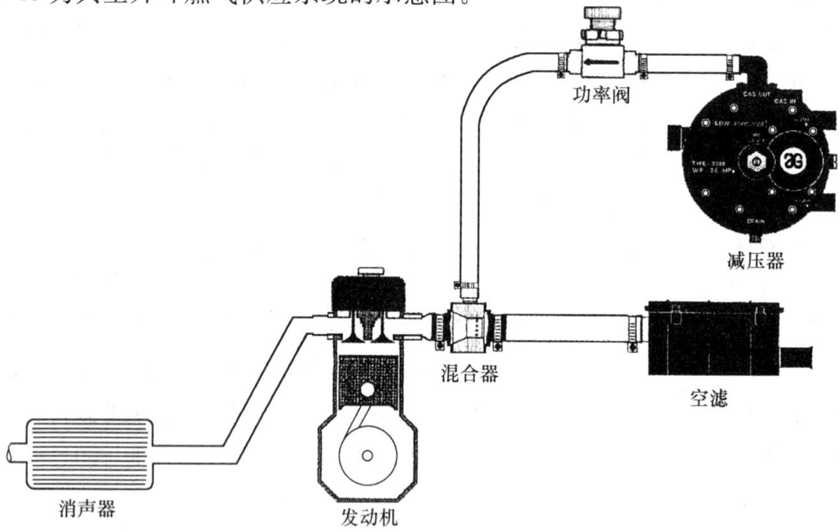

图 16-45　开环燃气供应系统示意图

　　储气瓶内压缩天然气充气压力为 20MPa。使用时，手动将截止阀打开，将油气燃料转换开关扳到"气"的位置，此时天然气电磁阀打开、汽油电磁阀关闭，高压天然气通过三级组合式结构的减压调节阀装置，将不高于 20MPa 的压缩天然气逐级减压至接近零压，再通过低压管路、功率阀进入混合器，并与经空气滤清器进入的空气混合，经化油器通道进入发动机气缸燃烧。混合器是一个根据文丘里管原理设计的部件，可将发动机的各种不同工况产生的进气道的不同真空度传递到减压调节阀内，直接调节天然气的供给量。功率阀是一个调节天然气管道截面积的装置，可调节混合气的空燃比，使空燃比达到最佳状态。

　　（1）减压器

　　减压调节器是燃气汽车的关键部件。车用天然气一般压缩到 20MPa 储存在高压气瓶中，而 LPG 则是液态储存在钢瓶中（最大约 1.6MPa）。但发动机工作时，却要求燃气压力降到 0 压（实际为 1～2.5 kPa）进入混合器，以便与空气混合进入气缸，因此在燃气供给系统中必须要有减压器。同时，发动机使用燃气与燃油一样，都需要按一定的空燃比向气缸内输送燃料。当瓶内压力变化时，减压调节器应保证进入混合器的燃气压力基本恒定，实现比较稳定的燃气与空气混合比控制。在 CNG 汽车上，减压器的作用主要是起减压和稳压的作用，所以一般称为减压调节器。在 LPG 汽车上减压器的作用主要是将液态的液化气蒸发为气态，以及减压和稳压，所以一般称为蒸发调压器。由于燃气在减压过程中会有显著的温降，减压器上一般都设有将发动机循环水引入减压器的水套，利用发动机循环冷却水的热量加热减压器。

　　下面介绍典型 CNG 减压调节器和 LPG 蒸发调压器的结构和工作原理。

　　1）CNG 减压器

　　CNG 减压器一般为三级减压式（如图 16-46 所示），二级和三级减压段之间配置有电磁截止阀，其中电磁阀由电子控制器控制，能绝对可靠地切断燃气供应。

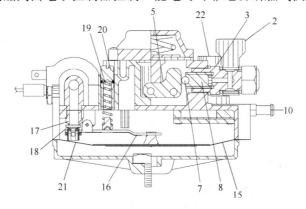

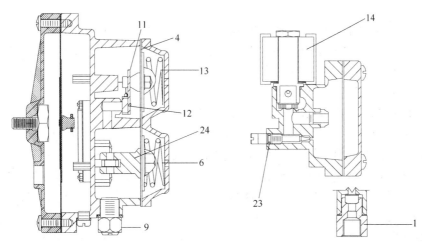

图 16-46　三级减压式 CNG 减压器

1—高压进气接头；2—高压三通连接器；3—导向阀座；4——、二级膜片；5——级杠杆；6——级弹簧；7—钢珠；8——级阀芯；9—安全阀；10—循环水接头；11—二级杠杆；12—二级阀芯；13—二级弹簧；14—电磁阀线圈；15—三级膜片；16—三级杠杆；17—三级孔口；18—三级阀芯；19—怠速调节弹簧；20—怠速调节螺钉；21—调整螺钉；22—燃气出口；23—电磁阀阀芯；24——级减压连杆沿着减压器中的燃气流动路径，可以清晰地理解减压器的作用和功能。燃气通过高压进气接头 1 进入减压器，接头内装有滤芯和滤芯定位垫片，高压进气接头与来自高压储气瓶的高压供气管连接。燃气通过一个高压三通连接器 2、导向阀座 3 的中心孔口进入减压器一级减压段。

膜片 4 由一级减压连杆 24 连接在直角杠杆 5 上，在燃气的压力作用下，压缩一级弹簧 6，使直角杠杆 5 推动钢珠 7，钢珠 7 推动含有氟弹性体的一级阀芯 8，关闭导向阀座 3 的开孔，把压力减少至接近 300kPa，并保持该压力基本不变，即无论储气钢瓶内的压力多少，都能接近于设定值。

一级减压段内设置有安全阀 9，如果由于故障造成该段的压力超过 800kPa，则安全阀打开，并向外部环境泄压，从而保证减压器的安全。

燃气在减压器内减压膨胀会产生冷量，由减压器内的水室加热平衡。发动机冷却液经进水、出水接头 10 使水室的水进行循环，保证设备维持必要的温度，从而维持热量的平衡。

燃气从一级减压段经供气孔道进入二级减压段，并作用在膜片 4 上。膜片由连杆连接在二级减压段的杠杆 11 上，该杠杆上装有阻塞供气孔道出口的阀芯 12。膜片在一级减压段的压力作用下压缩弹簧 13，而阀芯 12 则关闭供气孔，从而保证在不同的发动机功率下维持二级压力的稳定。

二级至三级减压段之间的燃气通道上安装有电磁截止阀线圈 14 和阀芯 23，能保证常闭电磁阀不工作时使燃气气流处于切断状态。

三级减压段的减压功能由膜片 15 与杠杆 16 实现。在杠杆的顶端，有一个阻塞供气孔口 17 的阀芯 18，杠杆的运动受怠速调节弹簧 19 控制。三级压力用怠速调节螺钉 20 设定。此外，它也可以通过另一调整螺钉 21 调整阀芯 18 位置。

低压燃气从燃气出口 22 输出给混合器，当发动机的转速增加时，由于压力下降，驱使膜片 15 朝减压器内部方向移动，驱使阀芯 18 及孔口 17 分离，于是就可释放出大流量燃气。

当发动机转速处于低速时，部分燃气量由二级和三级减压段之间的直接通道获得。该流量的大小可用顶部为锥形的灵敏度调节螺丝进行设定，并始终获得稳定控制，保证惯性、喘动等外部工况时不会发生变化。

2）LPG 蒸发调压器

由于 LPG 气瓶的液相输出压力即为 LPG 在该环境温度下的饱和蒸气压，输出压力变化较小，因此从原理上讲，LPG 蒸发调压器相当于去除了一级减压段的 CNG 减压器，只是由于 LPG 蒸发时需要吸收气化潜热，该热量远大于 CNG 的膨胀吸热，因此 LPG 蒸发调压器从结构上讲，具有较大的水加热空间。LPG 蒸发调压器工艺流程见图 16-47。

LPG 蒸发调压器上可以不集成电磁阀，但在使用时，在减压器入口处需另外配置过滤器的专用 LPG 电磁阀。

（2）混合器

混合器是将减压器输出的常压燃气（天然气或液化石油气）和空气混合形成可燃混合气的装置。混合器应能根据发动机转速和负荷的变化，增减混合气的供应量，以适应发动机在启动、怠速、加速等不同运行工况下正常运行的需要。

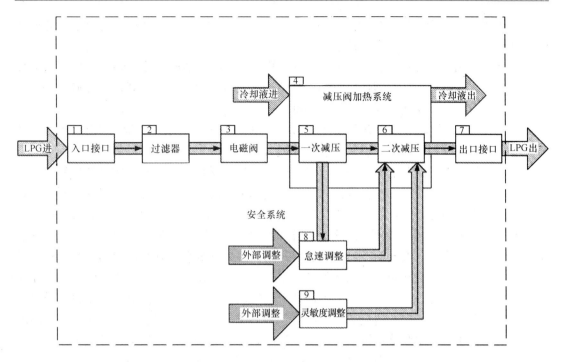

图 16-47　LPG 蒸发调压器工艺流程图

目前在燃气汽车燃料供给系统中主要有两种原理的混合器，一种是文丘里式，一种是比例式。两种混合器的原理和工作特性不一样，各有特点。

1）文丘里式混合器。

图 16-48 是典型的文丘里式混合器结构图。混合器一般由壳体和芯子两部分组成，芯子喉径最小处均匀分布一圈小孔，壳体上有天然气进气道。混合器的作用一方面要使喉管处产生真空度以调节减压调节器的天然气流量，另一方面又要将天然气与空气均匀混合。混合器结构虽然简单，但其设计参数直接影响发动机的性能，混合器喉径过大，真空度小，不灵敏；过小，吸入空气量

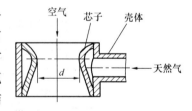

图 16-48　文丘里式混合器结构图

少，影响空燃比，发动机功率下降。通气小孔的截面积应与天然气进气道截面积相匹配。按标准规定，使用汽油燃料时，安装混合器后比安装混合器前，发动机功率不得低于95％，如果影响过大，需重新改变混合器参数。值得注意的是，安装混合器芯子时，圆弧端应朝向空气滤清器，圆锥端应朝向化油器，不可装反。

文丘里式混合器由于其结构相似于简单化油器，因此工作特性也是与简单化油器特性相似。其空燃比混合特性几乎不随真空度变化，这表明文丘里式混合器的流量特性与理想化油器在中等负荷工况要求的特性相符，但在启动、怠速和全负荷工况不能很好适应混合气浓度变化的需要。

混合器要想很好地兼顾最大和最小流量是很困难的，因此配用文丘里式混合器的减压调节器中一般都有加浓气道，以提供附加供气量，保证启动怠速工况正常运行。

2）比例调节式混合器。

　　比例调节式混合器就是利用进气管真空度信号同时控制空气和天然气的进气通道截面、进而按一定比例控制混合气浓度。

　　典型的比例式混合器为美国 IMPCO 公司的产品，标准型混合器安装在空气滤清器外面，用橡胶软管串接于化油器进气口和空气滤清器出气口之间；内置式混合器则适合于盘式空气滤清器，直接安装在空气滤清器内部。

　　图 16-49 是比例调节式混合器原理结构示意图。比例调节式混合器阀芯由两个并联的节流阀芯组成，分别同时控制燃气和空气流通截面积。混合器工作时，膜片感应到进气管真空度的变化，带动阀芯上下移动，改变燃气和空气流通截面积，从而控制燃气和空气流量，实现控制混合气的空燃比。其工作原理简述如下：混合器安装在发动机化油器进气口上，当发动机启动运转时，发动机进气歧管产生真空，当真空度高于 0.2kPa 时，混合器气室 B 的空气通过管道 E 被吸入发动机进气管；气室 B 产生真空，而气室 A 与空气滤清器相连，混合器膜片在大气的压力下克服膜片组的重力和混合器弹簧的弹力上行，打开燃气进气阀口和混合器空气阀口，燃气和空气混合后进入发动机；发动机工作时，混合器膜片根据发动机进气管的真空度变化上下运动，燃气进气阀口和空气阀口的开度也就随之大小变化，从而向发动机提供适量的燃气与空气，形成近似按理想混合气特性曲线变化的混合气。调整怠速空燃比调整螺栓，可改变发动机怠速工况参数，当发动机停止工作时，发动机化油器进气管压力与大气相等，气室 B 通过管道 E 进入空气，气压达到大气压力，这样混合器膜片就不承受大气的压力差，在混合器弹簧的压力下，关闭天然气进气管道，燃气不再进入发动机。当发动机回火时，回火的气体一部分通过混合器空气阀口向进气管

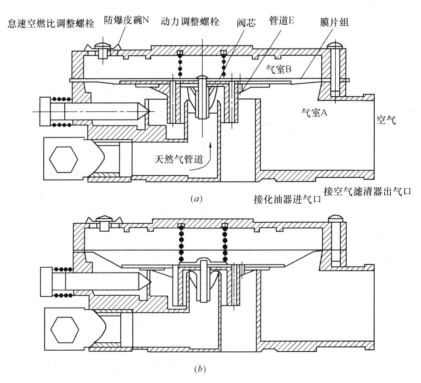

图 16-49　比例调节式混合器工作原理图

(a) 发动机运行时；(b) 发动机未运行时

泄出，一部分通过管道 E 进入气室 B，在气室 B 中膨胀，通过混合器防爆皮碗 N 向大气排出，保护混合器膜片不受损坏。

由于比例调节混合器膜片阀芯结构相似于汽油机化油器上的加浓附件，在启动、怠速、加速工况，具有一定的混合气匹配加浓功能，所以与之相配用的减压调节器可以省略相应的混合气加浓调节机构，简化了减压调节器结构。

（3）功率调节阀

在开环控制燃气汽车上，燃气减压器和文丘里式混合器之间一般安装功率调节阀（见图 16-50），实现混合气空燃比的精确调节。由于混合器与空气滤清器之间的空气通道受各种因素的影响，即使同类型车型也无法做到空气流动阻力的完全一致，即混合器上的空气通道及燃气开孔，只能实现一个固定的燃气空气比例。通过旋进或旋出功率调节阀的调整螺钉，调节燃气通道的流通截面积，则可达到调节混合器中燃气与空气的比例的目的。调整螺钉经过维修、调试和维护时进行调整；调试好后，在行车中不能再调整。因此，功率调节阀上的调整螺钉处，都设有预紧螺母或预紧弹簧。

（4）燃料切换开关及其他控制器

1）化油器车切换开关

转换开关是整个系统的控制元件，一般安装在驾驶台上。在两用燃料汽车上，油气转换开关控制汽油和燃气的通断。它一般有三个档位，一个是"油"位，接通汽油电磁阀，切断燃气电磁阀电路；一个是"中间"位，油、气电路均不接通；还有一个"气"位，接通燃气电磁阀电路，切断汽油电磁阀电路。

转换开关的三个工作档位一般如图 16-51 所示。油气转换开关通过监控高压点火线圈是否有脉冲信号输出，相应控制汽油电磁阀以及燃气电磁阀的开启动作。当燃料开关处于"气"位，发动机运转时，燃料转换开关能接收到点火脉冲信号，油气转换开关输出电流信号，保证燃气电磁阀长期通电，打开气路；如果发动机不运转，点火高压线圈上没有脉冲信号，燃料转换开关仅通电 3s 左右就自动断电。这样就保证在发动机熄火状态，自动关闭燃气供应系统，既保证安全又节约燃料。

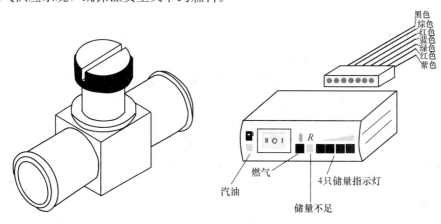

图 16-50 功率调节阀　　　图 16-51 化油器车用燃气转换开关

在驾驶化油器车两用燃料汽车时，需要人工进行燃料转换。当由燃气转换为燃油时，只需将燃料转换开关从"气"位置直接扳到"油"位置即可。当从燃用汽油转换为燃用燃气时，则应先将燃料转换开关从"油"位置板到"中间"位置，待化油器浮子室的汽油用完，即发动机转速下降时，立即将燃料转换开关从"中间"位置扳到"气"位置，即可实现从燃油到燃气的燃料供应转换。由此可以看出，油气转换开关的中间档位的作用是使汽油阀和燃气电磁阀同时处于关闭状态，即实现在从燃油向燃气转换时，切断燃油后，延迟开启燃气开关，避免在浮子室内的剩油与燃气混烧，混合气过浓，燃烧状况恶化，发动机不能正常工作。

化油器车切换开关使用时需在原车供油管路上增加汽油电磁阀，并与压力传感器配合使用，接线包括电源、接地、汽油电磁阀、燃气电磁阀、压力传感器供电、压力传感器信号及点火信号，分别用不同的颜色线表示。其中点火信号线只需在发动机点火线索（缸线）上绕 4～5 圈即可，获取点火感应信号。

切换开关上若干指示灯分别表示车辆处于汽油运行模式、燃气运行模式，储量不足，以及气瓶中燃气的储量。

2）电控燃油喷射型汽车的自动转换开关

适用于电控燃油喷射型汽车的自动转换开关，其功能、接线与化油器车切换开关类似，区别是切换开关处于中间位时为自动燃料转换模式。

所谓自动燃料转换模式就是使用汽油启动发动机，待车辆具备燃料转换条件后，自动切换到燃气上。为了保证燃油系统的完好性，改装后的电控燃油喷射型汽车，一般建议采用自动转换模式运行。

自动切换的条件有发动机冷却水水温到达设定温度（这种情况下，切换开关另有温度传感器接线）、发动机转速达到一定的转速（例如 2500 r/min），或者定时切换等，不同厂商生产的切换开关要求可能不一样，有些只要满足一个条件即可，而有些需要满足全部条件。例如，必须在水温达到设定值、设定的定时时间后，当发动机转速超过设定值、并在转速下降时进行从汽油到燃气的切换。

需要指出的是，电控燃油喷射型汽车不需要接汽油电磁阀，因此该汽油控制线可以不接，也可以接附加的汽油泵继电器。另外，电控燃油喷射型汽车的自动转换开关必须与喷射器仿真器配合使用。

3）喷射器仿真器

电控燃油喷射型汽车在使用天然气时，切断汽油喷射，但汽车原车电控单元（ECU）为了保证车辆的正常工作，会不断地对汽油喷射器进行诊断，如果发现喷射器工作不正常，ECU 会停止发动机的工作。为了避免这种错误的发生，CNG 电子控制器应在使用天然气时，给原车 ECU 送出喷射器工作模拟信号。

喷射器仿真器需串接在原车 ECU 和汽油喷射器之间，主要功能是在汽车使用燃气时，切断原车 ECU 送汽油喷射器的驱动信号，并模拟一个约 10～18Ω 的阻抗信号送回原车 ECU。而当汽车使用汽油时，仿真器仅起信号旁通作用，不影响汽油喷射器受原车 ECU 的控制。

此外，喷射器仿真器可以调节汽车从汽油切换到燃气的燃料重叠时间，调节范围为 0～4s，一般默认设定为 2s。由于燃气从控制通断的燃气电磁阀到混合器、再进入气缸有一定的距离，需要一定的时间，只有在汽油喷射保持一定的延迟时间，才能保持燃料的连续供应，避免车辆在切换过程中燃料供应的不连续，甚至出现发动机熄火现象。

图 16-52 为典型喷射器模拟器的接线图。从图中可以看出，模拟器的燃气电磁阀接线实际上是其工作电源线。当燃料切换开关工作在燃气时打开燃气电磁阀时，同时使模拟器接通电源使其工作。不供电工作时，模拟器起汽油喷射信号旁通作用，当模拟器开始工作时，模拟器根据重叠时间调节钮的设定，延迟切断汽油喷射信号，并为原车 ECU 给出模拟信号。

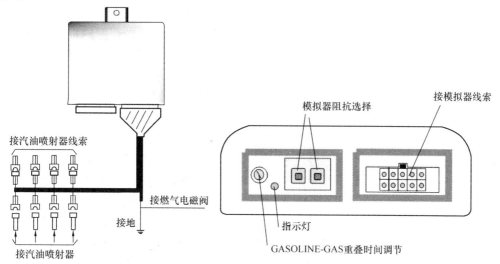

图 16-52　喷射器模拟器

4）氧/λ（过剩空气）传感器模拟器。

由于车辆使用 CNG 燃料时可以比汽油更稀薄地燃烧，从而更节能，显然这种情况下的过剩空气系数（λ）可能与原车 ECU 对使用汽油时的要求不同，为避免出现 CHECK ENGINE 警告灯和在原车 ECU 中产生"混合比适应"故障记录，燃气汽车的电子控制器应具备模拟氧/λ 传感器信号的功能。

氧/λ 传感器工作时，检测汽车尾气的氧含量，产生一个 0～1 V 的电压信号。所谓氧传感器或 λ 传感器，实际上是同一种传感器，只是信号的极性相反。即作为氧传感时，数值越大表示含氧量越高，混合气越稀薄；作为 λ 传感器使用时，数值越大表示含氧量越低，混合气越浓。

由于原车 ECU 具有一定的学习功能，如果没有 ECU 认为正确的氧传感信号，会不断调整汽油喷射信号，最终造成车辆切换到汽油后加速无力等现象。

氧/λ 传感器模拟器一般可按不同的车型要求，设定输出富燃、正常和贫燃等不同等级的模拟信号。

图 16-53 为典型氧传感器模拟器的示意图。在有些型号的模拟器上，设置有氧传感信号的显示，一般用三只发光二极管（LED）信号灯分别表示贫燃、正常和富燃，在车辆调试时获取车辆在使用汽油时的过剩空气水平，方便输出信号的设定。

5）点火提前角调整器

改装两用燃料汽车，因要兼顾汽油、天然气两种燃料，无法对原发动机压缩比进行变动，但由于天然气的辛烷值高达 130，抗爆性能好，因此可以增大点火提前角来提高做功效率。另外，点火提前可减少发动机回火的可能性。

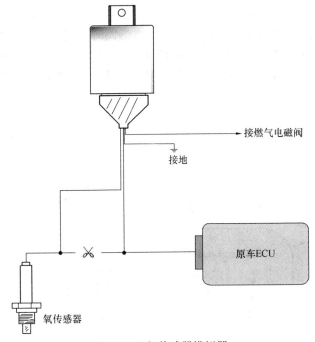

图 16-53　氧传感器模拟器

点火提前角调整功能实现的方法有多种，常见的有电子控制器修改进气管绝对压力（MAP）或进气管空气流量（MAF）信号、修改正时齿轮信号和直接修改点火信号等，如图 16-54 所示。点火提前应在一定的范围内根据车辆的实际情况调整。

根据实现方式的不同，形成了不同种类的点火提前角调整器。基于正时齿轮和 MAP（或 MAF）信号的点火提前角调整器，截获车辆正时齿轮或 MAP 信号，根据点火提前角的修正要求，经微处理器调整计算，把修正后的信号送入车辆，由原车 ECU 按照预设的车辆发动机的点火和喷射控制方式工作，实现原车 ECU 控制发动机使用汽油和 CNG 不同燃料的目的。而基于点火信号的点火提前角调整器，直接截获原车 ECU 发出的点火信号，按要求信号处理后送点火线圈。调节器一般可以进行附加 6 到 18 度的点火提前角的调节。

基于 MAP 或 MAF 信号的点火提前角调整器具有最广泛的通用性，但因 MAP 信号为模拟信号，调整器使用时对原车车况有一定的要求，如果在用车辆发动机的真空压力不足，或者进气管稍有漏气，调整器就有可能无法识别 MAP 信号，起不到调节作用。

基于正时齿轮信号的点火提前角调整器工作最可靠，但通用的调整器只能处理 36-1 和 60-2 型常规正时齿轮信号。对于汽车生产厂商自定规格的正时齿轮，需要进行特定的开发。

基于点火信号的点火提前角调整器效果最好，但因各种车辆的点火线圈的形式和数量不同，又分成多种形式，例如，针对单点火线圈、双点火线圈、弱驱动信号、强驱动信号等。

由于车辆在怠速下进行点火提前，有可能会造成车辆怠速不稳，一般点火提前角调整器可连接节气门位置传感器（TPS），通过检测 TPS 信号，实现车辆怠速工况下不进行点火提前的功能。

2. 闭环混合器式燃气控制系统

闭环混合器方式燃气控制系统，又称单点式燃气控制系统，本质上讲就是在开环混合器式燃气供应系统的基础上，增加一台 λ 控制器，并用步进电机驱动的功率调节阀取代手动调节阀。系统利用原车的氧传感信号，控制低压燃气管路上的步进电机功率阀的开度，对吸入发动机的 CNG 进行流量控制，以达到最佳空燃比性能目的。当氧传感信号值偏低时，ECU 指令流量控制阀增大燃气的供给量，反之则减小燃气的供给量。

电喷车上都装有一个发动机电控系统（ECU），它能在各种输入信号的分析基础上，

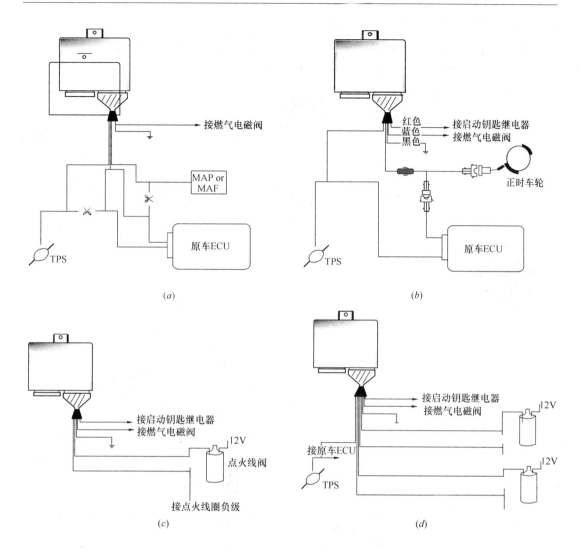

图 16-54 点火提前角调节器
(a) 基于 MAP 或 MAF；(b) 基于正时齿轮；(c) 适用于单点火线圈；(d) 适用于双点火线圈

控制发动机每一个工作循环喷入的汽油量和最佳的点火时间。因此，汽车在使用 CNG 时，为了保证发动机的正常运转，必须仍然保持原 ECU 对发动机工作状态的全面控制，包括对点火信号工作特性随负荷率和转速变化的三维 Map 图进行控制。

闭环控制系统与开环系统一样，需要配备喷射模拟、点火提前角调节、氧传感模拟和切换开关等硬件功能，并且能通过 RS232 口与 PC 通信。燃气 ECU 通过获取车辆的氧传感器、MAP 或 MAF、TPS 和 RPM（转速）等信号，由内建微处理器，对不同工况下的空燃比、点火提前角调整等实行控制。

与开环系统的固定空燃比和固定点火提前角调整值不同，燃气 ECU 可以实现车辆在急速、急加速、高速和急减速等工况下具有不同的空燃比，可以根据发动机特性设置发动机不同转速下的动态点火提前角调节值，从而获得燃气汽车最佳的动力性和环保性。

闭环控制系统的形式，既可以是具有多种功能的集成产品（燃气 ECU），也可以是一台能驱动点火提前角调节器的λ控制器加上多种外围设备。

闭环混合器式燃气控制系统主要由转换开关、模拟器、控制器、步进电动机功率阀等部分组成，典型的系统示意图见图 16-55，接线图见图 16-56。

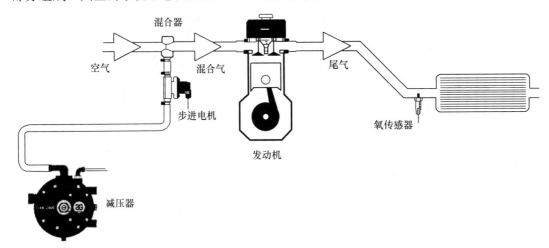

图 16-55 闭环燃气控制系统示意图

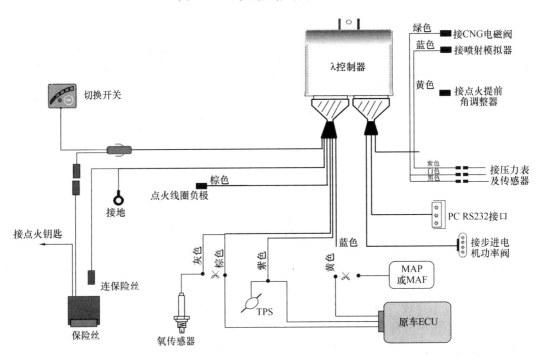

图 16-56 闭环燃气控制系统控制器接线图

由于燃气 ECU 功能较多，需要设定和调整的项目也较多，一般需用 PC 机上的标定软件，通过 RS232 口与燃气 ECU 连接来调试燃气车辆。

不同厂商生产的燃气 ECU，在功能的丰富性上略有区别，但完善的燃气 ECU 一般应具备以下功能：

1) 汽油-燃气自动切换，车辆启动时运行在汽油模式，待发动机转速高于设定值、并在转速下降时，自动切换到 CNG 模式。也有系统是待发动机冷却水到达设定温度后再自动转换到使用 CNG。

2) 气量显示器，有用四只 LED 灯表示气瓶中的不同燃气储量，也有采用液晶数显示 CNG 压力值或储量百分数的。

3) 根据氧传感器、节气门位置、转速信号、发动机温度等对发动机工作过程进行控制。

4) 标定软件能在不同的工作窗口针对不同工况进行空燃比的参数设定和修改，使车辆的动力性能、经济性、尾气排放获得最佳。

5) 可以设定不同转速下的动态点火提前角调节，可以确定怠速时是否点火提前和设置固定提前角等功能。

6) 具有模拟氧传感器信号，并可监视车辆运行的实际空燃比控制情况，便于故障诊断、维修和调试。

7) 当燃气压力过低时，自动转换到使用汽油。

8) 发动机熄火时，自动关闭燃气电磁阀，保证无燃气泄漏。

9) 超过设定的发动机最高转速时，自动断气供油；转速下降到设定转速以下后恢复供气。

10) 车辆急刹车，步进电动机调整到最小供气位置，减少燃气消耗。

除此以外，标定软件具备设定参数存盘功能，具备控制器设定参数上载、下载功能，方便车辆的诊断，并可以大大加快同类型车辆的调试。

同时可以根据燃油和燃气的不同特性设定不同的点火提前角，使发动机在使用气体燃料时的功率下降减小。目前，国外的电喷车上普遍采用混合器方式的闭环控制系统，匹配后的动力性、排放性能、燃料经济性等指标基本能够满足使用的要求。

（二）燃气喷射形式的燃气汽车动力总成

当代车用发动机已普遍使用电控喷射技术。同样，电控喷气技术也是天然气发动机一种先进的燃料供给形式，燃气喷射形成燃气空气混合物的最大特点是效仿燃油喷射的原理，以完善发动机的工作过程和实现最佳的动力性、经济性以及低排放性。

目前，气体燃料喷射技术有两大类：缸外供气方式和缸内供气方式。前者主要包括进气道连续供气和缸外进气阀处喷射供气；后者主要包括缸内高压喷射供气和低压喷射供气。随着汽车电控技术的不断发展，电控喷气技术将会成为未来的首选供气方式。

气体喷射技术形式多种，但缸内气体燃料喷射供气技术目前大多还处于研究阶段和商业化前期，本章只对技术相对成熟的缸外顺序喷射系统进行介绍。

顺序喷射系统将气体喷射器布置在进气歧管的进气阀处，可实现对每一缸的定时定量供气，通常也称之为电控多点燃气喷射系统。进气阀处喷射由于可以由软件根据进排气门及活塞运动的相位关系，严格控制气体燃料喷射时间，易于实现定时定量供气和层次进气。顺序喷射系统最大的优点就在于可以减轻和消除由于气门重叠角存在造成的燃气直接逸出、恶化排放和燃料浪费的不良影响。可根据发动机转速和负荷，更准确地控制对发动机功率、效率和废气排放有重要影响的空燃比指标，实现稀薄混合气燃烧，更进一步提高发动机的动力性、经济性，以及更进一步改善排放特性。缸外燃气喷射虽然相对混合器供气方式可以降低对发动机混合气充量的影响，但这种影响仍然在一定程度上存在着。

系统需要配备电控单元（ECU）实施控制，燃气 ECU 作为整个发动机的控制系统的有效补充，控制主体是根据转速和负荷的变化调节燃料量和燃料配比（双燃料过程），从而达到优化发动机性能的目的。

闭环燃气多点顺序喷射控制系统是目前国际上最为先进的燃气控制系统。该系统完全利用了多点燃油喷射的原理使燃气燃料分缸精确喷射，试图从根本上解决了因改装带来的功率下降问题，其尾气排放也有了明显的改善和控制，目前该系统已经在发达国家和我国部分两用燃料车厂运用。

燃气多点顺序喷射系统主要由燃气减压器、燃气喷射器、燃气 ECU 以及过滤器、压力、温度传感器等附件组成，系统示意图见图 16-57。

燃气喷射燃气汽车的储气系统与混合器形式燃气汽车相

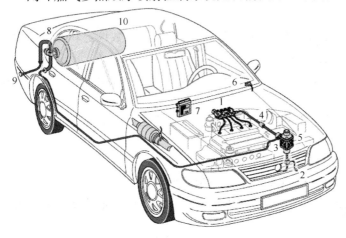

图 16-57　燃气多点顺序喷射系统

1—燃气喷射器；2—压力传感器；3—温度传感器；4—过滤器；5—减压器；6—指示器—开关；7—燃气 ECU；8—气瓶阀；9—加气口；10—气瓶

同，下面介绍供给系统特有的关键设备。

1. 燃气减压器

燃气减压器根据使用燃气的种类，有 CNG 和 LPG 两种不同形式。

与混合器方式燃气供应系统中的零压减压器不同，该类减压器的出口压力为 0.08～0.25MPa，因此又称为正压减压器。这种减压器可以简单理解为去掉第三减压段（零压段）的常规车用减压器。图 16-58 为 CNG 正压减压器的典型结构。该减压器为两段皮膜式，包括有过滤器、燃气切断、燃气温度传感器以及安全阀等其他功能。典型标定输出压力比进气总管压力高 200kPa（LPG 为 95kPa）。

LPG 正压减压器为一级减压器，图 16-59 为工艺流程图。

1 是液态 LPG 高压接头，与来

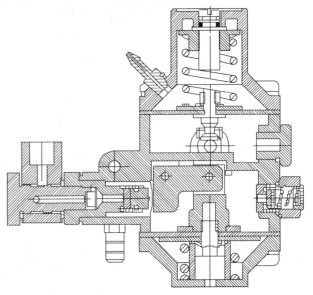

图 16-58　CNG 正压减压器结构示意图

自 LPG 储罐的铜管连接。2 是 LPG 过滤器，用于滤清来自储罐的 LPG。3 为电磁阀，常

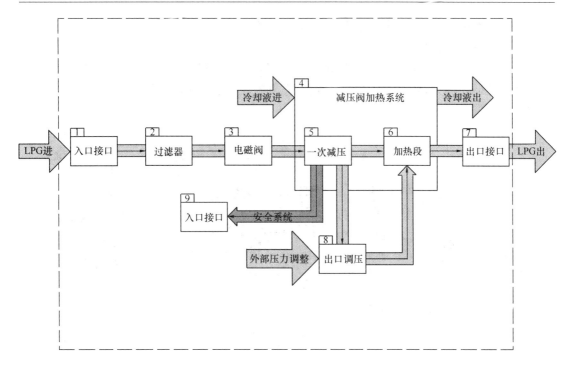

图 16-59　LPG 正压减压器工艺流程图

闭型,当发动机用油或不工作时起截止 LPG 的功能。4 为加热腔,为防止 LPG 冰堵,加压器阀体上有一个加热腔,用水管接头与发动机冷却水循环回路相连。水流使减压器底座和壁面受热而加热 LPG。5 是一级减压段,腔体使 LPG 的压力降低。6 为加热段,一个附加的加热元件,在这里 LPG 能获得较好的蒸发。7 是燃气出口接头,减压器出口的铜管接头,连接发动机。8 为出口压力调整,为了满足不同汽车发动机的要求,出口压力值可以手动调整。9 是压力释放阀,当减压器的蒸气压力超压,可以释放。

适用于多点顺序喷射系统的该类调压器看似简单,实际上技术要求较高,由于气体喷射器工作方式是不断的开关,因此燃气流是一种连续不稳定流。在这里减压器的动态性能成为衡量该减压器的最重要的指标,动态响应快、正常出口压力与关闭压力差尽量小,以及不同的发动机转速下要维持压力特性的一致,成为该类减压器的难点。

此外,该减压器设有压力脉冲管和温度传感器接口。

2. 燃气喷射器

在气体燃料发动机的电控喷气系统中,最关键的装置是气体喷射器,它的性能优劣直接影响燃料的喷射质量,从而影响到发动机的性能。气体喷射器与汽油喷射器的最大差别是其需要较大的流通截面,以保证大气流的通过能力;另外,不同于液体燃料本身具有一定的润滑和密封作用,其正常使用寿命是气体喷射器面临的一个严重挑战。

根据发动机的工作工况,一般对气体燃料喷射器的要求主要包括以下几点:

(1)合适的气体供给压力,主要决定于发动机压缩比、排量和转速,以及喷射时刻等;

(2)满足发动机动力性、经济性和排放要求的气体流量及相应的流量特性;

(3)合适的电磁阀的线圈电压、功率;

（4）阀体开关响应时间短，良好的动态响应特性；

（5）良好的安全性、可靠性和耐久性。

为了方便燃气汽车的安装，一般把多个燃气喷射器固定在一个统一的燃气分配架上，这时燃气喷射器称为燃气共轨喷射器，简称燃气喷轨或燃气共轨。图 16-60 为燃气共轨喷射器结构示意图。

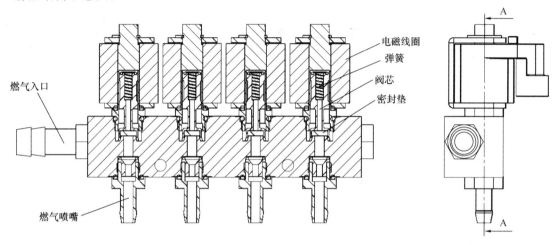

图 16-60　燃气共轨喷射器结构示意图

燃气共轨喷射性能的优劣可以用以下指标衡量：

（1）频率。即喷射器能达到的最大开启频率，是指当喷射器输出压力波形具有明显的方波特征时的运行最大频率。提高喷射器的频率，可以扩大喷射器的应用范围，但同时需要高可靠性。

（2）可重复性和精确度。对喷射器来讲，在所有规定的环境条件下，喷射器的响应时间要求保持不变，这要求喷射器工作时阀芯的运动尽可能没有摩擦，这也是喷射器的一个基本功能原则。

（3）响应时间。要求尽可能的小，一般要求在 0.5ms 左右，优异的响应时间可以保证发动机获得高质量的性能，同时可以简化燃气 ECU 对燃料管理的软件设计，即喷射器可以在不同流量下，整个功率曲线不需要修正。

（4）低功耗。喷射器应该在开阀期间，具有较低的电流值，例如 0.5～0.6 A，功率 1.25～1.5W。从而减少线圈发热，扩大应用范围。

喷射器的驱动方式一般都为"峰值及保持"（peak and hold）模式。最大运行压力为 250kPa。

3. 压力传感器

压力传感器用来测量共轨燃气和进气总管之间的相对压力。传感器类型一般为交流型压力传感器，最大测量压力范围为 0.05～0.35MPa，最大测量压力为 0.6MPa，温度使用范围为 −40～130℃。通过使用该压力信息，控制器能对燃气喷射时间进行修正。压力传感器也用来监控燃气过滤器的效率（工作状态）。

4. 温度传感器

温度传感器装在减压器出口的水加热回路上。温度是燃气 ECU 的一个输入参数，用于控制燃气模式中的喷射时间。温度传感器一般为负温度系数（NTC）热敏电阻，使用温度范围－40～125℃。

5. 过滤器

过滤器位于减压器和喷射器共轨之间，滤芯等级为 $10\mu m$，最大运行压力为 250kPa。

6. 指示器—开关

该电子控制模块具有下列功能：2 位燃气/汽油开关，以及监控当前使用的燃料种类，用两只 LED 灯。用 5 只 LED 灯监控气瓶中的气量。开关也可以装蜂鸣器，当系统切换到汽油模式、燃气压力低以及燃气系统出错时声音提示。

7. 燃气 ECU

顺序喷射系统燃气 ECU 的主要工作是在车辆使用燃气时，燃气 ECU 以即时采集的汽油喷射时间为基础，计算出适用于燃气的喷射时间。因此，燃气 ECU 把汽油喷射执行命令翻译成适用燃气喷射的控制命令，而把发动机的主要管理工作留给原车汽油 ECU。

为了保持与汽油系统的连贯性，燃气 ECU 以与汽油喷射系统相同的顺序驱动燃气喷射器。大致上，燃气 ECU 把车辆汽油驱动所需的能量转变为燃气释放的等效能量，弥补两种燃料的差异。大部分燃气 ECU 可以根据不同应用的要求，适用于不同类型的喷射器。

由于燃气 ECU 能做到对原车汽油发动机管理系统影响最小，因此它可以很方便与原（主）发动机管理功能整合，包括混合气控制、切断、烟气再循环、尾气催化转换等，以及一些发动机管理辅助功能，如空调、助力转向、电子油门等。

燃气 ECU 采集及通过分析汽油喷射信号，获得喷射触发时间、喷射时间（脉宽）以及脉冲频率，ECU 同时检测燃气的温度和燃气压力（压差），以及尾气氧含量。

燃气 ECU 的信号流程图见图 16-61。

在不同的工况下，燃气 ECU 根据汽油 ECU 给出的汽油喷射时间，利用燃气共轨出

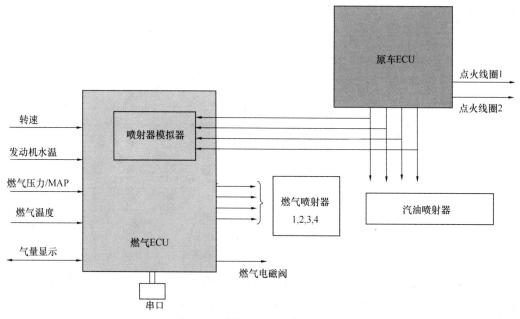

图 16-61　燃气 ECU 的信号流程图

463

口压力（压差）、燃气温度、发动机冷却液温度、发动机转速以及蓄电池电压等具体参数，计算燃气喷射时间。为了便于标定和分析，实际上ECU确定燃气喷射时间与汽油喷射时间的倍数 K。影响燃气喷射时间的因素很多，但可以用下式表达：

$$K = K_1 K_2 K_3 K_4 \tag{16-13}$$

式中 K_1——汽车标定工况下确定的不同汽油喷射时间下的倍数；

K_2——燃气压力的修正系数；

K_3——燃气温度的修正系数；

K_4——发动机冷却水温度的修正系数。

显然，燃气ECU的技术关键之一是如何正确合理地获取 K_1，燃气喷射时间与燃气减压器出口压力及喷射器出口喷嘴的直径大小有关，因此在进行车辆标定前应调整压力及选择合适的喷嘴直径。喷射时间倍数的获取可以有多种策略和方法，但目前采用得比较多的方法是把标定过程分为二个阶段。

第一阶段：自动标定

让车辆怠速运行在汽油模式，关闭所有不必要的设备，包括空调、灯光，不打方向盘等，打开标定电脑及软件，开始进行自动标定，燃气ECU通过改变怠速工况下的汽油喷射时间，获取相应的氧传感器读数，然后标定软件自动把车辆切换到燃气模式，再通过改变燃气喷射时间来读取相应的氧传感器读数。燃气ECU自动选择汽油喷射时间范围中有一定间隔的4～6个标定点，根据氧传感器读数，再找出对应的燃气喷射时间，然后形成一张以汽油喷射时间为横坐标、喷射时间倍数（燃气喷射时间/汽油喷射时间）为纵坐标的函数图（俗称Map图，见图16-61）。该Map图是车辆标定的最基础数据，一般认为喷射时间倍数在汽油喷射时间全范围内 $1.1～1.6$ 较为合理，超出该范围时，需要更换燃气喷嘴或调整燃气减压器出口压力。由于标定时的燃气压力及温度将作为其他进一步修正的基础，因此一旦改变减压器输出压力或发现燃气温度不稳定，则需要重新进行自动标定。图16-62中的接近水平线表示自动标定的结果。

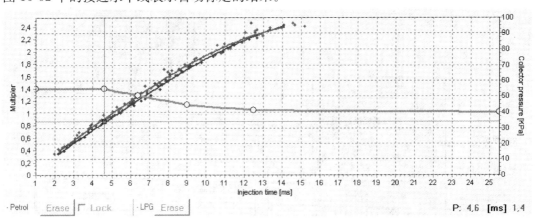

图 16-62　燃气汽车 Map 图

自动标定只是以尾气中氧含量为指标，平衡燃气供给系统（调压器、喷射器及喷嘴）的工作特性与汽油喷射之间的输入能量差异，但还不能反映直接的车辆动力性能。

第二阶段：路驶匹配

路驶匹配时，首先让车辆用汽油以不变的档位（例如 4 档）在公路上行驶一定的里程 (4～5km)。燃气 ECU 在这过程中采集不同汽油喷射时间与对应的进气管真空绝对压力的数据，采集停止后，ECU 自动生成一条在下方的向上曲线（汽油 Map 图）。接着让车辆运行燃气，以同样的方法进行数据采集，即以相同的车况和路况完成燃气 Map 图（图中在上方的向上曲线）。所谓汽油和燃气匹配，就是汽油 Map 图和燃气 Map 图具有较好的一致性，一般认为差异在 10％以内为匹配较好。如果出现匹配不理想的情况，可以通过调整倍数 Map 图上接近水平线上的点位置（即倍数的大小）来改善。

一旦匹配完成，数据储存后就完成了车辆标定程序。

由于单片机（信号处理器）的飞速发展，燃气 ECU 具有稳定性好，技术含量高等优点，其功能也越来越丰富，除了前述的燃气汽车典型功能外，顺序喷射系统更赋予了一些新型功能，例如丰富的诊断功能、单个喷射器喷射时间调整功能、燃气压力不足时同时使用燃气和汽油等。

车辆适应性也是燃气 ECU 的一个重要的指标，尽可能多地支持不同的发动机汽缸数、点火线圈的形式、压力传感器、温度传感器、燃气喷射器、氧传感器以及发动机转速信号的类型是未来燃气 ECU 的趋势。

需要指出的是，目前顺序喷射燃气 ECU 是主要依据 LPG 汽车要求发展起来的，因此并不支持点火提前角调整和稀薄燃烧功能。这也是未来 CNG 汽车的燃气 ECU 的一个重要技术发展领域。就目前来讲，进行 CNG 汽车改装时，可以选装点火提前角调整模块。

附　　　录

附录1　各种常用燃气的组成和特性

燃气种类名称			燃气成分（容积成分%）													密度（kg/Nm³）
			H₂	CO	CH₄	C₂⁺								O₂	N₂	CO₂	
						C₂H₄	C₂H₆	C₃H₆	C₃H₈	C₄H₈	C₄H₁₀	C₅⁺				
人造燃气	煤制气	炼焦煤气	59.2	8.6	23.4			2.0					1.2	3.6	2.0	0.4442
		直立炉气	56.0	17.0	18.0			1.7					0.3	2.0	5.0	0.5239
		混合煤气	48.0	20.0	13.0			1.7					0.8	12.0	4.5	0.6346
		发生炉气	8.4	30.4	1.8			0.4					0.4	56.4	2.2	1.1022
		水煤气	52.0	34.4	1.2								0.2	4.0	8.2	0.6640
	油制气	催化制气	58.1	10.5	16.6	5.0							0.7	2.5	6.6	0.5094
		热裂化制气	31.5	2.7	28.5	23.8	2.6	5.7					0.6	2.4	2.1	0.7497
天然气		四川干气			98.0			0.3		0.3	0.4			1.0		0.7048
		大庆石油伴生气			81.7			6.0		4.7	4.9		0.2	1.8	0.7	0.9873
		天津石油伴生气			80.1		7.4		3.8	2.3	2.4			0.6	3.4	0.9204
液化石油气		北京			1.5		1.0	9.0	4.5	54.0	26.2	3.8				2.3956
		大庆			1.3		0.2	15.8	6.6	38.5	23.2	12.6		1.0	0.8	2.3653

燃气种类名称			相对密度	热值（kJ/Nm³）		华白数 高热值/√相对密度	理论烟气量（Nm³/Nm³）		理论空气需要量（Nm³/Nm³）	爆炸极限（空气中体积%）		理论燃烧温度（℃）
				高热值	低热值		湿	干		上	下	
人造燃气	煤制气	炼焦煤气	0.3623	18788	16701	31211	4.88	3.76	4.21	35.8	4.5	1998
		直立炉气	0.4275	17106	15296	26166	4.44	3.47	3.80	40.9	4.9	2003
		混合煤气	0.5178	14610	13137	20305	3.85	3.06	3.18	42.6	6.1	1986
		发生炉气	0.8992	5691	5445	6002	1.98	1.84	1.16	67.5	21.5	1600
		水煤气	0.5418	10855	9843	14749	3.19	2.19	2.16	70.4	6.2	2175
	油制气	催化制气	0.4156	17510	15661	27162	4.55	3.54	3.89	42.9	4.7	2009
		热裂化制气	0.6116	35977	32969	46004	9.39	7.81	8.55	25.7	3.7	2038
天然气		四川干气	0.575	38300	34540	50510	10.64	8.65	9.64	15.0	5.0	1970
		大庆石油伴生气	0.8054	50365	45782	56120	13.73	11.3	12.52	14.2	4.2	1986
		天津石油伴生气	0.7503	45574	41119	52594	12.53	10.3	11.4	14.2	4.4	1973
液化石油气		北京	1.9545	116649	108482	83442	30.67	26.6	28.28	9.7	1.7	2050
		大庆	1.9542	115965	107734	83482	30.04	25.9	28.94	9.7	1.7	2060

附录2　一些常用气体的物理化学特性（0.101325MPa）

	气体	分子式	分子量 μ	kmol[①]容积 (m^3/kmol) 15℃	气体常数 R (J/ (kg·K))	密度 ρ (kg/m^3)		相对密度 s (空气=1)	绝热指数 κ
						0℃	15℃		
1	氢	H_2	2.0160	23.6586	4125	0.0899	0.0852	0.0695	1.407
2	一氧化碳	CO	28.0104	23.6284	297	1.2506	1.1855	0.9671	1.403
3	甲烷	CH_4	16.0430	23.5901	518	0.7174	0.6801	0.5548	1.309
4	乙炔	C_2H_2	26.0380		319	1.1709	1.1099	0.9057	1.269
5	乙烯	C_2H_4	28.0540	23.4789	296	1.2605	1.1949	0.9748	1.258
6	乙烷	C_2H_6	30.0700	23.4056	276	1.3553	1.2847	1.048	1.198
7	丙烯	C_3H_6	42.0810	23.1976	197	1.9136	1.8140	1.479	1.170
8	丙烷	C_3H_8	44.0970	23.1408	188	2.0102	1.9055	1.554	1.161
9	丁烯	C_4H_8	56.1080	22.7932	148	2.5968	2.4616	2.008	1.146
10	正丁烷	$n\text{-}C_4H_{10}$	58.1240	22.6845	143	2.7030	2.5623	2.090	1.144
11	异丁烷	$i\text{-}C_4H_{10}$	58.1240	22.7837	143	2.6912	2.5511	2.081	1.144
12	戊烯	C_5H_{10}	70.1350	22.3829	118	3.3055	3.1334	2.556	
13	正戊烷	C_5H_{12}	72.1510	22.0382	115	3.4537	3.2739	2.671	1.121
14	苯	C_6H_6	78.1140	21.4790	106	3.8365	3.6369	2.967	1.120
15	硫化氢	H_2S	34.0760	23.3982	244	1.5363	1.4563	1.188	1.320
16	二氧化碳	CO_2	44.0098	23.4825	188	1.9771	1.8742	1.5289	1.304
17	二氧化硫	SO_2	64.0590	23.0838	129	2.9275	2.7752	2.264	1.272
18	氧	O_2	31.9988	23.6220	259	1.4291	1.3547	1.1052	1.400
19	氮	N_2	28.0134	23.6338	296	1.2504	1.1853	0.967	1.402
20	空气		28.9660	23.6304	287	1.2931	1.2258	1.0000	1.401
21	水蒸气	H_2O	18.0154	22.8168	461	0.833	0.790	0.644	1.335

	临界压力 P_c (MPa)	临界温度 T_c (K)	临界压缩因子 Z	导热系数 λ (W/ (m·K))	向空气的扩散系数 $D\times10^4$ (m^2/s)	运动黏度 ν $\times10^6$ (m^2/s)	动力黏度 $\mu\times10^6$ (kg·s/m^2)	常数 C	最低着火温度 (℃)
1	1.297	33.3	0.304	0.2163	0.611	93.00	0.852	90	400
2	3.496	133	0.294	0.02300	0.175	13.30	1.690	104	605
3	4.641	190.7	0.290	0.03024	0.196	14.50	1.060	190	540
4	—	—	—	0.01872	—	8.05	0.960	198	335
5	5.117	283.1	0.270	0.0164	—	7.46	0.950	257	425
6	4.884	305.4	0.285	0.01861	0.108	6.41	0.877	287	515
7	4.600	365.1	0.274	—	—	3.99	0.780	322	460
8	4.256	369.9	0.277	0.01512	0.088	3.81	0.765	324	450
9	—	—	—	—	—	2.81	0.747	—	385
10	3.800	425.2	0.274	0.01349	0.075	2.53	0.697	349	365
11	3.648	408.1	0.283		—	—	—		460
12	—	—	—			1.99	0.669	—	290
13	3.374	469.5	0.269			1.85	0.648		260
14	—	—	—	0.0077992	—	1.82	0.712	380	560
15	—	—	—	0.01314		7.63	1.190	331	270
16	7.387	304.2	0.274	0.01372	0.138	7.09	1.430	266	—
17	—	—	—			4.14	1.230	416	
18	5.076	154.8	0.292	0.025	0.178	13.60	1.980	131	
19	3.394	126.2	0.297	0.02489	—	13.30	1.700	112	
20	3.766	132.5	—	0.02489	—	13.40	1.750	116	
21	22.12	647	0.230	0.01617	0.220	10.12	0.860	673	—

① 为实际kmol容积，理想kmol容积均为23.6444。

	燃烧反应式	热效应 (kJ/mol)		热值				理论空气需要量，耗氧量 (Nm³/Nm³ 干燃气)	
				(kJ/m³)(0℃)		(kJ/m³)(15℃)			
		高	低	高	低	高	低	空气	氧
1	$H_2+0.5O_2=H_2O$	286013	242064	12753	10794	12089	10232	2.38	0.5
2	$CO+0.5O_2=CO_2$	283208	283208	12644	12644	11986	11986	2.38	0.5
3	$CH_4+2O_2=CO_2+2H_2O$	890943	802932	39842	35906	37768	34037	9.52	2.0
4	$C_2H_2+2.5O_2=2CO_2+H_2O$	—	—	58502	56488	55457	53547	11.90	2.5
5	$C_2H_4+3O_2=2CO_2+2H_2O$	1411931	1321354	63438	59482	60136	56386	14.28	3.0
6	$C_2H_6+3.5O_2=2CO_2+3H_2O$	1560898	1428792	70351	64397	66689	61045	16.66	3.5
7	$C_3H_6+4.5O_2=3CO_2+3H_2O$	2059830	1927808	93671	87667	88819	83103	21.42	4.5
8	$C_3H_8+5O_2=3CO_2+4H_2O$	2221487	2045424	101270	93244	95998	88390	23.80	5.0
9	$C_4H_8+6O_2=4CO_2+4H_2O$	2719134	2543004	125847	117695	119296	111568	28.56	6.0
10	$C_4H_{10}+6.5O_2=4CO_2+5H_2O$	2879057	2658894	133885	123649	126915	117212	30.94	6.5
11	$C_4H_{10}+6.5O_2=4CO_2+5H_2O$	2873535	2653439	133048	122857	126122	116462	30.94	6.5
12	$C_5H_{10}+7.5O_2=5CO_2+5H_2O$	3378099	3157969	159211	148837	150923	141089	35.70	7.5
13	$C_5H_{12}+8O_2=5CO_2+6H_2O$	3538453	3274308	169377	156733	160560	148574	38.08	8.0
14	$C_6H_6+7.5O_2=6CO_2+3H_2O$	3303750	3171614	162259	155770	153812	147661	35.70	7.5
15	$H_2S+1.5O_2=SO_2+H_2O$	562572	518644	25364	23383	24044	22166	7.14	1.5
16									
17									
18									
19									
20									
21									

	理论烟气量（Nm³/Nm³ 干燃气）				爆炸极限（%）常压，20℃		燃烧热量温度
	CO_2	H_2O	N_2	V_f^0	下	上	（℃）
1		1.0	1.88	2.88	4.0	75.9	2210
2	1.0	—	1.88	2.88	12.5	74.2	2370
3	1.0	2.0	7.52	10.52	5.0	15.0	2043
4	2.0	1.0	9.40	12.40	2.5	80.0	2620
5	2.0	2.0	11.28	15.28	2.7	34.0	2343
6	2.0	3.0	13.16	18.16	2.9	13.0	2115
7	3.0	3.0	16.92	22.92	2.0	11.7	2224
8	3.0	4.0	18.80	25.80	2.1	9.5	2155
9	4.0	4.0	22.56	30.56	1.6	10.0	—
10	4.0	5.0	24.44	33.44	1.5	8.5	2130
11	4.0	5.0	24.44	33.44	1.8	8.5	2118
12	5.0	5.0	28.20	38.20	1.4	8.7	—
13	5.0	6.0	30.08	41.08	1.4	8.3	—
14	6.0	3.0	28.20	37.20	1.2	8.0	2258
15	1.0	1.0	5.64	7.64	1.3	45.5	1900
16							
17							
18							
19							
20							
21							

附录3　气体平均定压容积比热 c_p（1大气压，$0\sim t$（℃），kJ/（Nm³·K））

	N₂	O₂	H₂O	CO₂	空气	H₂	CO	SO₂	CH₄	C₂H₂	C₂H₄	C₂H₆	NH₃	H₂S	C₃H₈	C₄H₁₀	C₆H₆
1	2	3	4	5	6	7	8	9	10	11	12	13	14	15	16	17	18
0	1.230	1.238	1.405	1.516	1.234	1.230	1.234	1.686	1.465	1.810	1.790	2.127	1.508	1.476	2.806	3.517	3.096
100	1.234	1.247	1.421	1.612	1.238	1.230	1.234	1.766	1.536	1.964	2.012	2.350	1.559	1.484	3.183	4.013	3.770
200	1.234	1.266	1.437	1.703	1.242	1.234	1.242	1.842	1.666	2.084	2.223	2.619	1.612	1.501	3.564	4.505	4.365
300	1.242	1.286	1.457	1.778	1.250	1.234	1.250	1.905	1.794	2.187	2.417	2.818	1.686	1.524	3.941	5.000	4.922
400	1.250	1.305	1.476	1.842	1.262	1.238	1.262	1.964	1.913	2.250	2.599	3.136	1.742	1.556	4.322	5.493	5.398
500	1.262	1.321	1.501	1.897	1.274	1.238	1.274	2.012	2.024	2.318	2.762	3.310	1.798	1.595	4.699	5.989	5.835
600	1.274	1.338	1.524	1.949	1.286	1.242	1.290	2.056	2.135	2.385	2.897		1.861	1.631	5.080	6.481	6.191
700	1.286	1.354	1.548	1.993	1.298	1.242	1.302	2.091	2.238	2.441	3.024		1.921	1.663	5.457	6.977	6.548
800	1.298	1.365	1.572	2.032	1.310	1.250	1.321	2.123	2.338	2.501	3.175		1.980	1.699	5.838	7.470	6.826
900	1.310	1.381	1.595	2.067	1.321	1.254	1.330	2.155	2.429	2.540	3.267		2.040	1.730	6.216	7.966	7.104
1000	1.321	1.389	1.623	2.103	1.334	1.258	1.341	2.175	2.516	2.599	3.374		2.103	1.762	6.596	8.458	7.382
1100	1.334	1.401	1.648	2.131	1.345	1.266	1.354	2.198									
1200	1.341	1.409	1.671	2.158	1.354	1.274	1.365	2.218									
1300	1.350	1.417	1.695	2.175	1.361	1.282	1.374	2.234									
1400	1.361	1.425	1.715	2.194	1.374	1.290	1.385	2.250									
1500	1.369	1.432	1.739	2.214	1.381	1.294	1.389	2.262									
1600	1.377	1.441	1.758	2.234	1.389	1.302	1.401	2.274									
1700	1.385	1.445	1.778	2.254	1.397	1.310	1.405	2.286									
1800	1.393	1.452	1.798	2.270	1.405	1.318	1.413	2.298									
1900	1.397	1.457	1.818	2.286	1.409	1.325	1.421	2.302									
2000	1.405	1.461	1.833	2.298	1.417	1.334	1.425	2.314									
2100	1.409	1.465	1.849	2.310	1.421												
2200	1.413	1.468	1.866	2.322	1.425												
2300	1.421	1.472	1.882	2.334	1.432												
2400	1.425	1.476	1.897	2.341	1.437												
2500	1.429	1.481	1.913	2.354	1.441												
2600	1.432	1.484	1.925	2.361	1.445												
2700	1.437	1.488	1.937	2.370	1.448												
2800	1.441	1.492	1.949	2.374	1.452												
2900	1.445	1.496	1.960	2.377	1.457												
3000	1.448	1.501	1.973	2.381	1.461												

附　　录

附录4　局部阻力系数

序号	阻力名称	简图	计算速度	阻力系数 ζ
1	流入尖锐边缘孔洞		v	$\zeta=0.5$
2	流入圆滑边缘孔洞		v	r/D: 0.01, 0.03, 0.05, 0.08, 0.12, 0.16, >0.2; ζ: 0.44, 0.31, 0.22, 0.15, 0.09, 0.06, 0.03
3	流入伸出的管道		v	$L/D\leqslant4$ 时，$\zeta=2.9$; $L/D\geqslant4$ 时，$\zeta=0.56$
4	流入斜管口		v	α(度): 10, 20, 30, 40, 50, 60, 70, 80, 90; ζ: 1.00, 0.96, 0.91, 0.85, 0.78, 0.70, 0.63, 0.56, 0.50
5	突然扩张		v_1	$\zeta_1=\left(1-\dfrac{F_1}{F_2}\right)^2$
6	突然收缩		v_2	$\zeta_2=0.5\left(1-\dfrac{F_2}{F_1}\right)$
7	逐渐扩张		v_1	$\zeta_1=\left(1-\dfrac{F_1}{F_2}\right)^2\left(1-\cos\dfrac{\alpha}{2}\right)$

续表

序号	阻力名称	简图	计算速度	阻力系数 ζ					
8	逐渐收缩		v_2	$\zeta_2 = 0.5\left(1 - \dfrac{F_2}{F_1}\right)\left(1 - \cos\dfrac{\alpha}{2}\right)$					
9	90°硬拐弯		v	$\zeta = 1.3$					
10	90°圆拐弯		v	r/D	0	0.1	1	2	4	>4
				ζ	1.5	1.0	0.3	0.15	0.12	0.1
11	任意角度硬拐弯		v	$\alpha°$	20	30	45	60	80	100
				圆管 ζ	0.05	0.11	0.3	0.5	0.9	1.2
				方管 ζ	0.11	0.2	0.38	0.53	0.93	1.3
12	任意角度圆滑拐弯		v	α(度)	20	40	80	120	160	180
				a	0.4	0.65	0.95	1.13	1.27	1.33
				$\zeta = a\zeta_{90°}$，$\zeta_{90°}$按第 10 项算。						
13	180°硬拐弯		v	$\zeta = 2.0$					
14	两次直角硬拐弯(U 形)		v	L/D	1.0	2	3	6	8 以上
				ζ	1.2	1.3	1.6	1.9	2.2

续表

序号	阻力名称	简图	计算速度	阻力系数 ζ						
15	两次直角硬拐弯（Z形）		v	L/D	1.0	1.5	2.0	5以上		
				ζ	1.9	2.0	2.1	2.2		
16	两次45°硬拐弯		v	L/D	1	2	3	4	5	6
				ζ	0.37	0.28	0.35	0.38	0.40	0.42
17	组合圆拐弯的弯头		v	ζ值为每个弯头的2倍						
18	组合圆拐弯的弯头		v	ζ值为每个弯头的3倍						
19	组合圆拐弯的弯头		v	ζ值为每个弯头的4倍						
20	矩形截面通道90°硬拐弯		v_1							

矩形截面通道90°硬拐弯（序号20）阻力系数 ζ_1：

h/b_1	b_2/b_1						
	0.6	0.8	1.0	1.2	1.4	1.6	2.0
0.25	1.76	1.43	1.24	1.14	1.09	1.06	1.06
1.0	1.70	1.36	1.15	1.02	0.95	0.90	0.84
4.0	1.46	1.10	0.90	0.81	0.76	0.72	0.66

续表

序号	阻力名称	简图	计算速度	阻力系数 ζ
21	等径分流三通		v_1	$\zeta_{1-2}=1.5$
22	等径汇流三通		v_2	$\zeta_{1-2}=3.0$
23	异径三通		—	$\zeta=$ 等径三通 $\zeta+$ 突扩（或突缩）ζ
24	等径直流汇合三通 ζ_{1-3}		v_3	当 $v_2=0$ 时，$\zeta_{1-3}=0$ 当 $v_2=v_3$ 时，$\zeta_{1-3}=0.55$ }其余情况介于二者之间
25	等径直流汇合三通 ζ_{2-3}		v_3	当 $v_2=0$ 时，$\zeta_{2-3}=-1.0$ 当 $v_2=v_3$ 时，$\zeta_{2-3}=+1.0$ }其余情况介于二者之间
26	叉管分流		v	$\zeta=1.0$
27	叉管汇流		v	$\zeta=1.5$

续表

序号	阻力名称	简图	计算速度	阻力系数 ζ										
28	孔板	D, d, v	v	D/d	1.0	1.25	1.5	1.75	2	2.5	3	4	5	
				ζ	0	2.5	7.0	15	30	90	195	225	560	
29	闸板阀（矩形）	H, h, v	v	h/H	1.0	0.9	0.8	0.7	0.6	0.5	0.4	0.3	0.2	0.1
				ζ	0	0.09	0.39	0.95	2.08	4.02	8.12	17.8	44.5	193
30	插板阀（圆形）	H, h, v	v	h/H	1.0	0.9	0.8	0.7	0.6	0.5	0.4	0.3	0.25	
				ζ	0.15	0.3	0.8	1.5	2.8	5.3	12	22	30	
31	蝶阀	α, v	v	α(度)	0	5	10	15	20	30	40	50	60	70	90
				ζ	0.1	0.24	0.52	0.9	1.54	3.91	10.8	32.6	118	751	∞
32	截止阀	v	v	全开时，$\zeta=5.2$										
33	旋塞	α, v	v	α(度)	10	20	30	40	50	60	65	82		
				ζ	0.29	1.56	5.47	17.3	52.6	206	486	∞		

续表

序号	阻力名称	简图	计算速度	阻　力　系　数　ζ
34	换向阀		v	$\zeta = 2.5$
35	通过直行架空排列的格子砖		v	$\zeta = \dfrac{1.14}{d^{0.25}} H$ 式中　d——气流通过的格子孔当量直径(m); 　　　H——格子砖堆砌高度(m)
36	通过交错架空排列的格子砖		v	$\zeta = \dfrac{1.57}{d^{0.26}} H$ 式中　d——格子孔当量直径(m); 　　　H——格子砖高度(m)
37	沉灰室		v	进气时　$\zeta = 1.0$ 排烟时　$\zeta = 2.0$
38	散料层		空腔流速 v	$\zeta = 1.1\lambda \dfrac{H}{d} \dfrac{(1-\varepsilon)^2}{\varepsilon^3} \dfrac{1}{\varphi^2}$ 式中　d——料块粒度(m); 　　　H——料层高度(m); 　　　ε——堆料孔隙度,球块散堆 $\varepsilon=0.263$; 　　　φ——形状系数,球块 $\varphi=1$,其他 $\varphi<1$; 　　　λ 见下表 表格: Re：<30；$30\sim700$；$700\sim7000$；>7000 λ：$220Re^{-1}$；$28Re^{-0.4}$；$7Re^{-0.2}$；1.26

附录5　常用法定计量单位与非法定计量单位换算表

量	非法定计量单位和符号	法定计量单位和符号	换　算　关　系
长　度	米(m)	米(m)	
时　间	秒(s)	秒(s)	
温　度	摄氏温度(℃)	开尔文(K)	
质　量	千克力·秒²/米 (kgf·s²/m)	千克(kg)	$1kgf·s^2/m=9.80665kg$ $1kg=0.10197kgf·s^2/m$
速　度	米/秒(m/s)	米/秒(m/s)	
密　度	吨/米³(t/m³)	千克/米³(kg/m³)	$1t/m^3=10^3kg/m^3$ $1kg/m^3=10^{-3}t/m^3$
力、重力 压力、应力	千克力(kg·f) 千克力/厘米² (kgf/cm²) 千克力/米² (kgf/m²) 毫米水柱(mmH₂O) 物理大气压(atm) 毫米汞柱(mmHg)	牛顿(N) 帕斯卡(Pa) (1Pa=1N/m²) 巴(bar) (1bar=10⁵Pa)	$1kg·f=9.80665N$ $1Pa=0.10197\times10^{-4}kg/cm^2$ $1kgf/m^2=1mmH_2O=9.80665Pa$ $1Pa=0.10197kg·f/m^2$ 　$=0.10197mmH_2O$ $1atm=101325Pa$ $1Pa=9.86923\times10^{-6}atm$ $1mmHg=133.332Pa$ $1Pa=7.50008\times10^{-3}mmHg$
功、能、热	千卡(kcal) 千瓦·小时(kW·h)	焦耳(J) (1J=1N·m) 千焦耳(kJ) (1kJ=10³J)	$1kcal=4.1868kJ$ $1kJ=0.23885kcal$ $1kW·h=3600kJ$ $1kJ=2.77778\times10^{-4}kWh$
质量流量	千克/时(kg/h) 吨/时(t/h)	千克/秒(kg/s)	$1kg/h=2.77778\times10^{-4}kg/s$ $1kg/s=3600kg/h$ $1t/h=0.277778kg/s$ $1kg/s=3.6t/h$
容积流量	米³/时(m³/h)	米³/秒(m³/s)	$1m^3/h=2.77778\times10^{-4}m^3/s$ $1m^3/s=3600m^3/h$
质量比热	千卡/千克·度 (kcal/(kg·℃))	焦耳/千克·开尔文(J/(kg·K)) 千焦耳/千克·开尔文(kJ/(kg·K))	$1kcal/(kg·℃)=4.1868kJ/(kg·K)$ $1kJ/(kg·K)=0.23885kcal/(kg·℃)$
容积比热	千卡/米³·度 (kcal/(m³·℃))	焦耳/米³·开尔文(J/(m³·K)) 千焦耳/米³·开尔文(kJ/(m³·K))	$1kcal/m^3·℃=4.1868kJ/(m^3·K)$ $1kJ/(m^3·K)=0.23885kcal/(m^3·℃)$
功　率	千克力·米/秒 (kgf·m/s) 马力(Hp) 千卡/时(kcal/h)	瓦(W) (1W=1J/s) 千瓦 kW (1kW=10³W)	$1kgf·m/s=9.80665W$ $1W=0.1019kgf·m/s$ $1Hp=0.73563kW$ $1kW=1.35938Hp$ $1kcal/h=1.163W$ $1W=0.85985kcal/h$
焓	千卡/千克(kcal/kg)	焦耳/千克(J/kg) 千焦耳/千克(kJ/kg)	$1kcal/kg=4.1868kJ/kg$ $1kJ/kg=0.23885kcal/kg$
导热系数	千卡/米·时·度 (kcal/(m·h·℃))	瓦/米·开尔文(W/(m·K))	$1kcal/(m·h·℃)=1.163W/(m·K)$ $1W/(m·K)=0.85985kcal/(m·h·℃)$
对流放热 系　数	千卡/米²·时·度 (kcal/(m²·h·℃))	瓦/米²·开尔文(W/(m²·K))	$1kcal/(m^2·h·℃)=1.163W/(m^2·K)$ $1W/(m^2·K)=0.85985kcal/(m·h·℃)$
传热系数	千卡/米²·时·度 (kcal/(m²·h·℃))	瓦/米²·开尔文(W/(m²·K))	$1kcal/(m^2·h·℃)=1.163W/(m^2·K)$ $1W/(m^2·K)=0.85985kcal/(m·h·℃)$

参 考 文 献

[1] Г. Ф. Кнорре. Теория топочных прошесов. 1966.

[2] В. В. Мурзаков. Основы теории и практики сжигания газа в паровых котлах. 1964.

[3] А. А. Ионин. Газоснабжение. 1981.

[4] 日本瓦斯協会. 都市ガス工業 器具编. 1978.

[5] Ю. В. Иванов. Газогорелочные устройства. 1972.

[6] цкти. Аэродинамический расчет котельных установок(нормативный метод). 1977.

[7] Б. П. Тебеньков. Рекуператоры для промышленных печей. 1975.

[8] 架谷昌信,木村淳一编著. 燃烧の基础と應用. 東京:共立出版株式会社,1986.

[9] 铃木豐,上仲基文. 高効低 NOxバーナの開発. 燃料及燃烧. 1988 第 55 卷 第 9 号.

[10] L. Shnidman. Gaseous Fuels. 1954.

[11] Amer. Gas Assoc. Gas Engineers Handbook. 1977.

[12] B. Lewis & G. von Elbe. Combustion, Flames and Explosions of Gases. 1961.

[13] Irvin Glassman, Richard A. Yetter. Combustion. Academic Press. 4th Edition. 2008.

[14] J. A. Barnard & J. N. Bradley. Flame and Combustion. 1985.

[15] 普利查德等. 燃气应用技术. 北京:中国建筑工业出版社,1983.

[16] 日本エネルギー学会. 天然ガスコージエネレーション計画・設計マニュアル(M),日本工业出版社,2005.

[17] 日本エネルギー学会. 天然ガスコージエネレーション排热利用設計マニュアル(M),日本工业出版社,2001.

[18] 日本エネルギー学会. 天然ガスコージエネレーション運転・保守管理マニュアル(M),日本工业出版社,2002.

[19] A. G. Gaydon & H. G. Wolfhard. Flames, Their Structure, Radiation and Temperature. 1979.

[20] J. M. Beér & N. A. Chigier. Combustion Aerodynamics. 1972.

[21] 东北工学院冶金炉教研室. 冶金炉热工及构造. 1977.

[22] 同济大学等编. 锅炉及锅炉房设备. 北京:中国建筑工业出版社,1986.

[23] 许晋源,徐通模. 燃烧学(第二版). 北京:机械工业出版社,1989.

[24] 东方锅炉厂等编. 天然气锅炉. 重庆:科学技术文献出版社重庆分社,1977.

[25] 锅炉机组热力计算标准方法. 北京:机械工业出版社,1976.

[26] Adrian Stambuleanu. Flame Combustion Processes in Industry. 1976.

[27] 韩昭沧主编. 燃料及燃烧(第二版). 北京:冶金工业出版社,1994.

[28] 《钢铁厂工业炉设计参考资料》编写组. 钢铁厂工业炉设计参考资料. 北京:冶金工业出版社,1979.

[29] A. Murty Kanury. Introduction to Combustion Phenomena. 1977.

[30] 王致均编译. 炉内空气动力学. 北京:水利电力出版社,1984.

[31] 傅维标,卫景彬编著. 燃烧物理学基础. 北京:机械工业出版社,1984.

[32] 刘人达主编. 冶金炉热工基础. 北京:冶金工业出版社,2004.

[33]　傅忠诚等编著．燃气燃烧新装置．北京：中国建筑工业出版社，1984．

[34]　姜正侯主编．燃气工程技术手册．上海：同济大学出版社，1993．

[35]　金志刚主编．燃气测试技术手册．天津：天津大学出版社，1994．

[36]　韩昭沧主编．燃料及燃烧（第二版）．北京：冶金工业出版社，1994．

[37]　钱申贤编著．燃气燃烧原理．北京：中国建筑工业出版社，1989．

[38]　姜正侯等编著．燃气燃烧理论与实践．北京：中国建筑工业出版社，1985．

[39]　胡震岗，黄信仪编．燃料与燃烧概论．北京：清华大学出版社，1995．

[40]　王方编译．火焰学．北京：中国科学技术出版社，1994．

[41]　王秉铨主编．工业炉设计手册．北京：机械工业出版社，2010．

[42]　[美]F·A·威廉斯著．庄逢辰、杨本濂译．燃烧理论．第2版．北京：科学出版社，1990．

[43]　付林，李辉著．天然气热电冷联供技术及应用．北京：中国建筑工业出版社，2008．

[44]　夏昭知，伍国福著．燃气热水器．重庆大学出版社，2002．

高校建筑环境与能源应用工程学科专业指导委员会规划推荐教材

书　名	作　者	备　注
高等学校建筑环境与能源应用工程本科指导性专业规范(2013 年版)	本专业指导委员会	2013 年 3 月出版
建筑环境与能源应用工程专业概论	本专业指导委员会	2014 年 7 月出版
工程热力学(第六版)	谭羽非　等	国家级"十二五"规划教材（可免费索取电子素材）
传热学(第六版)	章熙民　等	国家级"十二五"规划教材（可免费索取电子素材）
流体力学(第三版)	龙天渝　等	国家级"十二五"规划教材（附网络下载）
建筑环境学(第四版)	朱颖心　等	国家级"十二五"规划教材（可免费索取电子素材）
流体输配管网(第四版)	付祥钊　等	国家级"十二五"规划教材（可免费索取电子素材）
热质交换原理与设备(第四版)	连之伟　等	国家级"十二五"规划教材（可免费索取电子素材）
建筑环境测试技术(第三版)	方修睦　等	国家级"十二五"规划教材（可免费索取电子素材）
自动控制原理	任庆昌　等	土建学科"十一五"规划教材（可免费索取电子素材）
建筑设备自动化(第二版)	江　亿　等	国家级"十二五"规划教材（附网络下载）
暖通空调系统自动化	安大伟　等	国家级"十二五"规划教材（可免费索取电子素材）
暖通空调(第三版)	陆亚俊　等	国家级"十二五"规划教材（可免费索取电子素材）
建筑冷热源(第二版)	陆亚俊　等	国家级"十二五"规划教材（可免费索取电子素材）
燃气输配(第五版)	段常贵　等	国家级"十二五"规划教材（可免费索取电子素材）
空气调节用制冷技术(第五版)	石文星　等	国家级"十二五"规划教材（可免费索取电子素材）
供热工程(第二版)	李德英　等	国家级"十二五"规划教材（可免费索取电子素材）
人工环境学(第二版)	李先庭　等	国家级"十二五"规划教材（可免费索取电子素材）
暖通空调工程设计方法与系统分析	杨昌智　等	国家级"十二五"规划教材
燃气供应(第二版)	詹淑慧　等	国家级"十二五"规划教材
建筑设备安装工程经济与管理(第二版)	王智伟　等	国家级"十二五"规划教材
建筑设备工程施工技术与管理(第二版)	丁云飞　等	国家级"十二五"规划教材（可免费索取电子素材）
燃气燃烧与应用(第四版)	同济大学　等	土建学科"十一五"规划教材（可免费索取电子素材）
锅炉与锅炉房工艺	同济大学　等	土建学科"十一五"规划教材

欲了解更多信息，请登录中国建筑工业出版社网站：www.cabp.com.cn 查询。

在使用本套教材的过程中，若有何意见或建议以及免费索取备注中提到的电子素材，可发 Email 至：jiangongshe@163.com。